U0144667

鋰離子電池原理與技術

Lithium Ion Batteries — Principles and Key Technologies

黃可龍　王兆翔　劉素琴　編著

馬振基　校訂

五南圖書出版公司 印行

化學電源又稱電化學電池，是一種直接把化學能轉變成低壓直流電能的裝置。太極圖是各種化學電源很好的示意圖（見圖1），最外的圓圈是電池殼；陰陽魚是兩個電極，白色是陽極，黑色是陰極；它們之間的「S」是電解質隔膜；陰陽魚頭上的兩個圓點是電極引線。用導線將電極引線和外電路聯結起來，就有電流通過（放電），從而獲得電能。放電到一定程度後，有的電池可用充電的方法使活性物質恢復，從而得到再生，又可反復使用，稱為蓄電池（或二次電池）；有的電池不能充電復原，則稱為原電池（或一次電池）。化學電源具有使用方便、性能可靠、便於攜帶，容量、電流和電壓可在相當大的範圍內任意組合等許多優點。在通訊、電腦、家用電器和電動工具等方面以及軍用和民用等各個領域都得到了廣泛的應用。

圖1　電池示意圖（太極圖）

到了21世紀，化學電源與能源的關係越來越密切，能源與人類社會生存和發展密切相關，永續發展是全人類的共同願望與奮鬥目標。礦物能源會很快枯竭，這是大家的共識。中國是能源短缺的國家，石油儲量不足世

界的2%，僅夠再用40餘年；即使是占中國目前能源構成70％的煤，也只夠用100餘年。中國的能源形勢十分嚴峻，能源安全將面臨嚴重挑戰。礦物燃料燃燒時，會放出SO_2、CO、CO_2、NO_x等對環境有害物質，隨著能源消耗量的增長，CO_2釋放量在快速增加，是地球氣候變暖的重要原因，對生態環境造成嚴重的破壞，危及人類的生存。21世紀，解決日趨短缺的能源問題和日益嚴重的環境污染，是對科學技術界的挑戰，也是對電化學的挑戰，各種高能電池和燃料電池在未來的人類社會中將發揮它應有的作用。為了以電代替石油，並降低城市污染，發展電動車是當務之急，而電動車的關鍵是電池。現有的可充電池有鉛酸電池、鎘鎳電池（Cd／Ni）、金屬氫化物鎳電池（MH／Ni）和鋰離子電池四種。儲能電池有兩方面的意義，一是更有效地利用現有能源；另一方面是開發利用新能源，電網的負載有高峰和低谷之分，有效儲存和利用低谷電，對於能源短缺的中國，太重要了。儲存低谷電有多種方案，用電池儲能是最可取的。當前正大力發展太陽能和風能等新能源，由於太陽能和風能都是間隙能源，有風（有太陽）才有電，對於廣大農村和社區，用電池來儲能，構建分散能源，是最好的解決方案。

　　正因為化學電源在國民經濟中起著越來越重要的作用，中國化學電源工業發展十分迅速。目前，中國國內每年生產各種型號的化學電源約120億只，占世界電池產量的1／3，為世界電池生產第一大國。中國已經成為世界上電池的主要出口國，鋅錳電池絕大部分出口；鎳氫電池一半以上出口；鉛酸電池，特別是小型鉛酸電池出口量增長很大；鋰離子電池的世界市場已呈日、中、韓三足鼎立之勢。

　　中國是電池生產大國，但不是電池研究開發強國。化學電源面臨難得的大發展機遇和嚴峻挑戰，走創新之路是唯一選擇。但是，目前國內圖書

市場上尚缺乏系統論述各類化學電源技術和應用方面的書籍，這套《化學電源技術叢書》（以下簡稱為《叢書》）就是在這種形勢下編輯出版的。《叢書》從化學電源發展趨勢和國家永續發展的需求出發，選擇了一些近年來發展迅速且備受廣大科研工作者和工程技術人員廣泛關注的重要研究領域，力求突出重要的學術意義和實用價值。既介紹這些電池的共性原理和技術，也對各類電池的原理、現狀和發展趨勢進行了專題論述；既對相關材料的研究開發情況有詳細敘述，也對化學電源的測試原理和方法有詳細介紹。《叢書》共有9個分冊，分別為《化學電源設計》、《化學電源概論》、《鋰離子電池原理與關鍵技術》、《鋰離子電池電解質》、《電化學電容器》、《鋅錳電池》、《鎳氫電池》、《省鉛長壽命電池》、《化學電源測試原理與技術》。相信《叢書》的出版將對科研單位研究人員、大學相關專業的師生、電池應用人員、企業技術人員有所裨益。更希望《叢書》的出版，能夠推動和促進我國化學電源的研究、開發以及化學電源工業的快速發展。

中國科學院物理研究所研究員

中國工程院院士

陳立泉

　　自1958年美國加州大學的一名研究生提出了鋰、鈉等活潑金屬做電池負極的設想後，人們開始了對鋰電池的研究。當鋰電極被碳材料代替時，即開始了鋰離子電池的工業化革命。鋰離子電池的研究始於1990年日本Nagoura等人研製成以石油焦為負極，以鈷酸鋰為正極的鋰離子電池；同年日本Sony（索尼）和加拿大Moli兩大電池公司宣稱將推出以碳為負極的鋰離子電池；1991年，日本索尼能源技術公司與電池部聯合開發了以聚糖醇熱解碳（PFA）為負極的鋰離子電池；1993年，美國Bellcore公司首先報導了聚合物鋰離子電池。

　　與其他充電電池相比，鋰離子電池具有電壓高、比能量高、充放電壽命長、無記憶效應、對環境污染小、快速充電、自放電率低等優點。作為一類重要的化學電池，鋰離子電池由手機、筆記型電腦、數位相機及便捷式小型電器所用電池和潛艇、航太、航空領域所用電池，逐步走向電動汽車動力領域。在全球能源與環境問題越來越嚴峻的情況下，交通工具紛紛改用儲能電池為主要動力源，鋰離子電池被認為是高容量、大功率電池的理想之選。

　　近年來，鋰離子電池中正負極活性材料、功能電解液的研究和開發應用，在國際上相當活躍，並已取得很大進展。低成本、高性能、大功率、長壽命、高安全、環境友善是鋰離子電池的發展方向。鋰離子電池是一類不斷更新的電池體系，涉及物理學和化學的許多新的研究成果，將會對鋰離子電池產業產生重大影響。本書的編寫過程正值鋰離子電池的發展處於一個嶄新局面時期，新的電極材料與功能電解液體系促使研究方向與領域

不斷拓展與深入，其研究資料與新成果層出不窮。本書薈萃了國內外許多研究者多年的心血；反映出鋰離子電池作為儲能體系的重要組成部分，不斷地從一個階段發展到新的高度；也是鋰離子電池最新科研成果的集中表現。

在本書的編寫過程中，編者的研究生們做了大量的文獻收集、圖表繪製、資料整理等方面的工作，他們是：唐聯興、王海波、黃承煥、唐愛東、李世采、張戈、龔本利、楊賽、李永坤、方東、趙薇、史曉虎等。在此，對他們的工作表示感謝！

此外，我們特別要感謝化學工業出版社的相關編輯在本書的編寫過程中所給予的幫助和支援！

由於鋰離子電池涉及化學、物理、材料等學科的概念和理論，是基礎研究與應用技術的前沿反映與集成。限於作者的知識、能力，疏漏與不足之處在所難免，敬請同行與讀者不吝賜教。

編者

目　錄

第 3 章　正極材料   **107**

第 4 章　負極材料　　　　　　　**239**

第 5 章　電解質　　　　　　　　　　　**397**

第 6 章　電極材料研究方法　　　**549**

第一章

鋰元素的物理、化學性質

　　鋰元素的英文名為Lithium，化學符號Li，其處於元素周期表的s區，鹼金屬；原子序數3；相對原子質量6.941(2)。鋰金屬在298K時為固態，其顏色為銀白或灰色。在空氣中，鋰很快失去光澤。

　　鋰為第一周期元素，含一個價電子（$1s^2 2s^1$），固態時其密度約為水的一半。鋰元素的原子半徑（經驗值）為145pm，原子半徑（計算值）167pm，共價半徑（經驗值）134pm，凡得瓦半徑182pm，離子半徑68pm。鋰元素的化學性質見表1-1。

　　由於鋰元素只有一個價電子，所以在緊密堆積晶胞中它的結合能很弱。鋰金屬很軟，熔點低，故鋰鈉合金可作原子核反應爐製冷劑。

　　鋰的熔點、硬度高於其他鹼金屬，其導電性則較弱。鋰的化學性質與其他鹼金屬化學性質變化規律不一致。鋰的標準電極電勢$E^{\ominus}$(Li$^+$/Li)在同族元素中非常低，這與Li$^+$(g)的水合熱較大有關。鋰在空氣中燃燒時能與氮氣直接作用生成氮化物，這是由於它的離子半徑小，因而對晶格能有較大貢獻的緣故。鋰在岩石圈中含量很低，主要存在於一些矽酸礦中。鋰的密度只有$0.53g/cm^3$，在鹼金屬中鋰具有最高的熔點和沸點以及最長的液程範圍，具有超常的高比熱容。這些特性使其在熱交換中成為優異的製冷劑。然而鋰的腐蝕性比其他液態金屬要強，它常被用作還原、脫硫、銅以及銅合金的除氣劑等。

表1-1　鋰元素的化學性質

元素	電子構型	金屬半徑／nm	離子化焓／(kJ/mol)		熔點／°C	沸點／°C	$E^{\ominus}$[1]／V	$-\Delta H$[2]／(kJ/mol)
			1級	2級／$\times 10^{-3}$				
Li	[He]2s	0.152	520.1	7.296	180.5	1326	-3.02	108.0

①反應式Li$^+$(aq) + e = Li(s)。
②雙原子分子Li$_2$的解離能。

　　由於鋰外層電子的低的離子化焓，鋰離子呈球形和低極性，故鋰元素呈 +1價。與二價的鎂離子相比較，一價的鋰離子的離子半徑特別小，因此具有特別高的電荷半徑比。相較於其他第一主族的元素，鋰的化合物性質很反常，與鎂化合物的性質類似。這些異常的特性是因為其帶有低電荷陰離子鋰鹽高的晶格能而特別穩定，而對於高電荷、高價的陰離子的鹽相對不穩定。如氫化鋰的熱穩定性比其他鹼金屬的要高，LiH在900°C時是穩定的，LiOH相較於其他氫氧化物是較難溶的，氫氧化鋰在紅熱時分解；Li_2CO_3不穩定，容易分解為Li_2O和CO_2。鋰鹽的溶解性和鎂鹽類似。LiF是微溶的（18°C時，0.17g/100g·水），可從氟化銨溶液中沈澱出來；Li_3PO_4難溶於水；LiCl、LiBr、LiI尤其是$LiClO_4$可溶於乙醇、丙酮和乙酸乙酯中，LiCl可溶於嘧啶中。$LiClO_4$高的溶解性歸結於鋰離子的強溶解性。高濃度的LiBr可溶解纖維素。與其他鹼金屬的硫酸鹽不同，Li_2SO_4不形成同晶化合物。

　　金屬鋰的低電極電勢顯示了它在電池上的應用前景。比如負極為鋰片，正極為複合過渡金屬氧化物材料組成的鋰離子二次電池。

　　在第一主族元素中，與其他物質（除氮氣外）反應的活性，從鋰到銫依次升高。鋰的活性通常是最低的，如鋰與水在25°C下才反應，而鈉反應劇烈，鉀與水發生燃燒，銣和銫存在爆炸式的反應；與液溴的反應，鋰和鈉反應緩和，而其他鹼金屬則劇烈反應。鋰不能取代$C_6H_5C \equiv CH$中的弱酸性氫，而其他鹼金屬可以取代。

　　鋰與同族元素一個基本的化學差別是與氧氣的反應。當鹼金屬置於空氣或氧氣中燃燒時，鋰生成Li_2O，還有Li_2O_2存在，而其他鹼金屬氧化物（M_2O）則進一步反應，生成過氧化物M_2O_2和（K、Rb和

Cs）超氧化物MO_2。鋰在過量的氧氣中燃燒時並不生成過氧化物，而生成正常氧化物。

鋰能與氮直接化合生成氮化物，鋰和氮氣反應生成紅寶石色的晶體Li_3N（鎂與氮氣生成Mg_3N_2）；在25°C時反應緩慢，在400°C時反應很快。利用該反應，鋰和鎂均可用來在混合氣體中除去氮氣。與碳共熱時，鋰和鈉反應生成Li_2C_2和Na_2C_2。重鹼金屬亦可以與碳反應，但生成非計量比間隙化合物，這是鹼金屬原子進入薄層石墨中碳原子間隙而致。

鋰與水反應均較緩慢。鋰的氫氧化物都是中強鹼，溶解度不大，在加熱時可分別分解為氧化鋰。鋰的某些鹽類，如氟化物、碳酸鹽、磷酸鹽均難溶於水。它們的碳酸鹽在加熱下均能分解為相應的氧化物和二氧化碳。鋰的氯化物均能溶於有機溶劑中，表現出共價特性。

鋰和胺、醚、羧酸、醇等形成一系列的化合物。在眾多的鋰化合物中，鋰的配位數為3～7。

鋰的熱力學資料如表1-2所示。

鋰的晶體結構的有關資料見表1-3。

表1-2　金屬鋰的一些熱力學資料

狀態	$\Delta H_f^{\ominus}$ /(kJ/mol)	$\Delta G_f^{\ominus}$ /(kJ/mol)	$\Delta S^{\ominus}$ /[J/(K·mol)]	ΔC_p /[J/(K·mol)]	$\Delta H_{298.15}^{\ominus} - H_0^{\ominus}$ /(kJ/mol)
固態	0	0	29.12±0.20	24.8	4.632±0.040
氣態	159.3±1.0	126.6	138.782±0.010	20.8	6.197±0.001
氣態（Li_2）	215.9	174.4	197.0	36.1	

表1-3　　鋰的晶體結構的有關資料

空間群	Im-3m（空間群序號：229）					
結構	*bcc*（體心立方）					
晶胞參數	*a*/pm	*b*/pm	*c*/pm	*α*/(°)	*β*/(°)	*γ*/(°)
	351	351	351	90.0	90.0	90.0

　　在298K（25℃）條件下鋰金屬的體心立方結構（*bcc*）是最穩定，通常情況下，所有第一主族（鹼金屬）元素都是基於*bcc*結構；Li-Li原子間的最短距離為304pm，鋰金屬的半徑為145pm，說明鋰原子間比鉀原子間的距離要小。在*bcc*晶胞中，每個鋰原子被最鄰近的八個鋰原子所包圍，如圖1-1所示。

　　鋰的最大用途在於其可提供一種新型能源。如鋰的幾種同位素$_3^6$Li、$_3^7$Li在核反應中很容易被中子轟擊而「裂變」產生另一種物質氚，這類反應是用高速粒子（如質子、中子等）或用簡單的原子核（如氘核、氦核）去轟擊一種原子核，導致核反應，例如：

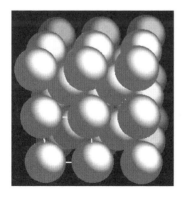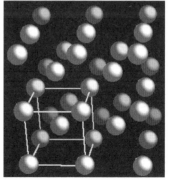

圖1-1　　鋰金屬的體心立方結構（*bcc*）示意圖

$$_{3}^{6}\text{Li} + _{0}^{1}\text{n} \rightarrow _{1}^{3}\text{H} + _{2}^{4}\text{He}$$

這個反應表示用中子轟擊$_{3}^{6}$Li生成氚和氦。

氚在熱核聚變反應中能放出非常巨大的能量。鋰在核聚變或核裂變反應堆中作堆心冷劑，如在氘—氚核聚變反應中產生的能量80%以上以中子動能形式釋放；鋰的熔點低，沸點高，熱容量及熱傳導係數大，所以將液態鋰在反應堆中心吸收中子能，然後循環通過熱交換器，使其中的水變成蒸汽，推動渦輪發電機發電；另外在中子照射鋰時有氚生成，在不斷增殖氚的過程中，鋰是必不可少的熱核反應堆燃料。通常所說的氫彈爆炸即是這種核聚變反應。據計算：1kg鋰具有的能量，大約相當於兩萬噸優質煤碳，至少可以發出340萬千瓦時的電力，一座100萬千瓦的發電站，一年也不過消耗5t鋰。

鹼土金屬鎂的密度為1.74g/cm^{3}，約為金屬鋁密度的2/3。由鎂和鋰製成的鎂鋰合金，當鋰含量達20%時，其密度僅為1.2g/cm^{3}，成為最輕的合金；當鋰含量超過5%時，能析出β相而形成（α + β）兩相共存組織；鋰含量超過11%時，鎂鋰合金變成單一的相，因而改善了鎂鋰合金的塑性加工性能。向鎂鋰合金中添加第三種元素（如Al、Cu、Zn、Ag或Ce、La、Nd、Y等稀土元素），不僅細化了合金組織，而且大幅度提高了室溫抗拉強度及延伸率，並且在一定的變形條件下出現高溫塑性。

金屬鋰是合成製藥的催化劑和中間體，如合成維生素A、維生素B、維生素D、腎上腺皮質激素、抗組織胺藥等。在臨床上多用鋰化合物，如碳酸鋰、醋酸鋰、酒石酸鋰、草酸鋰、檸檬酸鋰、溴化鋰、碘化鋰、環烷酸鋰、尿酸鋰等，其中以碳酸鋰為主。因為碳酸鋰在一

般條件下穩定，易於保存，製備也較容易，其中的鋰含量較高，口服吸收較快且完全。如前所述，製成一種添加抗抑鬱藥的複方鋰鹽對躁狂抑鬱症療效明顯。

鋰的某些化學反應如下。

(1)鋰與空氣的反應　用小刀可輕易地切割鋰金屬。可以看到光亮且具有銀色光澤的表面但很快會變得灰暗，因其與空氣中的氧及水蒸氣發生了反應。鋰在空氣中點燃時，主要產物是白色鋰的氧化物Li_2O。某些鋰的過氧化物Li_2O_2也是白色的。

$$4Li(s) + O_2(g) \rightarrow 2Li_2O(s)$$
$$2Li(s) + O_2(g) \rightarrow Li_2O_2(s)$$

(2)鋰與水反應　鋰金屬可與水緩慢地反應生成無色的氫氧化鋰溶液（$LiOH$）及氫氣（H_2），得到的溶液是鹼性的。因為生成氫氧化物，所以反應是放熱的。如前所述，反應的速度慢於鈉與水的反應。

$$2Li(s) + 2H_2O \rightarrow 2LiOH(aq) + H_2(g)$$

(3)鋰與鹵素反應　鋰金屬可以與所有的鹵素反應生成鹵化鋰。所以，它可與F_2、Cl_2、Br_2及I_2等反應依次生成一價的氟化鋰（LiF）、氯化鋰（$LiCl$）、溴化鋰（$LiBr$）及碘化鋰（LiI）。反應式如下。

$$2Li(s) + F_2(g) \rightarrow 2LiF(s)$$
$$2Li(s) + Cl_2(g) \rightarrow 2LiCl(s)$$
$$2Li(s) + Br_2(g) \rightarrow 2LiBr(s)$$
$$2Li(s) + I_2(g) \rightarrow 2LiI(s)$$

(4)鋰與酸反應　鋰金屬易溶於稀硫酸，形成的溶液含水及水化的一價鋰離子、硫酸根離子及有氫氣產生，如與硫酸反應。

$$2Li(s) + H_2SO_4(aq) \rightarrow 2Li^+(aq) + SO_4^{2-}(aq) + H_2(g)$$

(5)鋰與鹼反應　鋰金屬與水緩慢反應生成無色的氫氧化鋰溶液及氫氣（H_2）。當溶液變為鹼性時反應亦會繼續進行。隨著反應的進行，氫氧化物濃度升高。

鋰是最輕的金屬，具有高電極電位和高電化學當量，其電化學比能量密度也相當高。鋰的這些獨特的物理化學性質，決定了其重要作用。鋰化合物用作高能電池的正極材料性能顯著，如用於充電的鋰二次電池，如鋰-MnO_2、鋰-Mn_2O_4和鋰-CoO_2電池正極材料等。這類電池壽命長、功率大、能量高，並可在低溫下使用，在國防上已應用於彈道導彈，並將用於電動汽車等民用領域；LiCl-KCl體系和鋁鋰合金-FeS體系亦用作生產電解液的大容量電池；氫氧化鋰用作Ni-Cd等鹼性電池用的電解質氫氧化鉀添加劑。

20世紀90年代初，日本Sony能源開發公司和加拿大Moli能源公司分別研製成功了新型的鋰離子蓄電池，不僅性能良好，而且對環境無污染。隨著資訊技術、掌上型機械和電動汽車的迅猛發展，對高效

能電源的需求急劇增長，鋰電池已成為目前發展最為迅速的領域之一。由於鋰離子電池的比能量密度和比功率密度均為鎳鎘電池的4倍以上，近年來，鋰離子二次電池以年均20%的速度迅速發展。美國最近開發成功的新型（高分子聚合物）鋰離子電池具有體積小、安全可靠的特點，其價格僅為現有鋰離子電池的1/5。目前正在開發重量比能量密度為180W·h/kg，體積比能量密度為360W·h/L，充放電次數大於500次的高能量密度二次鋰電池，將用於電動汽車。預計在本世紀前十年左右，用於鋰電池的碳酸鋰將超過2萬噸。與此同時，以鋰鹽作為電解質的熔融碳酸鹽燃料電池，可望成為繼磷酸鹽型燃料電池後的第二代燃料電池，其發展引人注目。

▤ 參考文獻

[1] Albert Cotton F., Geoffrey Wilkinson,Murillo Carlos A., Manfred Bochmann. Advanced Inorganic Chemistry (sixth edition), 1999.

[2] Moock K, Seppelt K. Angew. Chem. Int. Ed. Engl. 1989, 28: 1676.

[3] Addison C C. The Chemisty of Liquid Alkali Metals. New York: Wiley, 1984.

[4] Greenwood N N, Earnshaw, A. Chemistry of the Elements. 2nd edition. Oxford, UK: Butterworth Heinemann, 1997.

[5] Douglas B., McDaniel D H., Alexander J J. Concepts and models of Inorganic Chemistry. 2nd edition. New York, USA: John Wiley & Sons, 1983.

[6] Shriver D F, Atkins, P W., Langford C H., Inorganic Chemstry. 3rd edition. Oxford, UK: Oxford University Press, 1999.

[7] Huheey J E., Keiter E A., Keiter R L. Inorganic Chemistry: Principles of Structure and Reactivity, 4th edition, New York, USA: Harper Collins,1993.

[8] 劉仁輔。生產低鐵鋰輝石的方法流程及特點。礦產綜合利用，1989 (6)：20-23。

[9] 馮安生。鋰礦物的資源、加工和應用。礦產保護和應用，1993，(3)：39-46。

[10] 汪鏡亮。鋰礦物的綜合利用。礦產綜合利用，1992，(5)：19-26。

第二章

鋰離子電池的基本概念
與組裝技術

2.1 鋰離子電池的工作原理和特點

鋰電池的研究歷史可以追溯到20世紀50年代，於70年代進入實用化，因其具有比能量高、電池電壓高、工作溫度範圍寬、儲存壽命長等優點，已廣泛應用於軍事和民用小型電器中，如筆記型電腦、錄放影機、照相機、電動工具等。鋰離子電池則是在鋰電池的基礎上發展起來的一類新型電池。鋰離子電池與鋰電池在原理上的相同之處是：兩種電池都採用了一種能使鋰離子嵌入和脫出的金屬氧化物或硫化物作為正極，採用一種有機溶劑─無機鹽體系作為電解質。不同之處是：在鋰離子電池中採用可使鋰離子嵌入和脫出的碳材料代替純鋰作為負極。鋰電池的負極（陽極）採用金屬鋰，在充電過程中，金屬鋰會在鋰負極上沈積，產生枝晶鋰。枝晶鋰可能穿透隔膜，造成電池內部短路，以致發生爆炸。為克服鋰電池的這種不足，提高電池的安全可靠性，於是鋰離子電池應運而生。

純粹意義上的鋰離子電池研究始於20世紀80年代末，1990年日本Nagoura等人研製成以石油焦為負極、以鈷酸鋰為正極的鋰離子二次電池。鋰離子電池自20世紀90年代問世以來迅猛發展，目前已在小型二次電池市場中佔據了最大的份額，另外日本索尼公司和法國SAFT公司還開發了電動汽車用鋰離子電池。

2.1.1 工作原理

鋰離子電池是指其中的Li^+嵌入和脫逸正負極材料的一種可充放電的高能電池。其正極一般採用插鋰化合物，如$LiCoO_2$、$LiNiO_2$、

$LiMn_2O_4$等，負極採用鋰—碳層間化合物Li_xC_6，電解質為溶解了鋰鹽（如$LiPF_6$、$LiAsF_6$、$LiClO_4$等）的有機溶劑。溶劑主要有碳酸乙烯酯（EC）、碳酸丙烯酯（PC）、碳酸二甲酯（DMC）和氯碳酸酯（ClMC）等。在充電過程中，Li^+在兩個電極之間往返脫嵌，被形象地稱為「搖椅電池」（rocking chair batteries，縮寫為RCB），如圖2-1所示。

鋰離子電池的化學運算式為：

$$（-）C_n|LiPF_6-EC + DMC | LiM_xO_y（+）$$

其電池反應則為：

$$LiM_xO_y + nC \underset{\text{放電}}{\overset{\text{充電}}{\rightleftharpoons}} Li_{1-x}M_xO_y + Li_xC_n$$

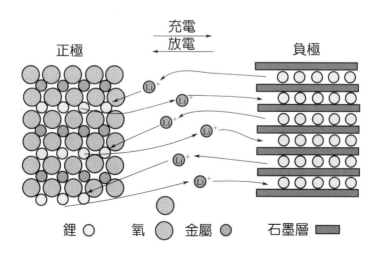

圖2-1　鋰離子電池工作原理示意圖

　　鋰離子二次電池實際上是一種鋰離子濃差電池，充電時，Li^+從正極脫出，經過電解質嵌入到負極，負極處於富鋰狀態，正極處於貧鋰狀態，同時電子的補償電荷從外電路供給到碳負極，以確保電荷的平衡。放電時則相反，Li^+從負極脫出，經過電解液嵌入到正極材料中，正極處於富鋰狀態。在正常充放電情況下，鋰離子在層狀結構的碳材料和層狀結構氧化物的層間嵌入和脫出，一般只引起材料的層面間距變化，不破壞其晶體結構，在充放電過程中，負極材料的化學結構基本不變。因此，從充放電反應的可逆性看，鋰離子電池反應是一種理想的可逆反應。

　　以鈷酸鋰為正極的鋰離子電池為例，從電池工作原理示意圖可見，充電時，鋰離子從$LiCoO_2$晶胞中脫出，其中的離子Co^{3+}氧化為Co^{4+}；放電時，鋰離子則嵌入$LiCoO_2$晶胞中，其中的Co^{4+}變成Co^{3+}。由於鋰在元素周期表中是電極電勢最負的單質，所以電池的工作電壓可以高達3.6V，是Ni-Cd和Ni-MH電池的三倍。如$LiCoO_2$為正極的鋰離子電池的理論容量高達274mA·h/g，實際容量為140mA·h/g。

　　鋰離子電池的工作電壓與構成電極的鋰離子嵌入化合物和鋰離子濃度有關。用作鋰離子電池的正極材料是過渡金屬的離子複合氧化物，如$LiCoO_2$、$LiNiO_2$、$LiMn_2O_4$等，作為負極的材料則選擇電位盡可能接近鋰電位的可嵌入鋰化合物，如各種碳材料包括天然石墨、合成石墨、碳纖維、中間相小球碳素等和金屬氧化物，包括SnO、SnO_2、錫的複合氧化物$SnB_xP_yO_z$〔$x = 0.4\sim0.6$，$y = 0.6\sim0.4$，$z = (2 + 3x + 5y)/2$〕等。

　　已經商品化的鋰離子電池，以圓柱形為例（如圖2-2所示），採用$LiCoO_2$複合金屬氧化物作為正極材料在鋁板上形成陰極，$LiCoO_2$

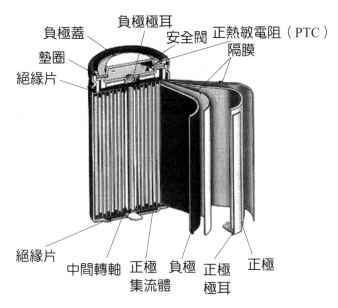

圖2-2 圓柱形鋰離子電池的構造示意圖

容量一般限制在125mA·h/g左右，且價格高，占鋰離子電池成本的40%；負極採用層狀石墨，在銅板上形成陽極，嵌鋰石墨屬於離子型石墨層間化合物，其化合物分子式為LiC_6，理論比容量為372mA·h/g。電解質採用$LiPF_6$的碳酸乙烯酯（EC）、碳酸丙烯酯（PC）和低黏度碳酸二乙烯酯（DEC）等烷基碳酸酯搭配的混合溶劑體系。隔膜採用聚烯微孔膜，如聚乙烯（PE）、聚丙烯（PP）或者其複合膜，尤其是PP/PE/PP三層隔膜，不僅熔點較低，而且具有較高的抗穿刺強度，達到熱保險作用。外殼採用鋼或者鋁材料，蓋體組織具有防爆斷電的功能，目前市場上也有採用聚合物作為外殼的軟包裝電池。

　　陰極鋰離子插入反應式為：

$$LiCoO_2 \rightarrow xLi^+ + Li_{1-x}CoO_2 + xe^-$$

陽極採用碳電極，從理論上講，每6個碳原子可吸藏一個鋰離子，鋰離子插入反應式為：

$$xe^- + xLi^+ + 6C \rightarrow Li_xC_6$$

2.1.2　鋰離子電池的主要特點

鋰離子電池的優點表現在容量大、工作電壓高，容量為同等鎘鎳蓄電池的兩倍，更能適應長時間的通訊聯絡；而通常的單體鋰離子電池的電壓為3.6V，是鎳鎘和鎳氫電池的3倍。

電荷保持能力強，允許工作溫度範圍寬。在（20±5）°C下，以開路形式貯存30天後，電池的常溫放電容量大於額定容量的85%。鋰離子電池具有優良的高低溫放電性能，可以在−20～+55°C工作，高溫放電性能優於其他各類電池。

循環使用壽命長。鋰離子電池採用碳陽極，在充放電過程中，碳陽極不會生成枝晶鋰，從而可以避免電池因為內部枝晶鋰短路而損壞。在連續充放電1200次後，電池的容量依然不低於額定值的60%，遠遠高於其他各類電池，具有長期使用的經濟性。

安全性高、可快速充放電，與金屬鋰電池相比較，鋰離子電池具有抗短路，抗過充、過放，抗衝擊（10kg重物自1m高自由落體），防振動、槍擊、針刺（穿透），不起火，不爆炸等特點；由於其陽極採用特殊的碳電極代替金屬鋰電極，因此允許快速充放電，可在1C充電速率的條件下進行充放電，所以安全性能大大提高。

　　無環境污染。電池中不含有鎘、鉛、汞這類有害物質，是一種潔淨的「綠色」化學能源。

　　無記憶效應。可隨時反復充、放電使用。尤其在戰時和緊急情況下更顯示出其優異的使用性能。

　　體積小、重量輕、比能量高。通常鋰離子電池的比能量可達鎳鎘電池的2倍以上，與同容量鎳氫電池相比，體積可減小30%，重量可降低50%，有利於攜帶型電子設備小型輕量化。

　　鋰離子電池與鎳氫電池、鎘鎳電池主要性能對比見表2-1。

表2-1　鋰離子電池與鎳氫電池、鎘鎳電池主要性能比較

專案	鋰離子電池	鎳氫電池	鎘鎳電池
工作電壓／V	3.6	1.2	1.2
重量比能量／（W·h/kg）	100～140	65	50
體積比能量／（W·h/L）	270	200	150
充放電壽命／次	500～1000	300～700	300～600
自放電率／（%／月）	6～9	30～50	25～30
電池容量	高	中	低
高溫性能	優	差	一般
低溫性能	較差	優	優
記憶效應	無	無	有
電池重量	較輕	重	重
安全性	具有過沖、過放、短路等自保護功能	無前述功能，尤其是無短路保護功能	無前述功能，尤其是無短路保護功能

鋰離子電池的主要缺點如下：

①鋰離子電池的內部阻抗高。因為鋰離子電池的電解液為有機溶劑，其電導率比鎳鎘電池、鎳氫電池的水溶液電解液要低得多，所以，鋰離子電池的內部阻抗比鎳鎘、鎳氫電池約大11倍。如直徑為18mm、長50mm的單體電池的阻抗大約達90mΩ。

②工作電壓變化較大。電池放電到額定容量的80%時，鎳鎘電池的電壓變化很小（約20%），鋰離子電池的電壓變化較大（約40%）。對電池供電的設備來說，這是嚴重的缺點，但是由於鋰離子電池放電電壓變化較大，也很容易據此檢測電池的剩餘電量。

③成本高，主要是正極材料$LiCoO_2$的原材料價格高。

④必須有特殊的保護電路，以防止其過充。

⑤與普通電池的相容性差，由於工作電壓高，所以一般的普通電池用三節情況下，才可用一節鋰離子電池代替。

同其優點相比，鋰離子電池的這些缺點都不是主要問題，特別是用於一些高科技、高附加值的產品中。因此，其具有廣泛的應用價值。以世界可充電電池份額的變化情況（見表2-2、表2-3）可以明顯看出其經濟價值，因此世界上許多大公司競相加入到該產品的研究、開發行列中，如索尼、三洋、東芝、三菱、富士通、日產、TDK、佳能、永備、貝爾、富士、松下、日本電報電話、三星等。目前主要應用領域為電子產品，如手機、筆記型電腦、小型錄影機、IC卡、電子翻譯器、汽車電話等。另外，對其他一些重要領域也在進行滲透。當然，正如以上所述，它也存在一些不足之處，因此在現在條件下也限制了鋰離子電池的普遍應用。

表2-2　1994～2003年世界鋰離子電池的產量及增長率

年　份	產量／億只	增長率／%
1994	0.12	
1995	0.33	175.0
1996	1.20	264.0
1997	1.96	63.3
1998	2.95	50.5
1999	4.08	38.3
2000	5.46	33.8
2001	5.73	4.9
2002	8.31	45.0
2003	13.93	67.6

表2-3　鋰離子電池、MH/Ni電池和Cd/Ni電池2000～2005年的市場競爭情況

年　份	電池類型及其產量／億只		
	鋰離子電池	Cd/Ni電池	MH/Ni電池
2000	5.46	12.96	12.68
2001	5.73	11.85	9.27
2002	8.31	13.41	8.54
2003	13.93	13.06	6.58
2004	19.51	12.55	6.0
2005	20.5	11.2	5.1

2.2　鋰離子電池的電化學性能

2.2.1　鋰離子電池的電動勢

電池是一種能量轉換器，它可將化學能轉化為電能，亦可把電

能轉化為化學能。它包含正極、負極和電解液。鋰電池中負極是鋰離子的來源，正極是鋰離子的接收器，在理想的電池中，電解液中鋰離子的遷移數應為1。電動勢由正負極鋰之間的化學勢之差決定，$\Delta G = -EF$。

以鋰離子電池的正極材料$LiCoO_2$為例，設正極材料的電極電位φ_c。在CoO_2中插入Li^+和電子e時，電池正極反應吉布斯（Gibbs）自由能變化為

$$\Delta G_c = -F\varphi_c$$

式中，ΔG_c為反應的吉布斯自由能；φ_c為正極的電極電位；F為法拉第常數，96485C·mol^{-1}，即因電極反應而生成的或溶解的物質的量和通過的電量與該物質的化學當量成正比；生成或溶解1mol的物質需要1F的電量。

鋰離子電池負極常用相對於鋰0～1V的碳負極，因此，要獲得3V以上電壓，必須使用4V級（相對於Li^+/Li電極）正極材料。

圖2-3(a)為正極電極電位的吉布斯自由能變化的博恩—哈伯循環圖；圖2-3(b)是負極電極電位φ_a的吉布斯自由能變化（$\Delta G_a = -F\varphi_a$）

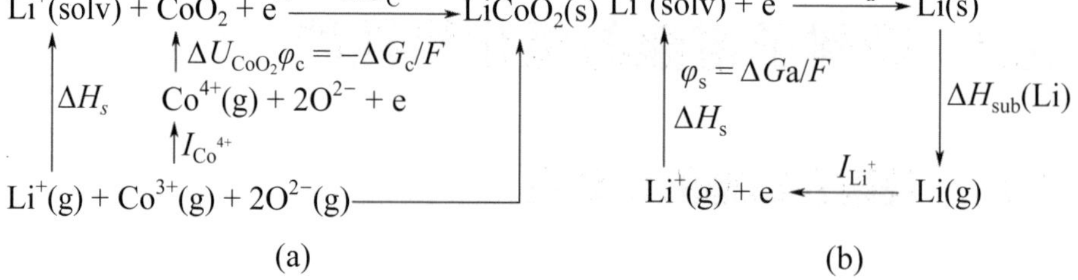

(a)   (b)

圖2-3 博恩—哈伯循環表示的鋰離子電池的正極(a)、負極(b)與其電位關係圖

的循環圖。圖中g代表氣體，s代表固體，solv代表液體或者溶劑。

　　因此，以鋰負極為基準，鋰離子電池的電動勢為：

$$E = \varphi_c - \varphi_a$$

從圖可見，其吉布斯自由能ΔG變化為：

$$\Delta G = \Delta G_c - \Delta G_a = -F(\varphi_c - \varphi_a) = -FE$$
$$= \Delta U_{LiCoO_2} - \Delta U_{CoO_2} - I_{Co^{4+}} I_{Li^+} + \Delta H_{sub}$$

式中　ΔH_{sub}　——鋰離子溶劑化能；

　　　I　　　　——離子化能；

　　　ΔU_{LiCoO_2}——LiCoO$_2$的晶格能；

　　　ΔU_{CoO_2}　——CoO$_2$的晶格能。

2.2.2　電池開路電壓

　　電池的開路電壓為：

$$U_{0c} = U + IR_b$$

式中　U　——正負電極之間的電壓；

　　　I　——工作電流；

　　　R_b——內阻；

U_{0c}——I為0時的電壓。

其中

$$U_{0c} = (\mu_A - \mu_B)\ln F$$

式中　　U_{0c}——開路電壓（當電壓小於5V時）；

　　　　μ_A——陽極電化學電位；

　　　　μ_B——陰極電化學電位。

2.3　鋰離子電池的類型

鋰離子電池可以應用到各種領域中，因此，其類型也同樣具有多樣性。按照外形分，目前市場上的鋰離子電池主要有三種類型，即鈕扣式、方形和圓柱形（如圖2-4所示）。

  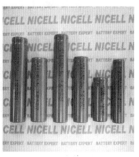

(a)鈕扣式　　　　　　(b)方形　　　　　　(c)圓柱形

圖2-4　鋰離子電池的類型

　　國外已經生產的鋰離子電池類型有圓柱形、棱柱形、方形、鈕扣式、薄型和超薄型，可以滿足不同用途的要求。

　　圓柱形的型號用5位數表示，前兩位數表示直徑，後兩位數表示高度。例如：18650型電池，表示其直徑為18mm，高度為65mm，用$\phi 18 \times 65$表示。方形的型號用6位數表示，前兩位為電池的厚度，中間兩位為電池的寬度，最後二位為電池的長度，例如083448型，表示厚度為8mm，寬度為34mm，長度為48mm，用$8 \times 34 \times 48$表示。

　　電池外形、尺寸、重量是鋰離子電池的一項重要指標，直接影響電池的特性，而鋰離子電池的電化學性能參數主要包括以下幾個方面。

　　額定電壓：商品化的鋰離子電池額定電壓一般為3.6V（目前市場上也出現了部分4.2V的鋰離子電池產品，但所占比例不大），工作時電壓範圍為4.1～2.4V，也有下限終止電壓設定為其他值，如3.1V等。

　　額定容量：是指按照0.2C恆流放電至終止電壓時所獲得的容量。

　　1C容量：是指按照1C恆流放電至終止電壓所獲得的容量。1C容量一般較額定容量小，其差值越小表明電池的電流特性越好，負載能力越強。

　　高低溫性能：鋰離子電池高溫可達+55℃，低溫可達−20℃。在此環境溫度區間下，電池容量可達額定容量的70%以上。特別是高溫環境下一般對電池性能幾乎沒有什麼影響。

　　荷電保持能力：電池在充滿電後開路擱置28天，然後按照0.2C放電所獲得的容量與額定容量比的百分數。數值越大，表明其荷電保持能力越強，自放電越小。一般鋰離子電池的荷電保持能力在85%以上。

　　循環壽命：隨著鋰離子電池充電、放電，電池容量降低到額定容量的70%時，所獲得的充放電次數稱為循環壽命。鋰離子電池循環壽

命一般要求大於500次。

　　表2-4指出了國內某電池生產商的電池規格以及型號。

　　按照鋰離子電池的電解質形態劃分，鋰離子電池有液態鋰離子電池和固態（或幹態）鋰離子電池兩種。固態鋰離子電池即通常所說的聚合物鋰離子電池，是在液態鋰離子電池的基礎上開發出來的新一代電池，比液態鋰離子電池具有更好的安全性能，而液態鋰離子電池即通常所說的鋰離子電池。

　　聚合物鋰離子電池的工作原理與液態鋰離子電池相同。主要區別是，聚合物的電解液與液態鋰離子電池的不同。電池主要的構造同樣包括有正極、負極與電解質三項要素。所謂的聚合物鋰離子電池是在這三種主要構造中至少有一項或一項以上採用高分子材料作為電池系統的主要組成。在目前所開發的聚合物鋰離子電池系統中，高分子材料主要是被應用於正極或電解質。正極材料包括導電高分子聚合物或一般鋰離子電池所採用的無機化合物，電解質則可以使用固態或膠態高分子電解質，或是有機電解液。目前鋰離子電池使用液體或膠體電解液，因此需要堅固的二次包裝來容納電池中可燃的活性成分，這就

表2-4　某些型號的鋰離子電池規格

電池型號	外形尺寸 mm	質量 g	額定容量／（mA·h）	額定電壓 V	循環壽命 次	適用溫度 °C
18650	$\phi 18 \times 65$	41	1400			
17670	$\phi 17 \times 67$	39	1200			
14500	$\phi 14 \times 50$	19	550	3.6	≥500	$-20 \sim +60$
083448	$8 \times 34 \times 48$	35	900			
083467	$8 \times 34 \times 67$	30	900			
083048	$8 \times 30 \times 48$	20	550			

增加了其重量，另外也限制了電池尺寸的靈活性。聚合物鋰離子製備方法中不會存有多餘的電解液，因此它更穩定，也不易因電池的過量充電、碰撞或其他損害以及過量使用而造成危險情況。

　　鋰離子電池在結構上主要有五大塊：正極、負極、電解液、隔膜、外殼與電極引線。鋰離子電池的結構主要分捲繞式和層疊式兩大類。液鋰電池採用捲繞結構，聚鋰電池則兩種均有。捲繞式將正極膜片、隔膜、負極膜片依次放好，捲繞成圓柱形或扁柱形，層疊式則將正極、隔膜、負極、隔膜、正極這樣的方式多層堆疊。將所有正極焊接在一起引出，負極也焊成一起引出。

　　新一代的聚合物鋰離子電池在形狀上可做到薄形化（如廣州東莞某公司ATL生產的電池最薄可達0.5mm，相當於一張卡片的厚度）、任意面積化和任意形狀化，大大提高了電池造型設計的靈活性，從而可以配合產品需求，做成任何形狀與容量的電池，為應用設備開發商在電源解決方案上提供了高度的設計靈活性和適應性，從而可最大化地優化其產品性能。

　　聚合物鋰離子電池適用於手機、移動DVD、筆記型電腦、錄影機、數位相機、數位攝影機，個人數位助理（PDA）、3G行動電話、電動車、攜帶式衛星定位系統，以及汽車、火車、輪船、太空梭、智慧型機器人、電動滑板車、兒童玩具車、剪草機、採棉機、野外勘探工具、手動工具等移動設備在未來均可能使用聚合物鋰離子電池。

　　同時，聚合物鋰離子電池的單位能量比目前的一般鋰離子電池提高了50%，其容量、充放電特性、安全性、工作溫度範圍、循環壽命（超過500次）與環保性能等方面都較鋰離子電池有大幅度的提高。

　　表2-5列出了國內某電池生產商的電池規格以及性能比較。

聚合物鋰離子電池具有如下優點。

①安全性能好　聚合物鋰離子電池在結構上採用鋁塑軟包裝，有別於液態電池的金屬外殼，一旦發生安全問題，液態電池容易爆炸，而聚合物電池則只會出現氣鼓。

②電池厚度小，可製作得更薄　普通液態鋰離子電池採用先定製外殼，後塞正負極材料的方法，厚度做到3.6mm以下存在技術瓶頸，聚合物電池則不存在這一問題，厚度可做到1mm以下，符合時尚手機需求方向。

③重量輕　聚合物電池重量較同等容量規格的鋼殼鋰電輕40%，較鋁殼電池輕20%。

表2-5　一些電池的有關性能比較

電池類型	酸性電池	鎳鎘電池	鎳氫電池	液態鋰電池	聚合物鋰電池
安全	好	好	好	好	優
工作電壓／V	2	1.2	1.2	3.7	3.7
重量比能量／（W·h/kg）	35	41	50～80	120～160	140～180
體積比能量／（W·h/L）	80	120	100～200	200～280	>320
循環壽命	300	300	500	>500	>500
工作溫度／°C	−20～60	20～60	20～60	0～60	0～60
記憶效應	無	有	無	無	無
自放電	<0	<10	<30	<5	<5
毒性	有毒	有毒	輕毒	輕毒	無毒
形狀	固定	固定	固定	固定	任意形狀

④電池容量大　聚合物電池較同等尺寸規格的鋼殼電池容量高10%～15%，較鋁殼電池高5%～10%，成為彩屏手機及彩信手機的首選，現在市面上新出的彩屏和彩信手機也大多採用聚合物電池。

⑤內阻小　聚合物電池的內阻較一般液態電池小，目前國產聚合物電池的內阻甚至可以做到35mΩ以下，這樣可極大地減低電池的自耗電，延長手機的待機時間，這種支援大放電電流的聚合物鋰電池更是遙控模型的理想選擇，成為最有希望替代鎳氫電池的產品。

⑥電池的形狀可定製　聚合物電池可根據需求增加或減少電池厚度，開發新的電池型號，價格便宜，開模周期短，有的甚至可以根據手機形狀量身定做，以充分利用電池外殼空間，提升電池容量。

⑦放電性能好　聚合物電池採用膠體電解質，相較於液態電解質，膠體電解質具有平穩的放電特性和更高的放電平台。

⑧保護板設計簡單　由於採用聚合物材料，電池不起火、不爆炸，電池本身具有足夠的安全性，因此聚合物電池的保護線路的設計可考慮省略PTC和保險絲，從而節約了電池成本。

除上面介紹的電池外，還有一種所謂的「塑膠鋰離子電池」，最早的塑膠鋰離子電池是1994年由美國Bellcore實驗室提出，其外形與聚合物鋰離子電池完全一樣，其實是傳統的鋰離子電池的「軟包裝」，即採用鋁／PP複合膜代替不銹鋼或者鋁殼進行熱壓塑封裝，電解液吸附於多孔電極中。幾種鋰離子電池結構比較見表2-6。

表2-6　鋰離子電池結構比較

電池類型	電解液	殼體／包裝	隔膜	集流體	電解液是否固定膠體中
方形鋰離子電池	液態	不銹鋼、鋁	$25\mu PE$	銅箔和鋁箔	否
膜鋰離子電池	液態	鋁／ＰＰ複合膜	$25\mu PE$	銅箔和鋁箔	否
聚合物鋰離子電池	膠體聚合物	鋁／ＰＰ複合膜	沒有隔膜或μPE	銅箔和鋁箔	是

2.4　鋰離子電池的設計

　　電池的結構、殼體及零部件、電極的外形尺寸及製造方法、兩極物質的配比、電池組裝的鬆緊度對電池的性能都具有不同程度的影響。因此，合理的電池設計、優化的生產方法過程，是關係到研究結果準確性、重現性、可靠性與否的關鍵。

　　鋰離子電池作為一類化學電源，其設計亦需適合化學電源的基本思想及原則。化學電源是一種直接把化學能轉變成低壓直流電能的裝置，這種裝置實際上是一個小的直流發電器或能量轉換器。按用電器具的技術要求，相應地與之相配套的化學電源亦有對應的技術要求。製造商們均設法使化學電源既能發揮其自身的特點，又能以較好的性能適應整機的要求。這種設計思想及原則使得化學電源能滿足整機技術要求的過程，被稱為化學電源的設計。

　　化學電源的設計主要解決問題是：

　　①在允許的尺寸、重量範圍內進行結構和方法的設計，使其滿足

整機系統的用電要求；

　②尋找可行和簡單可行的方法路線；

　③最大限度地降低電池成本；

　④在條件許可的情況下，提高產品的技術性能；

　⑤儘可能實現綠色能源，克服和解決環境污染問題。

　　隨著鋰離子電池的商品化，越來越多的領域都使用鋰離子電池。由於技術問題，目前使用的鋰離子電池還是以鈷酸鋰為主作為其正極材料，而鈷是一種戰略性資源，其價格相當貴，同時由於其高毒性存在著環境污染問題，科學研究工作者正在進行這方面的努力，值得慶倖的是，錳酸鋰及其摻雜化合物正作為最具有挑戰替代鈷酸鋰正極材料，且越來越引起人們的關注而將問世。

　　本節電池的設計主要從電池的設計原理、設計原則及一般的計算方法進行介紹。簡要地闡述電池殼體材料的選擇原則、製作方法和環境保護等。

　　電池設計傳統的計算方法是在通過化學電源設計時積累的經驗或試驗基礎上，根據要求條件進行選擇和計算，並經過進一步的試驗，來確定合理的參數。

　　另外，隨著電子電腦技術的發展和應用，也為電池的設計開闢了道路。目前已經能根據以往的經驗資料編制電腦程式進行設計。預計今後將會進一步發展到完全用電腦進行設計，對縮短電池的研製周期，有著廣闊的前景。

2.4.1 電池設計的一般程式

電池的設計包括性能設計和結構設計，所謂性能設計是指電壓、容量和壽命的設計。而結構設計是指電池殼、隔膜、電解液和其他結構件的設計。

設計的一般程式分為以下三步。

第一步：對各種設定的技術指標進行綜合分析，找出關鍵問題。

通常為滿足整機的技術要求，提出的技術指標有工作電壓、電壓精度、工作電流、工作時間、機械載荷、壽命和環境溫度等，其中主要的是工作電壓（及電壓精度）、容量和壽命。

第二步：進行性能設計。根據要解決的關鍵問題，在以往積累的試驗資料和生產實際中積累的經驗的基礎上，確定合適的工作電流密度，選擇合適的方法類型，以期做出合理的電壓及其他性能設計。根據實際所需要的容量，確定合適的設計容量，以確定活性物質的比例用量。選擇合適的隔膜材料、殼體材質等，以確定壽命設計。選材問題應根據電池要求在保證成本的前提下盡可能地選擇新材料。當然這些設計之間都是相關的設計時要綜合考慮，不可偏廢任何一方面。

第三步：進行結構設計。包括外形尺寸的確定，單體電池的外殼設計，電解液的設計隔膜的設計以及導電網、極柱、氣孔設計等。對於電池組還要進行電池組合、電池組外殼、內襯材料以及加熱系統的設計。

設計中應著眼於主要問題，對次要問題進行折中和平衡，最後確定合理的設計方案。

2.4.2　電池設計的要求

　　電池設計是為滿足物件（用戶或儀器設備）要求進行的。因此，在進行電池設計前，首先必須詳盡地瞭解物件對電池性能指標及使用條件的要求，一般包括以下幾個方面：電池的工作電壓及要求的電壓精度；電池的工作電流，即正常放電電流和峰值電流；電池的工作時間，包括連續放電時間、使用期限或循環壽命；電池的工作環境，包括電池工作時所處狀態及環境溫度；電池的最大允許體積和重量。

　　現以生產方型鋰離子電池為例，來說明和確定選擇的電池材料組裝的AA型鋰離子電池的設計要求：

　　電池在放電態下的歐姆內阻不大於40Ω；電池1C放電時，視不同的正極材料而定，如$LiCoO_2$的比容量不小於135mA·h/g；電池2C放電容量不小於1C放電容量的96%；在前30次1C充放電循環過程中，3.6V以上的容量不小於電池總容量的80%；在前100次1C充放電循環過程中，電池的平均每次容量衰減不大於0.06%；電池荷電時置於135°C的電爐中不發生爆炸。

　　按照AA型鋰離子電池的結構設計和組裝方法過程組裝的電池，經實驗測試，若結果達到上述要求，說明進行的結構設計合理、組裝方法過程完善，在進行不同正極材料的電池性能研究時，就可按此結構設計與方法過程組裝電池；若結果達不到上述要求，則說明結構設計不夠合理或方法過程不夠完善，需要進行反復的優化，直至實驗結果符合上述要求。

　　鋰離子電池由於其優異的性能，被越來越多地應用到各個領域，特別時一些特殊場合和器件，因此，對於電池的設計有時還有一些特

殊的要求，比如振動、碰撞、重物衝擊、熱衝擊、過充電、短路等。

同時還需考慮：電極材料來源；電池性能；影響電池特性的因素；電池製作方法；經濟指標；環境問題等方面的因素。

2.4.3 電池性能設計

在明確設計任務和做好有關準備後，即可進行電池設計。根據電池用戶要求，電池設計的思路有兩種：一種是為用電設備和儀器提供額定容量的電源；另一種則只是給定電源的外形尺寸，研製開發性能優良的新規格電池或異形電池。

電池設計主要包括參數計算和方法制定，具體步驟如下。

(1)確定組合電池中單體電池數目、單體電池工作電壓與工作電流密度　根據要求確定電池組的工作總電壓、工作電流等指標，選定電池系列，參照該系列的「伏安曲線」（經驗資料或通過實驗所得），確定單體電池的工作電壓與工作電流密度。

$$單體電池數目 = \frac{電池工作總電壓}{單體電池工作電壓}$$

(2)計算電極總面積和電極數目　根據要求的工作電流和選定的工作電流密度，計算電極總面積（以控制電極為準）。

$$電極總面積 = \frac{工作電流（mA）}{工作電流密度（mA/cm^2）}$$

根據電池外形最大尺寸，選擇合適的電極尺寸，計算電極數目。

$$電極數目 = \frac{電極總面積}{極板面積}$$

(3)計算電池容量　根據要求的工作電流和時間計算額定容量。

$$額定容量 = 工作電流 \times 工作時間$$

(4)確定設計容量

$$設計容量 = 額定容量 \times 設計係數$$

其中設計係數是為保證電池的可靠性和使用壽命而設定的，一般取1.1～1.2。

(5)計算電池正、負極活性物質的用量

①計算控制電極的活性物質用量，根據控制電極的活性物質的電化學當量、設計容量及活性物質利用率計算單體電池中控制電極的物質用量。

$$電極活性物質用量 = \frac{設計容量 \times 活性物電化學當量}{活性物質利用率}$$

②計算非控制電極的活性物質用量　單體電池中非控制電極活性物質的用量，應根據控制電極活性物質用量來定，為了保證電池有較好的性能，一般應過量，通常取係數為1～2。鋰離子電池通常採用負

極碳材料過剩，係數取1.1。

(6)計算正、負極板的平均厚度　根據容量要求來確定單體電池的活性物質用量。當電極物質是單一物質時，則：

$$電極片物質用量 = \frac{單體電池物質用量}{單體電池極板數目}$$

$$電極活性物質平均厚度 =$$

$$\frac{每片電極物質用量}{物質密度 \times 極板面積 \times （1-孔率）} + 集流體厚度$$

$$其中集流體厚度 = \frac{網格重量}{物質密度 \times 網格面積}（或選定厚度）$$

如果電極活性物質不是單一物質而是混合物時，則物質的用量與密度應換成混合物質的用量與密度。

(7)隔膜材料的選擇與厚度、層數的確定　隔膜的主要作用是使電池的正負極分隔開來，防止兩極接觸而短路。此外，還應具有能使電解質離子通過的功能。隔膜材質是不導電的，其物理化學性質對電池的性能有很大影響。鋰離子電池經常用的隔膜有聚丙烯和聚乙烯微孔膜，Celgard的系列隔膜已在鋰離子電池中應用。對於隔膜的層數及厚度要根據隔膜本身性能及具體設計電池的性能要求來確定。

(8)確定電解液的濃度和用量　根據選擇的電池體系特徵，結合具體設計電池的使用條件（如工作電流、工作溫度等）或根據經驗資料來確定電解液的濃度和用量。

常用鋰離子電池的電解液體系有：1mol/L $LiPF_6$/PC-DEC（1：1），PC-DMC（1：1）和PC-MEC（1：1）或1mol/L $LiPF_6$/EC-DEC

（1：1），EC-DMC（1：1）和EC-EMC（1：1）。

註：PC，碳酸丙烯酯；EC，碳酸乙烯酯；DEC，碳酸二乙；DMC，碳酸二甲酯；EMC，碳酸甲乙酯。

(9)確定電池的裝配比及單體電池容器尺寸　電池的裝配比是根據所選定的電池特性及設計電池的電極厚度等情況來確定。一般控制為80%～90%。

根據用電器對電池的要求選定電池後，再根據電池殼體材料的物理性能和力學性能，以確定電池容器的寬度、長度及壁厚等。特別是隨著電子產品的薄型化和輕量化，給電池的空間愈來愈小，這就更要求選用先進的電極材料，製備比容量更高的電池。

2.4.4　AA型鋰離子電池的結構設計

從設計要求來說，由於電池殼體選定為AA型（ϕ14mm×50mm），則電池結構設計主要指電池蓋、電池組裝的鬆緊度、電極片尺寸、電池上部空氣室大小、兩極物質的配比等設計。對它們的設計是否合理將直接影響到電池的內阻、內壓、容量和安全性等性能。

(1)電池蓋的設計　根據鋰離子電池的性能可知，在電池充電末期，陽極電壓高達4.2V以上。如此高的電壓很容易使不銹鋼或鍍鎳不銹鋼發生陽極氧化而被腐蝕，因此傳統的AA型Cd/Ni、MH/Ni電池所使用的不銹鋼或鍍鎳不銹鋼蓋不能用於AA型鋰離子電池。考慮到鋰離子電池的正極集流體可以使用鋁箔而不發生氧化腐蝕，所以在AA型Cd/Ni電池蓋的基礎上，可進行改製設計。首先，在不改變AA型

Cd/Ni電池蓋的雙層結構及外觀的情況下，用金屬鋁代替電池蓋的鍍鎳不銹鋼底層，然後把此鋁片和鍍鎳不銹鋼上層捲邊包合，使其成為一個整體，同時在它們之間放置耐壓為1.0～1.5MPa的乙丙橡膠放氣閥。通過實驗證實，改製後的電池蓋不但密封性、安全性好，而且耐腐蝕，容易和鋁製正極極耳焊接。

(2)裝配鬆緊度的確定　裝配鬆緊度的大小主要根據電池系列的不同，電極和隔膜的尺寸及其膨脹程度來確定。對設計AA型鋰離子電池來說，電極的膨脹主要由正負極物質中的添加劑乙炔黑和聚偏氟乙烯引起，由於其添加量較小，吸液後引起的電極膨脹亦不會太大；充放電過程中，由Li^+在正極材料，如$LiCoO_2$和電解液中的嵌／脫而引起的電極膨脹也十分小；電池的隔膜厚度僅為$25\mu m$，其組成為Celgard2300 PP/PE/PP三層膜，吸液後其膨脹程度也較小。綜合考慮以上因素，鋰離子電池應採取緊裝配的結構設計。通過電芯捲繞、裝殼及電池注液實驗，並結合電池解剖後極粉是否脫落或黏連在隔膜上等結果，可確定的AA型鋰離子電池裝配鬆緊度為$\eta = 86\% \sim 92\%$。

2.4.5　電池保護電路設計

為防止鋰離子電池過充，鋰離子電池必須設計有保護電路，鋰離子電池保護器IC有適用於單節的及2～4節電池組的。在此介紹保護器的要求，同時介紹單節鋰離子電池電路保護器電路。

對鋰離子電池保護器的基本要求如下：

①充電時要充滿，終止充電電壓精度要求在±1%左右；

②在充、放電過程中不過流，需設計有短路保護；

③達到終止放電電壓要禁止繼續放電，終止放電電壓精度控制在±3%左右；

④對深度放電的電池（不低於終止放電電壓）在充電前以小電流方式預充電；

⑤為保證電池工作穩定可靠，防止瞬態電壓變化的干擾，其內部應設計有過充、過放電、過流保護的延時電路，以防止瞬態干擾造成不穩定；

⑥自身耗電省（在充、放電時保護器均應是通電工作狀態）。單節電池保護器耗電一般小於$10\mu A$，多節的電池組一般在$20\mu A$左右；在達到終止放電時，它處於關閉狀態，一般耗電$2\mu A$以下；

⑦保護器電路簡單，周邊元器件少，占空間小，一般可製作在電池或電池組中；

⑧保護器的價格低。

一、單節鋰離子電池的保護器

現以AICI811單節鋰離子電池保護器為例來說明保護器的電路及工作原理。該器件主要特點為：終止充電電壓有4.35V、4.30V及4.25V（分別用型號A、B、C表示），充電電壓精度為$\pm 30mV$（$\pm 0.7\%$），在3.5V工作電壓時，工作電流為$7\mu A$，到達終止放電後耗電僅為$0.2\mu A$；有過充、過放、過流保護，並有延時以免瞬態干擾；過放電電壓2.4V，精度$\pm 3.5\%$；工作溫度$-20\sim +80°C$。

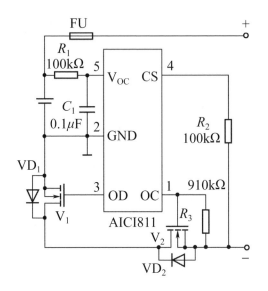

圖2-5　單節鋰離子電池保護器電路示意圖

正常充、放電時，V_1、V_2都導通。充電電流從陰極（＋）流入，經保險絲向電池充電，經V_1、V_2後由陽極（－）流出。正常放電時，電流由+端經負載R_L（圖2-5中未畫出）後，經一端及V_2、V_1流向電池負極，其電流方向與充電電流方向相反。由於V_1、V_2的導通電阻極小，因此損耗較小。幾種保護電路的工作狀態分別參看圖2-6和圖2-7。

(1)過充電保護　如圖2-6所示，P_1為控制過充電的帶滯後的比較器，R_6、R_7組成的分壓器接在鋰離子電池兩端，其中間檢測電池的電壓並接在R_1的同相端，P_1的反相端接1.2V基準電壓。充電時，當電池電壓低於過充電閾值電壓時，P_1的反相端電壓大於同相端電壓，P_1輸出低電平，使Q_1導通，V_2的偏置電阻R_3有電流流過使V_2也導通（V_1在充電時是導通的），這樣形成充電回路。當充電到達並超過充電閾值電壓時，P_1同相端電壓超過1.2V，P_1輸出高電平，經100ms延時後使Q_1截止，R_3無電壓使V_2截止，充電電路斷開，防止過充電。

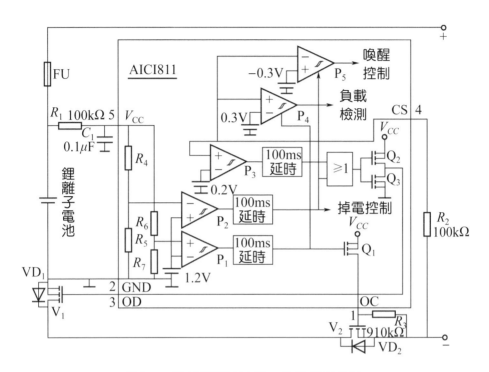

圖2-6　幾種保護電路的工作狀態示意圖

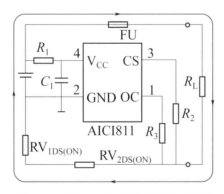

圖2-7　單節鋰離子電池過流保護

(2)過放電保護　過放電保護電路是由R_4、R_5組成的分壓器、帶滯後的比較器P_2、100ms延時電路、或門及由Q_2、Q_3組成的CMOS輸出電路組成。當電池放電達到2.4V時，P_2輸出高電平，經延時後使

OD輸出低電平，V_1截止，放電回路斷開，禁止放電。

(3)過流保護　以放電電流過流保護為例，CS端為放電電流檢測端，它連續地檢測放電電流。這是利用CS端的電壓VCS與放電電流IL有一定關係，如圖2-7所示。如果把導通的V_1、V_2看做一個電阻，則放電回路如圖2-7所示。

過流保護電路由比較器P_3、延時電路或閘等組成。若放電電流超過設定閾值而使VCS超過0.2V，則P_3輸出高電平，其結果與過放電情況相同使V_2截止，禁止放電。該器件的其他功能，這裡不再介紹。

二、3～4節鋰離子電池的保護

現以MAX1894/MAX1924為例說明其功能及特點。MAX1894設計用於4節鋰離子電池組，而MAX1924適用於3節或4節的電池組。兩個保護器可監控串聯電池中每一個電池的電壓，避免過充電及過放電，從而能有效地延長電池的壽命。另外，它也能防止充、放電時電流過大或短路。

兩個器件組成的保護器電路如圖2-8所示。它是一種用於4節鋰離子電池組的保護器。串聯的4個電池在充電時每一個電池的電壓基本相等（均壓），所以增加了內部電路及外部電阻、電容等元件；另外，由微控制器（μC）來控制，可以輸出電池的狀態信號，使功能更完善。

兩個器件的主要特點是：每個電池的過壓閾值可以設定，其電壓精度可達$\pm0.5\%$；終止放電電壓閾值亦能設定，精度可達$\pm2\%$；有關閉模式，關閉狀態時耗電$0.8\mu A$，可防止電池深度放電；工作電流典型值為$30\mu A$；工作溫度範圍-40～$+85°C$。

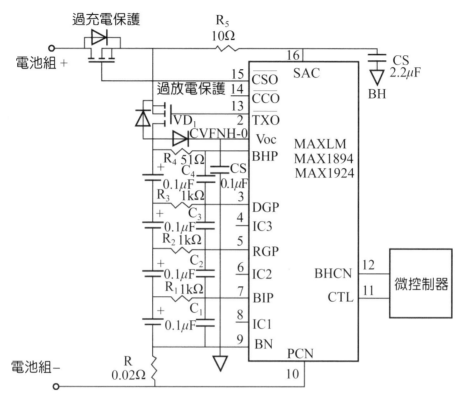

圖2-8 兩個器件組成的保護器電路示意圖

2.4.6 鋰離子電池監控器

鋰離子電池監控器除了有保護電路外（可保護電池在充電、放電過程中免於過充電、過放電和過熱），還能輸出電池剩餘能量信號（用LCD顯示器可形象地顯示出電池剩餘能量），這樣可隨時瞭解電池的剩餘能量狀態，以便及時充電或更換電池。它主要用於有μC或μP的攜帶型電子產品中，如手機、錄影機、照相機、醫療儀器或音、視頻裝置等。

現以DS2760為例說明該器件的特點、內部結構及應用電路。該器件有溫度感測器，能檢測雙向電流的電流檢測器及電池電壓檢測器，並有12位ADC將類比量轉模成數位量；有多種記憶體，能實現電池剩餘能量的計算。它是將資料獲取、資訊計算與存儲及安全保護於一身。另外，它具有周邊元件少、電路簡單、元件封裝尺寸小（3.25mm×2.75mm，管芯式BGA封裝）的特點。

DS2760的內部有25mΩ檢測電阻，能檢測雙向（充電及放電）電流（但自身阻值極小，損耗極小）；電流解析度為0.625mA，動態範圍為1.8A，並有電流累加計算；電壓測量解析度為48mV；溫度測量解析度可達0.125°C；由ADC轉換的數位量存儲在相應的記憶體內，通過單線介面與主系統連接，可對鋰離子電池組成的電源進行管理及控制，即實現與內部記憶體進行讀、寫、訪問及控制。器件功耗低，工作狀態時最大電流80μA，節能狀態（睡眠模式）時小於2μA。

DS2760的功能結構框圖如圖2-9所示。它由溫度感測器、25mΩ電流檢測電阻、多路器、基準電壓、ADC、多種記憶體、電流累加器及時基、狀態／控制電路、與主系統單線介面及位址、鋰離子保護器等組成。

DS2760有EEPOM、可鎖EEPROM及SRAM三種形式的記憶體，EEPROM用於保護電池的重要資料，可鎖EEPROM用作ROM，SRAM可暫供作數據的存儲。

應用電路並不複雜，如圖2-10所示。兩個P溝道功率MOSFET分別控制充電及放電，BAT+、BAT−之間連接鋰離子電池，PACK+、PACK−為電池組的正負端，DATA端與系統介面。該電路適用於單節鋰電池，若採用貼片式元器件占空間很小，亦可做在電池中。

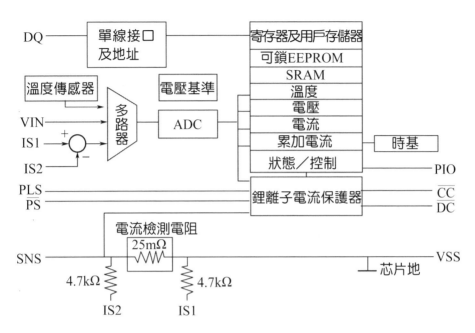

圖2-9　DS2760的功能結構框示意圖

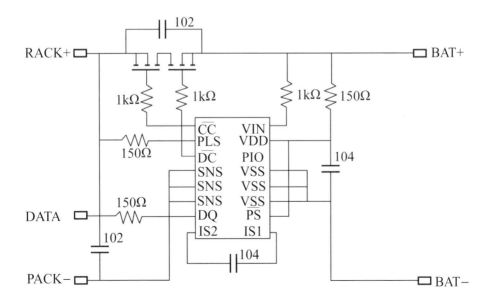

圖2-10　應用電路示意圖

2.4.7 鋰離子電池體系熱變化與控制

電池體系的溫度變化由熱量的產生和散發兩個因素決定,其熱量的產生可以通過熱分解和(或)電池材料之間的反應所致。

當電池中某一部分發生偏差時,如內部短路、大電流充放電和過充電,則會產生大量的熱,導致電池體系的溫度增加。當電池體系達到一定的溫度時,就會導致系列分解等反應,使電池受到熱破壞。同時由於鋰離子電池中的液體電解質為有機化合物而易燃,因此體系的溫度達到較高時電池會著火。當產生的熱量不大時,電池體系的溫度不高,此時電池處於安全狀態。鋰離子電池內部產生熱量的原因主要由以下所述。

(1)電池電解質與負極的反應　雖然電解質與金屬鋰或碳材料之間有一層介面保護膜,保護膜的存在使得其間的反應受到限制。但當溫度達到一定高度時,反應活性增加,該介面膜不足以防止材料間的反應,只有在生成更厚的保護膜時才能防止反應的發生。由於反應為放熱反應,將使得電池體系的溫度增加,如在進行電池的熱測試時則會說明體系發生放熱反應。將電池置於保溫器中,當空氣溫度升高到一定時,電池體系的溫度上升,且比周圍空氣的溫度更高,但是經過一段時間後,又恢復到周圍的空氣溫度。表明當保護膜達到一定厚度後,反應停止。無疑不同類型的保護膜與反應溫度有關。

(2)電解質中存在的熱分解　鋰離子電池體系達到一定溫度時,電解質會發生分解並產生熱量。對於EC-PC/LiAsF$_6$電解質,開始分解溫度為190°C左右。加入2-甲基四氫呋喃後,電解質的分解溫度開始下降。

如對於EC-(2-Me-THF)（50/50）/LiAsP$_6$和PC-EC-(2-Me-THF)（70/15/15）LiAsP$_6$體系而言，它們的分解溫度分別為145°C和155°C。而用LiCF$_3$SO$_3$取代LiAsP$_6$，熱穩定性明顯提高。PC-EC-(2-Me-THF)（70/15/15）/LiCF$_3$SO$_3$的分解溫度達260°C。當其氧化後，電解質體系的熱穩定性明顯下降。

表2-7指出了PC/DME電解液體系的開始分解溫度。可見，LiCF$_3$SO$_3$鹽最為穩定。

(3)電解質與正極的反應　由於鋰離子電池電解質的分解電壓高於正極的電壓，因此電解質與正極反應的情況很少發生。但是當發生過充電時，正極將變得不穩定，與電解質發生氧化反應而產生熱。

(4)負極材料的熱分解　作為負極材料，金屬鋰在180°C時會吸熱而熔化，負極加熱到180°C以上時，電池溫度將停留在180°C左右。必須注意的是熔化的鋰易流動，而導致短路。

對於碳負極而言，碳化鋰在180°C發生分解產生熱量。通過針刺實驗表明，鋰的插入安全限度為60%，插入量過多時，易導致在較低的溫度下負極材料發生放熱分解。

表2-7　PC／DMC電解液體系的開始分解溫度資料

溶劑	電解質鹽	添加劑	分解溫度／°C	溶劑	電解質鹽	添加劑	分解溫度／°C
PC/DMC	無	無	265	PC/DMC	無	MnO_2	132
	$LiClO_4$	無	217		$LiClO_4$	MnO_2	138
	$LiCF_3SO_3$	無	268		$LiCF_3SO_3$	MnO_2	144
	$LiPF_6$	無	156		無	金屬鋰／MnO_2	187
	無	金屬鋰	185		$LiClO_4$	金屬鋰／MnO_2	173
	$LiClO_4$	金屬鋰	149		$LiCF_3SO_3$	金屬鋰／MnO_2	171
	$LiCF_3SO_3$	金屬鋰	155				

(5)正極材料的熱分解 工作電壓高於4V時,正極材料將呈現不穩定,特別是處於充電狀態時,正極材料會在180°C時發生分解。與其他正極材料相比較,V_2O_5正極比較穩定,其熔點(吸熱)為670°C,沸點為1690°C。對於4V正極材料,處於充電狀態時,它們分解溫度按如下順序降低:$LiMnO_4 > LiCO_2 > LiNiO_2$。$LiNiO_2$的可逆容量高,但是不穩定,通過摻雜如加入Al、Co、Mn等元素,可有效提高其熱穩定性。

(6)正極活性物和負極活性物的焓變 鋰離子電池充電時吸熱,放電時放熱,主要是由於鋰嵌入到正極材料中的焓發生改變。

(7)電流通過內阻而產生熱量 電池存在內阻(R_c),當電流通過電池時,內阻產生的熱可用I^2R_c進行計算。其熱量有時亦為極化熱。當電池外部短路時,電池內阻產生的熱占主要地位。

(8)其他 對於鋰離子電池而言,負極電位接近金屬鋰的電極電位,因此除了上述反應外,與膠黏劑等的反應亦須考慮。如含氟膠黏劑(包括PVDF)與負極發生反應產生的熱量。當採用其他膠黏劑如酚醛樹脂基膠黏劑可大大減少電池熱量的產生。此外,溶劑與電解質鹽也會導致反應熱的生成。

降低電池體系的熱量和提高體系的抗高溫性能,電池體系則安全。此外,在電池製作方法中採用不易燃或不燃的電解質,如陶瓷電解質、熔融鹽等,亦可提高電池的抗高溫性能。表2-8指出了不同鋰離子電池體系的熱反應資料。

表2-8 不同鋰離子電池體系的熱反應資料

溫度範圍 /°C	反應類型	熱反應結果	放出熱 /（J/g）
120～150	Li_xC_6 + 電解質（液體）	破壞鈍化膜	350
130～180	聚乙烯隔膜融化	吸熱	−190
160～190	聚丙烯隔膜融化	吸熱	−90
180～500	$LiNiO_2$ + 電解質	析熱峰位約200°C	600
220～500	$LiCoO_2$ + 電解質	析熱峰位約230°C	450
150～300	$LiMn_2O_4$ + 電解質	析熱峰位約300°C	450
130～220	$LiPF_6$ + 溶劑	能量較低	250
240～350	Li_xC_6 + PVDF膠黏劑	劇烈反應	1500

2.5 鋰離子電池的基本組成及關鍵材料

鋰離子電池是化學電源的一種。我們知道，化學電源在實現能量轉換過程中，必須具備以下條件。

①組成電池的兩個電極進行氧化還原反應的過程，必須分別在兩個分開的區域進行，這有別於一般的氧化還原反應。

②兩種電極活性物進行氧化還原反應時，所需要的電子必須由外電路傳遞，它有別於腐蝕過程的微電池反應。

為了滿足以上條件，不論電池是什麼系列、形狀、大小，均由以下幾個部分組成：電極（活性物質）、電解液、隔膜、黏結劑、外殼；另外還有正、負極引線，中心端子，絕緣材料，安全閥，PTC（正溫度控制端子）等也是鋰離子電池不可或缺的部分。下面扼要介紹鋰離子電池中的主要幾個組成部分，即電極材料、電解液、隔膜和黏結劑。

2.5.1 電極材料

電極是電池的核心，由活性物質和導電骨架組成。正負極活性物質是產生電能的源泉，是決定電池基本特性的重要組成部分。如在鋰離子電池中，目前商品化的鋰離子電池的正極活性物質一般為 $LiCoO_2$，目前科學研究的重點正在朝著無鈷材料努力，市場上也有部分正極材料採用 $LiMn_2O_4$ 等。

電源內部的非靜電力是將單位正電荷從電源負極經內電路移動到正極過程中做的功。電動勢的符號是 ε，單位是伏（V）。電源是一種把其他形式能轉變為電能的裝置。要在電路中維持恆定電流，只有靜電場力還不夠，還需要有非靜電力。電源則提供非靜電力，把正電荷從低電勢處移到高電勢處，非靜電力推動電荷做功的過程，就是其他形式能轉換為電能的過程。

電動勢是顯示電源產生電能的物理量特性。不同電源非靜電力的來源不同，能量轉換形式也不同。如化學電動勢（乾電池、鈕扣電池、蓄電池、鋰離子電池等）的非靜電力是一種化學作用，電動勢的大小與電源大小無關；發電機的非靜電力是磁場對運動電荷的作用力；光生電動勢（光電池）的非靜電力來源於內光電效應；而壓電電動勢（晶體壓電點火、晶體話筒等）來源於機械功造成的極化現象。

當電源的外電路斷開時，電源內部的非靜電力與靜電場力平衡，電源正負極兩端的電壓等於電源電動勢。當外電路接通時，端電壓小於電動勢。

對鋰離子電池而言，其對活性物質的要求是：首先組成電池的電動勢高，即正極活性物質的標準電極電位越正，負極活性物質標準電

極電位越負，這樣組成的電池電動勢就越高。

以鋰離子電池為例，其通常採用 $LiCoO_2$ 作為正極活性物質，碳作為負極活性物質，這樣可獲得高達3.6V以上的電動勢；其次就是活性物質自發進行反應的能力越強越好；電池的重量比容量和體積比容量要大，$LiCoO_2$ 和石墨的理論重量比容量都較大，分別為279mA・h/g和372mA・h/g；而且，要求活性物質在電解液中的穩定性高，這樣可以減少電池在儲存過程中的自放電，從而提高電池的儲存性能；此外，對活性物質要求有較高的電子導電性，以降低其內阻；當然從經濟和環保方面考慮，要求活性物質來源廣泛，價格便宜，對環境友善。

一、正極材料

鋰離子電池正極活性物質的選擇除上述要求外，還有其特殊的要求，具體來說，鋰離子電池正極材料的選擇必須遵循以下原則。

①正極材料具有較大的吉布斯自由能，以便與負極材料之間保持一個較大的電位差，提供電池工作電壓（高比功率）。

②鋰離子嵌入反應時的吉布斯自由能改變 ΔG 小，即鋰離子嵌入量大且電極電位對嵌入量的依賴性較小，這樣確保鋰離子電池工作電壓穩定。

③較寬的鋰離子嵌入／脫嵌範圍和相當的鋰離子嵌入／脫逸量（比容量大）。

④正極材料需有大的孔徑「隧道」結構，以利在充放電過程中，鋰離子在其中的嵌入／脫逸。

⑤鋰離子在「隧道」中有較大的擴散係數和遷移係數，來保證大的擴散速率，並具有良好的電子導電性，以提高鋰離子電池的最大工

作電流。

⑥正極材料具有大的介面結構和多的表觀結構，以增加放電時嵌鋰的空間位置，提高其嵌鋰容量。

⑦正極材料的化學物理性質均一，其異動性極小，以保證電池良好的可逆性（循環壽命長）。

⑧與電解液不發生化學或物理的反應。

⑨與電解質有良好的相容性，熱穩定性高，來保證電池工作安全。

⑩具有重量輕，易於製作適用的電極結構，以便提高鋰離子電池的性價比。

⑪無毒、價廉，易製備。

常用的正極活性物質除了$LiCoO_2$外，還有$LiMn_2O_4$等。表2-9列出了部分正極材料的有關性能資料。

用於商品化的鋰離子電池正極材料$LiCoO_2$，它屬於α-$NaFeO_2$型結構。層狀岩鹽鈷酸鋰的合成方法主要有高溫固相法、低溫共沈澱法和凝膠法，比較成熟的是高溫固相法，有關方法在以後章節中詳細介紹。

鈷是一種戰略元素，全球的儲量十分有限，其價格昂貴而且毒性大，因此，以$LiCoO_2$作為正極活性物質的鋰離子電池成本偏高；另外，$LiCoO_2$中，可逆地脫嵌鋰的量為$0.5\sim0.6$mol，過充電時所脫出的鋰大於0.6mol時，過量的鋰以單質鋰的形式沈積於負極，亦會帶來安全隱患。$LiCoO_2$過充後所產生的CoO_2對電解質氧化的催化活性很強，同時，CoO_2起始分解溫度低（約240°C），放出的熱量大（1000J/g）。因此以$LiCoO_2$作鋰離子電池正極材料亦存在嚴重的安全隱患，只適合小容量的單體電池單獨使用。

表2-9　部分正極材料的工作電壓和能量資料

正極材料	電壓 (vs.Li$^+$/Li)/V	理論容量 /(A · h/kg)	實際容量 /(A · h/kg)	理論比能量 /(W · h/kg)	實際比能量 /(W · h/kg)
LiCoO$_2$	3.8	273(1)	140	1037	532
LiNiO$_2$	3.7	274(1)	170	1013	629
LiMn$_2$O$_4$	4.0	148(1)	110	592	440
V$_2$O$_5$	2.7	440(3)	200	1200	540
V$_6$O$_{13}$	2.6	420(8)	200	1000	520
Li$_x$Mn$_2$O$_4$	2.8	210(0.7)	170	588	480
Li$_4$Mn$_5$O$_{12}$	2.8	160(3)	140	448	392

說明：表中括弧內的數值是鋰離子最大嵌入／脫出數；表中資料是用金屬鋰作為負極材料參比。

　　相對於金屬鈷而言，金屬鎳要便宜得多，世界上已經探明鎳的可採儲量約為鈷的14.5倍，而且毒性也較低。由於Ni和Co的化學性質接近，LiNiO$_2$和LiCoO$_2$具有相同的結構。兩種化合物同屬於α-NaFeO$_2$型二維層狀結構，適用於鋰離子的脫出和嵌入。LiNiO$_2$不存在過充電和過放電的限制，具有較好的高溫穩定性，其自放電率低，污染小，對電解液的要求低，是一種很有前途的鋰離子電池正極材料；然而LiNiO$_2$在充放電過程中，其結構欠穩定，且製作方法條件苛刻，不易製備得到穩定α-NaFeO$_2$型二維層狀結構的LiNiO$_2$。

　　LiNiO$_2$通常採用高溫固相法反應合成，以LiOH、LiNO$_3$、Li$_2$O、Li$_2$CO$_3$等鋰鹽和Ni(OH)$_2$、NiNO$_3$、NiO等鎳鹽為原料，Ni與Li的莫耳比為（1：1.1）～（1：1.5），將反應物混合均勻後，壓製成片或丸，在650～850℃下富氧氣氛中鍛燒5～16h製得。

　　與鋰鈷氧化物和鋰鎳氧化物相比，鋰錳氧化物具有安全性好、耐過充性好。原料錳的資源豐富、價格低廉及無毒性等優點，是最具

發展前途的正極材料之一。鋰錳氧化物主要有兩種，即層狀結構的 $LiMnO_2$ 和尖晶石結構的 $LiMn_2O_4$。

尖晶石型的 $LiMn_2O_4$ 屬立方晶系，具有 Fd3m 空間群；其理論容量為 148mA·h/g。其中氧原子構成面心立方緊密堆積（*ccp*），鋰和錳分別佔據 *ccp* 堆積的四面體位置（8*a*）和八面體位置（16*d*），其中四面體晶格 8*a*、48*f* 和八面體晶格 16*c* 共面構成互通的三維離子通道，適合鋰離子自由脫出和嵌入。

尖晶石 $LiMn_2O_4$ 的製法有高溫固相法、融鹽浸漬法、共沈澱法、pechini 法、噴霧乾燥法、溶膠—凝膠法、水熱合成等。

在充放電過程中，$LiMn_2O_4$ 會發生有立方晶系到四方晶系的相變，導致容量衰減嚴重，循環壽命低。目前，研究者通過摻雜其他半徑和價態與 Mn 相近的金屬原子（Co、Ni、Cr、Zn、Mg 等）來改善其電化學性能，效果明顯。但是總的來說，這些摻雜元素的加入量不宜過多，過多的摻雜物將使得電池的容量明顯降低。其次，在化學計量的 $LiMn_2O_4$ 中添加適度過量的鋰鹽亦可以提高其晶體結構的穩定性。

尖晶石型的 LiM_2O_4（M = Mn、Co、V 等）中 M_2O_4 骨架是一個有利於 Li^+ 擴散的四面體和八面體共面的三維網路。其典型代表是 $LiMn_2O_4$。因為在加熱過程中易失去氧而產生電化學性能差的缺氧化合物，使高容量的 $LiMn_2O_4$ 製備較複雜，尖晶石型特別摻雜型 $LiMn_2O_4$ 的結構與性能的關係仍是今後鋰離子電池電極材料研究的方向。

層狀 $LiMnO_2$ 同 $LiCoO_2$ 一樣，具有 α-$NaFeO_2$ 型層狀結構，理論容量為 286mA·h/g。在空氣中穩定，是一種具有潛力的正極材料。它的製備方法也是多種多樣的。如通過高溫固相法製備的層狀 $LiMnO_2$ 在 2.5～4.3V 間充放電，可逆容量可達 200mA·h/g，經過第一次充

電，正交晶系的$LiMnO_2$會轉變成尖晶石型的$LiMn_2O_4$，因此可逆容量很差。

除上述過渡金屬氧化物作為鋰離子電池正極材料外，目前研究關注的重點正極材料還有多元酸根離子體系$LiMXO_4$、$Li_3M_2(XO_4)_3$（其中M＝Fe、Co、Mn、V等；X＝P、S、Si、W等）。

自從1997年，有人報導了鋰離子可在$LiFePO_4$中可逆地脫嵌以來，具有有序結構的橄欖石型$LiMPO_4$材料就受到了廣泛的關注，美國的Valence公司已將類似材料應用於該公司的聚合物電池之中。

磷酸鐵鋰（$LiFePO_4$）具有規整的橄欖石晶體結構，屬於正交晶系（Pmnb），每個晶胞中有四個$LiFePO_4$單元。其晶胞參數為a＝0.6008nm，b＝1.0324nm和c＝0.4694nm。圖2-11為$LiFePO_4$的立體結構示意圖。

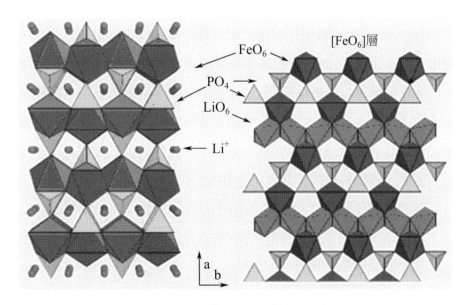

圖2-11　磷酸鐵鋰的立體結構示意圖

在$LiFePO_4$中，氧原子以稍微扭曲的六方緊密堆積方式排列，Fe與Li各自處於氧原子八面體中心位置，形成FeO_6八面體和LiO_6八面體。交替排列的FeO_6八面體、LiO_6八面體和PO_4四面體形成層狀腳手架結構。在*bc*平面上，相鄰的FeO_6八面體通過共用頂點的一個氧原子相連，構成FeO_6層。在FeO_6層之間，相鄰的LiO_6八面體在*b*方向上通過共用稜的兩個氧原子相連成鏈。每個PO_4四面體與FeO_6八面體共用稜上的兩個氧原子，同時又與兩個LiO_6八面體共用稜上的氧原子。

純相的$LiFePO_4$橄欖石理論比容量為170mA·h/g，實際比容量可到達160mA·h/g左右。穩定的橄欖石結構使得$LiFePO_4$正極材料具有以下優點：①較高的理論比容量和工作電壓，1mol $LiFePO_4$可以脫嵌1mol鋰離子，其工作電壓約為3.4V（相對於Li^+/Li）；②優良的循環性能，特別是高溫循環性能，而且提高使用溫度還可以改善它的高倍率放電性能；③優良的安全性能；④較高的振實密度（3.6mg/cm³），其質量、體積能量密度較高；⑤世界鐵資源豐富、價廉並且無毒，$LiFePO_4$被認為是一種環境友善型正極材料。

儘管如此，$LiFePO_4$正極材料也有它的不足之處，該材料的離子和電子傳導率都很低、合成過程中Fe^{2+}極易被氧化成Fe^{3+}，同時需要較純的惰性氣氛保護等工作條件，目前$LiFePO_4$的研究難點是，合成方法困難、電極材料的高倍率充放電性能較差。

作為鋰離子電池正極材料最基本的條件就是：在結構穩定的前提下，在電池充放電過程中Li^+能夠可逆地從該材料結構中脫出和嵌入。許多磷酸鹽都是具有類似於Na快離子導體（NASICON，sodium super ion conductor）的結構，在這類化合物中，存在足夠的空間可以傳導Na^+、Li^+等鹼金屬離子，而且最重要的一點是該類化合物具有比

過渡金屬氧化物穩定得多的結構，即使在脫出Li^+與過渡金屬原子莫耳比大於1的時候仍然具有超乎尋常的穩定性。$Li_3V_2(PO_4)_3$則是這樣一種具有NASICON結構的化合物。

　　$Li_3V_2(PO_4)_3$是NASICON結構化合物的一種，該化合物具有兩種晶型，即斜方（Trigonal/Rhombohedral）和單斜晶系（Monoclinic），其分別如圖2-12(a)和(b)所示。在$Li_3V_2(PO_4)_3$中PO_4四面體VO_6通過共用頂點氧原子而組成三維骨架結構，每個VO_6八面體周圍有六個PO_4四面體，而每個PO_4四面體周圍有四個VO_6八面體。這樣就以A_2B_3（其中A = VO_6、B = PO_4）為單元形成三維網狀結構，每個單晶中由四個A_2B_3單元構成，晶胞中共12個鋰離子。圖2-12(c)顯示單斜晶系$Li_3V_2(PO_4)_3$的立體圖。

　　上述兩種晶型中，只有斜方晶系是NASICON結構的化合物，在斜方晶系$Li_3V_2(PO_4)_3$中A_2B_3單元平行排列〔圖2-12(a)〕，而在單斜晶系$Li_3V_2(PO_4)_3$中A_2B_3單元排列成Z字形〔圖2-12(b)〕，這樣就減小了客體鋰離子嵌入所佔據的空間。這兩種晶型都存在三個相，主要是在

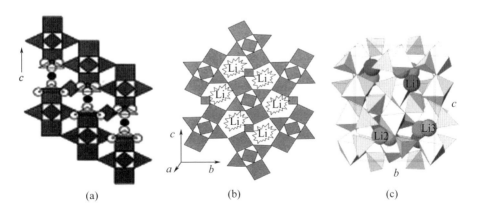

(a)　　　　　　　　(b)　　　　　　　　(c)

圖2-12　兩種不同晶型$Li_3V_2(PO_4)_3$的示意圖

表2-10　正極活性物質配方

配方	LiCoO$_2$	LiNiO$_2$	LiNi$_x$Co$_{1-x}$O$_2$	LiMn$_2$O$_4$	石墨	乙炔黑	PTFE	PVDF
1	80					15	5	
2		83.3				12.2		4.5
3			85(x = 0.8)			10		5
4				65	28			7

不同的溫度下存在著不同相的轉變。低溫時為α相，中溫時為β相，高溫時為γ相，相與相之間的轉化是可逆的，$\alpha\rightarrow\beta$，$\beta\rightarrow\gamma$的相變僅僅是由於鋰原子在佔據位置上的分布不同，尤其是$\beta\rightarrow\gamma$相的轉變就是一種從有序到無序相的轉變。120°C時Li$_3$V$_2$(PO$_4$)$_3$從α相轉變為β相；180°C時候則從β相轉變為γ相。

　　鋰離子電池正極通常由活性物質，如LiCoO$_2$、LiNi$_x$Co$_{1-x}$O$_2$或LiMn$_2$O$_4$中的一種物質與導電劑（如石墨、乙炔黑）及膠黏劑（如PVDF、PTFE）等混合均勻，攪拌成糊狀，均勻地塗覆在鋁箔的兩側，塗層厚度為15～20μm，在氮氣流下乾燥以除去有機物分散劑，然後用輥壓機壓製成型，再按要求剪切成規定尺寸的極片。各廠家的極片配方略有不同，表2-10是常見正極活性物質組成。

二、負極材料

　　在鋰離子電池中，以金屬鋰作為負極時，電解液與鋰發生反應，在金屬鋰表面形成鋰膜，導致鋰枝晶生長，容易引起電池內部短路和電池爆炸。

　　當鋰在碳材料中的嵌入反應時，其電位接近鋰的電位，並不易與有機電解液反應，並表現出良好的循環性能。

　　用碳材料作負極，充放電時在固相內的鋰發生嵌入—脫嵌反應。

$$C_6 + Li^+ + e^- \rightarrow LiC_6$$

除碳基負極材料外，非碳基負極材料的發展也十分引人注目。圖 2-13列出了碳基與非碳基負極材料的分類。

石墨化碳材料的理論容量為372mA・h/g，但其製備溫度高達 2800°C。無定形碳則是在低溫方法下製備，並具有高理論容量的一 類電極材料。無定形碳材料的製備方法較多，最主要有兩種：①將 高分子材料在較低的溫度（< 1200°C）下於惰性氣氛中進行熱處理； ②將小分子有機物進行化學氣相沈積。高分子材料的種類比較多， 例如聚苯、聚丙烯腈、酚醛樹脂等。小分子有機物包括苊、六苯並 苯、酚酞等。這些材料的X射線繞射圖中沒有明顯的（002）面繞射 峰，均為無定形結構，由石墨微晶和無定形區組成。無定形區中存 在大量的微孔結構。其可逆容量在合適的熱處理條件下，均大於372

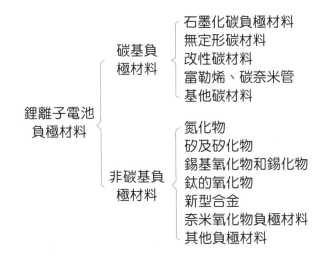

圖2-13　**鋰離子電池負極材料分類一覽圖**

mA・h/g，有的甚至超過1000mA・h/g。主要原因在於微孔可作為可逆貯鋰的「倉庫」。

鋰嵌入無定形碳材料中，首先嵌入到石墨微晶中，然後進入石墨微晶的微孔中。在嵌脫過程中，鋰先從石墨微晶中發生嵌脫，然後才是微孔中的鋰通過石墨微晶發生嵌脫，因此鋰在發生嵌脫的過程中存在電壓滯後現象。此外，由於沒有經過高溫處理，碳材料中殘留有缺陷結構，鋰嵌入時首先與這些結構發生反應，導致電池首次充放電效率低；同時，由於缺陷結構在循環時不穩定，使得電池容量隨循環次數的增加而衰減較快。儘管無定形碳材料的可逆容量高，由於這些不足目前尚未解決，因此還不能達到實際應用的要求。

新型負極材料包括薄膜負極材料、奈米負極材料和新型核／殼結構負極材料等。薄膜負極材料主要用於微電池中，包括複合氧化物、矽以及其合金等，主要的製備方法有射頻磁控噴射法、直流磁控噴射法和氣相化學沈積法等，其應用領域主要是微電子行業。奈米負極材料的開發是利用材料的奈米特性，減少充放電過程中體積膨脹和收縮對結構的影響，從而改進循環性能。研究表明，奈米特性的有效利用可改進這些負極材料的循環性能，然而離實際應用還有距離。關鍵原因是，奈米粒子隨充放電循環的進行而逐漸發生結合，從而又失去了奈米粒子特有的性能，導致其結構被破壞，可逆容量發生衰減。對於奈米氧化物而言，首次充放電效率不高，需要消耗較多的電解液；所以奈米材料主要集中於金屬或金屬合金。製備的負極材料膜厚度一般不超過500nm，因為過厚的膜容易導致結構發生變化，容量發生衰減。據有關報道，通過改善沈積基體的表面結構，在膜厚度高達615μm的時候，膜的可逆容量還在1600mA・h/g以上，同時具有較好的

循環性能。由於應用到化學濺射法或真空蒸發法，其製備方法成本高。

　　表2-11為鋰離子電池負極材料的中間相碳微球（MCMB）的性能；表2-12列出不同熱處理溫度及不同類別的碳負極材料的物理性能；表2-13是各種碳材料的充放電容量性能比較。

表2-11　鋰離子電池負極材料中間相碳微球（MCMB）的性能

項目	真密度／ （g/cm^3）	振實密度／ （g/cm^3）	比表面積 ／（m^2/g）	平均粒徑 D_{50}/μm	比容量／ （mA・h/g）		首次放 電效率 ／%
					充電	放電	
控制 指標	≥ 2.16	≥ 1.25	$0.3\sim3.0$	$6\sim25$	≥ 330	≥ 300	≥ 90

表2-12　各種負極材料的物理性能

碳樣品	HTT[①]/°C	d_{002}/nm	L_c[②]/nm	比表面積／ （m^2/g）	密度／ （g/cm^3）
碳纖維	900	0.347	1.8	4.98	1.85
碳纖維	1500	0.347	4.5	3.0	2.1
碳纖維	2000	0.347	13	2.14	2.17
碳纖維	2300	0.340	16	4.36	2.2
碳纖維	3000	0.3375	34	1.8	2.22
石油焦	1300	0.345	3.3	9	2.1
人造石墨	3000	0.3354	>100	3.3	2.25
天然石墨		0.3355	>100	5	2.25

①HTT表示熱處理溫度。

②L_c表示鐳射Raman光譜，用514nm的Ar鐳射（JASCO, NR1800）測定。

表2-13 各種碳材料的充放電容量性能

碳材料	放電容量／（mA·h/g）	充電容量（至1V）／（mA·h/g）	充電容量（至2.5V）／（mA·h/g）
熱解碳	210.5	163.5	175.8
瀝青基碳	262.5	189.5	219.3
中間相瀝青碳（球狀）	181.3	147.8	157.9
中間相瀝青碳（纖維狀）	226.3	183.1	212.8

　　負極片的製作是將負極活性物質碳或石墨與約10%的膠黏劑（如PVDF，或聚亞胺添加劑等），混合均勻，製成糊狀，均勻塗敷在銅箔兩側，乾燥，輥壓至25μm，按要求剪成規定尺寸。

三、電解質

　　電解質是電池的主要組成之一，其功能與電池裝置是無關的。電解質在電池、電容器、燃料電池的設備中，承擔著通過電池內部在正、負電極之間傳輸離子的作用。它對電池的容量、工作溫度範圍、循環性能及安全性能等都有重要的影響。由於其物理位置是在正負極電極的中間，並且與兩個電極都要發生緊密聯繫，所以當研發出新的電極材料時，與之配套電解液的研製也需同步進行。在電池中，正極和負極材料的化學性質決定著其輸出能量，對電解質而言，在大多數情況下，則通過控制電池中質量流量比，控制電池的釋放能量速度。

　　根據電解質的形態特徵，可以將電解質分為液體和固體兩大類，它們都是具有高離子導電性的物質，在電池內部起著傳遞正負極之間電荷的作用。不同類型的電池採用不同的電解質，如鉛酸電池的電解

質都採用水溶液；而作為鋰離子電池的電解液不能採用水溶液，這是由於水的析氫析氧電壓視窗較小，不能滿足鋰離子電池高電壓的要求；此外目前所採用的鋰離子電池正極材料在水溶液體系中的穩定性較差。因此，鋰離子電池的電解液都是採用鋰鹽的有機溶液作為電解液（如$LiPF_6$/EC + DMC）。但由於水溶液體系的來源較方便及其電導率較高等優勢，研究工作者們也正在努力開發這方面的新型電解液。

(1)非水溶液體系電解液　在鋰離子電池的製造方法中，選擇電解液的一般原則如下：

①化學和電化學穩定性好，即與電池體系的電極材料，如正極、負極、集流體、隔膜黏結劑等基本上不發生反應；

②具有較高的離子導電性，一般應達到$1 \times 10^{-3} \sim 2 \times 10^{-2}$S/cm，介電常數高，黏度低，離子遷移的阻力小；

③沸點高、冰點低，在很寬的溫度範圍內保持液態，一般溫度範圍為$-40 \sim 70$°C，適用於改善電池的高低溫特性；

④對添加其中的溶質的溶解度大；

⑤對電池正負極有較高的循環效率；

⑥具有良好的物理和化學綜合性能，比如蒸氣壓低，化學穩定性好，無毒且不易燃燒等。

除上述要求外，用於鋰離子電池的電解液一般還應滿足以下基本要求：

①高的熱穩定性，在較寬的溫度範圍內不發生分解；

②較寬的電化學視窗，在較寬的電壓範圍內保持電化學性能穩定；

③與電池其他部分例如電極材料、電極集流體和隔膜等具有良好的相容性；

④組成電解質的任一組分易於製備或購買；

⑤能最佳程度促進電極可逆反應的進行。

能夠溶解鋰鹽的有機溶劑比較多。表2-14顯示了部分有機溶劑的物理性能，包括熔點、沸點、相對介電常數、黏度、偶極矩、給體數D.N.和受體數A.N.等。

表2-14 部分有機溶劑的物理性能資料

溶劑	熔點 /℃	沸點 /℃	相對介電常數	黏度/ mPa·s	偶極矩/ $3.33564×10^{-39}$C·m	D.N.	A.N.	密度 (20℃) /(g/cm³)	閃點 /℃
乙腈	−44.7	81.8	38	0.345	3.94	14.1	18.9	0.78	2
EC	39	248	89.6 (40℃)	1.86 (40℃)	4.80	16.4		1.41	150
PC	−49.2	241.7	64.4	2.530	4.21	14.1	18.3	1.21	135
BC	−53	240	53	3.2					
1,2-BC	−53	240	55.9					1.15	80
BEC		167		1.3		7.7	2.3	0.94	
BMC		151		1.1		8.4	2.5	0.96	
DBC		207		2.0			3.8	0.92	
DEC	−43	127	2.8	0.75				0.97	33
DMC	3	90	3.1	0.59				1.07	15
ClEC		121	8.81						>110
CF₃-EC	−3	101	5.01						134
DPC		168	1.4		7.0		0.94		
DIPC		146	1.3		7.6	2.1	0.91		
EMC	−55	108	2.9	0.65				1.0	23
EPC		145		1.1		6.4	2.4	0.95	
EIPC		90		1.0		8.2	4.8	0.93	
MPC	−43	130	2.8	0.78				0.98	36
MIPC	−55	118	2.9	0.7		7.4	5.3	1.01	
γ-丁內酯	−42	206	39.1	1.751	4.12	18.0	18.2	1.13	104
甲酸甲酯	−99	32	8.5	0.33				0.97	−32
甲酸乙酯	−80	54	9.1					0.92	34
乙酸甲酯	−98	58	6.7	0.37		16.5			

溶劑	熔點/°C	沸點/°C	相對介電常數	黏度/mPa·s	偶極矩/$3.33564×10^{-39}$C·m	D.N.	A.N.	密度(20°C)/(g/cm³)	閃點/°C
乙酸乙酯	−83	77	6.0					0.90	−4
丙酸甲酯	−88	80	6.2					0.91	6.2
丙酸乙酯	−74	99						0.89	5
丁酸甲酯	−84	103	5.5					0.90	14
丁酸乙酯	−93	121	5.2					0.88	25
DME	−58	84.7	4.2(7)	0.455	1.07	24	10.2	0.87	−6
DEE		124							
THF	−108.5	65	4.25 (30°C)	0.46 (30°C)	1.71	20	8	0.89	−21
MeTHF		80	6.24	0.457					
DGM		162	4.40	0.975		19.5	9.9		
TGM		216	4.53	1.89		14.2	10.5		
TEGM			4.71	3.25		16.7	11.7		
1,3-DOL	−95	78	6.79 (30°C)	0.58		18.0		1.07	−4
4-甲基-1,3-DOL	−125	85	6.8	0.6					
環丁碸	28.9	284.3	42.5 (30°C)	9.87 (30°C)	4.7	14.8	19.3	1.26	
DMSO	18.4	189	46.5	1.991	3.96	29.8	19.3	1.1	

註：表中EC—碳酸乙烯酯；PC—碳酸丙烯酯；BC—碳酸丁烯酯；1,2-BC-1，2—二甲基乙烯碳酸酯；BEC—碳酸乙丁酯；BMC—碳酸甲丁酯；DBC—碳酸二丁酯；DEC—碳酸二乙酯；DMC—碳酸二甲酯；ClEC—氯代乙烯碳酸酯；CF₃-EC—三氟甲基碳酸乙烯酯；DPC—碳酸二正丙酯；DIPC—碳酸二異丙酯；EMC—碳酸甲乙酯；EPC—碳酸乙丙酯；EIPC—碳酸乙異丙酯；MPC—碳酸甲丙酯；MIPC—碳酸甲異丙酯；DME—二甲氧基乙烷；DEE—二乙氧基乙烷；THF—四氫呋喃；MeTHF-2—甲基四氫呋喃；DGM—縮二乙二醇二甲醚；TGM-縮三乙二醇二甲醚；TEGM—縮四乙二醇二甲醚；1,3-DOL-1,3—二氧戊烷；DMSO—二甲基亞碸；D.N.—給體數；A.N.—受體數。

電解質鋰鹽是供給鋰離子的源泉，合適的電解質鋰鹽應具有以下條件：熱穩定性好，不易發生分解；溶液中的離子電導率高；化學穩定性好，即不與溶劑、電極材料發生反應；電化學穩定性好，其陰離子的氧化電位高而還原電位低，具有較寬的電化學窗口；分子量低，

在適當的溶劑中具有良好的溶解性；能使得鋰在正、負極材料中的嵌入量高和可逆性好等；電解質成本低。

常用的鋰鹽有$LiClO_4$、$LiBF_6$、$LiPF_6$、$LiAsF_6$和某些有機鋰鹽，如$LiCF_3SO_3$、$LiC(SO_2CF_3)_3$等。在配製電解液方法中，取上述鋰鹽按照一定比例溶入表2-15中的溶劑體系來組成鋰離子電池用電解液。鋰離子電池常用的電解液體系有$1mol \cdot L^{-1}LiPF_6$/PC-DEC（1：1）、PC-DMC（1：1）和PC-MEC（1：1）或$1mol \cdot L^{-1}LiPF_6$/EC-DEC（1：1）、EC-DMC（1：1）和EC-EMC（1：1）。

由於電解液的離子電導率決定電池的內阻和在不同充放電速率下的電化學行為，對電池的電化學性能和應用顯得很重要。一般而言，溶有鋰鹽的非質子有機溶劑電導率最高可以達到$2 \times 10^{-2}S/cm$，但是與水溶液電解質相比則要低得多。許多鋰離子電池中使用混合溶劑體系的電解液，這樣可克服單一溶劑體系的一些弊端，有關電解液配方說明了這一點。當電解質濃度較高時，其導電行為可用離子對模型進

表2-15　部分溶劑體系

溶劑		電導率 (mS/cm)	黏度／ (mPa·s)	溶劑		電導率 (mS/cm)	黏度／ (mPa·s)
環狀碳酸酯及其混合溶劑（電解質為1mol/L $LiClO_4$）	EC + DME（體積分數為50%）	16.5	2.2	環狀碳酸酯與鏈狀碳酸酯混合溶劑（電解質為1mol/L $LiPF_6$）	EC + DMC（體積分數為50%）	11.6	
	PC + DME（體積分數為50%）	13.5	2.7		EC + EMC（體積分數為50%）	9.4	
	BC + DME（體積分數為50%）	10.6	3.0		EC + DEC（體積分數為50%）	8.2	
	PC + DMM（體積分數為50%）	7.9	3.3		PC + DMC（體積分數為50%）	11.0	
	PC + DMP（體積分數為50%）	10.3	2.9		PC + EMC（體積分數為50%）	8.8	
					PC + DEC（體積分數為50%）	7.4	

行說明。表2-16指出了部分電解液體系組成及其電導率的資料。

表2-16　部分電解液體系組成及其電導率的資料

溶劑	組成	電解質鋰鹽	濃度／（mol/L）	溫度／°C	電導率／（mS/cm）
DEC	—	$LiAsF_6$	1.5	25	5
DMC	—	$LiAsF_6$	1.9	25	11
EC/DMC	1：1（體積比）	$LiAsF_6$	1	25	11
EC/DMC	1：1（體積比）	$LiAsF_6$	1	55	18
EC/DMC	1：1（體積比）	$LiAsF_6$	1	−30	0.26
EC/DMC	1：1（體積比）	$LiPF_6$	1	25	11.2
EC/DMC	1：1（質量比）	$LiPF_6$	1	−20	3.7
EC/DMC	1：1（質量比）	$LiPF_6$	1	25	10.7
EC/DMC	1：1（質量比）	$LiPF_6$	1	60	19.5
EC/DMC	1：1（質量比）	$Li[(C_2F_5)_3PF_3]$	1	−20	2.0
EC/DMC	1：1（質量比）	$Li[(C_2F_5)_3PF_3]$	1	25	8.2
EC/DMC	1：1（質量比）	$Li[(C_2F_5)_3PF_3]$	1	60	19.5
EC/DMC	1：1（體積比）	$LiCF_3SO_3$	1	25	3.1
EC/DMC	1：1（體積比）	$LiN(CF_3SO_2)_2$	1	25	9.2
EC/DMC	1：1（體積比）	$LiN(CF_3SO_2)_2$	1	55	14
EC/DMC	1：1（體積比）	$LiCF_3SO_3$	1	−30	0.34
EC/DMC	1：1（體積比）	$LiC(SO_2CF_3)_3$	1	25	7.1
EC/DMC	1：1（體積比）	$LiC(SO_2CF_3)_3$	1	55	11
EC/DMC	1：1（體積比）	$LiC(SO_2CF_3)_3$	1	−30	1.1
EC/DME	1：1（體積比）	$LiPF_6$	1	25	16.6
EC/DME	1：1（體積比）	$LiCF_3SO_3$	1	25	8.3
EC/DME	1：1（體積比）	$LiN(CF_3SO_2)_2$	1	25	13.3
THF	—	$LiCF_3SO_3$	1.5	25	9.4
EC/DEC	1：1（體積比）	$LiN(CF_3SO_2)_2$	1	25	6.5
EC/DEC	1：1（體積比）	$LiPF_6$	1	25	7.8
EC/DEC	1：1（體積比）	$LiCF_3SO_3$	1	25	2.1
PC	—	$LiBF_4$	1	25	3.4
PC	—	$LiClO_4$	1	25	5.6
PC	—	$LiPF_6$	1	25	5.8
PC	—	$LiAsF_6$	1	25	5.7
PC	—	$LiCF_3SO_3$	1	25	1.7

溶劑	組成	電解質鋰鹽	濃度／（mol/L）	溫度／°C	電導率／（mS/cm）
PC	—	$LiN(CF_3SO_2)_2$	1	25	5.1
PC	—	$LiC_4F_9SO_3$	1	25	1.1
PC/DEC	1:1（體積比）	$LiN(CF_3SO_2)_2$	1	25	1.8
PC/DEC	1:1（體積比）	$LiPF_6$	1	25	7.2
PC/DMC	1:1（體積比）	$LiN(CF_3SO_2)_2$	1	25	2.5
PC/DMC	1:1（體積比）	$LiPF_6$	1	25	11.0
PC/EMC	1:1（莫耳比）	$LiBF_4$	1	25	3.3
PC/EMC	1:1（莫耳比）	$LiClO_4$	1	25	5.7
PC/EMC	1:1（莫耳比）	$LiPF_6$	1	25	8.8
PC/EMC	1:1（莫耳比）	$LiAsF_6$	1	25	9.2
PC/EMC	1:1（莫耳比）	$LiCF_3SO_3$	1	25	1.7
PC/EMC	1:1（莫耳比）	$LiN(CF_3SO_2)_2$	1	25	7.1
PC/EMC	1:1（莫耳比）	$LiC_4F_9SO_3$	1	25	1.3
EC/DMC	1:1（質量比）	$LiPF_6$	12.0%（質量分率）	25	12
EC/DMC	2:1（質量比）	$LiPF_6$	11.3%（質量分率）	25	11
EC/DMC	1:2（質量比）	$LiPF_6$	12.1%（質量分率）	25	12
EC/DEC	1:1（質量比）	$LiPF_6$	12.4%（質量分率）	25	8.2
EC/EMC	1:1（質量比）	$LiPF_6$	12.0%（質量分率）	25	9.5
EC/DEC/DMC	2:1:2（質量比）	$LiPF_6$	12.5%（質量分率）	25	11
EC/DEC/DMC	1:1:1（質量比）	$LiPF_6$	12.4%（質量分率）	25	9.8
EC/DEC/DMC	1:1:3（質量比）	$LiPF_6$	12.6%（質量分率）	25	9.7
EC/DEC/DMC	1:1:1（質量比）	$LiPF_6$	12.4%（質量分率）	−30	2.2
EC/DEC/DMC	1:1:1（質量比）	$LiPF_6$	12.4%（質量分率）	25	14.5

　　除了電解液的電導率影響其電化學性能外，電解液的電化學視窗及其與電池電極的反應對於電池的性能亦至關重要。

　　所謂電化學視窗是指發生氧化的電位E_{ox}和發生還原反應的電位E_{red}之差。作為電池電解液，首先必備的條件是其與負極和正極材料不發生反應。因此，E_{red}應低於金屬鋰的氧化電位，E_{ox}則須高於正極材料的鋰嵌入電位，即必須在寬的電位範圍內不發生氧化（正極）和還原（負極）反應。一般而言，醚類化合物的氧化電位比碳

酸酯類的要低。溶劑DME一般多用於一次電池。而二次電池的氧化電位較低，常見的4V鋰離子電池在充電時必須補償過電位，因此電解液的電化學窗口要求達到5V左右。另外，測量的電化學視窗與工作電極和電流密度有關。電化學窗口與有機溶劑和鋰鹽（主要是陰離子）亦有關。部分溶劑發生氧化反應電位的高低順序是：DME（5.1V）< THF（5.2V）< EC（6.2V）< AN（6.3V）< MA（6.4V）< PC（6.6V）< DMC（6.7V）、DEC（6.7V）、EMC（6.7V）。對於有機陰離子而言，其氧化穩定性與取代基有關。親電子基，如F和CF_3等的引入有利於負電荷的分散，提高其穩定性。以玻璃碳為工作電極，陰離子的氧化穩定性大小順序為：$BPh_4^- < ClO_4^- < CF_3SO_3^- < [N(SO_2CF_3)_2]^- < C(SO_2CF_3)_3^- < SO_3C_4F_9^- < BF_4^- < AsF_6^- < SbF_6^-$。

　　電解液與電極的反應，主要針對與負極反應，如石墨化碳等。從熱力學角度而言，因為有機溶劑含有機型基團，如C—O和C—N等，負極材料與電解液會發生反應。例如，以貴金屬為工作電極，PC在低於1.5V（以金屬鋰為參比）時發生還原，產生烷基碳酸酯鋰。由於負極表面生成對鋰離子能通過的保護膜，防止了負極材料與電解液進一步還原，因而在動力學上是穩定的。如果使用EMC和EC的混合溶劑，保護膜的性能會進一步提高。對於碳材料而言，結構不同，同樣的電解液組分所表現的電化學行為也是不一樣的；同樣對於同一種碳材料，在不同的電解液組分中所表現的電化學行為也不一樣。例如對於合成石墨，在PC/EC的1mol/L的$Li[N(SO_2CF_3)_2]$溶液中，第一次循環的不可逆容量為1087mA・h/g，而在EC/DEC的1mol/L $Li[N(SO_2CF_3)_2]$溶液中的第一次不可逆容量僅為108mA・h/g。與水反

應則生成LiOH等，有可能喪失保護膜的性能作用，從而引起電解液的繼續還原。因此在有機電解液中，水分的含量一般控制在20×10^{-6}以下。

溶劑與雜質在碳負極上發生的部分反應，其反應式如下：

$$C_3O_3H_4 + e^- \rightarrow (C_3O_3H_4)^- + e^- + 2Li^+ \rightarrow Li_2CO_3(s) + CH_2 = CH_2(g)$$

$$2(C_3O_3H_4)^- + 2Li^+ \rightarrow LiOCO_2CH_2CH_2CH_2CH_2OCO_2Li$$

$$CH_2 = CH_2 + H_2 \rightarrow CH_3CH_3(g)$$

$$PC + 2e^- + 2Li^+ \rightarrow Li_2CO_3(s) + CH_3CH_2 = CH_2(g)$$

$$DMC + Li^+ + e^- \rightarrow CH_3OCO_2Li(s) + CH_3 \cdot$$

$$DEC + Li^+ + e^- \rightarrow CH_3CH_2OCO_2Li(s) + CH_3CH_2 \cdot$$

$$2EMC + 2Li^+ + 2e^- \rightarrow CH_3CH_2OCO_2Li(s) + CH_3OCOO_2Li(s) + CH_3 \cdot + CH_3CH_2 \cdot$$

$$R \cdot + Li^+ + e^- \rightarrow RLi$$

$$ROCO_2Li + Li^+ \rightarrow + e^- \rightarrow R \cdot + Li_2CO_3(s)$$

$$\frac{1}{2}O_2 + Li^+ + 2e^- \rightarrow Li_2O$$

$$H_2O + 2Li^+ + 2e^- \rightarrow LiOH + \frac{1}{2}H_2$$

$$Li + HF \rightarrow LiF + \frac{1}{2}H_2$$

$$Li_2CO_3 + 2HF \rightarrow LiF + H_2O + CO_2$$

$$LiOH + HF \rightarrow LiF + H_2O$$

$$Li_2O + 2HF \rightarrow 2LiF + H_2O$$

表2-17　不同的鹽、電極材料對丙烯酸碳酸酯基電解液的氧化分解電位的
　　　　影響

電　極	電解液的氧化分解電位（相對於Li^+/Li）/V				
	$LiClO_4$	$LiPF_6$	$LiAsF_6$	$LiBF_4$	$LiCF_3SO_3$
Pt	4.25	—	4.25	4.25	4.25
Au	4.20	—	—	—	—
Ni	4.20	—	4.45	4.10	4.50
Al	4.00	6.20	—	4.60	—
$LiCoO_2$	4.20	4.20	4.20	4.20	4.20

　　電解液與正極材料的反應，主要是考慮電解液的氧化性。表2-17
列出了丙烯酸碳酸酯基電解液的氧化分解電位隨鹽的種類、電極材料
的變化。對於設計電池的電解液體系，提供了重要的資訊資料。

　　電解質鋰鹽比較活潑，優先發生還原反應，其作為介面保護膜的
主要成分。發生的分步反應如下：

$$Li[N(SO_2CF_3)_2] + ne^- + nLi^+ \rightarrow Li_3N + Li_2S_2O_4 + LiF + Li_yC_2F_x$$

$$Li[N(SO_2CF_3)_2] + 2e^- + 2Li^+ \rightarrow Li_2NSO_2CF_3 + LiSO_2CF_3$$

$$Li_2S_2O_4 + 4e^- + 4Li \rightarrow Li_2SO_3 + Li_2S + Li_2O$$

　　上述各電解液體系將會在本書的以後其他章節進行具體的討論，
在此不再一一詳述。

　　(2)固體電解質　聚合物電解質用於鋰離子電池已達到商品化程
度。聚合物電解質可分為純聚合物電解質及膠體聚合物電解質。純聚
合物電解質由於室溫電導率較低，難於商品化。膠體聚合物電解質則
利用固定在具有合適微結構的聚合物網路中的液體電解質分子來實

現其離子傳導，這類電解質具有固體聚合物的穩定性，又具有液態電解質的高離子傳導率，顯示出良好的應用前景。表2-18列出了部分聚合物電解質的組成及其電導率資料。膠體聚合物電解質既可用於鋰離子電池的電解質，又可以起隔膜的作用，但是由於其力學性能較差、製備方法較複雜或常溫導電性差，且膠體聚合物電解質在本質上是熱力學不穩定體系，在敞開的環境中或長時間保存時，溶劑會出現滲出表面，從而導致其電導率下降。因此膠體聚合物電解質完全取代聚乙烯、聚丙烯類隔膜而單獨作為鋰離子電池的隔膜，還有許多問題需要解決。

電池體系中的電解質是離子載流子（對電子而言必須是絕緣體），用於鋰離子電池的聚合物電解質除滿足鋰離子電池液態電解質部分要求外，如化學穩定性和電化學穩定性等，還應滿足下述要求：聚合物膜加工性優良；室溫電導率高，低溫下鋰離子電導率較高；高溫穩定性好，不易燃燒；彎曲性能好，機械強度佳。

表2-18 部分聚合物電解質組成及電導率資料

聚合物主體	組　成	電導率／（S/cm）
PEO	PEO／鹽	$10^{-8}\sim10^{-4}$（$40\sim100°C$）
PEO	PEO/LiCF$_3$SO$_3$/PEG	10^{-3}（$25°C$）
PEO	PEO/LiBF$_4$/12-冠-4	7×10^{-4}（$25°C$）
PAN	PAN/LiClO$_4$/(EC + PC + DMF)	$10^{-5}\sim10^{-4}$（$25°C$）
PAN	PAN/LiAsF$_6$/(EC + PC + MEOX)	2.98×10^{-3}（$25°C$）
PMMA	PAN/LiClO$_4$/PC	3×10^{-3}（$25°C$）
PVDF	PVDF/LiN(SO$_2$CF$_3$)$_2$/PC	1.74×10^{-3}（$30°C$）
PVDF～HFP	PVDF～HFP/LiPF$_4$/PC + EC	0.2（$25°C$）

四、隔膜

　　隔膜本身既是電子的非良導體，同時具有電解質離子通過的特性。隔膜材料必須具備良好的化學、電化學穩定性，良好的力學性能以及在反復充放電過程中對電解液保持高度浸潤性等。隔膜材料與電極之間的介面相容性、隔膜對電解質的保持性均對鋰離子電池的充放電性能、循環性能等有著重要影響。

　　鋰離子電池常用的隔膜材料有纖維紙或者不織布、合成樹脂制的多孔膜。常見的隔膜有聚丙烯和聚乙烯多孔膜，對隔膜的基本要求是在電解液中穩定高。

　　由於聚乙烯、聚丙烯微孔膜具有較高孔隙率、較低的電阻、較高的抗撕裂強度、較好的抗酸鹼能力、良好的彈性及對非質子溶劑的保持性能，故商品化鋰離子電池的隔膜材料主要採用聚乙烯、聚丙烯微孔膜。

　　聚乙烯、聚丙烯隔膜存在對電解質親和性較差的缺陷，對此，需要對其進行改性，如在聚乙烯、聚丙烯微孔膜的表面接枝親水性單體或改變電解質中的有機溶劑等。目前所用到的聚烯烴隔膜（如圖2-14

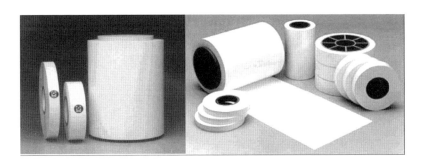

圖2-14　鋰離子電池用聚烯烴隔膜

所示）厚度都較薄（<30μm）。採用其他材料作為鋰離子電池隔膜，如有人研究發現，纖維素複合膜材料具有鋰離子傳導性良好及力學強度佳等性能，亦作為鋰離子電池隔膜材料。

鋰離子電池隔膜的製備方法主要有熔融拉伸（MSCS），又稱為延伸造孔法，或者乾法和熱致相分離（TIPS）或者濕法兩大類方法。由於MSCS法不包括任何的相分離過程，方法相對簡單且生產過程中無污染，目前世界上大都採用此方法進行生產，如日本的宇部、三菱、東燃及美國的塞拉尼斯等。TIPS法的方法比MSCS法複雜，需加入和脫除稀釋劑，因此生產費用相對較高且可能引起二次污染，目前世界上採用此法生產隔膜的有日本的旭化成、美國的Akzo和3M公司等。圖2-15提出了鋰離子電池隔膜生產的流程示意圖。

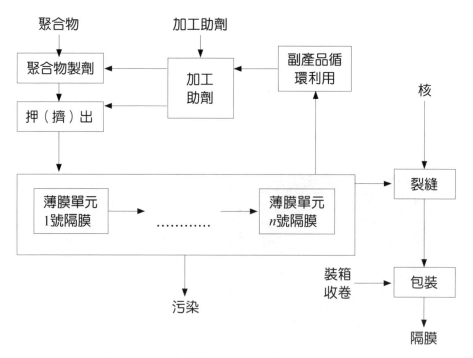

圖2-15　鋰離子電池隔膜生產的流程示意圖

　　鋰電池中，隔膜的基本功能就是阻止電子傳導，同時在正負極之間傳導離子。鋰一次電池中通常使用聚丙烯微孔膜；鋰離子二次電池通用的隔膜則是聚丙烯和聚乙烯微孔膜，在二次電池中都具有較好的化學和電化學穩定性。

　　綜上所述，對鋰離子電池用的隔膜材料要求如下。

　　①厚度　通常所用的鋰離子電池使用的隔膜較薄（<25μm）；而用在電動汽車和混合動力汽車上的隔膜較厚（約40μm）。一般來說，隔膜越厚，其機械強度就越大，在電池組裝過程中穿刺的可能性就越小，但是同樣型號的電池，如圓柱形電池，能加入其中的活性物質則越少；相反，使用較薄的隔膜佔據空間較少，則加入的活性物質就多，這樣可以同時提高電池的容量和比容量（由於增加了介面面積），薄的隔膜同樣阻抗也較低。

　　②滲透性　隔膜對電池的電化學性能影響小，如隔膜的存在可使電解質的電阻將增加6～7個量級，但對電池的性能影響甚小。通常將電解液流經隔膜有效微孔所產生的阻抗係數和電解液電阻阻抗係數區分開來，前者稱為麥氏（MacMullin）係數。在商品電池中，MacMullin係數一般為10～12。

　　③透氣率　對於特定形態的隔膜材料而言，透氣率和電阻成一定比例。鋰離子電池用的隔膜需應具有良好的電性能，較低的透氣率。

　　④孔積率　孔積率和滲透性具有較緊密的關聯，鋰離子電池隔膜的孔積率為40%左右。對鋰離子電池來說，控制隔膜的孔積率是非常重要的。規範的孔積率是隔膜標準的不可分割的一部分。

　　高的孔積率和均一的孔徑分布對離子的流動不會產生阻礙，而不均勻的孔徑分布則會導致電流密度的不均勻，進而影響工作電極的活

性，由於電極的某些部分與其他部分的工作負荷不一致，最終導致其電芯損壞較快。

　　隔膜的孔積率定義為隔膜的空體積與隔膜的表觀幾何體積之比，計算隔膜孔積率通常採用材料的密度、基材的質量和材料的尺寸，公式如下：

$$孔積率 = \left(1 - \frac{樣品質量／樣品體積}{聚合物密度}\right) \times 100\%$$

　　標準的測試方法如下：首先稱出純隔膜的質量，然後向隔膜中滴如液體（比如十六烷），再稱其質量，依次估算十六烷所占體積和隔膜中的孔積率。

$$孔積率 = \frac{十六烷所占體積}{隔膜體積 + 十六烷所占體積} \times 100\%$$

　　⑤潤濕性　隔膜在電池電解液中應具有快速、完全潤濕的特點。

　　⑥吸收和保留電解液　在鋰離子電池中，隔膜能機械吸收和保留電池中的電解液而引起不溶脹。因為電解液的吸收是離子傳輸的需要條件。

　　⑦化學穩定性　隔膜在電池中能夠長期穩定地存在，對於強氧化和強還原環境都呈化學惰性，在上述條件下不降解，機械強度不損失，亦不產生影響電池性能的雜質。在高達75°C的溫度條件下，隔膜應能夠經受得住強氧化性的正極的氧化和強腐蝕性的電解液的腐蝕。抗氧化能力越強，隔膜在電池中的壽命就越長。聚烯烴類隔膜（如聚內烯、聚乙烯等）對於大多數的化學物質都具有抵抗能力，良

好的力學性能和能夠在中溫範圍內使用的特性，聚烯烴類隔膜是商品化鋰離子電池隔膜理想的選擇。相對而言，聚丙烯膜與鋰離子電池正極材料接觸具有更好的抗氧化能力。因此在三層隔膜（PP/PE/PP）中，將聚丙烯（PP）置於外層而將聚乙烯（PE）置於內層，這樣增加了隔膜的抗氧化性能。

⑧空間穩定性　隔膜在拆除的時候邊緣要平整不能捲曲，以防使電池組裝變得複雜。隔膜浸漬在電解液中時不能皺縮，電芯在捲繞的時候不能對隔膜孔的結構有負面影響。

⑨穿刺強度　用於捲繞電池的隔膜對於其穿刺強度具有較高的要求，以免電極材料透過隔膜，如果部分電極材料穿透了隔膜，就會發生短路，電池也就廢了。用於鋰離子電池的隔膜比用於鋰一次電池的隔膜要求更高的穿刺強度。

⑩機械強度　隔膜對於電極材料顆粒穿透的靈敏度用機械強度來定其特性，電芯在捲繞過程中在正極 - 隔膜 - 負極介面之間會產生很大的機械應力，一些較鬆的顆粒可能會強行穿透隔膜，使得電池短路。

⑪熱穩定性　鋰離子電池中的水分是有害的，所以電芯通常都會在80°C真空乾燥條件下乾燥。因此，在這種條件下，隔膜不能有明顯的皺縮。每家電池製造商都有其獨特的乾燥方法，對於鋰離子二次電池隔膜的要求是：在90°C下乾燥60min，隔膜橫向和縱向的收縮應小於5%。

⑫孔徑　對鋰離子電池隔膜來說，由於最關鍵的要求就是不能讓鋰枝晶穿過，所以具有亞微米孔徑的隔膜適用於鋰離子電池。

要求隔膜有均勻的孔徑分布，以防止由於電流密度不均勻而引起的電性能損失。亞微米的隔膜孔徑可防止鋰離子電池內部正負極之

間短路,尤其當隔膜向25μm或者更薄的方向發展時,短路問題更易發生。這些問題會隨著電池生產商繼續採用薄隔膜,增加電池容量而愈來越受到重視。孔的結構受著聚合物的成分和拉伸條件,如拉伸溫度、速度和比率等的影響。在濕法方法中,隔膜在經過提煉之後再進行拉伸,這種方法生產的隔膜孔徑更大(0.24~0.34μm),孔徑分布比經過拉伸再進行提煉的方法生產的隔膜(0.1~0.13μm)要更寬。

鋰離子電池隔膜的測試和微孔特性的控制都非常重要。通常採用水銀孔徑測試儀以孔積率百分數的形式來表徵隔膜,亦表示其孔徑和孔徑分布。按這種方法,水銀可以通過加壓注入到孔中,通過確定水銀的量來確定材料的孔的大小和體積。水銀對於大多數材料都是不潤濕的,所施加的外力必須克服表面張力而進入到孔中。

疏水類隔膜(如聚烯烴類)可以通過溶劑(非汞孔徑測試儀)技術進行特徵鑑定,對於鋰離子電池用聚烯烴隔膜來說,這是一種非常有用的特徵鑑定方法。通過孔徑測試儀可以獲得其孔體積、表面積、中值孔徑資料以及孔徑分布等。在實驗過程中,將樣品置於儀器中,隨著壓力的增加,壓入水量隨著不同的孔體積而變化。因此,施壓於一定孔徑分布的隔膜就可以得到與壓力一一對應體積或者是孔徑,設將水注入一定孔徑的微孔所需要的壓力為P,這樣孔徑D可按下式進行計算:

$$D = \frac{4\gamma\cos\theta}{P}$$

式中　　D——假設孔為圓柱形的孔徑;

　　　　P——微分壓力;

　　γ——非潤濕液體的表面張力；

　　θ——水的接觸角。

　　隔膜的微孔通常不是具有一定直徑的球面形狀，而是有各種各樣的形狀和尺寸，因此，任何關於孔徑的表述都是基於上述假設。

　　掃描式電子顯微鏡（SEM）也被用來表徵隔膜的形貌，圖2-16顯示了商品隔膜（PE）的掃描電鏡圖。

　　圖2-16所示為Celgard 2730的SEM圖，可以看出孔徑分布非常均勻，適合於高倍率設備。圖2-17為Celgard 2325的表面和橫截面SEM圖，表面只能看到PP的孔，而PE中的孔在橫截面SEM圖中可以看到，從橫截面SEM圖可清楚地看到三層隔膜的厚度是一樣的。圖2-18是通過濕法技術製備的隔膜材料的SEM圖，可見，所有這些隔膜的結構都非常相似，而Hipore-1隔膜〔圖2-18(b)〕的孔徑明顯大於其他的隔膜。

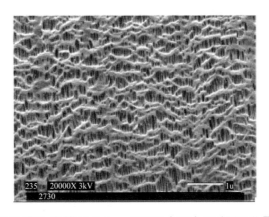

圖2-16　鋰離子電池中單層Celgard隔膜（PE）的掃描式電子顯微鏡圖

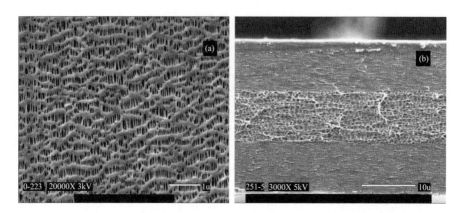

圖2-17　鋰離子電池用隔膜Celgard 2325（PP/PE/PP）掃描電子顯微鏡圖
(a)表面SEM圖；(b)橫截面SEM圖

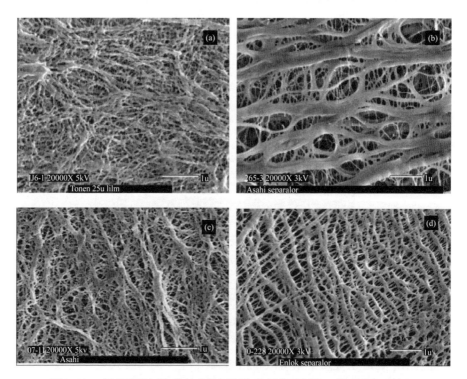

圖2-18　採用濕法製備的鋰離子電池的隔膜掃描電子顯微鏡圖
(a)Setela（Tonen）；(b)Hipore-1（Asahi）；(c)Hipore-2（Asahi）；
(d)Teklon（Entek）

⑬抗張強度　隔膜是在拉緊的情況下與電極捲繞在一起的，為了保證其寬度不會收縮，在拉伸過程中隔膜長度不能有明顯的增加。拉伸強度中「楊氏模量」是主要的參數。由於「楊氏模量」測量較難，以2%的殘餘變形屈服作為一個估量標準。

⑭扭曲率　展開一張隔膜，理想情況下它是筆直的，不會彎曲或者扭曲，然而，在實際應用中會遇到扭曲的隔膜，如果扭曲得過於厲害，那麼電極材料和隔膜之間裝備則帶來不準備情形。隔膜扭曲的程度可以將其置於水平桌面上用直尺測量，對於鋰離子電池隔膜來說扭曲度應當小於0.2mm/m。

⑮遮斷電流　在鋰離子電池隔膜中還可設計電池在過充電、短路情況下的保護帶，即隔膜在大約130°C時電阻會突然增大，從而阻止鋰離子在電極之間傳輸，隔膜在130°C以上時，其保護帶越安全，隔膜的作用就保持得越優異。當隔膜破裂時，電極間就可能直接接觸，發生反應，放出巨大的熱量。隔膜的遮斷電流行為可以通過將隔膜加熱到高溫，然後測定其電阻來進行特性鑑定。

對於限制溫度和防止電池短路來說，遮斷電流溫度是一種非常有用而且行之有效的機制。遮斷電流溫度通常是選取在聚合物隔膜熔點附近，這時隔膜的孔洞坍塌，在電極之間形成一層無孔絕緣層，在該溫度下，電池的電阻也急劇增加，電池中電流的通道也就阻斷了，從而阻止了電池中電化學反應的進一步發生，因此，在電池發生爆炸之前可將電池反應中斷。

PE電池隔膜阻斷電流的性能是由其分子量、密度分數和反應機制所決定的。材料的性質和製造方法需經過考究，以便遮斷電流能即時而全面地反饋回來。在允許的溫度範圍內和不影響材料力學性能的

前提下再進行優化設計，對於Celgard製造的三層隔膜來說是非常容易做到的，因為在Celgard隔膜中，有一層用於遮斷電流的反饋，而其他兩層則只要求其力學性能，由PP/PE/PP三層碾壓的隔膜對於阻止電池的熱失控非常有意義。130°C的遮斷電流溫度對於阻止鋰離子電池熱失控和過熱已經足夠了，如果不會對隔膜的力學性能和電池的高溫性能產生負面影響，那麼較低的遮斷電流溫度也是可行的。

隔膜的遮斷電流性質是通過測量隨著溫度線性升高隔膜電阻的變化確定的，圖2-19為Celgard 2325隔膜的測定曲線，升溫速率為60°C/min，並在1kHz下測定隔膜電阻。由圖2-19可知，在隔膜熔點附近（130°C），隔膜電阻急劇升高，這是因為在熔點附近隔膜的孔洞坍塌所引起的，為了防止電池熱失控，隔膜電阻需要增加1000倍以上才行。隨著溫度的升高，電阻有下降趨勢，是由於聚合物聚集導致隔膜移位或者是電極活性物質滲透隔膜所致，該現象通常稱為「軟化完整性」的損失。

隔膜材料的遮斷電流溫度由其熔點決定，達到熔點的隔膜會在正負極電極之間形成一層無孔薄膜。如圖2-20所示隔膜的DSC（差示掃描量熱法）圖可以說明這一點。

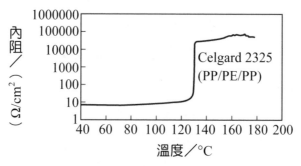

圖2-19　Celgard 2325（PP/PE/PP）隔膜內阻（1kHz）隨著溫度變化曲線
（升溫速率為60°C/min）

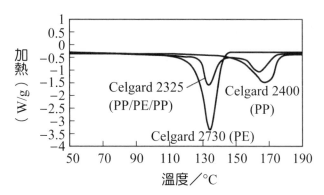

圖2-20　Celgard 2730(PE)、2400(PP)和2325（PP/PE/PP）的DSC圖

　　由圖2-20可知，Celgard 2730、2400和2325的熔點分別是135°C、165°C及135/165°C。無論是薄的隔膜（< 20μm）還是厚的隔膜，它們的遮斷電流行為都是相似的。

　　⑯高溫穩定性能在高溫條件下，要求隔膜能夠阻止電極間的互相接觸。隔膜的高溫穩定性採用熱機械分析（TMA）來進行特性鑑定。所謂TMA就是在加一定的負載條件下，測定隔膜增長量和溫度的比。

　　⑰電極介面　隔膜和電極之間應為電解液流動提供良好的介面。

　　除上述要求外，隔膜還應克服以下缺陷：針孔、皺褶、膠狀、汙物等。在應用裝備鋰離子電池之前，隔膜上述所有的特性都應得到優化。表2-19總結了用於鋰離子二次電池的隔膜的基本性能。

表2-19　**鋰離子二次電池用隔膜的基本性能**

參數	標準	參數	標準
厚度／μm	< 25	抗拉強度／%	< 2%
電阻（麥氏係數）	< 8	遮斷電流溫度／°C	約130
電阻／（Ω/cm^2）	< 2	高溫軟化完整溫度／°C	> 150
孔徑／μm	< 1	潤濕性	在電解液中完全潤濕
孔積率／%	約40	化學穩定性	長時間保留於電池中
穿刺強度／（g/mil）	> 300	空間穩定性	攤開平整，穩定存在於電解液中
機械強度／（kgf/mil）	> 100	扭曲率	< 0.2
收縮量／%	< 5%		

註：1mil = 25.4μm，1kgf = 9.80N。

　　雖然電池隔膜材料在電池內部，不影響電池的能量儲備和輸出，但是其力學性質卻對電池的性能和安全性能有著至關重要的作用。對於鋰離子電池尤其如此，因此電池生產商在設計電池的時候已經開始越來越多地關注隔膜的性能。電池設計時隔膜是不會影響電池性能的，除非是因為隔膜的性質不均勻或者其他什麼原因使得電池的性能和安全性受到影響。表2-20總結了用於鋰離子電池不同安全型號和性能測試的隔膜，及其如何影響電池的性能和安全性的。

表2-20 鋰離子電池用不同型號隔膜對電池性能和安全性的影響

電池特性	隔膜性質	備註
容量	厚度	可通過使用薄的隔膜提高電池容量
內阻	電阻	隔膜的電阻是其厚度、孔徑、孔隙率和彎曲率的函數
高倍率性能	電阻	隔膜的電阻是其厚度、孔徑、孔隙率和彎曲率的函數
快速充電	電阻	較低的隔膜電阻有利於全局的快速充放
高溫儲存	抗氧化性	隔膜氧化會導致電池儲存性能差和儲存壽命的降低
高溫循環	抗氧化性	隔膜的氧化導致電池循環性能較差
自放電	針孔	
循環性能	電阻、收縮率、孔徑	隔膜的高電阻、收縮率和孔徑較小，則使得電池的循環性能差
過充電	電流遮斷行為（遮斷電流）高溫軟化完整性	在高溫條件下隔膜應該完全電流遮斷且保持其軟化完整性
外部短路	電流遮斷行為	隔膜的電流遮斷性能可以防止電池的過熱
過熱	高溫軟化完整性	較高溫度時隔膜應當能保證兩個電極隔開
重物撞擊	電流遮斷	電池內部短路的情況下，隔膜是唯一能夠防止過熱的安全設備
針刺	電流遮斷	電池內部短路的情況下，隔膜是唯一能夠防止過熱的安全裝置

　　電池使用不當（如短路、過充等）致使其溫度的升高將使得隔膜的電阻可能增加2～3個量級。隔膜不僅要求在130°C左右能夠電流遮斷，而且要求其在更高的溫度下能夠保持其軟化完整性，如果隔膜能夠完全遮斷電流，那麼電池可能在過充電測試中繼續升溫從而導致熱失控。高溫的軟化完整性對於在長時間的過充或者是長時間暴露在高溫環境下的電池安全性能來說同樣十分重要。

　　圖2-21為帶有遮斷電流功能隔膜的18650型鋰離子電池典型的短路曲線，其正極材料為$LiCoO_2$、負極為MCMB碳負極材料。電池沒有其他能夠在隔膜遮斷電流之前發生作用的安全設備，如啟動電流阻斷設備（CID）、正溫係數電阻器（PTC）等。在使用一個很小的分路電阻將電池外部短路的瞬間，由於很大的電流通過電池，電池開始升溫，隔膜的遮斷電流功能在130°C左右發生作用阻止了電池的進一步升溫。電池電流開始減小，這是由於隔膜的遮斷電流功能使得電池內阻增加所致，電池隔膜的電流遮斷功能阻止了電池的熱失控。

　　電池充電控制系統未能即時正確地反饋電池電壓時或者電池充電器損壞等原因，這時候電池就會存在過充電現象。當過充電發生時，留在正極材料中的鋰離子繼續被脫出而嵌入到負極材料中去，如果達到了碳負極嵌鋰的最大限度時，那麼多餘的鋰則會以金屬鋰的形式沈積在碳負極材料上，這樣使得電池的熱穩定性能大大降低。因為焦耳熱是與I^2R成正比的，所以在較高的倍率充放條件下，產生的熱量就會大量的增加。隨著溫度的升高，電池內部的幾個放熱反應（如鋰和電池電極間的反應，正負極材料的熱分解反應以及電解液的熱分解反應等）可能發生。隔膜的電流遮斷功能在電池溫度達到聚乙烯的熔點附近時發生作用如圖2-22所示。將18650型鋰離子電池的CID和PTC拆除，留下隔膜進行過充電測試，同圖2-21一樣，電流的減少是由於電池內阻的增加所致。隔膜的微孔一旦由於其軟化而坍塌或封閉時，電池則不能再進行充放電了。如再繼續進行過充，雖然隔膜能夠保持其電流遮斷特性，但這時電池不允許再升溫。

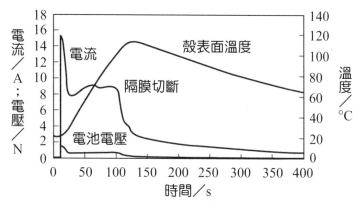

圖2-21　18650型鋰離子電池的短路曲線

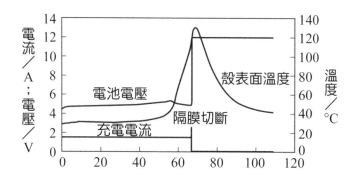

圖2-22　18650型鋰離子電池過充電過程中隔膜的電流遮斷功能曲線圖

　　為防止內部短路，隔膜不能允許任何枝晶穿透。當電池發生內部短路時，如果這種故障不是瞬間發生的，那麼隔膜就是唯一能夠防止電池熱失控的裝置。但是，如果升溫速率太快，故障在瞬間發生，隔膜就不能起到遮斷電流的作用；如果升溫速率不是很高，則隔膜的電流遮斷功能就能夠起到控制升溫速率進一步阻止電池熱失控的作用。

　　在針刺測試過程中，當釘子釘入電池時就會發生瞬間內部短路。這是因為在釘子和電極之間形成的迴路間的電流會產生大量的熱所致。釘子和電極間的接觸面積是根據針刺深度的不同而不同，針刺越

淺，接觸面積就越小，局部電流密度和產生的熱量也就越大。當局部產生的熱量導致電解液和電極材料分解時，熱失控就會發生。另一方面，如果電池被完全穿透，那麼接觸面積的增加就會減小電流密度，由於電極與釘子間的接觸面積小於其與金屬集流體之間的接觸面積，所以內部短路電流比外部短路時要大得多。

　　圖2-23為帶有隔膜電流遮斷功能的18650型電池的針刺測試圖，其中正極材料為$LiCoO_2$，負極材料為碳。可以明顯看出當釘子穿過時，電壓從4.2V暫態突降至0V，同時電池的溫度升高。當升溫速率較低時，在電池溫度接近隔膜的電流遮斷溫度時就會停止升溫〔圖2-23(a)所示〕；如果升溫速率太快，會在達到隔膜電流遮斷溫度時，電池還將繼續升溫，隔膜的電流遮斷也就失去了其功能〔如圖2-23(b)〕。這種情況下，隔膜的電流遮斷來不及發生作用阻止電池的

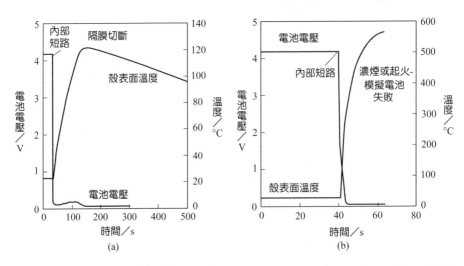

圖2-23　類比18650型鋰離子電池的針刺時內部短路電壓溫度與時間的關係
(a)電池通過針刺測試；(b)電池沒有通過針刺測試

熱失控。因此，在類比針刺和撞擊測試中隔膜的作用僅僅是延遲內部短路造成的熱失控。具有高溫軟化完整性和電流遮斷功能的隔膜需通過內部短路測試。用在高容量電池中的薄隔膜（$< 20\mu m$）所展示的各種性能也必須與較厚的隔膜相似。隔膜的機械強度損失需通過電池的設計進行平衡，而隔膜在橫向和縱向的性質也必須一致以保證電池在非正常使用時的安全性。

目前努力研究開發微孔膜在電池隔膜中的應用，凝膠電解質和聚合物電解質也在進一步的探索中。特別是聚合物電解質的開發，在電池中沒有液體有機電解質的揮發，因而電池的安全性更高了。

五、黏結劑

黏結劑通常是高分子化合物，其作用及主要性能如下。

①保證活性物質製漿時的均勻性和安全性；

②對活性物質顆粒間起到黏結作用；

③將活性物質黏結在集流體上；

④保持活性物質間以及與集流體間的黏結作用；

⑤有利於在碳材料（石墨）表面上形成SEI膜。

電池中常用的黏結劑包括。

①PVA（聚乙烯醇）；

②PTFE（聚四氟乙烯）；

③CMC（羧甲基纖維素鈉）；

④聚烯烴類（PP、PE以及其他的共聚物）；

⑤PVDF/NMP或者與其他溶劑體系；

⑥改性SBR；

⑦氟化橡膠；

⑧聚氨酯等。

在鋰離子電池中，由於使用電導率低的有機電解液，因而要求電極的面積大，而且電池裝配時採用捲式結構，電池性能的提高不僅對電極材料提出了新的要求，而且對電極製造過程使用的黏結劑也提出了新的指標。就鋰離子電池來說，對黏結劑的性能要求如下：

①在乾燥和除水過程中加熱到130～180°C情況下仍能保持相當高的熱穩定性；

②能被有機電解液所潤濕；

③具有良好的加工性能；

④不易燃燒；

⑤對電解液中的添加劑，如$LiClO_4$、$LiPF_6$等以及副產物$LiOH$、$LiCO_3$等比較穩定；

⑥具有比較高的電子離子導電性；

⑦用量少，價格低廉。

2.5.2　電池組裝方法與技術

按照電池的結構設計和設計參數，如何製備出所選擇的電池材料並將其有效地組合在一起，並組裝出符合設計要求的電池，是電池生產方法所要解決的問題。由此可見，電池的生產方法是否合理，是關係到所組裝電池是否符合設計要求的關鍵，是影響電池性能最重要的步驟。

參考AA型Cd/Ni、MH/Ni電池的生產方法過程，結合對AA型鋰

離子電池的結構設計和鋰離子電池材料的性能特點及反復的試驗，來確定的AA型鋰離子電池生產方法過程。

　　AA型鋰離子電池生產方法過程涉及四個工序：①正負極片的製備；②電芯的捲繞；③組裝；④封口。這與傳統的AA型Cd/Ni電池的生產過程並無太大區別，但在方法上，鋰離子電池要複雜得多，並且對環境條件的要求也要苛刻得多。鋰離子電池的製造方法技術非常嚴格、要求複雜。表2-21列出了石墨／$LiCoO_2$系圓柱形鋰離子電池製造方法有關參數。

　　其中正負電極漿料的配製、正負極片的塗佈、乾燥、輥壓等製備方法、電芯的捲繞對電池性能影響最大，是鋰離子電池製造技術中最關鍵的步驟。下面對這些方法過程作簡要的介紹。以有機液體為電解質的鋰離子電池生產流程如圖2-24所示。

　　為防止金屬鋰在負極集體流上銅部位析出而引起安全問題，需要對極片進行方法改進，銅箔的兩面需用碳漿塗佈。

　　鋰離子電池的方法流程的主要工序如下。

　　①製漿　用專用的溶劑和黏結劑分別與粉末狀的正負極活性物質混合，經高速攪拌均勻後，製成漿狀的正負極物質。

表2-21　石墨／$LiCoO_2$系圓柱形鋰離子電池製造的有關參數

電池組分	材料	厚度／μm
負極活性物質	非石墨化的碳	單面90
負極集體流	Cu	25
正極活性物質	$LiCoO_2$	單面80
正極集體流	Al	25
電解液／隔膜	$PC/DEC/LiPF_6/Celgard$	25

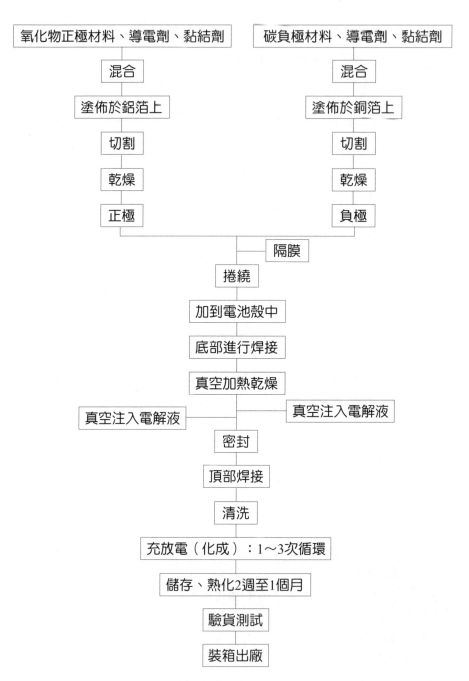

圖2-24　鋰離子電池生產流程示意圖

②塗裝　將製成的漿料均勻地塗覆在金屬箔的表面，烘乾，分別製成正、負極極片。

③裝配　按正極片一隔膜一負極片一隔膜自上而下的順序放好，經捲繞製成電池芯，再經注入電解液、封口等方法過程，即完成電池的裝配過程，製成成品電池。

④化成　用專用的電池充放電設備對成品電池進行充放電測試，對每一只電池都進行檢測，篩選出合格的成品電池，待出廠。

一、製漿

用專用的溶劑和黏結劑分別與粉末狀的正負極活性物質按照一定比例混合，經過高速攪拌均勻後，製成漿狀的正負極物質。在鋰離子電池中通常採用的黏結劑有PVDF和PTFE。

在整個製漿過程中，電極活性物質、導電劑和黏結劑的配製是最為重要的環節。以鈷酸鋰作為正極活性物質，石墨為負極為例，下面介紹部分配料基本知識。

通常情況下電極都是由活性物質、導電劑、黏結劑和引線組成，所不同的是正負極材料的黏結劑類型不一樣，以及在負極材料中需要加入添加劑不同，加入添加劑主要是提高黏結劑的黏附能力等。

配料過程實際上是將漿料中的各種組成按標準比例混合在一起，調製成漿料，以利於均勻塗佈，保證極片的一致性。配料大致包括五個過程，即原料的預處理、摻和、浸濕、分散和絮凝。

(1)正極配料

①原料的理化性能

a.鈷酸鋰：非極性物質，不規則形狀，粒徑D_{50}一般為$6\sim8\mu m$，

含水量 ≤ 0.2%，通常為鹼性，pH值為10～11。

　　錳酸鋰：非極性物質，不規則形狀，粒徑D_{50}一般為5～7μm，含水量 ≤ 0.2%，通常為弱鹼性，pH值為8左右。

　　b.導電劑：非極性物質，葡萄鏈狀物，含水量3%～6%，吸油值約為300，粒徑一般為2～5μm；主要有普通碳黑、超導碳黑、石墨乳等，在大批量應用時一般選擇超導碳黑和石墨乳複配；通常為中性。

　　c.PVDF黏結劑：非極性物質，鏈狀物，其分子量為300,000～3,000,000不等；吸水後分子量下降，黏性變差。

　　d.NMP（N-甲基吡咯烷酮）：弱極性液體，用於溶解／溶脹PVDF，同時作為溶劑稀釋漿料。

　　②原料的預處理

　　a.鈷酸鋰：脫水。一般用120°C常壓烘烤2h左右；

　　b.導電劑：脫水。一般用200°C常壓烘烤2h左右；

　　c.黏結劑：脫水。一般用120～140°C常壓烘烤2h左右，烘烤溫度視分子量的大小決定；

　　d.NMP：脫水。使用乾燥分子篩脫水或採用特殊取料設施，直接使用。

　　③原料的摻和

　　a.黏結劑的溶解（按標準濃度）及熱處理；

　　b.鈷酸鋰和導電劑球磨：將粉料初步混合，使鈷酸鋰和導電劑黏結在一起，提高其團聚作用和導電性。配成漿料後不會單獨分布於黏結劑中，球磨時間一般為2h左右；為避免混入雜質，通常使用瑪瑙球作為球磨介質。

　　④乾粉的分散和浸濕　固體粉末放置在空氣中，隨著時間的推

移，將會吸附部分空氣在固體的表面上，液體黏結劑加入後，液體與氣體爭相逸出於固體表面；如果固體與氣體吸附力比與液體的吸附力強，液體不能浸濕固體；如果固體與液體吸附力比與氣體的吸附力強，液體可以浸濕固體，將氣體擠出。

當潤濕角 ≤ 90°，固體浸濕。

當潤濕角 > 90°，固體不浸濕。

正極材料中的所有組分均能被黏結劑溶液浸濕，所以正極粉料分散相對容易。

分散方法對分散的影響：靜置法（特點是，分散時間長，效果差，但不損傷材料的原有結構）；攪拌法自轉或自轉加公轉（時間短，效果佳，但有可能損傷個別材料的自身結構）。

攪拌槳對分散速度的影響：攪拌槳大致包括蛇形、蝶形、球形、槳形、齒輪形等。一般蛇形、蝶形、槳形攪拌槳用來對付分散難度大的材料或配料的初始階段；球形、齒輪形用於分散難度較低的狀態，效果佳。

攪拌速度對分散速度的影響：一般說來攪拌速度越高，分散速度越快，但對材料自身結構和對設備的損傷就越大。

濃度對分散速度的影響：通常情況下漿料濃度越小，分散速度越快，但漿料太稀將導致材料的浪費和漿料沈澱的加重。

濃度對黏結強度的影響：濃度越大，黏結強度越大；濃度越低，黏結強度越小。

真空度對分散速度的影響：高真空度有利於材料縫隙和表面的氣體排出，降低液體吸附難度；材料在完全失重或重力減小的情況下分散均勻的難度將大大降低。

　　溫度對分散速度的影響：適宜的溫度下，漿料流動性好、易分散。太熱的漿料容易結皮，太冷漿料的流動性將大大降低。

　　⑤稀釋　將漿料調整為合適的濃度，便於塗佈。

(2)負極配料

其原理大致與正極配料原理相同。

①原料的理化性能

　　a.石墨：非極性物質，易被非極性物質污染，易在非極性物質中分散；不易吸水，也不易在水中分散。被污染的石墨，在水中分散後，容易重新團聚。一般粒徑D_{50}為20μm左右。顆粒形狀多樣且多不規則，主要有球形、片狀、纖維狀等。

　　b.水性黏結劑（SBR）：小分子線性鏈狀乳液，極易溶於水和極性溶劑。

　　c.防沈澱劑（CMC）：高分子化合物，易溶於水和極性溶劑。

　　d.異丙醇：弱極性物質，加入後可減小黏結劑溶液的極性，提高石墨和黏結劑溶液的相容性；具有強烈的消泡作用；易催化黏結劑網狀交鏈，提高黏結強度。

　　e.乙醇：弱極性物質，加入後可減小黏結劑溶液的極性，提高石墨和黏結劑溶液的相容性；具有強烈的消泡作用；易催化黏結劑線性交鏈，提高黏結強度（異丙醇和乙醇的作用從本質上講是一樣的，大批量生產時可考慮成本因素然後選擇哪種添加劑）。

　　f.去離子水（或蒸餾水）：稀釋劑，酌量添加，改變漿料流動性。

②原料的預處理

　　a.石墨：經過混合使原料均勻化，然後在300～400℃常壓烘烤，除去表面油性物質，提高與水性黏結劑的相容能力，修圓石墨表面稜

角（有些材料為保持表面特性，不允許烘烤，否則效能降低）。

b.水性黏結劑：適當稀釋，提高分散能力。

③摻和、浸濕和分散

a.石墨與黏結劑溶液極性不同，不易分散。

b.可先用醇水溶液將石墨初步潤濕，再與黏結劑溶液混合。

c.應適當降低攪拌濃度，提高分散性。

d.分散過程為減少極性物與非極性物間的距離，提高它們的勢能或表面能，所以其為吸熱反應，攪拌時總體溫度有所下降。如條件允許應該適當升高攪拌溫度，使吸熱變得容易，同時提高流動性，降低分散難度。

e.攪拌過程如加入真空脫氣過程，排除氣體，促進固-液吸附，效果更佳。

f.分散原理、分散方法同正極配料中的相關內容，在上文中有詳細論述，在此不予詳細解釋。

④稀釋　將漿料調整為合適的濃度，便於塗佈。

(3)配料注意事項

①防止混入其他雜質；②防止漿料飛濺；③漿料的濃度（固含量）應從高往低逐漸調整；④在攪拌的間歇過程中要注意刮邊和刮底，確保分散均勻；⑤漿料不宜長時間擱置，以免其沈澱或均勻性降低；⑥需烘烤的物料必須密封冷卻之後方可以加入，以免組分材料性質變化；⑦攪拌時間的長短以設備性能、材料加入量為主設計考慮；⑧攪拌槳的使用以漿料分散難度進行更換，無法更換的可將轉速由慢到快進行調整，以免損傷設備；⑨出料前對漿料進行過篩，除去大顆粒以防塗佈時造成斷帶；⑩對配料人員要加強培訓，確保其掌握專業

技術和安全知識；⑪配料的關鍵在於分散均勻，掌握該中心，其他方式可自行調整。

二、塗膜

將製成的漿料均勻地塗覆於金屬箔的表面，烘乾，分別製成正負極極片。大約有20多種塗膜的方法可能用於將液體料液塗佈於支援體上，而每一種技術都有許多專門的配置，所以有許多種塗佈形式可供選擇。通常使用的塗佈方法包括擠出機、反輥塗佈和刮刀塗佈。

在鋰離子電池實驗室研究階段，可用刮棒、刮刀或者擠壓等自製的簡單塗佈實驗裝置進行極片塗佈，這只能塗佈出少量的實驗研究樣品。相對於刮刀塗佈而言，一般在大型生產線時傾向於選擇縫模和反輥塗佈過程，因為它們容易處理黏度不同的正負極漿料並改變塗佈速率，而且很容易控制網上塗層的厚度。這對於電極片塗層厚度要求較高的鋰離子電池生產來說是非常有用的，這樣可以將塗層的厚度偏差控制在±3μm。其中輥塗又有多種形式，按照輥塗的轉動方向可區分為順轉輥塗和逆轉輥塗兩種。此外還有配置3輥、4輥等多達10多種輥塗方式。圖2-25和圖2-26列出了縫模和反輥塗佈的過程示意圖。鋰離子電池正、負極材料塗膜的製備過程如圖2-27所示。

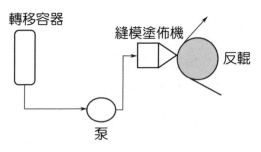

圖2-25　縫模的塗佈過程示意圖

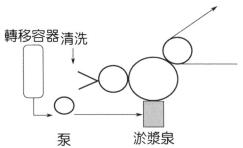

圖2-26 鋰離子電池正、負極反輥式塗膜操作示意圖

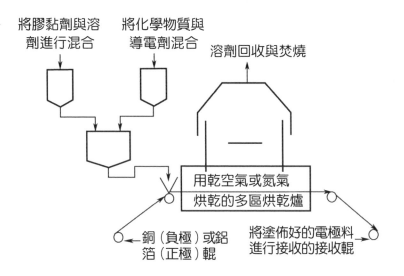

圖2-27 鋰離子電池正、負極塗膜的製備過程示意圖

　　漿料涉及電池的正極和負極，即活性物質往鋁箔或銅箔上塗敷的問題，活性物質塗敷的均勻性直接影響電池的質量，因此，極片漿料塗佈技術和設備是鋰離子電池研製和生產的關鍵之一。

　　一般選擇塗佈方法需要從下面幾個方面考慮，包括塗佈的層數、濕塗層的厚度、塗佈液的流變性、需要的塗佈精度、塗佈支援體或基材、塗佈的速度等。

　　如何選擇合適極片漿料的塗佈方法？除要考慮上述因素外，還必

須結合極片塗佈的具體情況和特點綜合分析。電池極片塗佈特點是：雙面單層塗佈；漿料濕塗層較厚（100～300μm）；漿料為非牛頓型高黏度流體；相當於一般塗佈產品而言，極片塗佈精度要求高，和膠片塗佈精度相近；塗佈支援體厚度為10～20μm的鋁箔和銅箔；和膠片塗佈速度相比，極片塗佈速度不高。

極片需要在金屬箔兩面均塗漿料。塗佈技術路線決定選用單層塗佈，另一方面在乾燥後再進行一次塗佈。考慮到極片塗佈屬於厚塗層塗佈。刮棒、刮刀和氣刀塗佈只適用於較薄塗層的塗佈，不適用於極片漿料塗佈。其塗佈厚度受塗佈漿料黏度和塗佈速度影響，難於進行高精度塗佈。

綜合考慮極片漿料塗佈的各項要求，擠壓塗佈或輥壓可供選擇。

擠壓塗佈可以用於較高黏度流體塗佈，可獲得較高精度的塗層。要獲得均勻的塗層，採用條縫擠壓塗佈，必須使擠壓嘴的設計及操作參數在一個合適的範圍內，也就是必須在塗佈技術中稱為「塗佈窗口」的臨界條件範圍內，才能進行正常塗佈。

設計時需要有塗佈漿料流變特性的詳細資料。而一旦按提供的流變資料設計加工出的擠壓嘴，在塗佈漿料流變性質有較大改變時，就有可能影響塗佈精度，擠壓塗佈設備比較複雜，運行操作需要專門的技術。

輥塗可應用於極片漿料的塗佈。輥塗有多種形式，按輥塗的轉動方向區分可分為順轉輥和逆轉輥塗佈兩種。此外還有配置3輥、4輥等多達10多種輥塗形式。究竟用哪一種輥塗形式要根據各種漿料的流變性質進行選擇。也就是所設計的輥塗形式、結構尺寸、操作條件、塗液的物理性質等各種條件必須在一個合理的範圍內，也就是操作條件

進入塗佈視窗，才能塗佈出性能優良的塗層。

極片漿料黏度極高，超出一般塗佈液的黏度，而且所要求的塗量大，用現在常規塗佈方法無法進行均勻塗佈。因此，應該依據其流動機制，結合極片漿料的流變特性和塗佈要求，選擇適當的極片漿料的塗佈方法。

不同型號鋰離子電池所需要的每段極片長度也是不同的。如果採用連續塗佈，再進行定長分切生產極片，在組裝電池時需要在每段極片一端刮除漿料塗層，露出金屬箔片。用連續塗佈定長分切的方法路線，效率低，不能滿足最終進行規模生產的需要。因此，如考慮採用定長分段塗佈方法，在塗佈時按電池規格需要的塗佈及空白長度進行分段塗佈。採用單純的機械裝置很難實現不同電池規格所需要長度的分段塗佈。在塗佈頭的設計中採用電腦技術，將極片塗佈頭設計成光、機、電一體化智慧化控制的塗佈裝置。塗佈前將操作參數用鍵盤輸入電腦，在塗佈過程中由電腦控制，自動進行定長分段和雙面疊合塗佈。

極片漿料塗層比較厚，塗佈量大，乾燥負荷大。採用普通熱風對流乾燥法或烘缸熱傳導乾燥法等乾燥方法效率低，可採用優化設計的熱風衝擊乾燥技術，這樣能提高乾燥效率，可以進行均勻快速乾燥，乾燥後的塗層無外乾內濕或表面皺裂等弊病。

在極片塗佈生產流水線中從放卷到收卷，中間包含有塗佈、乾燥等許多環節，極片（基片）有多個傳動點拖動。針對基片是極薄的鋁箔、銅箔，剛性差，易於撕裂和產生折皺等特點，在設計中採取特殊技術裝置，在塗佈區使極片保持平展，嚴格控制片路張力梯度，使整個片路張力都處於安全極限內。在塗佈流水線的傳輸設計中，宜採用

直流電機智能調速控制技術，使塗佈點片路速度保持穩定，從而確保塗佈的縱向均勻度。

極片塗佈的一般方法流程如下：

放捲→接片→拉片→張力控制→自動糾偏→塗佈→乾燥→自動糾偏→張力控制→自動糾偏→收捲

塗佈基片（金屬箔）由放捲裝置放出進入塗佈機。基片的首尾在接片台連接成連續帶後由拉片裝置送入張力調整裝置和自動糾偏裝置，再進入塗佈裝置。極片漿料在塗佈裝置按預定塗佈量和空白長度進行塗佈。在雙面塗佈時，自動跟蹤正面塗佈和空白長度進行塗佈。塗佈後的濕極片送入乾燥道進行乾燥，乾燥溫度根據塗佈速度和塗佈厚度設定。

三、分切

分切就是將輥壓好的電極帶按照不同電池型號切成裝配電池所需的長和寬度，準備裝配。

四、捲繞

將正極片、負極片、隔膜按順序放好後，在捲繞機上把它們捲繞成電芯。為使電芯捲繞得粗細均勻、緊密，除了要求正負極片的塗佈誤差盡可能小外，還要求正負極片的剪切誤差盡可能小，盡可能使正負極片為符合要求的矩形。此外，在捲繞過程中，操作人員應及時調整正負極片、隔膜的位置，防止電芯粗細不勻、前後鬆緊不一、負極片不能在兩側和正極片對正，尤其是電芯短路情況的發生。捲繞要求隔膜、極片表面平整，不起折皺，否則增大電池內阻。捲後正負極片

或隔膜的上下偏差均為$\delta < -0.5mm$。捲繞鬆緊度要符合鬆緊度設計要求，電芯容易裝殼但也不太鬆。只有這樣，才能使得用此電芯組裝的電池均勻一致，保證測試結構具有較好的準確性、可靠性和重現性。

　　最後需要說明的是：除了機片的塗佈方法過程外，其他方法過程均在乾燥室內進行，尤其是電芯的捲繞裝殼後，要在真空乾燥箱中，80°C真空乾燥12h左右後，於相對濕度5%以下的手套箱中注液；注液後的電池至少要放置6h以上，待電極、隔膜充分潤濕後才能化成、循環。

五、裝配

　　按照正極片—隔膜—負極片—隔膜自上而下的順序放好，經捲繞製成電芯，再經注入電解液、封口等方法過程，即完成電池的裝配過程，製成成品電池。

六、化成

　　用專用的電池充放電設備對成品電池進行充放電測試，篩選出合格的成品電池，待出廠。

　　鋰離子電池的化成主要有兩個方面的作用：一是使電池中活性物質藉助於第一次充電轉化成具有正常電化學作用的物質；二是使電極主要是負極形成有效的鈍化膜或SEI膜，為了使負極碳材料表面形成均勻的SEI膜，通常採用階梯式充放電的方法，在不同的階段，充放電電流不同，擱置的時間也不同，應根據所用的材料和方法路線具體掌握，通常化成時間控制在24h左右。負極表面的鈍化膜在鋰離子電池的電化學反應中，對於電池的穩定性扮演著重要的角色。因此電池製造商除將材料及製造過程列為機密外，化成條件也被列為各公司製

造電池的重要機密。電池化成期間,最初的幾次充放電會因為電池的不可逆反應使得電池的放電容量在初期會有減少。待電池電化學狀態穩定後,電池容量即趨穩定。因此,有些化成套裝程式含多次充放電循環以達到穩定電池的目的。這就要求電池檢測設備可提供多個工步設置和循環設置。以BS9088設備為例,可設置64個工步參數,並最多可設置256個循環且循環方式不限;可以先進行小電流充放循環,然後再進行大電流充放循環,反之亦可。

📋 參考文獻

[1] Stanley Whittingham M. Lithium Batteries and Cathode Materials,Chem. Rev. 2004, 104: 4271.

[2] 戴永年，楊斌，姚耀春，馬文會，李偉宏。鋰離子電池的發展狀況，電池，2005，35(3)：193。

[3] 陳立泉。混合動力車及其電池。電池，2000，30(3)：98。

[4] 郭明，王金才，吳連波，李洪錫。鋰離子電池負極材料奈米碳纖維研究。電池，2004，34(5)：384。

[5] 郭炳焜，徐徽，王先友等。鋰離子電池。長沙：中南大學出版社，2002.1～33。

[6] Churl Kyoung Lee, Kang-In Rhee. Preparation of LiCoO$_2$ from spent lithium-ion batteries, Journal of Power Sources,109 (2002): 17.

[7] Pankaj Arora, Zhengming (John) Zhang. Battery Separators. Chem. Rev. 2004, 104: 4419.

[8] 吳川，吳峰，陳實。鋰離子電池正極材料的研究進展。電池，2000，30(1)：36。

[9] 劉景，溫兆銀，吳梅梅等。鋰離子電池正極材料的研究進展。無機材料學報，2002，17(1)：1。

[10] Martin Winter, Ralph J. Brodd, What Are Batteries, Fuel Cells, and Supercapacitors. Chem. Rev, 2004, 104: 4245.

[11] 郭炳焜，李新海，楊松青。化學電源。長沙：中南大學出版社，2000。

[12] 吳宇平，萬春榮，姜長印，方世璧。鋰離子二次電池。北京：化學工業出版社，2002。

[13] http://www.atlbattery.com/chs/batteryworld.

[14] 王力臻，化學電源設計。電池，1995，25(1)：46。

[15] 陳立泉。鋰離子電池正極材料的研究進展。電池，2002，32(6)：6。

[16] 余仲寶，張勝利，楊書廷等。燒結溫度對鋰離子電池正極材料LiCoO$_2$結構與電化學性能的影響。應用化學，1999，16(4)：102。

[17] 王興傑，楊文勝，衛敏等。檸檬酸溶膠凝膠法製備LiCoO$_2$電極材料及其表徵。無機化學學報，2003，19(6)：603。

[18] 吳宇平，方世璧，劉昌炎‧鋰離子電池正極材料氧化鈷鋰的進展‧電源技術，1997，21(5)：208。

[19] 黃可龍，趙家昌，劉素琴等。Li, Mn源對LiMn₂O₄尖晶石高溫電化學性能的影響。金屬學報，2003，39(7)：739。

[20] 吳宇平，戴曉兵，馬軍旗等。鋰離子電池——應用與實踐。北京：化學工業出版社，2004。

[21] Brodd R J, Huang W, A Kridge J R. Macromol. Symp, 2000, 159: 229.

[22] Song J Y, Wang Y Y, Wan C C. J. Power Sources, 1999, 77: 183.

[23] Berthier C, Gorecki W, M inier M, et al. Solid State Ionics, 1983, 11: 91.

[24] Ito Y, Kanehori K, M iyauchi K, et al. J Mater Sci, 1987, 2: 1845.

[25] N agasubrammanian G, Stefano S D. J. Electrochem Soc, 1990, 137: 3830.

[26] Watanabe M, Kanaba M, N agoka K, et al. J Polym Sci, Polym Phys Ed, 1983, 21: 939.

[27] Peramunage D, Pasquariello D M, Abraham K M. J Electrochem Soc, 1995, 142: 1789.

[28] Bohnke O, Rousselot C, Gillet P A, et al. J Electrochem Soc, 1992, 139: 1862.

[29] Choe H S, Giaccai J, A lamgir M, et al. Electrochim A cta, 1995, 40: 2289.

[30] Tarascon J M, Gozdz A S, Warren P C. Solid State Ionics, 1996, (86~88): 49.

[31] Venugopal G, Moore J, Howard J, et al. Characterization of microporous Separators for lithium ion batteries. J. Power Sources, 1999, 77: 34.

[32] Weight. M J. J. Power Source, 1991, 34: 257.

[33] A braham K M. Electrochim. A cta, 1993, 38: 1233.

[34] Gineste J L, Pourcelly G. J Membr Sci, 1995, 107: 155.

[35] Wen2Tong P L. European Patent, 0262846 (1988).

[36] Kuribayashi I. J. Power Sources, 1996, 63: 87.

[37] Pankaj Arora, Zhengming Zhang. Chem Rev. 104: 4419.

[38] PMI Conference 2000 Proceedings, PMI short course, Ithaca, NY, Oct 16-19, 2000.

[39] Porous Materials Inc, http://www.pmiapp.com.

[40] Norin L, Kostecki R, McLarnon F. Electrochem. Solid State Lett. 2002, 5: A67.

[41] Laman F C, Sakurai Y, Hirai T, Yamaki J, Tobishima S, Ext. Abstr., 6th Int. Meet. Lithium Batteries 1992, 298.

[42] Laman F C, Gee M A, Denovan J. J. Electrochem. Soc.1993, 140, L51.

[43] Spotnitz R, Ferebee M, Callahan R W, Nguyen K, Yu W C, Geiger M, Dwiggens C, Fischer H, Hoffman, D. Proceedings of the 12th International Seminar on Primary and Secondary Battery Technology and Applications; Fort Lauderdale, FL, Florida Educational Seminars, Inc.: Fort Lauderdale, FL, 1995.

[44] Spotnitz R, Ferebee M, Callahan R W, Nguyen K, Yu W C, Geiger M, Dwiggens C, Fischer H, Hoffman D. Proceedings of the 12th International Seminar on Primary and Secondary Battery Technology and Applications; Fort Lauderdale, FL, Florida Educational Seminars, Inc.: Fort Lauderdale, FL, 1995.

[45] Venugopal G. The role of plastics in lithium-ion batteries. Proceedings of the 3rd Annual Conference on Plastics for Portable and Wireless Electronics; Philadelphia, PA, 1997, 11.

[46] Zeng S, Moses P R. J. Power Sources 2000, 90: 39.

[47] Norin L, Kostecki R, McLarnon F. Electrochem. Solid State Lett. 2002, 5: A67.

[48] Hazardous Materials Regulations; Code of Federal Regulations,CFR49 173. 185.

[49] UL1640, Lithium Batteries. Underwriters Laboratories, Inc.

[50] UL2054, Household and Commercial Batteries. Underwriters Laboratories, Inc.

[51] Secondary Lithium Cells and Batteries for Portable Applications. International Electrotechnic Commission, IEC 61960-1 and IEC 61960.

[52] Recommendations on the Transport of Dangerous Goods,Manual of Tests and Criteria. United Nations: New York, 1999.

[53] Safety Standard for Lithium Batteries, UL 1642, Underwriters Laboratories Inc, Third Edition, 1995.

[54] Standard for Household and Commercial Batteries, UL 2054, Underwriter Laboratories, Inc., 1993.

[55] UN Recommendations on the Transport of Dangerous Goods, December 2000.

[56] A Guideline for the Safety Evaluation of Secondary Lithium Cells. Japan Battery Association, 1997.

[57] Venugopal, G. J. Power Sources 2001, 101: 231.

[58] 李國欣主編。新型化學電源。上海：復旦大學出版社，1992。

[59] 宋文順主編。化學電源方法學。北京：輕工業出版社，1998。

[60] 中國電池網，http://www.battery.com.cn/.

第三章

正極材料

3.1　正極材料的微觀結構

3.1.1　LiCoO$_2$材料

　　正極材料組成式LiMO$_2$（M＝Ni、Co）均為層狀岩鹽結構
（α-NaFeO$_2$結構），屬於*R*3*m*群，如圖3-1所示。它們都具有氧離子
按ABC疊層立方密堆積排列的基本骨架，LiNiO$_2$和LiCoO$_2$的陰離子
數和陽離子數相等，其中的氧八面體間隙被陽離子佔據，具有二維結
構，Li$^+$和Co^{3+}（或Ni^{3+}）交替排列在立方結構的（111）面，並引起
點陣畸變為六方對稱，Li$^+$和Co^{3+}（或Ni^{3+}）分別位於（3*a*）和（3*b*）
位置，O^{2-}位於（6*c*）位置。以LiCoO$_2$為例，由於Li、Co與O原子的
相互作用而存在差異性，因此在…Li—O—Co—O—Li—O…層中，
Co^{3+}與O^{2-}之間存在最強的化學鍵，O—Co—O層之間通過Li$^+$靜電相互
作用束縛在一起，從而整個晶胞結構穩定。相比而言，O層更靠近Co
層（層間距 $\mu = 0.260$nm），其中（003）表面是它的最可幾解理面。

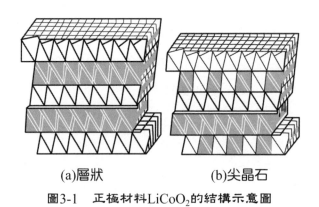

(a)層狀　　　　　　　　　(b)尖晶石

圖3-1　正極材料LiCoO$_2$的結構示意圖

表3-1　LiMO$_2$（M = Ni，Co）晶格常數資料

化合物	a_0/nm	c_0/nm	體積／nm^3	$r_{Li^+}/r_{M^{3+}}$	晶體對稱性
LiCoO$_2$	0.2805	1.406	0.0319	1.314	六方晶系（$R3m$）
LiNiO$_2$	0.2885	1.420	0.0341	1.286	六方晶系（$R3m$）

　　由圖3-1可知，在這種組成式材料的結構中，鋰和中心過渡金屬原子分別形成與氧原子層平行的單獨層，通過它們的相互層疊堆積，形成六方晶系的超點陣。它們的晶格常數在表3-1中列出。

　　LiCoO$_2$具有三種物相，即層狀結構的HT-LiCoO$_2$、尖晶石結構LT-LiCoO$_2$和岩鹽相LiCoO$_2$。層狀結構的LiCoO$_2$中氧原子採取畸變的立方密堆積，鈷層和鋰層交替分佈於氧層兩側，佔據八面體孔隙；尖晶石結構的LiCoO$_2$氧原子為理想立方密堆積排列，鋰層中含有25%鈷原子，鈷層中含25%鋰原子。岩鹽相晶格中Li$^+$和Co^{3+}隨機排列，無法清晰地分辨出鋰層和鈷層。

　　層狀的CoO$_2$框架結構為鋰原子的遷移提供了二維隧道。電池充放電時，活性材料中的Li$^+$的遷移過程可用下式表示：

充電：LiCoO$_2$→xLi$^+$ + Li$_{1-x}$CoO$_2$ + xe$^-$

放電：Li$_{1-x}$CoO$_2$ + yLi$^+$ + xe$^-$→Li$_{1-x+y}$CoO$_2$（$0 < x \leq 1$，$0 < y \leq x$）

　　HT-LiCoO$_2$和LT-LiCoO$_2$在充放電過程中結構的變化及電化學性能並不一致。充電時，隨x由0增大到0.5，HT-LiCoO$_2$的晶胞參數c/a由5.00增加到5.14。在$x \approx 0.5$處HT-LiCoO$_2$由六方晶胞向單斜晶胞轉化；而LT-LiCoO$_2$晶胞參數c/a幾乎不變（見表3-2）。

表3-2 HT-LiCoO$_2$和LT-LiCoO$_2$及其脫鋰態時的晶胞參數資料

樣品	a/nm	c/nm	c/a
HT-LiCoO$_2$	0.2816(2)	1.408(1)	5.00
HT-Li$_{0.74}$CoO$_2$	0.2812(2)	1.422(1)	5.06
HT-Li$_{0.49}$CoO$_2$	0.2807(2)	1.442(1)	5.14
LT-LiCoO$_2$	0.28297(6)	1.3868(4)	4.90
LT-Li$_{0.71}$CoO$_2$	0.28304(4)	1.3866(2)	4.90
LT-Li$_{0.49}$CoO$_2$	0.28273(2)	1.3851(1)	4.90

　　與HT-LiCoO$_2$/Li組裝的電池相比，LT-LiCoO$_2$/Li電池工作電壓低，在某些非水電解質中穩定。但是LT-LiCoO$_2$鋰層中的鈷原子會阻礙鋰原子的可逆脫嵌，造成LT-LiCoO$_2$中Li$^+$的傳質速度較慢；脫鋰時的LT-Li$_{1-x}$CoO$_2$反應活性高，容易在電極表面形成鈍化膜，所以難以實現LT-LiCoO$_2$材料的實用化。

3.1.2　LiNiO$_2$材料

　　理想的LiNiO$_2$屬於六方晶系，氧原子以稍微扭曲的立方緊密結構堆積排列，鋰原子和鎳原子交替分佈於氧原子層兩側，佔據其八面體空隙，如圖3-2所示。層狀的NiO$_2$為鋰原子提供了可供遷移的二維隧道。因此，該層狀結構的穩定性決定了LiNiO$_2$循環性能的優劣。對於LiNiO$_2$型的層狀化合物，其結構穩定性與晶格能有關，因此，O—M—O鍵能大小對LiNiO$_2$的電化學性能有著至關重要的作用。Ni^{3+}的最外層3d電子排布為$t_{2g}^6 e_g^1$，由分子軌道理論（MOT）可知，能量較低的成鍵軌道已經占滿，另一電子只能佔據與氧原子中的σ_{2p}軌道形成

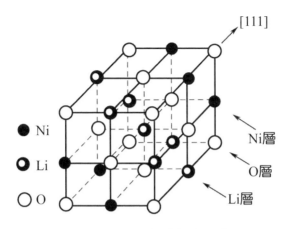

圖3-2　LiNiO$_2$的晶體結構示意圖

的能量較高的反鍵軌道上，這導致Ni—O鍵的鍵能削弱。此外，LiNiO$_2$的六方層狀結構中，NiO$_6$八面體受Jahn-Teller效應影響而容易變形。因此，相對而言，LiNiO$_2$的六方層狀結構沒有LiCoO$_2$穩定。在研究Li$_x$NiO$_2$型的結構及其脫鋰過程時發現：在$x = 0.7$時，晶格從六方晶型R3向單斜轉變，在$x = 0.3$時，又從單斜晶型向六方晶型R3′轉變，同時其晶胞體積收縮。因為在充放電過程中，Ni^{3+}被氧化成Ni^{4+}（$t_{2g}^6 e_g^0$），NiO$_2$層的層間引力變大，在Jahn-Teller效應的作用下，NiO$_2$層收縮使LiNiO$_2$發生相變。因此，LiNiO$_2$不耐過充。同時，由於Ni^{4+}氧化性強，易與電池中的電解液發生反應，使其熱穩定性差。

現以鎳酸鋰為例，討論其能帶變化與其電化學間的關聯。以嵌鋰的石墨作為電池負極，則在放電過程中LiC$_6$/NiO$_2$電池的反應式為

$$LiC_6(s) + NiO_2(s) \rightarrow 6C + LiNiO_2(s)$$
$$\Delta E_r = E(LiNiO_3) + 6E(C) - E(NiO_2) - E(LiC_6)$$

Deiss等人用全勢能線性化擴增平面波方法計算了$LiC_6/LiNiO_2$的平均開路電壓（3.05V），比實驗值（3.57V）低約15%。

有人應用CRYSTAL98套裝程式中的Hartree-Fock方法，計算了以$LiC_6/LiNiO_2$鋰離子二次電池的平均電壓為4.10V，與實驗值3.57V相比，相對誤差+15%。計算結果提出NiO_2中Ni和O原子的淨電荷分別為2.068和-1.034；$LiNiO_2$中Li、Ni和O原子的淨電荷分別為0.982、1.872和-1.427。比較NiO_2和$LiNiO_2$的相應原子上的淨電荷說明，在放電過程中，Li嵌入NiO_2後幾乎完全電離（淨電荷+0.982），負電荷主要從Li原子轉移到O原子上，只有少量（-0.196）轉移到Ni原子上，因此Ni的電荷變化很小，這就解釋了$LiNiO_2$的Jahn-Teller效應很微弱的這一實驗結果。另外，嵌鋰中間產物$Li_{0.5}NiO_2$中的鋰離子在晶體中有直線和折線兩種可能的擴散途徑。計算結果表明，經由折線擴散的勢壘較小，很可能是鋰離子擴散的途徑。

NiO_2和$LiNiO_2$的電子態密度顯示於圖3-3中。由圖3-3可見，對於NiO_2〔見圖3-3(a)〕，費米能級為-3.8a.u.。費米能級以下能量最低的Ni和O的內層軌道，位於-0.8～-0.36a.u.區間的是由成鍵軌道e_g、a_{1g}和t_{1u}（主要是O的2p軌道的貢獻）和非鍵軌道t_{2g}（Ni的d_{xy}、d_{xz}和d_{yz}軌道）構成的能帶，這些能帶是全充滿的。由反鍵軌道e_g^*（Ni的$d_{x^2-y^2}$，d_{z^2}軌道）組成的能帶位於費米能以上（-0.2～0.4a.u.區域），沒有電子佔據。可以看出，能量最高的全充滿能帶與能量最低的全空能帶之間有一個很大的能隙（0.33a.u.，約為9eV），所以可認為NiO_2是絕緣體。

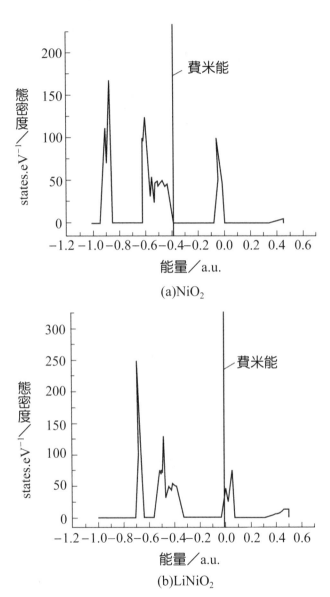

(a)NiO$_2$

(b)LiNiO$_2$

圖3-3　NiO$_2$和LiNiO$_2$的電子態密度

從LiNiO$_2$的電子態密度圖(b)中可以看出，隨著一個鋰原子嵌入NiO$_2$，e$_g$能帶向下移動，O的p能帶的低能則部分向上移，表明O—Ni

鍵被削弱。即Ni—O鍵長由189.9pm拉長為197.9pm說明了這一點。O與Ni間的σ成鍵作用減弱導致反鍵能帶e_g^*下移，費米能位於部分佔據的e_g^*能帶的中間。表明LiNiO$_2$是導體。從電子結構闡述了鋰離子二次電池充放電的可能機制。

3.1.3 LiMn$_2$O$_4$材料

Li—Mn—O系形成的化合物較多，可作為正極材料的主要有LiMn$_2$O$_4$、LiMnO$_2$、Li$_4$Mn$_5$O$_9$和Li$_4$Mn$_5$O$_{12}$，這些化合物在合成和充放電過程中，容易發生結構轉變，對材料的電化學性能產生不利的影響。這裡介紹尖晶石型的LiMn$_2$O$_4$中〔Mn$_2$O$_4$〕骨架構型，該骨架是四面體與八面體共面的三維網路，這種網路有利於其中的Li原子擴散，如圖3-4所示。

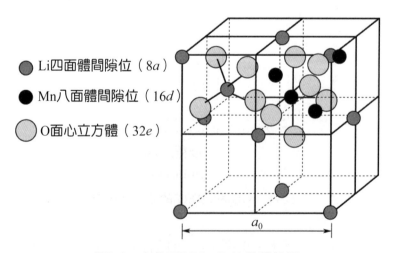

● Li四面體間隙位（8a）

● Mn八面體間隙位（16d）

○ O面心立方體（32e）

a_0

圖3-4　尖晶石LiMn$_2$O$_4$的晶體結構

如圖3-4所示,尖晶石型的$LiMn_2O_4$屬於$Fd3m$空間群,鋰佔據四面體($8a$)位置,錳佔據八面體($16d$)位置,氧(O)佔據面心立方($32e$)位元,因此,其結構可表示為$Li_{8a}[Mn_2]_{16d}O_4$。由於尖晶石結構的晶胞邊長是普通面心立方結構的兩倍,因此一個尖晶石結構實際上可以認為是一個複雜的立方結構,包含了8個普通的面心立方晶胞。所以,一個尖晶石晶胞有32個氧原子,16個錳原子佔據32個八面體間隙位($16d$)的一半,另一半八面體($16c$)則空著,鋰佔據64個四面體間隙位($8a$)的1/8。可知,鋰原子通過空著的相鄰四面體和八面體間隙沿$8a$-$16c$-$8a$的通道在Mn_2O_4的三維網路中脫嵌。

在該構型中,氧原子呈立方緊密堆積,75%的Mn原子交替位於立方緊密堆積的氧層之間,餘下的25%的Mn原子位於相鄰層。因此,在脫鋰狀態下,有足夠的Mn離子存在每一層中,以保持氧原子理想的立方緊密堆積狀態,鋰離子可以直接嵌入由氧原子構成的四面體間隙位。

在$Li_xMn_2O_4$中,鋰原子的脫嵌範圍是$0 < x \leq 2$。當鋰嵌入或脫逸的範圍為$0 < x \leq 1.0$時,發生反應:

$$LiMn_2O_4 = Li_{1-x}Mn_2O_4 + xe^- + Li^+$$

這時,Mn的平均價態是3.5~4.0,Jahn-Teller效應不是很明顯,因而晶體仍舊保持其尖晶石結構,對應的$Li/Li_xMn_2O_4$輸出電壓是4.0V。而當$1.0 < x \leq 2.0$時,有以下反應發生:

$$LiMn_2O_4 + ye^- + yLi = Li_{1+y}Mn_2O_4$$

充放電循環電位在3V左右，即$1 < x \leq 2$時，錳的平均價態小於+3.5（即錳離子主要以+3價存在），這將導致嚴重的Jahn-Teller效應，使尖晶石晶體結構由立方相向四方相轉變，c/a值也會增加，這種結構上的變形破壞了尖晶石框架，當這種變化範圍超出一定極限時，則會破壞三維離子遷移通道，鋰脫嵌困難，導致宏觀上材料的電化學循環性能變差。

尖晶石結構的$Li_xMn_2O_4$中，在$0 < x \leq 1.0$區域，鋰離子嵌入的過程中並不能完全地保持單一的尖晶石結構，而是伴隨有多種相變發生。鋰離子插入分為三個過程：當$0.27 < x < 0.6$時，插入存在於兩種立方相間的反應；$0.6 < x < 1.0$時，為一種立方相內的插入過程；$1.0 < x < 2.0$時，發生立方相與四方相間的相變。當$x > 1$時，電壓劇降1V左右，這主要是由Jahn-Teller畸變導致，即〔MnO_6〕由對稱的O_h型轉變為不對稱的D_{4h}型。晶型轉變存在三相模型：$0 < x < 0.2$時為立方單相區A；$0.2 < x < 0.4$時為雙相共存區A + B；$0.45 < x < 0.55$時為立方單相區B；$0.55 < x < 1$時則為立方單相區。在B相和C相之間存在一個雙相共存區（$0.55 < x < 0.95$）；而對於$x = 1.0$處發生的Jahn-Teller畸變來說，晶格構型的破壞較小，對$LiMn_2O_4$循環性能的影響不大。

鋰離子的嵌入過程並不是按順序一個一個地佔據$8a$位置，而是有更為複雜的模式。這是因為鋰離子嵌入〔Mn_2O_4〕的晶格時，伴隨有部分Mn^{4+}還原為Mn^{3+}，但尖晶石骨架保持不變，由於四面體$8a$位置與四面體空位$48f$和八面體空位$16c$共面，而四面體空位$8a$與被Mn^{4+}佔據的八面體$16d$共四個面，四面體空位$48f$與$16d$共兩個面，八面體空位$16c$與鄰近的6個$16d$共邊。在靜電力的作用下，嵌入的鋰離子先進入四面體$8a$位置。而進入其他空位將需要更大的活化能，由於每個

八面體位置在相對的兩個面上與8a共面，在$x < 0.5$時鋰離子先佔據其中一半的8a位置，這與〔Mn_2O_4〕晶格的超結構有關，也即存在亞晶格，此時整個晶體表現為長程有序而不再處於短程有序狀態，正好是一個亞晶格全滿而另一個全空。鋰離子嵌入一半的8a位置，將有效地減小相鄰鋰離子間的斥力，從而使嵌入鋰離子後的尖晶石結構保持最低的能量狀態，宏觀表現為在$x = 1/2$時，晶胞參數有一突躍。這時表現出兩相立方密堆積的嵌入過程，其反應式如下：

$$[\square][Mn_2]_{16d}O_4 + 1/2Li^+ \rightarrow [\square_{1/2}Li_{1/2}Mn_2]_{16d}O_4$$

而在$0.5 < x < 1$時，鋰離子嵌入另一半的8a位置：

$$[\square_{1/2}Li_{1/2}Mn_2]_{16d}O_4 + 1/2Li^+ \rightarrow [Li_{8a}][Mn_2]_{16d}O_4$$

當其嵌入量進一步增大，8a位置已經填滿，這時嵌入的鋰就必然進入八面體的16c位置；這時〔Mn_2O_4〕的晶格結構由立方晶體轉變為四方晶體，空間群由$Fd3m$轉變為$F4_1/adm$，發生Jahn-Telle1畸變，由立方相轉變為四方相。

$$[Li_{8a}][\square_{16c}][Mn_2]_{16d}O_4 + Li^+ \rightarrow [Li_{8a}][Li_{16c}][Mn_2]_{16d}O_4$$

3.1.4 磷酸體系化合物

磷酸體系化合物正極材料以橄欖石結構的$LiFePO_4$和NASICON結構的$Li_3V_2(PO_4)_3$為代表。

$LiFePO_4$具有規整的橄欖石結構，屬於正交晶系（D_{2h}^{16}，Pmnb），其結構如圖2-11所示。

$Li_3V_2(PO_4)_3$是三斜晶系，在其三維結構中，PO_4^{3-}代替了比較小的O^{2-}，這有助於增加結構的穩定性並加快鋰離子遷移，而且離子取代能夠通過兩個方面來改變電位。一是誘導效應，改變離子對，改變金屬離子的能級；另一個是通過提供比較多的電子，改變鋰離子的濃度，易於氧化還原反應的發生。在三維結構中，金屬八面體和磷酸根四面體分享氧原子，每個金屬釩原子被6個四面體的磷原子包圍，同時四面體磷被4個釩八面體所包圍，這種構造形成三維的網狀結構，鋰原子處於這個框架結構的孔穴裡，3個四重的晶體位置為鋰原子存在，導致在一個結構單元中有12個鋰原子的位置。其結構如圖2-12（b～c）所示。

3.2 正極材料的分類及電化學性能

正極材料按材料種類可分類為無機材料、複合材料和聚合物材料三大類型。無機材料占其中的主要部分。根據材料的結構分，無機材料又可分為無機複合氧化物、陰離子型材料等；複合氧化物中，有層狀、尖晶石型、反尖晶石型等；陰離子型材料中，結構涉及多種離

子導體，如NASICON系和橄欖石型化合物。其中NASICON的化學式為$Na_3Zr_2Si_2PO_{12}$，是$NaZr_2P_3O_{12}$～$Na_4Zr_2Si_3O_{12}$系統中的一個中間化合物，NASICON的骨架是由ZrO_6八面體和PO_4四面體構成；有關材料類型分類如下。

在本章中，將重點介紹有關無機複合氧化物、多陰離子型等材料的電化學性能。

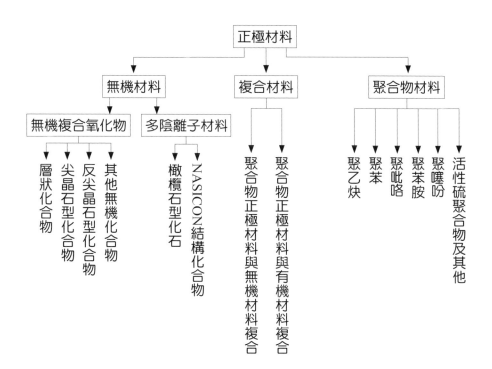

3.2.1 層狀鋰鈷氧化物

$LiCoO_2$中鋰離子的擴散常數為$5 \times 10^{-9} cm^2/s$，而對於$LiTiS_2$材料，鋰離子的擴散常數為$10^{-8} cm^2/s$，兩種正極材料的擴散常數值與其循環性能是一致的（$LiCoO_2$為$4mA/cm^2$，$LiTiS_2$為$10mA/cm^2$）。然而，Li_xCoO_2的導電性則不一致，導電性隨組分的不同而變化很大，如$x = 0.6$時，Li_xCoO_2表現出金屬性，$x = 1.1$時則表現出經典的半導體性質（用在商業電池上為富鋰材料）；室溫下其數值變化2（$x = 1.1$化合物）～4（$x = 1.0$化合物）個量級，低溫下達到6個量級。

自1991年鋰離子電池出現以來，其能量密度增加了一倍；1999年以後，體積能量密度從$250W \cdot h/L$增大到$400W \cdot h/L$。當放電電壓超過4.8V時，碳酸鋰分解出二氧化碳，因而削弱了電池的電流強度。鈷酸鋰以富鋰化合物為主，化學式為$Li_{1+x}Co_{1-x}O_2$。

在$LiCoO_2$顆粒的表面包覆金屬氧化物或金屬磷酸鹽能改善和提高其容量，於2.75～4.4V範圍內充放電，容量可以達到$170mA \cdot h/g$，循環70次無衰減。表面包覆機制是由於在充電時降低了Co^{4+}與電解液中$LiPF_6$分解產生HF的反應。減少生成HF可以避免電池的容量損失，如對於尖晶石型$LiMn_2O_4$材料，電解質用LiBOB〔$LiB(C_2O_4)_2$的簡寫式〕代替$LiPF_6$，可以降低錳離子在其中的溶解及電池的容量損失。對於$LiCoO_2$體系來說亦是一樣的，用LiBOB代替$LiPF_6$，或將$LiCoO_2$加熱至550°C至乾燥，使得它在4.5V處的容量增大到$180mA \cdot h/g$。當工作電壓高於4.5V時，三維塊狀立方密堆的Li_xCoO_2則轉變為一維塊狀六方密堆結構的CoO_2化合物；這就導致氧原子層從ABCA到ABA堆積序列的移動。所以，$LiCoO_2$的容量在循環了數百次以後仍保持

在180mA·h/g從理論上分析是不可能的。

　　儘管$LiCoO_2$正極材料主導了整個可充放電鋰電池市場，$LiCoO_2$專利中包含了很多正極材料，描述了具有α-$NaFeO_2$結構的所有層狀過渡金屬（從釩到鎳）氧化物。此外，還描述了過渡金屬的複合氧化物，如$LiCo_{1-y}Ni_yO_2$，另外一些專利包含了生成鹼金屬化合物A_xMO_2（這裡A代表鋰、鈉和鉀等，$x < 1$）的電極嵌入機制，這些化合物也具有α-$NaFeO_2$結構。但材料中鈷的價格比較昂貴，限制了它只能用作小電池，如用在電腦、手機和照相機上。因此，必須選擇一種正極材料用於大規模應用，作為理想的混合電動汽車（HEV）電池或用作負載。

3.2.2　層狀鋰鎳氧化物

　　鋰鎳氧化物，化學式為$LiNiO_2$，與鋰鈷氧化物是同分異構體，它們的部分物理性質見表3-3。但目前仍然沒有合成純的穩定結構的鋰鎳氧用作正極材料。第一，沒有嚴格化學計量比的$LiNiO_2$合成出來，很多報導都是富鎳化合物形式的$Li_{1-y}Ni_{1+y}O_2$，在微觀結構上部分鎳原子處於鋰離子層的位置上，與NiO_2層連接在一起，從而減小了鋰的擴算係數和電極的能量容量；第二，缺鋰型化合物因平衡氧分壓高而不穩定，與有機溶劑結合容易發生危險，以至於這類電池亦不穩定。結構為$Li_{1.8}Ni_{1+y}O_2$的非計量化合物，實際上是$LiNiO_2$和Li_2NiO_2的混合物。

表3-3 $LiMO_2$（$M = Ni$，Co）部分物理性質資料

化合物	d電子數	Li$^+$擴散係數／cm$^2 \cdot$ s^{-1}	電導率／S $\cdot$ cm^{-1}	晶體結構
$LiNiO_2$	7	2×10^{-7}	10^{-1}	層狀岩鹽
$LiCoO_2$	6	5×10^{-9}	10^{-2}	層狀岩鹽

我們將在後面的章節討論用其他元素取代部分鎳進行材料的修飾。其他元素的取代將維持其結構的規整性，確保鎳能在鎳原子層位置上；取代不發生氧化還原反應，使得鋰離子能穩定脫嵌，從而保持材料結構的穩定性，阻止發生在鋰含量低或為零時的任何晶相變化。與鈷和鎳不同，錳不能形成穩定的與$LiCoO_2$結構相同的$LiMnO_2$，但可以形成穩定的尖晶石型，有很多結構的Mn/O比為1/2，其他結構可能在不同的鋰含量下是穩定的。

鎳系材料的非化學計量缺陷主要表現為鋰缺陷和氧缺陷。因為在空氣中，當溫度低於600°C時，二價鎳離子不能完全氧化為三價鎳離子；高於600°C時，三價鎳離子還原為二價鎳離子又不可避免，因此在空氣中很難製得真正化學計量的$LiNiO_2$。

有人用β-$Ni_{1-x}Co_xOOH$與LiOH於450°C下製備的樣品表現出了良好的電化學性能。研究發現電極的阻抗隨$Li_{1-x}Ni_{1+x}O_2$樣品鋰缺陷的增加而增加，樣品的鋰缺陷越高，循環過程中結構變化越大。合成產物的鋰缺陷值越大，其放電比容量越小，循環穩定性越差。Ni^{2+}難以全部氧化為Ni^{3+}和高溫下Li_2O的蒸發是鋰缺陷形成的主要原因。

不同起始原料對合成$LiNiO_2$的電化學性能影響很大。用LiOH·H_2O與$Ni(OH)_2$合成的$LiNiO_2$電化學性能最好；而採用碳酸鹽為原料時，即使在氧氣氣氛下所合成的$LiNiO_2$電化學性能也明顯變差，具體原因尚不清楚。

　　非化學計量比產物$[Li_{1-y}^+ Ni_y^{2+}]_{3b}[Ni_{1-y}^{3+} Ni_y^{2+}]_{3a}O_2$層間二價鎳離子在脫鋰後期將被氧化成離子半徑更小的三價鎳離子，造成該離子附近結構的塌陷，在隨後的嵌鋰過程中，鋰離子將難以嵌入已塌陷的位置上，從而造成嵌鋰量減少，致使第一次循環容量損失。

　　層間和層中二價鎳離子應在脫鋰前期同時發生氧化，而且層間二價鎳離子周圍的鋰離子會優先脫出，容量損失主要發生在第一次循環脫鋰前期。另外，如果脫鋰充電至高電壓，生成高脫鋰產物，那麼此時Ni-O層結構將由數量占大多數而半徑較小的Ni^{4+}決定，同時具有Jahn-Teller效應的少量Ni^{3+}將通過四面體空隙轉移到鋰離子空位，從而造成更大的容量損失。合成產物非計量比偏移值越大，電極首次循環容量損失和高電壓下充電容量損失越大。因此合成$LiNiO_2$要盡可能接近理想計量比。

　　通過摻雜來改變或修飾$LiNiO_2$的結構取得較好了的效果。

　　由於Al^{3+}與Ni^{3+}具有相近的離子半徑，價態非常穩定，引入約25%的鋁離子可控制高電壓區脫嵌的容量，從而提高其耐過充與耐循環性能。如採用$LiOH \cdot H_2O$、$Ni(OH)_2$為原料與鋁粉於700°C空氣中合成的純相材料$LiAl_yNi_{1-y}O_2$，鋁的引入能改變Li脫嵌時的晶體結構變化，使在$0 < x < 0.75$整個區域為單相嵌入─脫出反應，其循環性能得到改善。對完全充電狀態下（4.8V）的Li_xNiO_2與$LiAl_{1/4}Ni_{3/4}O_2$的DSC譜研究表明鋁的摻雜亦有利於改善其熱穩定性。

　　通過摻雜Ga合成的$LiGa_{0.02}Ni_{1.98}O_2$材料在循環性能與比容量兩方面都獲得了明顯提高。其可逆比容量達200mA · h/g，循環100周後仍能保持95%的初始容量，且耐過充。不同充電狀態下的XRD譜顯示，摻雜Ga穩定了$LiNiO_2$的層狀結構。引入Mg、Ga、Sr等鹼土金屬元素

不僅可改善$LiNiO_2$的循環性能，還可提高$LiNiO_2$的導電性能，有利於快速充放電。鹼土金屬元素的摻雜導致了缺陷的產生，有利於電荷的快速傳遞，從而使其循環性能與快速充放能力得到改善。

摻雜Mg和F對$LiNiO_2$固溶體電化學性能的影響，F摻雜阻止了Ni^{3+}的遷移，部分Mg佔據鋰位元可減小充電末期c軸較大的變化，穩定結構，提高性能，但是摻雜量過大，則導致較大的容量衰減。

由於單靠摻雜某一種元素無法解決$LiNiO_2$所有的不利因素，選擇多種元素組合摻雜就成為目前的主要研究方向。表3-4列出了複合摻雜產物與其他正極材料的熱分解溫度和分解熱量。由表3-4可知，組合摻雜既有利於改善循環性能，又有利於其熱穩定性的提高。其中$LiNi_{0.7}Co_{0.2}Ti_{0.05}Mg_{0.05}O_2$的綜合性能最佳。

表3-4　各種正極材料充電狀態失氧時的起始溫度

正極材料組成	分解溫度／°C	分解熱量／$J \cdot g^{-1}$
$LiNiO_2$, $Li_{0.3}NiO_2$	180～225	1600
$LiCoO_2$, $Li_{0.4}CoO_2$	220～240	1000
$LiMn_2O_4$, λ-MnO_2	355～385	640
$LiFePO_4$	210～410	210
$LiNi_{0.7}Co_{0.2}Ti_{0.05}Mg_{0.05}O_2$	221	41.4
$LiNi_{0.7}Co_{0.2}Ti_{0.05}Al1_{0.05}O_2$	223	72.9
$LiNi_{0.7}Co_{0.2}Ti_{0.05}Zn_{0.05}O_2$	215	78.3
$LiNi_{0.75}Co_{0.2}Ti_{0.05}O_2$	221	62.0

3.2.3 尖晶石型氧化物

一、尖晶石鋰錳氧相圖

尖晶石鋰錳氧化物種類繁多，在鋰離子電池正極材料研究中，受到重視的鋰錳氧化物主要有尖晶石型$LiMn_2O_4$、$Li_2Mn_4O_9$和$Li_4Mn_5O_{12}$。選用不同的Li/Mn配比、通過控制氣氛和製程條件可得到不同化學組成的鋰錳氧固溶體。圖3-5為錳化合物相圖及局部放大圖。由圖3-5可知，鋰錳氧所形成的化合物較多，而且在不同的條件下相互之間可以發生轉化，這正是鋰錳氧作為正極材料的複雜性所在。圖3-5(b)為圖3-5(a)中MnO-Li_2MnO_3-λ-MnO_2相區的放大部分，圖(c)為圖(b)中陰影部分相區的放大圖。圖中MnO-Li_2MnO_3連接線表示化學計量岩鹽組分；Mn_3O_4-$Li_4Mn_5O_{12}$連接線表示化學計量尖晶石組分。

由Mn_3O_4-$Li_4Mn_5O_{12}$-λ-MnO_2所構成的三角形區域為有缺陷的尖晶石型相區，區域內任一點組成的鋰錳氧均具有尖晶石結構。

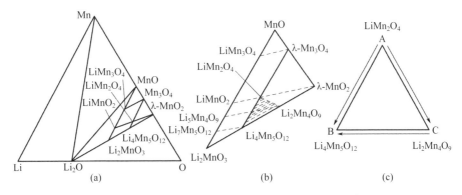

圖3-5 尖晶石、缺陷尖晶石和岩鹽結構組成的鋰錳氧化物相圖

由MnO-Li_2MnO_3-$Li_4Mn_5O_{12}$-Mn_3O_4所構成的四邊形區域為有缺陷的岩鹽（層狀結構）相區。由$LiMn_2O_4$-$Li_4Mn_5O_{12}$-λ-MnO_2所構成的三角形區域內的缺陷型鋰錳氧組分可由化學計量尖晶石鋰錳氧$Li_{1+x}Mn_{2-x}O_4$通過化學脫鋰而得，這樣沿連接線λ-MnO_2-$Li_4Mn_5O_{12}$表示Li_2O與λ-MnO_2能形成完全互溶的固溶體。$LiMn_2O_4$-λ-MnO_2連接線表示$LiMn_2O_4$的電化學脫鋰過程。λ-MnO_2-$LiMn_2O_4$-$LiMnO_2$連接線表示$LiMn_2O_4$的電化學嵌鋰過程及相變。

圖3-5(c)為人們感興趣的尖晶石結構，可分為計量型尖晶石$Li_{1+x}Mn_{2-x}O_4$（$0 \leq x \leq 0.33$）和非計量型尖晶石兩類。後者包括富氧（如$LiMn_2O_{4+\delta}$，$0 < \delta \leq 0.5$）和缺氧（如$LiMn_2O_{4-\delta}$，$0 < \delta \leq 0.14$）型兩種。圖3-5(c)中從A向C變化，氧濃度增加，從A向B，從C向B變化，鋰離子濃度增加。可見，氧分壓及鋰／錳比值對非計量型尖晶石的組成與結構產生直接影響。富氧（如$LiMn_2O_{4+\delta}$，$0 < \delta \leq 0.5$）和缺氧（如$LiMn_2O_{4-\delta}$，$0 < \delta \leq 0.14$）型尖晶石鋰錳氧中的δ值不同，引起錳的平均化合價變化，使非計量型尖晶石具有不同的放電比容量。

嚴格控制氣氛壓力與溫度使反應達到平衡後，可以獲得化學計量化合物，因此，研究非化學計量化合物，如$LiMn_2O_{4+\delta}$中的δ值可通過控制一定的氧分壓和溫度，獲得系列化學計量化合物，借助TG，結合XRD以及元素分析確定非化學計量化合物結構模型中的非化學計量δ值。不同鋰含量的尖晶石鋰錳氧會因化學位元的不同而表現出不同的化學反應活性及電化學性能。

尖晶石型化合物$LiMn_2O_4$正極材料，其中的陰離子晶格包含立方密堆氧離子，與α-$NaFeO_2$結構比較相似，不同的是在八面體位置和四面體位置上陽離子的分佈。放電過程主要分為兩步，即在4V左

右，另一平台在3V以下，如圖3-6所示。

$$充電：LiMn_2O_4 \rightarrow Mn_2O_4 + Li（嵌入負極，如石墨碳）$$

尖晶石鋰錳氧的本征缺陷主要是指Li和O偏離化學計量比的情形。因為合成條件對$LiMn_2O_4$中Li、Mn、O的含量影響非常大，所以控制合成過程中的各種方法是十分重要的。化學計量尖晶石首次放電容量高，可達140mA·h/g，但循環過程中在$x < 0.45$的高電壓區，由於不穩定的兩相結構共存，引起容量衰減；非化學計量尖晶石$Li_{1+y}Mn_2O_{4+\delta}$雖然首次容量較低，只有110～120mA·h/g，但循環穩定性很好，脫／嵌鋰為均相反應。化學計量尖晶石在循環過程中出現容量損失，使Mn進入$8a$位，使計量尖晶石轉變為缺陷型尖晶石，在$16d$位出現空位，與此對應，在$x < 0.45$的高電壓區，充放電曲線由L型變S型。這說明鋰過量及富氧兩種情形均有利於提高固溶體結構和穩定性。

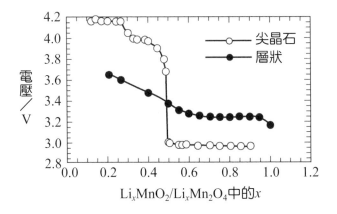

圖3-6　不同摻雜量的鋰錳複合氧化物材料的電壓特性

　　有人基於DSC及原位XRD結果，分析了$Li_{1+y}Mn_{2-y}O_{4-\delta}$在冷卻至210K過程，發生從立方結構向四方結構轉變的原因，認為氧缺陷的存在是發生相變唯一的必要條件。合成溫度、熱處理時間、冷卻方式等都能造成不同程度的氧缺陷，氧缺陷濃度不同，相變溫度不同。計量型尖晶石$LiMn_2O_4$沒有氧缺陷，因此無相變出現。隨氧缺陷的增大，Mn的平均化合價降低，晶胞參數a增大，相轉變溫度升高。在氫氣氣氛中低溫焙燒$LiMn_2O_4$，可能產生氧缺陷或間隙錳離子兩種類型的點缺陷，如果在氧氣氣氛中再次焙燒氧缺陷樣品又可以恢復原來的結構，這就是氫氣氣氛中低溫焙燒$LiMn_2O_4$產生了氧缺陷的直接證明。可見，合成溫度、熱處理時間、冷卻方式等方法都能造成不同程度的氧缺陷。

　　材料的循環性能決定於其立方晶格參數值，而立方晶格參數值與錳的平均化合價態有關。如立方晶格參數值0.823nm左右，該值與富鋰材料$Li_{1+x}Mn_{2-x}O_4$的晶格參數值是一致的；在富鋰材料中，錳的平均化合價約為3.58；化合價為數值的材料能減少錳的溶解及防止由Mn^{3+}引起的Jahn-Teller扭曲效應，化學組成$Li_{1+x}Mn_{2-x}O_2$中晶格參數a_0等有關的數值見圖3-7(a)中，其參數計算的一般式為$a_0 = 8.4560 - 0.21746x$。

　　晶格參數可用來間接計算錳的氧化態，如圖3-7(b)所示。另外，圖3-7(c)清楚地顯示了晶格參數對超過前120次循環後容量損失率的影響。同時摻雜鋁離子和氟離子可以保持高溫下循環容量的穩定性，如$Li_{1+x}Mn_{1-x-y}Al_yO_{4-z}F_z$。這裡$y$與$z$的值為0.1～0.3。此外，如果尖晶石表面的電壓保持在高於$Li_2Mn_2O_4$相的生成電壓，則其不均勻表面上

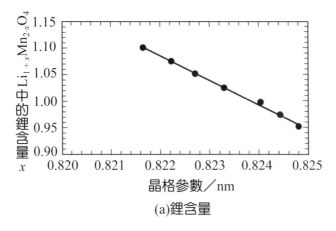

(a)鋰含量

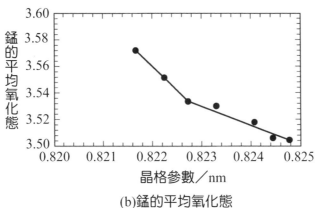

(b)錳的平均氧化態

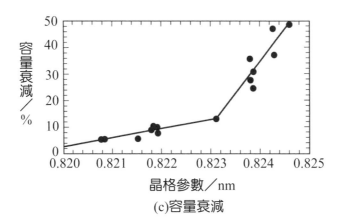

(c)容量衰減

圖3-7 不同條件下對尖晶石型$Li_{1+x}Mn_{2-x}O_4$晶格參數的影響

的Mn^{3+}生成Mn^{2+}的反應就會減少，如下式的平衡向左移動$2Mn^{3+} \rightleftharpoons$ $Mn^{2+} + Mn^{4+}$。由於二價錳離子容易溶解在酸性電解液中，因此必須設法防止二價錳離子的生成，一旦其溶解到電解液中，二價錳離子將會擴散到陰極，並在陰極被還原成錳金屬，從而耗盡鋰離子，降低電池的電化學容量。

尖晶石型化合物是混合動力汽車（HEV）所用高能鋰離子電池正極材料的研發重點，儘管在高倍率下其容量只能達到$90mA \cdot h/g$左右。這種類型的材料在滿電荷放置時會自放電，尤其在高溫下。可用LiBOB代替在濕氣狀態下容易分解生成HF的$LiPF_6$電解質來解決該技術難題。使用的尖晶石中，鋰取代部分錳可得到穩定的結構，如$Li_{1.06}Mn_{1.95}Al_{0.05}O_4$。一種替代方法是用某些材料，如$ZrO_2$或$AlPO_4$包覆尖晶石顆粒的表面，亦可起到吸附HF的作用。

尖晶石型$Li_4Ti_5O_{12}$亦可用作高能電池的正極材料，它的充電電壓（鋰嵌入）約為1.55V。因此，在高倍率下，鋰金屬沈積發生在石墨碳上時，沒有任何危險。當倍率高達12C時，60°C下該材料的奈米結構和微米結構共存，如將該電極與高倍率正極材料如複合層狀氧化物或尖晶石$LiMn_2O_4$結合，則能製備出成本低、安全性好的工作電壓為2.5V電池；也可以與橄欖石$LiFePO_4$結合，得到的電池在1.8V電壓下循環性優良，100次循環後無容量損失的電池；如與高電位尖晶石結合，電池電壓可達到3.5～4V。

在提高尖晶石$LiMn_2O_4$的循環性能方面，利用雜質離子來穩定尖晶石$LiMn_2O_4$的結構被認為是解決循環容量衰減的最有效方法之一。雜質離子的選擇直接影響到摻雜的效果，可供摻雜尖晶石$LiMn_2O_4$選擇的金屬離子很多，在眾多的摻雜離子中，選擇哪一些離子可能會有

較好的效果呢？

二、引入價態穩定的陽離子

通過引入化合價小而穩定的陽離子（如Mg^{2+}、Al^{3+}、Ga^{3+}等）取代尖晶石結構中的部分Mn^{3+}，以降低尖晶石中Mn^{3+}的含量，從而達到抑制Jahn-Teller效應的目的。

引入Al^{3+}使得$LiAl_yMn_{2-y}O_4$（$y = 0$、1/12、1/9、1/6、1/3）中$y = 1/12$的樣品循環200次，容量保持率仍達90%，鋰離子擴散係數增加了一個數量級。但是Al^{3+}摻雜導致容量明顯下降。摻雜Mg^{2+}可以提高放電比容量，鋰離子擴散係數可提高到$10^{-8}cm^2/s$，但是隨著$LiMg_yMn_{2-y}O_4$（$0 \leq y \leq 0.15$）中y增大，放電比容量減小。研究表明在尖晶石結構中引入Mg^{2+}、Al^{2+}等陽離子均能提高鋰離子擴散係數。

三、變價陽離子摻雜

少量摻雜Ti、Fe、Co、Ni、Cu等變價陽離子，雖然使尖晶石鋰錳氧4V區容量有所下降，但大大提高其循環穩定性。如摻雜Fe陽離子，在$Li_{0.9}Fe_xMn_{2-x}O_4$（$0 \leq x \leq 0.2$）及$LiFe_xMn_{2-x}O_4$（$0 \leq x \leq 0.5$）中，Fe以高自旋Fe^{3+}為主，Fe^{4+}依次佔據尖晶石結構中的16d位元，隨著y增大，Fe摻雜產物的晶胞參數增大，熱穩定性提高。

提高鎳摻雜量，$LiNi_{0.5}Mn_{1.5}O_4$在4.66V可獲得114mA·h/g的放電容量，並具有相當好的循環穩定性。$LiNi_{0.5}Mn_{1.5}O_4$薄膜電極的循環伏安曲線中沒有出現4V區的Mn^{3+}/Mn^{4+}氧化還原電對，在4.7V表現出155mA·h/g的放電比容量，循環50次，容量保持率為91%。增大Cr、Co或Cu摻雜量也出現類似的情況，如$LiCrMnO_4$和$LiCoMnO_4$

的理論放電比容量分別為151mA·h/g和145mA·h/g，實驗測得其放電比容量分別為75mA·h/g和95mA·h/g。在$LiCu_{0.5}Mn_{1.5}O_4$的CV圖中，在高電位區4.9V也出現了一對明顯的氧化還原峰，這個峰對應的容量是總容量的1/3，由於不存在CuO分解，因此，這個峰對應於Cu^{2+}/Cu^{3+}氧化還原電對。由於鋰離子電池的正負材料都是嵌鋰化合物，因此如果負極選用工作電壓為1.55V的$Li_4Ti_5O_{12}$，組成$Li_4Ti_5O_{12}/LiM_{0.5}Mn_{1.5}O_4$電池，獲得穩定的3V工作電壓，有可能進一步改善鋰離子電池的性能，基於這一點，這類5V材料將具有非常好的應用前景。

四、陰離子摻雜

陰離子摻雜同樣能穩定尖晶石結構，對氧離子摻雜，離子局限於性質與氧離子接近的一價或二價陰離子，如F^-、Cl^-、S^{2-}等。由於F的原子量比氧小，如果摻入適量的F，可以提高尖晶石$LiMn_2O_4$的容量。另外用一價離子取代氧離子摻雜可降低錳的平均化合價，這樣使得對錳離子進行陽離子摻雜的範圍更大。摻雜Al、F有效地提高$LiAl_yMn_{2-y}O_{4-z}F_z$（$0 \leq y \leq 1/12$，$0 \leq z \leq 0.04$）的放電比容量和循環穩定性，EIS結果表明摻F後材料電化學阻抗明顯變小。

摻雜離子的種類、摻雜離子的量和摻雜的加工方法是決定摻雜效果的三個重要因素。陰、陽離子摻雜及複合摻雜的效果主要體現在以下幾個方面：

①摻雜陽離子的價態低於或等於3時會降低Mn^{3+}在尖晶石中的含量，抑制Jahn-Teller效應，增強尖晶石結構的穩定性，在充、放循環過程中，摻雜尖晶石鋰錳氧固溶體體積變化減小，從而提高尖晶石$LiMn_2O_4$循環性能。

②通過陽離子摻雜使晶格常數變小，Mn^{3+}和Mn^{4+}之間的距離縮短而提高D_{Li^+}和電子電導率，提高$LiMn_2O_4$的大電流充放電性能。

③陰、陽離子摻雜會對尖晶石$LiMn_2O_4$的氧化還原電位有影響。

④因過渡金屬離子具有變價，當摻雜Ni、V、Cr、Cu和Co等過渡金屬離子後，尖晶石$LiMn_2O_4$會在5V左右產生另一個放電平台。

⑤陽離子摻雜的負面效果是導致4V區容量降低，但摻雜後，固溶體的結構穩定性提高了，可以這樣認為，摻雜離子實際上起了過充、過放指示劑的作用，在過充、過放之前，即達到終止電壓，從而保證了固溶體的結構穩定性和循環穩定性。

五、尖晶石鋰錳氧容量衰減的原因

尖晶石鋰錳氧固溶體作為鋰離子二次電池正極材料的最大缺點是容量衰減較為嚴重，其容量衰減的原因均源於尖晶石結構的變化，歸納為如下幾個方面：

(1)Jahn-Teller效應及鈍化層的形成 尖晶石$LiMn_2O_4$在充、放電過程中發生的Jahn-Teller效應，導致尖晶石晶格畸變，並伴隨著較大的體積變化，尖晶石結構的c/a比率增加了16%，從而導致尖晶石結構的塌陷。尤其是在接近4V放電平台的末端，表面的尖晶石鋰錳氧顆粒過放電成$Li_2Mn_2O_4$，由於表面畸變的四方晶系與顆粒內部的立方晶系不相容，嚴重破壞了結構的完整性和顆粒間的有效接觸，因而影響了鋰離子擴散和顆粒間的電導性，造成容量損失。

循環過程中容量損失是由於Jahn-Teller扭曲引起的物理效應和高溫儲存化學效應協同作用的結果。在中倍率放電情況下，活性物質離子表面可能存在局部的Li^+的濃度梯度，導致Jahn-Teller扭曲相

$Li_2Mn_2O_4$的形成。晶格常數的不匹配造成表面斷裂和粉化，比表面的增大和富Mn^{3+}相$Li_2Mn_2O_4$的形成有利於Mn^{3+}歧化溶解。離子表面形成離子和電子導電性比較低的鈍化層，是$LiMn_2O_4$容量衰減的原因之一。離子交換反應從活性物質離子表面向其核心推進，形成的新相包覆原來的活性物質，使得離子表面形成離子和電子導電性低的鈍化層，這種鈍化層是含鋰和錳的水溶性物質，並且隨著循環次數的增加而增厚。錳的溶解及電解液的分解導致了鈍化層的形成，高溫條件更有利於這些反應的進行。這將造成活性物質粒子間接觸電阻及Li^+遷移電阻的增大，從而使電池的極化增大，放電容量不完全，容量減小。

(2)錳溶解使尖晶石結構遭到破壞　尖晶石$LiMn_2O_4$在電解液中的溶解是造成尖晶石$LiMn_2O_4$容量衰減的主要原因。尖晶石$LiMn_2O_4$在循環過程中溶解的直接原因是Mn^{3+}的歧化反應：

$$H_2O + LiPF_6 \rightarrow POF_3 + 2HF + LiF$$
$$4H^+ + 2LiMn^{3+}Mn^{4+}O_4 \rightarrow 3\lambda\text{-}MnO_2 + Mn^{2+} + 2Li^+ + 2H_2O$$

由於電解液中存在著少量水分，與電解液中的$LiPF_6$反應生成HF酸，導致尖晶石$LiMn_2O_4$發生歧化反應，Mn^{2+}溶解到電解液中，尖晶石結構遭到破壞。Mn^{3+}的溶解亦是造成產生Jahn-Teller效應的根本原因，當$n(Mn^{3+})/n(Mn^{4+})$大於1時，尖晶石晶格將由三方相向四方相轉化，引起材料晶格體積有較大的變化，致使晶格破壞甚至崩潰。另外，電解液的積累性氧化分解必然導致電解液性能惡化，歐姆極化增加，電池性能下降。

(3)電解液在高電位下分解導致尖晶石結構遭到破壞　鋰離子

電池中所用電解液的溶劑大多是有機碳酸酯，如PC、EC、BC、DMC、DEC、EMC、DME或它們的混合液等。在充放電循環過程中，這些溶劑會發生分解反應，其分解產物可能在活性物質表面形成Li_2CO_3膜，使電池極化增大，從而造成尖晶石$LiMn_2O_4$正極材料循環過程中的容量衰減。在充電至高電壓時，λ-MnO_2的催化作用使有機電解液分解，然後λ-MnO_2被還原為MnO，最終導致Mn的溶解，尖晶石結構遭到破壞。電解液的分解不但與導電劑、充放電狀態有關，而且與溫度關係密切，隨著溫度的升高，電解液的分解加劇。

在高溫條件下容量損失主要發生在高電壓區（4.1V），隨著材料中錳的溶解，該區的兩相結構逐漸變為穩定的單相結構（$LiMn_{2-x}O_{4-x}$），且同時整個4V區發生Mn_2O_3的直接溶解，這一結構變化構成容量損失的主要部分。錳溶解的產物$LiMnO_3$和$Li_2Mn_4O_9$在4V區沒有電化學活性，此外，Mn^{3+}的歧化溶解形成了缺陽離子型尖晶石相，使晶格受到破壞，並堵塞Li^+擴散通道。不管結構究竟發生了怎樣的變化，錳的溶解造成了活性物質離子之間接觸時電阻的增大，高溫情況下，電解質氧化分解的速度加快，錳的濃度變化亦加快，容量損失更加嚴重。

尖晶石的比表面對錳的溶解速度影響很大，因此，改善高溫性能的最容易的方法是減小材料的比表面，從而減小電極材料與電解液的接觸面積。這雖在一定程度上能夠改善尖晶石的高溫性能，但大的粒徑可能造成鋰離子擴散困難，降低電池的倍率特性及放電容量，且材料的加工性變差，容易造成隔膜穿孔，因此需要探索更加切實可行的辦法。如對$Li_{1.05}Mn_{1.95}O_4$進行表面處理，採用鋰硼氧化物（LBO）玻璃相將立方尖晶石包覆，減小了材料的比表面，以減緩氟化氫的

侵蝕；用乙醯丙酮處理尖晶石，該試劑與尖晶石表面的錳絡合作用抑制了錳的溶解。這兩種方法亦能很好地改善尖晶石的高溫性能；在鋰錳氧化物的表面製備一層質量分數為0.4%～1.5%的金屬碳酸鹽鈍化層。先用LiOH將富氧型尖晶石$Li_{1+x}Mn_2O_4$包覆，後在CO_2中高溫處理，使得在材料表面形成Li_2CO_3包覆層，從而改善該材料的充放電態下的高溫儲存性能，且比容量有所提高。相比較之下，以LiOH包覆，在空氣中處理時會由於Li^+的擴散至材料內部形成$Li_{1+x}Mn_2O_4$而使得其容量降低。另外用醋酸鈷包覆、CO_2處理能有效地減小60°C放電平台儲存時的不可逆容量損失。

3.2.4 複合層狀氧化物

一、非計量鎳鈷鋰複合氧化物

許多不同性質的元素可以摻雜到α-$NaFeO_2$結構中，對層狀結構，鋰離子脫嵌時結構的穩定性及其循環容量的保持都有影響，有人研究了在$LiNi_{1-y}Co_yO_2$體系的具體構型和其物理性質，認為其結構隨鈷濃度的增加將變得更加規則，同時，發現隨y從0增到0.4，$c/3a$的值也由1.643增大到1.652，並且當$y \geq 0.3$時，位於鋰離子位置的鎳不再存在。因此，鈷的摻入限制了混合鋰鎳鈷的化合物中鎳向鋰離子位的遷移；在鋰鎳錳鈷化合物中也具有相似的行為。有報導指出，鈷的存在有利於結構中鐵原子的氧化，其他離子，如鐵，就沒有鈷的這種作用。所以，在$LiNi_{1-y}Fe_yO_2$化合物中，隨鐵離子濃度的增加，容量不斷減小，鐵離子對層狀結構亦無積極作用。例如，750°C下製得的複

合化合物材料中，當y分別等於0.10、0.20、0.30時，鋰離子層中$3d$金屬的含量分別為6.1%、8.4%和7.4%。$LiFeO_2$化合物雖是理想的低成本電池材料，但在鋰電池的正常電壓下不能夠容易脫嵌鋰離子，這種現象可以解釋為，FeO_6八面體的緊縮力減小，使得Fe^{3+}很難被還原。

　　電子傳導性是所有層狀氧化物存在的共同問題，相對其中的鋰組成或鎳取代組成而言，電子的傳導性並不一樣。鈷在$LiNiO_2$中取代生成$LiNi_{0.8}Co_{0.2}O_2$時，其電子傳導性下降。此外，隨$Li_xNi_{0.1}Co_{0.9}O_2$或Li_xCoO_2（x從1增到6）結構中鋰離子的脫嵌，發現電子傳導率增大6個量級，達到1S/cm。

　　研究顯示，鈷取代鎳氧化物時其結構更穩定，與純鎳氧化物相比，很少失去氧。另外一些氧化還原活性差的元素如鎂取代化合物中$LiNi_{1-y}Mn_yO_2$則可以降低循環中容量的衰減。鎂元素能阻止鋰離子的完全脫去，而減小可能的結構變形。25°C條件下，達到一定高的氧分壓（平衡氧分壓超過1atm），其中的NiO_2出現熱力學不穩定現象。

　　EPR結果表明$LiCo_{1-y}Al_yO_2$（$y < 0.7$）中Al以八面體配位和四面體形式存在，即有一部分Al處在氧的間隙位，阻礙了鋰離子的擴散。摻Mg後$LiCoO_2$的電子導電性能得到極大的提高，在室溫下比未摻Mg $LiCoO_2$提高了近2個量級。這是由於由於Mg進入到CoO_2層八面體中，提高了電子電導率，因此改善了材料的循環性能，而且進入到LiO_2八面體中的Mg也未引起容量衰減。

　　在過量鋰鹽存在的條件下於900～1000°C下合成了具有層狀結構的$LiCoO_2$-Li_2MnO_3固溶體$Li(Li_{x/3}Mn_{2x/3}Co_{1-x})O_2$，隨著$x$的增大，晶胞參數$a$和$c$值均線性增加，其充放電工作曲線與$LiCoO_2$相似，循環穩定性很好，但其放電容量小於160mA·h/g，且隨著Li_2MnO_3含

量的增加而容量明顯減小。採用離子交換法可合成具有層狀結構的
$LiCo_{1-x}Fe_xO_2$材料，隨著x的增大，晶胞參數a和c值均增大，充電平台
升高，放電容量顯著下降，表明Fe的摻雜惡化了$LiCoO_2$性能，而離
子交換法所得$LiCoO_2$與固相法合成產物相比，由於結晶度下降，循
環性能也較差。過量的鋰源能使產物$LiFe_{0.1}Co_{0.9}O_2$、$LiFe_{0.2}Co_{0.8}O_2$和
$LiFe_{0.2}Co_{0.6}Ni_{0.2}O_2$中的Fe和Ni都分佈在八面體位，3a位沒有Fe存在。
這說明鋰過量能阻止Fe進入3a位，有助於Fe進入3b位。

摻雜取代的複合鎳氧化物，如$LiNi_{1-y-z}Co_yAl_zO_2$是當前用作HEV
（hybird electric vehicle）大規模系統的鋰電池正極材料的主要替代
品，充電時，複合氧化物中的鎳首先氧化成Ni^{4+}，而後其中的鈷氧化
成Co^{4+}，SAFT公司已經生產出這種取代鎳氧化物的電池，循環1000
次，能量密度為120～130W·h/kg，達到最大放電容量的80%。

二、層狀鋰錳氧化物

$LiMnO_2$因其價格較低，對環境無污染，越來越引起人們的關
注，但它在高溫下熱穩定性差。一般不能採用製備$NaMnO_2$的方法
製備。Bruce和Delmas應用離子交換法從鈉化合物中得到$LiMnO_2$，
研究了堆積序列對電化學性能的影響。低溫合成亦是一種製備方
法，例如，水熱法合成或分解域的高錳酸鹽，在鋰存在條件下生成
$Li_{0.5}MnO_2·nH_2O$，劇烈加熱除去水後，得到層狀Li_xMnO_2；繼續加
熱到150°C，則生成尖晶石$LiMn_2O_4$。通過酸處理錳氧化物亦可制得
Birnessite-type晶相。

Li_xMnO_2在循環過程中容易轉變成熱穩定性好的尖晶石結構。這
種轉變要求結構中有ccp氧晶格，且無氧擴散，ccp晶格中有氧離子

層，排列為AcB｜aCbA｜cBaC｜bA，有三個堆積塊—MnO_2塊（上層為氧，下層為錳，斜下層為鋰），有以下兩種方式可以加強層狀$LiMnO_2$結構的穩定性。

(1)幾何穩定方式　將非ccp結構轉變成隧道結構，兩塊結構或其他非ccp密堆結構，或者佔據兩層之間的柱形空間均可提高其穩定性。$KMnO_2$和$(VO)_yMnO_2$化合物則是這類柱狀結構的例子。前者在低電流密度下以穩定的尖晶石構型存在，後者穩定性高，但比容量低，Dahn和Doeff課題組通過觀察$Li_{0.44}MnO_2$隧道結構已經研究了非ccp結構，通過離子交換層狀鈉錳氧化物得到非ccp堆積的氧薄片化合物，這些薄片在離子交換後不能再重組，而是變成了ccp堆積。採用離子交換法也會出現斷層形式的層堆積結構，阻止不規則層堆積轉變成熱穩定好的O3相，但這種晶相可以在很寬的電壓範圍內嵌入鋰，在電化學曲線上表現出有超過兩個電壓的台階。

(2)電子穩定方式　主要是通過用含有多電子的元素如鎳取代其中的錳使得錳的電子性更與鈷相似。這種成功用鈷和鎳取代錳的例子已有報導。通過對$LiNi_{1-y}Mn_yO_2$（$0 < y \le 0.5$）的研究發現，這種材料的容量低，循環性能差。Spahr等人示範了一種高容量和高循環性能的$LiNi_{0.5}Mn_{0.5}O_2$（以下簡稱為550材料），並具有和經典$LiNiO_2$相似的放電曲線。$LiNi_{1-y-z}Mn_yCo_zO_2$化合物具有優良的電化學性能，可替代$LiCoO_2$使用。除了具有高電化學容量和循環性能外，這類化合物還顯示出良好的熱穩定性。從理論分析Li_xMnO_2中層狀向尖晶石相的轉變過程，可以總結為兩步機制：第一步，部分鋰離子和錳離子快速移到四面體位置；第二步開始有規則地進行陽離子的尖晶石排列。

三、複合鋰錳鈷氧化物

鈷取代化合物$LiNiMn_{1-y}Co_yO_2$可以通過離子交換法從鈉同類物中合成$LiNiMn_{1-y}Co_yO_2$。y的值達到0.5時，這類取代材料具有α-$NaFeO_2$結構。非取代材料$LiMnO_2$在較低的循環電流密度0.1mA/cm^{2}下可轉變成尖晶石結構；$y = 0.1$時，第一次循環即發生這種結構轉變；$y = 0.3$時，直到數十次時才發生很明顯的變化，但在3V電壓平台下這種材料的循環性能好。

鈷、鐵或鎳離子取代部分錳離子，能明顯地增加錳氧化物材料的電導率，在純的$LiMnO_2$或$KMnO_2$中，電導率僅為10^{-5}S/cm左右，圖3-8的資料清晰地說明了摻入鈷後的導電性，這時其電導率增大了2個量級，摻鎳的錳氧化物材料效果差一些。

摻鈷材料同樣可以用水熱法製備，而且循環性能與富鈷材料相比有很大提升。在第一次循環中，以1mA/cm^{2}的電流充電，即使有如鉀等半徑較大的陽離子為支撐嵌入其結構中，摻鈷化合物的構型仍向尖晶石型轉化。

四、複合鋰鎳錳氧化物，多電子氧化還原體系

Li-Mn-Cr-O_2體系為$NaFeO_2$結構，當部分的過渡金屬被Li離子取代後，如Li_3CrMnO_5或層狀$Li[Li_{0.2}Mn_{0.4}Cr_{0.4}]O_2$，其循環性能很好。放電曲線顯示了其單相而非兩相的特性。過渡金屬層結構中的鋰離子團簇在錳離子周圍，如在Li_2MnO_3中。

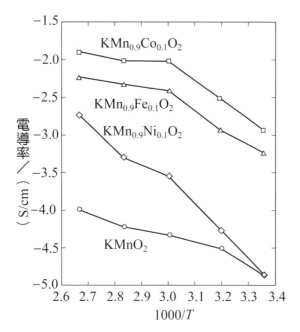

圖3-8 不同溫度下10%的Co、Ni和Fe取代錳時的KMnO₂電導率圖

    在$LiNi_{1-y}Mn_yO_2$體系中。電化學性能最優的組成為$LiNi_{0.5}Mn_{0.5}O_2$。XPS和磁性資料與目前的解釋相符，其化合物中元素的價態為Ni^{2+}和Mn^{4+}，而非Ni^{3+}和Mn^{3+}，有人報導其比$LiNiO_2$具有更好的電化學循環性能，稱這種化合物為550材料（即化合物的分子比為0.5Ni，0.5Mn，0.0Co）。而在$LiNi_yMn_yCo_{1-2y}O_2$體系中，當$0.33 \leq y \leq 0.5$，發現這是一類$LiNi_{0.5}Mn_{0.5}O_2$與$LiCoO_2$的固溶體。

    $LiNi_{0.5}Mn_{0.5}O_2$為六邊形晶格時，$a = 0.2894nm$，$c = 1.4277nm$ [139]，$a = 0.2892nm$，$c = 1.4301nm$，$c/3a = 1.647$。插入過量鋰可以引起晶胞六邊形發生細微的膨脹，其晶格常數為$a = 0.2908nm$，$c = 1.4368nm$；這可能是生成了$Li_2Ni_{0.5}Mn_{0.5}O_2$分子式的化合物。這引起了另一問題，即如果說鋰佔據了四面體位，那麼鎳在鋰層中佔據什麼

樣的位置？

　　550材料經25次循環後容量由150mA·h/g降為125mA·h/g，50次循環後降為75mA·h/g；當合成溫度由450°C升至700°C，該材料的容量和容量保持力均有增加，這是到目前為止所知的具有適宜電化學性能材料的最低溫度。有人在1000°C下製備了550材料，以電流為0.1mA/cm^2，充電截止電壓為4.3V，循環30次，得到恆定的容量150mA·h/g。電池的工作電壓變化範圍為4.6～3.6V，如圖3-9所示；圖中顯示了在Li$_x$Ni$_{0.5}$Mn$_{0.5}$O$_2$中隨x值變化的工作電壓資料。反應屬單相機制。對於LiNi$_{0.25}$Mn$_{0.75}$O$_4$來說，其結構更趨近尖晶石結構，這是典型的兩相反應機制，存在有兩個放電平台。

　　900°C燒結並在室溫下退火合成的550材料在製成薄膜電極經50次循環後，其容量仍超過150mA·h/g。恆流充電到4.4V後再以4.4V恆壓過充，首次過充容量達170mA·h/g，但是20循環後其容量衰竭低於150mA·h/g。與大多數鋰電材料一樣，550樣品的鋰離子

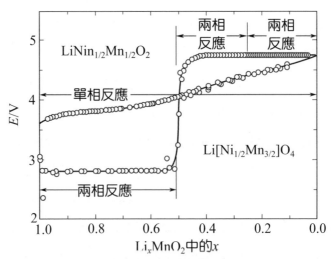

圖3-9　不同含量鋰的層狀和尖晶石的鋰鎳錳氧的工作電壓曲線

擴散係數約為$3 \times 10^{-10} \mathrm{cm}^2/\mathrm{s}$。550材料可以插入第二個鋰，特別是摻雜一定量鈦後，使得Mn（Ⅳ）還原為Mn（Ⅱ），得到分子式為$y\mathrm{LiNi}_{0.5}\mathrm{Mn}_{0.5}\mathrm{O}_2 \cdot (1-y)\mathrm{Li}_2\mathrm{TiO}_3$的材料；用鋰取代部分過渡金屬可得到$\mathrm{Li}[\mathrm{Ni}_{1/3}\mathrm{Mn}_{5/9}\mathrm{Li}_{1/9}]\mathrm{O}_2$，其容量可以由$160\mathrm{mA} \cdot \mathrm{h/g}$提高到$200\mathrm{mA} \cdot \mathrm{h/g}$，所組裝的電池以電流為$0.17\mathrm{mA/cm}^2$，電壓為4.5V充放並維持19h；陰極活性物質含量約為$15\mathrm{mg/cm}^2$。這些資料在圖3-10中可以看出，其放電電流可超過$10\mathrm{mA/cm}^2$。

在這類化合物中，電化學活性元素為鎳，其價態位於+2和+4價之間，其中錳不受鋰含量的影響始終為+4價。應用第一原理量子理論計算以及結構測定證實了這種氧化還原機制。由於其中的錳保持+4價，不會生成Mn^{3+}，所以不存在Jahn-Teller效應。為了驗證這個模型，應用離子交換法與類似的Na化合物反應，來合成具有α-NaFeO$_2$結構的化合物$\mathrm{Li}_{0.9}\mathrm{Ni}_{0.45}\mathrm{Ti}_{0.55}\mathrm{O}_2$，發現在高溫下才使得陽離子進行了錯位排列生成了岩鹽結構，由這類材料組裝的電池中大約一半的鋰可

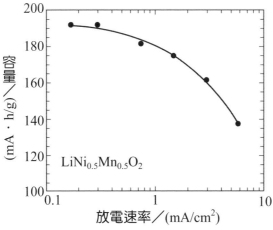

圖3-10　$\mathrm{LiNi}_{0.5}\mathrm{Mn}_{0.5}\mathrm{O}_2$材料的放電速率與其容量間的Ragone曲線圖

以脫出，同時只有50%的鋰在放電時可以重新嵌入；這歸因於陽離子的取代，可能是鈦離子往鋰層中遷移。顯然，這時的錳離子對於 α-NaFeO$_2$結構的穩定性起了關鍵作用。

用X繞射測定Li$_x$Ni$_{0.5}$Mn$_{0.5}$O$_2$結構的精確資訊是非常複雜。現已通過發射電子顯微鏡測定了它的長程有序，並且隨著其中鋰含量的增加，550材料逐漸轉變為Li$_2$MnO$_3$，其序列尺寸而從1nm增至2nm。顯然在結構中的鋰層總是存在8%～10%鎳，相應地過渡金屬中也含有一定量的鋰。用NMR研究顯示鋰在過渡金屬中是被6個錳離子包圍，如在Li$_2$MnO$_3$中。通過計算和實驗的驗證，過渡金屬層中需要約8%的鋰；錳離子在六邊形晶格上則依次被鎳離子包圍，為$2\sqrt{3} \times 2\sqrt{3}$超點陣。在充電過程中，鋰首先從鋰層中脫出，但是當某一層中兩個鄰近的鋰位元全部空出時，過渡金屬層中的鋰離子便會從八面體位向下移動到空的四面體位置。這與NMR中所觀測到的在材料充電過程中鋰能可逆地從過渡金屬層中脫出結果是相一致的。處於四面體位元的鋰只有在最高電壓狀態下，且當所有的八面體位元的鋰全部脫出後，它方能脫出。這種反應機制與缺鋰四面體Li$_{0.5}$Ni$_{0.5}$Ni$_{0.5}$O$_2$材料的鋰脫嵌機制是相符合。

縱上所述，550材料有如下的電化學特性：

①在溫和循環條件下，至少50次循環中，它的比容量較高，約為180mA·h/g；

②過充會加快容量衰減，但表面包覆能有助於防止其容量衰減；

③合成溫度為700～1000℃，最佳溫度一般約為900℃；

④化合物中有一定量鎳離子存在於鋰層中，含量達約10%，這將會限制材料的比容量，降低其能量密度；

⑤鈷的加入能有助於減少鋰層中的鎳，如化合物$LiNi_{1-y}Co_yO_2$；

⑥在過渡金屬層中的鋰是材料結構組成的必然成分；

⑦鎳是化合物中的電化學活性元素。

五、複合鋰鎳錳鈷氧化物

上述Ni-Mn-Co氧化物在理論上可以合成得到這三種過渡金屬的複合物，向$LiMn_{1-y}Ni_yO_2$中加入鈷可以在二維方向上提高結構穩定性。有人發現鋰層中過渡金屬含量由在$LiMn_{0.2}Ni_{0.8}O_2$中的7.2%降到在$LiMn_{0.2}Ni_{0.5}Co_{0.3}O_2$中的2.4%，且鈷摻雜後的化合物嵌鋰後其容量達150mA・h/g。合成溫度為1000°C得到的均相化合物$LiNi_{0.33}Mn_{0.33}Co_{0.33}O_2$，30°C時以0.17mA/cm^{2}充放電，電壓範圍為2.5～4.2V，比容量亦達到150mA・h/g；升高充電截止電壓至5.0V可使容量增至220mA・h/g，但是容量衰減很明顯。這種材料亦稱作是333材料。

有人利用第一性原理計算和通過實驗研究了$LiNi_{1/3}Co_{1/3}Mn_{1/3}O_2$的電子結構以及各過渡元素的化合價分佈，認為$LiNi_{1/3}Co_{1/3}Mn_{1/3}O_2$中鎳、鈷、錳的化合價分別為+2、+3、+4價；從比較M—O鍵的鍵長、鍵能和XPS、XANES等能譜分析表明在$LiNi_{1/3}Co_{1/3}Mn_{1/3}O_2$中Co的電子結構與$LiCoO_2$中的Co一致，而Ni和Mn的電子結構卻不同於$LiNiO_2$和$LiMnO_2$中Ni和Mn的電子結構。

採用$Ni_{1-x-y}Mn_xCo_y(OH)_2$和鋰鹽在空氣和氧氣中於750°C合成了$LiNi_{1-x-y}Mn_xCo_yO_2$，但其最優合成溫度為800～900°C。放電溫度對$LiNi_3/8Co_2/8Mn_3/8O_2$的放電容量與倍率特性、鋰離子擴散及電荷傳遞等有較大影響，升高放電溫度可顯著改善$LiNi_{3/8}Co_{2/8}Mn_{3/8}O_2$的放電容

量與倍率放電性能，這是由於溫度的升高，有助於材料電荷傳遞速率加快，電子嵌入－逸出反應加快，使得其放電容量與倍率放電性能顯著改善。

採用鎳、鈷、錳三元氫氧化物前驅體和 $LiOH \cdot H_2O$ 為原料在 1000°C 燒結 14h 所得的 $LiNi_{1/3}Co_{1/3}Mn_{1/3}O_2$ 正極材料，在電流密度為 $0.17mA/cm^2$，充放電電壓為 2.5～4.6V 時，該材料的首次可逆比容量可達 $200mA \cdot h/g$，較 $LiCoO_2$ 高，循環性能也令人滿意，而且比 $LiCoO_2$、$LiNiO_2$ 有更好的熱穩定性。

圖 3-11 為前驅物分別在 920°C、950°C 和 980°C 下煅燒 8h 後產物的 XRD 圖。從圖可見，920～980°C 合成得到的 $Li_{1.15-x}Ni_{1/3}Co_{1/3}Mn_{1/3}O_{2+\delta}$ 的 XRD 衍射線形尖銳，顯示結晶完整，呈單一相，所有衍射峰均可按層狀 α-$NaFeO_2$ 結構指標化，產物屬 $R\bar{3}m$ 空間群。

表 3-5 列出了不同溫度條件下合成產物的有關晶體結構參數。圖 3-12 為不同溫度下合成的 $Li_{1.15-x}Ni_{1/3}Co_{1/3}Mn_{1/3}O_{2+\delta}$ 的 SEM 照片。

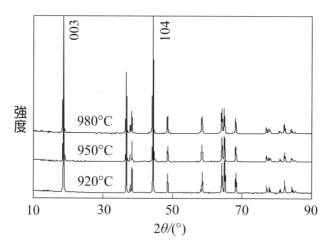

圖3-11　不同溫度條件下合成產物的XRD圖

表3-5　不同溫度下合成產物的晶體結構參數

樣品	合成溫度/°C	a/nm	c/nm	c/a	I_{003}/I_{104}	晶胞體積/10^{-33}m^3
$Li_{1.15-x}Ni_{1/3}Co_{1/3}Mn_{1/3}O_{2+\delta}$	920	0.27864	1.41591	5.0816	1.3262	95.2008
	950	0.28666	1.42582	4.9739	1.4025	101.4651
	980	0.28633	1.42377	4.9724	1.3350	101.0861

圖3-12　不同溫度下合成的$Li_{1.15-x}Ni_{1/3}Co_{1/3}Mn_{1/3}O_{2+\delta}$的SEM
(a)920°C；(b)950°C；(c)980°C

　　採用噴霧熱解法合成的$LiNi_{1/3}Co_{1/3}Mn_{1/3}O_2$在0.2C、2.8～4.6V電壓下首次放電容量為188mA·h/g，在30°C和55°C循環50次後容量仍分別保持為163mA·h/g和173mA·h/g，大電流放電性能也較好。Li-Ni-Co-Mn-O正極材料有著穩定的電化學性能，高的放電容量和好的放電倍率，而且放電電壓範圍很寬，安全性很好，適合在電動汽車中使用。

　　典型的$LiNi_{1-y-z}Mn_yCo_zO_2$的製備方法是將$Ni_{1-y-z}Mn_yCo_z(OH)_2$與鋰鹽複合，然後與空氣或氧氣反應而得，其最佳溫度800～900°C。在

此條件下得到的是一種層狀O3型的單相結構。典型的繞射參數符合
α-NaFeO₂結構的$R3m$均勻分佈,如圖3-13所示。它的結構是由其中的
氧離子排列成的一種封閉立方體組成。結構中過渡金屬離子佔據了八
面體位中的夾層。氫氧化物複合前驅物的結構和性質已有研究;這
是一種類似TiS₂的CdI₂結構,但扭曲的層狀結構發生錯位且加熱時會
轉變為尖晶石結構。其結構的晶胞參數因其中過渡金屬所影響,如圖
3-14所示。參數a和c在錳含量一定的情況下,隨其中鎳含量的增加而
增大;隨鈷含量的增加而減小。對於$LiNi_yMn_yCo_{1-2y}O_2$體系而言,參
數a和c遵從Vegard定律,即隨鈷含量的增加而呈線性遞減。當鎳含量
恆定時,參數a直接與其中的錳含量成正比,和鈷含量成反比。

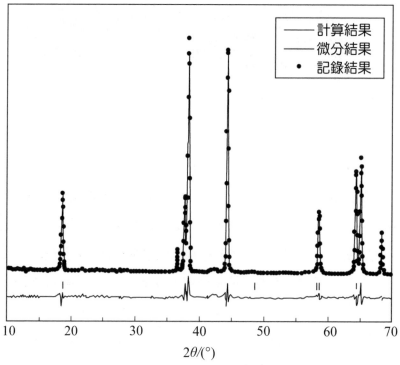

圖3-13　層狀$LiNi_{0.4}Mn_{0.4}Co_{0.2}O_2$材料粉末繞射圖

晶格常數比值$c/3a$可以直觀地反映晶格偏離立方晶格程度。一個理想的ccp晶格的$c/3a$比是1.633，然而$LiNi_yMn_yCo_{1-2y}O_2$體系的$c/3a$比是1.672。如在TiS_2中，其嵌鋰後分子式轉變$LiTiS_2$，其晶格的$c/3a$會增加到1.793。比值低的CoO_2的$c/3a$亦由1.52增大到$LiCoO_2$的1.664。ZrS_2也是異常低，同樣其$c/3a$由1.592增大到$LiZrS_2$的1.734。$c/3a$比值越接近1.633，鋰層中的過渡金屬的含量就越多。因此，$LiNiO_2$的$c/3a$比為1.639，和尖晶石型$LiNi_2O_4$接近。對於$LiNi_{0.5}Mn_{0.5}O_2$而言，其$c/3a$比值為1.644～1.649；當增加第二個鋰時，如在Li_2NiO_2和$Li_2Ni_{0.5}Mn_{0.5}O_2$中，c/a比值變化則非常小，分別為1.648和1.647。

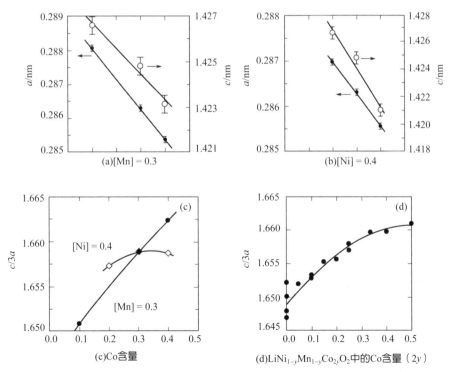

圖3-14　層狀化合物$LiNi_yMn_zCo_{1-y-z}O_2$和$LiNi_{1-y}Mn_{1-y}Co_{2y}O_2$的晶胞參數的$c/3a$之比值

　　由圖3-14可見，隨著鈷的加入，$c/3a$比值變化非常明顯，表明鈷提供了類似層狀的特性。然而[Mn] = 0.3的曲線則顯示隨著鈷含量的減少（即Ni含量隨之增加），其比值更接近理想立方值1.633，且當[Ni] = 0.4時，比值幾乎不變化。可見，化合物的$c/3a$值取決於鎳的濃度，鈷的存在減少了鋰層中的鎳。圖3-14中(d)可見，當[Ni] = [Mn]時，$c/3a$值隨鈷含量的增加而不斷增大。當其中錳含量為$0.1 \leq y \leq 0.5$時，$c/3a$值沒有發生變化，其值為1.644±0.005。LiNi$_{0.33}$Mn$_{0.33}$Co$_{0.33}$O$_2$的$c/3a$平均數值為1.657，其與化合物LiNi$_{0.5}$Mn$_{0.5}$O$_2$的平均數比值為1.647相比較，更加層狀化。對於333材料來說，其$c/3a$比值隨合成溫度900～1100°C的增加而遞減，遵循$c/3a$ = (1.680～2.35)×10^{-5}T，說明升溫將增加鋰層中的鎳含量。

　　圖3-15呈現了化合物的組分隨其合成溫度的變化關係。資料清楚地表明鈷含量的增加有利於抑制過渡金屬的錯位，但是難以得到分子式為LiNi$_{1-y}$Co$_y$O$_2$的化合物，其中只有在$y \leq 0.3$時，才可觀察到鎳的錯位，而且這種情況隨著鎳含量的增加而增大。合成溫度與化合物組分有著同樣顯著的影響，同樣在圖3-15中給出LiNi$_{0.4}$Mn$_{0.4}$Co$_{0.2}$O$_2$（以下簡稱為442材料）的例子亦可見，其中在1000°C下合成並迅速冷卻到常溫製得的樣品幾乎有10%鎳填充在鋰層。在950°C下合成的333材料，佔據鋰位的鎳有5.9%；只有在800°C合成的樣品中，隨鈷含量的增加，鎳的錯位可以減少到0。在900°C時，即使鈷比鎳多也同樣會存在鎳錯位，所有合成溫度為900°C的樣品比800°C的樣品的鋰層中的鎳約多2%，顯然高溫增加了鎳離子的錯位。

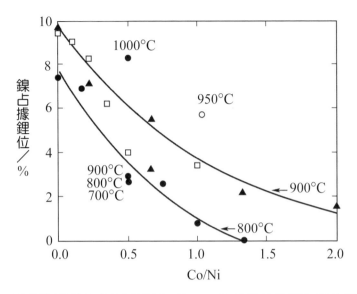

圖3-15　不同溫度下合成的LiNi$_y$Mn$_z$Co$_{1-y-z}$O$_2$材料的鈷鎳比與佔據鋰位間的百分比關係

　　儘管上述材料有良好的電化學性能，但是作為大倍率的正極材料，它們的電子電導率仍然很低，因此需要尋求一種無需添加大量如碳黑之類的導電劑來增加導電率的方法，因為碳黑會降低體積能量密度。LiNi$_{0.5}$Mn$_{0.5}$O$_2$的電導率為6.2×10^{-5}S/cm；當加入鈷製成LiNi$_{0.4}$Mn$_{0.4}$Co$_{0.2}$O$_2$後，樣品的電導率會增至1.4×10^{-4}S/cm。不含鈷化合物的電導率值約等於KMnO$_2$或LiMnO$_2$，2%～10%鈷的加入將會提高100倍，約為10^{-3}S/cm。有人報導的電導率數值為（2～5）×10^{-4}S/cm。當鈷含量達0.5時，其電導率是不隨組分變化而變化的。增加鈷含量可以提高倍率，這可能是由於鋰層中減少了Ni^{2+}的限制，這樣的限制會降低鋰離子的擴散係數。

　　關於多元過渡金屬氧化物體系的物理性質和化學鍵的性質已經有了大量的研究，完全由氧化鋰構成的化合物中鈷是+3價，鎳是+2

價,而錳則為+4價。因此,電化學活性元素主要是鎳,鈷只在脫鋰後期有活性,錳在電化學反應過程中並不起作用。對於這類化合物的磁性研究給出了鎳離子位置的資訊,當鋰層中有鎳離子存在時,會在瞬間磁性中導致一種回路磁滯現象。在$Li(NiMnCo)O_2$和$LiNi_{1-y}Al_yO_2$體系中均存在這種現象。這些磁性規律如圖3-16所示。圖中顯示在高溫條件下,當鈷的添加量由0.0增至0.2、0.33時,它們遵循Curie-Weiss規律,磁滯現象減少,表示鋰層中的Ni^{2+}含量的降低。

基於這些過渡金屬氧化物作了大量XPS研究,均表明其中的Ni^{2+}起主導作用。因此,對於442材料來說,鈷的光譜無疑是Co^{3+}的作用,而錳的光譜約80%是Mn^{4+}產生,20%為Mn^{3+}所產生。鎳的光譜特徵非常強烈且複雜,約80%歸於Ni^{2+},20%歸於Ni^{3+}。對於$LiNi_{0.33}Mn_{0.33}Co_{0.33}O_2$、$LiNi_{0.5}Mn_{0.5}O_2$和$LiNiyCo_{1-2y}Mn_yO_2$的研究,發現當$y = 1/4$和3/8時,同樣表明分別是+2和+4價的鎳、錳氧化態起主導作用,其中電化學活性關鍵元素是鎳。

對於不同組分化合物在一系列電流密度下的電化學性質來說,純$Li_{1-y}Ni_{1+y}O_2$的容量最低。如在900°C合成的一種442化合物測得電化學性能如圖3-17,當測試溫度為22°C,電流為1~2mA/cm^2,電壓範圍為2.5~4.3V;這相當於倍率為44mA/g和104mA/g,所有樣品的初始電壓約為3.8V。合成溫度對容量及容量保持性能非常重要,最佳溫度為800~900°C,1000°C時合成樣品容量極低。442材料比容量資訊在圖3-17中顯示,可見不同研究者所得樣品結構重現性都非常優秀。如一種容量恆定的442材料,以0.2mA/cm^2(20mA/g或C/8)充放,循環30次,電壓範圍為2.8~4.4V,其容量為175mA·h/g;當電流密度增至40mA/g、80mA/g、160mA/g(1.6mA/cm^{2}或1C倍率)時,容量

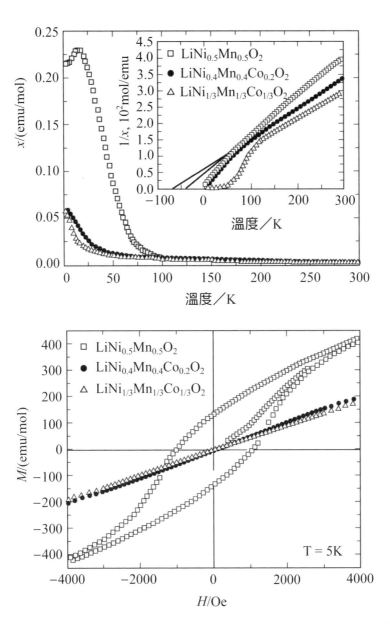

圖3-16　LiNiP$_{0.5}$Mn$_{0.5}$O$_2$、LiNi$_{0.4}$Mn$_{0.4}$Co$_{0.2}$O$_2$和LiNi$_{0.33}$Mn$_{0.33}$Co$_{0.33}$O$_2$材料的磁性

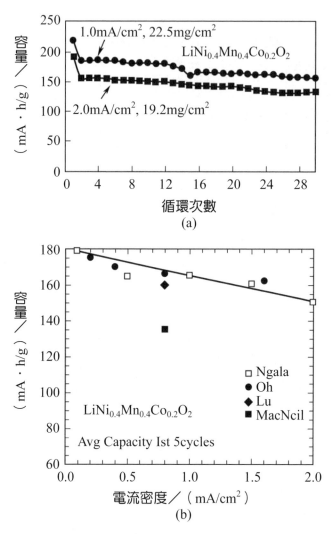

圖3-17　LiNi$_{0.4}$Mn$_{0.4}$Co$_{0.2}$O$_2$材料的電化學性能
(a)容量與循環次數的關係；(b)容量與放電速率間的關係

分別為170mA・h/g、165mA・h/g、162mA・h/g，稍有衰竭。具有優異性能的材料LiNi$_{0.375}$Mn$_{0.375}$Co$_{0.25}$O$_2$，其中被鎳佔據的鋰位約5.5%，30°C時容量為160mA・h/g，倍率為40mA/g，50次循環後，容量衰減

至140mA・h/g；升溫到55°C，容量則提升至170mA・h/g，50次循環後容量只衰減到160mA・h/g。當樣品中只含3.2%鎳佔據鋰位元時，它的容量低一些，30mA/g充放，截止電壓為4.2V，50次循環後容量只有130～135mA・h/g；截止電壓增加到4.4V時，其容量增加20～30mA・h/g。這說明了充電電壓非常關鍵。

對於333材料，提高其充電電壓則可以提高其容量。如有人報導合成溫度由800°C升至900°C，則可以使初始容量由173mA・h/g增至190mA・h/g。0.3C充放，電壓範圍為3.0～4.5V，循環16次後，容量由160mA・h/g增至180mA・h/g。同樣有報導，在截止電壓為4.2V時容量為150mA・h/g，4.6V和5.0V時為200mA・h/g，即電壓的提高可以增加比容量。

隨著鋰原子的脫嵌，材料結構發生相應的變化。在$LiNi_{0.4}Mn_{0.4}Co_{0.2}O_2$中，晶胞體積收縮2%，遠低於$Li_xNi_{0.75}Co_{0.25}O_2$和$Li_xTiS_2$中的5%，從而使它在循環過程中更難發生機械形變而碎裂。333材料在脫鋰過程中晶胞體積收縮同樣小於2%。體積變化這麼小的原因是在此過程中晶胞參數a和c的改變相互抵消，當c增大時，a便收縮。如圖3-18所示的442材料，其中X射線繞射參數被強行調整為適合於$LiMO_2$的六邊形晶格。

研究顯示，333材料至少相當於，甚至優於純$LiCoO_2$正極材料。在稜形電池結構中，1C條件下，30次循環後仍能維持600mA・h的恆定容量。對所有這些層狀氧化物在脫鋰過程中的熱力學穩定性進行研究。發現儘管MnO_2在常溫下、空氣中很穩定，而CoO_2和NiO_2表現不穩定。氧化物體系中的錳、鈷、鎳穩定氧化物價態分別是4、2和2；當加熱超過500°C時，則變成Mn_2O_3，繼續升溫則變化為Mn_3O_4。因

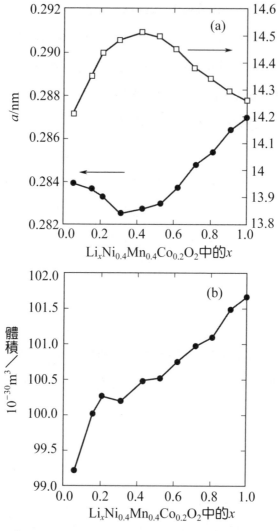

圖3-18 Li$_x$Ni$_{0.4}$Mn$_{0.4}$Co$_{0.2}$O$_2$的晶胞參數

此,在電池中,隨外部任何熱偏移都會造成其中的元素的價態變化而導致動力學穩定性發生問題。

表3-6總結了部分組成正極材料的晶胞參數、工作電壓及理論電化學容量。

　　對於以下四種氧化物，$Li_xNi_{1.02}O_2$、$Li_xNi_{0.89}Al_{0.16}O_2$、$Li_xNi_{0.70}Co_{0.15}O_2$和$Li_xNi_{0.90}Mn_{0.10}O_2$，在$x$小於等於0.5時，結構首先會轉變成尖晶石相，然後再轉變成岩鹽結構。第二步變化是失去氧。而第一步可能是由於組成的原因，通常是當x小於0.5時；第二步氧的釋放發生在低溫條件下，如對於鋰含量較低的$Li_{0.3}Ni_{1.02}O_2$，當溫度低於190°C時便會發生。鋁和鈷的摻雜可以提高其穩定性。化合物$Li_{0.1}NiO_2$在200°C時會失重形成岩鹽結構。用鎳取代錳似乎可以提高成尖晶石相的轉變溫度。因此，$Li_{0.5}Ni_{0.5}Mn_{0.5}O_2$即使在200°C環境中放置3天後仍為層狀，而在400°C以上生成尖晶石相，且與分子中鎳錳比為1：1的化合物相比較，其高溫穩定性更好，在空氣中最終會生成尖晶石和鎳氧化物複合物，氮氣中會以$NiO + Mn_3O_4$複合物形式存在。

表3-6　不同組成正極材料的晶胞參數、工作電壓及理論電化學容量比較

化合物	a_0/nm	b_0/nm	c_0/nm	晶體對稱性	工作電壓 /V	理論容量
$LiCoO_2$	0.2805	0.2805	1.406	六方晶系（R3m）	3.5-4.5	274
$LiNiO_2$	0.2885	0.2885	1.420	六方晶系（R3m）	2.5-4.1	276
$LiMnO_2$	0.54388	0.2808	50.53878（$\beta = 116°$）	單斜晶系（C2/m）	3	286
$LiMn_2O_4$	0.8239	0.8239	0.8239	立方晶系（Fd3m）	4	148
$LiFePO_4$	1.0329	0.6011	0.4699	正交晶系（Pnma）	3.4-3.5	170

化合物$Li_{0.5}Ni_{0.4}Mn_{0.4}Co_{0.2}O_2$和$Li_{0.5}Ni_{0.33}Mn_{0.33}Co_{0.33}O_2$失重溫度都在300°C以上，失重7%～8%；只有在450°C以上，鈷才會相應地由Co^{3+}生成Co^{2+}，由Ni^{4+}生成Ni^{2+}；錳仍是Mn^{4+}。在350°C時化合物會變成尖晶石結構，且尖晶石結構將一直保持到600°C。

總結550固溶體材料和$LiCoO_2$可知具有以下性質：

①溫和條件下充放，循環50次後容量可達170mA·h/g，2mA/cm²充放時容量超過150mA·h/g，提高充電截止電壓可以提升容量；

②合成溫度應該大於700°C而小於1000°C，最佳溫度約為900°C；

③鈷可以減少鋰層中的鎳離子，Co/Ni的比值應該大於1，從而排除鋰層中的鎳；

④最終加熱溫度不能高於800°C，如果最終穩定溫度為900°C，那將會有鎳離子存在於鋰層中；一定量的鎳離子可以在鋰濃度較低時阻止形成塊狀結構；

⑤充電循環過程中生成塊狀結構的可能性越少，其容量保持性能就越好；

⑥$Li_x(NiMnCo)O_2$體系中，當$0 \leq x \leq 1$時，所有材料不僅僅是單相；442化合物只有在$x = 0.05$時才會形成塊狀結構；

⑦低x值時的材料結構需要研究；

⑧低電勢下，鎳是電化學活性中心離子；

⑨電子電導率需要提高；

⑩對於材料的容量、功率、壽命之間綜合性能仍需要確定最優化關係。

六、複合金屬的富鋰氧化物

額外的鋰能以Li_2MnO_3和$LiMO_2$（M = Cr、Co）固溶體形式與層狀結構成為一體。過渡金屬離子也可以是鎳或錳離子，包括如$LiNi_{1-y}Co_yO_2$、Li_2MnO_3可以被類似金屬替代的體系，如Li_2TiO_3和Li_2ZrO_3等。Li_2MnO_3可以重新生成富鋰層狀化合物$Li[Li_{1/3}Mn_{2/3}]O_2$。這些固溶體因此可以生成分子式為$LiM_{1-y}[Li_{1/3}Mn_{2/3}]_yO_2$的化合物，其中M可以是Cr、Mn、Fe、Co、Ni或它們的複合物。過量的鋰可以增加錳由+3價向+4價變化的趨勢，因此可以將由Mn^{3+}產生的Jahn-Teller效應降低到最小值。

令人特別感興趣的是當Li_2MnO_3體系中，錳呈+4價氧化態時，它會在充電中表現出很意外的電化學活性。這種「過充」與以下兩個方面有關，一是脫鋰過程中會伴隨著氧的損失，從而形成氧晶格缺陷；二是當脫鋰過程發生並使之在電解液中溶解時，會增加電解液中的陽離子數，這樣能與材料間進行鋰離子的交換。究竟哪一方面佔據主導地位取決於溫度和氧化物晶格化學組成。錳氧化物在二者中都無變化。當一定量的氫參加了離子交換，MO_2層狀結構便會滑動形成稜鏡形，夾層間距會收縮約0.03nm，形成氫鍵。當氧化物被加熱到150°C時，這些質子便會消失。用酸過濾Li_2MnO_3同樣可以使得脫鋰存在，有利於質子交換。用酸過濾後可形成按一定化學計量比的化合物，如$LiNi_{0.4}Mn_{0.4}Co_{0.2}O_2$，同樣可以脫去鋰且可進行少量的離子交換。

在200°C時，用氫還原尖晶石$Li[Li_{1/3}Mn_{5/3}]O_4$，證實了當鋰過量時，氧很容易從其緊密堆積晶格中脫出。同時，研究顯示其中的氧可以在充電電壓約為4.3V時通過電化學方法充電脫出；然後顯示出典型

尖晶石材料的放電特性，放電電壓為4V。這類還原的材料的研究過程同樣可以類推至$Li[Li_{1/3}Mn_{5/3}]O_{4-\delta}$體系。

對於Li_2MnO_2-$LiNiO_2$固溶體體系來說，可以寫成$Li[NiyLi_{(1/3-2y/3)}Mn_{(2/3-y/3)}]O_2 = yLiNiO_2 + (1-y)Li[Li_{1/3}Mn_{2/3}]O_2$。當鎳加入時，晶格參數$a$和$c$呈線性增加，即$0.08 \leq y \leq 0.5$時，$c/3a$值線性減小，表明正如預期的鎳的加入可以減少分層現象。這些材料組裝成電池後顯示出一個約4.5V的不可逆電壓平台，這應該是如上文所述的氧缺陷造成的。在這個平台前，化合物中所有的鎳都氧化成了Ni^{4+}。「過充」之後，30°C條件下，在2.0～4.6V電壓範圍內，循環性能很好，當隨著y值的變大，如$y = 1/2$、5/12、1/3，容量反而增加了，具體分別為160mA·h/g、180mA·h/g、200mA·h/g。當循環溫度升至55°C，$y = 1/3$的材料容量增至220mA·h/g。雖然充電效果很好，但熱穩定性卻很差。在550材料中添加過量鋰，$Li_{1+x}(Ni_{0.5}Mn_{0.5})_{1-x}O_2$的熱穩定性有所提高。

Li_2MnO_3-$LiNiO_2$-$LiMnO_2$體系已有研究，結果表明，其可沿Li_2MnO_3-$LiNiO_2$線至完全相溶；當充電電壓低於4.3V，鎳含量減少時，容量快速下降。

Li_2TiO_3與$LiNi_{0.5}Mn_{0.5}O_2$亦可形成固溶體，鈦可以增強其在結構中嵌入第二個鋰。在層狀材料中添加Li_2MnO_3即是富錳材料，相比較而言，它會形成尖晶石相從而降低穩定性。$Li[Li_{0.2}Ni_{0.2}Mn_{0.6}]O_2$以0.1 mA/cm²充放電，電壓為2.0～4.6V，10次循環後，容量為200mA·h/g左右的恆定值。高倍率下的穩定性和電化學特性未作報導。

綜上所述，過量的鋰含量，考慮鎳、鈷和錳的添加比等可以設計出合適組分的理想正極材料。這種材料具有穩定晶格（Mn），存在作為電化學活性中心（Ni），使得過渡金屬有序化或提高倍率性能和

電導率（Co），以及增加電池容量（Li）的功能作用，其中每一個因素都有其自身的作用。是否還有其他元素能起到關鍵作用還有待進一步確認。

3.2.5 其他層狀氧化物

一、釩和鉬的高價氧化物

V$_2$O$_5$和MoO$_3$是最早研究的兩種氧化物。化合物MoO$_3$中的一個鉬很容易與約0.5個鋰反應，但是反應速率慢。當把MoO$_3$固體加入到正丁基鋰中時，這個反應的速率可以很容易地通過溫度上升的速率來測定。圖3-19給出了三種正極材料TiS$_2$、V$_2$O$_5$和MoO$_3$的反應熱。溫度越高，材料的功率越大。

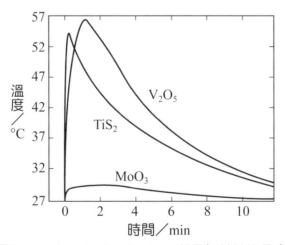

圖3-19　TiS$_2$、V$_2$O$_5$、MoO$_3$三種正極材料的反應熱

　　V_2O_5是層狀結構，層間的釩氧鍵很弱，與鋰反應是通過嵌入機制反應：$xLi + V_2O_5 = Li_xV_2O_5$。$V_2O_5$在鋰嵌入時其結構特性相當複雜，最初只是鋰嵌入到結構中，開始形成α相（$x < 0.01$），然後形成ε相（$0.35 < x < 0.7$），ε相中層更多的被折疊。在$x = 1$時，兩層中有一層發生了移位元，導致了δ相形成。但當不止一個鋰被充入時，就會發生結構大的改變，γ相在$0 < x < 2$的範圍記憶體在。在α-相、ε-相和δ-相中，組成V_2O_5結構以正方錐形排列，頂點在上、上、下方排列。與之不同的是，在高度折疊的γ相中，這些頂點上、下、上、下排列。當更多鋰嵌入時，形成了氯化鈉結構，這種化合物被稱為ψ-$Li_3V_2O_5$相。在單一的固溶體相中ψ-相進行電化學循環時，最後鋰的脫出在4V左右，這清楚地表明這種相與初始的V_2O_5相（開路電壓為3.5V）是不同的（圖3-20）。如圖3-21所示，ψ-物質為四面體結構，經過長時間的循環就變成了簡單的氯化鈉結構，化學式為$Li_{0.6}V_{0.4}O$，其晶胞參數$a = 0.41$nm。

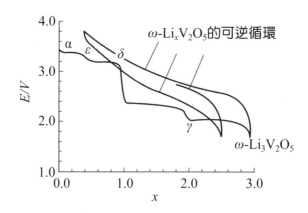

圖3-20　V_2O_5化合物的放電性能

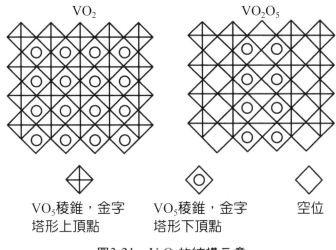

VO$_5$稜錐，金字　　VO$_5$稜錐，金字　　空位
塔形上頂點　　　　塔形下頂點

圖3-21　V$_2$O$_5$的結構示意

二、混合價態釩氧化物

　　部分還原性釩氧化物如V$_6$O$_{13}$具有良好的電化學性能，在鋰釩氧化合物的製備中，按Li：V莫耳比為1與鋰結合，其中V：O莫耳比在釩氧化物與鋰反應的容量控制方面起主要作用。這類化合物是一種交錯的單雙層結構，其中單層釩氧化物是變形的VO$_6$八面體。其中有很多的位置便於鋰離子的嵌入，一旦這些位置被填滿，就會進行放電曲線上顯示的有關步驟，研究顯示，化合物的晶格首先沿c軸擴展，然後沿b軸擴展。

　　釩氧化物LiV$_3$O$_8$由八面體和三角雙錐體組成的層狀結構，像其他層狀結構一樣可以增大嵌入鋰離子。同樣，製備方法對LiV$_3$O$_8$的電化學性能具有很大的影響；在低電流範圍下（6～200μA/cm^2），相同Li/V分子比的LiV$_3$O$_8$無定形材料容量每莫耳從2增大到3～4以上。

三、雙層結構：乾凝膠、δ-釩氧化物和奈米管

通過酸化釩酸鈉溶液可得到釩氧化物。例如，釩酸鈉通過酸性離子交換，乾燥後的橙色凝膠的分子結構式是$H_xV_2O_5 \cdot nH_2O$。在真空或適度加熱條件下，基於它具有較高的陽離子交換能力，脫去約1.1mol水後，變成$H_{0.3}V_2O_5 \cdot 0.5H_2O$，內層間距約為0.88nm，在有$1.8H_2O$存在下，間距增大為1.15nm，質子和水被鋰離子和極性溶劑交換。此外，釩氧化物乾凝膠也可以通過用過氧化氫處理V_2O_5製得。該法得到的五氧化二釩含有兩層釩氧化物組成的薄片，在外面釩氧鍵作用下，結晶V_2O_5結構內形成的四方錐形變成扭曲的八面體結構。採用氣凝膠過程在CO_2和丙酮存在的超臨界乾燥條件下製得的活性產物$H_yV_2O_5 \cdot 0.5H_2O \cdot$碳，具有較好的電化學性能，其中碳所占的質量比約為3.9%；乾燥後，晶格間距可達到1.25nm，在單一可持續放電曲線上與鋰反應的中間電動勢為3.1V左右，每2.8個V可結合4.1個鋰，如圖3-22所示，其容量遠高於結晶態的V_2O_5。

乾凝膠中釩氧化物雙層結構形成了雙面層，釩佔據扭曲的VO_6八面體位置，氧化物表現出優良的電化學容量，某種情況下可超過$200mA \cdot h/g$，如圖3-23所示。但是，化合物的比容量仍受某種程度上的限制，因此，更多的釩氧化物奈米管被合成利用。釩氧化物奈米管含有雙層釩氧化物結構，表現出令人感興趣但卻繁雜的電化學行為。某種條件下，容量在循環過程中增大，錳離子取代部分釩離子生成的化合物的電化學行為如圖3-23中所示。

(a)

(b)

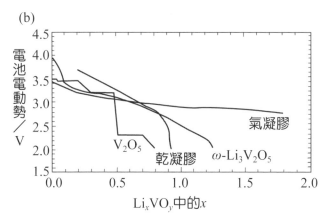

圖3-22 氣凝膠製得的雙層釩氧化物結構示意圖(a)及不同結晶狀的V_2O_5的電化學性能(b)

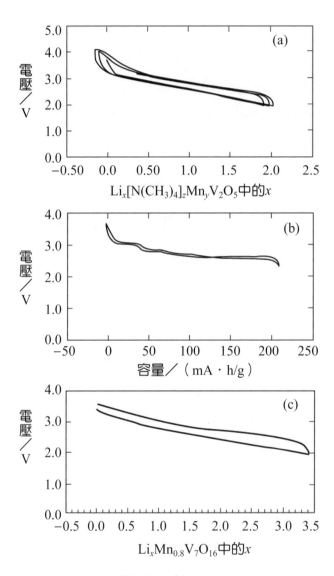

圖3-23 δ-Mn$_y$V$_2$O$_5$
(a)、δ-NH$_4$V$_4$O$_{10}$(b)和錳釩氧化合物(c)的電化學性能

3.2.6　層狀二硫族化物正極材料

　　將一組供電子分子和離子化合物嵌入到層狀二硫族化物（特別是 TaS_2）中，這些主客體材料的嵌入反應改變了它們原有的物理性質，特別是發現了它可以把超導轉變溫度從0.8K提高到3K以上。TaS_2嵌入到鹼金屬氫氧化物中時，表現出有最高的超導轉變溫度，對這一形成的研究導致發現了這些鹼金屬離子與層狀物質反應有非常高的自由能。因此，$K_x(H_2O)$-TaS_2的穩定性可能被解釋為它們的類鹽性，這一點與相應的石墨化合物的類金屬性是相反的。

　　在所有層狀的二硫族化物中，TiS_2用來做儲能電極是最有吸引力的。TiS_2是一種半導體，因此正極結構中不需要導電稀釋劑。Li_xTiS_2 在 $0 \leq x \leq 1$ 整個範圍內都與鋰形成了單一的相，相的改變不能使得所有鋰能夠可逆地脫出時，不伴隨新相成核的能量損耗，也不可能由於鋰含量變化使得主體重排時反應遲緩造成的能量損耗。而在 $LiCoO_2$ 體系中，相改變導致大約只有0.5個鋰容易在循環時從化合物中脫出和嵌入。用二硫化物作鈉電池的正極材料還是相當有吸引力的，當 Na_xTiS_2 或 Na_xTaS_2 中鈉含量改變時，由於 x 值為0.5時更有利於三角雙錐配位形成，而在 x 接近於1時採取八面體配位，所以此類體系的相變化非常複雜。

　　硫是六方緊密堆積格子，鈦離子位於交替的硫層間的八面體位置上。硫離子以ABAB堆積，TiS_2 層直接堆積在另一個 TiS_2 層的上部。對於非化學計量的硫化物 $Ti_{1+y}S_2$ 或 TiS_2，發現一些鈦存在於空的凡得瓦層內。這些不規整的鈦離子阻止了大分子離子的嵌入，同時也阻止了像鋰一樣的小離子的嵌入，因此降低了鋰離子的擴散係數。因此，

鋰的高性能反應性材料應該有一個規整的結構，這就要求在小於600°C的條件下製備。

　　鋰在TiS_2中脫嵌的靜電循環如圖3-24所示，設置的電流為10 mA/cm^2。可以看出，由TiS_2到$LiTiS_2$自始至終都是典型的單相行為，因此沒有能量消耗在新相的成核上面。但是，用首次增容的方法對嵌入電位作更為精密的檢測表明，鋰離子存在局部的調整。使用的電解液為2.5mol/L $LiClO_4$／二氧環戊烷體系，這種溶劑不會與鋰共嵌入到硫化物中。與之不同的是，當用碳酸丙烯酯作溶劑時，微量濕氣將會導致碳酸丙烯酯的共嵌入，從而伴隨有晶格增大膨脹的趨勢。在合適的非嵌入溶劑被發現之前，溶劑的共嵌入阻礙了石墨用作鋰負極。這種非嵌入溶劑最初是二氧環戊烷，然後是碳酸酯的混合物。二氧環戊烷也被發現是$NbSe_3$電池的有效電解液。但是，二氧環戊烷中的電解質$LiClO_4$本身是不安全的，這種清潔的電解液體系允許這些嵌入反應很容易通過原位X射線和光學顯微鏡觀測，這些手段能揭示嵌入過程的微觀細節。

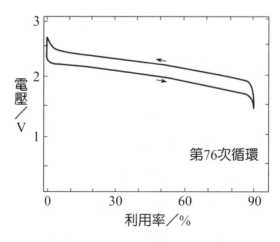

圖3-24　Li/TiS_2在10mA/cm^2條件下的充放電曲線

　　大多數其他二硫族化合物也具有電化學活性，並且它們與鋰嵌入時也表現出相似的單相行為。VSe_2是一個例外，它表現出如圖3-25的兩相行為。最初，VSe_2處於與Li_xVSe_2（$x = 0.25$）的平衡中，然後Li_xVSe_2與$LiVSe_2$平衡，最後$LiVSe_2$與Li_2VSe_2平衡。最初的兩相行為可能與c/a比相關，這可能是第五副族元素一般易與硫或硒三角雙錐配位的結果。但是在VSe_2中，釩是正八面體的配位。當鋰嵌入時有一個標準的c/a比，結構變成典型的八面體。VSe_2中鋰快速的可逆性表明單相性對能有效的用作電池正極不是最關鍵的。但是，VSe_2中

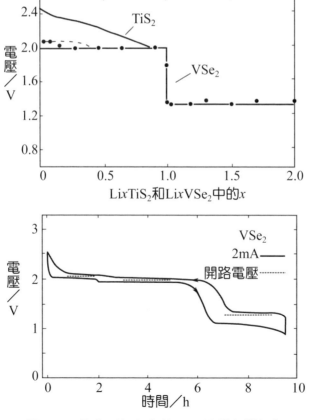

圖3-25　具有兩相行為的VSe_2的電化學性能

成相僅僅有輕微的八面體變形的差別，而不是像Li_xCoO_2脫鋰時轉化為含氧陰離子層，使得其在整個範圍內發生移動。

VSe_2表現出可以嵌入一個鋰到其晶格中，$LiVSe_2/Li_2VSe_2$體系是兩相的，因為$LiVSe_2$中的鋰是八面體配位，而Li_2VSe_2中鋰移動到四面體配位或者同時佔據兩個位置。用丁基鋰可以採用化學或電化學方式實現兩個鋰的嵌入，其餘如Li_2NiO_2一樣的二鋰層狀物質也可以用四氫呋喃中的苯甲酮鋰電化學或者化學形成。它的結構從$3R$-$LiNiO_2$相轉變為與Li_2TiS_2和Li_2VSe_2等同的結構，即鋰原子處於NiO_2層間的所有四面體位置，形成了$1T$結構。以相似的方式，也可以在採用電化學方式合成出$Li_2Mn_{0.5}Ni_{0.5}O_2$，而且當部分錳被鈦原子取代時，兩個鋰原子仍可以循環脫嵌。

第VI族的層狀二硫化物如在自然界以輝鉬礦出現的MoS_2，如果其配位元方式可以從三角雙錐改變為八面體，那麼形成的MoS_2亦可以被有效地用作正極材料。通過針對每個MoS_2插入一個鋰到其晶格中，然後讓其轉化為新相來實現這種轉化。

儘管Li/TiS_2電池通常在充電時用純鋰或$LiAl$負極來構造，但它們也可以像現在使用的所有$LiCoO_2$電池一樣用$LiTiS_2$正極放電來實現。在這種構想中，電池首先必須通過鋰離子的脫出來充電。儘管$LiVS_2$和$LiCrS_2$都是文獻中所熟知的，但是由於VS_2和CrS_2在通常的合成溫度下熱力學上是不穩定的，所以它們的無鋰化合物還沒有成功地被合成。這些化合物可以通過室溫下鋰的脫嵌來形成，這方面的工作導致了亞穩化合物合成的新路線—穩定相的脫出的出現。

硫離子以立方緊密堆積的亞穩型尖晶石TiS_2化合物可以類似地從$CuTi_2S_4$脫出銅離子來實現，這種立方結構也能可逆脫嵌鋰，儘管

擴散係數沒有像層狀結構那樣高。例如，當考慮採用TiS_2時，實驗室塊狀的鈦用來合成電子級的TiS_2，海綿狀的鈦用來提供電池研究級的TiS_2，其比表面積為$5m^2/g$，允許電流密度達到$10mA/cm^2$。但是，當鈦與硫元素反應時，海綿狀金屬只要數小時，而塊狀金屬則要數天。通過對圖3-26所示的商業化的海綿二硫化鈦生產過程的觀察顯示，前驅物是室溫下為液態的$TiCl_4$。噸位級數量的四氯化鈦是可以得到的，因為它被用在含TiO_2油漆顏料中。設計的加工過程，即是通過$TiCl_4$與H_2S的氣相反應沈積得到化學計量的TiS_2，這樣得到的硫化物表現出優良的電化學性能，其形貌是從一個單一的中心點在三維方向生長得到的許多面。

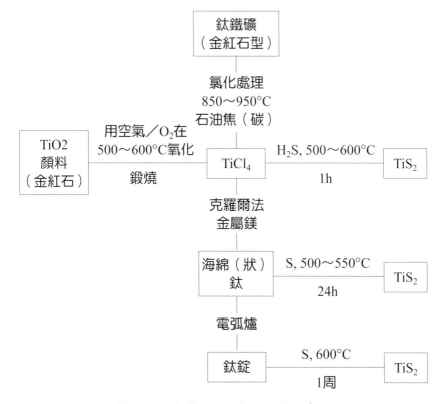

圖3-26 合成TiS_2的方法路線示意圖

　　鈦的計量和規整性對TiS_2的電化學性能是非常關鍵的，如果溫度保持在600°C以下，化學計量和規整的TiS_2存在且有金屬導電性。鈦的無序可以很容易地通過設法嵌入像NH_3或吡啶這樣的弱鍵物質來測定。實際上，稍過量（≤1%）的鈦是有益的，它可以降低硫的腐蝕性，但不會明顯影響電池的電壓或者鋰原子的擴散係數。當然最好是額外加入金屬鈦到最初的反應介質中。

3.2.7　三硫族化物及相關材料

　　$NbSe_3$具有電化學性能，這是因為$NbSe_3$能可逆地與三個鋰離子反應形成單相的Li_3NbSe_3。其餘的三硫族化物也易與鋰反應。在化學式中，TiS_3可表示為$TiS(S-S)$的形式，在兩相反應中，它的多硫基能與兩個鋰反應，硫硫鍵斷裂形成Li_2TiS_3。接著是鈦在一個與TiS_2相似的單相反應中由Ti^{4+}還原為Ti^{3+}。與在Li_3NbSe_3中三個鋰離子都是能可逆脫嵌相比較，TiS_3只有第二步是可逆的，但其機制不同。

　　許多別的富含硫族元素的材料具有很高的容量，但是它們的反應速率或電導率很低。通過混合像TiS_2或VSe_2一樣的高速率和高導電的材料，可以在一定程度上對材料加以改善。由於電池必須滿足高功率和高能量的要求，所以混合正極的方法可能會再度出現。

　　設計出的一系列化學試劑來模仿鋰離子脫嵌的電化學反應，可得到關於反應深度和容易度的新觀念。最為普通的鋰化劑是在己烷中的正丁基鋰，它是淺黃色的液體，清明，容易與反應產物，如辛烷、丁烷、丁烯等區別。儘管這種反應物電壓在1V（相對於鋰電極）左

右，有很高的化學反應性，但它比以前用萘或液氨溶劑可以得到更純的產物。一系列已知氧化還原電位的化學試劑可用於控制材料的還原或氧化嵌入。

3.2.8 磷酸鹽體系

一、橄欖石相

1997年，橄欖石晶型材料的問世，特別是發現$LiFePO_4$化合物後，$LiFePO_4$成為一種具有低成本、多元素、同時又對環境友善的最具挑戰的正極材料之一。它在鋰離子的電化學能量儲存上起了重要的作用。由其組裝的電池放電電壓達到了3.4V，並且在幾百個循環之後也看不到明顯的容量衰減，另外該電池的容量達到了170mA·h/g，其性能要優於$LiCoO_2$和$LiNiO_2$。而且在充放電測試中該材料具有很好的穩定性。

$LiFePO_4$可以通過水溶液條件下的高溫合成法或溶膠凝膠法合成。不過雖然橄欖石具有在水溶液環境下僅僅幾分鐘就可以容易合成，但其電化學性能卻比較差。結構分析表明：將近7%的鐵原子集中在鋰離子周圍，這使得晶體的點陣參數受到一定程度的影響，與有序排列的$LiFePO_4$中$a = 1.0333nm$，$b = 0.6011nm$，$c = 0.4696nm$相比較，合成的橄欖石相材料參數分別為$a = 1.0381nm$，$b = 0.6013nm$，$c = 0.4716nm$。其中的鐵原子實質上阻礙了鋰離子的傳質擴散。因此採取相關措施使該材料中的鋰離子和鐵原子能有序地排列是非常關鍵的。在水熱條件下將上述材料加熱到700°C可以解決離子的雜亂排列

問題。近來的研究發現，通過合成條件的優化可以進一步改善水熱合成法製得的材料性能。例如，添加一種能阻止材料表面生成鐵的惰性薄膜的抗壞血酸後，該材料即使在沒有碳包覆層的條件下也能表現出優異的電化學性能。

在室溫下上述材料的電導率比較低，所以只有在非常小的電流密度或提高溫度的條件下才能達到它的理論容量。其原因是由於介面上鋰離子的擴散速度太慢。研究發現碳覆層能顯著地提高該材料的電化學性能。採用蔗糖作為碳的前驅體，並用於水熱合成的樣品中。得到純$LiFePO_4$樣品的電導率為10^{-9}S/cm，而由具有層碳結構試劑的材料製成的樣品，其電導率可達10^{-5}～10^{-6}S/cm。在合成階段用碳凝膠對材料進行塗層處理時，如果採用的是5mg/cm^{2}較低的碳含量，其容量可以達到100%，在碳含量較高情況下僅僅只有20%。在較高的循環速率下可得到800次的循環，材料的電化學容量維持在120 mA‧h/g。對含碳的材料充分研磨後，在高溫條件下也能提高其容量。在$LiFePO_4$中摻雜鈮等元素後也能表現出良好的電化學性能。究竟是什麼原因使得其材料的電導性能發生改變？可能是其電導率的增加與材料中高導電性的物質Fe_2P薄膜層的形成有關，該薄膜能在高溫環境下形成，特別是在有還原劑如碳存在的條件下。

橄欖石結構見圖3-27，可以看出在鋰離子遷移面上形成了$FePO_4$。實質上$FePO_4$和$LiFePO_4$具有一樣的結構，並且這種$FePO_4$與另一種化合物$Fe_{0.65}Mn_{0.35}PO_4$也屬於同結構的晶體。由圖3-28(a)的循環曲線可看到在$LiFePO_4$和$FePO_4$的平衡狀態下存在一個兩相體系。

由圖3-28顯示，當測試的控制溫度為60°C，電流密度為1mA/cm^2，即使在含80mg/cm^{2}活性物質的電極中，電池在循環過程中

圖3-27 正交的LiFePO₄和類石英三角錐形FePO₄的結構示意圖

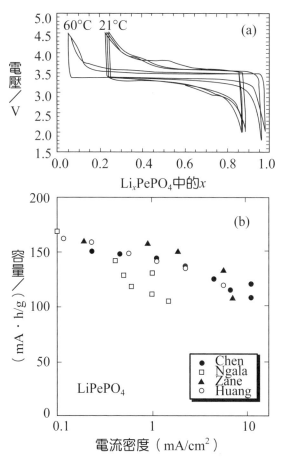

圖3-28 LiFePO₄的電化學性能(a)電流密度為$1mA/cm^2$，溫度分別為 21°C，6°C下的循環曲線；(b)不同報導的LiFePO₄容量與電流密度的關係圖

材料的利用率仍可達100%；室溫下，電流密度分別為$1mA/cm^2$和0.1 mA/cm^2時，則分別可達70%和100%；甚至在電流密度為$10mA/cm^2$以及填充密度較低時，仍然可以達到70%。如圖3-28(b)所示。

　　$LiFePO_4$的電化學性能主要取決於其化學反應、熱穩定以及放電後的產物$FePO_4$。在組裝電池測試或是差示量熱掃描的實驗中，在25～85°C的範圍內都沒有發現熱的偏移現象。然而這種橄欖石結構不穩定，因為它的空間位置處在八面體晶體和四面體晶體結構的邊緣，在外部壓力作用下容易轉換成尖晶石型。$LiFePO_4$點陣中有關斜方晶系向橄欖石型的轉化也已經有所報導，這種構型材料的電化學活性不活潑。另外，已經知道$FePO_4$有超過兩種以上的晶體排列形式：一種是與$LiFePO_4$同結構的斜方晶系排列，其離子存在於FeO_6的八面體結構中；另一種是三角形晶系，其離子存在於FeO_4的四面體結構中。研究的重點是八面體晶形結構。三角形排列由FeO_4和PO_4組成，每一個FeO_4四面體通過其四個稜角與四個PO_4四面體相連並出現了晶體缺陷，產生一種類似石英的結構。不過所有四面體排列的電化學反應活性都不高，主要因為在四面體結構中的Fe^{2+}不穩定。

　　電池及其電極材料的穩定性都關係到使用壽命的長短，因此更好的去瞭解$LiFePO_4$和$FePO_4$的斜方晶系結構就顯得非常重要。比方說，當$LiFePO_4$處於過放狀態時會發生什麼現象，究竟斜方晶系的$FePO_4$會不會緩慢地轉變為石英結構呢？有文獻報導當磷酸鐵鹽與過量正丁基鋰反應形成磷酸鋰和鐵化合物，可參考表3-7。顯而易見，在放電電位很低的時候，磷酸鹽空間點陣結構容易受到破壞。相對於純鋰而言，正丁基鋰離子的電位約為1V。用$LiFePO_4$做正極材料，在$0.4mA/cm^2$的電流密度下，放電壓下降到1.0V，證實鋰離子與結構被

表3-7 磷酸鐵鋰化學反應特性

化合物	合成條件／構型	與正丁基鋰的反應特性
$LiFePO_4$	高溫	1.85
$LiFePO_4$	水熱	0.29
$FePO_4$	正交系	3.25
$FePO_4$	三角錐 （700°C，四面體鐵）	2.90
$FePO_4 \cdot 2H_2O$	無定形相	7.20
$LiFePO_4(OH)$	水熱	3.24

破壞了的$LiFePO_4$發生反應，並導致了容量的損失。5個循環以後就衰減了80%。因此磷酸鋰鹽電池如果要實現商業應用的話還需要過充的保護。從另一個角度，現在還沒有證據能表明在常規的電化學條件下亞穩態斜方晶系結構$FePO_4$能向石英三角結構轉變。更重要的是，在空間點陣鋰離子的遷移過程中沒有失氧的趨勢。

由於$LiFePO_4$黏度比較低，體積密度比較小，因此有必要在電極材料中添加小體積、高密度的碳和有機聯結劑。$LiFePO_4$、Teflon、碳黑的密度分別為$3.6g/cm^3$、$2.2g/cm^3$、$1.8g/cm^3$，如果在電極中添加10%的碳和5%的Teflon，則能得到比理論值少25%的單位體積能量密度。這表明電極結構中的所有粒子都能均衡有效地排列。在與碳，尤其是與被分解後的纖維素複合後不會出現結構雜亂的情況。有研究報導上述的碳原子排列雜亂，因此單位體積密度的減少就顯得很重要了。為了優化電極的電化學性能，不同種類的碳已經用於這方面的研究以便找出碳的最優添加量，對於碳黑來說，在添加量為6%～15%的電極上，只有在含量為6%時電極的極化稍微有點高，其他基本上觀察不到什麼差別。不過不管是碳黑、碳凝膠、葡萄糖，還是水

凝膠，添加碳的方法看起來並不是很好。而反應混合物的煅燒溫度似乎更有效，因為煅燒能夠決定$LiFePO_4$表面上石墨碳化合物的物質的量。實驗發現sp^2雜化的碳比sp^3結構的更有效，另外反應物質中的碳基本上可以控制結構顆粒的大小。同時，反應溫度對材料的性能影響非常大，其中最佳溫度為650～700°C。

上述對$LiMPO_4$橄欖石型結構系列材料的討論主要集中在鐵的摻雜上，實際上可利用的過渡金屬還包括錳、鎳、鈷等。它們的放電電壓相對較高，但這幾種摻雜元素材料的電化學性能均較摻鐵化合物差。鐵錳複合物與單獨鐵和錳氧化物的放電曲線平台是不一樣的。由於Mn^{3+}的Jahn-Teller效應，$LiMPO_4$不能釋放出鋰，使得變成在熱力學上更不穩定的橄欖石型$MnPO_4$；由直接沈澱法製備的$LiMPO_4$進行研究，採用碳黑對材料進行球磨使電極覆碳以後可得到容量為70mA·h/g，並且也是可逆的。上述說明$MnPO_4$的熱力學性質是穩定的。對由$LiMnPO_4(OH)$熱分解產物$LiMnPO_4$進行研究，發現Mn^{2+}/Mn^{3+}的電極電勢在4.1V左右變化，電極容量很低並且出現了高的極化峰。添加碳黑加熱後對電極的容量沒有顯著的提高。採用理論的方法計算開路電壓和磷酸鹽中的能帶隙，發現它們都比較高，$LiFePO_4$的開路電壓為3.5V，$LiMnPO_4$為4.1V，$LiCoPO_4$為4.8V，$LiNiPO_4$為5.1V。這就可以解釋為什麼$LiNiPO_4$在常規的循環電勢範圍內其電化學活性不高。而計算得到$LiFePO_4$和$LiMnPO_4$分別為3.7eV，3.8eV的能帶隙正好與其的顏色以及漫反射光譜是一致的，這也揭示了不同能帶隙並不能解釋不同的電極材料的電化學行為，並且電子電導率很可能與極化機制有關。

圖3-29為惰性氣氛條件下，600°C燒結時的$LiFePO_4$的SEM圖。

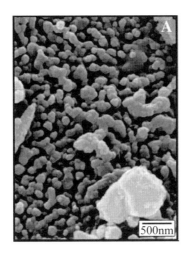

圖3-29　惰性氣氛條件下，600°C燒結的LiFePO$_4$的SEM圖

二、其他Fe的磷酸鹽相

其他幾種磷酸鐵鹽的結構，如Li$_3$Fe$_2$(PO$_4$)$_3$的放電電壓低於3V，與LiFePO$_4$相比較，該材料的有利用價值的成分要低。採用水熱法，對FePO$_4$(nH$_2$O)分別對含結晶水和無水相態進行電化學的性能研究，在不同的溫度範圍下加熱乾燥分別得到了無定形和晶體結構的FePO$_4$(nH$_2$O)，研究發現無定形結構的FePO$_4$(nH$_2$O)製成的材料，其電化學容量要比晶體結構製做的高出2倍多。這可能與前者是呈無定形結構，而後者是晶體結構有關係。不論是無定形結構還是晶形材料，Li$_x$FePO$_4$的化學行為主要是單相的反應，而LiFePO$_4$-FePO$_4$體系屬兩相反應。在不同的溫度範圍內，電流密度為0.2mA/cm^2，電極電勢從2～4V的條件下得到無定形結構的FePO$_4$的放電曲線見圖3-30。圖中還提出了材料的循環性能和倍率性能。

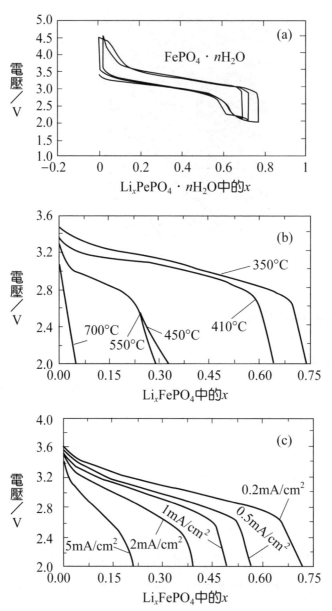

圖3-30　不同方法製備的$FePO_4(nH_2O)$的電化學性能
　　(a)熱解法製得的$FePO_4 \cdot nH_2O$的電化學性能；
　　(b)不同燒結溫度下的$FePO_4$的放電曲線；
　　(c)在350°C燒結溫度下$FePO_4$的放電速率容量

　　另外一種磷酸鐵鹽主要來自稱為Giniit和Lipscombite的礦石原料。其結構由彼此正交堆積的共面的FeO_6八面體組成，所以能提供鋰離子擴散的通道。不過上述材料的放電平台略為傾斜，而且電壓值也比$LiFePO_4$-$FePO_4$體系低一些。

三、釩的磷酸鹽

　　作為一類潛在的正極材料，研究者們對許多的磷酸釩鹽也作了大量的研究。包括那些具有穩定結構的$Li_3V_2(PO_4)_3$、$VOPO_4$和$LiVPO_4$等。$Li_3V_2(PO_4)_3$主要存在兩種形態，一種為熱力學性質穩定的單斜晶系，另一種為菱形晶系，該晶系在穩定的鈉離子和Nasicon結構中通過離子的交換可以形成。在約3.80V的電壓下，菱形晶系中兩個鋰離子會發生脫嵌，不過在逆過程的時候只有約1.3個能重新嵌入。單斜晶系目前是作為負極材料研究的熱點，其中的三個鋰離子都能很好地脫嵌，並能以較高的比率逆向地重新插入。然而這種陽極材料的電化學活性比較複雜，在充電過程中，會出現一系列的掃描曲線。

　　釩磷酸化合物的合成採用固相合成法，以計量比的磷酸二氫銨、五氧化二釩、碳酸鋰混合，在空氣中加熱到300°C恆溫4h以釋放出其中的水蒸氣和氨氣；得到的產物重新被研磨、壓片，在850°C流動的氫氣中加熱8h，冷卻。然後按照後一過程條件再加熱16h，以保證完全反應。另一種方法是使用CTR（carbon thermal reduction）反應，用碳做還原試劑，使化學計量比的磷酸二氫銨、五氧化二釩、碳酸鋰反應，生成磷酸釩。

　　磷酸釩鋰的充電電位很高，可達4.8V，具有快速的離子遷移和高比容量，因為它能夠可逆地從晶格中脫嵌三個鋰離子。其中的兩個鋰

脫嵌位於3.64V、4.08V，第一個鋰分兩步脫嵌，分別在3.60V、3.68V
位置，在$Li_xV_2(PO_4)_3$中，$x = 2.5$時出現了有序的鋰相。第二個鋰經過
一步完成。放電過程中，嵌入前兩個鋰時，出現一滯後現象。當兩個
鋰脫嵌時，其充電比容量為130mA · h/g，（理論值為133mA · h/g），
其放電比容量為128mA · h/g，平台相對於V^{3+}/V^{4+}，在約4.1V脫嵌第二
個鋰後材料比只脫嵌第一個鋰穩定。脫嵌第三個鋰與有關V^{4+}/V^{5+}。
鋰離子擴散速度起初很快，只有當$x > 2$才減慢。即使在快速充電
下，也可以全部可逆地嵌入/脫嵌鋰離子。鋰離子脫嵌是分步進行
的，並且每脫嵌一個鋰離子均存在相轉移，所以其充放電性能與充放
電時所設定的電位有關，在電壓為3.0～4.8V時，其充電比容量可以達
到175mA · h/g，放電比容量可以達到160mA · h/g。充放電50次後，
放電比容量達140mA · h/g。在3.0～4.5V充放電，充電20周的比容量
達130mA · h/g，在3.0～4.3V時，20周充電的比容量達100mA · h/g。
在$Li_3V_2(PO_4)_3$中由於有三個鋰離子，在不同的電壓下，脫鋰的程度不
同，所以其充電的比容量也不同。同時循環效率與充電電壓有關，在
高的充電電壓下，其充電效率也很好。在23°C，$Li_3V_2(PO_4)_3$實際質量
比容量比鋰鈷氧化物高10%，理論體積比容量比鋰鈷氧化物低，可以
達到550W · h/kg，優於鋰鈷氧化合物的質量比容量。即使在低溫至
10°C充放電時，$Li_3V_2(PO_4)_3$的質量比容量也能達到393W · h/kg，高
於鋰鈷氧化物的質量比容量315W · h/kg，因此$Li_3V_2(PO_4)_3$有在低溫
貯存釋放能量的可能。通過XRD分析，在放電後，其單斜結構可以
恢復，可逆性比較好。

　　近年來，釩的磷酸鹽作為鋰離子蓄電池正極材料的研究逐漸增
多，已報導的還有$Li_4P_2O_7$、$VOPO_4$均可以作為鋰離子電池的正極材

料，且充電電位較高。

　　VOPO$_4$化合物具有獨特的且非常有吸引力的性能，它的放電平台大約4V，比LiFePO$_4$材料要高出0.5V左右，另外它還具有更高的電子電導率，能夠作為一種比LiFePO$_4$比能量更高的體系。可以通過加熱或是電化學脫去等方法使VPO$_4$‧2H$_2$O（＝H$_2$VOPO$_4$）中的氫原子去除而合成。將H$_2$VOPO$_4$置於LiPF$_6$/EC-DMC溶液中進行電化學氧化可以得到VOPO$_4$，在循環的掃描電流下VOPO$_4$會首先被還原成LiVOPO$_4$，然後又可以得到Li$_2$VOPO$_4$。具體的情況見圖3-31(a)。根據這些反應進程的設計，上述四種化合物的結構是有一定的關聯的，見圖3-31(b)。另外在左下邊還可以看到它們的積木圖形結構，由VO$_6$八面體和PO$_4$四面體結構組成。

　　欲使材料的氧化還原電位更高一點，則只需要將VOPO$_4$放在氟化鋰和碳黑的混合物中於550°C的溫度下加熱15min，然後在室溫下慢慢冷卻，就能得到一種為LiVPO$_4$F的物質，這種物質結構與LiMPO$_4$(OH)（M = Fe、Mn）相似，電極電位為4.2V，電化學容量每莫耳物質中能有0.55mol的鋰脫嵌，用數值表示則等於156mA‧h/g。

　　第一個作為鋰離子蓄電池正極材料的氟磷酸化合物LiVPO$_4$F屬於三斜晶系，其結構包括一個三維結構的框架，組建位於在磷酸四面體和氧氟次格子裡，在這個結構中，有兩個晶胞位置可使鋰離子嵌入。

　　利用CTR反應，可通過兩步反應合成LiVPO$_4$F。在第一步反應中，五氧化二釩、磷酸氫二銨和高表面的碳按照化學計量比（其中碳過量25%）在惰性氣體的保護下合成中間體VPO$_4$。精確的碳熱反應製備VPO$_4$的條件是根據自由能－溫度關係的半經驗關係決定的，由於碳、一氧化碳的還原作用可完成V^{5+}向V^{3+}的轉化。通過XRD可以

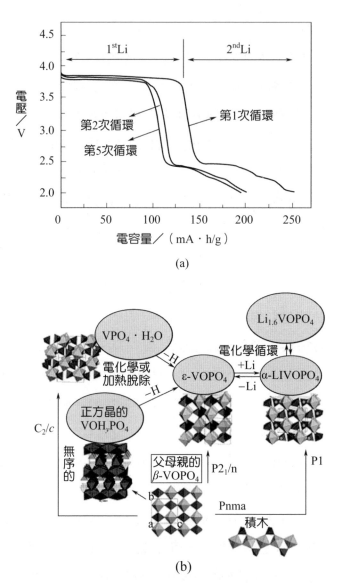

(a)

(b)

圖3-31 ε-VOPO₄脫嵌鋰的電化學性能
(a)和不同結構的VOPO₄體系間的關係(b)

看出，用這種方法合成的VPO₄與傳統的合成方法得到的譜圖是一致的。CTR反應中，有過量的碳剩餘，它可以保持V^{3+}的穩定性，並且

有利於以後的電化學過程；使用這種方法，反應時間短且所需溫度較其他方法所需的溫度低，結構為立方晶系。通過元素分析，V、P有確定的化學計量比，即為VPO_4。

在第二步的反應中，VPO_4和氟化鋰在氫氣氣氛中生成單相$LiVPO_4F$產物。在750°C下，中間體與氟化鋰反應15min，快速冷卻，生成黑色的$LiVPO_4F$，此反應沒有失重現象出現。

XRD分析顯示，產物中沒有氟化鋰繞射峰的出現，可確定它與VPO_4完全發生了反應，$LiVPO_4F$為三斜晶系。粒徑分析顯示，微粒大小在10～40μm之間。該材料是複合產物，產物中有過量的碳存在。通過元素分析可知，其確定的化學計量比分子式為$LiVPO_4F$。

在約23°C下0.2C充電時，其充電比容量為135mA·h/g（理論比容量156mA·h/g），這相當於在化合物$LiVPO_4F$分子中有0.87個鋰離子在活動；且有一個可逆的放電比容量為115mA·h/g，相當於$Li_{1-x}VPO_4F$（$x = 0.74$）的放電比容量；在$LiVPO_4F$中，鋰離子的脫出／嵌入與V^{3+}/V^{4+}氧化還原電對有關，且釩的V^{3+}、V^{4+}是穩定氧化態，即

$$LiV^3 + PO_4F \rightarrow V^{4+}PO_4F + Li + e$$

在60°C，0.2C條件下，其比容量為150mA·h/g以上（理論比容量156mA·h/g），說明其動力學參數與溫度有關，並且可以全部脫鋰生成VPO_4F化合物。與其他的釩的磷酸鹽充電電位相比，其充電電位要高0.3V以上。正是它具有如此優點，很有可能取代目前商品應用的$LiCoO_2$材料。

3.2.9 有機導電聚合物材料

聚合物材料過去一直被當作絕緣材料使用，但自MacDiarmid發現了導電聚乙炔後，就開創了聚合物材料作為導電材料的新局面。由於有些導電聚合物材料具有可逆的電化學活性，且其比容量可與金屬氧化物電極比容量相媲美，所以它在化學電源方面正發揮著相當重要的作用，並且具有廣闊的應用前景。目前在鋰離子電池方面的應用研究較多，國外已有產品問世。

導電聚合物分子由許多小的、重複出現的結構單元組成，當在其兩端加上一定電壓時，材料中就有電流通過。導電聚合物分子的結構特徵是分子內有大的線性共軛 π 電子體系，可給載流子-自由電子提供離域遷移的條件。在電容量一定時，與無機材料相比，導電聚合物作為電池電極材料，可使電池具有重量輕、不腐蝕、可反覆充放電等優點。

聚合物正極材料與其他正極材料相比有以下優點：加工性好，可根據需要加工成合適的形狀，也可製成膜電池；重量比能量大；不像金屬電極那樣易產生枝晶而發生內部短路；一般無機材料電極只在電極表面產生還原反應，而用聚合物製作的電極是在整個多孔的高分子基體內部發生電極反應，所以電極的比表面積大，比功率大。

目前研究較多的聚合物正極材料有聚苯胺（PAn）、聚吡咯（PPY）、聚乙炔（PA）及聚對亞苯基（PPP）等。PAn以其優異的電化學性能、良好的氧化還原可逆性、良好的環境穩定性、易於電聚合或化學氧化合成而被認為是最有希望在實際中獲得應用的可充電電池的正極材料，其作為新型的有機電子材料，目前正成為國內外研究

開發戰略中的熱點。1987年日本已將鈕扣式Li-Al/LiBF$_4$-PC/PAn電池投放市場，成為第一個商品化的塑膠電池。

　　PAn作為導電材料，要使電子在共軛π電子體系中自由移動，首先要克服滿帶與空帶之間決定導電聚合物導電能力高低的能級差，通過摻雜可改變能帶中電子的佔有狀況。PAn在摻雜過程中摻雜劑插入其分子鏈間，通過電子的轉移，使分子軌道電子佔有情況發生變化，能帶結構本身也發生改變。而聚合物鋰離子電池的電解質逐漸進入到PAn分子中並供給足夠量的陰離子，而使其摻雜量增強。以Li/PEO-LiClO$_4$/PAn電池為例，電極反應如下：

$$正極反應為：PAn + ClO_4^- \xrightleftharpoons[\text{放電}]{\text{充電}} PAn^+ClO_4^- + e^-$$

$$負極反應為：Li^+ + e^- \xrightleftharpoons[\text{放電}]{\text{充電}} Li$$

　　電池放電時，負極的鋰原子失去電子形成鋰離子，失去的電子在正極電場的吸引下經過外電路進入正極，負極生成鋰離子靠擴散進入電解質。正極PAn中的ClO_4^-進入電解質。電池充電時，ClO_4^-摻雜到PAn中，電解質中的鋰離子還原成金屬鋰，沈積在鋰負極上，電子通過外電路從正極流入負極。

　　PAn可通過電化學聚合和化學氧化方法來製備。電化學聚合是近年發展起來的一類製備高分子聚物材料的方法，它以電極電位作為聚合反應的引發和反應驅動力，在電極表面進行聚合反應並直接生成聚合物。在水溶性電解質中進行苯胺的聚合可採用恆電位法、恆電流法、動電位掃描法、脈衝極化法等電化學方法。輔助電極可採用鉑電

極、鎳鉛電極、鐵電極等。

　　電解質溶液可採用H_2SO_4、$HClO_4$、HBF_4及HCl等。PAn電沈積在基質材料，如Au、Pt、不銹鋼、SnO_2片和碳素等電極上。影響苯胺電化學聚合的因素包括溶液pH值、電解溶液中陰離子的種類、濃度、苯胺單體濃度、電極表面狀態等。化學氧化法是在一定的條件下，用氧化劑使苯胺發生氧化聚合反應而生成聚合物的一種方法。合成的PAn在酸性溶液中質子化，且部分為氧化態，這種質子化物與鹼中和後轉變為相應的鹽。比較常用的氧化劑有過硫酸鹽、過氧化氫、氯酸鹽、重鉻酸鹽、次氯酸鹽等。影響化學聚合的因素包括溶劑體系及酸度、陰離子種類、苯胺濃度、氧化劑種類、濃度及反應溫度等。化學氧化法製得的PAn粉末與碳黑及聚四氟乙烯相混合能改善材料的電導性和提高其機械穩定性。有關PAn電化學製備方法可參考3.4節。

　　PAn在比容量、比能量、電極電位、庫侖效率、循環特性、化學穩定性等方面的性能，說明其可作為高能電池研究開發的電極材料。但作為新型的有機電子材料，PAn的研究目前尚處於實驗室的探索階段，對其作為電化學活性材料的電子行為的認識還有限，對其結構、聚集態形式、導電性能和機制的相關性的研究還有待深入。

　　聚吡咯和聚噻吩等聚雜環導電聚合物也可用作鋰離子電池的正極，這些材料可以很方便地通過電化學聚合獲得。用這些聚合物作電極的鋰離子電池具有循環特性良好、充放電效率高及庫侖效率較高的優點。但這些聚合物電極自放電嚴重，導致連續的電量損失。

3.3 正極材料的製備方法

正極材料最常用的製備方法為固相反應法。幾乎所有的電極材料都可以通過固相法製得，其按反應溫度的高低可以分兩類：高溫固相法和低溫固相法。但是，固相法有一定的局限性，不能達到均勻混合的水平，因此可以用其他一些軟化學合成方法來提高材料的電化學性能。一般包括溶劑熱法、機械化學活化法、溶膠一凝膠法、電化學合成法、溶液氧化還原法、離子交換法、模板法、燃燒法、脈衝鐳射沈積法、等離子提升化學氣相沈積法和射頻磁控噴射法、火化等離子體燒結法、超聲噴霧裂解法等。下面就一些常見的合成方法製取某種材料進行詳細介紹。

3.3.1 溶劑熱法合成

溶劑熱法是在高溫高壓下於某些溶劑或蒸汽等流體中進行有關化學反應的總稱。通過在特製的密閉反應容器（高壓釜）裡，採用溶液作為反應介質，對容器加熱，創造一個高溫、高壓反應環境，使得通常難溶或不溶的物質溶解並重結晶。溶劑熱法是利用濕化學法直接合成單晶體的有效方法之一，它為前驅物的反應和結晶提供了在常壓條件下無法得到的特殊的物理、化學環境。其優點為：反應溫度低，反應條件溫和；組成可控、純度高；不需要球磨和煅燒。另外，晶粒的物相、線度和形貌可通過控制反應條件來控制，從而使製備方法大為簡化。

一、水熱反應原理

水熱反應是高溫高壓下在水（水溶液）或水蒸氣等流體中進行有關化學反應的總稱。水熱合成反應在高溫和高壓下進行，所以產生對水熱和溶劑熱合成化學反應體系的特殊技術要求，如耐高溫高壓與化學腐蝕的反應釜等。水熱合成化學側重於研究水熱合成條件下物質的反應性、合成規律以及合成產物的結構與性質。

水熱反應主要以液相反應為其特點。顯然，不同的反應機制首先可能導致不同結構的生成，此外即使生成相同的結構也有可能由於最初的生成機制的差異而為合成材料引入不同的「基團」，如液相條件生成完美晶體等。我們已經知道材料的微結構和性能與材料的來源有關，因此不同的合成體系和方法可能為最終材料引入不同的「基團」。水熱反應側重於溶劑熱條件下特殊化合物與粉體材料的製備、合成和組裝。重要的是，通過水熱反應可以製得固相反應無法製得的物相或物種。

水熱合成是指在密封體系如高壓釜中，以水為溶劑，在一定的溫度和水的自生壓力下，原始混合物進行反應的一種合成方法。由於在高溫、高壓水熱條件下，能提供一個在常壓條件下無法得到的特殊的物理化學環境，使前驅物在反應系統中得到充分的溶解，並達到一定的過飽和度，從而形成原子或分子生長基元，進行成核結晶生成粉體或奈米晶。水熱法製備的粉體，晶粒發育完整、粒度分佈均勻、顆粒之間少團聚，可以得到理想化學計量組成的材料，其顆粒度可控，原料較便宜，生成成本低。而且粉體無須煅燒，可以直接用於加工成型，這就可以避免在煅燒過程中晶粒的團聚、長大和容易混入雜質等

缺點。

　　與其他方法相比較，水熱晶體生長有如下的特點：①水熱晶體是在相對較低的熱應力條件下生長，因此其位元錯密度遠低於在高溫熔體中生長的晶體；②水熱晶體生長使用相對較低的溫度，因而可得到其他方法難以獲取的低溫同質異構體；③水熱法生長晶體是在密閉系統裡進行，可以控制反應氣氛而形成氧化或還原反應條件，實現其他難以獲取的物質某些相的生成；④水熱反應體系裡溶液對流快，溶質的擴散十分有效，因此水熱晶體具有較快的生長速率。

　　水熱法是製備結晶良好、無團聚的正極材料粉體主要方法之一。與其他濕化學方法相比，水熱法具有如下特點：①水熱法可直接得到結晶良好的粉體，無需作高溫灼燒處理，避免在灼燒過程中可能形成的粉體團聚；②粉體晶粒的物相和形貌與水熱反應條件有關；③晶粒尺寸可調，水熱法製備的粉體晶粒尺寸與反應條件（反應溫度、時間、前驅物形成等）有關；④製備方法比較簡單。目前利用水熱法製備粉體的技術主要有水熱氧化、水熱沈澱、水熱晶化、水熱合成。

　　水熱氧化是指採用金屬單質作為前驅物，經過水熱反應，得到相應的金屬氧化物粉體。

　　水熱沈澱是以反應物的混合水溶液為前驅體，經過水熱處理和反應得到粉體產物。

　　水熱晶化是指採用無定形前驅物經過水熱反應後形成結晶性能完好的晶粒過程。水熱合成可以理解為以一元金屬氧化物或鹽作前驅物在水熱條件下反應合成二元甚至多元化合物。

　　水熱法目前主要用於製備多晶薄膜，其原因在於它不需要高溫灼燒處理來實現由無定形向結晶態的轉變。而利用Sol-gel等其他濕化

學方法來製備多晶薄膜，灼燒方法過程則是必不可少的，在這一過程中易造成薄膜開裂、脫落等宏觀缺陷。水熱法製備多晶薄膜技術有兩類：一類是普通水熱反應，另一類是加直流電場的水熱技術，即所謂的水熱電化學技術（hydrothermal electrochemical method），這是目前應用較多的主要方法，在此不作詳細介紹。

二、溶劑熱反應製備層狀鋰錳氧化物

將錳源、鋰源（LiOH · H$_2$O）和礦化劑等按一定配比密封於高壓反應釜中，以外加熱的方式控制合成反應溫度不高於220℃，合成正交層狀鋰錳氧。其合成流程圖見圖3-32。

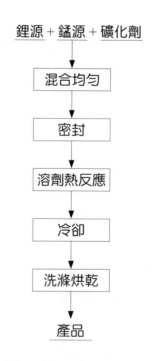

圖3-32　溶劑熱法製備正交層狀鋰錳氧的流程圖

通過溶劑熱法製備出的奈米微粒通常具有物相均勻、純度高、晶型好、單分散、形狀及尺寸大小可控等特點。在溶劑熱處理過程中溫度、壓力、處理時間、所用前驅物種類及體系pH值對粉末的粒徑和形貌有很大影響，同時還會影響反應速度、產物晶型等。以γ-MnOOH，Mn_2O_3、Mn_3O_4和MnO_2為原料通過水熱反應過程能有效地合成o-LiMnO$_2$促使考慮利用溶劑熱的低溫、高壓條件，使Li$^+$能有效地遷移進錳化物中而形成鋰錳氧化合物。

現以溶劑熱合成鋰錳氧化合物舉列。$Mn_3O_{4-\delta}$的合成：將一定量的MnO_2粉末及無水乙醇置於反應釜密封後，在一定溫度下加熱反應12h後，隨爐自然冷卻到室溫，得到紅棕色產物。

Li_xMnO_2的合成：將一定量的MnO_2粉末、LiOH·H$_2$O和NaOH放入一個體積為100mL的內襯聚四氟乙烯的不銹鋼反應釜中，加入溶劑無水乙醇到容器容積的75%。反應釜密封於一定溫度下加熱反應12h後，隨爐自然冷卻到室溫。收集灰褐色沈澱，用無水乙醇洗滌，產物在80°C的真空乾燥箱裡乾燥24h備用。

高純四方相$Mn_3O_{4-\delta}$奈米晶適用於製作軟磁性材料，如高頻轉換器、磁頭、錳鋅鐵氧體磁芯，$Mn_3O_{4-\delta}$亦適於作為製備鋰離子電池正極材料尖晶石鋰錳氧固溶體的原料。非化學計量$Mn_3O_{4-\delta}$由八面體的$Mn_3O_{4-\delta}$相與四面體的MnO相組成，結構中的氧空位是其催化活性中心。由於$Mn_3O_{4-\delta}$是製備鋰錳氧電極材料的中間化合物，弄清錳氧化物在製備過程中的各種物種的存在形式、鍵合方式及反應機制，研究製備高純Mn_3O_4的相變過程、反應歷程及晶粒生長動力學是十分必要的。Mn_3O_4的製備方法按原理可分為低價錳的氧化和高價錳的還原兩類。通常在1000°C高溫下煅燒各種錳的氧化物、氫氧化物、硝酸鹽、

碳酸鹽和硫酸鹽均能得到Mn_3O_4，用煅燒法只能得到大顆粒的Mn_3O_4產物。採用液相法或水熱法則可合成粒度均勻、形貌可控的Mn_3O_4。

圖3-33為在160°C條件下0.2mol MnO_2與乙醇反應不同時間後所得產物的XRD圖。圖3-33顯示，在160°C條件下只需反應4h，MnO_2就能全部轉化為單斜與正交兩種晶型的MnOOH；反應8h後產物以單斜MnOOH物相為主，仍有少量的正交MnOOH存在；在160°C條件下反應12h以後，正交o-MnOOH消失，單斜m-MnOOH物相的量也明顯減少，產生的新相為四方相t-Mn_3O_4；反應24h後，m-MnOOH物相也全部消失，得到物相純淨、晶粒晶型完整的四方相t-Mn_3O_4，由以上分析可知，在160°C條件下合成反應時間對溶劑熱產物的物相影響很大，隨著160°C條件下溶劑熱合成反應時間的延長，物相發生了如下轉變：$MnO_2 \rightarrow$ m-MnOOH + o-MnOOH$\rightarrow$m-MnOOH + t-$Mn_3O_4 \rightarrow$ t-Mn_3O_4，瞭解溶劑熱合成Mn_3O_4的這個相變過程對採用溶劑熱合成鋰錳氧電材料具有實際的指導作用。

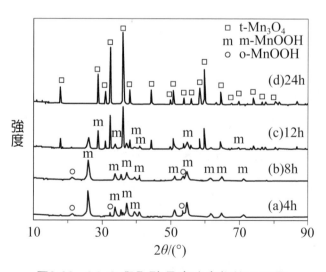

圖3-33 MnO_2與乙醇反應時產物的XRD圖

從實驗現象來看，經過160°C4h溶劑熱反應，固相物質的顏色由黑色的MnO_2變為褐色的MnOOH；經過24h溶劑熱反應，固相物質的顏色由黑色的MnO_2變為紅棕色的Mn_3O_4，其XRD繞射峰與t-Mn_3O_4的JCPDS卡（24-0734）完全對應，未出現任何雜質峰。

當合成反應時間較短時，弱還原劑C_2H_5OH被氧化為CH_3CHO，MnO_2被還原為MnOOH。化學反應式如下：

$$2MnO_2 + C_2H_5OH \rightarrow 2MnOOH + CH_3CHO$$

當合成反應時間較長時，MnOOH脫水或繼續與乙醇反應產生Mn_2O_3或Mn_3O_4，可能的化學反應式為：

$$2MnOOH \rightarrow Mn_2O_3 + H_2O$$
$$6MnOOH \rightarrow 2Mn_3O_4 + 3H_2O + 1/2O_2$$
$$或：2MnOOH + C_2H_5OH \rightarrow Mn_2O_3 + CH_3CHO + H_2O$$
$$6MnOOH + C_2H_5OH \rightarrow 2Mn_3O_4 + CH_3CHO + 4H_2O$$

因此總的化學反應式為：

$$6MnO_2 + 3C_2H_5OH \rightarrow 2Mn_3O_4 + 3CH_3CHO + 1/2O_2 + 3H_2O$$
$$2MnO_2 + C_2H_5OH \rightarrow Mn_2O_3 + CH_3CHO + H_2O$$
$$或：3MnO_2 + 2C_2H_5OH \rightarrow Mn_3O_4 + 2CH_3CHO + 2H_2O$$
$$2MnO_2 + 2C_2H_5OH \rightarrow Mn_2O_3 + 2CH \rightarrow 3CHO + H_2O$$

　　由熱力學第二定律可知：在等溫等壓條件下，物質系統總是自發地從自由能較高的狀態向自由能較低的狀態轉變。即只有自由能降低的過程才能自發地進行，或者說只有當新相的自由能低於舊相的自由能時，舊相才能自發地轉變為新相。經熱力學計算上述反應均小於零，即這四個反應在一定的條件下均可以自發進行。由於Mn_3O_4比Mn_2O_3更能穩定存在，因此最終的無機產物是Mn_3O_4奈米晶，這一熱力學分析結果與XRD表徵結果是一致的。

　　圖3-34為不同溫度下溶劑熱反應24h樣品的XRD圖，180～220°C溫度下溶劑熱反應24h後，產物的晶型均為四方相Mn_3O_4。按下式用最小二乘法計算四方晶系Mn_3O_4的晶胞參數，由XRD繞射儀自帶程度根據XRD半峰寬計算得到晶粒尺寸（D），180～220°C溫度下合成產物的結構參數見表3-8，其中$c/a = 1.63$，顯示合成的Mn_3O_4晶體具有四方對稱性。

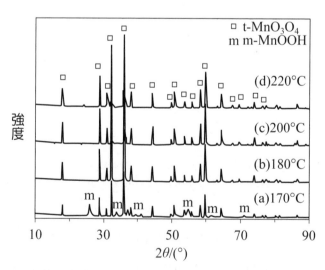

圖3-34　不同溫度下溶劑熱反應24h Mn_3O_4樣品的XRD圖

表3-8　不同溫度下溶劑熱還原法製備Mn_3O_4的晶胞參數與晶粒尺寸

$T/°C$	a/nm	c/nm	c/a	D/nm
180	0.5778	0.9458	1.6369	54.4
190	0.5776	0.9455	1.6369	57.3
200	0.5775	0.9453	1.6369	60.9
210	0.5772	0.945	1.6372	65.1
220	0.5771	0.945	1.6375	69.8

(a)180°C　　　　　　　　　　　　　(b)200°C

圖3-35　180°C和200°C下溶劑熱反應生成的Mn_3O_4顆粒的SEM圖

$$\frac{1}{d_{hkl}^2} = \frac{(h^2 + k^2)}{a^2} + \frac{l^2}{c^2}$$

　　圖3-35為180°C和200°C溶劑熱條件下生成的Mn_3O_4顆粒的SEM圖。兩個樣品形貌均為四方三維形狀，從圖中可觀察到顆粒呈團聚狀態，SEM顯示的顆粒尺寸比通過XRD資料計算得到的晶粒尺寸大十倍左右，在180°C合成的樣品顆粒尺寸明顯小於200°C合成的樣品。

　　在密閉條件下，液體的平衡蒸氣壓是由溫度決定的，一般與液體的量和容器的大小無關，根據氣化熱與沸點的關係式：

$$\ln P = -\frac{\Delta_{\text{vap, T}} H_m}{RT} + C$$

可以得到沸點與飽和蒸氣壓的對應關係。式中，P為飽和蒸氣壓；T為熱力學溫度；R為氣體常數；C為常數；$\Delta_{\text{vap, }T}H_m$為某一溫度下的汽化熱。

由上式可知，液體的蒸氣壓一般都有隨溫度急劇上升的特點。由於加入的乙醇大幅過量，反應釜內乙醇分壓隨反應溫度的升高而增大，可以推測，隨著反應溫度的升高，晶粒生長速率將加快。從表3-8可知，根據XRD半峰寬計算得到的晶粒尺寸從180°C的54.4nm增大到220°C的69.8nm。

在對溶劑熱合成t-Mn$_3$O$_4$的研究中發現，隨著溶劑熱合成溫度升高及反應時間延長，物相發生如下的轉變：MnO$_2$→m-MnOOH + o-MnOOH→m-MnOOH + t-Mn$_3$O$_4$→t-Mn$_3$O$_4$，其中o-MnOOH不穩定，最先發生反應，因此可通過加入LiOH來獲得正交層狀鋰錳氧。

層狀鋰錳氧及其他LiMO$_2$固溶體的陽離子半徑比與結晶結構、晶胞參數關係見表3-9。由表3-9可知，根據陽離子半徑比，可以將LiMnO$_2$型岩鹽大致分為結晶對稱性不同的單斜晶系、正交晶系和六方晶系三類。$r_{\text{Li}^+} / r_{\text{M}^{3+}}$比值大，則可以得到六方晶系的層狀岩鹽穩定相LiCoO$_2$、LiNiO$_2$和LiCrO$_2$。

表3-9 LiMO$_2$陽離子半徑比與晶胞參數、結晶結構、空間群關係

LiMO$_2$	d電子數	r_{Li}^{+}/r_{M}^{3+}	晶胞參數／nm	晶體結構	空間群
m-LiMnO$_2$	4	1.146	$a = 0.544$, $b = 0.281$, $c = 0.539$, $\beta = 116°$	Monoclinic	*C2/m*
o-LiMnO$_2$	4	1.146	$a = 0.2806$, $b = 0.5756$, $c = 0.4572$	Orthorhomic	*Pmnm*
m-Li$_2$MnO$_3$	3		$a = 0.482$, $b = 0.852$, $c = 0.502$, $\beta = 119°$	Monoclinic	*C2/m*
h-LiCoO$_2$	6	1.314	$a = 0.2805$, $c = 1.406$	Hexagonal	*R$\bar{3}$m*
h-LiNiO$_2$	7	1.286	$a = 0.2885$, $c = 1.420$	Hexagonal	*R$\bar{3}$m*
h-LiCrO$_2$	3	1.192	$a = 0.2896$, $c = 1.434$	Hexagonal	*R$\bar{3}$m*
h-LiVO$_2$	2	1.154	$a = 0.2841$, $c = 1.475$	Hexagonal	*R$\bar{3}$m*
c-LiFeO$_2$	5	1.146	$a = 0.4158$	Cubic	*Fm3m*
c-LiTiO$_2$	1	1.111		Cubic	*Fm3m*

圖3-36、圖3-37分別為水熱法製備 LiCoPO$_4$ 和 LiMn$_2$O$_4$ SEM圖。

圖3-36 水熱法製備LiCoPO$_4$的SEM圖（反應條件：220°C反應5h，pH = 8.50）

圖3-37　水熱法製備的LiMn$_2$O$_4$的SEM圖

三、水熱法製備磷酸鐵鋰

在鋰離子電池材料的水熱法合成的例子中，比較典型的是LiFePO$_4$的合成。

一般是將含鋰源化合物、鐵源化合物、磷源化合物、摻雜元素化合物或導電劑等混合，在5～120°C的密閉攪拌反應器中，反應0.5～24h，過濾、洗滌、烘乾後得到奈米前驅物，接著將前驅物放入高溫爐中，在非空氣或非氧化性氣氛中，於500～800°C下恆溫焙燒5～48h，製得磷酸亞鐵鋰奈米粉末。

通過水熱法亦可研究LiFePO$_4$的形成機制。以FeSO$_4$·7H$_2$O、H$_3$PO$_4$和LiOH（物質的量比為1：1：3）為原料，將反應體系在33.5MPa下可獲得LiFePO$_4$產物，反應溫度低於120°C時所得到的產物是分子式為Fe(PO$_4$)·8H$_2$O和LiFePO$_4$的混合物，當溫度升高至300°C後，磷酸鹽全部消失，得到的產物為純淨的橄欖石型LiFePO$_4$。也就是說，在水熱法製備LiFePO$_4$的過程中，肯定要經過中間產物Fe(PO$_4$)·8H$_2$O階段。當反應溫度升高到400°C後，所得產物的粒度

更細，形貌更規則，研究發現反應溫度越高，產物的比表面積越大。反應時間對產物的形貌沒有明顯影響，但反應10min的樣品與反應1～5h的樣品相比具有更小的粒度和更均一的分佈。在反應溫度不高於200°C的情況下，反應溫度和時間對反應後料液的pH值幾乎沒有什麼影響，均約為9.22，當pH值高到一定程度後，產物中會出現Li_3PO_4、Fe_2O_3、Fe_3O_4等雜相。

圖3-38提出了水熱法製備與固相法、共沈澱法製備的$LiFePO_4$的XRD圖比較。

圖中(a)為純相$LiFePO_4$晶體XRD圖。(b)是固相法製備的$LiFePO_4$，可以看出(b)中有一定量的Fe^{2+}和Fe^{3+}焦磷酸鹽雜相（700°C以上還會產生磷化物）。而用$Ar + 3\%H_2$處理並不能提高產物純度，以其他Fe（Ⅱ）鹽同樣得不到純相$LiFePO_4$，實際上，無論哪一種Fe（Ⅱ）鹽，在溫度高於500°C時，均會生成Fe（Ⅲ）晶相。共沈澱法

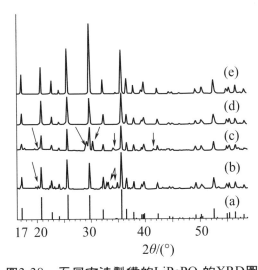

圖3-38　不同方法製備的$LiPePO_4$的XRD圖

(a)純$LiFePO_4$晶體；(b)固相法；(c)共沈澱法；(d)水熱方法；(e)機械化學法製備（圖中雜相峰用箭頭標記出）

製備的$LiFePO_4$一般是在惰性氣氛中，將$LiOH$加入Fe（Ⅱ）鹽和磷酸混合液中，將沈澱洗滌、烘乾即可。圖(c)中也同樣有明顯的雜相峰。可見固相法不適用於製備純相$LiFePO_4$。

大多數正極材料均可用水熱法製備。例如常見的$LiCoO_2$、$LiNiO_2$、$LiMn_2O_4$、LiV_3O_8、$LiMnO_2$、$LiNiVO_3$等。

值得注意的是，水熱合成過程中的溫度、壓力、樣品處理時間以及溶液的成分、酸鹼性、所用的前驅物種類等對所生成的產物顆粒的大小、形式、體系的組成、是否為純相等有很大的影響。另外，如果合成的氧化物正極材料在高溫高壓下溶解度大於相對應的氫氧化物，則無法通過水熱法來合成。

綜上所述，可見在溫和的水熱條件下，一方面可以使在常溫常壓下的溶液中難以進行的化學反應在高溫高壓下得以順利進行，另一方面可以晶化得到具有特定價態、特殊構型、平衡缺陷晶體。與固相法等相比，其一般僅包括「原料製備-水熱反應-過濾洗滌」三個步驟，與固相法及溶膠-凝膠法相比，流程簡單，合成產物純度較高，是一種較有發展前途的方法。

3.3.2 高溫反應法

將含鈷、鎳、錳源的化合物與鋰鹽按一定配比混勻，在特定溫度下，通空氣焙燒一定時間，冷至室溫，粉碎，篩分製得產品。在燒結過程中，往往包括多種物理、化學和物理化學的變化。一般均伴隨著脫水、熱分解、相變、共熔、熔解、溶解、析晶和晶體長大等過程。高溫固相法由於方法流程簡單，易於實現工業化。

在正極材料前驅物的燒結過程中，燒結系統自由能的降低，是反應的推動力，包括下述幾個方面：

①由於顆粒結合面的增大和顆粒表面的平直化，粉體的總比表面積和總表面自由能減小；

②燒結體內孔隙的總體積和總表面積減小；

③粉末顆粒內晶格畸變的消除。

燒結前存在於粉末或粉末坯塊內的過剩自由能，包括表面能和晶格畸變能，前者指同氣氛接觸的顆粒和孔隙的表面自由能，後者指顆粒內由於存在過剩空位、位錯及應力所造成的能量增高。表面能比晶格畸變能小，如極細粉末的表面能為幾百卡／莫耳，而晶格畸變能高達幾千卡／莫耳。但是，對燒結過程而言，特別是起始階段，作用較大的主要是表面能。從理論上講，燒結後的低能位元狀態至多是對應單晶的平衡缺陷濃度，實際上燒結體總是具有更多熱平衡缺陷的多晶體。因此，燒結過程中晶格畸變能減少的絕對值，相對於表面能的降低仍然是次要的，燒結體內總保留一定數量的熱平衡空位、空位團和位錯網。

燒結過程中孔隙大小的變化，不管總孔隙度減低與否，孔隙的總表面積總是減小的。隔離孔隙形成後，在孔隙體積不變的情況下，表面積減小主要靠孔隙的球化，而球形孔隙繼續收縮和消失也能使總表面積進一步減小。因此，不論在燒結過程中哪一個階段，孔隙表面自由能的降低，始終是燒結過程的推動力。

粉末在粉碎和研磨過程中消耗的機械能，以表面能形式貯存在粉體中，又由於粉碎引起晶格缺陷，粉體由於表面積大而具有較高活性，與燒結體相比，粉體是處在能量不穩定狀態。粉狀物料的表面能

大於多晶燒結體的晶界能，這就是燒結的推動力。粉體燒結後，晶界能取代了表面能，這是多晶材料穩定存在的原因。例如在鋰錳氧的高溫固相法合成中，將原料進行充分研磨不僅可以提高產物的電化學性能，還能有效降低反應所需溫度。

一、高溫固相法合成鋰錳氧

下面以鋰錳氧為例進行論述。

固相法合成鋰錳氧化物，即將鋰鹽（如Li_2CO_3、$LiNO_3$、$LiOH \cdot H_2O$等）與錳鹽〔如$MnCO_3$、$Mn(NO_3)_2$等〕或錳的氧化物（如電解MnO_2、Mn_2O_3、Mn_3O_4等）經一定方式研磨混合後，於高溫下長時間燒製，直接發生固相反應而成。其特徵是將固體原料混合物以固態形式直接反應。為了保證足夠的反應速率，必須將固體物料加熱至750°C以上。對於鋰錳氧化物的固相合成反應，至少存在鋰鹽、二氧化錳和鋰錳氧化物三種物相。在這種固相混合物之間發生固相反應的過程中，原子或離子需穿過各物相的介面，並通過各物相區，這就形成了原子或離子在多個固體物相中的交互擴散，因此，動力學因素對反應速率起著決定性的作用。

由於在反應中，生成產物$LiMn_2O_4$時涉及大量的微觀結構重排，其中涉及有關化學鍵的斷裂和重新組合，原子或離子要作相當大距離（原子尺度上）的遷移。因此，需要足夠高的溫度才能使這些原子或離子擴散到新的反應介面，同時需通過電加熱或微波加熱來實現高溫固相反應。

採用高溫固相法，以Li_2CO_3為鋰源，化學MnO_2（CMD）和電化學MnO_2（EMD）為錳源，用乙醇水混合物為分散介質合成尖晶

石型正極材料$LiMn_2O_4$。其具體做法是：稱取一定比例的Li_2CO_3和
MnO_2，機械混合研磨，然後加入一定比例的乙醇／水的混合溶液，
在攪拌下浸泡24h，得到一種類膠態的混合物，蒸乾，在100°C下真
空（<113kPa）乾燥2h，研磨成細粉，然後在空氣中550°C預焙燒數
小時，在約650°C焙燒數小時，最後在750°C焙燒十多小時，自然冷
卻即得到樣品。反應方程式為：

$$Li_2CO_3 + 4MnO_2 === 2LiMn_2O_4 + CO_2 + 1/2O_2$$

　　用XRD、BET、TEM和電化學測試對材料進行了特性鑑定。結
果顯示，750°C製備的樣品呈良好的尖晶石結構，比表面積分別為
約420m^2/g和220m^2/g，產物粒度分佈均勻，平均粒徑為200nm。在
$4 \times 10^{-4}A/cm^2$和3.0～4.35V條件下恆流充放電，其首次放電容量大於
110mA·h/g，效率大於90%，具有較好的循環可逆性。

二、固相法中影響產物性能的因素

　　在晶體中晶格能愈大，離子結合也愈牢固，離子的擴散也愈困
難，所需燒結溫度也就愈高。各種晶體鍵合情況不同，因此燒結溫度
也相差很大，即使對同一種晶體的結晶度也不是一個固定不變的值。
提高燒結溫度無論對固相擴散或對溶解沈澱等傳質都是有利的。但是
單純提高燒結溫度不僅浪費燃料，而且還會促使二次再結晶，而使產
物性能惡化。尤其是在有液相的燒結中，溫度過高使液相量增加，黏
度下降而使產物變形。因此不同產物的燒結溫度必須配合差熱和熱重
分析，仔細分析來確定。

　　高溫固相反應合成$LiMn_2O_4$尖晶石時，適宜的合成溫度為650～850°C，$LiMn_2O_4$在840°C的空氣中由立方相變為四方相，在燒結溫度高於750°C時，開始失氧，而且隨著淬火溫度的提高和冷卻速度加快，缺氧現象越來越嚴重，而缺氧尖晶石$LiMn_2O_4$的電化學性能較差，在750°C氧氣的分壓大於0.016MPa時，$LiMn_2O_4$不會發生失氧現象，所以在空氣中p_{O_2}等於0.02MPa條件下，製備$LiMn_2O_4$及其摻雜尖晶石化合物，在750°C下進行。淬冷的樣品與緩慢冷卻的相比較，淬冷更易導致八面體位和四面體位間的離子混合，淬冷溫度越高，離子混合越嚴重，越有利於錳離子佔據$8a$位置，從而導致Li^+擴散困難，導致電極材料的電化學性能差。通常情況下，高溫固相反應得到的$LiMn_2O_4$尖晶石形貌不規則，顆粒不均勻，往往含有較多的雜質，導電性和可逆性較差。

　　由燒結機制可知，只有體積擴散導致坯體緻密化，表面擴散只能改變氣孔形狀而不能引起顆粒中心距的差異，因此不出現緻密化過程，圖3-39表示表面擴散、體積擴散與溫度的關係，在燒結高溫階段主要以體積擴散為主，而在低溫階段以表面擴散為主。如果材料的燒結在低溫時間較長，不僅不會引起緻密化反而因擴散改變了氣孔形態而給產物性能帶來損失。因此，如果要提高材料的真實密度和振實密度，從理論上分析應盡可能很快地從低溫升到高溫以創造體積擴散的條件。但是，作為正極材料，要求鋰離子可以快速地脫嵌，如果材料過於緻密化，結塊現象嚴重，則會降低材料的電化學性能。因此，在高溫固相製備各種正極材料過程中，需要進行大量實驗確定最佳燒結時間。在實驗過程中，同時還要結合考慮材料的傳熱係數、二次再結晶溫度、擴散係數等各種因素來合理確定燒結方法。

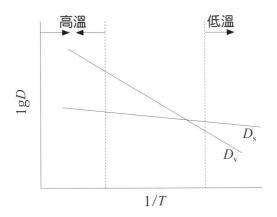

圖3-39　擴散係數與溫度關係
D_s-表面擴散係數；D_v-體積擴散係數

　　無論在固態或液態的加熱過程中，細顆粒由於增加了燒結的推動力，縮短了原子擴散距離和提高顆粒在液相中的溶解度而導致燒結過程的加速。如果燒結速率與起始粒度的1/3次方成比例，從理論上計算，當起始粒度從2μm縮小到0.5μm時，燒結速率增加64倍。這相當於粒徑小的粉料燒結溫度降低150～300℃。

　　在通常條件下，原始配料均以鹽類形式加入，經過加熱後以氧化物形式發生燒結。鹽類具有一定結構，如層狀結構，當將其分解時，這種結構往往不能完全破壞，原料鹽類與生成物之間若保持結構上的關聯性，那麼鹽類的種類、分解溫度和時間將影響燒結氧化物的結構缺陷和內部應變，從而影響燒結速率與性能。

　　燒結氣氛一般分為氧化、還原和中性三種，在鋰錳氧的合成中一般是氧化性氣氛。一般地說，在由擴散控制的鋰錳氧燒結中，氣氛的影響與擴散控制因素有關，與氣孔內氣體的擴散和溶解能力有關。在其燒結過程中，是由陽離子擴散速率控制，因此在氧化氣氛中燒結，

表面聚集了大量氧，使陽離子空位增加，有利於陽離子擴散的加速而促進燒結。

進入封閉氣孔內氣體的原子尺寸愈小，愈易於擴散，氣孔消除也愈容易。如像氫或氮那樣的大分子氣體，在鋰錳氧晶格內不易自由擴散，最終殘留在坯體中。尤其是在正極材料的合成過程中，因為樣品含有鋰元素，為了防止其在高溫下的揮發而影響材料的化學組成，必須控制一定分壓的鋰氣氛。

3.3.3　溶膠─凝膠法

溶膠─凝膠法，即sol-gel法。是20世紀60年代發展起來的一種製備材料的新方法。該法是將金屬醇鹽或無機鹽經溶液、溶膠、凝膠而固化，再將凝膠低溫熱處理變為氧化物的一種方法。製備過程包括溶膠的製備、溶膠─凝膠轉化和凝膠乾燥，其中凝膠的製備及乾燥是關鍵。當採用金屬醇鹽製備氧化物粉末時，先製得溶膠，再將其通過醇鹽水解和聚合形成凝膠，之後是陳化、乾燥、熱處理，最終得到產物。如果利用無機鹽溶膠凝膠製備氧化物粉末，則是利用膠體化學理論，先將粒子溶膠化，再進行溶膠─凝膠轉化，之後經陳化、乾燥、熱處理操作程序。

溶膠─凝膠法的特點為：較低的反應溫度，一般為室溫或稍高溫度，大多數有機活性分子可以引入此體系中並保持其物理性質和化學性質；由於反應是從溶液開始的，各組分的比例易控制，且達到分子水平上均勻；由於不涉及高溫反應，能避免雜質的引入，可保證最

終產品的純度；可根據需要，在反應的不同階段，製取薄膜、纖維或塊狀功能材料。其不足之處是有些醇鹽對人體有害，而且價格較貴，同時，該法處理周期也嫌過長。所以，溶膠—凝膠法具有化學均勻性好、粒徑分佈窄、純度高、顆粒粒徑小、反應易控制、合成溫度低、得到的材料粒子比表面積大、可容納不溶性組分或不沈澱性組成等優點。

溶膠—凝膠法的過程如下所述：

(1)溶膠的製備　溶膠的獲得分為無機方法和有機方法兩類。在無機方法中，溶膠的形成主要是通過無機鹽的水解來完成，反應表示式如下：

$$M^{n+} + nH_2O \rightarrow M(OH)_n + nH^+$$

在有機途徑中，以有機醇鹽為原料，通過水解與縮聚反應製得溶膠，反應式表示為：

$$M(OR)_n + xH_2O \rightarrow M(OR)_n - x(OH)x + xROH （水解）$$
$$2M(OR)_n - x(OH)x \rightarrow [M(OR)_n - x(OH)x - 1]_2 + H_2O （縮聚）$$

其過程可圖示如下。

醇鹽 $\xrightarrow{\text{水解}}$ 溶膠 $\xrightarrow{\text{縮聚}}$ 凝膠 $\xrightarrow{\text{加熱乾燥}}$ 乾凝膠 $\xrightarrow{\text{煅燒}}$ 產品

(2)溶膠—凝膠轉化　溶膠中含有大量的水，凝膠化過程中，通

過改變溶液的pH值或加熱脫水的方法來實現凝膠化。在溶膠到凝膠的轉變過程中，水解和縮聚並非兩個孤立的過程，醇鹽一旦水解，脫水縮聚和脫醇縮聚也幾乎同時進行，並生成M—O—M鍵，形成溶膠體系。

$$—M—OH + HO—M— \rightarrow —M—O—M— + H_2O$$
$$—M—OH + RO—M— \rightarrow —M—O—M— + ROH$$

室溫下，醇鹽一般與水不能互溶，所以需要醇類或其他有機溶劑作共溶劑，並在醇鹽的有機溶液中加水和催化劑（醇鹽水解一般都要加入一定催化劑，常用酸、鹼催化劑，一般是鹽酸或氨水）。

金屬醇鹽的水解反應與催化劑、醇鹽種類、水及醇鹽等物質的莫耳比、共溶劑的種類及用量、水解溫度等諸多因素有關，研究並掌握這些因素對水解作用的影響是控制水解過程的關鍵。

(3)凝膠的乾燥　濕凝膠中所含的大量溶劑在熱處理之前需要進行乾燥將其除去，由此得到乾凝膠，在熱處理過程中盡可能減少氣孔的生成。在此過程中，凝膠結構變化很大，所以熱處理的升溫過程和最終溫度對材料性能有較大影響。水解縮聚的結果形成溶膠初始粒子，初始粒子逐漸長大，連接成鏈，最後形成三維網路結構，便得到凝膠。縮聚後的凝膠稱濕凝膠，乾燥過程就是除去濕凝膠中物理吸附的水和有機溶劑及化學吸附的羥基或烷基等殘餘物。乾燥過程主要控制好乾燥速度，速度過快會使凝膠龜裂和破碎。乾凝膠在選定溫度下恆溫處理便得到緻密的產品。

在鋰離子電池領域，溶膠—凝膠法主要用來製備正極材料鈷酸

鋰、鎳酸鋰、錳酸鋰、氧化釩和負極材料錫的氧化物等。

溶膠—凝膠法合成層狀鋰錳氧化合物方法流程見圖3-40。

將適量的硝酸鎳、硝酸鈷、乙酸錳和硝酸鋰按莫耳比Li/M = 1.15，Co/Ni/Mn = 1：1：1溶於一定量的水中混合均勻，邊攪拌邊加入檸檬酸，使之形成均勻透明的溶液，加熱蒸除部分水後，最終形成粉紅色溶膠，將溶膠在120°C下烘乾，形成凝膠。將凝膠研細後得到前驅物，將前驅物置於瓷燒皿中放入微波馬弗爐中，以1°C · min⁻¹加

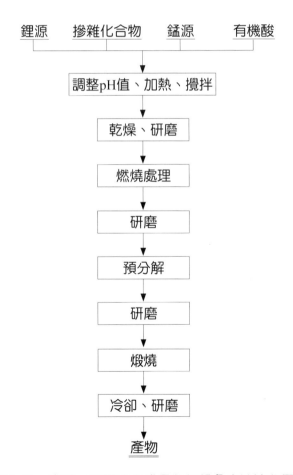

圖3-40　溶膠—凝膠法合成層狀鋰錳氧方法流程圖

熱,於950°C恆溫8h,並以1°C/min冷卻得到目標產物。

　　用溶膠—凝膠法製備鈷酸鋰,一般是先將鈷鹽溶解,然後用氫氧化鋰和氨水逐漸調節體系的pH值,形成凝膠。在該過程中,pH值的控制比較重要。控制不好則難以形成沈澱,故也稱為沈澱法或共沈澱法。良好地控制粒子的大小及均一性,可加入有機酸作為載體,如草酸、酒石酸、檸檬酸、聚丙烯酸等。在形成的凝膠中,由於有機酸中的氧原子與鈷及鋰離子結合,因此不僅使得鋰與鈷在分子級的水平上發生混合,而且可以保證粉末粒子的分佈在奈米級範圍。採用溶膠—凝膠法能在較低的合成溫度下得到結晶性好的鈷酸鋰,同時也不像固相反應需要長時間的加熱。得到的鈷酸鋰的可逆容量可達150mA・h/g以上,而固相反應的可逆容量一般為120mA・h/g左右。以金屬鋰作參比電極,溶膠—凝膠法所得的材料在10次循環以後,其容量達140mA・h/g以上。

　　與鈷酸鋰的製備一樣,也可以用氫氧化鋰、氨水與鎳鹽發生作用,製備鎳酸鋰。通過該法得到凝膠,氫氧化鎳與氫氧化鋰反應獲得奈米級的混合物,然後在氧化氣氛中進行熱處理得到鎳酸鋰。鎳酸鋰的實際可逆容量可達到190mA・h/g以上。

　　一般情況下,二價鎳較難氧化為+3價,生成缺鋰的鎳酸鋰;另外,熱處理過高,生成的鎳酸鋰易發生分解,這是因為在製備化學計量關係的複合氧化物時,一般通過加鈷元素進行摻雜。通常採用的固相反應不能保證其混合的均勻性,因而採用溶膠—凝膠法來解決該問題。合成複合氧化物$LiNi_xCo_{1-x}O_2$所需的時間短,結晶性能好。當$x = 0.8$時,電化學性能最佳,比單獨的$LiNiO_2$或$LiCoO_2$均要好,可逆容量達160mA・h/g以上。該化合物在700～800°C時熱處理2～5h,則可

以得到結晶性好的鎳酸鋰。

如上所述，為防止鎳酸鋰因熱處理溫度過高發生分解而影響其電化學性能，亦可以採用以有機物為載體的溶膠—凝膠法。所用的有機物有檸檬酸和聚乙烯醇縮丁醛。以聚乙烯醇縮丁醛為例，在750°C熱處理5h就可以獲得結晶性好的鎳酸鋰，該法比固相反應、並通過噴霧乾燥程序等均優越。其原因之一，是鋰、鎳元素間是以原子級水平發生混合，另一原因是有機物在熱處理時發生氧化，產生大量的熱，可以加速鎳酸鋰固體物的形成。當然，加入的有機物並不是多多益善，過多會導致氧的分壓低，使得鎳從+2價氧化到+3價的過程進行得不完全。

金屬錳較金屬鈷、鎳便宜，而且資源非常豐富。當採用固相反應法合成的材料時，由於鋰在可逆插入和脫出的過程中，錳的價態在+3與+4之間發生轉變，而Mn^{3+}與Mn^{4+}的大小不一樣，導致Jahn-Teller效應，即導致尖晶石微觀結構產生畸變。其結果使得錳酸鋰的尖晶石結構隨循環的進行而發生破壞，電化學容量發生明顯的衰減。

同鈷酸鋰和鎳酸鋰的製備方法一樣，即採用溶膠—凝膠法製備方法，將錳鹽與氫氧化鋰和氨水進行混合，可以製得奈米級的氫氧化錳與鋰離子的混合物，然而所得到的氧化錳鋰材料依然沒有從根本上解決Jahn-Telller效應所造成的容量衰減問題。通過該方法的基礎，引入雜原子如鎳、鉻、銅等對其改性，能夠抑制材料的Jahn-Telller效應，改善其循環性能，但是容量有所降低，一般為100mA · h/g左右。

上述通過採用摻雜的方法雖然能改善循環性能，但是材料容量不高。如果以有機物為載體，可以有效地克服容量低的缺點，同時確保其優良的循環性能。採用的有機物有小分子和聚合物。小分子有酒石

酸、羥基乙醇酸、丁二酸、己二酸等，聚合物有聚丙烯酸、檸檬酸與乙二醇的縮聚物等。得到的錳酸鋰的循環性能及容量有明顯的改善。以聚丙烯酸（PAA）為例，合成錳酸鋰的流程如圖3-41所示。聚丙烯酸的羧酸基團與混合的鋰離子、錳二價離子生成絡合物，並形成溶膠。這樣使金屬離子以分子級水平均勻分散在聚合物載體中。所得的凝膠隨PAA與鋰、錳的比例不同而不同，既可為交聯結構，也可為非交聯結構。一般使PAA過量，形成交聯結構時，在熱處理過程中就不會發生偏析現象。形成單一尖晶石結構的熱處理溫度也比較低，可低到250°C。在800°C時所得的$LiMn_2O_4$的可逆容量為135mA·h/g（91%的理論容量），以金屬鋰為參比電極，10次循環後為134mA·h/g，168次循環僅僅衰減9.5%。

採用溶膠—凝膠法製備$Li_{1+x}V_3O_8$正極材料時，一般是將一定的化學計量比硝酸鋰或碳酸鋰作為鋰源，釩酸銨作為釩源溶解或均勻分

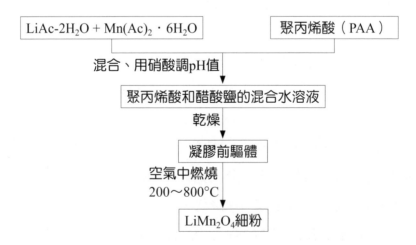

圖3-41　溶膠—凝膠法合成尖晶石型錳酸鋰的方法流程示意圖

散於水中，然後將預先配好的檸檬酸飽和溶液在攪拌下慢慢滴加到鋰釩化合物混合溶液中。升溫至80°C並攪拌反應0.5h，確保反應物均勻混合，使鋰離子、五價的釩離子與檸檬酸鹽絡合反應充分。反應完全後，於80°C左右蒸發濃縮得凝膠，濕凝膠在真空爐中於110～120°C膠水中形成疏鬆泡沫狀含有檸檬酸的$Li_{1+x}V_3O_8$乾凝膠前驅體；將該前驅體在空氣中於450°C焙燒20h，得到產物。有人將化學計量比的五氧化二釩和氫氧化鋰加入到蒸餾水中，將反應體系攪拌12h，加入少量的氨水，再將混合物置於80°C水浴中，蒸乾水分，然後經120°C真空乾燥4h，最後經450°C煅燒後得到產物。

溶膠—凝膠法製備的$Li_{1+x}V_3O_8$正極材料產物直接為微細粉狀，且產物顆粒度均勻，比表面大，結構完整，不需複雜的後處理即可直接作電極材料使用。其在$0.25mA/cm^2$的電流密度下恆流放電，首次放電實際比容量可達$350mA·h/g$。此法製備的電極材料在比容量和循環性能上都有重大突破。

由於釩的價態高，極易水解形成凝膠，所以得到的凝膠品種也比較多，如水凝膠、氣凝膠、乾凝膠等。傳統方法得到的V_2O_5的嵌鋰容量有限，每莫耳V_2O_5單元一般不到2mol鋰。如果製備成凝膠，其嵌鋰容量大大得到提高，每莫耳V_2O_5單元的嵌鋰量可高達5.8mol。貯鋰容量大大提高的原因一方面可能是嵌鋰的位置發生了變化，產生了熱力學上更好的嵌鋰位置；另一方面可能是材料的層間距增加，結果使V_2O_5凝膠近乎為二維有序結構，層之間的作用很弱，因此鋰更易嵌入。

一般而言，上述溶膠—凝膠法製備的V_2O_5凝膠的循環性能也並不理想，容量衰減得比較快。目前改進的方法有兩種，一是同鋰錳氧

化物的製備一樣，在用溶膠—凝膠法製備的過程中引入雜元素，如鐵、鋁等；另一為將溶膠—凝膠法進行改性。前者引入的雜元素的分佈比較均勻，在製備的複合氧化物中，它們連接V_2O_5帶，增加各層之間的相互作用，這樣在充放電過程中，層狀結構的穩定性得到提高，從而提高了循環性能。40次以後，容量還保持在410mA · h/g以上。後者是如變通的方法一樣，將偏釩酸鈉製備成水凝膠，接著不是直接用超臨界法進行乾燥，而是用丙酮將水凝膠中的水置換出來，然後再用環己烷將丙酮置換出來，製得有機凝膠。該有機凝膠中的有機溶膠環己烷在製備電極的過程中因乾燥而除去。即使殘留有微量的有機溶劑，也不會與鋰發生反應而導致不可逆容量。其容量可達410mA · h/g，相對於每莫耳V_2O_5單元能可逆脫出約2.9mol鋰，每一次循環的容量衰減率低達0.19%。

從上面的結果來看，溶膠—凝膠法在鋰離子電池的材料製備中具有非常明顯的優越性，它將對鋰離子電池的研究和產業化起著很大的推動作用。隨著人們認識的不斷深入，溶膠—凝膠法還會為新型的鋰離子蓄電池的探索和發展起著有力的促進作用。如將用溶膠—凝膠法製備的奈米填料氧化鈦、氧化鋁等加入到聚氧化乙烯—$LiClO_4$電解質中，可以使聚合物電解質的電導率在室溫下達到應用水平。該聚合物電解質的電導率的提高不像別的普通方法通過在聚合物電解質加入液體增塑劑而提高電導率。由於採用固體奈米填料，因此沒有液體增塑劑的存在，大大提高了金屬鋰與電極的相容性，奈米填料的比表面積大，並沒有降低聚合物的力學性能，從而誕生了全固態鋰電池。

另外，在理論方面的研究還有待於進一步深入，如在溶膠—凝膠法製備的氧化錳鋰中，為什麼Jahn-Teller效應就不明顯了？按理同樣

存在Mn^{3+}、Mn^{4+}之間的轉換。原因之一可能如同鋰鎳氧化物的製備一樣，Li^+的有序化程式提高了，如果這一問題能得到徹底的解決，則鋰離子電池的成本將大幅度下降。

3.3.4　低溫固相反應法

　　無機化學中的固相反應尤其是高溫固相反應一直是人們合成新型固體材料的主要手段之一。為了得到介穩態的固相反應產物，擴大材料的選擇範圍，有必要降低固相反應的溫度。室溫或低熱溫度條件下的固相化學反應便是近來發展起來的一個新的研究熱點。低溫固相反應在合成原子簇化合物、新的多酸化合物、金屬配合物等方面發揮了重要作用，已成功應用於合成氧化物和單組分奈米粉體。該法不僅使合成方法大為簡化，降低成本，而且減少了由中間步驟及高溫固相反應引起的諸如產物不純、粒子團聚、回收困難等不足，為固體材料的合成提供了一種價廉又簡易的全新方法，同時也為低熱固相反應在材料化學中找到了極有價值的應用。低熱固相反應不使用溶劑，對環境友善，且節能、高效、無污染、方法過程簡單等，成為綠色合成化學的重要手法之一。在合成高性能電池活性材料中具有非常重要的意義。因此，低熱固相反應法是合成電池活性材料的重要方法之一。

一、基本原理

　　低溫固相化學反應法的基本原理是：首先將在室溫或低溫下製得的固相金屬配合物進行分解，即將固相配合物在較溫度下進行熱分解，得到氧化物或複合氧化物超細粉末。如以$LiNO_3$、

$Mn(CH_3COO) \cdot 4H_2O$和檸檬酸為原料按一定物質的量比混合均勻後,在室溫條件下充分研磨2h製得固相配位前驅物,然後將前驅物在一定溫度下煅燒一段時間,得到$LiMn_2O_4$超細粉末。又如採用Li_2CO_3和$Mn(OAc)_2$為反應物,通過添加少量檸檬酸或草酸於其中並充分研磨,再在550°C煅燒4h,可獲得尖晶石型的$LiMn_2O_4$。

對比傳統的高溫固相反應法,固相配位元反應具有煅燒溫度低、時間短等優點,所製備的$LiMn_2O_4$材料顆粒均勻、形貌較規整。

傳統的$LiCoO_2$合成方法主要是固相反應法,其分為高溫固相合成法和低溫固相合成。其中高溫合成法是以Li_2CO_3和$CoCO_3$(或CoO、Co_3O_4)為原料,按$Li:Co = 1:1$的物質的量比例配製,在700~900°C下,空氣氛圍中煅燒製得$LiCoO_2$;低溫固相合成法是將混合好的Li_2CO_3和$CoCO_3$在空氣中勻速升溫至400°C保溫數日,以生成$LiCoO_3$粉體。有人採用先室溫固相反應,再煅燒的方法合成了$LiCoO_2$粉體材料。其合成過程是將等物質量比的$Co(Ac)_2 \cdot 4H_2O$與$LiOH \cdot H_2O$在球磨機中球磨,得到紫色粉體;再將其在烘箱中於40~50°C微熱,得中間產物;然後在真空中於0.08MPa、100°C下乾燥6h後,置於600°C下熱處理16h,得到$LiCoO_2$材料,透射電鏡(TEM)及X射線繞射(XRD)表明其顆粒大小為45nm左右,BET法測試比表面積為50m2/g左右。對低溫固相反應法製得的$LiCoO_2$電化學性能研究表示,其循環穩定性較好,放電電壓平台較高(3.9V);奈米$LiCoO_2$以最佳配比(7.5%)加入普通$LiCoO_2$中得到的混合樣初始容量有明顯提高,放電電壓平台較高,循環穩定性更好。

將氫氧化鋰和草酸胺等物質的量混合,研磨30min後,再加入等莫耳量的醋酸鈷,研磨1h後得粉紅色糊狀中間體。將中間體在150°C

下真空乾燥24h得前驅物。將前驅物在空氣氣氛下於500～800°C溫度下焙燒6h，得到晶粒尺寸小於100nm的$LiCoO_2$粉末。隨著焙燒溫度的提高，樣品的晶化程度和晶粒尺寸增大，晶胞參數呈現a軸伸長，c軸縮短的趨勢。充放電性能測試結果表明，700°C焙燒的樣品具有很好的電化學性能，初始充/放電比容量為169.4/115.3mA·h/g，循環30次後放電比容量還大於101mA·h/g。

採用低熱固相反應法同樣可製得$LiCo_{0.8}Ni_{0.2}O_2$粉體。研究表明，樣品顆粒是由許多小的球形晶粒團聚而成，並呈不規則疏鬆多孔狀。這種材料有利於電解液的滲入和鋰離子的擴散；充放電性能測試表明，700～800°C下得到的樣品初始比容量達145mA·h/g，循環50次後容量減少11%左右。

二、低熱固相反應機制探討

大多數固相反應在較低的溫度下難以進行，而某些熔點較低的分子固體或含有結晶水的無機物及大多數有機物能形成固態配合物，其可以在室溫甚至在0°C發生固相反應。研究顯示，化合物中結晶水的存在並不改變反應的方向和限度，它導致降低固相反應溫度、加快反應速率的作用。粒子的大小與研磨時間長短關係不大，其主要受反應和製備方法等影響，然而粒子的形狀與研磨的時間長短有密切的關係。將反應物充分研磨到細小均勻，使顆粒的表面積隨其顆粒度的減小而急劇增加，也是縮短反應時間、促進反應發生的重要手法。有人探討了低熱固相反應的機制，提出並用實驗證實了固相反應的4個階段，即擴散-反應-成核-生長，每一步都有可能是反應速率的決定步驟。在固相中，反應物利用微量結晶水為其提供加速反應的場所，粒

子相互碰撞，迅速成核，但由於離子通過各物相特別是產物相的擴散速度很慢，其晶核不能迅速長大，根據結晶學原理，當成核速度快，而晶核生長速度慢時，則易生成晶粒小的產物；反之則生成的晶粒較大。這可能是低熱固相反應能得到晶粒小的粒子的原因之一。

採用低熱固相反應法合成電池正極材料的過程中，反應物原料常含有結晶水，微量結晶水能夠降低固相反應溫度，加快反應速度，有利於得到晶粒細小的產物；低溫條件下固相的充分研磨對形成細小粒子至關重要。有人認為研磨可使合成$LiCoO_2$所需的反應物從微觀上均勻混合，從而降低中間體在煅燒時鋰離子的擴散距離，從而形成粒度均勻的粉體粒子材料。

3.3.5 電化學合成法

電化學合成方法是一種綠色合成方法。該法可用於聚合物鋰離子電池正極材料的製備，另外亦用於製備$LiCoO_2$等氧化物材料。

用電化學方法合成有機化合物稱為有機電合成。它是一門涉及電化學、有機合成及化學工程的交叉學科。1834年，Farady宣稱可通過電解乙酸獲得某種烴，這就是後來被稱為「柯爾比反應」的有機電合成反應

$$2RCOO^- \rightarrow R\!-\!R + 2CO_2 + 2e^-$$

有機電合成相對於傳統的有機合成具有顯著的優勢：電化學反應

是通過反應物在電極上得失電子實現的，原則上不用添加其他試劑，這樣減少了物質消耗，也減少了環境污染；選擇性很高，減少了副反應，使其產品純度和收集率均較高，大大簡化了產品分離和純化工作；反應在常溫常壓或低壓下進行，這對節約能源、降低設備投資十分有利；方法流程簡單，反應容易控制。

由於有機電合成技術在理論上的先進性以及20世紀60年代現代電化學科學技術的長足發展，大幅地推動了電合成的工業化進程。1965年，美國Monsanto公司15萬噸己二腈裝置的建成投產，標誌著有機電合成進入了工業化時代，有機電合成分類方法比較複雜。

按電極表面發生的有機反應的類別，可分為兩大類有機電合成反應，即陽極氧化過程和陰極還原過程。陽極氧化過程包括：電化學氧化反應；電化學鹵化反應；苯環及苯環側鏈基團的陽極氧化反應；雜環化合物的陽極氧化反應；含氮硫化物的陽極氧化反應。陰極還原過程包括陰極二聚和交聯反應；有機鹵化物的電還原；羥基化合物的電還原反應；硝基化合物的電還原反應；氰基化合物的電還原反應等。

按電極反應在整個有機合成過程中的地位和作用，可將有機電合成分為兩大類：直接有機電合成反應、間接有機電合成反應。直接有機電合成反應，即有機合成反應直接在電極表面完成；間接有機電合成反應，即有機物的氧化（還原）反應採用傳統化學方法進行，但氧化劑（還原劑）在反應後可採用電化學方法再生循環使用。間接電合成法可以兩種方式操作：槽內式和槽外式，槽內式間接電合成法是在同一裝置中進行化學合成反應和電解反應，因此這一裝置既是反應器也是電解槽。槽外式間接電合成法是電解槽中進行介（媒）質的電解，電解好的介（媒）質從電解槽轉移到反應器中。

電化學活性的聚合物是由具有共軛π電於結構的分子組成。其製備則是圍繞如何形成在分子內部具有遷移能力的自由電子或空穴的這種結構。聚苯胺可通過電化學聚合的方法來製備。電化學聚合法以電極電位作為聚合反應的引發和反應驅動力。在電極表面進行聚合反應並直接生成聚合物。

(1)聚苯胺電極材料的製備　在水溶性電解質中進行苯胺的聚合可採用恆電流法、恆電位法等電化學方法。使用的電解質有$HClO_4$、HCl、H_2SO_4、CF_3COOH和HBF_4等。聚合物電沈積在基質材料上，如Au、Pt、不銹鋼、SnO_2片和碳素等材料。

電化學聚合時，聚苯胺首先形成緻密的球形結構，然後生成多孔纖維結構形式。在酸性電解質和電流密度為$1mA \cdot cm^2$時，苯胺可電聚合沈積生成輕質多孔海綿狀物，其厚度達數毫米。在高電流密度時（$5mA \cdot cm^2$），則生成纖維狀聚苯胺，其直徑約為$0.1\mu m$。在$0.5mol/L$ H_2SO_4電解質中恆電流聚合得到的聚苯胺為球形狀態，其直徑約為$0.5\mu m$。在$2mol/L$ HBF_4溶液中恆電流合成的多孔狀聚苯胺纖維的半徑隨電流密度的增大而減小，薄膜的孔穴率則維持約50%不變。當0.25%（莫耳分數）的鄰苯二胺加至酸性的苯胺溶液時，則有緻密的交鏈結構的聚合物形成。

在有機介質中研究苯胺電化學聚合，掃描式電子顯微鏡（SEM）研究顯示，在高酸性條件下形成的聚苯胺表面膜光滑平整。與水溶液電解質生成物相比較，非水介質得到的薄膜電化學性能相差不大，但非水體系的聚合反應可使材料有效去除水分。纖維增強的多孔性聚苯胺可作為鋰離子電池的電極材料。

層狀結構的聚苯胺正極材料表現出內外雙層的性質，無機平衡離

子在其內層位置，在外層分佈主要為有機聚合物平衡陰離子。

對聚苯胺製備的研究動態主要集中在其複合材料的開發，包括探索具有相容性好的無機活性材料和有機活性材料，通過加入某些導電填料或粘接劑，可改善聚苯胺的力學性能和加工性。

(2)聚噻吩的合成　用電化學還原的方法，如在乙腈溶液中，以$Ni(ph)^{2+}Br_2$為催化劑，電化學還原2, 5-二溴噻吩，可在陰極上得到聚噻吩。這種方法亦稱為陰極合成路線。但由於所得聚噻吩處於中性態，即絕緣態，使得電極表面很快鈍化，所得薄膜厚度不超過100nm，該方法可用於電極防腐。

通過電化學氧化的方法，可直接由噻吩單體製備聚噻吩薄膜。這種方法亦稱為陽極合成路線。這種方法具有以下特點：方法簡單，可用於大量製備；直接成膜，製得的聚噻吩薄膜為導電態。聚噻吩薄膜的性能，強烈地依賴於所用溶劑中，支援電解質的性質，以及具體採用的電化學方法。所用的溶劑必須具有較大的介電常數，以保證溶液的離子電導率，同時，溶劑在較高電位（1.4～2.3V, vs. SCE）是電化學惰性的。有報導指出3-甲基噻吩可在水溶液中聚合，然而，衡量水的存在對噻吩的電化學氧化聚合是相當有害的，它大大降低了聚噻吩的有效共軛鏈長和電導率。研究顯示，水的引入使得聚噻吩主鏈上引入了羰基，從而破壞了共軛結構。大多數聚噻吩均保存在嚴格無水、高介電常數、低親核性的非質子溶液中，如乙腈、苯腈、硝基苯、丙烯基碳酸酯中合成的。這些溶液中電化學聚合噻吩的電流效率很高。所用的支援電解質也必須是低親核性的，如採用ClO_4^-、BF_4^-、$CF_3SO_3^-$等。摻雜離子的性質對所製備的聚噻吩的形態、電化學性質有影響。在以$CF_3SO_3^-$為摻雜離子時，於乙腈溶液中製備的聚3-甲基噻吩甚至表

現出一定的結晶性。在實驗中若具體施加的電化學氧化方法不同,所製得的聚噻吩薄膜性質亦有很大差異。採用的方法有恆電流法和恆電位法,其他方法還有循環伏安法、電流脈衝法等。

在常規溶液中電化學聚合噻吩具有以下難以克服的缺點:聚合反應過程的氧化電位比較高,超過聚噻吩的過氧化電位,因而不可避免地使得所合成聚噻吩產物過氧化,造成其降解。製得的聚噻吩薄膜強度較低,限制了薄膜的直接應用。因而有人在電化學聚合噻吩過程中採用三氟化硼乙醚體系,成功地將聚合電位下降到1.2V〔vs.Ag/AgCl(3.5mol/L KCl)〕,避免了聚噻吩的過氧化,所得聚噻吩薄膜的拉伸強度甚至超過了金屬鋁。同時將該方法用於電化學合成聚3-烷基噻吩,所得薄膜均表現出很高的強度。而且發現,所得聚噻吩、聚3-甲基噻吩薄膜都表現出很高的電導率各向異性,其平行於薄膜方向電導率是垂直於薄膜方向的104倍。

(3)$LiCoO_2$的電化學合成 以Co片、硝酸鈷、Pt片和LiOH為原料,Co、Pt片按10mm×10mm×0.2mm取材後進行機械拋光,在丙酮中用超音波清洗後,鉻酸處理16h再用二次蒸餾水超音波清洗、吹乾。將硝酸鈷配製成0.5mol/L溶液,然後將硝酸鈷溶液滴加至1mol/L氫氧化鈉溶液,得到藍色的氫氧化鈷沈澱。沈澱過濾,清洗後,加入4～6mol/L LiOH溶液製備成懸濁液,即電解液。

將電解液置於密閉反應器中,工作電極和參比電極浸入溶液中並分別與電源的正負極相連,如圖3-42所示。控制反應參數如下:電流密度為0～10mA,反應溫度為60～200°C,反應時間為0.5～48h,反應壓力分別為不同溫度的飽和蒸氣壓。反正結束後在燒杯底部出現褐

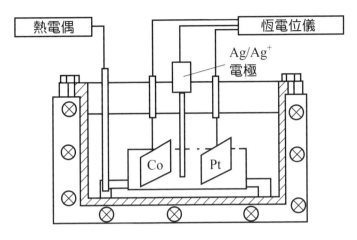

圖3-42　電化學法製備LiCoO₂示意圖

色粉末，Co電極表面也有一層褐色薄膜。將粉末和薄膜清洗、乾燥即得產品。粉末呈菊花狀晶粒組成，粒徑約為0.2～0.4μm，電化學測試顯示，材料表現出良好的循環伏安性能。

3.3.6　機械化學活化法

一、原理

有關機械化學的概念是Peter第一次在20世紀60年代初提出的，當時將它定義為「物質受機械力的作用而發生化學變化或物理化學變化的現象」。從能量轉換的觀點，可以理解機械力的能量轉換為化學能。事實上機械力化學效應的發現可追溯到1893年，Lea在研磨HgCl₂時，觀察到少量Cl₂逸出，說明HgCl₂有部份分解。在材料學科領域，對機械化學效應的研究始於20世紀50年代，Takahashi在對黏土作長

時間粉磨時，發現黏土不僅有部分脫水，同時結構也發生變化。

機械化學活化（mechanochemistry，又稱高能球磨high-energy ball milling），是在機械應力作用下發生的物理過程中所引發的機械化學反應。研究固體物料在機械力誘發和作用下發生的物理化學性質和結構變化，在機械活化過程中，系統消耗的機械能相當一部分留存於預處理的固體中，機械能轉化為表面能和晶格缺陷能，並以這種形式儲存相當長時間。我們稱固體顆粒間的這種自由接觸為「機械活化」。

固相參與的多相化學反應過程，是固相反應劑間克服反應勢壘並達到原子級結合而發生化學反應的過程。其特點是反應劑之間有介面存在。影響反應速率的因素有反應過程的自由能變化、溫度、介面特性、擴散速度和擴散層厚度等。在機械球磨過程中，粉末顆粒被強烈塑性變形而產生應力和應變，顆粒內產生大量的缺陷，從而顯著地降低了元素的擴散啟動能，使得組元間在室溫下可顯著進行原子或離子擴散；顆粒不斷冷焊、斷裂，組織細化，形成了無數的擴散／反應偶，同時擴散距離也大大縮短；應力、應變、缺陷和大量奈米晶界、相界的產生，使系統儲能很高，達十幾kJ/mol，粉末顆粒的活性大大提高；在球與粉末顆粒碰撞瞬間造成介面溫升。機械化學活化涉及固體化學、材料學、機械工程、表面化學等多門學科。

新材料的合成、新物質的生成，其晶型轉化或晶格變形都是通過高溫（熱能）或化學變化來實現的，機械能直接參與或引發了化學反應是一種新思路。機械化學法的基本原理是利用機械能來誘發化學反應或誘導材料組織、結構和性能的變化。作為一種新技術，機械化學活化具有明顯降低反應活化能、細化晶粒、提高粉末活性和改善顆粒

分佈均勻性及增強體與基體之間介面的結合，促進固態離子擴散，誘發低溫化學反應，從而提高了材料的密實度、電、熱學等性能。

採用機械化學法研製出超飽和固溶體、金屬間化合物、非晶態合金等各種功能材料和結構材料，並已應用在許多高活性陶瓷粉體、奈米陶瓷基複合材料等的研究中。

在固體材料粉碎過程中，粉碎後不僅材料的顆粒大小發生變化，其物理和化學性質也顯著不同。固體材料的機械化學主要特徵如下。

①顆粒結構變化，如表面結構自發的重組，形成非晶態結構或重結晶；

②顆粒表面物理化學性質變化，如表面電性、物理與化學吸附、溶解性、分散與團聚性質；

③在局部受反覆應力作用區域產生化學反應，如由一種物質轉變為另一種物質，釋放出氣體、外來離子進入晶體結構中引起原物料中化學組成變化。

二、機械化學法製備正極材料

機械活化—高溫固相法方法流程如圖3-43所示。

固體物料在球磨活化過程中並不只是簡單的物料粒度的減小，它還包含了許多複雜的粉體物理化學性質和晶體結構的變化—機械化學變化，即在機械力能的作用引起粉體性質和結構的變化，使物料發生晶型轉變，並誘發化學反應。通過機械球磨與化學合成方法相結合，在製備具有新的結構和性能的正極材料方面已被證明是一種非常有效的方法。如在製備$LiMn_2O_4$、$LiNiO_2$正極材料的研究中已有報導，在隨後的固相合成過程中，反應溫度較常規方法顯著降低。

圖3-43　機械活化—高溫固相法製備LiM$_x$Mn$_{2-x}$O$_4$的方法流程圖

　　現以機械化學法合成LiNiO$_2$正極材料為例。採用Ni$_{0.8}$Co$_{0.2}$(OH)$_2$和LiOH·H$_2$O（其莫耳比為1：1.05）為合成原料，在轉速為400r/min和球／料比為10：1的行星球磨機上採用一次球磨方式活化0.5～4h，在氧氣氣氛中和一次固相反應溫度為600°C、合成時間為8～16h的條件下反應，合成得到的LiNi$_{0.8}$Co$_{0.2}$O$_2$正極活性材料首次充放電比容量和充放電效率高以及具有良好的電化學循環性能；當二次固相反應溫度為750°C，球磨活化時間應為1h，在此條件下，得到樣品的首次充放電容量分別為143.4mA·h/g和127.8mA·h/g。第五次循環的充放電比容量分別為85.9mA·h/g和80.2mA·h/g，每循環的放電比容量衰減率為7.45%。

　　採用機械活化8h後，結合氧氣氣氛焙燒法合成了具有層狀結構的LiCo$_{1-x}$Ni$_x$O$_2$材料，隨著x的增大，晶胞參數a和c值及放電容量均增大，熱穩定性和循環性能隨著x的增大而降低，工作電壓降低。在LiCo$_{1-x}$Ni$_x$O$_2$中，Ni亦參與了電化學反應，Ni摻雜後，化合物的放電

容量和循環性能都能得到改善。

　　機械化學法可以將正極材料進行改性。如在固相反應製備 $LiMn_2O_4$ 過程中，將機械化學反應與固相反應相結合，可以彌補機械化學反應的一些缺點。通過球磨得到奈米 $Li_xMn_{2-x}O_4$ 材料，儘管得到的 $Li_xMn_{2-x}O_4$ 同樣存在著Jahn-Teller效應，但循環性能有明顯提高。

　　通過機械化學法與固相法相結合製備了摻雜 $LiFePO_4$ 正極材料，首次放電比容量達到144mA・h/g，並且在循環過程中，容量保持穩定，沒有明顯衰減。

參考文獻

[1] Shin Y, Manthiram A. J. Power Sources. 2004,1 26:169.

[2] Tukamoto H, West A R. J. Electrochem. Soc, 1997, 144: 3164.

[3] Ceder G, Chiang Y M, Sadoway D R, Aydlnol M K, Jang Y I, Huang B. Nature, 1998, 392: 694.

[4] Wang Y X. Chin. Phys, 2002, 11: 714.

[5] Tan M Q, Tao X M, Xu X. J. Acta. Phys. Sin, 2003, 52: 463.

[6] Wu Y P, Rahm E, Holze R. Electrochim Acta, 2002, 47: 3491.

[7] Fey G, Subramanian V C. J. Electrochem Commun., 2001, 3: 234.

[8] Naghash A, Lee J. Electrochim Acta, 2001, 46: 941.

[9] Kim J, Amine K. J. Power Sources, 2002, 104: 33.

[10] Park S, Park K, Nahm K, Lee Y, Yoshio M. Electrochim Acta, 2001, 46: 1215.

[11] Guilmard M, Rougier A, Grune M, Croguennec L, Delmas C. J. Power Sources, 2003, 115: 305.

[12] Gummow R J, Liles D C, Thackeray M M, David W I F. Mat. Res. Bull., 1993, 28: 1177.

[13] Gummow R J, Thackeray M M, David W I F. Mat. Res. Bull., 1992, 27(3): 327.

[14] Gummow R J, Thackeray M M. J. Electrochem. Soc., 1993, 140(12): 3365.

[15] Stoyanova R, Tirado J L, Zhecheva E. J. Solid State Chem., 1994, 113: 182.

[16] Garcia B, Farcy J Pereira-Ramos J P, Baffier N. J. Electrochem. Soc., 1997, 144(4): 1179.

[17] Thackery M. M. J Electrochem Soc., 1995, 142(8): 2558.

[18] Croguennee L, Pouillerie C, Delmas C. J. Electrochem Soc, 2000, 147(4): 1314-1321.

[19] 黃可龍，呂正中，劉素琴。電池，2001，31(3)：142。

[20] Thakeray M M. J Electrochem Soc., 1995, 142(8): 2558-2563.

[21] 周恆輝，慈雲祥等。化學進展，1998，10(1)：85。

[22] Hayashi N, Ikuta H, Wakihara M J. J. Electrochem. Soc.,1999, 146(4): 1351.

[23] Ohzuku T, Kitagawa M, Hirai T. J. Electrochem. Soc., 1990, 137(3): 769.

[24] Liu W, Kowal K, Farrington G C. J. Electrochem. Soc., 1998(2), 145: 459.

[25] Yang X Q, Sun X, Lee S J, Mcbreen J, Mukerjee S, DarouX M L, Xing X K. Electrochem. Solid-State Lett, 1999, 2(4): 157.

[26] 唐愛東，黃可龍。層狀錳酸鋰衍生物的離子價態與電化學性能研究。化學學報，2005。63(13)：1210。

[27] 唐愛東，黃可龍。溶劑熱法製備Mn_3O_4及晶粒生長動力學研究。無機化學學報，2005。21(6)：929。

[28] Aidong Tang. Kelong Huang. Materials Chemistry and Physics, 2005. 93: 6-9.

[29] Aidong Tang. Kelong Huang. Transactions of Nonferrous Metals Society of China, 2005, 15(1), 207-210.

[30] Aidong Tang. Kelong Huang. Materials Science & Engineering B, 2005. 122(2): 115-120.

[31] Crespi A, Schmidt C, Norton J, Chen K, Skarstad P. J. Electrochem. Soc., 2001: A30.

[32] Caurant D. Solid State Ionics, 1996, (91): 45.

[33] Mikhaylik Y. V, Akridge, J. R. J. Electrochem. Soc., 2003, 150: A306.

[34] Visco S J, (PolyPlus-Battery) U. S. Patent. 6, 214, 061, 2004.

[35] Amatucci G G, Tarascon J M, Klein L C. J. Electrochem. Soc., 1996, 143: 1114.

[36] Gabrisch H, Yazimi R, Fultz B. J. Electrochem. Soc., 2004, 151: A891.

[37] Nagaura T, Tozawa K. Prog. Batteries Solar Cells, 1990, 9: 209.

[38] Ozawa K. Solid State Ionics, 1994, 69: 212.

[39] Imanishi N, Fujiyoshi M, Takeda Y, Yamamoto O, Tabuchi M. Solid State Ionics, 1999, 118: 121.

[40] Levasseur S, Menetrier M, Suard E, Delmas C. Solid State Ionics, 2000, 128: 11.

[41] Wang Z, Wu C, Liu L, Chen L, Huang X. Solid State Ionics, 2002, 148: 335.

[42] Wang Z, Wu C, Liu L, Wu F, Chen L, Huang X. J. Electrochem. Soc., 2002, 149: A466.

[43] Seguin L, Amatucci G, Anne M, Chabre Y, Strobel P, Tarascon J M, Vaughan G J. Power Sources, 1999, 81-82: 604.

[44] Yonemura M, Yamada A, Kobayashi H, Tabuchi M, Kamiyama T, Kawamoto Y, Kanno R. J. Mater Chem., 2004, 14: 1948.

[45] Amatucci G G, Pereira N, Zheng T, Tarascon J M. J. Electrochem. Soc., 2001, 148: A171.

[46] Amatucci G G, Pereira N, Zheng T, Plitz I, Tarascon J. M. J. Power Sources, 1999, 81-82: 39.

[47] Shin Y, Manthiram A. J. Electrochem. Soc., 2004, 151: A204.

[48] Ohzuku T, Ueda A, Yamamoto N. J. Electrochem. Soc., 1995, 142: 1431.

[49] Zaghib K, Simoneau M, Armand M, Gauthier M. J. Power Sources, 1999, 81-82: 300.

[50] Tessier C, Fachetti O, Siret C, Castaing F, Jordy C, Boeuve J P, Biensan P. Lithium Battery Discussion Electrode Materials, BordeauX, 2003, Abstract 29.

[51] Franger S, Bourbon C, LeCras F. J. Electrochem. Soc., 2004, 151: A1024.

[52] Panero S, Satolli D, Salamon M, Scrosati B. Electrochem. Commun. 2000, 2: 810.

[53] Rougier A, Saadouane I, Gravereau P, Willmann P, Delmas C. Solid State Ionics, 1996, 90: 83.

[54] Prado G, Fournes L, Delmas C. J. Solid State Chem., 2001, 159: 103.

[55] Prado G, Rougier A, Fournes L, Delmas C. J. Electrochem. Soc., 2000, 147: 2880.

[56] Kanno R, Shirane T, Inaba Y, Kawamoto Y. J. Power Sources, 1997, 68: 145.

[57] Delmas C, Menetrier M, Croguennec L, Levasseur S, Peres J P, Pouillerie C,

Prado G, Fournes L, Weill F. Int. J. Inorg. Mater., 1999, 1: 11.

[58] Pouillerie C, Croguennec L, Delmas C.Solid State Ionics, 2000, 132: 15.

[59] Nakai I, Nakagome T. Electrochem. Solid State Lett. 1998, 1: 259.

[60] Brousely M. Lithium Battery Discusssion, BordeauX-Arcachon, 2001.

[61] Delmas C, Capitaine F. Abstracts of the 8th International Meeting Lithium Batteries; Electrochemical Society: Pennington, NJ, 1996; Vol.8, abstract 470.

[62] Chen R, Whittingham M S. J. Electrochem. Soc., 1997, 144: L64.

[63] Chen R, Chirayil T, Whittingham M S. Solid State Ionics, 1996, 86-88: 1.

[64] Doeff M M, Richardson T J, Hwang K-T, Anapolsky A. ITE Battery Lett. 2001, 2: B.

[65] Armstrong A R, Huang H, Jennings R A, Bruce P G. J. Mater. Chem., 1998, 8: 255.

[66] Zhang F, Ngala K, Whittingham M S. Electrochem. Commun, 2000, 2: 445.

[67] Yang S, Song Y, Ngala K, Zavalij P Y, Whittingham M S. J. Power Sources, 2003, 119: 239.

[68] Lu Z, Dahn J R. Chem. Mater., 2001, 13: 2078.

[69] Lu Z, Dahn J R. J. Electrochem. Soc., 2001, 148: A237.

[70] Lu Z, Dahn J R. Chem. Mater., 2000, 12: 3583.

[71] Eriksson T A, Lee Y J, Hollingsworth J, Reimer J A, Cairns E J, Zhang X-f, Doeff M M. Chem. Mater., 2003, 15: 4456.

[72] Shaju K M, SubbaRao G V, Chowdari B V R. Electrochim. Acta, 2003, 48: 2691.

[73] Numata K, Yamanaka S. Solid State Ionics, 1999, 118: 117.

[74] Caurant D, Baffier N, Bianchi V, Gre'goire G, Bach S. J. Mater. Chem., 1996, 6: 1149.

[75] Ohzuku T, Makimura Y. Chem. Lett., 2001, 8: 744.

[76] Ohzuku T, Makimura Y. Chem. Lett., 2001, 7: 642.

[77] Lu Z, MacNeil D D, Dahn J R. Electrochem. Solid State Lett, 2001, 4: A200.

[78] Wang Z, Sun Y, Chen L, Huang X. J. Electrochem. Soc., 2004, 151: A914.

[79] Tsai Y W, Lee J F, Liu D G, Hwamg B J. J. Mater. Chem., 2004, 14: 958.

[80] Ngala J K, Chernova N A, Ma M, Mamak M, Zavalij P Y, Whittingham M S. J. Mater. Chem., 2004, 14: 214.

[81] Ngala J K, Chernova N, Matienzo L, Zavalij P Y, Whittingham M S. Mater. Res. Soc. Symp., 2003, 756: 231.

[82] Hwang B J, Tsai Y W, Chen C H, Santhanam R. J. Mater. Chem., 2003, 13: 1962.

[83] Kim J H, Park C W, Sun Y. K. Solid State Ionics, 2003, 164: 43.

[84] Jiang J, Dahn J R. Electrochem. Commun. 2004, 6: 39.

[85] Shaju K M, Rao G V S, Chowdari B V. R. Electrochim. Acta, 2002, 48: 145.

[86] Park S H, Yoon C. S, Kang S G, Kim H S, Moon S I, Sun Y K.Electrochim. Acta, 2004, 49: 557.

[87] Hwang B J, Tsai Y W, Carlier D, Ceder G. Chem. Mater., 2003, 15: 3676.

[88] Koyama Y, Tanaka I, Adachi H, Makimura Y, Ohzuku T. J. Power Sources, 2003, 119-121: 644.

[89] Yoshio M, Noguchi H, Itoh J I, Okada M, Mouri T. J. Power Sources, 2000, 90: 176.

[90] Belharouak I, Sun Y K, Liu J, Amine K. J. Power Sources, 2003, 123: 247.

[91] Yabuuchi N, Ohzuku T. J. Power Sources, 2003, 119-121: 171.

[92] Yoon W-S, Grey C P, Balasubramanian M, Yang X-Q, Fischer D A, McBreen J. Electrochem. Solid State Lett, 2004, 7: A53.

[93] Sun Y, Ouyang C, Wang Z, Huang X, Chen L. J. Electrochem.Soc., 2004, 151, A504.

[94] Kim J M, Chung H T. Electrochim.Acta, 2004, 49: 937.

[95] MacNeil D D, Lu Z, Dahn J R. J. Electrochem. Soc., 2002, 149: A1332.

[96] Jouanneau S, Macneil D D, Lu Z, Beattie S D, Murphy G, Dahn J R. J. Electrochem. Soc., 2003, 150: A1299.

[97] Armstrong A R, Robertson A D, Bruce P G. Electrochim. Acta, 1999, 45: 285.

[98] Ammundsen B, Desilvestro H, Paulson J M, Steiner R, Pickering P. J. 10th International Meeting on Lithium Batteries, Como, Italy, May 28-June 2, 2000; Electrochemical Society: Pennington, NJ, 2000.

[99] Paulsen J M, Ammundsen B, Desilvestro H, Steiner R, Hassell D. Electrochem. Soc. Abstr., 2000, 2002-2: 71.

[100] Whitfield P S, Davidson I J, Kargina I, Grincourt Y, Ammundsen B, Steiner R, Suprun A. Electrochem Soc. Abstr., 2000, 2000-2: 90.

[101] Grincourt Y Storey C, Davidson I J. J. Power Sources, 2001, 97-98: 711.

[102] Storey C, Kargina I, Grincourt Y, Davidson I J, Yoo Y C, Seung D Y. J. Power Sources, 2001, 97-98: 541.

[103] Balasubramanian M, McBreen J, Davidson I J, Whitfield P S, Kargina, I. J. Electrochem. Soc., 2002, 149: A176.

[104] Ammundsen B, Paulsen J, Davidson I, Liu R S, Shen C H, Chen J M, Jang L Y, Lee J F. J. Electrochem. Soc., 2002, 149: A431.

[105] Venkatraman S, Manthiram A. Chem. Mater, 2003, 15: 5003.

[106] Sun Y K, Yoon C S, Lee Y S. Electrochim. Acta, 2003, 48: 2589.

[107] Yang X Q, McBreen J, Yoon W S, Grey C P. Electrochem. Commun, 2002, 4: 649.

[108] Makimura Y, Ohzuku T. J. Power Sources, 2003, 119-121: 156.

[109] Ohzuku T. Personal Communication, 2004.

[110] Cushing B L, Goodenough J B. Solid State Sci, 2002, 4: 1487.

[111] Reed J, Ceder G. Electrochem.Solid State Lett. 2002, 5: A145.

[112] Kang K, Carlier D, Reed J, Arroyo E M, Ceder G, Croguennec L, Delmas C. Chem. Mater., 2003, 15: 4503.

[113] Ohzuku T, Makimura Y. Electrochem. Soc. Abstr., 2003, 2003-1: 1079.

[114] Meng Y S, Ceder G, Grey C P, Yoon W S, Shao H Y. Electrochem. Solid State Lett.2004, 7: A155.

[115] Kobayashi H, Sakaebe H, Kageyama H, Tatsumi K, Arachi Y, Kamiyama T. J. Mater.Chem., 2003, 13: 590.

[116] Kobayashi H, Arachi Y, Kageyama H, Tatsumi K. J. Mater. Chem., 2004, 14: 40.

[117] Jouanneau S, Dahn J R. Chem. Mater. 2003, 15: 495.

[118] Cushing B L, Goodenough J B. Solid State Sci., 2002, 4: 1487.

[119] Oh S W, Park S H, Park C-W, Sun Y-K. Solid State Ionics, 2004, 171: 167.

[120] Li D-C, Muta T, Zhang L-Q, Yoshio M, Noguchi H. J. Power Sources, 2004, 132: 150.

[121] Meng Y S, Wu Y W, Hwang B J, Li Y, Ceder G. J. Electrochem. Soc., 2004, 151: A1134.

[122] Croguennec L, Pouillerie C, Delmas C. Solid State Ionics, 2000, 135: 259.

[123] Yoshizawa H, Ohzuku T. Denki Kagaku, 2003, 71: 1177.

[124] Arai H, Sakurai Y. J. Power Sources, 1999, 80-81: 401.

[125] Manthiram A, Chu S. Electrochem. Soc. Abstr., 2000, 2000-2: 72.

[126] Thackeray M M, Johnson C S, Amine K, Kim J U. S. Patent 6, 680, 143: 2004.

[127] Armstrong A R, Bruce P G. Electrochem.Solid State Lett, 2004, 7: A1.

[128] Robertson A D, Bruce P G. Chem. Mater., 2003, 15: 1984.

[129] Russouw M H, Liles D C, Thackeray M M. J. Solid State Chem., 1993, 104: 464.

[130] Paik Y, Grey C P, Johnson C S, Kim J S, Thackeray M M. Chem. Mater., 2002, 14: 5106.

[131] Shin S-S, Sun Y-K, Amine K. J. Power Sources, 2002, 112: 634.

[132] Myung S-T, Komaba S, Kumagai N. Solid State Ionics, 2004, 170: 139.

[133] Zhang L, Noguchi H, Yoshio M. J. Power Sources, 2002, 110: 57.

[134] Kim J-S, Johnson C S, Thackeray M M. Electrochem.Commun，2002, 4: 205.

[135] Kang S-H, Sun Y K, Amine K.Electrochem. Solid State Lett.2003, 6: A183.

[136] Lee C W, Sun Y K, Prakash J.Electrochim. Acta, 2004, 49: 4425.

[137] Walk C R, Margalit N. J. Power Sources, 1997, 68: 723.

[138] Delmas C, Cognac-Auradou H, Cocciantelli J M, Me'ne'trier M, Doumerc J. P. Solid State Ionics, 1994, 69: 257.

[139] Delmas C, Cognac-Auradou H, Coociatelli J M, Me'ne'trier M, Doumerc J P. Solid State Ionics, 1994, 69: 257.

[140] Schollhorn R, Klein-Reesink F, Reimold R. J. Chem. Soc., Chem. Commun. 1979, 398.

[141] Nassau K, Murphy D W. J. Non-Cryst. Solids, 1981, 44: 297.

[142] West K, Zachau-Christiansen B, Skaarup S, Saidi Y, Barker J, Olsen I I, Pynenburg R, Koksbang R. J. Electrochem. Soc., 1996, 143: 820.

[143] Livage J. Mater. Res. Bull., 1991, 26: 1173.

[144] Livage J. Chem. Mater., 1991, 3: 578.

[145] Chandrappa G T, Steunou, N; Livage, J. Nature, 2002, 416: 702.

[146] Le D B, Passerini S, Guo J, Ressler J, Owens B B, Smyrl W H. J. Electrochem. Soc., 1996, 143: 2099.

[147] Haibo Wang, Yuqun Zeng, Kelong Huang, Suqin Liu, Liquan Chen，

Electrochimica Acta, 2007, 52, 5102-5107.

[148] Haibo Wang, Kelong Huang, Yuqun Zeng, Sai Yang, Liquan Chen，Electrochimica Acta, 2007, 52, 3280-3285.

[149] Galy J. J. Solid State Chem., 1992, 100: 229.

[150] Oka Y, Yao T, Yamamoto N. J. Solid State Chem., 1997, 132: 323.

[151] Zhang F, Zavalij P Y, Whittingham M S. Mater. Res. Bull., 1997, 32: 701.

[152] Zhang F, Zavalij P Y, Whittingham M S.Mater. Res. Soc. Proc., 1998, 496: 367.

[153] Zhang F, Whittingham M S. Electrochem. Commun, 2000, 2: 69.

[154] Torardi C C, Miao C R, Lewittes M E, Li Z. J. Solid State Chem., 2002, 163: 93.

[155] Spahr M E, Stoschitzki-Bitterli P, Nesper R, Mu"ller M, Krumeich F, Nissen H U. Angew. Chem., Int. Ed. Engl., 1998, 37: 1263.

[156] Spahr M E, Stoschitzki-Bitterli P, Nesper R, Haas O, Novak P.J. Electrochem. Soc., 1999, 146: 2780.

[157] Yang S, Song Y, Zavalij P Y, Whittingham M S. Electrochem.Commun, 2002, 4: 239.

[158] Yang S, Zavalij P Y, Whittingham M S. Electrochem. Commun, 3: 505.

[159] Johnson C S, Kim J-S, Kropf A J, Kahaian A J, Vaughey J T, Thackeray M M. Electrochem. Commun, 2002, 4: 492.

[160] Whittingham M S, Jacobson A J. U. S. Patent 4, 233, 375, 1979.

[161] Yamada A, Chung S C, Hinokuma K. J. Electrochem. Soc., 2001, 148: A224.

[162] Andersson A S, Thomas J O, Kalska B, Häggström L. Electrochem. Solid-State Lett, 2000, 3: 66.

[163] Ravet N, Besner S, Simoneau M, Vallée A, Armand M, Magnan J-F(Hydro-Quebec) European Patent 1049182A2, 2000.

[164] Huang H, Yin S C, Nazar L F. Electrochem. Solid State Lett, 2001, 4: A170.

[165] Masquelier C, Wurm C, Morcrette M, Gaubicher J.Interantional Meeting on Solid State Ionics, Cairns, Australia, July 9-13, 2001;The International Society of Solid State Ionics:

[166] Chung S-Y, Bloking J T, Chiang Y-M. Nat. Mater., 2002, 1: 123.

[167] Herle P S, Ellis B, Coombs N, Nazar L F. Nat. Mater., 2004, 3: 147.

[168] Croce F, Epifanio A D, Hassoun J, Deptula A, Olczac T, Scrosati B.Electrochem.

Solid State Lett. 2002, 5: A47.

[169] Garci'a-Martin O, Alvarez-Vega M, Garcia-Alvarado F, Garcia-Jaca J, Gallardo-Amores J M, Sanjua'n M L, Amador U. Chem. Mater., 2001, 13: 1570.

[170] Dominko R, Gaberscek M, Drofenik J, Bele M, Pejovnik S. Electrochem. Solid State Lett., 2001, 4: A187.

[171] Takahashi M, Tobishima S, Takei K, Sakurai Y. J. Power Sources, 2001, 97-98: 508.

[172] Okada S, Sawa S, Egashira M, Yamaki J I, Tabuchi M, Kageyama H, Konishi T, Yoshino A. J. Power Sources, 2001, 97-98: 430.

[173] Yamada A, Chung S C. J. Electrochem. Soc., 2001, 148: A960.

[174] Li G, Azuma H, Tohda M. Electrochem. Solid State Lett, 2002, 5: A135.

[175] Delacourt C, Poizot P, Morcrette M, Tarascon J M, Masquelier C. Chem. Mater, 2004, 16: 93.

[176] Osorio-Guillen J M, Holm B, Ahuja R, Johansson B. Solid State Ionics, 2004, 167: 221.

[177] Xu Y N, Chung S Y, Bloking J T, Chiang Y M, Ching W Y. Electrochem. Solid State Lett., 2004, 7: A131.

[178] Song Y, Yang S, Zavalij P Y, Whittingham M. S. Mater. Res. Bull., 2002, 37: 1249.

[179] Prosini P P, Cianchi L, Spina G, Lisi M, Scaccia S, Carewska M, Minarini C, Pasquali M. J. Electrochem. Soc., 2001, 148: A1125.

[180] Song Y, Zavalij P, Whittingham M S. Mater. Res. Soc. Proc., 2003, 756: 249.

[181] 黃可龍，陳振華，黃培雲。材料導報，1999，13(5)：39。

[182] PilleuX M E, Grahamann C R, Fuenzalida V E. Applied Surface Science, 1993, 65-66: 283.

[183] 張靜，劉素琴，黃可龍，趙裕鑫。無機化學學報，2005，3(21)：433。

[184] 鄭綿平，文衍宣。中國專利：03102665。6，2003-07-23。

[185] Lee J, Teja A S. J. supercritical fluids, 2005, 35: 83.

[186] Franger S, Le-Cras F, Bourbon C, Rouault H. J. Power Sources, 2003, 119-121: 252.

[187] Franger S, Le-Cras F, Bourbon C, Rouault H. Electrochem. Solid-State Lett. 2002, 5(10): A231.

[188] Tarascon J M, Wang E, Shokpphi F K, et al. J Electrochem Soc. 1991, 138: 2859.

[189] Tarascon J M, Mckinnon W R, Coowar F, et al. J Electrochem Soc. 1994, 141: 1421.

[190] Yamada A, Kmiura, Hinokuma K. J Electrochem Soc. 1995, 142: 2149.

[191] Wen S J, Richardson T J, MA L, et al. J Electrochemical Soc., 1996, 143: L136.

[192] Amatucci G, Pereira N, Zheng T, et al. J Power Souces, 1999, 81-82: 39-46.

[193] Aurbach D, Lebi M D, Gamulski K, et al. J. Power Sources, 1999, 81-82: 472.

[194] Bylr A, Sigala C, Amatucci G, et al. J. Electrochem. Soc., 1998, 145(1): 194-201.

[195] Zhang D, Popov B N, White R E. J. Power Sources, 1998, 76: 81.

[196] Shigemura H, Sakaebe H, Kageyama H, et al. J. Electrochemical Soc., 2001, 148(7): A730.

[197] Garcia B, Farcy J, Perreira-Ramos J P, Perichon J, Baffier N. J. Power Sources, 1995, 54: 373.

[198] Chiang Y M, Jang Y L, Wang H F, Huang B, Sadoway D R. J. Electrochem Soc, 1998, 145: 887.

[199] Choi Y M, Pyun S I, Moon S I, et al. J. Power Sources, 1998, 72(1): 83.

[200] Caurant D, Baffier N, Garcia B, et al. Solid State Ionics, 1996, 91: 45.

第四章

負極材料

4.1　負極材料的發展

　　鋰離子電池的負極材料主要是作為儲鋰的主體，在充放電過程中實現鋰離子的嵌入和脫出。從鋰離子電池的發展來看，負極材料的研究對鋰離子電池的出現決定性的作用，正是由於碳材料的出現解決了金屬鋰電極的安全問題，從而直接導致鋰離子電池的應用。已經產業化的鋰離子電池的負極材料主要是各種碳材料，包括石墨化碳材料和無定形碳材料，如天然石墨、改性石墨、石墨化中間相碳微珠、軟碳（如焦碳）和一些硬碳等。其他非碳負極材料有氮化物、矽基材料、錫基材料、鈦基材料、合金材料等。奈米尺度的材料由於其特有的性能，也在負極材料的研究中廣受關注；而負極材料的薄膜化是高性能負極和近年來微電子工業發展對化學電源特別是鋰二次電池的要求。

　　鋰離子二次電池負極材料的發展經過了一個較長過程，最早研究的負極材料是金屬鋰，由於電池的安全問題和循環性能不佳，金屬鋰在鋰二次電池中並未得到應用。鋰合金的出現在一定程度上解決了金屬鋰負極可能存在的安全隱患，但是鋰合金在反覆的循環過程中經歷了較大的體積變化，電極材料會逐漸粉化，電池容量迅速衰減，這使得鋰合金並未成功用作鋰二次電池的負極材料。碳材料在鋰二次電池中的成功應用促進了鋰離子電池的產生，此後，許多種碳材料被加以研究。但是碳材料存在著比容量低，首次充放電效率低，有機溶劑共嵌入等不足，所以人們在研究碳材料的同時也開始了對其他高比容量的非碳負極材料的開發，比如錫基負極材料、矽基負極材料、氮化物、鈦基負極材料以及新型合金材料等。

4.1.1 金屬鋰及其合金

人們最早研究的鋰二次電池的負極材料是金屬鋰，這是因為鋰具有最負的電極電位（－3.045V）和最高的質量比容量（3860 mA·h/g）。但是，以鋰為負極時，充電過程中金屬鋰在電極表面不均勻沈積，導致鋰在一些部位沈積過快，產生樹枝一樣的結晶（枝晶）。當枝晶發展到一定程度時，一方面會發生折斷，產生「死鋰」，造成不可逆的鋰；另一方面更為嚴重的是，枝晶刺破隔膜，引起電池內部短路和電池爆炸。除此之外，鋰有極大的反應活性，可能與電解液反應，也可能消耗活性鋰和帶來安全問題。正是由於鋰枝晶和鋰與電解液反應可能造成的許多問題，從而使以鋰為負極的二次鋰電池未能實現商業化。目前主要在三方面展開工作：①尋找替代金屬鋰的負極材料；②採用聚合物或熔鹽電解質，避免金屬鋰和有機溶劑的反應；③尋找合適的電解液配方，使金屬鋰在沈積溶解過程中保持光滑均一的表面。

歷史上對鋰合金的系統研究始於高溫熔融鹽體系，研究體系包括Li-Al、Li-Si、Li-Mg、Li-Sn、Li-Bi和Li-Sb。有機電解液體系中鋰的電化學合金化反應的系統研究是從Dey的工作開始的，後來的研究顯示室溫條件下鋰可以和很多金屬在電化學過程中發生合金化反應。Huggins對各種二元和三元鋰合金作為負極在有機溶劑體系中的行為做了系統的研究，特別是鋰錫體系、鋰銻體系和鋰鉛體系的熱力學和動力學行為進行了報導。

相對於金屬鋰而言，鋰合金負極避免了枝晶的生長，從而提高了安全性。但由於合金材料在反覆的循環過程中經歷較大的體積變化，

電極材料會逐漸粉化，電池容量迅速衰減。

為了解決合金材料的粉化問題，不同的研究者提出了不同的解決方法。Huggins提出將活性的Li_xSi合金均勻分散在非活性（所謂的非活性是指在一定的電位下不參與反應）Li_xSn或Li_xCd中形成混合導體全固態複合體系。有人提出將鋰合金分散在導電聚合物中形成複合材料；將小顆粒合金嵌入到穩定的網路支撐體中。這些措施從一定程度上抑制了合金材料的粉化，但仍然沒有達到實用化的要求。

隨著負極概念的突破，負極材料不再需要含鋰，這使得在合金材料的製備上有了更多的選擇。

不含鋰的金屬間化合物被用於鋰離子電池負極進行研究。存在兩類金屬間化合物，一類是含兩種可嵌鋰合金之間的金屬間化合物，如SnSb、SnAg、AgSi、GaSb、AlSb、InSb。這類金屬間化合物，由於不同的金屬在不同的電位與鋰發生合金化反應，一種金屬與鋰發生合金化反應時，另一種金屬呈惰性，相當於活性合金分散在非活性合金的網路中。相對於單一金屬，材料的循環性能有很大提高。另外一類金屬間化合物是可嵌鋰活性金屬和非活性金屬的合金，如Sb_2Ti、Sb_2V、Sn_2Co、Sn_2Mn、Al_2Cu、Ge_2Fe、$CuSn$，Cu_2Sb、Cr_2Sb。這類合金只有一種金屬是活性的，另外一種充當了導電惰性網路的作用，相對於前一種，兩種活性金屬的金屬間化合物循環性有所改進，但這是以犧牲比容量為代價而得的。

另外引入多相合金也提高了材料的循環性，如$Sn/SnSb_x$、$Sn/SnAg_x$、$SnFe/SnFeC$、$SnMnC$。

金屬間化合物沒有徹底解決材料粉化問題，人們開始關注小尺寸材料。Besenhard發現亞微米或奈米材料在循環過程中的破碎變小，

材料的循環性隨著顆粒的減小而變好。這是由於奈米材料在充放電過程中絕對體積變化小，材料的粉化可以得到很好的抑制。但由於奈米材料有較大的表面積，表面能較大，因此在電化學循環過程中存在嚴重的電化學團聚問題。有人對奈米錫銻合金在鋰離子電池中的容量損失和容量衰減做了研究，認為奈米合金的首次容量損失和循環過程中的容量衰減主要由五個方面原因引起：表面氧化物、電解液的分解、鋰被宿主材料捕獲、雜質相的存在、活性顆粒在電化學循環過程中的團聚。

合金方面的另一個值得關注的研究成果是Fuji Film公司利用錫基複合氧化物（TCO）作為鋰離子電池負極的情況，玻璃態的錫基複合氧化物負極具有很好的循環性。

4.1.2 碳材料

鋰合金的研究並沒有直接導致鋰離子電池的產生，而非鋰合金在鋰離子電池出現前後都一直被研究著，真正促使鋰離子電池出現的是碳材料在鋰離子電池中的應用。

碳材料用作鋰離子電池的研究是從20世紀80年代開始的，但對碳材料的插鋰行為在這之前就開始了研究。早在20世紀50年代中期，Herold合成了Li-石墨嵌入化合物（GIC, graphite intercalated compound）。在1976年，Besenhard發現了鋰可從非水溶液裡電化學嵌入到石墨中。但是，在充放電過程中由於石墨結構的膨脹和宏觀結構的解體，這一問題沒能得到解決。在20世紀80年代初有人報導了

在熔融鋰中鋰同浸入碳相結合的研究，發現了LiC_6可以作為電池的負極，這揭開了碳作為鋰離子電池負極研究序幕。1985年，日本Sony公司提出用無序的非石墨化碳來作為電池的負極，從而發明了鋰離子電池。之後，Sony公司成功推出了以$LiCoO_2$為正極，聚糠醇樹脂（PFA，polyfurfryl alcohol）熱解碳（硬碳）為負極的鋰離子電池，從而使鋰離子電池得已商業化。表4-1是不同碳材料的發展過程。

　　石墨類碳材料的嵌鋰行為是目前研究得比較透徹並且已得到大家的公認。石墨中的碳原子為sp^2雜化並形成片層結構，層與層之間通過凡得瓦力結合，層內原子間是共價鍵結合。D.Guerard等通過化學方法將鋰插入石墨片層結構的層間，形成了一系列的插層化合物，

表4-1　不同碳材料的歷史背景

年份	歷史背景	發現（明）者
1976	有機給體溶劑中鹼金屬離子的電化學插入行為的發現	Besenhard
1981	以LiC_6為負極，$NbSe_3$為正極，DOL為溶劑的熔鹽電池的出現	Basu
1983	以鋰化石墨為負極，$LiClO_4$/PC為電解液的聚合物電池	Yazami
1985	無序的非石墨化碳作為負極材料的引入	Sony公司
1990	商業化電池-Li/MnO_2電對中以硬碳為負極	Sony公司
1990	以焦碳為負極，$LiMnO_2$為正極，電解液為$LiAsF_6$/（EC + PC）	Dahn
1993	石墨化MCMB和非石墨化VGCF作為負極材料的引入	Matsushita公司

註：DOL-dioxalane，二氧環戊烷；PC-propylene carbonate，碳酸丙烯酯；EC-ethylene carbonate，碳酸乙烯酯；MCMB-mesocarbon microbeads，中間相碳微珠；VGCF-vapour grown carbon fibre，氣相生長碳纖維。

如LiC_{24}、LiC_{18}、$LiC1_2$、LiC_6等。J.R.Dahn同樣證明了通過電化學的方法形成的鋰石墨嵌入化合物，同時在鋰嵌入過程中形成了一系列的插層化合物。由於石墨片層間以較弱的凡得瓦力結合，在電化學嵌入反應過程中，部分溶劑化的鋰離子嵌入時會同時帶入溶劑分子，造成溶劑共嵌入，會使石墨片層結構逐漸被剝離。這在以PC為溶劑的電解液體系中特別明顯。這也是Sony公司申請的第一代鋰離子電池的專利沒有使用石墨而是使用無定形結構的焦碳的原因。隨後，由於中間相碳微珠（MCMB）的出現和碳酸乙烯酯（EC）基電解液的使用，石墨類碳材料才成為商業化鋰離子電池的負極材料。

除去石墨外的另一大類碳材料是無定形碳材料，所謂無定形是指材料中沒有完整的晶格結構，類似於玻璃態結構中原子的排列只有短程式沒有長程式。無定形碳材料介於石墨和金剛石之間，碳原子存在sp^2和sp^3雜化。

4.1.3 氧化物負極材料

這裡所說的氧化物不包括可以和金屬鋰形成合金的金屬，如錫、鉛等的氧化物。

氧化物負極材料首先要從20世紀80年代的高溫電池說起。$\alpha\text{-}Fe_2O_3$和Fe_3O_4在高溫電池（420°C）中的放電平台為0.8～1.1V，容量可到700mA·h/g，電池的性能逐漸變差可能是由於氧化鋰逐漸擴散到電解液中所致。X射線繞射結果顯示$\alpha\text{-}Fe_2O_3$在放電過程由剛玉結構不可逆地轉變成尖晶石Fe_3O_4結構，最後形成$\gamma\text{-}Fe_2O_3$。在氧化過程

中，通過Fe_3O_4中間相最後形成γ-Fe_2O_3。接著在1985年B.Scrosati等報導了氧化鐵在鋰有機溶劑可充電電池中的電化學行為。同時P.Novak報導了氧化銅在鋰電池中的電化學行為。1993年，Idota發現基於釩氧化物的材料在較低電位下每分子能夠嵌入7個鋰原子，容量達到800～900mA·h/g，並且具有較好的循環性。這重新激發了人們對含氧材料在鋰離子電池中應用的興趣。J.M.Tarascon等對釩酸鹽的可逆反應機制作了研究，認為材料在首次放電過程中形成奈米金屬顆粒和氧化鋰的複合材料，在奈米金屬顆粒的催化下，氧化鋰中鋰氧鍵的可逆斷裂與形成是材料可逆容量的來源。利用透射電鏡證明氧化銅被鋰還原的機制包括首先形成固溶體$Cu^{II}_{1-x}Cu^{I}_{x}O_{1-x/2}$（$0 < x < 0.4$），然後發生相轉變形成氧化亞銅，之後形成分散在氧化鋰網格中的銅的奈米顆粒，認為氧化物儲鋰過程主要是由於奈米銅或其他3d金屬顆粒的高活性導致鋰氧鍵的可逆形成和分解，針對Tarascon小組提出的鋰氧鍵的可逆斷裂和形成機制，J.R.Dahn等通過原位X射線繞射和穆斯堡爾譜研究顯示，氧化物在放電過程中經歷了迅速分解形成氧化鋰和金屬的電化學置換反應，反應產物是奈米尺度的金屬。在充電過程中，金屬首先被氧化，然後氧化的金屬替代了氧化鋰中的鋰形成金屬氧化物和鋰。如在CoO中，充電時這個反應氧化鋰中的氧晶格不變，有點像離子交換反應。這種現象同樣也在氧化鐵中存在。在放電時，就好像鋰離子替換了氧化物中的金屬原子。在以後的循環中，這種交換反應可逆地進行。目前氧化物的嵌鋰機制還存在爭議，但這並不妨礙我們利用氧化物製備新的電極材料。J.R.Dahn等研究了利用氧化鋰或硫化鋰和金屬奈米顆粒得到的複合材料的嵌鋰行為。材料顯示電化學活性，並有600mA·h/g的容量，當電位限制合適，材料循環容量不衰減。

其他氧化物負極材料還包括具有金紅石結構的MO_2、MnO_2、TiO_2、VO_2、CrO_2、NbO_2、MoO_2、WO_2、RuO_2、OsO_2、IrO_2、α-MoO_3等材料。

4.1.4　其他負極材料

過渡金屬氮化物是另一類引起廣泛注意的負極材料。Takeshi Asai等在1984年就報導了$Cu_xLi_{1-x}N$的製備和離子電導性質，通過Li_3N中的部分陽離子替代得到的鋰銅氮。由於銅和氮之間部分共價鍵，導致活化能降低為0.13eV，另外由於替代導致鋰空位減小，從而鋰離子電導降低。O.Yamamoto小組對Li_7FeN_2、Li_7MnN_4、$Li_{2.6}M_{0.4}N$（M = Co、Ni、Cu）材料的電化學嵌鋰過程作了深入的研究，發現這些材料有高達900mA·h/g的容量，並且具有很好的循環性。其他小組對氮化物也做了許多工作。由於含鋰負極在目前的鋰離子電池體系中並不適用，其他因素，如製備成本以及對空氣敏感等目前離實際應用還有一定的距離，但它提供了電極材料的另一種選擇。它與別的電極材料複合補償首次不可逆容量損失也不失為一種很好的嘗試。

其他，如硼酸鹽、氟化物、硫化物等也有報導用於鋰離子電池負極材料的研究。AlaZak等研究了鹼金屬嵌入富勒烯結構的金屬硫化物（WS_2、MoS_2）奈米顆粒的情況。表面的封閉層是鋰嵌入的主要製約因素。

4.1.5 複合負極材料

目前商業化鋰離子電池負極材料使用的均為碳材料，包括石墨化碳材料如石墨化中間相碳微珠（MCMB）以及一些熱解硬碳。目前這些碳材料的實際比容量一般不超過400mA·h/g，雖然比目前使用的大部分正極材料的比容量（一般為120～180mA·h/g）都高，但由於碳材料的振實密度低，加上一般負極集流體使用重的銅箔而正極使用較輕的鋁箔，所以正極材料實際的體積比容量正極反而要高於負極；因此要進一步提高電池的比能量，提高負極材料的嵌鋰性能是研發的關鍵。而且隨著電子產品的日益普及，對高比能量電池的需要越來越高。目前，單獨的某種材料都不能完全滿足有關需要。碳材料雖然有很好的循環性能，但比容量低；比容量高的碳材料的其他電化學性能又受到損害。合金材料具有很高的比能量，但由於在嵌鋰過程中體積膨脹大，材料的循環性能遠遠滿足不了要求。錫基複合氧化物具有很好的循環特性，但首次不可逆容量損失一直沒辦法解決。這樣看來，綜合各種材料的優點，有目的地將各種材料複合，避免各自存在的不足，形成複合負極材料是一個合理的選擇，目前複合材料的研究已經取得了一定的效果。

針對材料的首次不可逆容量損失，有人提出利用含鋰的過渡金屬氮化物進行補償，以及採用鋰和氧化錫反應來解決氧化錫材料首次不可逆容量損失。

針對合金材料的循環性差的問題，有人提出將一種活性材料分散在另一種非活性材料中形成複合材料的設想。這種努力包括Thackeray等提出的利用過量的銅形成的惰性網格來提高銅錫合金的

電化學循環性。Hisashi Tamai等則利用有機錫製備了奈米尺度的錫分散在碳網格中的複合材料來提高材料的循環性。如利用球磨製備了石墨錫複合物；研究了導電聚合物／金屬合金組成的複合材料；利用CVD方法在矽顆粒表面包覆碳，發現經過表面包覆後矽的電化學循環性有很大的提高，在循環多次後矽顆粒沒有破碎；製備了導電聚合物和鋰合金複合電極等。這些均在一定程度上明顯改善和提高了合金材料的電化學循環性。

4.2 負極材料的特點及分類

4.2.1 負極材料的特點

作為鋰離子電池負極材料應滿足以下要求。

①插鋰時的氧化還原電位應盡可能低，接近金屬鋰的電位，從而使電池的輸出電壓高；

②鋰能夠盡可能多地在主體材料中可逆地脫嵌，比容量值大；

③在鋰的脫嵌過程中，主體結構沒有或很少發生變化，以確保好的循環性能；

④氧化還原電位隨插鋰數目x的變化應盡可能少，這樣電池的電壓不會發生顯著變化，可以保持較平穩的充放電；

⑤插入化合物應有較好的電子電導率和離子電導率，這樣可以減少極化並能進行大電池充放電；

⑥具有良好的表面結構，能夠與液體電解質形成良好的固體電解

質介面（SEI，solid electrolyte interface）膜；

　　⑦鋰離子在主體材料中有較大的擴散係數，便於快速充放電；

　　⑧價格便宜，資源豐富，對環境無污染等。

4.2.2　負極材料的分類

　　(1)按其組成分　負極材料有多種分類方法，按其組成分，可分為碳負極材料和非碳負極材料兩大類。碳材料主要包括石墨及石墨化碳材料、非石墨類（無定形）碳材料兩類。石墨類碳材料包括天然石墨、人工石墨和改性石墨三類，它們具有良好的層狀結構，鋰離子嵌入石墨的層間形成Li_xC_6層間化合物，理論容量為372mA·h/g，有良好的電壓平台，不存在充電（鋰脫嵌）電壓滯後；無定形碳材料按其石墨化難易程度可分為易石墨化碳材料（也稱為軟碳）和難石墨化碳材料（也稱為硬碳），非石墨化碳材料與石墨有不同的儲鋰機制，通常表現出較高的比容量，但電壓平台較高，存在電位滯後現象，同時循環性能不理想，可逆儲鋰容量一般隨循環進行衰減得較快。

　　非碳負極材料包括錫基材料、矽基材料、氮化物、鈦基材料、過渡金屬氧化物和其他一些新型的合金材料。非碳負極材料的開發主要是基於碳素類材料比容量低，不能滿足日益增長的電池對容量的要求，再加上碳素類材料首次充放電效率低，存在著有機溶劑共嵌入等缺點，所以人們在開發碳材料同時也開展了對高容量的非碳負極材料的研發。

　　錫基材料包括錫的氧化物、錫基複合氧化物、錫鹽、錫酸鹽以及

錫合金等；

矽基材料分為矽、矽的氧化物、矽／碳複合材料、矽合金等；

鈦基負極材料主要是指鈦的氧化物，包括TiO_2、尖晶石結構的$LiTi_2O_4$和$Li_{4/3}Ti_{5/3}O_4$等；

氮化物主要是指各種過渡金屬氮化物、與$Li_{4/3}Ti_{5/3}O_4$一樣是含鋰的負極材料；

合金材料則包括Sn基、Sb基、Si基、Al基合金材料等。

負極材料的分類見圖4-1。

(2)負極材料按結構來分　可分為結晶材料和非晶（無定形）材料兩大類。石墨類碳材料結晶度較高，屬於晶形材料；而無定形碳材料結晶度低，我們把它視作非晶形材料。錫基材料中錫的氧化物絕大多數為晶形化合物，由於它在充放過程中存在著巨大的體積效應，影

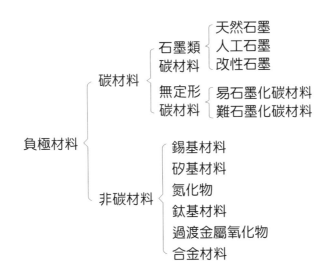

圖4-1　負極材料的分類

響了材料的結構穩定性和循環性能，所以對錫氧化物進行改性導致了無定形的錫基複合氧化物的出現。矽基材料中非金屬的矽也有晶形和無定形兩類，其中，無定形的矽具有更好的電化學性能，對矽進行的改性也基本上針對無定形矽出發。合金材料也可以按結構分為晶形和非晶形兩類。

(3)負極材料按形態來分　可以分為粉末狀的材料以及薄膜材料兩類。到目前為止，研究過的負極材料絕大多數為粉末狀的材料，薄膜形態的研究較少，主要集中在金屬（合金）薄膜、錫氧化物薄膜、矽基薄膜等上面。薄膜電極與粉末電極相比，不必添加粘接劑和導電劑，這使薄膜電極可更直觀地反應電極材料的性能，同時具有設計簡單、內部電阻小、充放電性能良好等優點，這些使得薄膜電極材料極具前景。

4.3　晶體材料和非晶化合物

固態物質分為晶體和非晶體，晶體又可分為單晶體與多晶體。晶體是指組成它的原子或離子在空間內按一定規律排列，具有一定熔點的物質；非晶體是指組成它的原子或離子不是作有規律排列，沒有固定熔點的固態物質。多晶則是由許多小的單晶粒組成。

晶體的特點是具有一定的熔點。在熔解或凝固過程中，固、液態並存，溫度保持不變。而單晶體，除此之外還具有天然的規則幾何外形，如食鹽呈立方體。物理性質（如彈性模量、熱導率、電阻率、吸收係數等）具有各向異性（即晶體在不同的方向上有不同的物理性

質）。

　　非晶體的特點是沒有固定的熔點，在熔化過程中溫度不斷上升；由於內部原子無規則地排列導致沒有規則的幾何外形，物理性質表現為各向同性。

　　但晶體和非晶體之間並沒有明確、不可逾越的界限。事實上，同一物質在不同條件下可以形成晶體，也可形成非晶體。如SiO_2（石英）可以形成非晶體石英玻璃、燧石等，也可以形成晶體水晶。即使是傳統的非晶體，如橡膠、玻璃等，在適當的條件下也可以晶體化。

　　本節將介紹各種晶形和非晶形負極材料，這包括了石墨類碳材料和無定形碳材料，而氮化物和鈦酸鋰將作為含鋰的負極材料在以後章節中介紹，各種奈米材料和薄膜材料也將在後面分別介紹。

4.3.1　石墨類碳材料

　　碳材料主要分為石墨類碳材料和無定形碳材料兩大類，它們都是由石墨微晶構成的，但它們的結晶度不同，其他結構參數也不一樣，所以它們的物理性質、化學性質和電化學性能呈現出各自的特點；碳的晶體還有金剛石和富勒烯，但它們只是作為碳的同素異形體存在，所以不能在鋰離子電池中應用。其他碳材料還包括碳奈米管、奈米孔碳負極材料和碳材料的奈米摻雜，這將在後面的奈米材料一節中加以介紹。

　　石墨類碳材料主要是指各種石墨及石墨化的碳材料，包括天然石墨、人工石墨和對石墨的各種改性後的材料。下面主要介紹碳材料的

結構、石墨的電化學嵌鋰原理、各種石墨類碳材料的製備方法及電化學性能等。

一、碳材料的結構

碳材料的結構決定碳材料的性質，對於一般碳材料，其結構包括晶體結構和宏觀織構兩個方面，但對於用作鋰離子電池的負極材料來講，碳材料的表面結構和結構缺陷對電極的性能有著極大的影響。

(1)石墨晶體結構　石墨是碳的一種同素異形體，它的晶體是層狀結構。在每一層內，碳原子以sp^2雜化的方式與鄰近其他三個碳原子形成三個共平面的σ鍵，這些共平面的碳原子在σ鍵作用下形成大的六環網路結構，並連成片狀結構，形成二維的石墨層，每個碳原子的未參與雜化的電子在平面的兩側形成大π共軛體系；在層與層之間，是以分子間作用力—凡德瓦力結合在一起。由於同一層的碳原子以較強的共價鍵結合，使石墨的熔點很高（3850°C），但由於層間的分子間作用力是非鍵力，比化學鍵弱，容易滑動，使石墨的硬度很小並且具有潤滑性。同時，由於大π共軛體系中的電子的共振作用，π電子易流動而具有良好的導電性。圖4-2是石墨晶體的結構示意圖。

實際上，石墨由兩種晶體構成，一種是六方形結構（$2H$, $a = b = 0.2461$nm, $c = 0.6708$nm, $\alpha = \beta = 90°$, $\gamma = 120°$），空間點群為$P63/mmc$，碳原子層以ABAB方式排列；另一種是菱形結構（$3R$, $a = b = c$, $\alpha = \beta = \gamma \neq 90°$），空間點群為$R3m$，碳原子層以ABCABC方式排列。圖4-3是石墨的兩種晶體。

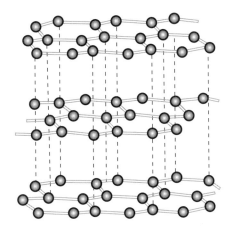

圖4-2　石墨晶體結構示意圖

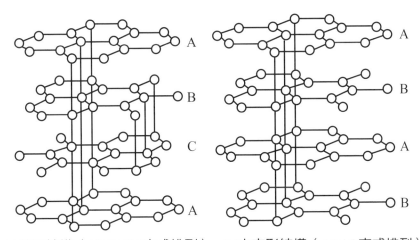

(a)菱形結構（ABCABC方式排列）　(b)六方形結構（ABAB方式排列）

圖4-3　石墨的兩種晶體

　　在石墨晶體中，這兩種結構共存，只是在不同材料中各自所占的比例不同而已。例如，天然石墨中菱形六面體的比例一般低於3%～4%，而良好結晶的石墨晶體中菱形六面體的比例可高達22%。石墨中菱形晶相的含量可以用公式（4-1）求出。

$$\omega_{3R} = \frac{[101]_{3R} \times \dfrac{15}{12}}{\left([101]_{3R} \times \dfrac{15}{12}\right) + [101]_{2H}} \tag{4-1}$$

式中，$[101]_{3R}$、$[101]_{2H}$分別為菱形晶相和六方晶相的[101]面的XRD峰強度。

一般而言，菱形晶相的比容量較六方晶相高，調整這兩種結構的比例可以提高石墨的比容量。

石墨晶體的結構參數主要有L_a、L_c、d_{002}和G。L_a為石墨晶體沿a軸方向的平均寬度，L_c為石墨晶體沿c軸方向的平均高度，d_{002}為相鄰兩石墨片層的間距，對於理想的石墨晶體d_{002}為0.3354nm，對無定形碳而言，d_{002}高達0.37nm甚至更高。L_a和L_c的大小隨著碳材料的石墨化程度變化而變化，一般石墨化程度越大，L_a和L_c的值也就越大。石墨晶體的這些結構參數一般可以通過XRD來確定。

$$d_{002}(\text{nm}) = \frac{\lambda}{2\theta \sin\theta} \tag{4-2}$$

$$L_a(\text{nm}) = \frac{0.184\lambda}{\beta \cos\theta} \tag{4-3}$$

$$L_c(\text{nm}) = \frac{0.089\lambda}{\beta \cos\theta} \tag{4-4}$$

式中，λ、β和θ分別為入射X射線的波長、X射線繞射峰的半峰寬和繞射角。

$$G = \frac{0.3440 - d_{002}}{0.3440 - 0.3354} \times 100\% \tag{4-5}$$

　　式中，G為不同碳材料的石墨化程度。它的值可由Mering和Maire公式求出；0.3440nm為完全未石墨化碳的層間距；0.3354nm為理想石墨的層間距。

　　石墨化度G反映出兩個層次的概念：①石墨化後碳材料晶體結構的有序程度，G值越大表示其結構和性質越接近於理想石墨；②碳材料的石墨化難易程度，G值大表示易石墨化，G值小表示難石墨化。

　　碳材料的石墨化度G也影響著電阻率大小：石墨化度高，層內晶格尺寸大而晶格缺陷少，層間排列趨向平行且層間距d_{002}小，這就減少了自由電子流動的阻礙因素，使電阻率減小。

　　(2)碳材料的微觀結構　　碳材料的微觀結構是指構成碳材料的石墨片層或石墨微晶在空間的堆積方式。雖然不同的碳材料都是由二維的石墨結構的六角網面構成，在進一步積層形成晶粒的過程中，由集合形式的多樣性導致了組織結構的多樣性，因此也可以按其定向方式和定向程度將碳材料為層面完全雜亂堆積的無定形結構和具有某種規則性集合的定向結構兩類。在高取向的材料中，有面取向、軸取向和點取向三種材料，實際的碳材料都是由其中一種或多種組成。圖4-4為不同碳材料的微觀結構示意圖。

　　①面取向結構　　是指石墨微晶基本平行的結構，它存在於石墨和石油焦中。完美的面織構是石墨單晶，高取向裂解石墨（HOPG）接近極限；天然鱗片石墨也具有面取向結構。焦碳中的很多種也具有該種結構，只是在低溫處理物中網面較小，約1～1.5nm，但大致呈平行排列經高溫處理，網面成長，定向性將顯著改善，亦即石墨化程度提高。

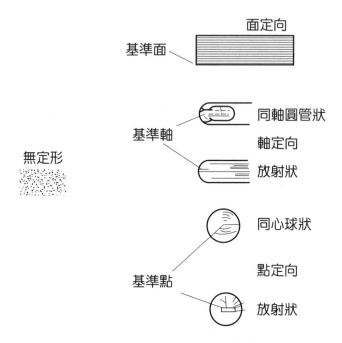

圖4-4 不同碳材料微觀結構示意圖

②線取向結構　軸取向結構存在於碳纖維中，有兩種典型的軸結構，一種石墨微晶呈放射狀，微晶的石墨面基本通過碳纖維軸，另一種微晶的石墨面呈圓筒狀，與碳纖維同軸。1100°C左右製成的氣相成長碳纖維（VGCF）即為同軸圓筒結構；瀝青系碳纖維（PCF）可為同軸圓管狀或放射狀，通過紡絲條件可以控制；聚丙烯腈（PAN）系碳纖維的斷面上可以局部地呈同心圓與放射混合存在的結構。放射結構在高溫處理過程中往往產生楔形缺陷。具有軸定向結構的低溫處理物同樣網面較小，經高溫處理，網面合併成長，可高度石墨化。

③點取向結構　存在於中間相碳微球中，也有兩種典型的點結構：一種呈放射狀，即微晶的石墨通過球心；另一種呈同心圓球狀，即微晶的石墨面同心的球面。

具有定向結構的碳素材料或者是石墨，或者是可石墨化碳。而定向方式是在碳化（低溫處理）過程中形成的，進一步的石墨化（高溫處理）並不能使之發生改變。要使定向方式發生變化，則往往需要300MPa以上的壓力輔以高溫處理等非常苛刻的條件。

(3)表面結構　物質表面層的分子與內部分子周圍的環境不同，同時表面層的組成也與內部相異，這些使得表面層的性質不同於本體。在鋰離子電池中，電化學反應首先在電解液和電極材料的介面發生，因此負極材料的表面結構對介面反應的熱力學（包括鋰離子的嵌入、可逆電極電位和不可逆容量等）和動力學（如材料和電解液的穩定性）都有很大影響，因此研究負極材料時，必須考慮它的表面結構。碳材料的表面結構包括表面上碳原子的鍵合方式，端面和基面的比例，表面上化學或物理吸附的官能團、雜質原子、缺陷等。

在碳材料中，碳原子之間一般以sp^2雜化方式鍵合，但在表面層的碳原子中，存在著一些sp^3雜化碳。

在石墨化碳中，由於二維各向異性形成不同的表面，一種是本征石墨平面結構，被稱為基面（basal plane），另一種是與基面相對的有許多化學基團的邊界表面，被稱為端面（edge plane），鋰在石墨中的插入一般從端面開始，若基面存在著像微孔一樣的結構缺陷也可以從基面中進行。因此端面和基面的比例對鋰的嵌入有很大的影響。端面也有兩種，一種是Z字形（zig-zag）面，一種是扶椅形（armchair）面。碳材料的兩種端面如圖4-5所示。

在碳材料中，由於熱處理過程的不完全以及碳原子價態未飽和，因此表面容易物理或者化學吸附一些雜質原子、官能團等。最常見的雜質原子是氫原子和氧原子，它們也可能以表面吸附的羥基或羧基存

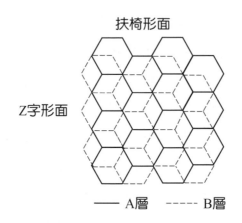

圖4-5　碳材料的兩種端面示意圖

在，此外，還有氮、硫等雜原子。在500～600°C下得到的中間相碳微珠氫原子比例可達30%～40%。

(4)結構缺陷　由於碳原子成鍵時的多種雜化形式及碳材料結構層次的多樣性，導致碳材料存在各種結構缺陷，常見的結構缺陷有平面位移、螺旋位錯、堆積缺陷等。

在實際的碳材料中，碳原子除通過sp^2雜化軌道成鍵構成六角網路結構外，還可能存在通過sp、sp^3雜化軌道成鍵的碳原子。雜化形式不同，電子雲分佈密度也不同，導致碳平面層內電子的密度發生變化，使碳平面層變形，引起碳平面層內的結構缺陷。此外，當碳平面結構中存在其他雜原子時，由於雜原子的大小和所帶電荷與碳原子不同，也會引起碳層面內的結構缺陷。

以有機化合物作為前驅物，通過熱解方法製備的碳材料，在碳平面生成過程中，邊沿的碳原子可能仍與一些官能團，如—OH、＝O、—O—、—CH₃等連接，也會引起碳層平面結構變形。

碳層平面堆積缺陷是碳平面呈現不規則排列，形成面材料中的層

面堆積缺陷。

　　孔隙缺陷是製備碳的過程中，因氣相物質揮發留下孔隙引起。

二、石墨類材料的插鋰行為

　　石墨晶體中，層面內的碳原子以共價鍵疊加在金屬鍵上相互牢固結合，而層面之間僅靠較弱的凡特瓦力連接。這種特殊的結構使石墨具有特殊的化學性質，一些原子、分子或離子可以嵌入石墨晶體的層間，並不破壞二維網狀結構，僅使層間距增大，生成石墨特有的化合物，通常稱為石墨插層化合物（graphite intercalated compound, GIC）。根據嵌入物（客體）和六角網狀平面層（主體）的結合關係不同，GIC可以分成靜電引力型和共價鍵型兩大類，如表4-2所示。

　　鋰離子電池的出現正是基於石墨主體可以被客體鋰原子嵌入的原理，鋰原子嵌入後，石墨層內碳原子的sp^2雜化軌道不變，層面保持平面性，存在自由電子，而且鋰原子可以供電子，這也增加了石墨層的電子，所以具有更高的導電性。同時，石墨層與嵌入層平行排

表4-2　**石墨層間化合物的分類**

類型	客體電子狀態	客體舉例
靜電引力型	供電子型	Li, K, Rb, Cs; Ca, Sr, Ba; Mn, Fe, Ni, Co, Zn, Mo; Sm, Eu, Yb; K-Hg, Rb-Hg; K-NH$_3$, Ca-NH$_3$, Eu-NH$_3$, Be-NH$_3$, K-H, K-D; K-THF, K-C$_6$H$_6$, K-DMSO
	受電子型	Br, ICl, IBr, IF$_5$; MgCl$_2$, FeCl$_2$, FeCl$_3$, NiCl$_3$, AlCl$_3$; SbCl$_5$, AsF$_5$, SbF$_5$, NbF$_5$, YeF$_5$; CrO$_3$, MoO$_3$; HNO$_3$, H$_2$SO$_4$, HClO$_4$, H$_3$PO$_4$, HF, HBF$_4$
共價鍵型		F（氟化石墨），O（OH）（氧化石墨）

列，而且是每隔一層、兩層、三層……有規則地插入，分別稱為一階、二階、三階……石墨層間化合物。圖4-6是不同階的Li-GIC。

以石墨為鋰離子電池負極時，鋰發生嵌入反應，形成不同階的化合物Li_xC_6。對於完整晶態的石墨，隨著鋰的嵌入最後形成一階化合物，其結構如圖4-7所示。鋰在LiC_6中佔據緊鄰六元環位置，因此可計算出其理論容量為372mA·h/g。鋰插入石墨後，層間距也相應發生變化，從原來未插鋰時的0.3354nm增大到0.3706nm。用其他碳材料作負極時，也會發生鋰的嵌入反應，但嵌入機制可能與石墨不同。

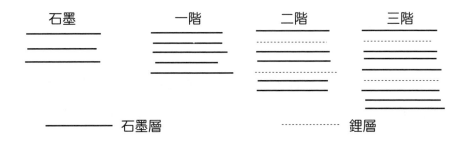

圖4-6　不同階的Li-GIC示意圖

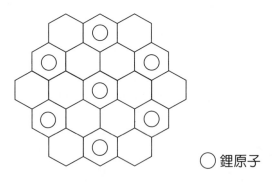

圖4-7　石墨層間化合物平面結構示意圖

關於石墨的嵌鋰過程，比較有代表性的是Ohzuku等提出的模型，在該模型中，認為鋰嵌入石墨過程存在著四個階次的嵌鋰化合物，並有兩種平面鋰密度構成六種不同的相，即LiC_6型的LiC_6、LiC_{12}相，LiC_9型的LiC_9、LiC_{18}及更高階相。這類同階的化合物結構可能不一樣，為了便於區別同一階的不同比例的化合物，我們把LiC9型稱為准階型化合物。鋰—石墨體系按下列步驟發生階之間的變化：

區域（Ⅰ）LiC_{12}（二階）$\rightleftharpoons LiC_6$（一階）

區域（Ⅱ）LiC_{18}（准二階）$\rightleftharpoons LiC_{12}$（二階）

區域（Ⅲ）LiC_{36}（准四階）$\rightleftharpoons LiC_{27}$（准三階）$\rightleftharpoons LiC_{18}$（准二階）

區域（Ⅳ）石墨$\rightleftharpoons LiC_{36}$（准四階）

階型化合物對應的鋰的嵌入量及容量見表4-3。

石墨的鋰嵌機制可以通過電化學還原的方法來測定。基本方法有兩種：恆電流法和循環伏安法，相比而言，循環伏安法尤其是慢掃描循環伏安法（slow scan cyclic voltammetry，SSCV）更為有效。圖4-8是用恆電流法測得的石墨在插鋰過程中電位與組成的變化，電位平台的出現表明兩相區的存在。圖4-9表現出來的石墨插鋰行為與恆電流法極為相似。

表4-3　階型化合物對應的鋰的嵌入量及容量

階名稱	GIC的化學式	鋰嵌入量x	容量／（mA·h/g）
准四階	LiC_{36}	0.17	63
准三階	LiC_{27}	0.22	82
准二階	LiC_{18}	0.33	123
二階	LiC_{12}	0.50	186
一階	LiC_6	1.00	372

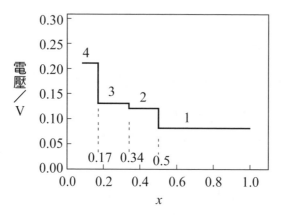

圖4-8　石墨在插鋰過程中電位與組成的變化

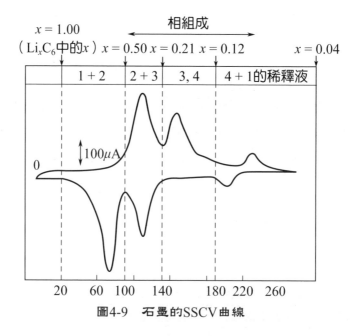

圖4-9　石墨的SSCV曲線

　　鋰在石墨中的擴散速度也是表徵石墨嵌鋰性能的一項重要指標，因為它直接決定著鋰離子電池的充放電速率。鋰在石墨中的擴散速率為$10^{-10} \sim 10^{-11} \mathrm{cm^2/s}$，比在焦碳中小2個量級，並且與石墨的電導率存在各向異性相似，石墨的嵌鋰動力學也存在著明顯的各向異性，鋰離

子通過邊界面的速度是通過基面的速度80倍左右。因此石墨中鋰的插入一般是從端面進行的，但是如果基面存在著像微孔一樣的結構缺陷，插入行為也可以從基面進行。

石墨類碳材料的插鋰特性是：插鋰電位低且平坦，可為鋰離子電池提供高的、平穩的工作電壓；插鋰容量高，理論容量為372mA·h/g；但與有機溶劑相容性差，易發生溶劑共嵌入。

三、固體電解質介面（SEI）膜

鋰離子電池在首次充放電過程中，即在鋰離子開始嵌入石墨電極之前（> 0.3V），有機電解液會在碳負極表面發生還原分解，形成一層電子絕緣、離子可導的鈍化層，這層鈍化層被稱作固體電解質介面（solid electrolyte interface, SEI）膜。碳材料表面在電化學嵌鋰之前形成SEI膜已被證實，除此之外，其他一些負極材料，如錫的氧化物、合金表面也能形成SEI膜；而且，正極材料表面也可通過陽極氧化形成SEI膜。

SEI膜的形成一方面消耗了有限的Li^+，減小了電池的可逆容量；另一方面，也增加了電極、電解液的介面電阻，使得電極的極化增大，影響電池的大電流放電性能。但是，優良的SEI膜具有機溶劑不溶性，允許鋰離子自由地進出碳負極而溶劑分子無法穿越，能夠有效阻止有機電解液和碳負極的進一步反應以及溶劑分子共插對碳負極的破壞，提高了電池的循環效率和可逆容量等性能。

由於鋰離子的嵌入過程必然經由覆蓋在碳負極上的SEI膜，因此SEI膜的特性決定了嵌／脫鋰以及碳負極／電解液介面穩定的動力學，也就決定了整個電池的性能，如循環壽命、自放電、額定速率以

及電池的低溫性能等。要優化電極介面SEI膜的性質，可以通過改善電極介面的性質和優化電解液組成來實現。

(1)SEI膜的組成與結構　石墨電極在PC/EC基電解液的首次放電過程的介面還原產物為C_2H_4、丙烯、Li_2CO_3；PC、EC基在電解液電極介面還原過程中，由單電子自由基終止反應形成烷基碳酸鋰（$ROCO_2Li$）；此外，石墨負極在PC基電解液中形成的SEI膜有聚丙烯氧化物$P(PO)_x$的生成；有人在研究石油焦在$LiCF_3SO_3$-PC/EC/DMC電解液中，負極介面SEI膜的具體組成為Li_2CO_3、$ROCO_2Li$、ROLi，另外成分未知，可能是L_2S、LiF或Li_2SO_3中的一種或幾種。

SEI膜的組成非常複雜，主要由電解液的組分，包括有機溶劑、鋰鹽電解質、添加劑或可能的雜質，如H_2O、HF等在電極表面的還原產物組成，除此之外，電極材料的組成對SEI膜的成分也有影響。因此，溶劑不同或者鋰鹽電解質不同，SEI膜的組成也有所差異。

以溶劑而言，在烷基碳酸酯電解液中，SEI膜主要由$ROCO_2Li$組成，對於鏈狀溶劑來說，是烷基碳酸單鋰，而環狀溶劑則是烷基碳酸二鋰；對EC-DMC基電解液而言，一些烷氧基鋰可能是CH_3OLi也存在。在烷基碳酸酯—醚的混合溶劑體系中，SEI膜的主要成分為烷基碳酸鋰鹽。電解液中微量的水也將與烷基碳酸鋰反應生成更加穩定的Li_2CO_3。

以電解質而言，在含氟的電解液裡，鋰鹽分解產生的HF會與表面組分反應生成LiF，或者鋰鹽直接被電化學還原生成LiF，以$LiAsF_6$為例，可能的電化學還原如下：

$$LiAsF_6 + 2Li^+ + 2e^- \rightarrow 2LiF + AsF_3 \qquad (4\text{-}6)$$

$$AsF_3 + Li^+ + e^- \rightarrow Li_xAsF_y + LiF \qquad (4\text{-}7)$$

在$LiClO_4$電解液中，相應有還原產物Li_2O和$LiCl$等。

$$LiClO_4 + 8e^- + 8Li^+ \rightarrow 4Li_2O + LiCl \qquad (4\text{-}8)$$

$$或 \quad LiClO_4 + 4e^- + 4Li^+ \rightarrow 2Li_2O + LiClO_2 \qquad (4\text{-}9)$$

$$或 \quad LiClO_4 + 2e^- + 2Li^+ \rightarrow Li_2O + LiClO_3 \qquad (4\text{-}10)$$

$LiPF_6$也相應被還原為LiF和Li_xPF_y；$N(SO_2CF_3)_2^-$被還原為LiF、鋰的氮化物以及鋰的硫化物，如Li_2S、$Li_2S_2O_4$、Li_2SO_3。

因此，SEI膜的主要成分包括有烷基碳酸鋰、烷氧基鋰、鹵化鋰、Li_2CO_3、Li_2O、鋰的硫化物等。

由Peled建立的鈍化膜結構模型認為鈍化膜包含1～2個分子層，第一層薄而密實，是阻止電解液組分進一步還原的重要原因，第二層如果存在的話，則覆蓋在第一層上，往往是多孔性結構。後來Thevenin對這一模型加以修正，其要點如下：①電極在PC基電解液中形成的鈍化膜是由PC還原過程中引發的聚合反應形成的聚丙烯氧化物$P(PO)_x$和一些簡單的鋰鹽，如Li_2CO_3等所組成；②固體化合物分散在聚合物網路中形成固體網路結構；③鈍化膜是雙分子薄層，一層與電極介面緊密相連，結構緻密；另一層可能是緻密分子膜層，也可能是多孔性分子膜層。上述SEI膜結構模型的不足之處在於，一是無法解釋SEI膜的高介面阻抗；二是介面顯著的熱力學和動力學穩定性與膜組分在電極介面的高化學活性無法吻合；三是單分子層或雙分子層

的假設與一般SEI膜的實際厚度（5～10nm）不相符合。

有人提出SEI膜在結構上包含五個連續的分子層，相鄰兩層之間都存在一個介面，跨越每個介面均為導鋰通路。這樣，根據該模型就有五個連續的Li^+傳遞通道，每一層都有相應的Li^+容量和電阻，很難把每一層的結構特性和導電特性，如介電常數、離子導電性、電導活化能等與其他各層區分開來；造成介面高阻抗的重要原因是微晶的邊界電阻R_{gb}，因為R_{gb}與垂直於離子電流方向從一個微粒到另一個微粒的離子遷移的難易程度有關。後來通過XRS法證實了SEI膜為多層分子介面膜，與電極介面緊密相連的組分為比較穩定的陰離子O^{2-}、S^{2-}或F^-，與電解液緊密相連的組分為部分還原產物，如聚丙烯組分。Peled認為把SEI膜看作多種微粒的聚合態更合適一些，每個粒子都有相應的離子電阻和邊界導鋰性，膜厚為5～50nm，這種多層SEI膜可以較好地類比SEI膜的介面交流阻抗特性。

(2)SEI膜的形成機制及導鋰機制　關於石墨電極上SEI膜的形成機制有兩種物理模型。Besenhard等認為：溶劑能共嵌入石墨中，形成三元GIC，它的分解產物決定上述反應對石墨電極性能的影響；EC的還原產物能夠形成穩定的SEI膜，即使是在石墨結構中；PC的分解產物在石墨電極結構中施加一個層間應力，導致石墨電極結構的破壞（簡稱層離）。另一種模型是由Aurbach等在Peled提出後，在基於對電解液組成分解產物光譜分析的基礎上發展的。這一模型認為：初始SEI膜的形成，控制了進一步反應的特點，宏觀水平上的石墨電極的層離，是初始形成的SEI膜鈍化性能較差及氣體分解產物造成的。兩種機制最大的差別在於SEI膜形成的第一步，是從形成三元石墨嵌入化合物開始的，還是從電解液在石墨電極表面發生電化學還原開始的。

綜合上述兩種模型，Chung等提出了另外一種包含溶劑共嵌入的SEI膜形成機制：石墨電極表面的SEI膜形成過程，首先從最易還原的電解液組分開始，直到電荷傳遞到電解液組分的速度變得非常慢，如果這時電解液組成的還原產物仍不能在電極表面建立鈍化性能優良的SEI膜，當電位低至三元GIC在熱力學能穩定存在時，SEI膜的形成就通過三元GIC化合物的還原進行。當三元GIC化合物產生的層間應力超過石墨層間相互吸引的作用力時，石墨就發生層離，當石墨電極具有非常優越的機械完整性或三元GIC化合物應力較小時，石墨電極就不發生層離，這樣，SEI膜就可通過一系列的電解液還原反應繼續形成，電解質溶劑的結構和石墨主體的性質，是影響石墨電極層離的兩個主要因素。

溶劑分子在電極介面的還原反應可分為化學還原和電化學還原。電化學還原是指與Li^+結合的溶劑分子在電極介面得到電子而被還原的過程，根據每個溶劑分子在電化學還原過程中得到的電子數目的不同又分為單電子還原機制和雙電子還原機制。化學還原是指Li^+在電極上獲得電子成為Li/C插層化合物後，基於電極自身的還原作用，與溶劑分子發生的還原過程。一般來講，在碳負極／電解液介面上，化學還原十分微弱。現以PC為例的溶劑還原反應介紹。

電化學還原反應：

$$2PC + 2Li^+ + 2e^- \rightarrow CH_3CH(OCH_2Li)CH_2OCO_2Li + CH_3CHCH_2 \uparrow \text{（單電子機制）}$$

$$\text{（4-11）}$$

$$PC + 2Li^+ + e^- \rightarrow Li_2CO_3 + CH_3CHCH_2 \uparrow \text{（雙電子機制）} \qquad \text{（4-12）}$$

化學還原反應：

$$2PC + 2Li^+C_n^- \rightarrow Li_2CO_3 + CH_3CHCH_2 \uparrow + C_n \qquad (4\text{-}13)$$

下面就溶劑的電化學還原機制加以簡述。

在鋰離子電池中，電化學還原的初始步驟是電子從陰極極化的電極傳遞到溶劑化的鋰離子，這樣，產生的溶劑分子的自由基能與周圍的、與鋰離子絡合的溶劑分子之間建立一種電荷交換平衡，隨後的溶劑分解是從這一電荷交換平衡開始的。電荷從電極傳遞到與鋰離子配位元的溶劑分子，需要一個空的分子軌道供電荷傳遞，如果這一空軌道的能量較高，或者說它的分子最低空軌道（lowest unoccupied molecular orbital, LUMO）能量較高時，電荷的傳遞只能在較低的電勢下進行，由於石墨電極通常都是在恆流條件下進行鋰化的，因此其表面SEI膜的形成過程是具有高度選擇性的過程，也就是說，反應活性最強的物質，首先在較高電勢下被還原，它的還原產物沈積在碳負極表面上形成SEI膜，也就抑制了其他活性較低的溶劑的還原，這已被不同電勢下對石墨電極表面膜的形成研究所證實。

SEI膜形成的電位（V_{SEI}）與溫度、被還原物質的濃度、溶劑、鋰鹽、電流密度和碳介面和催化活性都有關係。表4-4列出了不同電解液下的SEI膜的形成電位。

表4-4 不同電解液下的SEI膜的形成電位

陰離子種類	電解液組成	電極材料	V_{SEI}/V
AsF_6^-	1mol/LLiAsF$_6$, EC/PC	石墨	1.2
	1mol/LLiAsF$_6$, EC/DEC	碳纖維	1.2
PF_6^-	1mol/LLiPF$_6$, EC/PC	石墨	0.65
	1mol/LLiPF$_6$, EC/DEC	碳纖維	0.70
ClO_4^-	1mol/LLiClO$_4$, EC/PC	石墨	0.80
	1mol/LLiClO$_4$, EC/DEC	碳纖維	0.80

　　鋰離子在SEI膜中的傳輸有兩種機制，一種是離子交換機制，另一種是離子遷移機制，哪種機制更有說服力至今尚無定論。離子交換機制認為Li$^+$到達SEI膜，與SEI膜中組分中的Li$^+$發生陽離子交換，從而實現Li$^+$的傳遞；而離子遷移機制則認為液相中的Li$^+$穿越SEI膜向電極本體遷移。

　　若SEI膜的導鋰機制為離子交換機制，則電解液中鋰鹽的陽離子交換反應弛豫時間越短，其導鋰性就越好，這種機制對應陽離子遷移數為1，電子遷移數為0，且荷電載體的濃度分佈與膜厚無關，即 $\partial n/\partial x = 0$；在整個電極反應過程中，Li$^+$的跨膜傳遞過程將決定整個電極反應的速率。就意義上而言，常見的SEI膜成分，其離子可導性順序為：Li$_2$SO$_3$ > Li$_2$CO$_3$ > ROCO$_2$Li > ROLi。而實驗表明，在電解液中加入SO$_2$、CO$_2$，電極充放電性能可大幅度提高，而添加SO$_2$效果比CO$_2$好，Li$_2$CO$_3$的電導鋰率比ROCO$_2$Li大。DMC基電解液中痕量水（5×10^{-4}）的出現不僅對石墨電極的性能沒有任何破壞性，反而會表現出很大程度上的提高，這些事實可以作為支持離子交換機制的依據。

　　研究表明，Li$^+$在碳負極中的擴散係數D約為10^{-5}cm^2/s，這一數值近似等於Li$^+$在液相中的擴散係數，遠大於正離子在許多晶體中的擴

散係數（$D \approx 10^{-12} \sim 10^{-9} \mathrm{cm^2/s}$）；這一結果與離子交換傳遞機制的高介面電阻相矛盾，從這個意義上講，Li^+穿越SEI膜微孔的遷移機制似乎更合乎實際。如果SEI膜的導鋰機制是離子遷移機制。那麼，膜的導電性源於膜結構微孔中殘留電解液的導電性，與電極表面覆蓋度 θ 成反比，陽離子遷移數小於1，膜結構中荷電載體的濃度分佈與膜厚度有關（$\partial n/\partial x \neq 0$），膜組分的體積大小和結構排列狀況似乎對$Li^+$導電性的影響更大。

基於此，性能優良的SEI膜的選擇原則如下：

①形成的電化學電位高於溶劑化Li^+的嵌入電位，以阻止溶劑分子共嵌入對電極的破壞；

②電子遷移數為0，具有優良的電子絕緣性以避免膜的持續生長導致電池高的內阻；

③Li^+遷移數為1，以消除電極附近的濃差極化，有利於Li^+的快速脫嵌；

④膜厚度小，膜組分的陽離子交換反應的弛豫時間短，導鋰性好，這樣可降低電池充放電過程的過電位；

⑤具有良好的熱及化學穩定性，SEI膜穩定存在的上下限溫度範圍寬，SEI膜不與電解液和電極活性物質反應或不溶於電解液；

⑥與電極介面有優良的化學鍵合結構，動力學穩定性好；

⑦均一的形貌及化學組成，有利於電流的均勻分佈；

⑧足夠的附著力、機械強度及韌性。

四、各種石墨類碳材料的電化學性能

石墨類材料是鋰離子電池碳負極材料中研究得最多的一種，也是目前應用於商品化生產的鋰離子電池中最主要的負極材料，人工石墨是將易石墨化碳（如瀝青、焦碳）在保護氣氛，如在N_2中於1900～2800°C經高溫石墨化處理製得，常見的人工石墨包括石墨化中間相碳微珠和石墨化碳纖維等。至於對石墨材料的改性將在下面章節中加以介紹。

(1)天然石墨　天然石墨有無定形石墨和鱗片石墨兩種。無定形石墨又稱微晶石墨，它是由非取向的石墨微晶構成的。石墨晶面間距（d_{002}）為0.336nm，主要為六方形結構的晶面，可逆比容量僅為260mA·h/g，不可逆比容量在100mA·h/g以上。而鱗片石墨的晶面間距（d_{002}）為0.335nm，它的結構中不僅有六方形結構的晶面，而且有菱形結構的晶面，菱形晶面的存在，提高了充放電的容量，可逆比容量可達300～350mA·h/g，不可逆比容量小於50mA·h/g。圖4-10是石墨的典型充放電曲線圖。在第一次充電過程中，在0.8V左右有一

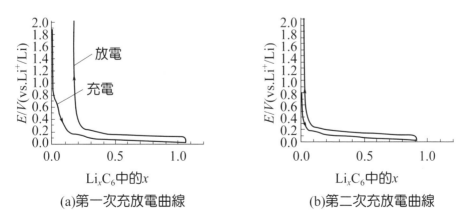

(a)第一次充放電曲線　　(b)第二次充放電曲線

圖4-10　石墨的典型充放電曲線圖

個小的平台，這對應於溶劑分子在石墨表面發生還原，形成SEI膜，在第二次充電中這個平台消失；在0～0.3V長的電壓平台對應於鋰在石墨中的嵌入過程。

如前所述，在鋰插入石墨以前，會在石墨電極表面形成SEI膜，SEI膜的質量直接影響電極的性能。如果膜不穩定且緻密性不夠，一方面電解液會繼續發生分解；另一方面溶劑會發生共嵌入，導致石墨結構的破壞。因此，SEI膜決定石墨的可逆容量，對石墨負極的穩定性亦有影響。研究結果顯示，天然石墨在PC、BC以及含PC或BC的混合溶劑中，由於在1.0V產生氣體，未形成穩定的SEI膜，從而導致溶劑分子共嵌入，使石墨層發生剝離。石墨發生剝離是共插入的溶劑分子或它的分解產物所產生的應力超過了石墨層間的凡得瓦力的吸引所導致的，這可顯著增大石墨層間距。石墨剝離現象主要取決於溶劑分子共嵌入石墨層的難易程度和是否存在穩定的SEI膜。而溶劑分子共嵌入石墨層的難易程度與石墨本身的結構，如結晶度以及溶劑分子的結構有關。石墨結構中的缺陷一方面可以作為電子受體，降低碳材料的費米能級；另一方面，某些結構缺陷能抑制石墨片分子相互之間的移動，抑制電子受體的極性溶劑分子的共插入。

溶劑分子的結構明顯影響石墨的剝離程度，溶劑分子如果有「尖」的位置，則共插入可能導致石墨結構的破壞，PC和BC就是有這種「尖」的位置的溶劑，所以石墨在其中不能充電。

影響石墨電化學性能的一些因素包括顆粒大小和分佈、形態、取向、石墨化度和石墨電極的製備條件等。小顆粒石墨（約6μm）具有比大顆粒（約44μm）材料更優越的大電流充放電性能。當小顆粒石墨以C/2速率下充放電容量仍能達到C/24速度下充放電容量的80%；

而大顆粒石墨以$C/2$速率充放電只能達到$C/24$速率充放電容量的25%。原因在於，一方面小顆粒可以使單位面積所負荷的電流減少，有利於降低過電位；另一方面，小顆粒碳微晶的邊緣可以為鋰離子提供更多的遷移通道；同時鋰離子遷移的路徑短，擴散阻抗小。但是，小顆粒之間的阻擋作用將使液相擴散速率降低。相反，大顆粒雖然有利於鋰離子的液相擴散，但鋰離子在碳材料中的固相擴散過程變得相對困難，二者的競爭結果使得碳材料存在最佳的顆粒大小和分佈。

　　石墨的取向對負極的大電流性能很重要，因為鋰離子在石墨中的擴散具有很強的方向性，即它只能從垂直於石墨晶體c軸方向的端面進行插入，若石墨的取向平行於集流體，則鋰離子的遷移路徑較長，導致擴散速率下降，降低大電流性能。如果石墨片的取向平行於集流體，則鋰離子不需經過彎曲的路徑，可以直接發生鋰離子的脫嵌，因而擴散阻力小，有利於大電流充放電。然而，由於石墨片分子的平移性，在加工塗膜和擠壓過程中，絕大部分石墨片分子採用平行集流體的方式進行堆積，垂直集流體的方式很難實現。

　　石墨表面存在的各種各樣的基團對石墨的剝離有明顯影響。如果表面存在酸性基團，則不易發生剝離。

　　(2)石墨化中間相碳微珠

　　①中間相的基本概念　一般物質，以晶體存在時呈現光學各向異性，以液體存在時呈現光學各向同性；溫度高於熔點時物質由固體變成液體，溫度低於結晶點時物質從液體轉變為固體。有一類物質則不然，它們從光學各向異性的晶體轉變為光學各向同性的液體過程（或逆過程）的中間階段，會呈現一種光學各向異性的渾濁液體狀態。從物相學角度看，這種渾濁液體當然不是固相，但是它具有光學各向異

性，因而不能看成液相，所為稱之為中間相或介相（mesophase）；
從結晶學角度，它是液體又具有光學各向異性，又稱之為液晶
（liquid crystal）。

②中間相的分類　中間相化合物的品種很多，根據形成結構不
同，可以分為三大類型：近晶型—接近晶體，有一定的晶格；向列
型—晶粒內部化合物分子定向排列，但是化合物的分子不是單一的，
結構上重心無序；膽甾型—由膽甾類化合物組成。由瀝青和重質油液
相碳化得的中間相屬於向列型，它們的分子結構不能用單一的模型來
描述，但是具有一些共有的特徵。

③中間相分子結構特徵　分子本身具有各向異性結構，即分子外
形呈棒狀或平面狀；分子內含有兩個以上芳環，分子內電子可在較大
範圍內流動等。

④中間相的形成　在常溫下，液晶化合物分子之間靠凡得瓦力結
合並且定向排列，表現出晶體的光學各向異性。在較高溫度（液相溫
度）下，分子運動動能大於分子間力的結合能，分子隨機取向，表現
出液體的光學各向同性。在某一溫度範圍（中間相溫度）內，與此溫
度對應的分子運動動能和分子間力結合能相差不大，此時分子間力已
不能維持分子間定向排列整齊，但是還能夠使若干個分子定向排列成
分子集合體，於是整個體系呈現液體狀態，又具有光學各向異性。

中間相碳微球通過液相碳化過程來製備的。液相碳化反應的反應
溫度通常在500～550℃以下，反應物體系呈液態。液相碳化過程，
從化學角度來看，是液相反應體系內不斷進行著熱分解和熱縮聚反
應（氣相碳化過程是以高溫下自由基反應為先導），期間伴隨有氫轉
移；從物相學角度來看，是反應物系內各向同性液相逐漸變成各向異

性的中間相小球體，而且隨著中間相的各向異性程度逐漸提高，中間相小球體生成、融並、長大解體以及碳結構形成。製備中間相碳微球的過程就是控制反應體系液相碳化反應，使生成中間相小球體的數量和大小符合要求或達到最優化的過程。

按照液相碳化理論，各類烴液相碳化的難易按從難到易的順序依次為烷烴、烯烴、芳烴和多環芳烴。因此，製備中間相碳微球的原料多為含有多環芳烴重質成分的烴類。液相碳化的原料有煤系瀝青和重質油、石油系重質油等。作為製備中間相碳微珠的原料，也大都從這些原料中選擇，如中溫煤瀝青、煤焦油、催化裂化渣油或它們的組合。原料的不同成分（如吡啶不溶物PI含量、喹啉不溶物QI含量）、外加物質（如碳黑、焦粉、石墨粉、有機金屬化合物以及中間相碳微球等）及反應溫度下的物系黏度對中間相小球體的生成、長大、融並及結構均有不同程度的影響。

原料中添加其他物質對製備中間相碳微球有顯著的影響。加入碳黑可以促進中間相碳微珠球核的形成，並阻止微球間的融並。同時，提高碳黑加入量所得的中間相碳微球直徑減小、數量增多、分佈均勻的趨勢，同時能提高中間相碳微球的產率。另外，通過控制其加入量並輔以熱反應條件的優化，可以控制中間相碳微球的形態和數量。原料中加入二茂鐵、羰基鐵等有機金屬化合物也能有效促進小球體的均勻生成並阻止其融並。但碳黑和有機金屬化合物屬於難石墨化物質，它們的加入勢必會引進雜質，進而影響中間相碳微球製品的性能。

①中間相碳微球的製備　製備中間相碳微球的方法主要有熱縮聚法和乳化法，其他還有雙親碳法等。

熱縮聚法製備中間相碳微球包含兩個步驟，即熱處理稠環芳烴

化合物以聚合生產中間相小球體（這些小球體富含於縮聚產物的母液中），及利用適當的方法將中間相小球體從母液中分離出來。

熱縮聚法製備中間相碳微球的過程大致為：把反應物料裝入一定容量的反應釜中，密封以隔絕空氣，然後在純N_2保護下以一定的升溫速率升到某一溫度（一般在350～450°C範圍內），在該溫度下恆定一段時間，然後自然冷卻至室溫。另外，也可先在低溫（如100～300°C）下於純N_2流保護下保持一段時間，然後在密閉狀態下進行自升壓聚合。反應過程中持續攪拌，恆溫結束後，把產物（富含中間相小球體）冷卻到室溫。方法過程如圖4-11所示。

利用乳化法製備中間相碳微球，首先要熱處理稠環芳烴化合物得到球狀中間相，然後把中間相乳化成中間相小球體。將熱縮聚法或乳化法獲得的中間相小球體經過碳化和石墨化處理後即可獲得具有特殊性能的中間相碳微球材料製品。

乳化法流程如圖4-12所示。把軟化點為300°C左右的固體中間相瀝青粉碎過篩（200目或325目Taylor篩）後溶於一定量的熱穩定介質（如矽油）中，在N_2吹掃下用超音波攪拌分散，邊攪拌邊加熱（溫度為300～400°C）。乳化形成懸濁液。然後冷卻到室溫，用離心分離機把中間相碳微球從熱穩定介質中分離出來，並用苯沖洗乾淨，乾燥後即得中間相碳微球。

圖4-11 聚合法製備中間相碳微球的方法流程

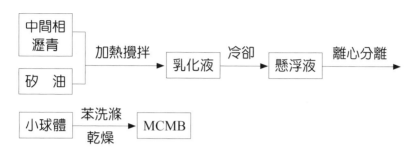

圖4-12 乳化法製備MCMB的流程示意圖

②中間相碳微球的結構和性能 中間相碳微球的H/C原子比為0.35～0.5，密度為1.4～1.6g/cm^3，是由多環縮合芳烴平面分子堆積而成的。中間相碳微球的結構可以用類似於地球儀的模型來表示（圖4-13）。平面狀分子在球體內排列在成大平面，赤道平面上的大分子層面是平面，其他位於赤道上下半球的層面，雖然相互間仍平行排列，但當層面接近球表面時，層面則彎曲而與表面相互垂直，這是大分子層面的分子間力與球體表面張力相互平穩的結果。由於原料及反應條件的不同，中間相小球呈現許多變種，如同心球殼形、扁圓形等。

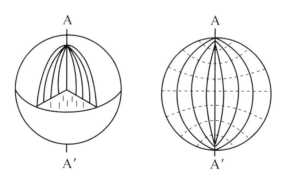

圖4-13 中間相碳微球的結構模型

　　「蜘蛛網模形」中間相的分子結構，是由大小為0.6～1.3nm的芳環組成，由聯芳基或亞甲基相連而成的大分子，相對分子質量為400～4000。球晶中以大分子為核，分子量低的分子也由π-π鍵凡得瓦力凝聚，所以也顯示各向異性，由於低分子的存在使球晶略具熱塑性。

　　溶劑分離製得的MCMB一般不溶於喹啉類溶劑，熱處理期間MCMB也不熔融並保持其球形。隨著熱處理溫度的提高，MCMB的氫含量下降，在500～1000°C期間，MCMB的密度逐漸由1.5g/cm³升至1.8g/cm³，比表面積在700°C出現極大值。MCMB的可石墨化程度不如石油焦等高，其原因可能在於MCMB石墨微晶要受到微球形狀的制約，一般來講，中間相小球是中間相生長的初級階段，液相碳化階段其芳香片層有序排列程度低於石油焦等的前驅融並體中間相瀝青。MCMB及其熱處理產物呈疏水性，但由於MCMB周邊邊緣碳原子反應性非常高，對於各種表面改性具有高的活性。

　　MCMB的物化性能隨著熱處理溫度的變化而有很大的差別，低溫下處理的MCMB是一種無定形的軟碳材料，其結構中有許多奈米級的微孔，這些微孔可以儲鋰，使MCMB的較有超高的比容量，700°C以下熱解碳化處理鋰時的嵌入容量可達600mA·h/g以上，但不可逆容量高；隨著溫度的升高，這些微孔的孔隙減少，微孔數目也在減少，儲鋰量降低，但同時石墨化度增大，此時還是微孔儲鋰占主要因素；溫度進一步升高時，微孔數目基本上保持穩定，石墨化度是影響MCMB的主要因素，溫度升高使得石墨化度增加，從而也有較高的嵌鋰容量。這裡主要討論的是石墨化材料，MCMB是經過了高溫下石墨化處理的。在1500°C以上時，MCMB的結構參數隨溫度的變化明顯反應石墨化程度的增加。溫度升高時，石墨微晶在*a*軸和*c*軸方

向的長度L_a和L_c都不斷增大，晶面間距d_{002}隨著溫度升高而減小。

產業化的鋰離子電池的負極材料均為碳材料，包括天然石墨、MCMB、焦碳等，在這些材料中，MCMB被認為是最具發展潛力的一種碳材料，這不僅是因為它的比容量可以達300mA·h/g^{-1}。更重要的原因在於，與其他碳材料相比，MCMB的直徑為5～40μm，呈球形片層結構且表面光滑，這賦予其以下獨到優點：球狀結構有利於實現緊密堆積，從而可製備高密度的電極；MCMB的表面光滑和低的比表面積可以減少在充電過程中電極表面副反應的發生，從而降低第一次充電過程中的庫侖損失；球形片層結構使鋰離子可以在球的各個方向插入和放出，解決了石墨類材料由於各向異性過高引起的石墨片層溶脹、塌陷和不能快速大電流充放電的問題。

③石墨化中間相碳微球的電化學性能　石墨化中間相碳微球是指MCMB經過高溫（2000°C以上）處理，石墨化得到的碳材料。不同石墨化MCMB主要區別在於石墨微晶的大小和數目不同；石墨化MCMB中也有一定量的數目基本不變的微孔，但它對容量影響很小。石墨化MCMB的插鋰機制與天然石墨相同，鋰插入石墨層間形成GIC，因此石墨化程度對其性能有很大影響。一般溫度越高，石墨化度越大（d_{002}峰也就越強，如圖4-14所示），MCMB的容量也就越高。圖4-15是不同溫度處理下的MCMB的充放電曲線。

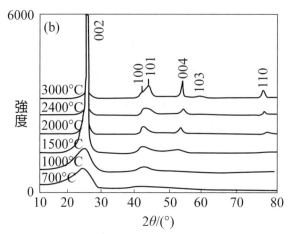

圖4-14　不同處理溫度下的MCMB的XRD圖

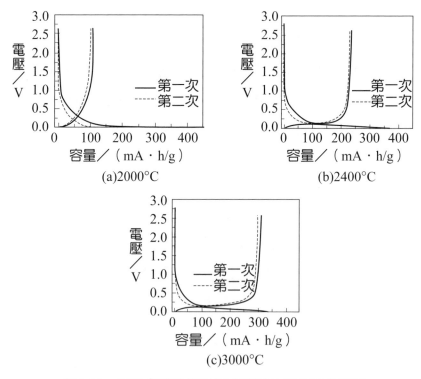

(a)2000°C　　　　　　　　(b)2400°C

(c)3000°C

圖4-15　不同處理溫度下的MCMB的充放電曲線圖

　　MCMB的粒徑大小對材料的首次放電容量、循環性能、大電流放電特性等也有很大影響。平均粒徑越小，鋰離子在微球中嵌入和脫出的距離就更短，在相同的時間和擴散速率下鋰離子的脫嵌就容易，所以比容量越大；但是粒徑越小，比表面積就越大，形成的SEI膜面積也較大，從而有更大的不可逆容量損失，從而降低了庫侖效率。在電極的充放電循環過程中，鋰離子在MCMB中不斷地嵌入脫出引起體積變化，粒徑較大的MCMB，在充放電過程中體積變化較大，導致部分MCMB的結構遭到破壞，不能參與電極反應，循環性能變差。

　　(3)石墨化碳纖維　碳纖維（carbon fiber, CF）具有高強度、高模量、高導電、導熱、密度小、耐腐蝕等特性，是一種重要的工業材料。碳纖維的品種多種多樣，按其來源可分為人造絲碳纖維（Rayon-CF）、聚丙烯腈碳纖維（PAN-CF）、中間（介）相瀝青基碳纖維（mesophase pitch cabon fiber, MPPCF）的氣相生長碳纖維（vapor grown carbon fiber, VGCF）。在這些碳纖維中，鋰離子電池負極材料中研究較多的是氣相生長碳纖維和中間相瀝青基碳纖維。下面主要介紹這兩種碳纖維負極材料。

　　①石墨化氣相生長碳纖維　氣相生長碳纖維是在催化劑微粒上生長起來的，它以過渡金屬等超微細粒為晶核，以低碳烴（甲烷、苯等）為原料，在氫氣氛圍，高溫下裂解直接生成的一種短形的碳纖維。典型的VGCF直徑為5～1000nm，長度為5～100nm，截面結構呈「樹木年輪」狀，如圖4-16所示。氣相生長碳纖維的內層和外層在結構上是不同的：內層為高度定向碳層，亦稱基本碳纖維層，緊貼於金屬晶核而形成；周圍為熱分解碳層，是在基本碳纖維層周圍通過CVD（化學氣相沈積法）原理形成的易石墨化碳層。氣相生長碳纖

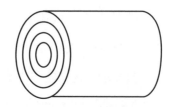

圖4-16　VGCF截面結構示意圖

維屬於亂層結構，經過石墨化高溫處理後，碳層結構與石墨單晶類似。其石墨化程度比其他碳纖維都高，層平面與纖維軸線平行，層間距與石墨相同，為0.335nm。

VGCF的形態與反應溫度、原料氣種類、氣相組成、金屬催化劑種類、金屬與載體相互作用的強弱等密切相關。實驗可觀察到空心絲狀、空心樹狀、麻花狀和螺旋狀等形狀。VGCF的截面結構如圖4-16所示。

氣相生長碳纖維具有超高強度、高模量和結晶取向好的特性，被認為是一種超高遙短形成碳纖維。經過石墨化後，氣相生長碳纖維的物理性能也會發生變化，如表4-5所示。

表4-5　VGCF的物化性能[1]

性質	未經處理VGCF	2000°C處理的VGCF
密度／（g/cm³）	1.8	2.0
彈性模數／GPa	230~400	300~600
拉伸強度／GPa	2.2~2.7	3.0~7.0
斷裂伸長／%	1.5	0.5
電阻率／Ω·cm	10^{-3}	6.0×10^{-5}
傳熱係數／[W/（cm·K）]	0.2	30

①碳纖維樣品的直徑為10^{-5}~0.3cm，長度為10^{-3}~30cm。

　　石墨化氣相生長碳纖維是一種管狀中空結構的石墨化纖維材料，作為鋰離子電池的負極材料，具有320mA·h/g以上的放電比容量和93%的首次充放電效率，與其他碳或石墨類負極材料相比，用氣沈積石墨纖維作為負極具有更為卓越的大電流放電性能與低溫放電性能及更長的循環壽命，但由於其製備方法複雜，材料成本高，其在鋰離子電池中的大量應用受到限制。有人系統研究了在碳纖維表面負載碳層及金屬對材料性能的影響，發現通過在碳纖維表面負載電導性的碳層，可以提高材料的循環性能及電化學反應速率，同時初次不可逆容量也得到抑制；同時還發現材料性能改變的程度與所用負載材料種類有關。

　　呈輻射狀結構石墨化碳纖維為負極材料有利於鋰離子的擴散。鋰在石墨化碳纖維在中的擴散係數，存在三個峰值，其對應的電位和充放電平台電位相接近，這與鋰離子在天然石墨中的擴散係數的變化相似，見圖4-17。

　　石墨化中間相碳瀝青基碳纖維中間相碳瀝青基碳纖維（mesophase pitch-based carbon fiber, MPCF）是以瀝青（稠環芳香烴的複雜混合物，按來源分為煤系和油系）為原料，利用液相碳化的原理，處理瀝青得到中間相，然後通過紡絲，進一步碳化而得。對MPCF在2800～3000℃下高溫處理可得高性能的石墨化MCF。石墨化中間相瀝青基碳纖維生產的全過程可用圖4-18表示。

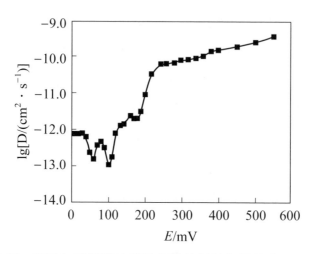

圖4-17 石墨化碳纖維的擴散係數的對數與電位之間的關係

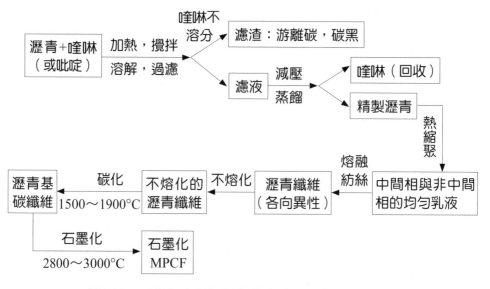

圖4-18 石墨化中間相瀝青基碳纖維生產流程示意圖

　　MPCF的結構和電化學性能都與熱處理溫度密切相關。隨著處理溫度的升高，d_{002}減小，L_c增大，容量增大。如圖4-19所示。3000°C處理的石墨化的MPCF，d_{002}與高取向裂解石墨（highly oriented pyrolytic graphite, HOPG）接近。未經過熱處理的MPCF是一種亂層無序（turbo stratic disorder）結構，晶粒尺寸小，相鄰碳層片隨機旋轉排列，或多或少以平行排列方式堆積。隨著溫度的升高，石墨化程度增加，碳層有規排列程度也增大。圖4-20是1000°C和3000°C下處理的MPCF的SEM圖。低溫（1000°C）處理的MPCF碳層無規排列，高溫（3000°C）下處理的MPCF碳層排列規整，而且碳纖維的直徑減小。

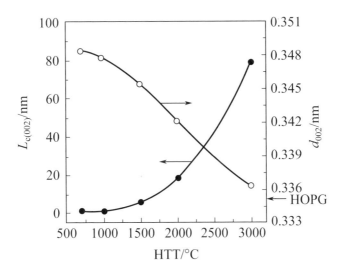

圖4-19　650～3000°C下MPCF的晶粒**厚度**L_c（002）和層間距d_{002}隨溫度的**變化經過**

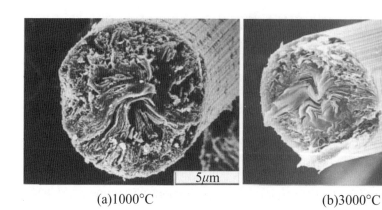

(a)1000°C   (b)3000°C

圖4-20   1000°C和3000°C處理的MPCF的SEM圖

有人研究了2800°C處理的MPCF的電化學性能，認為存在兩種形式的儲鋰位，一種是石墨的層間位置，它的插鋰特性與天然石墨形成高階的插鋰化合物相似，而且插入的鋰都是可逆的；另一種是無組織碳，即彎曲單層或sp^3碳，它在最初充電中可以進行插鋰，但是放電過程中插入的鋰不能脫出。

②氣相生長碳纖維　將鐵、鎳或鈷催化劑製成超細顆粒（微粒）後均勻撒布在陶瓷基板上，置高溫爐內。將烴類氣體（例如苯蒸氣）以適宜的濃度和流速送入爐內。烴類分子在高溫（1000～1300°C）和催化劑作用下熱解、析碳得碳纖維。

生長碳纖維的歷程包括以下五個階段：烴分子吸附在催化劑微粒表面上；吸附的碳氫化合物催化熱解並析出碳；碳在催化劑顆粒中的擴散；碳在催化劑顆粒另一側析出，纖維生長；催化劑顆粒失去活性，纖維停止生長。

對上述歷程的解釋有多種，其中有代表性的認為：烴分子與金屬催化劑微粒接觸後，在高溫下熱解和進行一系列氣相碳化反應，析

出的碳從烴和金屬接觸的一側溶入金屬中；金屬微粒中的碳原子按照擴散規律從濃度高的一側向濃度低的一側移動；金屬微粒發生氣相碳化反應的一側溫度較高而另一側溫度較低，當碳原子定向移動到一定程度時，低溫側出現碳原子過飽和現象，於是碳原子連續從低溫側析出，最終形成碳纖維。

研究VGCF過程發現，碳絲生長過程的活化能與碳在相應金屬內擴散的活化能接近（見表4-6），因而認為碳在金屬顆粒內的擴散為VGCF的控制步驟。

金屬顆粒愈小VGCF的生長速度愈快。金屬顆粒過大，生長速度慢，易於失活。顆粒的大小也必須足夠容納碳，完成碳的結構轉換過程。碳擴散動力還不十分清楚，一種觀點認為烴類在金屬表面裂解為放熱反應，碳由金屬顆粒內部沈析出來為吸熱反應，這兩個過程造成金屬顆粒不同部分的溫度梯度為擴散動力，但這種觀點不能解釋裂解反應為吸熱過程，如甲烷裂解；另一種認為金屬顆粒各部分含碳量不同，形成碳的濃度梯度提供推動力。

表4-6　碳絲生長活化能與碳在金屬顆粒中擴散過程活化能的比較

金屬催化劑	碳絲生長活化能／（kJ/mol）	碳擴散活化能／（kJ/mol）
釩	115.1±12	115.9
鉬	161.8±17	171
α-鐵	67.1±8	43.8～68.8
鈷	138.4±17	144.7
鎳	144.7±17	137.6～145.1

4.3.2　無定形碳材料

一、概述

　　如前所述，晶形和非晶形材料並沒有明確的界線，並且它們在一定條件下可以互相轉化。針對碳材料而言，這種現象就更加突出，它們均含有石墨晶體和無定形區，只是它們的相對含量不同而已。無定形碳材料，它們也是由石墨微晶構成的，碳原子之間以sp²雜化方式結合，只是它們的結晶度低，L_a和L_c值小，同時石墨片層的組織結構不像石墨那樣規整有序，所以宏觀上不呈現晶體的性質。

　　無定形碳材料按其石墨化難易程度，可分為易石墨化碳和難石墨化碳兩種。易石墨化碳又稱為軟碳，是指在2500°C以上的高溫下能石墨化的無定形碳；難石墨化碳也稱為硬碳，它們在2500°C以上的高溫也難以石墨化。無定形碳材料之所以有軟碳和硬碳之分，主要是由於組成它們的石墨片層的排列方式不同。圖4-21是軟碳和硬碳的結構模型。

圖4-21　軟碳和硬碳的結構模型

　　所有碳材料都由類似的基本結構單元（也可以稱為石墨微晶）以不同方式交聯排列而成。基本結構單元由2～4層含有10～20個芳環組成的碳六角網平面以或多或少平行方式重疊構成，在軟碳中分解前驅物時生成膠質體，使碳基本結構單元長大並以或多或少平行方式排列，從而導致其高溫處理時易於石墨化；而硬碳的有機前驅物的大分子充分交聯，不生成膠質體，基本結構單元不能平行排列，因此在任何溫度下都難以石墨化。

　　一般來說，原料經過固相碳化得到難石墨化碳；原料經過液相碳化得到易石墨化碳，在液相碳化過程中，中間相熱轉化過程進行得越完全，所得碳材料越易石墨化。兩種碳在高溫熱處理過程中的結構參數d_{002}的變化如圖4-22所示。

　　由圖可見，軟碳的層間距d_{002}較硬碳小，且隨著溫度的升高越接近於石墨的層間距d_{002}（0.3354nm）；軟碳和硬碳在低溫下層堆積厚度L_c都比較小，只有幾個到十幾個nm，經過高溫處理，軟碳的L_c發生

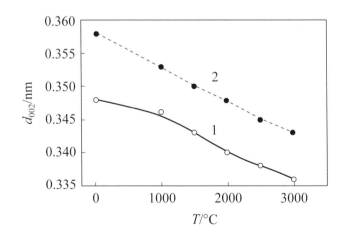

圖4-22　無定形碳的結構參數d_{002}隨溫度的變化曲線
1-軟碳；2-硬碳

明顯變化，而硬碳的L_c的變化不是很明顯。

　　無論能達到什麼程度的石墨化，在500～1000°C處理的無定形碳材料都具以下一些共同特徵。第一，晶化度低，XRD譜圖具有一些強度較弱的寬峰，最常見峰出現在近石墨的002、100和110晶面附近。d_{002}最小值為0.344nm，某些情況下可達0.4nm。第二，含有焦油類無組織碳，它們通常是大小不等的單層碳六角網平面或sp^3碳，充填於石墨微晶之間或以支鏈和橋鍵方式存在。第三，具有大量奈米孔，可用電子顯微鏡觀測到，也可以用SAXS（small angle X-ray scattering）觀察到，同時這些碳密度為1.4～2.0g/cm^3，比石墨小，也反映其具有多孔性。第四，雜原子多，是從前驅物中轉化而來，有O、N、H和S，其含量與前驅物及處理方式有關，大部分氫可在1000°C去除，O和N約1500°C失去，而S則不低於2000°C。它們以官能團形式與石墨微晶或碳六角網平面中缺陷處碳結合，或以原子形式與碳六角網平面結合。

　　大多數無定形碳材料具有很高的比容量，但是不可逆容量也較高，首次充放電效率低，同時循環性能不理想；無定形碳材料的容量與熱處理溫度有關。如圖4-23所示，絕大多數軟碳和一些硬碳隨著熱處理溫度的增加容量都先呈下降趨勢，軟碳直到1900°C左右容量才重新上升，而硬碳2000°C以後容量略有上升。低溫下無定形碳材料的儲鋰機制比較複雜，高溫下與石墨化程度相關。

　　700°C左右處理的無定形碳材料存在著電壓滯後現象：鋰的嵌入在0V左右，但是鋰的脫出則在1V左右；而1000°C處理得到的難石墨化碳材料電壓平台較低，電壓滯後也較小，但在其電壓分佈曲線上有陡峭的斜坡。

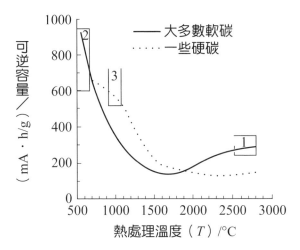

圖4-23　不同碳材料的熱處理溫度與可逆容量的關係

二、易石墨化碳

易石墨化碳主要有焦碳類、碳纖維、非石墨化中間相碳微球等。用於鋰離子電池最常見的焦碳類材料為石油焦，因為資源豐富，價格低廉；碳纖維主要是指氣相生長碳纖維和中間相瀝青基碳纖維兩種。

焦碳是經液相碳化形成的一類非晶形碳材料，高溫下易石墨化，屬於軟碳材料。視原料的不同可將焦碳分為瀝青焦、石油焦等。焦碳本質上可視為具有不發達的石墨結構的碳，碳層大致呈平行排列，但網面小，積層不規整，屬亂層構造，層間距d_{002}為0.334～0.335nm，明顯大於理想石墨的層間距。

石油焦是焦碳的一種，由石油瀝青在1000°C左右脫氧、脫氫製得。Sony公司於1990年推出的第一代鋰離子二次電池就是用石油焦作負極材料的。根據石油焦結構和外觀，石油焦產品可分為針狀焦、海綿焦、彈丸焦和粉焦4種，其中針狀焦顆粒外形細長，針狀條紋明

顯，纖維型顯微組分含量高，石墨化性能最佳。

　　石油焦具有非結晶結構，呈渦輪層狀，含有一定量的雜質，難以製備高純碳，但資源豐富，價格低廉。石油焦的最大理論化學嵌鋰容量為LiC_{12}，電化學比容量為186mA·h/g，但焦碳本身作為電池負極材料的性能很差，主要是由於插鋰時，碳質材料會發生體積膨脹，降低電池壽命。因此，必須對焦碳進行適當的改性處理，提高焦碳的充放電容量，改善性能。如通過中間相碳的包覆可使石油焦的可逆容量從170mA·h/g提高到300mA·h/g。圖4-24是焦碳的充放電曲線。

　　石油焦對各種電解液的適應性較強，耐過充、過放電性能較好，但與石墨不同，其充放電電位曲線上無平台，在0～1.2V範圍內呈斜坡式，且平均對鋰電位較高，為1V左右，造成電池端電壓較低，限制了電池的容量和能量密度。

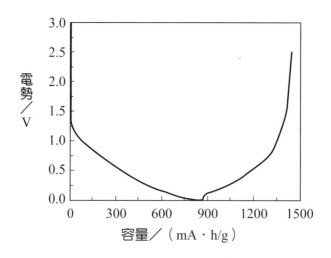

圖4-24　焦碳的充放電曲線

三、難石墨化碳

難石墨化碳是高分子聚合物的熱解碳，是由固相直接碳化形成的。碳化初期由sp^3雜化形成立體交聯，妨礙了網面平行成長，故具有無定形結構，即使在高溫下也難以石墨化。難石墨化碳此類碳材料之所以引起廣泛關注，首先應是索尼公司成功地使用了聚糠醇（poly furfryl alcohol, PFA）碳的緣故。用作難石墨化碳的高分子前驅物種類較多，包括一些樹脂和其他一些聚合物，如酚醛樹脂（phenolic resin）、環氧樹脂（epoxy resin）、蜜胺樹脂、聚糠醇（PFA）、聚苯（PP）、聚丙烯腈（PAN）、聚氯乙烯（PVC）、聚偏氟乙烯（PVDF）、聚苯硫醚、聚萘、纖維素等。此外，碳黑（乙炔黑AB）、苯碳（BC）也是難石墨化碳材料。

典型的難石墨化碳材料的充放電曲線如圖4-25所示，其有別於石墨及易石墨化碳材料的充放電曲線，具有較大的首次不可逆容量損失（一般大於20%）和電壓滯後現象（脫鋰電位明顯高於嵌鋰電位），脫鋰電位高，電位平台不明顯等。另外，其d_{002}也較大，固相擴散較快，有助於快速充放電；與PC（碳酸丙烯酯）也能較好地相容。難石墨化碳的不可逆容量很大的原因除了SEI膜的形成外，材料表面的活性基團如羥基，以及其吸附的水分也是重要原因。

酚醛樹脂在800°C以下熱解得到的非晶態聚乙炔半導體材料（polyacetylene semiconductor, PAS），其容量高達800mA·h/g，晶面間距為0.37～0.40nm，與LiC_6的晶面間距相當，這有利於鋰在其中的嵌入而不會引起結構顯著膨脹，具有良好的循環性能。另外，PAS與電解液反應放熱量低。以PAS為負極，$LiCoO_2$的18650型商品鋰

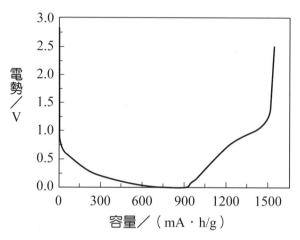

圖4-25　難石墨化碳材料的充放電曲線

離子電池，其體積比能量達到450W·h/L，幾乎達到鋰金屬的體積比能量。

利用聚對苯（poly paraphenylene, PPP）在700°C下的熱解碳產物作為負極，可逆嵌鋰容量高達680mA·h/g。研究表明，PPP基熱解碳材料中無明顯結晶結構，只有帶缺陷的碳層面，平面層面間距為0.40nm，且波動較大。

在合適的熱解條件下澱粉、橡木、桃核殼、杏仁殼、楓木、木質素等作為前驅物均可得到可逆容量為400～600mA·h/g的熱解碳。以聚丙烯腈、聚-4-乙烯吡啶、蜜胺樹脂、脲醛樹脂等有機高分子作為前驅物，在熱處理溫度低於700°C時，隨著聚合物前驅物交聯程度的提高，碳材料的可逆容量逐漸增大，並超過了石墨的理論容量。

難石墨化碳材料結構中含有一定量的氫，氫含量的多少與熱處理溫度有關，1000°C左右熱解高聚物得到的碳不含或含微量氫（$m_H/m_C < 0.05$），而800°C下熱解高聚物得到的碳中氫的比例較高。

四、無定形碳材料的儲鋰機制

鋰在石墨中的儲鋰機制，即鋰插入石墨形成石墨插入化合物；但無定形碳材料的儲鋰機制則有多種方法，主要有鋰分子Li_2機制、多層鋰機制、晶格點陣機制、彈性球—彈性網模型、層—邊端—表面機制、奈米級石墨儲鋰機制、碳—鋰—氫機制、單層墨片分子機制和微孔儲鋰機制。

(1)鋰分子Li_2機制　在嵌鋰的PPP-700（聚對苯在700°C下熱解的碳材料）中，鋰以兩種形式存在，一種是離子態，以層間化合物存在，位於六角形的芳構化的碳環中心，六個碳原子對應一個鋰離子；另外一種鋰原子以分子Li_2存在，原子間以共價鍵連接（圖4-26）。即鋰不僅以離子態嵌入到次緊鄰的碳環中形成石墨插層化合物，還能以Li_2分子的形式進入到最緊鄰的碳環中。由於Li_2分子的存在，它的可逆容量達1116mA・h/g，即達LiC_2的水平，是石墨材料的三倍，其體積比容量比金屬鋰還大。

(2)多層鋰機制　多層鋰機制認為，中間相碳微球的可逆儲鋰高容量（410mA・h/g），歸結於鋰佔有不同的位置，其主要貢獻在於多層鋰的形成。其結構如圖4-27所示。第一層鋰佔據在如圖所示的α位置上，實際上該層鋰就是石墨插入化合物，其在熱力學上和動力學上都是穩定的。為了使Li原子之間的距離低於共價鋰（0.268nm），因此不得不在β位置上再形成另外一層鋰。當然，β層與石墨層之間的作用明顯低於α層，同時為了降低α、β層間的靜電排斥作用，它們之間還有一定的共價作用。同理，在γ位置上形成第三層鋰。在較低的電勢位時，有助於多層鋰的形成，但同時能導致枝晶的形成，從而降低循環壽命。

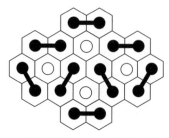

○ 位點A　Li（離子鍵）
● 位點B　Li（共價鍵）

圖4-26　熱解碳材料中的鋰的兩種存在形式示意圖

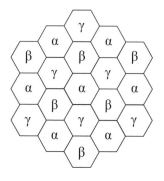

圖4-27　鋰在碳材料的α、β面中沈澱的多層鋰的結構模型

　　(3)晶格點陣機制　裂解酚醛樹脂得到一種聚乙炔半導體材料PAS為無定形，但其存在明顯的002衍射峰，其層間距d_{002}為0.37～0.40nm，可逆插鋰容量可達530mA・h/g。其最大可逆容量可達1000mA・h/g，也就是相當於LiC_2化合物的水平。鋰金屬的點陣結構中，其1nm的立方點陣中有46個鋰原子。而鋰的原子半徑和離子半徑分別為0.153nm和0.06nm，其可逆儲鋰超過372mA・h/g，表明鋰在碳材料中可以比在石墨材料中更緊湊的方式插入。研究結果顯示，d_{002}為0.40nm的碳材料儲鋰後，原子態和離子態的鋰均不存在。從圖4-28

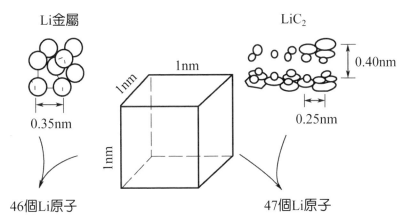

圖4-28　金屬鋰與摻雜到LiC₂水平的PAS晶格示意模型

可知，d_{002}為0.40nm的PAS碳材料，其1nm的立方點陣中可以儲存47個鋰原子。

(4)彈性球－彈性網模型　彈性球－彈性網模型主要是一維壓縮理論及某些假設提出來的，它通過計算插入化合物存在所需要的壓力來判定相應插入物存在與否，從而可以得到鋰插入到無定形碳材料中的量。這些基本假設包括：插入物（金屬）為一彈性球，其初始半徑為金屬原子半徑，壓縮係數同金屬一樣；石墨平面為一彈性網，其可擠壓插入物。該網的彈性係數與石墨a軸相當；每一石墨－插入化合物體系都有其入縫特性參數σ_{ig}，其對應於使插入物收縮及使石墨網膨脹的有效壓力。

依據上述基本假設及一維壓縮理論$k_1 P = -\Delta l/l_0$，得出插入化合物穩定存在所需要的最小壓力P的運算式如下：

$$P = \frac{8r_m^3 - a_{\min}^3}{8k_M r_m^3 - \sigma_{ig}} \qquad (4\text{-}14)$$

式中　P ——插入物C_nM穩定存在所需要的最小壓力；

　　　r_m ——金屬原子半徑；

　　　a_{min} ——C_nM中M層間的最短距離；

　　　k_M ——金屬的壓縮係數；

　　　σ_{ig} ——入縫特性參數。

利用上面的運算式可對一些插入化合物，如C_2M、C_6M、C_8M的存在最小壓力予以推測，基本上與實驗結果相符，特別是C_2Li和C_2Na體系。

(5)層－邊端－表面儲鋰機制　從帶狀碳膜（ribbon like carbon film, RCF）製得的無定形碳材料，其可逆儲鋰容量可達440mA·h/g。碳材料的晶體結構對其可逆儲鋰容量有比較大的影響，不同的晶體結構導致鋰和碳材料的作用機制不盡一樣，因此可認為碳材料可逆儲鋰主要有以下三種方式：①碳材料的層間插入，雖然碳材料的晶體參數L_a和L_c比較小，但是還是存在部分石墨結構，因而鋰可以插入進去，形成傳統的石墨插入化合物；②碳材料的邊端反應，由於碳材料是無定形的，因而存在諸多缺陷。而鋰可以與邊端的碳原子發生反應。該種相互作用與聚乙炔摻雜鋰的作用相似，後者可達C_3Li的水平；③碳材料的表面反應，鋰可以與表面上的碳原子發生反應，該種反應類似於上述邊端反應。但是這種反應並不導致石墨層間距離的增加。後兩種方式可逆儲存的鋰稱為摻雜鋰，而前一種方式可逆儲存的鋰則稱為插入鋰。

(6)奈米級石墨儲鋰機制　通過熱處理酚醛樹脂得到PAS碳材料，其可逆容量可達438mA·h/g。碳材料的拉曼光譜主要有兩組峰，一組位於1350cm^{-1}附近，另一組位於1580cm^{-1}附近。前者歸結於奈米級

石墨晶體的形成而致，即所成的石墨顆粒很小，只有幾個奈米；而後者則是石墨晶體的形成而致，該石墨晶體比前者大得多，因而分別稱為D_2峰和G_2峰。從D_2峰和G_2峰強度的比例隨溫度的變化可知，在700°C附近有一個大的峰值，這與所得碳材料的容量變化是一致的。可認為所得碳材料中有幾種不同相態：石墨相、奈米級石墨相和其他相。在熱解溫度700°C以前，主要為奈米級石墨相生成，700°C以後則主要為石墨相的生成，即奈米級石墨相和其他相向石墨相轉化。奈米級石墨雖然其尺寸小，可它不僅能像石墨一樣可逆儲鋰，而且也能在表面和邊緣部分儲鋰，因此其儲鋰容量較石墨更大一些。而在700°C所得的碳材料中，奈米級石墨的含量最多，因而其可逆儲鋰容量在700°C時最大。

(7)碳—鋰—氫機制　在700°C附近裂解多種材料，如石油焦、聚氯乙烯、聚偏氟乙烯等，所得的碳材料其可逆儲鋰容量與H/C的比例有關，隨H/C的比例增加而增加，即使H/C比例高達0.2也同樣如此。可認為鋰可以與這些含氫碳材料中的氫原子發生鍵合。這種鍵合是由插入的鋰以共價形式轉移部分2s軌道上的電子到鄰近的氫原子，與此同時C—H鍵發生部分改變。對於這種鍵合屬一活化過程，從而導致了鋰脫出時發生電勢位元的明顯滯後。在鋰脫出時，原來的C—H鍵復原。如果不能全部復原就會導致循環容量的不斷下降。

有人認為鋰可能能與C—H鍵發生如下反應：

$$C—H + 2Li \rightleftharpoons C—Li + LiH \qquad (4\text{-}15)$$

$$C—H + Li \rightleftharpoons C—Li + \frac{1}{2}H_2 \qquad (4\text{-}16)$$

(8)單層石墨片分子機制　1000°C左右製備的硬碳材料的結構與石墨層狀結構有很大差別，它們的結構中主要是單層碳原子無序地彼此緊密連接，像大量散落的卡片一樣，這種材料有很低的電壓平台，在這種材料中鋰可以吸附在每個石墨層的兩邊，導致插入更多的鋰。如圖4-29所示。

鋰分子Li_2機制和多層鋰機制，其結果是每一個六元環均能儲存一個鋰原子；晶格點陣機制則是從結晶學去闡述其之所以形成LiC_2的結構；另外，層—邊端—表面可逆儲鋰機制與奈米級石墨可逆儲鋰機制在一定程度上又是相互包容的。但上述的各種闡述均有其明顯不足之處。如鋰分子Li_2機制，相對於碳材料為無定形的，那麼其碳材料的結構不可能像石墨一樣具有規整的平面結構；同時，LiC_2的製備須在高壓下（大於$1.52 \times 10^9 Pa$）才能進行。

(9)微孔儲鋰機制　微孔儲鋰機制首先是由A.Mabuchi等提出來的，在不同的溫度下處理MCMB，發現700°C時熱處理得到的MCMB的放電容量高達750mA·h/g，認為這與碳材料中的微孔有很大關係，提出的微孔儲鋰機制原理示意如圖4-30。該示意圖表明鋰在插入碳層的過程中同時摻入到微孔中，而在鋰脫出的過程中，先從碳層脫

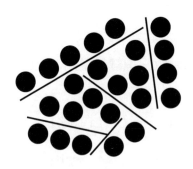

圖4-29　單層石墨片分子機制

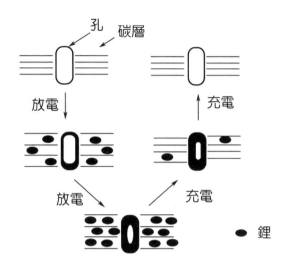

圖4-30　微孔儲鋰機制的充放電示意圖

鋰，然後從微孔經碳層脫鋰。

　　改進後的模型與改進前相比，最大的區別在於微孔的位置或來源不同。新的微孔機制認為微孔絕大多數位於碳層內，而非碳層間，微孔主要是在碳化過程中小分子的逸出造成的缺陷而形成的。因此這些微孔是不穩定的，隨鋰的可逆插入和脫出而發生變化，從而導致可逆儲鋰容量隨循環次數的增加而不斷降低。

　　鋰在無定形碳材料的嵌入和脫出的過程為：首先是鋰插入到石墨微晶中，然後插入到位於石墨微晶中間的微孔中，形成鋰簇或鋰分子 Li_x（$x \geq 2$）；鋰脫出時，先是鋰從周邊的石墨微晶中脫出，然後位於微孔中的鋰簇或鋰分子通過石墨微晶脫出。這樣可以合理解釋嵌鋰時電壓接近0V和脫嵌時的電壓滯後現象：微孔中鋰的嵌入在石墨微晶中鋰嵌入之後，故電壓位於0V左右，而脫嵌時，微孔周圍為缺陷結構，存在著自由基碳原子，與鋰的作用力比較強，因此鋰從微孔中脫出需要一定的作用力，因此產生了電壓滯後現象。

鋰在嵌入和脫出過程中層間距d_{002}的變化一方面也與這一機制相一致：鋰嵌入時，d_{002}增加，並達到0.37nm，隨後隨鋰的插入不發生變化；而在脫出時，d_{002}先從0.37nm減小，達到一定值時隨鋰的脫出並不發生變化。

微孔儲鋰機制對容量衰減解釋是：在循環過程中，由於微孔周圍為不穩定的缺陷結構，鋰在嵌入和脫出過程中導致這些結構的破壞。由於碳結構的破壞，導致了可逆容量的衰減。

4.3.3 碳材料性能的改進方法

石墨類碳材料具有較高的比容量、較低而平穩的放電平台、充放電過程中體積變化等優點；但是石墨類材料對電解液的組成非常敏感，不適合含有PC的電解液，耐過充能力差，在充放電過程中石墨結構易於遭到破壞等。而無定形碳材料具有容量高、大電流放電性能好，但也存在首次不可逆容量高、電壓滯後等缺點。由於石墨類碳材料和無定形碳材料都有其優缺點，所以對各種碳材料進行各種摻雜改性，以提高其電化學性能成了研究的熱點。

提高碳材料性能的方法主要包括有表面處理；引入一些金屬或非金屬元素進行摻雜；機械研磨和其他方法等。

一、表面處理

對石墨類材料進行表面改性，可以改善其表面結構，提高其電學性能。主要方法有表面化學處理和表面包覆，表面化學處理包括有表面氧化、表面鹵化等，而表面包覆根據包覆層的組成又可分為碳包

覆、金屬包覆、金屬氧化物包覆、聚合物包覆等。其他表面處理的方法還有表面還原、等離子處理等。

(1)表面氧化 表面氧化分為氣相氧化和液相氧化兩種。表面氧化主要有以下三個作用：除去石墨化碳材料中的一些活性位置或缺陷，改進表面結構；在材料表面形成一層氧化層，可以作為有效的鈍化層；引入一些奈米通道或奈米孔，前者有利於鋰通過，後者可以作為儲鋰位。經表面氧化的材料一方面可以降低其不可逆容量，同時亦能提高石墨的可逆容量，再者，可以提高其循環性能。這是由於表面不穩定、反應活性高的結構的除去抑制了電解液的分解，同時表面氧化層的存在，減少了溶劑分子的共嵌入，降低了SEI膜耗鋰，這使得不可逆容量損失降低，提高循環性能。而奈米孔的引入作為儲鋰位可以提高可逆容量，奈米通道有利於大電流放電性能。

氣相氧化法可以採用空氣作氧化劑，也可以用純氧氣或者CO_2來氧化。用空氣氧化天然石墨，使其可逆容量從251mA·h/g增加到350mA·h/g，首次充放電效率提高到80%以上，前10次容量都沒有衰減。有人分別用O_2和CO_2對石墨表面進行氧化，降低了首次不可逆容量，提高了充放電效率。但用O_2長時間處理（60h以上），表面積增加20%，容量及效率都有所降低。

液相氧化法是採用強化學氧化劑的溶液如$(NH_4)_2S_2O_8$、硝酸、H_2O_2、$Ce(SO_4)_2$等與石墨進行反應，它們對材料的電化學性能均有所提高。$(NH_4)_2S_2O_8$溶液的標準氧化電位為2.08V，具有極強的氧化性，以它為氧化劑，處理後的石墨材料其可逆容量高達355mA·h/g；濃硝酸的氧化性比$(NH_4)_2S_2O_8$弱，它的標準氧化電位為1.59V，經它處理過的碳材料容量也有提高；H_2O_2和$Ce(SO_4)_2$的標準氧化電位介

於$(NH_4)_2S_2O_8$和濃硝酸之間,分別為1.78V和1.61V;$Ce(SO_4)_2$是一種鹽,對設備有腐蝕作用。

氣相氧化法由於反應發生在氣固介面上,因此材料的均勻性和重現性難以得到控制,並且還會產生諸如CO、CO_2等氣體,對環境不利。液相氧化法的反應發生在液—固介面,因此接觸更加充分、均勻,而反應也更加均勻,從而可以保證產品質量的均勻性。

(2)表面鹵化　在碳材料表面進行化學處理,除了表面氧化外,還有對表面進行鹵化處理。三洋公司將石墨化負極材料進行表面氟化,可降低自放電和提高循環次數。另外,在負極材料表面鹵化,可以降低內阻,提高容量,改善充放電性能。美國Vcarcarbon Technology公司提出改性石墨顆粒中含有（2～50）×10^{-5}氟、氯或碘。

(3)碳包覆　如前面所述,石墨材料與無定形碳材料具有各自的優缺點,為了充分利用二者的優點,克服各自的不足,可採取在石墨外包覆一層無定形碳材料,形成核—殼（core-shell）型結構（殼含量一般小於20%）,這樣,既可保留石墨的高容量和低電位平台等特徵,又具有無定形碳材料與溶劑相容性好及大電流性能優良等特徵。在天然石墨外包覆一層無定形碳材料,使無定形碳與溶劑接觸,避免了天然石墨與溶劑的直接接觸,因而擴大了溶劑的選擇範圍;無定形碳的層間距比石墨的大,鋰離子在其中的擴散可較快進行,這相當於在石墨外形成一層鋰離子的緩衝層,因而可以改善材料的大電流性能;在石墨外形成的無定形碳殼層,可避免溶劑分子的共嵌入對石墨結構的破壞作用,因而石墨材料的層剝落現象也可以大幅減輕。該方法的關鍵是在石墨外面形成完整的包覆層,否則就起不到阻止電解液和石墨接觸的作用。

　　包覆的結構一般為：內核是石墨類材料，或者結晶度高的碳材料，而外殼是無定形碳材料或結晶度低的碳材料。包覆結構類型，被包覆顆粒碳可以是石墨、碳黑、乙炔黑或玻璃碳，包覆層可以是聚碳化二亞胺、酚醛樹脂、瀝青、焦油、焦碳、呋喃樹脂、黏膠纖維、去氯丙烯腈等。

　　包覆的方法有浸漬法、化學氣相沈積法等。浸漬法是先將石墨材料在液相樹脂或其他液相的碳材料前驅物中浸漬，然後在一定溫度下熱解、碳化得到。浸漬法一般是利用固相碳化，某些樹脂必須用溶劑加以溶解，浸漬後再揮發掉。化學氣相沈積法採用碳原子數目為15～20的鏈烷烴、烯烴或芳香族化合物，其沸點通常都在200°C以下。以氣相碳化在石墨材料表面沈積一層無定形碳層。

　　用樹脂包覆石墨材料，熱處理形成的無定形碳可以阻止石墨層的剝離，使石墨的循環性能得到提高；同時由於包覆層有利於鋰的遷移，所以大電流放電性能也有所提高。樹脂碳包覆的石墨材料可逆容量亦有所增加，並且與PC基電解液已具有較好的相容性。包覆材料還保持了石墨的平坦放電電壓平台的特點。

　　以煤焦油為包覆材料，採用氣相沈積法包覆石墨，其放電容量、首次充放電效率相對於原始的非核殼結構碳電極都得到了大幅度的提高，並且對PC基電解幾乎不存在選擇性。採用其他的無定形碳材料，如PVC、煤焦油瀝青包覆石墨也有類似效果。另外，在天然石墨表面沈積一層BC_x或C_xN也可以改變其性能。

　　儘管在石墨表面包覆樹脂或其他碳材料能有效地改善石墨的充放電性能，但由於形成殼層所用的液相樹脂在與石墨微粒焙燒、碳化時由於石墨微粒間樹脂的熔接、凝聚，在製作電極過程中，必須將其進

行粉碎，這會使石墨的活性面重新暴露。

(4)包覆金屬及金屬氧化物　很多金屬，如Cu、Ag、Au、Bi、In、Pb、Sn、Pd、Ni等都可包覆在碳材料表面，包覆金屬層可以提高鋰離子在材料中的擴散係數而促進電極的倍率性能，而且金屬層的包覆也可以在一定程度上降低材料的不可逆容量，提高充放電效率。

在石墨等碳材料的表面沈積上一層金屬如Ag可形成一層穩定的固體電解質介面。當銀含量（質量分數）為5%時，1500次循環後容量僅損失12%。鋰在沈積銀中的擴散係數高，可以自由移動。

採用微粒Pd包覆石墨，由於Pd沈積在石墨邊緣表面，抑制溶劑化Li⁺的擴散和共嵌，從而降低不可逆容量損失。這主要針對Pd小於10%時，且效率由59%增到80.3%。當Pd大於25%時，Li-Pd合金的生成使不可逆容量損失增加，效率降低。

通過在石墨上化學鍍、鈷等第Ⅷ族金屬，使石墨電極的性能得到改善。在石墨上化的碳纖維（T = 3100°C）上用簡單的真空蒸發金屬，如Ag、Au、Bi、In、Pb、Sn和Zn等在碳材料表面上形成完整的覆蓋層，所蒸發的金屬均使充放電效率有一定的提高。尤以Ag、Sn和Zn的效果最明顯。這是由於金屬有利於鋰在其中的運動。此外，Li和金屬形成合金，則鋰在金屬中的活性高，因而大電流性能得到提高。如果所選金屬和鋰親和力高，則鋰在其中的擴散速率也快，同樣有利於金屬的大電流性能。

(5)聚合物包覆　用作包覆碳材料的聚合物可分為三大類，一類是既具有導電性又具有電化學活性的聚合物，如聚噻吩、聚吡咯（PPy）和聚苯胺等；二是只有導電性的離子導電聚合物，如甲基丙烯酸己磺酸鋰與丙烯腈的聚合物；還有一類聚合物，是既沒有電化學

活性，又無導電性，如明膠、纖維素、聚矽氧烷等。

　　第一類聚合物作為導電劑，本身具有良好的導電性，形成的複合物為良好的導電網路，為粒子提供了一個導電的骨幹，減少了粒子間的接觸電阻，可以極大提供電極的導電性；其次，由於是聚合物，可以作為膠黏劑，從而不必要加入絕緣性的含氟的粘接劑；而且，這類聚合物具有電化學活性，儘管其容量較低（如聚噻吩約為44mA·h/g），也可以在一定程度上提高複合物的可逆容量。聚合物塗層也可以減少石墨與電解液之間的接觸，減少不可逆容量，提高庫侖效率。

　　在石墨（SFG10）上包覆聚吡咯發現，聚合可降低石墨的首次不可逆容量，能提高充放電效率，這是由於聚合物的存在減小了SEI層厚度，從而減少了形成SEI層所需要的鋰。當聚吡咯的質量含量為7.8%時，電化學性能最佳，其庫侖效率、大電流放電性能，循環性能都有極大的提高。圖4-31為添加7.8%的聚吡咯前後的循環性能對照圖。用聚苯胺和聚噻吩來包覆碳材料，也有類似的作用和效果，均可提高首次充放電效率，降低不可逆容量等。

　　在天然石墨表面包覆一層離子聚合物膜後，能抑制和降低由於形成鈍化膜和溶劑化鋰離子共嵌入而造成的不可逆容量損失，可提高其充放電效率。同時，彈性的聚合物膜能很好適應循環過程中石墨顆粒體積和表面的變化，防止由該過程而產生的鈍化破裂和修復現象，能改善鈍化膜的穩定性和彈性，提高包覆石墨的循環性能。

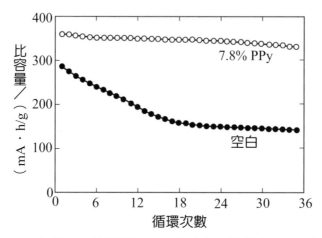

圖4-31　包覆PP$_y$前後的循環曲線（充放電電流：C/15）

　　其他沒有電化學活性的聚合物包括聚合物電解質，例如明膠、纖維素和聚矽氧烷亦可以包覆在碳材料表面。

二、摻雜改性

　　提高碳材料性能的另一種常用的方法是在材料中引入金屬或非金屬進行摻雜，這種摻雜是通過改變碳的微觀結構和電子狀態，依此影響碳材料的嵌鋰行為。

　　(1)引入非金屬元素　硼屬ⅢA族元素，其引入的方式有原子形式和化合物形式兩種。原子形式的引入主要是在採用氣相沈積法（CVD）製備碳材料時，引入含硼的烷烴或其他硼化物，通過裂解得到硼原子與碳原子一起沈積的碳材料。化合物形式的引入則是直接將硼化物，如B_2O_3、H_3BO_3等加入到碳材料的前驅物中，然後進行熱解。硼的引入能提高碳材料的可逆容量，這是由於硼的缺電子性，能增加鋰與碳材料的結合能，即從E_0增加到$E_0 + \Delta$（E_0為鋰插入到石墨

中形成Li$_x$C$_6$時的結合能）。它對充電電壓的影響主要在1.1～1.6V之間。另外，上述兩種方法對所得碳材料的容量影響略有不同，前者硼含量在9%以前基本上隨著硼含量的增加而線性增加，後者則在1.0%～2.0%處為最大值，而且會降低其不可逆容量。

矽與碳的複合物之所以能提高可逆容量，原因在於矽的引入能促進鋰在碳材料內部的擴散，有效防止枝晶的產生；而且矽在碳材料中以奈米級分佈，奈米矽本身具有電化學性能，可與鋰發生可逆嵌脫。

最先認為氮在碳材料以兩種形式存在，分別稱為化學態氮（chemical nitrogen）和晶格氮（lattice nitrogen）。前者容易與鋰發生不可逆反應，使不可逆容量增加，因而認為摻有氮原子的碳材料不適合作為鋰離子電池的負極材料。然而，同樣的化學氣相沈積法和同樣的原料（吡啶），所得的結果不一樣。其充放電結果表明，隨氮含量的增加，可逆容量增加，並超過了石墨的理論容量。在聚合物裂解碳中，碳材料的可逆容量也隨氮含量的增加而增加，並且氮原子以墨片氮（位於墨片分子中，其N$_{1s}$電子結合能為398.5eV）和共軛氮（沒有並入到墨片分子中的—C $=\!=$ N—，其N$_{1s}$電子結合能為400.2eV）的形式存在。

磷的引入對碳材料電化學行為的影響隨著前驅物的不同而有所不同。磷元素引入到石油焦中主要是影響碳材料的表面結構，表面為磷原子與碳材料的邊端面相結合，但由於磷原子半徑比碳原子的大，這樣的結合使碳材料的層間距增加，有利於鋰的插入和脫出。若在加入H$_3$PO$_4$以後，不經直接熱處理，而是使H$_3$PO$_4$先與前驅物發生反應，再進行熱處理，這樣，磷可完全摻入到碳材料的結構中，XRS結果顯示磷在其中以單一形式存在，它一方面與碳材料發生鍵合，另一方面

因熱處理溫度低（< 1200°C）而與氧原子鍵合。磷的引入不單是影響碳材料的電子狀態，還影響碳材料的結構。這種影響隨前驅物的不同而有所不同，但是在較高溫度（≥ 800°C）下的引入均能提高碳材料的可逆容量。

表4-7是硫原子引入後對碳負極材料的充電容量的影響。XPS測量結果表明，硫原子在碳材料中的存在形式有C-S、S-S和硫酸酯等，其對應於硫原子S_{2p}的電子結合能分別為164.1eV、165.3eV、168.4eV。硫的引入以後所得碳材料的充電容量有較大的提高，充電曲線同樣表明，硫引入後在0.5V以前的平台性能更為優越。

(2)摻雜金屬元素　鉀引入到碳材料中是通過形成嵌入化合物KC_8，然後將其組裝成電池。由於鋰從碳中脫出後碳材料的層間距（0.341nm）比純石墨（0.336nm）要大，有利於鋰的快速嵌入，可形成LiC_6的嵌入化合物，其可逆容量達372mA·h/g。另外，以KC_8為負極，正極材料的選擇餘地也比較寬，可使用一些低成本的、不含鋰的材料。

引入鋁和鎵能提高碳材料的可逆容量，原因是它們與碳原子形成固溶體，為平面結構，由於鋁和鎵的p_z軌道為空軌道，因而可以儲存更多的鋰，提高可逆容量。

表4-7　硫原子引入後對碳負極材料的充電容量的影響

硫的含量	不同充電截止電壓下的容量／（mA·h/g）		
	0.1V	0.5V	3.0V
0%	105	245	363
2.41%	269	412	568

　　過渡金屬釩、鎳和鈷等主要是以氧化物的形式加入到前驅物中，然後進行熱處理。由於它們在熱處理過程中起著催化劑的作用，有利於石墨結構的生成以及層間距的增大，因而提高了碳材料的可逆容量，改善了碳材料的循環性能。

　　銅和鐵的摻雜過程比較複雜，通常是它們的氯化物與石墨反應，形成插入化合物，然後用$LiAlH_4$還原，經過這樣的處理，一方面提高了層間距，另一方面改善了石墨的尖端位置，使碳材料的電化學性能提高。在所得的摻雜化合物C_xM（M = Cu、Fe）中，如$x < 24$時，則M過多，石墨中鋰的插入位置少而使容量降低；相反，$x > 36$時，第一次不可逆容量大，耐過放電性能差。銅與鐵摻雜的碳負極材料的性能如表4-8所示。

　　另外，其他一些金屬與碳形成的化合物，如X—C或Li—X—C（X包括Zn、Ag、Mg、Cd、In、Pb、Sn等）作為鋰離子電池的負極材料時，電池的電化學性能也均有明顯的改善，主要原因在於金屬的引入有利於鋰的擴散。

表4-8　銅與鐵摻雜後的碳負極材料的電化學性能

碳材料	首次充電容量／（mA·h/g）	各次放電容量／（mA·h/g）			
		1	20	50	100
天然石墨	611	385	343	327	327
$C_{22}Cu$	449	395	392	390	390
$C_{24}Cu$	463	417	410	407	407
$C_{30}Cu$	491	408	406	406	406
$C_{22}Fe$	398	398	396	396	396
$C_{24}Fe$	412	412	408	403	403
$C_{30}Fe$	433	433	430	429	429

三、機械球磨

　　碳材料的顆粒大小與其充放電性能有較大的關係，一般可採用球磨的方法對碳粉進行處理。球磨方式及方法條件不同，得到的顆粒粒徑、堆積密度、比表面積及微晶缺陷密度等也不一樣，從而影響其電化學性能。

　　研磨可以提高石墨的可逆容量，例如，石墨經150h球磨，可逆容量達700mA‧h/g，但電位曲線有一定的滯後性、不可逆容量也較大（580mA‧h/g），且容量衰減較快。容量增加是因為微孔、微腔等數量的增加；不可逆容量的增加是因為表面積的增大；電壓滯後是因為填隙碳原子的存在；而循環性能變差是因為可移動的和某些成鍵的填隙碳原子使微孔消失以及電解質鑽進微孔，並在鋰嵌脫過程中形成了附聚物顆粒。經研磨後，石墨轉變為亞穩態碳填隙相（metastable carbon interstitial phase），其結構與熱解碳結構相似。

　　鱗片石墨經振動和剪切研磨後，研磨方式對碳材料的不規則程度、形貌和結構均有影響，傳遞的能量依賴於採用的研磨方式，通常振動研磨傳遞的能量較大。剪切研磨對碳材料的石墨化度改變不大，而經80h振動研磨後，石墨結構與硬碳的相似。研磨時產生的表面懸掛鍵在相鄰自由鍵間形成了類似硬碳的結構，從而使石墨電極的容量增加。在該材料中每6個碳中可嵌入兩個鋰（Li_2C_6）（約700mA‧h/g），不可逆容量為320mA‧h/g。研磨使石墨的層數減少，缺陷增加。

　　機械研磨還可以在六方石墨中引入菱方相，從而降低石墨在電解液中的層剝落。如經過15min的滾筒研磨，即可引入足夠的菱方相，

經研磨後石墨可以保持高結晶度和高的可逆容量，同時由於剝離的降低，而使電極的可逆性得以提高。

機械研磨可提高石墨電極的電性能，根據目標物的性能要求可選用不同的研磨手段和時間。但經球磨和振動研磨的石墨，其容量衰減快及電壓滯後。

四、其他方法

將碳奈米管摻入石墨並和石墨形成奈米級微孔，以增加嵌Li空間，使其可逆容量提高到341.8mA·h/g。且摻雜的碳奈米管起橋梁作用，可避免「孤島」形成，便於鋰離子的嵌入和脫出，增強材料導電性。矽烷化作用改變表面化學性質、表面積和石墨形態，用O_2在420°C下氧化16h後，再進行矽烷化作用，因矽烷膜能被有機電解液浸透，在矽烷下更有利於SEI膜形成，減少材料的不可逆容量損失。

碳材料表面形成一層鈍化膜，可以提高材料的可逆容量。在石墨化MCMB材料上預先沈積、結晶一層晶態的Li_2CO_3或LiOH膜，試驗表明：改性後的晶體膜表面比較均勻、緻密、平滑，與材料附著緊密，基本上沒有龜裂，顯著改變了與PC基電解液的相容性，在PC基電解液裡的容量分別達到210mA·h/g和270mA·h/g。其容量和循環性能如圖4-32所示。

鈍化膜的改性亦可用正丁基鋰、己烷、鋰萘和熔融金屬鋰將石墨處理後再與電解液反應得到，經過處理的石墨，其可逆容量可提高到430mA·h/g。

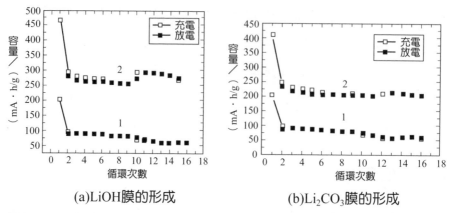

(a)LiOH膜的形成   (b)Li$_2$CO$_3$膜的形成

圖4-32   MCMB在1mol/L LiClO$_4$ + PC/DEC電解液裡改性的容量循環性能示意圖

4.3.4   錫基材料

儘管負極材料絕大部分都為碳素類材料，但因其存在著比容量低，首次充放電效率低，有機溶劑共嵌入等不足，人們開展了其他新型高比容量非碳材料的研究，錫基材料就是其中之一。日本最早開始研究錫基負極材料，三洋電機、松下電器、富士公司等公司都相繼進行了研究。錫基負極材料包括錫的氧化物、錫基複合氧化物、錫鹽、錫合金，本節主要介紹前三種，而錫合金將放在4.2.6節的部分介紹。

一、錫氧化物

(1)錫氧化物的儲鋰機制   錫的簡單氧化物包括氧化錫、氧化亞錫及其混合物三種。與碳材料的理論比容量372mA·h/g相比，錫氧化物的比容量要高得多，可達到500mA·h/g以上，不過首次不可逆

容量也較大。

關於Sn的氧化物的儲鋰機制，目前有兩種看法：一種為合金型，另一種為離子型。離子型機制認為Li的脫嵌過程是：

$$xLi + SnO_2(SnO) \rightleftharpoons Li_xSnO_2(Li_xSnO) \qquad (4-17)$$

即鋰與氧化（亞）錫一步可逆反應生成（亞）錫酸鋰。

合金型儲鋰機制認為Li和氧化錫或氧化亞錫在充放電過程中分兩步進行：

$$Li + SnO_2(SnO) \rightarrow Li_2O + Sn \qquad (4-18)$$
$$xLi + Sn \rightleftharpoons Li_xSn \ (0 < x < 4.4) \qquad (4-19)$$

第一步是Li取代氧化錫或氧化亞錫中的Sn，生成金屬Sn和Li$_2$O，這一步是不可逆的；接著金屬Sn再與金屬Li可逆反應生成LiSn合金。

幾乎所有的實驗現象都支援合金型儲鋰機制：在離子型機制中，反應只可逆生成了（亞）錫酸鋰一相，並沒有Li$_2$O生成，第一次充放電效率較高；而合金型機制由於第一步有不可逆的Li$_2$O生成，所以第一次充放電效率效率很低。XRD分析觀察到了分離的金屬Sn和Li$_2$O，而沒有觀察到均一的LixSnO$_2$（LixSnO）相。電子順磁共振譜和XPS分析也表明，Li在Sn的氧化物中是以原子的形式存在的。通過對SnO為代表的Sn的氧化物的XRD、拉曼和高分辨電子顯微鏡分析，證明了Sn的氧化物的脫嵌機制是合金型機制。

合金型脫嵌機制認為，首次不可逆容量是由於第一步反應生成

Li_2O，以及Sn的氧化物與有機電解液的分解或縮合等反應產生的，可逆容量是金屬Sn和Li形成合金所導致。在取代反應和合金化反應進行之前，顆粒表面發生有機電解液分解，形成一層無定形的鈍化膜。鈍化膜的厚度達幾個奈米，成分為Li_2CO_3和烷基質Li（$ROCO_2Li$）。在取代反應中，生成微細的Sn顆粒以奈米尺寸存在，高度彌散於氧化鋰中。在合金化反應中，生成的Li_xSn也具有奈米尺寸。Sn的氧化物為負極材料，具有很高容量的原因是反應產物中有奈米大小的Li微粒。

(2)製備方法及電化學性能　錫氧化物的製備方法很多，包括有高溫固相法、機械球磨法、溶膠—凝膠法、模板法、靜電熱噴鍍法（ESD）、射頻磁控濺射法（RF）、真空熱蒸鍍法（ED）、化學氣相沈積法（CVD）等。前幾種方法一般製得粉末材料，而後四種方法得到薄膜材料。不同方法得到的氧化（亞）錫的性質也不一樣，從物質形態來看，有粉末狀的（固相法、球磨法、Sol-gel等），也有薄膜材料（ESD、RF、ED、CVD）；從晶型結構來看，既有晶形的，也有非晶形的；從尺寸大小來看，既有奈米材料，也有非奈米材料。關於奈米材料和薄膜電極將在後面的章節中詳加介紹。由於不同方法製得的氧化（亞）錫的性質不一樣，所以它們的電化學性能也有很大的差別。表4-9是不同方法製備的錫氧化物對其電極性能的影響。

不同方法製備的錫氧化物性能有所差異，主要是與電壓的選擇和粒子的大小、形態有關。有人認為，插鋰電壓超過0.8V，則會有Sn原子的產生，而當電位超過1.3V，容納Sn原子的Li_2O基體會被破壞；由於Sn原子較為柔軟且熔點較低，將聚集成簇。一旦形成Sn原子

表4-9 不同方法製備錫氧化物與其電極性能的影響

電極材料	製備方法	形態及結構	可逆比容量／（mA·h/g）	循環性能
SnO_2	低壓化學氣相沈積法	晶狀薄膜	500（0.05～1.15V）	一般
SnO/SnO_2	高溫熱解噴鍍法	非晶態膜	—	良好
SnO_2	靜電熱噴鍍法	非晶態膜	600（0～1.0V）	較差
SnO_2	溶膠—凝膠法	晶態	600（0～2.0V）	一般
SnO	液晶模板法	奈米微孔結構	700（0.05～0.95V）	較差

簇，就會形成兩相區，導致循環過程中體積不匹配，使得容量衰減。所以選擇合適的電壓循環區間能抑制錫原子簇的產生。

電極材料的尺寸降到奈米範圍時，比表面積增大，鋰離子在其中的擴散距離顯著降低，所以對於同種成分的電極材料而言，奈米材料具有更好的倍率特性。除此之外，顆粒尺寸的降低可以增加儲鋰位，縮短鋰離子擴散距離，從而提高錫氧化物的可逆比容量。

錫氧化物負極材料的主要問題是首次不可逆容量很大，不可逆容量損失均超過50%，這主要是由於前面提到的第一次充放電過程中Li_2O的生成以及SEI膜的形成；另外一個問題是由於材料在脫嵌鋰過程中，材料本身體積的變化（SnO_2、Sn、Li的密度分別為6.99g/cm^3、7.29g/cm^{3}和2.56g/cm^3，使得反應前後材料的體積變化極大）引起電極「粉化」或「團聚」，從而造成材料比容量衰減，循環性能下降。SnO_2的微分電容曲線見圖4-33。

為減輕錫氧化物電極材料的「體積效應」，通常採取如下措施：①製備具有特殊形貌的錫氧化物（如薄膜、奈米粒子或者呈無定形態），使得其體積膨脹率降到最小；②選擇合適的電池操作電壓視

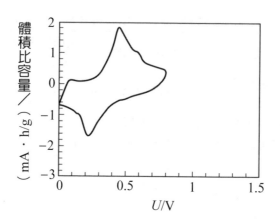

圖4-33　SnO$_2$的微分電容曲線

窗，以減少副反應的發生；③對電極進行摻雜，如摻入Mo、P和B等元素，阻止充放電反應中錫原子簇的生成。

二、錫基複合氧化物

錫基複合氧化物（tin-based composite oxide，簡稱TCO）的研究始於日本的富士公司，研究人員發現無定形錫基複合氧化物有較好的循環壽命和較高的可逆比容量，這個結果引起了人們的極大注意，隨後，相繼有許多關於這方面的研究見於報導。錫基複合氧化物可以在一定程度上解決Sn氧化物負極材料體積變化大、首次充放電不可逆容量較高、循環性能不理想等問題，方法是在Sn的氧化物中加入一些金屬或非金屬氧化物，如B、Al、Si、Ge、P、Ti、Mn、Fe等元素的氧化物，然後通過熱處理得到。

錫基複合氧化物具有非晶體結構，加入的其他氧化物使混合物形成一種無定形的玻璃體，因此可用通式SnM$_x$O$_y$（$x \geq 1$）表示，其中M表示形成玻璃體的一組金屬或非金屬元素（可以為1～3種），常常

是B、P、Al等氧化物。在結構上，錫基複合氧化物由活性中心Sn-O鍵和周圍的無規網格結構組成，無規網格由加入的金屬或非金屬氧化物組成，它們使活性中心相互隔離開來，因此可以有效儲Li，容量大小和活性中心有關。錫基複合氧化物的可逆比容量可以達到600mA·h/g，體積比容量大於2200mA·h/cm³，約為容量最高的碳負極材料（無定形碳和石墨化碳分別小於1200mA·h/cm³和500mA·h/cm³）的兩倍以上。

對於錫基複合氧化物的儲鋰機制，有兩種類型：一種是離子型，另一種是合金型。離子型機制認為，Li與TCO電極發生嵌入反應，Li在產物中以離子形態存在。以$SnB_{0.5}P_{0.5}O_3$為例，其機制可表示為：

$$x\text{Li} + \text{SnB}_{0.5}\text{P}_{0.5}\text{O}_3 \Longleftrightarrow \text{Li}_x\text{SnB}_{0.5}\text{P}_{0.5}\text{O}_3 \qquad （4\text{-}20）$$

TCO的合金型機制與錫氧化物合金機制類似，亦是兩步反應的機制，首先是TCO與Li反應生成Li_2O、其他氧化物、金屬錫，然後錫再與Li反應生產鋰錫合金。以Sn_2BPO_6為例，其機制可表示為：

$$4\text{Li} + \text{Sn}_2\text{BPO}_6 \longrightarrow 2\text{Li}_2\text{O} + 2\text{Sn} + \frac{1}{2}\text{B}_2\text{O}_3 + \frac{1}{2}\text{P}_2\text{O}_5$$
$$（4\text{-}21）$$

$$8.8\text{Li} + 2\text{Li}_2\text{O} + 2\text{Sn} + \frac{1}{2}\text{B}_2\text{O}_3 + \frac{1}{2}\text{P}_2\text{O}_5 \Longleftrightarrow 2\text{Li}_{4.4}\text{Sn} + 2\text{Li}_2\text{O} + \frac{1}{2}\text{B}_2\text{O}_3 + \frac{1}{2}\text{P}_2\text{O}_5$$
$$（4\text{-}22）$$

通過對Li的核磁共振譜的研究，認為TCO電極中的鋰是以離子形態存在而不是金屬態存在。但原位X射線繞射分析（In-situ XRD）譜

和拉曼光譜均證實了Sn原子簇的存在（圖4-34）。目前，絕大多數研究的結論大多支持合金型機制。

錫基複合氧化物的非晶態結構，其在充放電前後體積幾乎沒有大改變，結構穩定，不容易遭到破壞，所以錫基複合氧化物的循環性能比較好。而且與晶態Sn的氧化物相比，錫基複合氧化物的結構有利於鋰的可逆插入和脫出，及提高的鋰的擴散係數。

錫基複合氧化物的製備方法與簡單錫氧化物類似，也可通過高溫固相法、機械化學活化法、射頻濺射法、靜電噴射沈積法、共沈澱法和溶膠—凝膠法等來製備。如在SnO中摻入B、P、Al的氧化物，用高溫固相法製備$Sn_{1.0}B_{0.56}P_{0.40}Al_{0.42}O_{3.47}$，該材料為無定形結構；採用高溫燒結法製備$Sn_{1.0}B_{0.56}P_{0.40}Al_{0.42}O_{3.6}$，以1mA的恆流在0～1.2V間充放電，首次循環過程中，充電容量為1030mA·h/g，放電容量為650mA·h/g，容量損失37%；但在隨後的循環中，庫侖效率達到近100%；在SnO中加入P、Mn等元素，在高溫（700℃）下製備出$SnMm_{0.5}PO_4$材料，其不可逆容量較低。

採用球磨法將ZnO和SnO_2合成了$ZnO\text{-}SnO_2$體系，結果顯示，其中的ZnO含量較低時，能有效改善其循環性能，當ZnO含量較高時，循環性能變差。

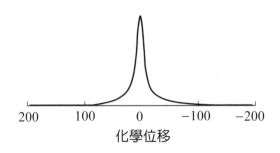

200　　　100　　　0　　　−100　　　−200

化學位移

圖4-34　TCO插鋰後的^{7}Li核磁共振譜

用射頻濺射法，以$SnB_{0.6}P_{0.4}O_{2.9}$為發射源，分別用金屬Au和金屬Cr做底層，在氬氣等離子體氣氛下製得錫基複合氧化物。實驗表明，在20次循環後，仍然可以獲得550mA·h/g的可逆比容量。

在400°C下用靜電噴射沈積法得到錫氧化物薄膜，然後在空氣氣氛、500°C的溫度下煅燒，獲得的無定形二氧化錫。在0～1.0V的電壓下以$0.2mA/cm^2$的電流放電，在100次循環後仍然可以獲得600mA·h/g的可逆比容量。另外，以高達$2mA/cm^2$的電流充放電，亦得到500mA·h/g的可逆比容量，顯示了該材料良好的大電流充放電性能。

採用共沈澱法和溶膠—凝膠法分別製備錫基複合氧化物，兩種方法製備的錫基複合氧化物電極材料都比錫氧化物電極材料循環性能好，溶膠—凝膠法由於成分更均勻，循環性能優良。採用共沈澱法製備$SnSbO_{2.5}$和$SnGeO_3$兩種錫基複合氧化物粉末，它們的可逆容量分別為1200mA·h/g，750mA·h/g，遠高於碳材料的可逆容量；其嵌鋰電位與脫鋰電位均分別在0.2V和0.5V左右。

三、錫鹽及錫酸鹽

除氧化物外，錫鹽亦可作為鋰離子電池的負極材料，如$SnSO_4$、SnS_2，以$SnSO_4$作負極材料，最高可逆容量達到600mA·h/g以上。根據合金型機制，不僅$SnSO_4$、SnS_2可作為儲鋰的活性材料，其他錫鹽亦在選項之列，如Sn_2PO_4Cl在40次循環後容量可穩定在300mA·h/g。

鋰在$SnSO_4$中的插入和脫逸過程的反應如下：

$$SnSO_4 + 2Li \rightarrow Li_2SO_4 + Sn \qquad （4\text{-}23）$$

$$Sn + 4Li \Longrightarrow Li_4Sn \qquad\qquad (4\text{-}24)$$

在鋰脫嵌反應中，生成的金屬錫的顆粒很小（可能為奈米級大小），反應則是容量之所以產生的實質原因。鋰與錫形成的合金為無定形結構，其無定形結構在隨後的循環過程中也不易受到破壞，在充放電過程中，循環性能較好。X射線繞射及穆堡爾譜結果證明了上述反應過程。$SnSO_4$電極的性能與其電極的組成有很大關係，如加入乙炔黑有助於提高它的循環性能，如圖4-35所示。

與SnO_2一樣，硫化錫SnS_2主要是以合金型機制進行儲鋰：先形成Li_2S，然後再與錫形成合金，該化合物具有較高的可逆容量。奈米粒子容量可達620mA・h/g，而且穩定性也較好。

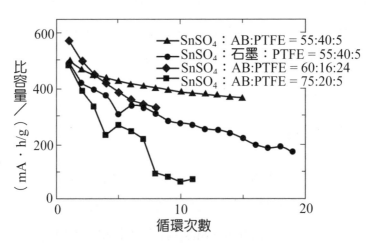

圖4-35　不同配比的$SnSO_4$電極的循環性能圖

　　除了錫鹽外，錫酸鹽也可以作為鋰離子電池負極材料，如 $MgSnO_3$、$CaSnO_3$等。錫酸鹽的充放電機制是遵循合金型機制，形成的奈米錫顆粒是提高其可逆容量的主要依據。非晶態的$MgSnO_3$ 首次脫鋰容量達635mA·h/g，經過20次充放電循環後，充電容量為488mA·h/g，平均衰減速率為1.16%。通過濕化學方法製備的 $CaSnO_3$，可逆容量超過469mA·h/g，40和50次循環後容量還可保持 95%和94%，如圖4-36示。

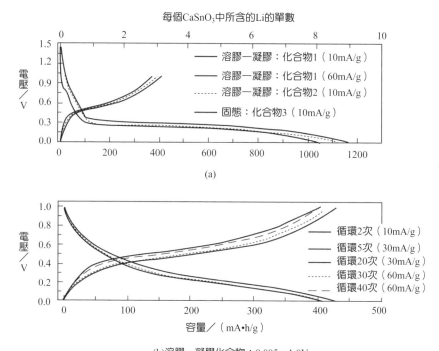

(b)溶膠－凝膠化合物：0.005～1.0V

圖4-36　$CaSnO_3$的循環性能圖

4.3.5 矽基材料

矽基材料包括矽、矽的氧化物、矽/碳複合材料以及矽的合金，這裡主要就前三種材料進行論述，矽合金將在合金材料中加以介紹。

一、矽

矽一般有晶體和無定形兩種形式存在，作為鋰離子電池的負極材料，以無定形矽的性能較佳。之所以作為儲鋰材料，主要在於鋰與矽反應可以形成$Li_{12}Si_7$、$Li_{13}Si_4$、Li_7Si_3和$Li_{22}Si_4$等，矽作為負極材料的理論比容量高達4200mA·h/g。

作為鋰離子電池的負極材料，矽的主要特點包括：①具有其他高容量材料（除金屬鋰外）所無法匹敵的容量優勢；②其微觀結構在首次嵌鋰後即轉變為無定形態，並且在後續的循環過程中，這種無定形態一直被保持，從這一角度看來可以認為其具有相對的結構穩定性；③電化學脫嵌鋰過程中，材料不易團聚；④其放電平台略高於碳類材料，因此，在充放電過程中，不易引起鋰枝晶在電極表面的形成。

矽的電化學性能與其形態、粒徑大小和工作電壓視窗有關。從形態上看，用作電極的矽有主體材料和薄膜材料之分。主體材料的製備可以通過球磨和高溫固相法得到；薄膜材料可通過物理或化學氣相沈積法、濺射法等製得。矽基材料在高度脫嵌鋰條件下，存在嚴重的體積效應，容易導致材料的結構崩塌，從而造成電極的循環穩定性欠佳Li-Si化合物的二元相圖見圖4-37。薄膜材料在一定程度上可以緩解體積效應，提高電極的循環壽命。例如，通過真空沈積法製得的矽薄膜，在PC基電解液裡，循環700次後容量還可保持在1000mA·h/g以

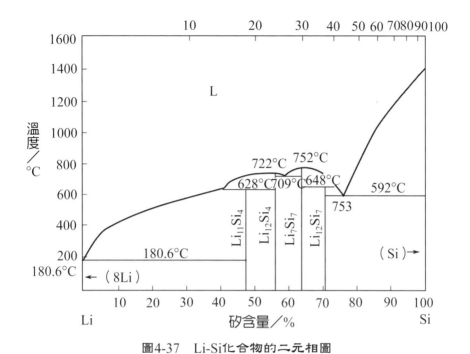

圖4-37　Li-Si化合物的二元相圖

上。另一方面，採用奈米材料，利用其比表面積大的特性，能夠在一定程度上提高材料的循環穩定性。但是由於奈米材料容易團聚，經過若干次循環後，不能從根本上解決材料的循環穩定性問題。電位視窗也極大地影響著材料的循環性能。利用Si_2H_6為反應氣體，採用化學氣相沈積法製得的無定形矽薄膜，當電位視窗在0～3V時，首次放電容量可達4000mA·h/g，但20次循環後容量急劇下降，40次循環，幾乎沒有放電容量；但是如果電位區間在0～0.2V時，電極循環400多次後，容量還能保持400mA·h/g左右。如圖4-38中所示。

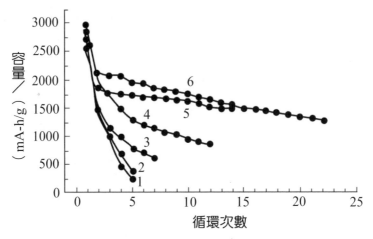

圖4-38　不同粒度矽的電化學循環性能比較
1,2-普通矽粉；3-奈米矽粉，0～2.0V，0.1mA/cm²；
4,6-奈米矽粉（電極成分不同），0～0.8V，0.1mA/cm²；
5-奈米矽粉，0～0.8V，0.8mA/cm²

二、矽氧化物

在矽中引入氧主要是緩解矽的體積效應，提高材料的循環性能。對於鋰離子電池負極來說，在嵌鋰過程中由於Li^+與O有良好的化學親和性，易生成電化學不可逆相Li_2O，從而增加了材料的首次不可逆容量。因此，在負極材料的製備和改性中，一般要避免引入過多的含氧材料。

有人研究了幾種矽氧化物SiO_x（$x = 0.8$、1.0、1.1）發現，隨著矽的氧化物中氧含量的增加，電池比容量降低，但是循環性能提高；隨著氧化物顆粒減小到30nm以下，在電池充放電過程中會發生顆粒間的粘接，使得循環性能降低。

對於SiO_x（$0 < x < 2$）的嵌鋰機制目前存在兩種觀點：一種認

為，嵌鋰過程中，SiO與Li^+生成Li_xSiO，另一種觀點則認為在較高的電位下，Li首先與SiO_x分子中的O反應生成不可逆的化合物Li_2O，隨著嵌鋰過程的進行，再在更低的電位下與矽形成鋰的矽化物。

除O外，能與矽形成具有嵌鋰特性的穩定的非金屬元素還包括B元素。B與矽形成化合物SiB_x（$x = 3.2 \sim 6.6$）。研究表明，SiB_3的首次嵌鋰容量能達到922mA·h/g，但其脫鋰容量只有440mA·h/g，其可逆性低於矽氧化物。但是，SiB_4的首次放電容量高達1500mA·h/g，第一次充放電效率也達82%，20次循環後容量保持率為95%。

三、矽／碳複合材料

針對矽材料的嚴重的體積效應，除採用合金化或其他形式的矽化物（SiO_x、SiB_x等）外，另一個有效的方法就是製備成含矽的複合材料。利用複合材料各組分間的協同效應，達到優勢互補的目的。碳類負極由於在充放過程中體積變化很小，具有良好的循環性能，而且其本身是離子與電子的混合導體，因此經常被選作高容量負極材料的基體材料（即分散載體）。矽的嵌鋰電位與碳材料，如石墨、MCMB等相似，因此通常將Si、C進行複合，以改善Si的體積效應，從而提高其電化學穩定性。由於在常溫下矽、碳都具有較高的穩定性，很難形成完整的介面結合，故製備Si/C複合材料一般採用高溫固相反應、CVD等高溫方法合成。Si、C在超過1400°C時會成生惰性相SiC，因此高溫過程中所製備的Si/C複合材料中C基體的有序度較低。

Si/C複合材料按矽在碳中的分佈方式主要分為以下三類（如圖4-39所示）。

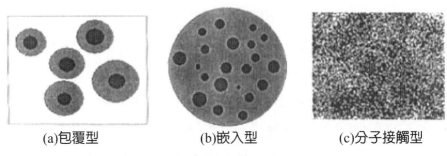

(a)包覆型　　　　(b)嵌入型　　　　(c)分子接觸型

圖4-39　不同種類Si/C複合材料的示意圖

(1)包覆型　包覆型即通常所說的核殼結構，較常見的結構是矽外包裹碳層。矽顆粒外包覆碳層的存在可以最大限度地降低電解液與矽的直接接觸，從而改善了由於矽表面懸鍵引起的電解液分解，另一方面，由於Li$^+$在固相中要克服碳層、Si/C介面層的阻力才能與矽反應，因此通過適當的充放電制度可以在一定程度上控制矽的嵌鋰深度，從而使矽的結構破壞程度降低，提高材料的循環穩定性。

(2)嵌入型　Si/C複合材料中，最常見的是嵌入型結構，矽粉體均勻分散於碳、石墨等分散載體中，形成穩定均勻的兩相或多相複合體系。在充放電過程中，矽為電化學反應的活性中心，碳載體雖然具有脫嵌鋰性能，但主要起離子、電子的傳輸通道和結構支撐體的作用。這種體系的製備多採用高溫固相反應，通過將矽均勻分散於能在高溫下裂解和碳化的高聚物中，再通過高溫固相反應得到。這類體系的電化學性能主要由載體的性能、Si/C莫耳比等因素決定。一般來說，碳基體的有序度越高、脫氫越徹底，Si/C莫耳比越低，兩種組分間的協調作用越明顯，循環性能越好。但是由於Si/C高溫過程中易生成惰性的SiC，使得矽失去電化學活性，因此碳基體的無序度已成為嵌入型Si/C複合材料進一步提高其電化學性能的瓶頸問題。而採用矽粉與有

序度高的石墨可直接作為反應前驅物，通過高能球磨製備的奈米矽粉分散於碳母體中的Si/C複合體系$C_{1-x}Si_x$中，在一定範圍內能提高矽的循環性能，$C_{1-x}Si_x$中x的值決定材料的初始容量，如$C_{0.8}Si_{0.2}$的初始嵌鋰容量高達1089mA·h/g，經過20次循環後，容量為794mA·h/g，表現出良好的循環性能。由於矽、石墨本身的穩定性決定了兩者之間難以形成完整的介面結合，增加球磨時間，可以增加二者之間的協同度，但是球磨時間的增加會導致前驅物相互反應，生成惰性的SiC相。將矽粉進行高能球磨，可得到具有高比表面的無定形粉體，再將石墨粉體加入其中進行球磨，一方面可增加矽粉的比表面積，降低材料嵌鋰過程中的絕對體積膨脹率，另一方面能減少材料由於長時間的高能球磨生成SiC的可能性，從而使材料的循環性能得到極大的提高。

(3)分子接觸型　包覆型和分子接觸型的Si/C複合材料均是以純矽粉直接作為反應前驅物進入複合體系。分子接觸型的複合材料，矽、碳均是採用含矽、碳元素的有機前驅物經處理後形成的分子接觸的高度分散體系，是一種相對較理想的一種分散體系（如圖4-40所示），奈米級的活性粒子高度分散於碳層中，能夠在最大程度上克服矽的體積膨脹。

採用氣相沈積方法，以苯、$SiCl_4$以及$(CH_3)_2Cl_2Si$為前驅物可製備分子接觸型的Si/C複合材料。該材料的首次容量隨矽的原子百分含量而變化，一般範圍為300～500mA·h/g不等。當矽的含量小於6%時，其容量與矽的原子百分含量呈線性變化，其嵌鋰容量則遠遠小於矽的實際嵌鋰容量，大約每分子的矽原子能嵌入1.5分子的鋰離子，這可能是由於氣相反應中不可避免地生成了部分惰性SiC所致。

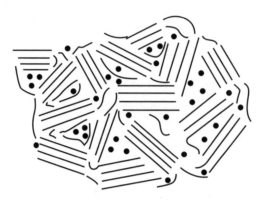

圖4-40　奈米粒子分散於石墨化前的碳母體中的模型

　　研究顯示，前驅物分子矽源、碳源中存在大量的H、O等雜原子，降低材料的結構穩定性，並增加其嵌鋰過程中的首次不可逆容量。此外，氣相前驅物的高度反應性也限制了矽在體系中的相對含量。

　　採用含矽聚合物與瀝青為前驅物採用高溫熱解法製備的Si/C材料，其製備過程相對於氣相沈積簡單得多，且產物的可逆容量較高，可達500mA·h/g以上。但是製得的體系中殘留著大量的S、O等性質活潑的元素，這些元素在體系中形成具有網路結構的Si—O—S—C玻璃體，在嵌鋰過程中不可逆地消耗鋰源，從而導致材料的首次不可逆容量偏高。

4.3.6　合金材料

　　鋰能與許多金屬M（M = Mg、Ca、Al、Si、Ge、Sn、Pb、As、Sb、Bi、Pt、Ag、Au、Zn、Cd、Hg等）在室溫下能形成金屬間化合物，由於生成鋰合金的反應通常是可逆的，因此能夠與鋰形成合金的

金屬，理論上都可作為鋰電池的負極材料。但金屬在與鋰形成合金的過程中，體積變化較大，鋰的反復嵌入脫出導致材料的機械穩定性逐漸降低，從而逐漸粉化失效，因此循環性較差。若以金屬間化合物或複合物取代純的金屬，將顯著改善鋰合金負極的循環性能。這種方法的基本思維是，在一定的電極電位，即一定的充放電狀態下，金屬間化合物或複合物中的一種（或多種）組分能夠可逆儲鋰（即「反應物」）；宏觀上即能夠膨脹／收縮，其中的其他組分相對活性較差，甚至是惰性的，有充當緩衝「基材」（matrix）的作用，緩衝「反應物」的體積膨脹，從而維持材料的結構穩定性。目前的研究主要集中在Sn基、Sb基、Si基、Al基合金材料，以及複合物和鋰合金上。

一、錫基合金材料

錫基合金也是目前最受重視和研究最廣泛的鋰離子電池合金負極材料。錫基合金主要是利用錫能與鋰形成高達$Li_{22}Sn_5$的合金，該材料理論容量高。

錫基合金主要是利用錫能與鋰形成高達$Li_{22}Sn_5$的合金，因此理論容量高。錫基合金也是目前最受重視和研究最廣泛的鋰離子電池合金負極材料。

SnSb具有菱方相結構，錫和銻原子沿c軸方向交替排列，隨鋰的嵌入其晶體結構逐漸轉變為Li_3Sb與Li-Sn合金多相共存，隨鋰的脫出又重新恢復到SnSb相。有人分別用電化學沈積和水溶液化學還原的方法製備了不同粒徑的Sn-SnSb合金材料，實驗結果表明，在Sn-SnSb中存在多相結構（錫單質與SnSb合金），粒子越小，循環性能越好，當粒子小於300nm時，200次循環後還保持360mA·h/g。同樣採

用水溶液化學還原的方法製備奈米晶的Sn-SnSb合金，50次循環的容量穩定在500～600mA·h/g，對比Sn-SnSb、SnSb、Sb-SnSb三種材料的電化學性能，結果表明，Sn-SnSb的循環性能最好，Sb-SnSb的循環性能最差，原因在於Sb-SnSb中的Sb單質與SnSb合金在同一電位下與鋰發生反應，體積效應較大（見圖4-41）。

在低溫條件下用溶劑熱方法可製備純相且具有枝晶結構的奈米SnSb合金，通過分析奈米SnSb合金的嵌鋰機制及容量衰減的原因，發現奈米合金在電化學反應過程中逐漸團聚成大的顆粒是造成其容量衰減的主要原因。

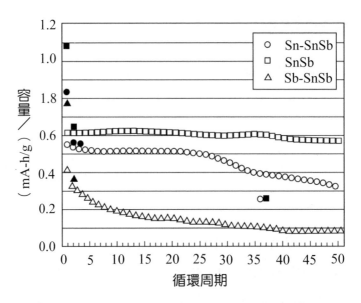

圖4-41　Sn-SnSb、SnSb和Sb-SnSb的循環性能圖

在酸性體系中電沈積製備奈米SnSb合金，沈積電流為（245±5）mA/cm^2，沈積時間為2min，30次循環的可逆容量400mA·h/g，隨銻含量的增加，材料的可逆容量下降。

Cu$_6$Sn$_5$合金具有NiAs型結構（見圖4-42），錫原子成層排列，夾在銅原子片之間。鋰插入Cu$_6$Sn$_5$時發生相變，經過兩個步驟，首先生成Li$_2$CuSn與Cu$_6$Sn$_5$共存，鋰繼續插入時，產生富鋰相Li$_{4.4}$Sn和Cu共存；脫逸時鋰首先從Li$_{4.4}$Sn脫出，繼而Li$_{4.4-x}$Sn與Cu反應生成Li$_2$CuSn，然後鋰從Li$_2$CuSn脫出形成有空位的Li$_{2-x}$CuSn，進一步脫鋰生成Cu$_6$Sn$_5$。

將不同化學計量比的銅粉、錫粉混合，壓製成小球，在氫氣氣氛下400°C熱處理12h，得到Cu$_6$Sn$_6$、Cu$_6$Sn$_5$、Cu$_6$Sn$_4$三種合金材料，其中Cu$_6$Sn$_6$、Cu$_6$Sn$_4$分別是Sn/Cu$_6$Sn$_5$、Cu/Cu$_6$Sn$_5$的複合材料。實驗結果表明，Cu$_6$Sn$_4$的可逆容量最高，循環穩定性最好，20次循環的可逆容量達到200mA·h/g，原因在於單質銅的存在可使Cu$_6$Sn$_5$在嵌鋰分解過程中生成的活性錫顆粒變小，而小顆粒對應的大的比表面積更利於鋰的擴散。

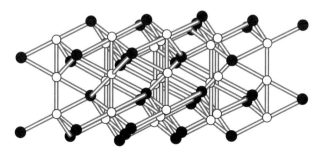

圖4-42　Cu$_6$Sn$_5$的結構示意圖，其中黑色小球代表錫原子，白色小球代表銅原子

用高能球磨法製備奈米Cu_6Sn_5合金，晶粒尺寸5～10nm，首次放電容量達到近690mA·h/g，高於Cu_6Sn_5的理論容量608mA·h/g，原因在於球磨過程中生成了一些氧化物雜質，這些氧化物雜質的存在使得在首次放電過程中合金與鋰發生了不可逆的還原反應，同時奈米態Cu_6Sn_5與結晶態Cu_6Sn_5的嵌鋰機制不同，奈米態Cu_6Sn_5在嵌鋰過程中沒有生成中間態$Li_xCu_6Sn_5$，而是直接生成了Li_xSn合金和銅，奈米態Cu_6Sn_5的性能要優於結晶態Cu_6Sn_5，20次循環的可逆容量達到200mA·h/g。如採用球磨法製備了厚度小於$1\mu m$的Cu_6Sn_5片狀粉末，在0.2～1.5V 50次循環的可逆容量達到200mA·h/g。以$NaBH_4$為還原劑，從水溶液中還原製得奈米的Cu_6Sn_5合金材料，顆粒尺寸為20～40nm，80次循環的可逆容量在200mA·h/g以上。在有機溶劑中還原出了奈米Cu_6Sn_5合金，顆粒尺寸為30～40nm，100次循環的可逆容量達到1450mA·h/mL。酸性鍍錫體系在銅箔上電鍍了一層活性錫，熱處理後在錫與銅基體之間形成了兩種合金相Cu_6Sn_5、Cu_3Sn，實驗結果表明，熱處理過程增強了活性材料與銅基體之間的結合力，首次放電容量達到900mA·h/g Sn以上，10次循環的容量保持率94%。用脈衝沈積法從單一鍍液中沈積出了不同比例的銅錫合金，當銅錫原子比為3.83時，40次循環的可逆容量為200mA·h/g，容量保持率為80%。將Cu（Ⅱ）、Sn（Ⅳ）鹽與NaOH經室溫固相反應製得銅錫複合物，再經加熱通H_2還原得到Cu-Sn奈米合金材料，10次循環的可逆容量保持在280mA·h/g以上（見圖4-43）。

Ni_3Sn_2合金的結構與Cu_6Sn_5相似，亦能發生鋰的可逆插入和脫出。採用高能球磨法製備了Ni_3Sn_2合金材料，該材料的循環性能較好，可逆容量達到327mA·h/g或2740mA·h/cm^3，比現有的碳材料

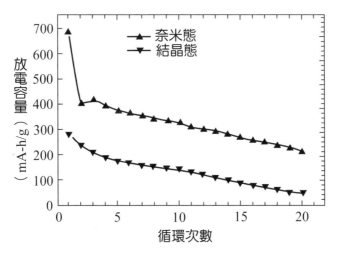

圖4-43 奈米態和結晶態Cu_6Sn_5的循環性能圖

高4倍。有用高能球磨法製備了奈米晶的Ni_3Sn_2合金,首次放電容量高達1520mA・h/g,超過了Ni_3Sn_2的理論容量,原因在於奈米晶粒的大量晶界可以容納更多的鋰,但是這種材料的循環性能很差,40次循環後容量僅有35mA・h/g,經氫氣下1000°C 10h熱處理後,材料的首次放電容量降到590mA・h/g,40次循環的可逆容量245mA・h/g。當用電沈積法製備了不同原子比的Sn-Ni合金,其中錫原子比62%的材料循環性能最好,70次循環的可逆容量為650mA・h/g。

除了Sn-Sb、Sn-Cu、Sn-Ni合金外,文獻報導的錫基合金還有SnCa、Mg_2Sn、SnCo、SnMn、SnFe、SnAg、SnS、SnZn等。這些材料的循環性能都遠優於單質錫,與錫氧化物相比,不可逆容量大大下降。但這些材料的電化學性能距工業化還有很大距離。

二、銻基合金材料

銻基合金材料的報導很多,除了上面提到的SnSb外,主要的合

金形式有InSb、Cu_2Sb、MnSb、Ag_3Sb、Zn_4Sb_3、$CoSb_3$、$NiSb_2$、$CoFe_3Sb_{12}$、$TiSb_2$、VSb_2等。

有人系統研究了InSb、Cu_2Sb、MnSb合金材料。InSb具有閃鋅礦結構（立方ZnS晶型），由銻原子構成面心立方點陣，銦原子交叉分佈在其四面體間隙中。鋰插入InSb時，伴隨銦的脫出，鋰逐漸佔據閃鋅礦的間隙位置，最終形成Li_3Sb和銦。整個反應中銻晶格的體積膨脹只有4.4%，如果把脫出的銦考慮在內，體積膨脹也只有46.5%。研究發現，脫出的銦會逐漸團聚長大生出銦晶須，這限制了銦在隨後的充電過程中與銻的結合。在1.2～0.6V循環時，InSb的可逆容量達到250～300mA·h/g。當放電電壓低於0.55V時，InSb的循環性能很差，原因在於銦與鋰生成了$InLi_x$合金。Cu_2Sb具有四方結構，銅銻原子成層排列，夾在銅原子片之間。Cu_2Sb嵌鋰機制與Cu_6Sn_5類似，首先脫出一個銅原子，生成具有閃鋅礦結構的亞穩態的Li_2CuSb，進一步嵌鋰生成Li_3Sb和銅。在1.2～0V充放電，Cu_2Sb的可逆容量為290mA·h/g，體積容量1914mA·h/g（密度$6.6g/cm^3$），充放電效率 ≥ 99.8%，首次不可逆容量損失30%。Cu_2Sb優良的循環性能源於脫出的銅高度分散在晶界中及銅的晶粒長大速度較慢（見圖4-44）。MnSb具有NiAs型結構，其嵌鋰機制與Cu_6Sn_5相似，先生成LiMnSb，再生成Li_3Sb。1.5～0V充放電，可逆容量為300mA·h/g，但由於錳的擴散速度較慢，電化學反應速率受到限制。

有人用真空高溫熔煉及退火後球磨的方法製備得到Zn_4Sb_3、$CoSb_3$等合金材料。研究發現，球磨過程中鋅從Zn_4Sb_3析出，與氧結合形成ZnO，因而合金中鋅含量減少，形成ZnSb。嵌鋰過程中，鋰首先取代氧化鋅中的部分鋅，形成了某種網狀結構的支撐體，ZnSb彌

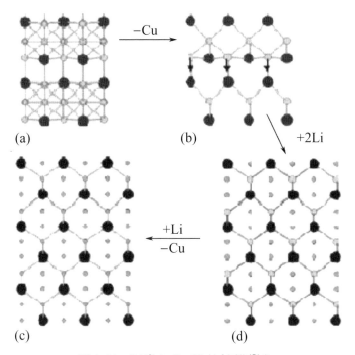

(a)　　　　　　　　(b)

(c)　　　　　　　　(d)

圖4-44　Li嵌入Cu_2Sb的結構變化

散分佈於其中，形成嵌鋰活性相，並利用其自身結構的四面體或八面體間隙充放鋰。在2.5～0.005V之間充放電，Zn_4Sb_3首次放電容量為566mA·h/g，但是循環性能很差，與石墨混合球磨後，循環性能有所提高，10次循環的可逆容量在400mA·h/g以上。$CoSb_3$的嵌鋰機制與Zn_4Sb_3不同，$CoSb_3$首次嵌鋰過程中被分解形成活性組元銻和非活性組元鈷，分解後的銻起到可逆儲鋰的作用，而鈷則引起分散活性物質並阻礙銻在循環過程中聚集的作用。研究還發現，隨著$CoSb_3$顆粒尺寸的降低，其可逆容量依次提高，原因在於顆粒尺寸減小以後鋰離子在電極粉末顆粒內部的擴散路徑變短，降低了充放電過程中電極表面的局部電荷聚集，使更多的活性物質參與電化學反應過程。

三、矽基合金材料

　　Si在嵌入鋰時會形成含鋰量很高的合金$Li_{4.4}Si$，其理論容量為4200mA·h/g，是目前研究的各種合金中理論容量最高的。當採用氣相沈積法製備Mg_2Si奈米合金，其首次的嵌鋰容量高達1370mA·h/g，然而該電極材料的循環性能很差，10個循環後容量小於200mA·h/g。研究發現，Mg_2Si具有反螢石結構，嵌鋰過程中鋰首先嵌入反螢石結構中的八面體位置，繼而與矽形成合金，最後與鎂形成合金，在這種材料中並不存在惰性物質，這是由於鋰在嵌入和脫出時，電極材料本身發生了很大的體積變化，最終造成了電極的崩潰。用高能球磨法製備了奈米NiSi合金，首次放電容量1180mA·h/g，20次循環後容量800mA·h/g以上。嵌鋰過程中矽與鋰形成合金，鎳保持惰性以維持結構的穩定，從而NiSi合金的循環性能較Mg_2Si有所改善，但奈米材料的劇烈團聚限制了NiSi循環性能的進一步提高。有人用化學氣相沈積法製備無定形的矽薄膜，最大放電容量達到了4000mA·h/g，但20次循環後容量急劇下降，如果把放電終止電壓從0V提高到0.2V，可以保持400mA·h/g的可逆容量穩定循環400次。

四、鋁基合金材料

　　鋁基合金材料的主要形式有Al_6Mn、Al_4Mn、Al_2Cu、AlNi、Fe_2Al_5等。儘管鋁能與鋰形成含鋰量很高的合金Al_4Li_9，其理論容量為2235mA·h/g，但Al_6Mn、Al_4Mn、Al_2Cu、AlNi合金的嵌鋰活性很低，幾乎可以認為是惰性的，其機制尚不清楚。

　　採用球磨法製備奈米Fe_2Al_5材料，球磨10000min的樣品首次放

電容量為485mA．h/g，接近其理論容量543mA．h/g，但循環性能很差，4次循環後放電容量為100mA．h/g。通過對AlSb材料的研究，可認為AlSb材料性能不佳的主要原因是其電導率太低，通過摻入Cu、Zn、Sn等可以提高其電導率，從而改善其電化學性能，如摻入2% Cu的$Al_{0.98}Cu_{0.02}Sb$材料的電導率要比AlSb高一個量級（見圖4-46）。

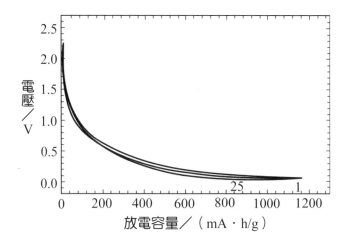

圖4-45　NiSi合金的循環性能圖

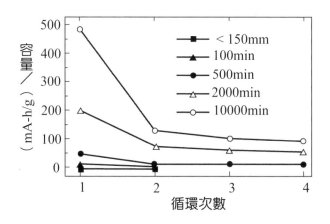

圖4-46　不同球磨時間的下Fe-Al循環性能圖

4.3.7 複合材料

奈米合金在一定程度上可以減弱合金材料在脫嵌鋰過程中的體積變化，但在電化學反應過程中的劇烈團聚限制了奈米合金材料性能的進一步提高。通過將奈米合金與其他材料特別是碳材料進行複合，可得到容量高、循環性能好的複合材料，這一方面得益於合金材料的高容量，另一方面也得益於碳材料循環過程中的結構穩定性。

在複合材料的研究中，比較有代表性是SnSb/HCS複合材料，其中HCS是直徑為5～20μm的奈米孔碳微球，球內是單石墨層組成的無定形結構，其中分佈著孔徑為0.5～3nm的奈米孔。以HCS為骨架，將奈米SnSb合金顆粒均勻地釘紮在其表面上，這樣在充放電過程中奈米合金顆粒很少發生融合團聚，從而具有良好的循環性能，35次循環的可逆容量穩定在500mA · h/g左右。

在複合材料的製備中，有一類複合材料是奈米合金與一些惰性材料，如SiO_2、Al_2O_3等複合，加入惰性材料的目的一方面是緩衝活性材料的體積膨脹，另一方面也是避免奈米合金在反應過程中的團聚。如用溶膠—凝膠法製備了石墨／Si/SiO_2複合物，其中石墨和矽被包裹在SiO_2的Si—O網路結構中，SiO_2的加入增加了材料的電阻，降低了可逆容量，但穩定了材料的結構，30次循環後可逆容量200mA · h/g。用高能球磨法製備Si/TiN奈米複合材料，矽含量為33.3%（莫耳分數）的複合物經12h球磨後，首次放電容量約300mA · h/g，每次循環的容量衰減僅為0.36%，顯示出良好的循環性能。

一、鋰合金

與鎳氫電池中的儲氫合金類似，以上幾類合金材料可以統稱為儲鋰合金。為了與無鋰源正極材料，如MnO_2、S、V_2O_5、$Li_{1+x}V_3O_8$等相匹配組成電池，必須考慮在儲鋰合金材料中摻入鋰，一方面可以解決鋰源問題，另一方面也可以補償儲鋰合金材料的首次不可逆容量。已報導的有Li-Mg、Li-Al、Li-Cr-Si、Li-Cu-Sn等。其中比較有代表性的是Zaghib等製備的Li-Al膨脹金屬（「EXMET」），其方法是將鋰箔與膨脹鋁金屬（空隙率50%）壓製在一起，80℃下熱處理1h即形成了膨脹鋰鋁合金材料，這種合金材料具有極高的空隙率，可以緩衝合金材料在反應過程中的體積膨脹，具有較高的結構穩定性，與V_2O_5正極材料匹配，顯示出良好的電化學性能。

二、各種合金負極材料製備方法比較

合金負極材料的製備方法，用的比較多的是高能球磨法，絕大部分的合金材料都可以用球磨法製得。此外，採用熱熔法、化學還原法、電沈積法以及反膠團微乳液法製備合金材料，這些方法都各具特色，能在特定的條件下製備出相應的合金材料。

(1)高能球磨法　高能球磨法是利用球磨機的轉動或振動使硬球對原料進行強烈的撞擊、研磨和攪拌，把金屬或合金粉末粉碎為奈米級微粒的方法，也稱機械合金化。1988年日本京都大學的Shingu等首先報導了用高能球磨法製備Al-Fe奈米晶材料，為奈米材料的製備找到了一條實用化的途徑。高能球磨法的主要特徵是應用廣泛，可用來製備多種奈米合金材料及其複合材料，特別是用常規方法難以獲得的

高熔點的合金奈米材料，而且高能球磨法製備的合金粉末，其組織和成分分佈比較均勻，與其他物理方法相比，該方法簡單實用，可以在比較溫和的條件下製備奈米晶金屬合金。目前文獻報導的各種合金材料幾乎都可以用高能球磨法製得。

高能球磨法的主要缺點是容易引入某些雜質，特別是雜質氧的存在，使得奈米合金在球磨過程中表面極易被氧化。雜質氧的引入使得合金材料在嵌鋰過程中發生不可逆的還原分解反應，因而帶來較大的不可逆容量。

(2)熱熔法　熱熔法是製備合金材料的傳統方法，通過將金屬原料混合、熔煉、退火處理，即得到合金材料。其主要優點在於設備和方法簡單，特別是在鋰合金的製備上，目前文獻報導的鋰合金材料幾乎都是用熱熔法製備的。熱熔法的主要缺點在於很難得到奈米合金材料，一般都要再進行高能球磨處理，而且對於一些高熔點的金屬和相圖上不互溶的金屬，常規熱熔法很難製得其合金材料。

(3)化學還原法　化學還原法是製備合金超細粉體的有效和常用的方法之一。通過選擇合適的絡合劑、還原劑，可以實現還原電位比較接近的金屬元素的共還原，從而製得合金材料。化學還原既可以在水溶液中進行，也可以在有機溶劑中進行。化學還原法的主要優點是簡單易行，對設備的要求較低，便於工業化生產。常用的還原劑包括水合肼、硼氫化鈉、次亞磷酸鈉或活潑金屬等。目前，化學還原法已製備出了奈米Sn-Cu、Sn-Sb、Sn-Ag等合金材料。化學還原法的主要缺點在於局限性很大，對於一些還原電位較負及電位差較大的金屬，一般的還原劑很難將其還原或共還原。

(4)電沈積法　電沈積法作為製備奈米合金材料的方法，逐漸受

到人們的重視。通過提高沈積電流密度，使其高於極限電流密度，可以得到奈米晶合金材料。電沈積方法製備的鋰電池合金負極材料可不必使用導電劑、黏結劑，電極具有較大的體積比容量和較低的成本，合金材料與基體的結合力比傳統的塗漿方法要好。通過電沈積法能製備Sn-Cu、Sn-Ni、Sn-Co、Sn-Fe、Sn-Sb、Sn-Ag、Sn-Sb-Cu等合金負極材料。其中比較有特點是SnSbCu／石墨複合材料，通過大電流沈積（400mA/cm^2），在銅箔上沈積了一層奈米晶的多孔的SnSbCu合金材料，再在合金表面塗覆一層石墨-PVDF複合物，2.0～0.02V之間0.2mA/cm^{2}充放電，可逆容量495mA·h/g，35次循環的容量衰減為每次循環0.48%。電沈積法的主要缺點在於電沈積方法的影響因素較多，方法的控制比較複雜，特別是電沈積法製備奈米材料的機制，目前的認識還不深刻。

(5)反膠團微乳液法　反膠團微乳液，即油包水微乳液，是指以不溶於水的非極性物質（油相）為分散介質，以極性物質（水相）為分散相的分散體系。反膠團微乳液中的乳核可以看作微型反應器或稱為奈米反應器，利用反膠團微乳液法可以比較容易製備奈米合金顆粒。用反膠團微乳液法可製備錫／石墨、SnO$_2$／石墨奈米複合材料，其中錫、SnO$_2$的顆粒尺寸為7～10nm。微乳液法的實驗裝置簡單，操作容易，並可人為地控制合成顆粒大小，但由於微乳液法所能適用的範圍有限，體系中含水相較少（約1/10體積），致使單位體積產出較少，加之成本昂貴，不適於工業化生產。

4.3.8　過渡金屬氧化物

　　根據材料不同的脫嵌鋰機制，過渡金屬氧化物可以分為兩類，第一類材料為真正意義上的嵌鋰氧化物，鋰的嵌入只伴隨著材料結構的改變，而沒有氧化鋰的形成。這種類型的代表有TiO_2、WO_2、MoO_2、Fe_2O_3、Nb_2O_5等，這類氧化物通常具有良好的脫嵌鋰可逆性，但其比容量低而且嵌鋰電位高。第二類過渡金屬氧化物以MO（M = Co、Ni、Cu、Fe）為代表，材料嵌鋰時伴隨著Li_2O的形成，但是這與前面所述SnO嵌鋰形成的非活性Li_2O不同，此類材料脫鋰時電化學活性的Li_2O可以脫鋰，從而重新形成金屬氧化物。如《Nature》上報導了作為鋰離子電池負極材料奈米尺寸的過渡金屬氧化物MO（M = Co、Ni、Cu、Fe）具有良好的電化學性能。

　　TiO_2是研究得最早的金屬氧化物負極材料，它有三種不同的晶型，只有銳鈦礦型（anatase）與金紅石型（rutile）兩種結構能夠嵌鋰。層狀金紅石是密排六方結構，由針狀顆粒組成；而銳鈦礦由圓球狀顆粒組成，具有較好的可逆吸放鋰的性能，但由於極化的影響，這兩種結構的TiO_2在吸放鋰過程中均存在電位滯後。

　　Fe_2O_3作負極材料，可形成$Li_6Fe_2O_3$，理論容量可達1000mA・h/g，對不同形貌的α-Fe_2O_3的電化學性能的研究結果表明，無定形結構的循環性能比奈米晶差，這可能是由於其顆粒度小，比表面積大，更容易使電解液在其表面分解形成SEI膜，阻礙了鋰與在α-Fe_2O_3電極上的吸附及發生電化學反應。

　　P・Polzot等合成的一系列具有奈米尺寸的過渡金屬氧化物Co_3O_4、CoO、FeO、NiO等，研究發現奈米級的CoO和Co_3O_4電極具

有700～800mA‧h/g的比容量，並且在循環100次後其容量仍保持在100%左右。但這類3d過渡金屬氧化物屬於岩鹽相結構，沒有空位可供鋰離子的嵌入，因此，其儲鋰機制可認為是，充電時鋰與過渡金屬氧化物中的氧結全生成Li_2O，放電時Li_2O又還原為鋰，過渡金屬氧化物重新生成。以CoO為例，其主要反應過程如下：

$$CoO + 2Li \rightleftharpoons Li_2O + Co \qquad\qquad （4\text{-}25）$$

過渡金屬氧物負極材料（Co_3O_4、CoO、FeO、NiO）具有600～1000mA‧h/g的高比容量，而且密度也較大，還能承受較大功率的充放電。然而，這類材料最主要的缺點是工作電位較高。在實際應用中，與正極材料組成的電池電壓較低，如CoO與$LiMn_2O_4$組成的電池，其平均電壓只有2.2V。

由於Fe_2O_3和MO（M = Cu、Ni、Co）均可儲鋰，所以將其製備成複合的鐵酸鹽氧化物（MFe_2O_4，M = Cu、Ni、Co），如採用模板方法製得的$NiFe_2O_4$薄膜電極、PPY/$NiFe_2O_4$複合薄膜電極在0.05V處呈現出較長的低電壓放電平台，但低電壓平台不能保持，對此的機制也在探討中。有人研究了MnV_2O_6和$MnMoO_4$氧化物的脫嵌鋰特性，它們的可逆容量高達800～1000mA‧h/g，不過循環性能還有待提高。材料首次嵌鋰後其結構轉變為無定形態，而單純用金屬的價態變化很難來解釋如此高的容量，因此其具體的機制還需進一步深入研究。

4.3.9 其他

一、硫化物

TiS_2、MoS_2等硫化物也可作鋰離子電池的負極材料，可與$LiCoO_2$、$LiNiO_2$和$LiMn_2O_4$等4V級正極材料匹配組成電池。這類電池電壓較低，如以TiS_2為負極，$LiCoO_2$為正極組成電池，電壓為2V左右，其循環性能較好，可達到500次。

二、磷化物

在眾多含氮族元素材料中，對氮化物（將在後面介紹）和銻化物的儲鋰性能研究相對較多。而砷化物通常帶有一定的毒性，因此沒有相關報導。磷資源豐富、價格便宜，磷比銻有更小的原子量，其儲鋰容量較高，在磷化物方面，研究的磷化物有MnP_4、CoP_3、FeP_2和Li_7MP_4（M = Ti、V、Mn）等體系。

將紅磷、金屬錳粉和錫粉按一定比例（Mn：P：Sn = 1：10：6）在手套箱中混勻，移入石英管，真空條件下550～650°C加熱兩個星期，產物再經過1 + 1鹽酸處理，最後得到了MnP_4材料。材料的電化學性能研究表明，MnP_4的首次嵌鋰曲線在0.62V左右呈現非常平坦的電壓平台，對應於7個鋰的嵌入。而首次脫鋰到1.7V時相當於5個鋰的脫出，可逆脫鋰容量約為700mA·h/g。經過50次循環後，容量穩定在350mA·h/g左右。脫嵌鋰過程為：

$$MnP_4 + 7Li \Longleftrightarrow Li_7MnP_4 \tag{4-26}$$

脫嵌鋰的過程伴隨著P—P鍵的斷裂和複合。

有人則將紅磷和金屬鈷按一定比例（Co：P = 1：3）密封在充滿氬氣的不銹鋼管中，650°C加熱24h得到CoP$_3$材料。CoP$_3$的充放電曲線如圖4-47所示。

首次嵌鋰在0.35V左右有一個電壓平台，對應於9個鋰的嵌入。而首次脫鋰至1.7V時相當於6個鋰的脫出，可逆脫鋰容量大於1000 mA·h/g，經過10次充放電循環以後衰減為600mA·h/g，最終容量穩定在400mA·h/g左右。研究表明，CoP$_3$的脫嵌鋰機制與MnP$_4$完全不同，首次嵌鋰時伴隨著金屬鈷和磷化鋰Li$_3$P的形成，而隨後的脫嵌鋰過程在Li$_3$P和LiP兩種化合物之間進行，鈷的價態並沒有變化。

$$CoP_3 + 9Li \rightarrow 3Li_3P + Co \qquad\qquad (4\text{-}27)$$

$$3Li_3P \rightleftharpoons 3LiP + 6Li \qquad\qquad (4\text{-}28)$$

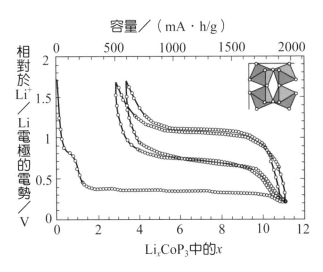

圖4-47　CoP$_3$的充放電曲線

磷化物的電化學性能通常是，在最先幾次的脫嵌鋰容量比較高，但循環性能和首次充放電效率比較低。它們的脫嵌鋰機制各有不同，磷化物具有一個共同點：即其中磷的價態變化在保持體系脫嵌鋰時的電荷平衡方面起著主要作用。

三、過渡金屬釩酸鹽

過渡金屬釩酸鹽（M—V—O，M = Cd、Co、Zn、Ni、Cu、Mg）作為鋰離子電池的負極材料，在相對於鋰的低電位處呈現出高的容量。當電壓低於0.2V時，能可逆地嵌入7個Li，達到800～900mA·h/g的容量，為石墨電極容量的兩倍多。在第一次的鋰化過程中，這種電極材料會無定性化，使第一次放電的電壓—組分曲線（電壓呈階梯式變化）與第二次的（電壓呈光滑、連續變化）不同。這在實際電池的使用過程中是不利的。另一類釩酸鹽RVO_4（R = In、Cr、Fe、Al、Y）作為鋰離子電池的負極材料，可在低的電壓處與鋰發生反應。其中$InVO_4$和$FeVO_4$有高達900mA·h/g的可逆容量。與晶形的材料相比，非晶態的材料具有更好的電化學性能。該材料目前的問題是循環性能仍有待於提高。

4.4　奈米電極材料

奈米材料是指物質粒徑至少有一維在1～100nm，具有特殊物理化學性質的材料。隨著物質的超微化，奈米材料具有獨特的四大效應：小尺寸效應、量子尺寸效應、表面效應和宏觀量子隧道效應。鋰

離子電池奈米負極材料與非奈米材料及複合材料相比，具有許多獨特的物理和化學性質：比表面積大，鋰離子脫嵌的深度小、行程短；大電流下充放電時電極極化程度小、可逆容量高、循環壽命長；其高空隙率為鋰離子的脫嵌及有機溶劑分子的遷移提供了大量空間；與有機溶劑具有良好的相容性等。

鋰離子電池負極奈米材料主要有奈米碳材料（包括碳奈米管、奈米孔碳負極材料和碳材料的奈米摻雜）、奈米金屬及奈米合金、奈米氧化物。

4.4.1 碳奈米材料

碳奈米材料主要是指碳奈米管、具有奈米孔結構的無定形碳材料和天然石墨以及碳材料的奈米摻雜。

一、碳奈米管

碳奈米管（carbon nanotubes, CNTs）是在1991年由日本NEC公司的電鏡專家S.lijima發現的，他用氬氣直流電弧對陰極碳棒放電，結果發現了管狀結構的碳原子簇，即碳奈米管。碳奈米管為具有奈米尺寸碳的多層管狀物和顆粒物，即巴基管（Buckytubes）和巴基蔥（Buckyonlons）等，它是一種直徑在幾奈米和幾十奈米，長度為幾十奈米到1μm的中空管，其管的特殊結構，使鋰離子脫嵌深度小，過程短，有利於提高鋰離子電池的充放電容量及電流密度。

(1)碳奈米管的結構和分類　奈米管是由單層或多層石墨片捲曲而成的無縫奈米管。每片奈米管是一個碳原子通過sp^2雜化與周圍三

個碳原子完全鍵合、由六邊形平面組成的圓柱面；其平面六角晶胞邊長為0.246nm，最短的碳碳鍵長0.142nm。多層奈米管的層間接近ABAB型堆積，片間距一般為0.34nm，與石墨片間距（0.335nm）基本相當。各單層管的頂端由五邊形或七邊形參與封閉。奈米碳管多為多層管，封閉而彎曲，這是因為六邊形中引入了五邊形和七邊形。在生長過程中，六邊形環需要在周邊結點上加二個碳原子，如碳供應減少，只進入一個碳原子，結果形成五邊形環，引起正彎曲；反之，碳原子流速高，有利於形成七邊形環，其有三個碳原子進入成鍵，引起負彎曲。奈米碳管的彎管處引入五邊形環和七邊形整體才連續，從拓撲學分析在彎曲處五邊形與七邊形環應成對出現。

碳奈米管的種類多種多樣，根據壁（石墨片層）的多少可分為單壁碳奈米管和多壁奈米管；根據石墨化程度的不同可分為無定形碳奈米管和石墨化碳奈米管；根據螺旋角（碳碳鍵與垂直於圓柱軸的平面所成的最小角）的大小可分為螺旋碳奈米管和非螺旋碳奈米管；根據奈米管兩端是否封閉可分為開口碳奈米管和閉口碳奈米管；根據構型可分為扶椅式碳奈米管、鋸齒型碳奈米管和手性（螺旋形）碳奈米管三種，如圖4-48所示。

單壁碳奈米管管壁由一層碳原子構成，是碳奈米管的極限形式，直徑在1～2nm；而多壁碳奈米管由幾個到幾十個單壁碳奈米管同軸組成，管間作用力同石墨層間一樣，為凡得瓦力。非螺旋的奈米碳管指碳碳鍵垂直於圓柱軸（螺旋角$\theta = 0°$），此時捲曲方向〔1010〕*；或碳碳鍵平行於圓柱軸（螺旋角$\theta = 30°$），此時捲曲方向〔1120〕*，非螺旋的奈米碳管周期結構以一個晶格常數出現。而其他情況周期要長，稱為螺旋的奈米碳管。

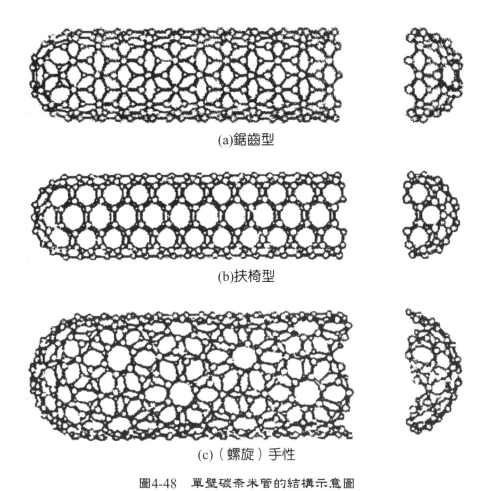

(a)鋸齒型

(b)扶椅型

(c)（螺旋）手性

圖4-48　單壁碳奈米管的結構示意圖

　　碳奈米管具有優良的物理、化學性能，比如，它具有大的比表面積（達250m³/g）和分子尺寸的孔洞，極高的抗拉強度（11～63GPa），良好的熱力學性能，高的化學穩定性（625°C以下基本沒有質量損失，960°C時最高質量損失率僅為2.1%），良好的儲氫性能等，因此在催化劑載體、儲氫材料、鋰離子電池、雙電層電容器、場發射等各個領域研究很多。

(2)碳奈米管的製備　碳奈米管的製備有許多種方法，常用的有電弧放電法、催化熱解法和鐳射蒸發法（見圖4-49），其他方法有微孔模板法、等離子噴射分解沈積法和擴散火焰法等。多壁碳奈米管的製備比較成熟，可對產物直徑和定向性進行控制。但單壁碳奈米管的產量只有克級，並且難以得到所需結構的單壁碳奈米管。下面主要介紹電弧放電法和催化熱解法。

①電弧放電法　電弧實質上是一種氣體放電現象，在一定條件下使兩電極間的氣體空間導電，是電能轉化為熱能和光能的過程。1991年首次發現碳奈米管的S.Iijima就是用電弧放電法製備多壁碳奈米管的。放電法是製備碳奈米管的早期方法，由電弧法製備的奈米碳管已經商品化。電弧放電法製備裝置複雜，但方法參數較易控制；產物碳奈米管形貌較直，結晶度好，但產量不高且純度較低，分離提純困難。電弧放電法分為石墨電弧法和催化電弧法。

②催化熱解法　催化熱解法是將含有碳源的氣體（或蒸氣）流經金屬催化劑表面時分解，製備碳奈米管的方法。催化熱解法具有成本低，產量大，實驗條件易於控制等優點，是實驗大量製備高質量多壁碳奈米管的方法。這種方法使用的催化劑一般是第Ⅷ族的Fe、Co、

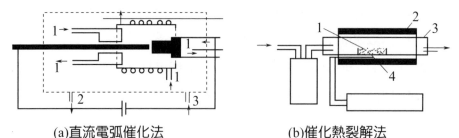

(a)直流電弧催化法　　　　　(b)催化熱裂解法
1-冷卻水；2-真空；3-通氦氣保護　1-催化劑；2-電爐；3-石英管；4-熱電偶

圖4-49　碳奈米管的製備裝置示意圖

Ni及其合金，有時也用到摻入稀土的合金或其他元素及化合物，碳源分為氣體和液體，氣體一般是CH_4、CO、C_2H_4、C_2H_2等；液體有苯、二甲苯、二茂鐵、環己烷、$C_{10}H_{10}$等；載氣多用H_2、Ar、N_2等。催化熱解法按照催化劑加入或存在方式可分為基體法、噴淋法、流動催化法三種方法。

　　催化熱解反應中所用的催化劑種類和製備方法、載體、反應氣體的種類、比例和流速、反應溫度對所生成的碳奈米管的數量、質量、內外徑、長度都有影響。反應中，常用的催化劑一般為負載在矽膠或分子篩或石墨上的Fe、Co、Ni、Cr等金屬元素或它們的合金。用Fe、Co催化生成的碳奈米管石墨化程度好，鈷的催化性能優於鐵。以銅為催化劑製備的碳奈米管屬無定形碳。用矽膠作支援劑可使催化劑金屬顆粒分散得更好，製備的碳管更細，尺寸分佈更均勻。催化劑可以是多種形式的，可以是負載型的，也可以是固溶體、篩網、純金屬或合金。所用混合氣體一般是乙烷和氮氣。

　　碳奈米管的直徑很大程度上依賴於催化劑顆粒的直徑，因此通過催化劑種類與粒度的選擇及方法條件的控制，可獲得純度較高、尺寸分佈較均勻的碳奈米管。採用這種方法製備的碳奈米管存在結晶缺陷，如發生彎曲和變形，石墨化程度較差，因此需要採取一定的後處理，如高溫退火處理可消除部分缺陷，使管變直，石墨化程度變高。

　　(3)碳奈米管的電化學性能　碳奈米管用作鋰離子電池的負極材料具有嵌入深度小、過程短、嵌入位置多（管內和層間的縫隙、空穴）、儲鋰量大（可達CLi_2水平）等優點，同時碳奈米管導電性好，這些都有利於碳奈米的充放電性能；但也存在一些缺點，如不可逆容量過高、電壓滯後和放電平台不明顯等。另外，碳奈米管還存在明顯

的雙電層電容（35F/g）效應，電荷傳輸速率也有待進一步提高。

碳奈米管不可逆容量過高的原因可能是：在碳奈米管中有強積聚電荷的趨勢，由於電荷的靜電引力，使得鋰離子一旦嵌入碳奈米管內孔則難以脫出；碳奈米管內部的纏結；SEI膜的形成，由於碳奈米管的比表面非常大，在循環過程中SEI膜不斷形成和老化。

對於電池循環過程中的容量損失，一般認為鋰在嵌入/脫出和溶劑分子的共同嵌入，導致碳奈米管的石墨層脫落，是電極容量損失的主要原因。

碳奈米管的電壓滯後表現為充電時鋰離子在0V左右嵌入，但放電時則在1V附近，這與石墨化碳材料的充放電特性相似。有人認為碳奈米管晶格邊緣有很多缺陷，促進了碳還原時鋰離子的插入，而在氧化時鋰離子的脫出伴隨著很大的阻力和過電位；也有認為這與碳奈米管中含有的氫相關，還有人認為電位滯後是由於間隙碳原子的存在引起的。

用化學氣相沈積法製備的碳奈米管作為鋰離子電池的負極活性物質時，其電池容量超過石墨嵌鋰化合物理論容量1倍以上，石墨化程度較低的碳奈米管，容量可達700mA·h/g，但存在1V左右的電位滯後，而石墨化程度較高的碳奈米管雖容量較低（300mA·h/g），但電位滯後較小且循環穩定性明顯得到改善。

某些因素，如形態、微觀結構、石墨化程度、雜質原子和表面化學組成等，對碳奈米管的嵌鋰性能有影響。可通過改變催化劑製備方法與條件對碳奈米管的直徑、壁厚等形態參數進行調控；在相同的電流密度下，其可逆容量在180～560mA·h/g變化。長度短、管壁厚、管腔小且表面不規則的碳奈米管嵌鋰容量高，可逆性也好。對奈米碳

管進行高溫退火熱處理後,其BET表面積及孔體積均隨熱處理溫度的升高而降低,並且其不可逆容量、可逆容量也相應有所降低。電位滯後與碳奈米管的微觀結構及表面的含氧基團有關,如果能夠有效控制碳奈米管的微觀結構,消除間隙碳原子和表面基團的影響,則能消除嵌鋰過程中的電位滯後現象(見圖4-50和圖4-51)。

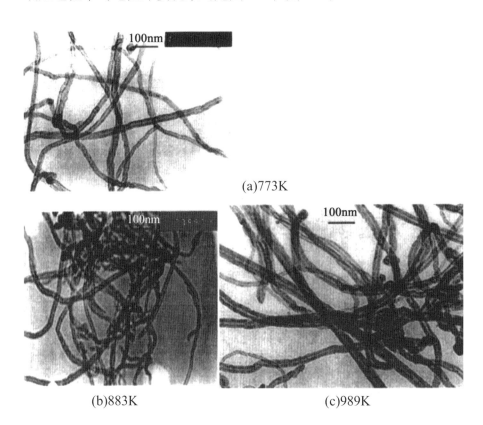

圖4-50　不同溫度下處理下碳奈米管的TEM圖

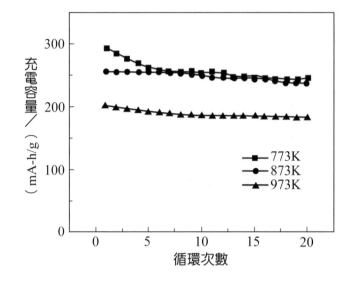

圖4-51　不同溫度下的碳奈米管的循環性能圖

二、碳奈米摻雜材料

　　碳奈米摻雜材料是指在碳材料結構中摻雜其他原子，這些原子以奈米尺寸存在於碳結構中。碳奈米摻雜材料基中最典型的是矽原子在碳材料中的奈米摻雜。由於矽與碳的化學性質相近，因此它能很好地與周圍的碳原子緊密結合，同時，由於在碳原子中摻雜了矽原子，而且這些矽原子在碳材料結構中呈奈米分散，所以鋰離子不僅可以嵌入碳材料結構中，而且可以嵌入到奈米級的矽原子的空隙中。從理論上講，每個矽原子可以與四個鋰原子結合，因此在碳材料中奈米摻雜矽原子，可以增加鋰離子的嵌入位置，為鋰離子提供了大量的奈米通道，提高碳材料的嵌鋰容量。碳材料的摻雜原子除矽外，還有磷、鎳和鉛等。用作鋰離子電池負極材料的碳有多種，如石墨、MCMB、碳纖維、熱解碳等，這些碳材料都可以摻入雜質使其改變性能，摻雜

的原子也有多種，如矽、磷、氟等。

4.4.2 奈米金屬及奈米合金

奈米金屬主要指奈米錫，矽的儲鋰性能與錫相似，均可以形成高達$Li_{22}M_4$的可逆化合物，且理論容量高達4000mA · h/g，這裡將矽歸入奈米金屬章節。

一、奈米錫及其奈米合金

錫的可逆容量非常高，但在充放電過程中體積變化較大，高達600%，因此在鋰的可逆插入和脫嵌過程中微觀結構受到破壞，錫發生粉化，導致容量迅速下降。目前採用的有效方法之一是製備奈米材料。因為奈米粒子的比表面積大，有利於緩衝其充放電過程的體積變化。當然，奈米粒子的比表面積效應也有利於更多的鋰發生脫嵌。

主要採用液晶模板法將錫製成奈米結構的電極膜，粒子大小為3～10nm。由於鋰的嵌入和脫出產生的膨脹和收縮不會破壞奈米錫的結構，因此不僅容量高，而且循環性能較非模板法製備的要好。

通過奈米粒子進行摻雜，可以進一步改進電極的循環性能。例如摻雜銻，當$SnSb_x$粒子小於300nm時，200次循環後還可達360mA · h/g。當$SnSb_x$合金大小位於奈米級時，循環性能明顯提高，容量高達550mA · h/g。

二、奈米矽及其奈米複合材料

矽的性能與錫相似，其可逆容量高，但是循環性能不理想。改進的主要方法是將其製成奈米粒子。奈米矽在鋰的可逆插入和脫插過程中，從無定形轉換為晶形矽，且奈米矽粒子會發生團聚，導致容量隨循環的進行而衰減。通過化學氣相沈積法製備的無定形奈米矽薄膜的循環性能欠佳。製備無定形矽的亞微米薄膜（500nm），其可逆容量可高達4000mA · h/g，通過終止電壓的控制，可以改善循環性能，但其可逆容量有所降低。為了改進奈米矽的電化學性能，一般進行摻雜處理。如將矽分散到非活性TiN基體中形成奈米複合材料，儘管容量較低（約為300mA · h/g），但循環性能很好，且製備非常方法簡單，只須高能機械研磨就可以。這是由於矽均勻分散在奈米TiN基體中，在鋰插入和脫嵌時，電極的體積發生連續的變化，而不是突變。球磨時間越長，矽分散越好，循環性能越好。當將矽均勻分散在銀載體中，由於銀載體電導率高，且具有柔性，再加上矽是以奈米粒子形式存在，因此充放電過程中矽的體積變化得到了大大的緩衝，循環性能比較理想。

4.4.3 奈米氧化物

根據儲鋰機制，奈米氧化物主要分兩種：合金儲鋰機制和氧化還原反應機制。前者主要是氧化錫，後者包括Co、Ni、Cu、Fe的奈米氧化物。

一、奈米氧化錫

　　欲提高氧化錫的大電流性能，首選的方法是合成奈米粒子。奈米氧化錫的合成方法有化學氣相沈積法、凝膠－凝膠法、模板法等。以模板法為例進行說明，採用如圖4-52的模板法可合成奈米級SnO_2。該過程如下：採用奈米孔的聚合物為模板，浸漬到含錫的溶液中，然後附在集流體上，除去溶劑後，聚合物用等離子體除掉，得到的SnO_2奈米纖維；在空氣中加熱則變成晶體SnO_2奈米纖維粒子，其分散單一，為110nm，就像梳子一樣，其快速充放電性能好，8C充放電時容量亦達700mA・h/g以上，而且容量衰減很慢。其原因在於奈米粒子減緩了體積的變化，從而提高了循環性能。無論是容量、大電流下的其充放電性能還是循環性能，均比SnO_2薄膜的行為要好。另外，採用微波提升的溶液法和採用表面活性劑作為模板，可以合成錫的奈米氧化物。

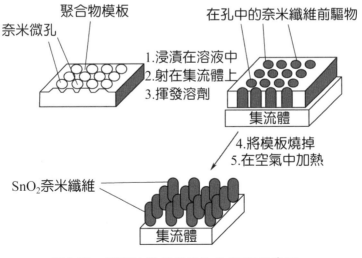

圖4-52　模板法製備奈米SnO_2流程示意圖

二、其他奈米金屬氧化物

如前所述，奈米過渡金屬的氧化物MO（M = Co、Ni、Cu或Fe）具有優良的電化學性能，其可逆容量在600～800mA·h/g之間，而且容量保持率高，100次循環後可為100%，且具有快速充放電能力；鋰插入時電壓平台約0.8V，鋰脫逸時，在1.5V左右。

微米級Cu_2O、CuO等亦能可逆儲鋰，而且容量也比較高，其機制與上述的奈米級CoO等氧化物也相似。上述微米級以下或奈米氧化物亦可進行摻雜。對於MgO的摻雜，其儲鋰機制與沒有摻雜的氧化物相比一致。雖然摻雜後初始容量有所下降，但是容量保持率或循環性能有所改進。但是，無機氧化物負極材料的循環性能、可逆容量除了受到粒子大小的影響外，其結晶性和粒子形態對性能的影響也非常大。通過優化，可以提高氧化物負極材料的綜合電化學性能。

4.5 其他類型材料

前述所知，最初用作研究的負極材料是金屬鋰和鋰合金，後來的研究突破了含鋰的範圍，大多數負極材料，如碳材料、錫基材料、矽基材料、氧化物、合金等都是不含鋰的。到目前為止，無鋰負極材料佔據了負極材料的主體，本節主要介紹除金屬鋰和鋰合金的其他含鋰的負極材料，包括有鋰金屬氮化物和鋰鈦複合氧合物。

4.5.1 鋰金屬氮化物

氮化物的研究主要源於Li_3N具有高的離子導電性（$10^{-2}S/cm$），即鋰離子容易發生遷移。然而Li_3N的分解電壓較低（0.44V），因此不宜直接作為電極材料。鋰金屬氮化物的高離子導電性和過渡金屬的易變價性，使其可能成為一種新型鋰離子電池負極材料。鋰金屬氮化物按結構可以分為反螢石型和Li_3N型。

屬於反螢石結構的鋰氮化合物有Li_7MnN_4、Li_3FeN_2。螢石通常稱為CaF_2，其結構如圖4-53所示。氟位於面心立方位置，鈣位於以氟為頂點的四面體中心。周期表中由Ti至Fe可構成通式為$Li_{2n-1}M_n$的化合物，其中能穩定存在的有Li_5TiN_3、Li_7VN_4、$Li_5Cr_2N_9$、Li_7MnN_4、Li_3FeN_2等，這些氮化物對應CaF_2結構，相當於鈣位元上是氮，而氟位元上是鋰和金屬離子，陰陽離子排布恰好與CaF_2相反，所以稱為反螢石結構。上述氮化物中Ti、V、Cr已達到最高氧化狀態，在Li脫出時無法通過價態變化以保持體系內的電中性，因此只有Li_7MnN_4和Li_3FeN_2有可能作為電極材料。

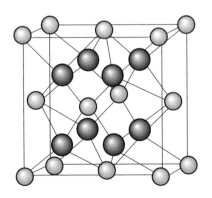

圖4-53 CaF_2晶體結構
（淺色代表Ca，深色代表F）

　　Li_7MnN_4和Li_3FeN_2可以由Li_3N和金屬（Mn,Fe）或金屬氮化物（Mn_4N、Fe_4N）按一定比例，在氮氣氣氛下600～700°C加熱8～12h得到。合成反應式如下所示：

$$\frac{7}{3}Li_3N + Mn + N_2 \rightleftharpoons Li_7MnN_4 \tag{4-29}$$

$$Li_3N + Fe + N_2 \rightleftharpoons Li_3FeN_2 \tag{4-30}$$

　　Li_7MnN_4結構中MnN_4呈四面體獨立存在，鋰佔據點形成三維網狀。其中錳的價態為+5，而其最高價態為+7，因此鋰離子的理論最大脫嵌量為2。Li_7MnN_4的充放電平台在1.2V左右，首次脫鋰至1.7V時容量為260mA·h/g，相當於1.55個鋰脫出，此時錳呈現+6和+7兩種價態。隨後在0.8～1.7V電壓範圍內可逆脫嵌鋰容量為300mA·h/g左右，而且具有良好的循環性能。Li_7MnN_4在充電過程中有第二相出現，而經放電又可重新返回到原有相，表明材料有著較好的脫嵌鋰可逆性。與Li_7MnN_4不同，Li_3FeN_2中的FeN_4四面體共邊形成沿c軸的一維鏈狀結構。從結構上看比Li_7MnN_4有更好的電子導電性。其中鐵的價態為+3，脫鋰時可變為+4，鋰離子的理論最大脫嵌量為1。當脫鋰量大於1時Li_3FeN_2發生分解，分解電壓約為1.5V。Li_3FeN_2的充放電平台非常平坦（1.2V左右），可逆脫嵌鋰容量約為150mA·h/g，充放電過程中有四種不同的相產生。

　　Li_3N具有P_6對稱性，其結構由$Li_2^+N^{3-}$層（A層）和Li^+層（B層）交替排列而成。鋰金屬氮化物$Li_{3-x}M_xN$（M = Co、Ni、Cu）與Li_3N等結構，其中Co、Ni、Cu部分取代了B層中的鋰（圖4-54以$Li_{2.5}Co_{0.5}N$為例）。$Li_{3-x}M_xN$通常也是以金屬粉末和Li_3N粉末為反應物，在氮氣

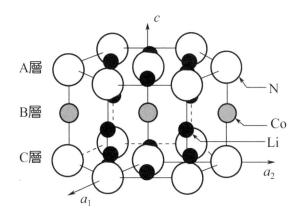

圖4-54　Li$_{2.5}$Co$_{0.5}$N的晶體結構示意圖

氣氛下採用高溫固相法製備而得。此法合成的Li$_{3-x}$M$_x$N固溶體組成範圍為：$0 \leq x \leq 0.5$（Co）；$0 \leq x \leq 0.6$（Ni）；$0 \leq x \leq 0.4$（Cu）。由於M^{2+}（特別是Co^{2+}、Ni^{2+}）和M$^+$在Li$_{3-x}$M$_x$N體系中共存，形成相同數量級的鋰缺陷，此類氮化物的準確運算式應為Li$_{3-x-y}$（M$^+_{x-y}$ M$^{2+}_y$）N，其中y表示鋰空位。

在氮化物中，Li$_{2.6}$Co$_{0.4}$N材料具有最好的電化學性能。Li$_{2.6}$Co$_{0.4}$N材料的充放電平均電壓為0.6V，在0～1.4V電壓範圍內可逆脫嵌鋰容量為760～900mA · h/g，是石墨類碳材料理論容量的兩倍多，而且密度與石墨相當。Li$_{2.6}$Co$_{0.4}$N材料首次脫鋰時大約相當於有1.6個鋰被脫出，結構式轉變為Li$_{1.0}$Co$_{0.4}$N，也就是說B層中全部的鋰和A層中一半的鋰發生了脫離。當脫鋰的上限電壓超過1.4V時，由於A層脫鋰過多可能會分解，結構發生破壞，從而導致材料失去電化學活性。在首次脫鋰過程中，材料由晶形轉變為無定形態，並發生部分元素的重排，在隨後的循環中保持該無定形態。這種無定形態可以允許大量鋰離子的脫嵌，是Li$_{2.6}$Co$_{0.4}$N具有高脫嵌容量的主要原因。

在材料的充放電過程中鋰離子是唯一可以脫嵌的離子，結構中的鈷離子或者電解液組分的陰離子並沒有參與其中。明顯地，$Li_{2.6}Co_{0.4}N$中的鈷為+1價，鋰和氮的價態分別為+1價和−3價。對脫鋰產物$Li_{1.0}Co_{0.4}N$來說，各元素的價態比較複雜。由於脫鋰而引起電荷平穩是由鈷的價態變化來補償，鈷將由+1價轉變為+5價。鈷不存在+5高的價態，因此很可能脫鋰過程中有一部分氮的價態也起了變化。這就意味著鈷和氮在保持材料脫嵌鋰時的電荷平穩方面起了積極作用。研究認為，$Li_{2.6}Co_{0.4}N$的鈷和氮之間具有很強的共價特性，其並不是具有很強離子特徵的化合物。也就是說$Li_{2.6}Co_{0.4}N$中的氮並不全都是−3價，而鈷的價態較難確定，可能是在+2價與+3價之間。有人研究了$Li_{2.6}Co_{0.4}N$首次脫嵌鋰時的結構變化，結果顯示，當材料首先脫鋰到1.4V時，結構明顯發生了變化，A層中的氮原子偏離了原來的位置，材料轉變為無定形態。然後在材料接下來的嵌鋰過程中，絕大部分鋰重新嵌入了A層，從短程有序來說這個脫嵌過程是可逆的。

$Li_{3-x}Cu_xN$和$Li_{3-x}Ni_xN$材料在可逆脫嵌鋰容量等性能方面遠不如$Li_{2.6}Co_{0.4}N$材料，因此相對研究要少一些。$Li_{2.6}Co_{0.4}N$材料在0～1.3V電壓範圍內嵌脫鋰容量為$650mA \cdot h/g$，循環性能比較穩定。$Li_{2.5}Co_{0.5}N$材料的性能較差，在0～1.4V電壓範圍內嵌脫鋰容量低於$250mA \cdot h/g$。儘管這三種材料同樣具有如Li_3N的結構，但是它們的微結構可能存在著區別，比如材料脫鋰後形成的無定形態和鋰周圍電子環境有所不同，導致各自的脫嵌鋰機制不一樣，從而表現出截然不同的電化學性能。

和其他負極材料不同，$Li_{3-x}M_xN$（M = Co、Ni、Cu）的結構為富鋰型，而且充放電電壓比石墨類碳材料高幾百毫伏，因此作為負極

材料時需要貧鋰5V正極材料與之相對應；或者將其預先脫掉一部分鋰，才可以與富鋰的$LiCoO_2$等正極材料配合使用。利用$Li_{2.6}Co_{0.4}N$首次脫鋰容量大於首次嵌鋰容量的特點，可以將其與一些初始不可逆容量較高的負極材料（如SiO、Sn_xO等）配合形成高性能的複合電極，以提高首次充放電效率。

在眾多的鋰金屬氮化物材料中，通常認為只有$Li_{3-x}M_xN$（M ＝ Co、Ni、Cu）具有Li_3N的結構。研究結果顯示，將Li_3N粉末預壓成塊，放入充有300kPa氮氣的純鐵容器中密封，850～1050°C溫度下加熱12h，然後再經過淬火過程，可以得到$Li_{2.7}Fe_{0.3}N$材料。此法製備的$Li_{2.7}Fe_{0.3}N$同樣具有如Li_3N的結構，在0.0～1.3V電壓範圍內可逆脫嵌鋰容量為550mA·h/g。與$Li_{2.6}Co_{0.4}N$不同的是，$Li_{2.7}Fe_{0.3}N$的首次脫鋰曲線出現兩個電壓平台，可能分別相對於結構中A、B兩層中的鋰脫出。而且首次脫鋰後材料同樣轉變為無定形態，具體的脫嵌機制還有待於進一步研究。

4.5.2　鋰鈦複合氧化物$Li_{4/3}Ti_{5/3}O_4$

$Li_{4/3}Ti_{5/3}O_4$是另一種含鋰的負極材料，結構為尖晶石型。作為負極材料，$Li_{4/3}Ti_{5/3}O_4$結構穩定，在充放電過程中體積幾乎不發生任何變化，因此具有非常好的循環性能，同時鈦資源豐富、清潔環保；但是$Li_{4/3}Ti_{5/3}O_4$的嵌鋰電位偏高（1.55V），若直接以$LiCoO_2$作正極組成電池，勢必會降低電池的輸出電壓，而5V的正極材料對電解液的要求也是一個難題，所以$Li_{4/3}Ti_{5/3}O_4$作為負極材料也有一定的限制。

一、$Li_{4/3}Ti_{5/3}O_4$的結構及嵌鋰特性

$Li_{4/3}Ti_{5/3}O_4$是一種由金屬鋰和低電位過渡金屬鈦組成的複合氧化物，屬於AB_2X_4系列，其結構可以表示為$Li[Li_{1/3}Ti_{5/3}]O_4$。$Li_{4/3}Ti_{5/3}O_4$為立方晶系，空間點群為$Fd3m$，晶胞參數$a = 0.836nm$，它的晶體結構如圖4-55所示。完整的晶胞含有8個$Li_{4/3}Ti_{5/3}O_4$結構單元，32個氧離子按FCC（面心立方堆積）排列，位於32e的位置；占總數3/4的鋰離子位置8a的四面體位置上，而剩下的鋰離子和Ti^{4+}則位於16d的八面體位置中。$Li_{4/3}Ti_{5/3}O_4$的結構為鋰的脫嵌提供了三維擴散通道。

$Li_{4/3}Ti_{5/3}O_4$在充電過程中，嵌入的鋰離子佔據八面體位置（16c），同時原來處於8a四面體位置的鋰也向八面體位置16c遷移，形成新的尖晶石相$Li_{7/3}Ti_{5/3}O_4$。$Li_{4/3}Ti_{5/3}O_4$在充電過程中最多可嵌入一個鋰，因此其理論容量為175mA·h/g。$Li_{4/3}Ti_{5/3}O_4$在充放電過程中發生的反應如下式：

$$Li[Li_{1/3}Ti_{5/3}]O_4 + xLi \leftrightarrow Li_{1+x}[Li_{1/3}Ti_{5/3}]O_4 \qquad （4\text{-}31）$$

$$8a \quad 16d \quad 32e \qquad\qquad 16c \quad 16d \quad 32e$$

八面體間隙
（共32個）

四面體間隙
（共32個）

圖4-55　$Li_{4/3}Ti_{5/3}O_4$的晶體結構示意圖

式中，Li^+在$Li_{4/3}Ti_{5/3}O_4$的嵌入是一個兩相過程，這種轉變是動力學高度可逆的，隨著鋰的嵌入，Ti^{4+}被還原為Ti^{3+}。$Li_{4/3}Ti_{5/3}O_4$與其充電產物$Li_{7/3}Ti_{5/3}O_4$結構相同，均為立方尖晶石結構，只是晶胞參數a略有變化，由0.836nm變為0.837nm，晶胞體積變化非常小，因此被稱為「零應變材料」。它們在物性上有所不同，如表4-10所示。正是由於$Li_{4/3}Ti_{5/3}O_4$在充放電前後結構幾乎不發生變化，因此以它作為鋰離子電池的負極材料，有著非常好的循環性能，經過上千次循環仍能保持穩定的容量。

$Li_{4/3}Ti_{5/3}O_4$的典型的充放電曲線如圖4-56所示，由圖中可以看出，$Li_{4/3}Ti_{5/3}O_4$的嵌鋰電壓為1.55V，充放電平台非常平坦，庫侖效率達100%，循環性能也非常好，在100個循環後容量還沒有明顯的衰減。圖4-57是在1mol/L的$LiClO_4$/PC電解液中，以$10\mu V/s$的掃描速率掃描的$Li_{4/3}Ti_{5/3}O_4$的循環伏安曲線，氧化－還原峰十分對稱，峰電位差為60mV，表明$Li_{4/3}Ti_{5/3}O_4$的電極過程可逆性好。

$Li_{4/3}Ti_{5/3}O_4$的嵌入電壓為1.55V，較石墨類材料高，因此要求與它組成電池的正極材料的電壓較高，正極若為4V的$LiCoO_2$或Li_2MnO_4，則電池的電壓為2.5V，若與5V的正極材料$LiCoPO_4$組成電池，則電池達3.5V，但對電解液要求非常苛刻。

表4-10　$Li_{4/3}Ti_{5/3}O_4$與$Li_{7/3}Ti_{5/3}O_4$的結構參數

材料	晶胞參數a/nm	電子電導率／（S/cm）	顏色
$Li[Li_{1/3}Ti_{5/3}]O_4$	0.836	10^{-9}	白色
$Li_2[Li_{1/3}Ti_{5/3}]O_4$	0.837	10^{-2}	深藍色

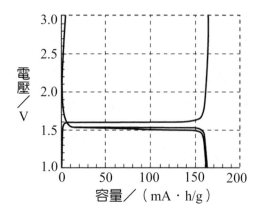

圖4-56　$Li_{4/3}Ti_{5/3}O_4$的充放電曲線圖

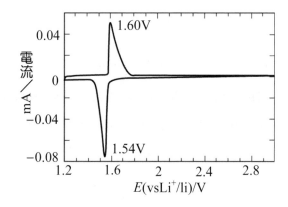

圖4-57　$Li_{4/3}Ti_{5/3}O_4$循環伏安圖
（掃描速率$10\mu V/s$）

　　$Li_{4/3}Ti_{5/3}O_4$作為負極材料，有著較好的高溫性能，這是因為$Li_{4/3}$ $Ti_{5/3}O_4$的導電性不好，提高電池的使用溫度，可以提高材料的固有的導電性，從而使材料有更好的倍率性能。10C充放電下，50°C比25°C的容量高約20mA·h/g。

二、$Li_{4/3}Ti_{5/3}O_4$的製備方法

$Li_{4/3}Ti_{5/3}O_4$的製備方法主要有固相反應和溶膠—凝膠法兩種，它們的優缺點同製備其他的電極材料相類似：固相法方法簡單，要求較高的熱處理溫度和較長的燒結時間，能耗大，同時粒徑較大，難以控制；而溶膠—凝膠法可彌補固相法的缺點，但引入大量有機化合物，同時過程也較為複雜。

固相反應合成$Li_{4/3}Ti_{5/3}O_4$的方法與其他金屬複合氧化物類似，通常將TiO_2與$LiOH \cdot H_2O$或Li_2CO_3混合，然後在高溫（$800 \sim 1000°C$）下處理$12 \sim 24h$，得到產物$Li_{4/3}Ti_{5/3}O_4$。為了使原料達到充分均勻混合的目的，可以採用高能球磨，球磨同時可以縮短反應時間，降低熱處理溫度，得到粒徑更小、分佈更窄的粒子。為了提高材料的導電性，可以在原料中加入一定量的非活性導電劑，如導電碳，然後再在惰性氣氛下熱處理。

按化學計量比混合原料，在N_2流中，$800°C$下高溫處理$12h$可得到$Li_{4/3}Ti_{5/3}O_4$。當$LiOH \cdot H_2O$的量不足時，產物中會殘餘有TiO_2；如果$LiOH \cdot H_2O$過量，產物會有單斜晶體Li_2TiO_3。產物在$LiNiO_2$為正極下，以$0.17mA/cm^2$下充放電，首次放電容量達$150mA \cdot h/g$，但與天然石墨負極相比，其容量衰減較快。

將TiO_2與Li_2CO_3球磨混合後，先在$600 \sim 700°C$下預燒數小時後研磨，在$900 \sim 1000°C$下焙燒$1 \sim 2h$，得到$Li_4Ti_5O_{12}$。在C/10倍率下充放電，首次放電比容量為$170mA \cdot h/g$。Li4/3Ti5/3O4的最高煅燒溫度為（1015 ± 5）$°C$，超過該溫度，它就會分解為Li_2TiO_3和$Li_2Ti_3O_7$的混合相。

N_2並不是製備$Li_{4/3}Ti_{5/3}O_4$的必要條件，有人用Li_2CO_3作鋰源，在1000°C下經26h熱處理後得到電化學性能優良的$Li_{4/3}Ti_{5/3}O_4$，在製備過程中一般過量原料鋰鹽8%左右。

溶膠—凝膠法是一種液相合成方法，它可以合成奈米級的超細粉末，一般採用有機前驅物為原料，通過原料的水解或醇解形成溶膠，溶膠在一定條件下揮發溶劑、老化失去流動性得到凝膠，再經過熱處理而得到最後的產物。

將適量的異丙醇鈦$Ti[OCH(CH_3)_2]_4$加入到乙酸鋰的甲醇溶液中，得到黃色膠體，攪拌1h得到白色凝膠，在60°C下乾燥一天得到乾凝膠，然後再將乾凝膠在700～800°C煅燒得到產品。該法製得的$Li_{4/3}Ti_{5/3}O_4$插鋰電位為1.55V，容量達到理論容量的95%（C/60）。

以鈦酸正丁酯〔$Ti(OC_4H_9)_4$〕和乙酸鋰為原料，採用異丙醇為溶劑，通過圖4-58所示的溶膠—凝膠路線合成了奈米級的$Li_{4/3}Ti_{5/3}O_4$，得到的粒子平均粒徑為100nm。產物在0.3mA/cm^{2}下充放電，首次嵌鋰容量高達272mA·h/g，但首次放電效率低至53.9%，在其後保持了很好的循環性能。

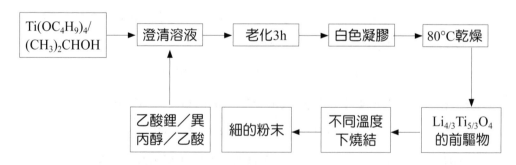

圖4-58　溶膠—凝膠路線合成$Li_{4/3}Ti_{5/3}O_4$

三、Li$_{4/3}$Ti$_{5/3}$O$_4$的摻雜改性

Li$_{4/3}$Ti$_{5/3}$O$_4$作為負極材料，最主要的缺點是它的嵌鋰電位比較高，使得電池的輸出電壓偏低；同時Li$_{4/3}$Ti$_{5/3}$O$_4$的電子電導率低，大電流充放電性能差。因此，對Li$_{4/3}$Ti$_{5/3}$O$_4$進行改性主要是要降低它的嵌鋰電位，增大電導率以提高大電流充放電性能。

(1)降低嵌鋰電位的改性　在Li$_{4/3}$Ti$_{5/3}$O$_4$中用過渡金屬元素（如Fe、Ni、Co等）取代Ti^{4+}，可在一定程度上降低鈦酸鋰的嵌鋰電位，而且也不改變Li$_{4/3}$Ti$_{5/3}$O$_4$的尖晶石結構。一般選取氧化物進行摻雜，將反應物與摻雜的氧化物混合球磨，然後再在高溫下燒結。摻入的金屬原子大多佔據16d的位置，只有Fe佔據了少量的8a位，並產生陽離子空位；鎳和鉻的摻雜導致0.6V放電平台的出現，並使容量提高了40mA·h/g左右，但有明顯的容量衰減。摻鐵形成固溶體Li$_{1+x}$Fe$_{1-3x}$Ti$_{1+2x}$O$_4$（$0 \leq x \leq 0.33$），放電平台均在1.5V以下，但隨著摻鐵增多，材料的容量下降得很快，且循環性能只能維持在25次以內；當鐵原子摻入量最大（$x = 0$）時，形成的LiFeTiPO$_4$有高達230mA·h/g的初始容量，但首次循環效率很差，第二次循環即在150mA·h/g以下，其後容量衰減較快。

對Li$_{4/3}$Ti$_{5/3}$O$_4$的降低嵌鋰電位的摻雜改性在一定程度上的確起到了降低電極電位的作用，但是也都不同程度上削弱了材料在循環穩定性方面的優勢，這方面的工作還有待於進一步研究。

(2)提高大電流充放電能力的改性　主要有兩種方法，一是減小粒徑，縮短鋰離子擴散距離，提高鋰離子的擴散係數；另一種方法就是摻雜，包括對材料進行金屬離子的體相摻雜，形成固溶體，或者是

引入導電劑碳以提高導電性。

奈米尺度的$Li_{4/3}Ti_{5/3}O_4$比普通的$Li_{4/3}Ti_{5/3}O_4$在較大電流下有更好的容量性能,以0.5C放電時二者各自具有的比容量為參照,1C放電時奈米$Li_{4/3}Ti_{5/3}O_4$可放出94%,後者可放出80%;10C放電前者可放出75%,後者可放出30%。要得到奈米級的粒子,可以通過改進材料的合成方法來實現,液相法可以得到超微粒子,甚至是奈米尺寸的粒子,由於Ti^{4+}容易形成溶膠,所以常常選用溶膠—凝膠法來合成$Li_{4/3}Ti_{5/3}O_4$。

半導體材料固有導電性的提高可以通過引入雜質離子來實現,當雜質離子的價態與其所取代的離子價態不一致時,將給晶體帶來額外的電荷,這些額外電荷必定通過其他具有相反電荷的雜質離子來補償或通過產生空位來抵消,以使整個晶體保持電中性。當用高價陽離子取代低價陽離子時,會產生陽離子空位,而低價離子取代高價時,則產生陰離子空位,無論是陽離子空位還是陰離子空位,都將使晶格發生畸變,造成缺陷,使晶體的電導率上升。

用鎂取代鋰可得到固溶體$Li_{4-x}Mg_xTi_5O_{12}$($0.1 \leq x \leq 1.00$),由於鎂是二價金屬,而鋰為一價,這樣部分鈦由四價轉變為三價,混合價態的出現提高了材料的電子導電能力。當$x = 1.00$時,材料的電導率可提高到$10^{-2}S/cm^2$。三價鉻離子取代鋰亦有相似的作用。

碳元素摻雜$Li_{4-x}Mg_xTi_5O_{12}$可以提高其電子導電率,這種摻雜不同於前面金屬離子的摻雜,金屬離子的摻雜是引入空位,提高材料的本征導電性;而碳的摻入是減小接觸電阻,同時起到分散作用,這種摻雜是一種體相摻雜。用於$Li_{4/3}Ti_{5/3}O_4$摻雜的碳元素,可以選用比表面分別為$80m^2/g$和$2000m^2/g$的活性碳和天然石墨,材料的顆粒直徑

50nm左右，其比容量和循環性俱佳。

除$Li_{4/3}Ti_{5/3}O_4$可以用作鋰離子電池負極外，其他的一些鈦氧化物也可以可逆儲鋰，如$Li_2MTi_6O_{14}$（M = Sr、Ba）是立方晶系，有著三維嵌鋰通道。$Li_2MTi_6O_{14}$最大可嵌入4個鋰，在1.4～0.5V有三個平台，其實際容量大約為140mA‧h/g。

4.6 膜電極材料

薄膜是一種物質形態，這裡提到的薄膜是指附著在基體上的固體薄膜，它是相對於塊狀物質而言的。從結構上來分，它可以是單晶、多晶或非晶（無定形）的；從化學組成上來看，它可以是單質，也可以是化合物。

負極薄膜材料是相對於塊狀粉末電極材料而言，它的化學組成與粉末電極材料相同，只是通過不同的物理或者化學成膜的方法使之在基體上成膜。前面討論過的各種負極材料都可以形成薄膜電極，常見的負極薄膜材料包括碳基薄膜材料、金屬或合金薄膜材料、鈦基薄膜材料等。與粉末電極相比，不必添加黏接劑和導電劑，薄膜電極可更直接地反映電極材料的性能，同時具有設計簡單、內部電阻小、充放電性能良好等優點。

一般而言，對於製備薄膜的要求，歸納如下：膜厚均勻；膜的成分均勻，沈積速率高，生產能力高；重複性好；具有高的材料純度，保證化合物的配比；與基體具有較好的附著力，較小的內應力等。

4.6.1　薄膜電極材料的製備方法

　　薄膜電極材料的製備方法主要可以分為兩大類：一類是物理方法，一類是化學方法。物理方法製備薄膜研究較多，並且得到的膜的性能也較好，主要包括磁控濺射法（magnetron sputtering, MS）、脈衝鐳射沈積法（pulsed laser deposition, PLD）、電子束蒸鍍法（electron beam evaporation, EBE）；化學方法有靜電噴霧沈積法（electrostatic spay deposition, ESD）、化學氣相沈積法（chemical vapor deposition, CVD）、旋轉—塗覆法（spin-coating technique）和電鍍（electrodeposition）等。化學法較物理法製備薄膜材料的成本低，但控制參數增多，不容易得到符合計量比的薄膜。

一、物理法製膜

　　將待鍍膜的基體置於真空室內，通過加熱使蒸發材料氣化（或昇華）而沈積到某一溫度的基體表面上，從而得到一層薄膜，這種成膜方法稱為蒸發鍍膜，簡稱蒸鍍。蒸鍍是在高真空環境下進行，可防止膜的污染和氧化，便於得到潔淨、緻密、符合預定要求的薄膜。蒸發鍍膜法與其他成膜法相比，方法較簡單，容易操作，成本較低，故是常用的方法之一。

　　蒸發鍍膜的設備是真空鍍膜機，它主要由三部分組成：真空系統、蒸發裝置和膜厚監控裝置。真空系統用來獲得必要的真空度，提供成膜的必要條件；蒸發裝置用來加熱鍍膜材料，使之蒸發；膜厚監控裝置用來對薄膜厚度進行監控，以達到必要的膜厚。

　　蒸發鍍膜按其蒸發源的不同，可分為電阻蒸鍍法、電子束蒸鍍

法、鐳射蒸鍍法等。電阻熱蒸鍍法是利用電流通過加熱源所產生的熱量來加熱蒸發材料的一種蒸鍍方法，電阻加熱的蒸發源常用高熔點金屬（鎢、鉬、鉭）和石墨。在電阻熱蒸鍍法中，由於膜料與蒸發源直接接觸，所以蒸發源可能成為雜質混入到膜料中並隨之共同蒸發；此外，某些膜料與蒸發源材料發生反應，膜料的蒸鍍受蒸發源熔點限制，而且使用壽命短。

電子束蒸鍍法是利用電子束集中轟擊膜料的一部分而行加熱的一種蒸鍍方法。其特點是：能量可高度集中，使膜料的局部表面獲得很高的溫度；能準確而方便地控制蒸發溫度；並且有較大的溫度調節範圍。因此它對高、低熔點的膜料均能適用。

鐳射蒸鍍法是將雷射光束為熱源來加熱膜料，通過聚集可使雷射光束功率密度達到10^6W/cm^2以上，以無接觸加熱方式使膜料迅速氣化，然後沈積在基體上成膜的方法。鐳射蒸鍍法的主要優點是：能實現化合物的蒸發沈積，而且不會產生分餾現象。能蒸發任何高熔點材料，並可沖洗和避免膜料的沾汙，同時可避免電子束蒸鍍時的膜面帶電等。此外，在基片不加熱的情況下，還能得到結晶良好的薄膜。

濺射鍍膜是利用氣體放電產生的正離子在電場作用下高速轟擊作為陰極的靶體，使靶體的中原子（或分子）逸出，沈積到被鍍基體的表面，形成所需要的薄膜。濺射鍍膜具有如下特點。

①由於動能為幾百至幾千電子伏的正離子轟擊靶材，濺射得到的材料粒子動能約為幾十電子伏，因此它們與基體的附著力較強。

②蒸發源的面積較小，而濺射時，靶材的面積較大。而且由於濺射粒子經不斷與充入的氣體原子（或分子）碰撞後到達基體面成膜。但在蒸發時，氣壓低於1.33mPa，蒸發的粒子基本上是從蒸發源以直

線路徑至基體的。濺射膜的厚度分佈比蒸發膜的均勻。

③適用於高熔點金屬、合金和化合物材料的成膜。

濺射法可分為陰極濺射、高頻濺射、磁控濺射、等離子濺射等不同的濺射成膜方法。

高頻濺射法（radio frequency sputtering，簡稱RF法）是在高頻電場作用下，在靶極和基體之間形成高頻放電，等離子體中的正離子和電子交替轟擊靶材而產生濺射。RF法的特點是：濺射速率高，例如濺射SiO_2時，沈積速率可達200nm/min；膜層緻密，針孔少，純度高；膜的附著力強。

磁控濺射（magnetron sputtering）就是以磁場束縛和延長電子的運動路徑，改變電子的運動方向，提高工作氣體的電離率和有效利用電子的能量的一種高速濺射成膜方法。磁控濺射的原理是：電子在電場的作用下加速飛向基體的過程中與氬原子發生碰撞，電離出大量的氬離子和電子，電子飛向基體。氬離子在電場的作用下加速轟擊靶材，濺射出大量的靶材原子，呈中性的靶原子（或分子）沈積在基體上成膜。二次電子在加速飛向基片的過程中受到磁場洛侖磁力的影響，被束縛在靠近靶面的等離子體區域內，該區域內等離子體密度很高，二次電子在磁場的作用下圍繞靶面做圓周運動，該電子的運動路徑很長，在運動過程中不斷地與氬原子發生碰撞電離出大量的氬離子轟擊靶材，經過多次碰撞後電子的能量逐漸降低，擺脫磁力線的束縛，遠離靶材，最終沈積在基片上。

脈衝鐳射沈積法（PLD）是利用鐳射的巨大能量照射到靶上，靶在極短的時間內被加熱熔化、氣化直至變為等離子體，等離子體從靶向基體傳輸，最後在基體上凝聚成核，形成薄膜。

　　脈衝鐳射製備薄膜的優點是：能源（鐳射）放在真空室外，易於調節；使用範圍寬，幾乎任何能凝結的物質都能製備成靶材。同時，由於脈衝雷射器的特性，薄膜的生長率可以按要求任意調節；薄膜成分容易嚴格實現與靶材成分一致；薄膜質量高，膜底和基底之間互擴散小；可直接在不銹鋼襯底上沈積，無需沈積後高溫退火處理。脈衝鐳射製備薄膜也存在一些缺點，如當鐳射加熱靶材時，升溫極快，氣體急劇膨脹，小液滴掉在膜上，使膜產生缺陷。

二、化學法製膜

　　化學氣相沈積法（CVD）是種經典的薄膜沈積技術，把含有構成薄膜元素的一種或幾種化合物、單質氣體供給基片，借助氣相作用或在基片上的化學反應生成所需的薄膜。CVD法可以通過氣體組成來控制薄膜的成分，薄膜沈積速度快，製備費用低廉，可以進行大面積薄膜的製備。CVD法與蒸發成膜和濺射鍍膜相比，膜層均勻、覆蓋好，同時還可對整個基體進行沈積。CVD法分為普通的CVD法、等離子增強的化學氣相沈積法（PECVD）和光化學氣化沈積法等。

　　靜電噴霧沈積法（ESD）是在包含有前驅物溶液的表面上施加一較高的電壓來產生氣溶膠，然後將氣溶膠通過靜電沈積在基體上製得薄膜。ESD沈積效率遠高於傳統的CVD，較多用在鋰離子電池的電極薄膜材料的製備上。

　　溶膠—凝膠法（sol-gel）不僅可用來製備超細粉末，也可以用來薄膜材料，溶膠—凝膠法製備薄膜材料的一般過程為：先製備出溶膠，然後採取塗佈或浸漬的方法，將溶膠塗覆於基體上。乾燥後在一定溫度下熱處理，即可在基體上得到薄膜。塗膜的厚度取決於溶液的

黏度及浸漬塗刷的次數。溶膠—凝膠法製備薄膜典型的有玻璃薄膜，它是將醇鹽溶液浸漬或刷塗或噴塗在基材表面，然後塗膜在空氣中消解、凝聚、乾燥，最後燒結，形成的薄膜均勻地固化在基材表面。用此方法製備的高純的$B_2O_3\_SiO_2$玻璃膜在積體電路等電子元器件中對鹼金屬離子起鈍化作用，具有絕緣、防潮、防氧化性，是很好的電子材料。

電鍍是一種用電解方法進行鍍膜的過程，研究是「陰極沈積」，主要用來製備金屬或合金薄膜材料。電鍍時將基體浸於電鍍液中，以它作為陰極，通常把待鍍的金屬材料（常為板狀）作為陽極也浸於電解液中，電解液為一定濃度的待鍍金屬離子的溶液。在通電下，陽極金屬失去電子而成為金屬離子遷移到電解液中，而溶液中的金屬離子則遷移向陰極，獲得電子後變成為金屬原子在陰極沈積成膜。對鍍層的基本要求是：具有細緻緊密的結晶，鍍層平整，光滑牢固，無針孔等。鍍層質量的好壞與基體的表面情況，電解液的組成、濃度、酸鹼度，電鍍的電流密度和溫度等有密切關係。一般在鍍前必須對基體表面進行徹底的清洗，打磨，否則不易鍍上或鍍層易起泡脫落。

4.6.2 薄膜電極材料的分類

碳材料形成薄膜較難，研究得較多的是金屬和合金材料的薄膜，以及氧化物薄膜，這裡主要就這三種薄膜材料進行論述。

一、碳薄膜材料

利用壓力脈衝化學氣相滲透技術製備熱解碳薄膜，所用的基材為

兩種不同的導電多孔木材，一種為碳化的木材，另一種為含TiN塗層的木材。研究顯示，熱解碳薄膜有三維的電流路徑，大倍率放電性能好。前一種碳薄膜有相當高的結晶度，而後者是無序的。前一種碳薄膜的容量比後一種低，但是庫侖效率較後者高。含TiN塗層的木材的熱解碳薄膜在不同電流下的充電曲線如圖4-59示。

碳奈米管薄膜的製備方法有化學氣相沈積法、微波等離子體化學氣相沈積法、催化熱解法等。

二、金屬和合金薄膜材料

在薄膜材料中，研究得較多的為金屬和合金薄膜，主要原因在於金屬和合金理論比容量大，比較容易形成薄膜，同時成膜後可以極大地提高材料的負極電性能，如提高材料的可逆容量，克服材料在充放電過程中其體積改變帶來的粉化、削落等，提高電極的循環性能等。

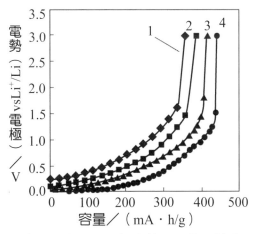

圖4-59 含TiN塗層的木材的熱解碳薄膜在不同電流下的充電曲線
1-960mA/g; 2-480mA/g; 3-120mA/g; 4-30mA/g

　　鋁是一種常見的金屬，它與鋰可能形成三種合金：AlLi、Al$_2$Li$_3$、Al$_4$Li$_9$，鋁電極的最大儲鋰量為2.25個鋰，其質量比容量可達2234mA·h/g（形成Al$_4$Li$_9$合金），是金屬錫的兩倍多（994mA·h/g）。在金屬成膜中，較多的是使用蒸發鍍膜法。在真空度小於10^{-3}Pa的真空室中，以惰性金屬Cu為基體，可將粒狀的Al熱蒸發到基體上，得到的Al薄膜厚0.1～1μm，比容量約為1000mA·h/g。鋁薄膜的充放電曲線如圖4-60所示。

　　鋁薄膜的充放電曲線主要存在有三個電位區域，分別對應於三種不同的電化學反應。第一個區域在0.26～2.6V，這對應於膜表面氧化層的還原，0.26V的電壓平台屬於LiAl合金的形成，XRD顯示得到的LiAl合金是無定形而不是晶形化合物。在10mV下的電位區域並沒有形成富Li合金Al$_4$Li$_9$。同時，薄膜越厚，電極的可逆和不可逆容量都越小，而且充放電效率也越低，膜厚分別為0.1μm、0.3μm、1μm時電極的放電容量分別為800mA·h/g、610mA·h/g、420mA·h/g（C/4），充首次充放電效率分別為58%、56%、41%。

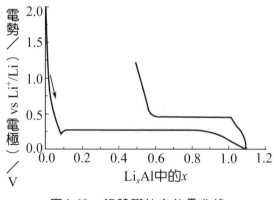

圖4-60　鋁薄膜的充放電曲線
（C/4, 1. .01V）

　　銀薄膜作為負極材料有幾個優點：第一是有非常高的比容量，可以最終形成$AgLi_{12}$化合物；第二是合金和去合金電位範圍很低（0.250～0V）；第三是薄膜很容易製備，比如通過熱蒸發或者射頻濺射法可以得到。

　　高頻濺射法（RF法）在不銹鋼基體上可以製備Ag薄膜，RF法製備的薄膜具有更好的附著力，而且厚度容易確定。銀薄膜電極的充放電曲線如圖4-61所示。在0.400～0V有四個電壓平台，在0.06～0.04V間有兩個電壓平台，相應於$AgLi_{5.2}$，另外在0.10V和0.30V各有一電壓平台。銀薄膜在以$Li_{1.2}Mn_{1.5}Ni_{0.5}O_4$為正極，1mol/L $LiPF_6$-EC-PC-DMC為電解質的微電池中，循環1000次容量還接近於25μA · h/cm^2，平均工作電壓為4.65V。

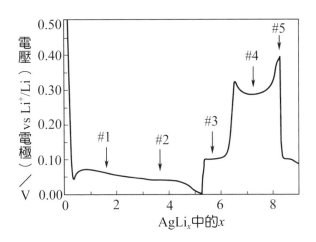

圖4-61　Ag薄膜的充放電曲線
（50μA/cm^2,0.4～0V）

日本的三洋電氣公司製備並研究了一種Sn-Cu薄膜電極。通過電鍍，在銅的基材上形成錫的薄層，將此薄膜在200°C退火24h，提高錫層與基材的結合材料力，循環10周後可逆容量仍為800mA·h/g。結構分析及電鏡照片顯示退火導致錫層和銅集流體層之間形成了兩種不同Sn-Cu金屬間化合物，這種銅在錫層中的濃度梯度提高了活性物質和集流體之間的作用強度，改善了電極性能。

採用電鍍和磁控濺射的方法得到不同形態的金屬銻薄膜，不同形態的銻材料具有相同的充放電平台，嵌鋰平台和放鋰平台分別為0.8V和1.0V左右，薄膜銻的電化學性能要好於銻粉材料，而磁控濺射製得的薄膜性能最優，首次脫嵌容量可達423mA·h/g，15個循環以後其可逆容量仍保持在400mA·h/g以上。

三、氧化物薄膜材料

研究負極氧化物薄膜材料主要有SnO_2、NiO、$Li_4Ti_5O_{20}$和其他氧化物。SnO_2薄膜的製備方法較多，如磁控濺射法、化學氣相沈積法（CVD）、噴霧熱解法（spray pyrolysis, SP）、靜電噴霧沈積法（electrostatic spray deposition, ESD）、溶膠—凝膠法（Sol-gel）、電子束蒸鍍法等。

用ESD法製備的SnO_2薄膜屬於無定形結構，無定形結構可以避免應力變化對晶格的影響，從而使其具有較好的循環性能。這種SnO_2薄膜電極在0.2mA·cm^{-2}的充放電電流下在0.05～2.5V之間可逆容量超過了1300mA·h/g；當電位區間為0～1.0V時，循環100多次後還可以保持600mA·h/g的可逆容量。用射頻磁控濺射法製備的SnO_2薄膜，製得的電極材料具有好的可逆容量和循環性能，75次循環後可逆

容量仍超過400mA‧h/g。射頻磁控濺射法可使薄膜在溫度較低的基板上進行沈積，提高沈積膜的密度、結晶度以及黏結性。此外，用真空熱蒸鍍法和化學氣相沈積法得到的SnO_2薄膜也有良好的電化學性能。

　　如前所述，$Li_{4/3}Ti_{5/3}O_4$是一種具有尖晶石結構的含鋰的負極材料，它結構穩定，充放電過程中體積幾乎不發生任何變化，因此有著極好的循環性能。$Li_{4/3}Ti_{5/3}O_4$薄膜的製備方法包括通過ESD法、旋轉—塗覆技術（spin-coating technique, SCT）和化學噴霧技術（chemical spraying technique）等。採用ESD法製備的$Li_{4/3}Ti_{5/3}O_4$薄膜可以通過$Li(CH_3COO)_2‧4H_2O$和$Ti(OC_4H_9)_4$為原料，用$CH_3(CH_2)_3OCH_2$-CH_2O（20%）溶劑，基體採用直徑為14mm，厚度為$30\mu m$的鉑圓片，然後將得到的薄膜在700°C高溫下熱處理。利用Sol-gel法，通過SCT製備了$Li_{4/3}Ti_{5/3}O_4$薄膜，具體過程為：在原料中加入PVP（聚乙烯吡咯烷酮）以形成溶膠，然後再將得到的溶膠用旋轉—塗覆法使之沈積在Au基體上，最後在600～800°C高溫下熱處理得到最後的薄膜。

　　除此之外，還有其他一些氧化物薄膜負極材料，如NiO薄膜、CeO_2薄膜、$CoFe_2O_4$薄膜等。NiO薄膜的製備主要採用磁控濺射、化學氣相沈積、電鍍和PLD等方法。$CoFe_2O_4$薄膜可通過雷射脈衝沈積法（pulsed laser deposition, PLD）得到，基體採用不銹鋼，抽至真空，充以純氧，在600°C的條件下沈積1.5h。如用PLD製備了CeO_2薄膜，其比容量達150mA‧h/g左右，循環性能好，慢掃描循環曲線表明在0.6V和1.6V出現還原峰和氧化峰。

參考文獻

[1] Huggins R. J. Power Sources, 1999, 81-82: 13-19.

[2] Beaulieu L Y, Eberman K W, Turner R L, et al. Electrochemical and Solid-State Leters, 2001, 49: A137-A140.

[3] Martin W, Besenhard J O. Electrichimica Acta, 1999, 45: 31-50.

[4] Besenhard J O, Wachtler M, Winter M, et al. J. Power Sources, 1999, 81-82: 268-272.

[5] Yang J, Takeda Y, Tmanishi N, et al. J. Power Sources, 1999, 79: 220-224.

[6] 師麗紅。鋰離子電池奈米合金／碳複合型負極材料研究〔博士論文〕。北京：中科院物理所，2001。

[7] Li H, Zhu G Y, Huang X J, et al. J. Mater. Chem., 2000, 10(3): 693-696.

[8] Hwang S. M, Lee H Y, Jang S W, et al. Electrochemical and Solid-State Letters, 2001, 4(7): A97-A100.

[9] Johnson C S, Vaughey J T, Thackeray M M, et al. Electrochemistry Comm., 2000, 2: 595-600.

[10] Vaughey J T, Johnson C S, Kropf A J, et al. J. Power Sources, 2001, 97-98: 194-197.

[11] Benedek R, Vaughey J T, Thackeray M M, et al. J. Power Sources, 2001, 97-98: 201-203.

[12] Kropf A J, Tostmann H, Johnson C S, et al. Electrochem Commu, 2001, 3: 244-251.

[13] Vaughey J T, Hara J O, Thackeray M M. Electrochemical and Solid-State Letters, 2000, 3(1): 13-16.

[14] Hewitt K C, Beaulieu L Y, Dahn J R. J Electrochem Soc, 2001, 148(5): A402-A410.

[15] Johnson C S, Vaughey J T, Thackeray M M, et al. Electrochemistry Comm, 2000, 2: 595-600.

[16] Benedek R, Vaughey J T, Thackeray M M, et al. J. Power Sources, 2001, 97-98: 201-203.

[17] Kropf A J, Tostmann H, Johnson C S, et al. Electrochem Commu, 2001, 3:

244-251.

[18] Vaughey J T, Hara J O, Thackeray M M. Electrochemical and Solid-State Letters, 2000, 3(1): 13-16.

[19] Hewit K C, Beaulieu L Y, Dahn J R. J. Electrochem Soc, 2001, 148(5): A402-A410.

[20] Larcher D, Berulieu L Y, Mao O, et al. J. Electrochem Soc, 2000, 147(5): 1703-1708.

[21] Kepler K D, Vaughey J T, Thackeray M M. J Power Sources, 1999, 81-82: 383-387.

[22] Larcher D, Beaulieu L Y, MacNeil D D.J Electrochem Soc, 2000, 147(5): 1658-1662.

[23] Kepler K D, Vaughey J T, Thackery M M. Electrochem and Solid-State Letters, 1999, 2(7): 307-309.

[24] Larcher D, Beaulieu L Y, MacNeil D D. J Electrochem Soc, 2000, 147(5): 1658-1662.

[25] Yongyao X, Tetsuo S, Takuya F, et al. J Electrochem Soc, 2001, 148(5): A471-A481.

[26] Fransson L M, Vaughey J T, Benedek R, et al. Electrochem Commu, 2001, 3: 317-323.

[27] Francisco J, Femandez M, Pedro L, et al. J Electroanalytical Chemistry, 2001, 501: 205-209.

[28] Beaulieu L Y, Dahn J R. J Electrochem Soc, 2000, 147(9): 3237-3241.

[29] Hong, L, Wei L, Huang X J, et al. J Electrochem Soc, 2001, 148(8): A915-A922.

[30] 呂成學，褚嘉宜，翟玉春。分子科學學報，2004, 20(4): 31-34。

[31] Basu S. J Power Sources, 1999, 82: 200.

[32] Poizot P, Laruelle S, Grugeon S. J Power Sources, 2001, 97-98: 235-239.

[33] Debart A, Dupont L, Poizot P, et al. J Electrochem Soc, 2001, 148 (11): A1266-A1274.

[34] Grugeon S, Laruelle S, Herrera-Urbina R, et al. J Electrochem Soc, 2001, 148(4): A285-A292.

[35] Obrovac M N, Dunlap R A, Sanderson R J, et al. J Electrochem Soc, 2001,

148(6): A576-A588.

[36] Obrovac M N, Dahn J R. Electrochemical and Solid-State Letters, 2002, 5(4): A70-A73.

[37] Yasutoshi I, Takeshi A, Minoru I, et al. Solid State Ionics, 2000, 135: 95-100.

[38] Takeda Y M, Nishijima M, Yamahata K, et al. Solid State Ionics, 2000, 130: 61-69.

[39] Alexandra G, Gordon D, Gregory H, et al. Iner. J Inorganic Mater, 2001, 3: 973-981.

[40] Jesse L C, Rowsell V P, Linda F N. J Am Chem Soc, 2001, 123: 8598-8599.

[41] Alejandro I P, Mathieu M, J Solid State Electrochem, 2002, 6: 134-138.

[42] Rowsell J L C, Gaubicher J, Nazar L F. J Power Sources, 2001, 97-98: 254-257.

[43] Garza Tovar L L, Connor P A, Belliard F, et al. J Power Sources, 2001, 97-98: 258-261.

[44] Momma T, Shiraishi N, Yoshizawa A, et al. J Power Sources, 2001, 97-98: 198-200.

[45] AllaZak Yishay F, Lyakhovitskaya V, Gregory L, et al. J Am Chem Soc, 2002, 124: 4747-4758.

[46] Yang J, Takeda Y, Imanishi N, et al. J Electrochem Soc, 2000, 147(5): 1671-1676.

[47] Taketa Y, Yang J. J Power Sources, 2001, 97-98: 244-246.

[48] Yang J, Takeda Y, Imanishi N, et al. J Power Sources, 2001, 97-98: 216-218.

[49] Nam S C, Yoon Y S, Cho W I, Cho B W, et al. J Electrochem Soc, 2001, 148(3): A220-A223.

[50] Yang J, Wachtler M, Winter M, et al. Electrochemical and Solid-State Leters, 1999, 2(4): 161-163.

[51] Hisashi T, Matsuoka S, Ishihara M, et al. Carbon, 2001, 39: 1515-1523.

[52] Wang G X, Jung H A, Lindsay M J, et al. J Power Sources, 2001, 97-98: 211-215.

[53] 黃峰。武漢大學博士論文，2003。

[54] 黃可龍，張戈，劉素琴等。無機化學學報，2006,22(11): 2075-2079。

[55] Shin J S, Han C H, Jung U H, et al. J Power Sources, 2002, 109: 47-52.

[56] Ostrovskii D, Ronei F, Serosati B, et al. J Power Sources, 2001, 94:183-188.

[57] Balasubramanian M, Lee H S, Sun X, et al. Electrochemical and Solid-State Leters, 2002, 5(1):A22-A25.

[58] Matsuo Y, Kosteeki R, MeLarnon F. J Eleetroehem Soc, 2001, 148(7): A687-A692.

[59] Striebel K A, Sakai E, Cairns E J. J Electroehem Soc, 2002, 149(1): A61-A68.

[60] Ratnakumar B V, Smart M C, Surampudi S. J Power Sources, 2001, 97-98: 137-139.

[61] Jean M, Chausse A, Messina R. Electrochim Acta, 1998, 43: 1795-1802.

[62] Aurbach D, Markovsky B, Weissman I, et al. Electrochimiea Acta, 1999, 45(1-2): 67-86.

[63] Chung G C, Kim H J, Yu S I, et al. J Electrochem Soc, 2000, 147(12): 4391-4398.

[64] 潘欽敏。鋰離子電池碳負極材料的研究：〔博士論文〕。北京：中科院化學研究所，2002。

[65] Shim J, Striebel K. J Power Sources, 2003, 119-121: 934-937.

[66] Nagarajan G, Zee J W, Spotnitz R M. J Electrochem Soc, 1998, 145: 771-779.

[67] 宋懷河，沈曾民，陳曉紅。中間相瀝青碳微球的製備方法。中國專利，199100008.0 (2000.7.12).

[68] MochidaI, Korai Y, Hunku C, et al. Carbon, 2000, 38: 305-328.

[69] Hiroyuki A, MasHio S, Ken O. J Power Sources, 2002, 112(2): 577-582.

[70] 王紅強。中間相碳微球的製備及其電化學性能的研究〔博士論文〕。長沙：中南大學，2003。

[71] Read J, Foster D, Wolfenstine J, J Power Sources, 2001, 96: 277-281.

[72] Tsutomu T, Morhiro S, Atushi S, et al. J Power Sources, 2000, 90: 45-51.

[73] Endo M. Carbon, 1998, 36(11): 1633-1641.

[74] Kim W S. Microchemical, 2002, 72: 185-192.

[75] Buiel E, Gerorge A E, Dahn J R. J Electrochem Soc, 1998, 145(7): 2252-2257.

[76] 黃可龍，張戈，劉素琴等。電源技術，2007, 31(7): 515-518。

[77] Wu Y P, Wan C R, Jiang C Y, et al. Chinese Chemical Letter, 1999, 10: 339-340.

[78] Sanyo Electric Co. Ltd. Secondary lithium batteries with carbonaceous anodes[P]. JP09147865.

[79] Masaki Y, Hongyu W, Kenji F, et al. J Electrochem Soc, 2000, 147(4):

1245-1250.

[80] Sharp Corp. Japan carbon anode for secondary lithium battery[P]．
EP5206677.

[81] Hitachi Maxell. Carbonaceous anodes and secondary lithium batteries using the anodes[P]. JP06005288.

[82] Zhang G, Huang K L, Liu S Q, et al. J Alloys and Compounds, 2006, 426: 432-437.

[83] Nisshin Spinning. Carbonaceous anodes for secondary nonaqueous batteries, their manufacture, and the batteries[P]. JP08339798.

[84] Petoca Ltd. Surface graphtized material, its manufacture, and anodes for secondary lithium-ion battery using this material [P]. EP833398.

[85] Ping Y, Balas H, James A. J Power Sources, 2000, 91: 107-177.

[86] Lee J Y, Zhao R F, Liu L. J Power Sources, 2000, 90: 70-75.

[87] Takamura T, Sumiya K, Suzuki J, et al. J Power Sources, 1999, 81-82: 368-372.

[88] Huang H, Kelder E M, Schoonman J. J Power Sources, 2001, 97-98: 114-117.

[89] Zhao L L, Aishui Y, Lee J Y. J Power Sources, 1999, 81-82: 187-191.

[90] Basker V, Jason P, Bala H, et al. J Power Sources, 2002, 109: 377-387.

[91] Qinmin P, Kunkun G, Wang L Z. Solid State Ionics, 2002, 149: 193-200.

[92] Miran G, Marjan B, Jernej D, et al. Electrochem Solid State Lett, 2000, 3: 171-173.

[93] Miran G, Marjan B, Jernej D, et al. J Power Sources, 2001, 97-98: 67-69.

[94] Bele M, Gaberschek M, Dominko R, et al. Carbon, 2002, 10: 1117-1122.

[95] Chung K, Park J, Kim W, et al. J Power Sources, 2002, 112: 626-633.

[96] Fujimoto H, Mabuchi A, Natarajan C, et al. Carbon, 2002, 40: 567-574.

[97] Wang C S, Wu G T, Li W Z. J Power Sources. 1998, 76: 1-10.

[98] Salver-Disma F, Pasquier A, Tarascon J M, et al. J Power Sources, 1999, 81-82: 291-295.

[99] Simin B, Flandrois S, Guerin K, et al. J Power Sources, 1999, 81-82: 312-316.

[100]Zhang G, Huang K L, Liu S Q. The effect of graphite content on the electrochemical performance of Sn-SnSb-Graphite composite electrode, Transactions of Nonferrous Metals Society of China, 2007, 17(4).

[101]Buqa H, Grogger C, Santisalvarez M V, et al. J Power Source , 2001, 97-98:

126-128.

[102] 雷永泉。新能源材料〔M〕。天津：天津大學出版社，2000: 122-124。

[103] Morales J, Sanchez L. J Electrochem Soc, 1999, 146: 1640-1642.

[104] Li J Z, Li H. J Power Sources, 1999, 81-82: 335-339.

[105] Li H, Huang X J, Chen L Q. J Power Sources, 1999, 81-82: 335-339.

[106] Li N C, Martin C R. J Electrochem Soc, 2001, 148(2): A164-A170.

[107] Mohamedi M, Lee S J, Uchida I, et al. Electrochimica Acta, 2001, 46(8): 1161-1168.

[108] Nam S C, Yoon Y S, Yun K S, et al. J Electrochem Soc, 2001, 148(3): A220-A223.

[109] Li Y N, Zhao S L, Qin Q Z. J Power Sources, 2003, 114(1): 113-120.

[110] Brousse T, Retoux R. J Electrochem Soc, 1998, 145(1): 1-4.

[111] Mansour A N, Mukerjee S, Mcbreen J, et al. J Electrochem Soc, 2000, 147(3): 869-873.

[112] Belliard F, Irvine J T S. J Power Sources, 2001, 97-98: 219-222.

[113] Sarradin J, Benjelloun N, Taillades G, et al. J Power Sources , 2001, 97-98: 208-210.

[114] Mohamedi M, Lee S J, Takahashi D, et al. Electrochimica Acta, 2001, 46(8): 1161-1168.

[115] Kim J Y, King D E, Blomgren G E, et al. J Electrochem. Soc, 2000, 147(12): 4411-4420.

[116] 黃可龍，張戈，劉素琴等。Sn-SnSb／石墨和Sn-SnSb/PAn複合材料的電化學性能比較。電源技術，2007, 31(8)。

[117] Nagayama M, Morita T, Ikuta H, et al. Solid State Ionics, 1998, 106: 33-38.

[118] Grugeon S, Laruelle S, Herrera-Urbina R, et al. J Electrochem Soc, 2001, 148: A285-A292.

[119] 袁正勇，孫聚堂，黃峰。高等化學學報，2003,24(11): 1959-1961。

[120] Sharma N, Shaju K M, Subba Rao G V, et al. Electrochemistry Communications, 2002, 4: 947-952.

[121] 何則強，熊利芝，麻明友等。無機化學學報，2005,21(9): 1311-1316。

[122] 錢東，龔本利，盧周廣等。電池，2005,35(4): 304-305。

[123] Shigeki O, Junji S, Kyoichi S, et al. J Power Sources, 2003, 119-121: 591-596.

[124] Lee K L, Jung J Y, Lee S W. J Power Sources, 2004, 129: 270-274.

[125] Jung H, Park M, Yoon Y G, et al. J Power Sources, 2003, 115: 346-351.

[126] Winter M, Besenhard J O. Electrochimica Acta, 1999, 45: 31-50.

[127] Winter M, Besenhard J O. Advanced Materials, 1998, 10: 725-763.

[128] Yang J, Takeda Y, Imanishi N, et al. J Electrochemical Society, 1999, 146: 4009-4013.

[129] Wachtler M, Besenhard J O, Winter M. J Power Sources, 2001, 94: 189-193.

[130] Wachtler M, Winter M, Besenhard J O. J Power Sources, 2002, 105: 151-160.

[131] Li H, Zhu G, Huang X, et al. J Materials Chemistry, 2000, 10: 693-696.

[132] Li H, Shi L, Lu W, et al. J Electrochemical Society, 2001, 148(8): A915-A922.

[133] Peled E, Emanue A, Ulus, et al. Nanostructure alloy anodes, process for their preparation and lithium batteries comprising said anodes. [P] EP0997543.

[134] Kepler K D, Vaughey J T, et al. Electrochemical and Solid-State Letters, 1999, 2(7): 307-309.

[135] Wang G X, Sun L, Bradhurst D H, et al. J Alloys and Compounds, 2000, 299: L12-L15.

[136] Xia Y, Sakai T, Fujieda T, et al. J Electrochemical Society, 2001, 148(5): A471-A481.

[137] Kim D G, Kim H, Sohn H J, et al. J Power Sources, 2002, 104: 221-225.

[138] Wolfenstine J, Campos S, Foster D, et al. J Power Sources, 2002, 109: 230-233.

[139] Tamura N, Ohshita R, Fujimoto M, et al. J Power Sources, 2002, 107: 48-55.

[140] Tamura N, Ohshita R, Fujimoto M, et al. J Electrochemical Society, 2003, 150(6): A679-A683.

[141] Beattie S D, Dahn J R. J Electrochemical Society, 2003, 150(7): A894-A898.

[142] Ehrlich G M, Durand C, Chen X, et al. J Electrochemical Society, 2000, 147(3): 886-891.

[143] Ahn J H, Kim Y J, Wang G, et al. Materials Transactions, 2002, 43(1): 63-66.

[144] Mukaibo H, Sumi T, Yokoshima T, et al. Electrochemical and Solid-StateLetters, 2003, 6(10): A218-A220.

[145] Fang L, Chowdari B V R. J Power Sources, 2001, 97-98: 181-184.

[146] Kim H, Kim Y J, Kim D G. Solid State Ionics, 2001, 144: 41-49.

[147] Tamura N, Fujimoto M, Kamino M, et al. Electrochimica Acta, 2004, 49:

1949-1956.

[148] Beaulieu L Y, Dahn J R. J Electrochemical Society, 2000, 147(9): 3237-3241.

[149] Mao O, Dahn J R. J Electrochemical Society, 2000, 146: 414-422.

[150] Yin J T, Wada M, Yoshida S, et al. J Electrochemical Society, 2003, 150(8): A1129-A1135.

[151] Wada M, Yin J T, Tanabe E, et al. Electrochemistry, 2003, 71(12): 1064-1066.

[152] Mukaibo H, Yoshizawa A, Momma T, et al. J Power Sources, 2003, 119: 60-63.

[153] Wang L, Kitamura S, Sonoda T, et al. J Electrochemical Society, 2003, 150(10): A1346-A1350.

[154] Vaughey J T, Hara J O, Thackeray M M. Electrochemical and Solid-State Letters, 2000, 3(1): 13-16.

[155] Johnson C S, Vaughey J T, Thackeray M M. Electrochemistry Communications, 2000, 2: 595-600.

[156] Fransson L M L, Vaughey J T, Benedek R, et al. Electrochemistry Communications, 2001, 3: 317-323.

[157] Fransson L M L, Vaughey J T, Edstrom K, et al. J Electrochemical Society, 2003, 150(1): A86-A91.

[158] Cao G S, Zhao X B, Li T, et al. J Power Sources, 2001, 94: 102-107.

[159] Kim H, Choi J, Sohn H, et al. J Electrochemical Society, 1999, 146(12): 4401-4405.

[160] Fransson L M L, Vaughey J T, Edstrom K, et al. J Electrochemical Society, 2003, 150(1): A86-A91.

[161] Cao G S, Zhao X B, Li T, et al. J Power Sources, 2001, 94: 102-107.

[162] 張麗娟，趙新兵，蔣小兵等。稀有金屬材料與工程，2001,30(4): 268-272。

[163] Kim H, Choi J, Sohn H, et al. J Electrochemical Society, 1999, 146(12): 4401-4405.

[164] Wang G X, Sun L, Brandhurst D H, et al. J Alloys and Compounds, 2000, 306: 249-252.

[165] Jung H, Park M, Yoon Y G, et al. J Power Sources, 2003, 115: 346-351.

[166] Lindsay M J, Wang G X, Liu H K. J Power Sources, 2003, 119-121: 84-87.

[167] Chamberlain R, Novikov D, Shi J, et al. 203rd Meeting of the Electrochemical

Society, 2003, 4.

[168] Li H, Wang Q, Shi, L, et al. Chem. Mater., 2002, 14: 103-108.

[169] Ng S B, Lee J Y, Liu Z L. J. Power Sources, 2001, 94: 63-67.

[170] Kim I S, Kumta P N, Blomgren G E. Electrochemical and Solid-State Letters, 2000, 3(11): 493-496.

[171] Shi Z, Liu M, Naik D, et al. J Power Sources, 2001, 92: 70-80.

[172] Zaghib K, Gauthier M, Armand M. J Power Sources, 2003, 119-121: 76-83.

[173] Weydanz W J, Mehrens M W, Huggins R A. J Power Sources, 1999, 81-82: 237-242.

[174] Vaughey J T, Kepler K D, Benedek R, et al. Electrochemistry Communications, 1999, 1: 517-521.

[175] Alcántara R, Jaraba M, Lavela P, et al. Chem Mater. 2002, 14: 2847-2848.

[176] Sung S K, Ikuta H, Wakihara M. Solid State Ionics, 2001, 139: 57-65.

[177] Sung S K, Ogura S, Ikuta H, et al. Solid State Ionics, 2002, 146: 249-256.

[178] Souza D C S, Pralong V, Jacobson A J, et al. Science, 2002, 296(14): 2012-2015.

[179] Pralong V, Souza D C S, Leung K T, et al. Electrochem Commun, 2002, 4: 516-520.

[180] Alcantara R, Tirado J L, Jumas J C, et al. J. Power Sources. 2002, 109: 308-312.

[181] Cheng H, M L F, Su G, et al. Appl Phys Let, 1998, 72: 3282-3284.

[182] Hemadi K, Fonseca A, Nagy J B, et al. Appl Catal A, 2000, 199: 245-255.

[183] Zhu H W, Xu C L, Wu D H, et al. Science, 2002, 296: 884-886.

[184] Maruyama S, Kojima R, Miyauchi Y S, et al. Carbon, 2002, 40: 2968-2970.

[185] Lyu C, Lee T, Yang J, et al. Chem Commun, 2003, 12: 1404-1405.

[186] Lyu C, Liu C, Lee T J, et al. Chem Commun, 2003, 6: 734-735.

[187] Frackowiak E, Gautier S, Garcher H, et al. Carbon, 1999, 37: 61-69.

[188] Aurbach D, Gnanaraj J S, Levi M D, et al. J Power Sources, 2001, 97-98: 92-96.

[189] Leroux F, Metenier K, Gautier S, et al. J Power Sources, 1999, 81-82: 317-322.

[190] Wu G T, Wang C S, Zhang X B, et al. J Power Sources, 1998, 75: 175-179.

[191] Maurin G, Bousquet Ch, Henn F, et al. Solid State Ionics, 2000, 136-137: 1295-1299.

[192] Maurinqbousque T C, Hen N F.Solid State Ionics, 2000, 136-137: 1295-1299.

[193] Gao B, Bower C, Lorentaen J D, et al. Chemical Physics Letters, 2000, 327: 69-75.

[194] Whitehead A, Ellioft J, Owen J. J Power Sources, 1999, 81-82: 33-38.

[195] Yang J, Takeda Y, Imanishi N, et al. J Power Sources, 1999, 79: 220-224.

[196] Li N C, Martin C R, Scrosati B. Electrochem Solid State Lett., 2000, 3: 316-318.

[197] Li N C, Martin C R. J Electrochem Soc., 2001, 148: A164-A170.

[198] Suzuki S, Shodai T. Solid State Ionics. 1999, 116: 1-9.

[199] Suzuki S, Shodai T, Yamaki J. J Phys Chem Solids, 1998, 59(3): 331-336.

[200] Rowsell L C, Pralong V, Nazar L. F. J Am Chem Soc, 2001, 123: 8598-8599.

[201] Kiyoshi N, Ryosuke N, Tomoko M, et al. J Power Sources, 2003, 117: 131-136.

[202] Roberston A D, Tukamoto H, Irvine J T S. J Electrochem. Soc, 1999, 146(11): 3958-3962.

[203] Bach S, Pereira R J P, Baffier N. J Power Sources, 1999, 81-82: 273-276.

[204] Shen C, Zhang X, Zhou Y, et al. Materials chemistry and Physics, 2002, 78: 437-441.

[205] Roberston A D, Trevino L, Tukamoto H, et al. J Power Sources, 1999, 81-82: 352-357.

[206] Kubiak P, Garcia A, Womes M, et al. Solid State Ionics, 2002, 147: 107-114.

[207] Amatucci G G, Badway F, Jansen A N, et al. J Electrochem Soc, 2001, 148(1): A102-A104.

[208] Chen C H, Vaughey J T, Jansen A N, et al. J Electrochem Soc, 2001, 148(1): A102-A104.

[209] Guefi A, Charest P, Kinoshita K, et al. J Power Sources, 2004, 123: 163-168.

[210] Belharouak. Electrochemistry Communications, 2003, 5: 435-438.

[211] Taillades G, Sarradin J. J Power Sources, 2004, 125: 199-205.

[212] Hamon Y, Brousse T, Jousse F,et al. J Power Sources, 2001, 97-98: 185-187.

[213] Tamuran, Ohahitar, Fujimotom, et al. J Power Sources, 2002, 107: 48-55.

[214] Young H R, Kiyoshi K. J Solid State Chemistry, 2004, 177: 2094-2100.

第五章

電解質

　　電解質分為液體電解質（包括傳統的非水溶劑電解質和近年來新出現的離子液體電解質）和固體電解質（包括無機固體電解質和聚合物電解質）。

　　電解質是電池的重要組成部分，承擔著通過電池內部在正負電極之間傳輸離子的作用，它對電池的容量、工作溫度範圍、循環性能及安全性能等都有重要的影響。根據電解質的形態特徵，可以將電解質分為液體和固體兩大類。

　　用於鋰離子電池的電解質一般應該滿足以下基本要求：

　　①高的離子電導率，一般應達到$1 \times 10^{-3} \sim 2 \times 10^{-2}$S/cm；

　　②高的熱穩定性與化學穩定性，在較寬的溫度範圍內不發生分解；

　　③較寬的電化學視窗，在較寬的電壓範圍內保持電化學性能的穩定；

　　④與電池其他部分例如電極材料、電極集流體和隔膜等具有良好的相容性；

　　⑤安全、無毒、無污染性。

5.1　液體電解質

　　在傳統電池中，通常使用水作為溶劑的電解液體系，但是由於水的理論分解電壓為1.23V，考慮到氫或氧的過電位，以水為溶劑的電解液體系的電池電壓最高也只有2V左右（如鉛酸電池）；在鋰離子電池中，電池的工作電壓通常高達3～4V，傳統的水溶液體系已不再

適用於電池的要求，因此必須採用非水電解液體系作為鋰離子電池的電解液。高電壓下不分解的有機溶劑和電解質鹽是鋰離子電池液體電解質研究開發的關鍵。

非水有機溶劑是電解液的主體成分，溶劑的許多性能參數都與電解液的性能優劣密切相關，如溶劑的黏度、介電常數、熔點、沸點、閃點以及氧化還原電位等因素對電池使用溫度範圍、電解質鋰鹽溶解度、電極電化學性能和電池安全性能等都有重要的影響。優良的溶劑是實現鋰離子電池低內阻、長壽命和高安全性的重要保證。用於鋰離子電池的非水有機溶劑主要有碳酸酯類、醚類和羧酸酯類等。

碳酸酯類主要包括環狀碳酸酯和鏈狀碳酸酯兩類。碳酸酯類溶劑具有較好的化學、電化學穩定性，較寬的電化學視窗而在鋰離子電池中得到廣泛應用。在已商業化的鋰離子電池中，基本上採用碳酸酯作為電解液溶劑。碳酸丙烯酯（PC）與二甲基乙醚（DME）等組成的混合溶劑仍是目前一次鋰電池的代表性溶劑。由於其熔點（−49.2°C）低、沸點（241.7°C）和閃點（132°C）高，因此含有PC的電解液具有好的低溫性能和安全性能，但是PC對具有各向異性的、層狀結構的各種石墨類碳材料的相容性較差，不能在石墨類電極表面形成有效的固體電解質介面（SEI）膜，放電過程中與溶劑化鋰離子共同嵌入到石墨層間，發生劇烈的還原分解，產生大量的丙烯，導致石墨片層的剝離，進而破壞了石墨電極結構，使電池的循環壽命大幅降低。因此，目前的鋰離子電池體系中，一般不用PC作為電解液組分。碳酸乙烯酯（EC）是目前大多數有機電解液中的主要溶劑成分。EC的介電常數很高，主要分解產物$ROCO_2Li$能在石墨表面形成有效、緻密和穩定的SEI膜，EC與石墨類負極材料有著良好的相容性，大幅提高

了電池的循環壽命，但是EC的熔點高（36°C）、黏度大，以EC為單一溶劑的電解質的低溫性能差，故一般不單獨使用EC作為溶劑。相反，鏈狀碳酸酯如碳酸二甲酯（DMC）、碳酸二乙酯（DEC）、碳酸甲乙酯（EMC）、碳酸甲丙酯（MPC）等溶劑具有較低的黏度、較低的介電常數、較低的沸點和閃點，不能在石墨類電極或鋰電極表面形成有效的SEI膜，一般也不能單獨作為溶劑用於鋰離子電池中。一般的做法使用EC與低黏度的鏈狀碳酸酯的混合物作為溶劑，用於鋰離子電池的電解液。電解液在溫度不太低時（例如−20°C以上）具有良好的導電性。一般來說低黏度溶劑的沸點低，大量添加低黏度的鏈狀碳酸酯有利於提高電解質的低溫性能。

儘管EC、PC、DMC、EMC、DEC、DMEC、iBC的二組分液─固相圖各不相同，但所有的組合都能形成簡單的低共溶體系。DEC的熔點為−74.3°C，而且DEC比EMC、DMC對降低與EC組成的二元體系的液化溫度更為有效。具有相近熔點和相似分子結構的二元體系的液體範圍易於向低溫擴展。EMC具有低的熔點（−55°C），作為共溶劑可改善電池的低溫性能。如Li/LiCoO$_2$或石墨／LiCoO$_2$扣式電池使用1mol/L LiPF$_6$的1：1：1 EMC-DMC-EC電解液可在−40°C下工作。在電池首次充電過程中，EMC將分解產生DMC和DEC，在DMC和DEC的混合溶劑中，也會發生酯交換產生EMC：

$$2EMC \Longleftrightarrow DMC + DEC \tag{5-1}$$

上述各類碳酸酯的結構如圖5-1所示。

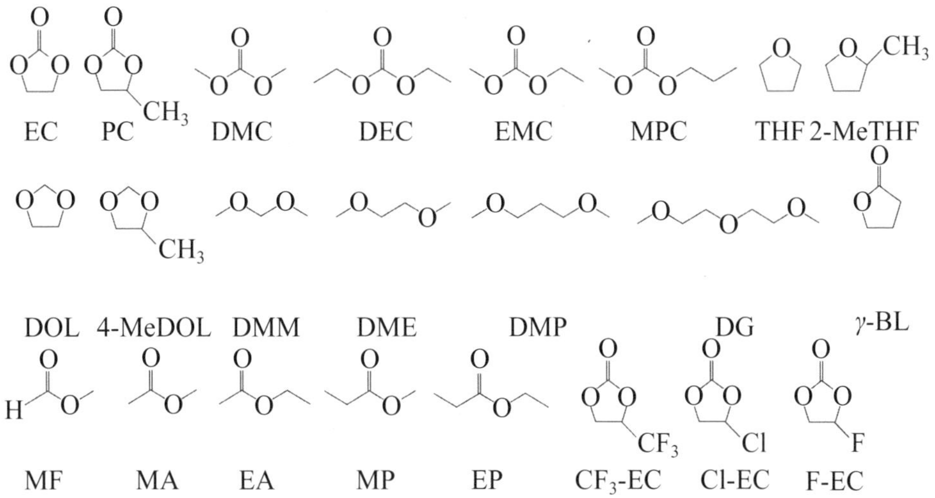

圖5-1　鋰離子電池用各類非水有機溶劑的分子結構式

　　醚類有機溶劑主要包括環狀醚和鏈狀醚兩類。環狀醚有四氫呋喃（THF）、2-甲基四氫呋喃（2-MeTHF）、1, 3-二氧環戊烷（DOL）和4-甲基-1, 3-二氧環戊烷（4-MeDOL）等。THF與DOL與PC等組成混合溶劑用在一次鋰電池中，由於其電化學穩定性不好，易發生開環聚合，不能應用於鋰離子電池中。2-MeTHF沸點（79℃）低、閃點（－11℃）低，易於被氧化生成過氧化物，且具有吸濕性，但它能在鋰電極上形成穩定的SEI膜，如在LiPF$_6$-EC-DMC中加入2-MeTHF能夠有效抑制枝晶的生成，提高鋰電極的循環效率。鏈狀圖5-22DME-Li$^+$的結構示意醚主要有二甲氧基甲烷（DMM）、1, 2-二甲氧基乙烷（DME）、1, 2-二甲氧基丙烷（DMP）和二甘醇二甲醚（DG）等。隨著碳鏈的增長，溶劑的耐氧化性能增強，但同時溶劑的黏度也增加，對提高有機電解液的電導率不利。常用的鏈狀醚有DME，它對鋰離子具有較強的螯合能力，能與LiPF$_6$生成穩定的LiPF$_6$-DME複合

物，鋰鹽在其中具有較高的溶解度和較小的溶劑化離子半徑，相應的電解液具有較高的電導率。鋰鹽與DME形成複合物的結構示意圖見圖5-2，但是DME易被氧化和還原分解，與鋰離子接觸很難形成穩定的SEI膜。DG是醚類溶劑中氧化穩定性較好的溶劑，具有較大的分子量，其黏度相對較小，對鋰離子具有較強的絡合配位能力，能夠使鋰鹽有效解離。它與碳負極具有較好的相容性，而且至少有200°C的熱穩定性，但該電解液體系的低溫性能較差。

　　羧酸酯同樣也包括環狀羧酸酯和鏈狀羧酸酯兩類。環狀羧酸酯中最主要的有機溶劑是γ-丁內酯（γ-BL）。γ-BL的介電常數小於PC，其溶液電導率也低於PC，曾用於一次鋰電池中。遇水分解和毒性較大是其主要缺點。鏈狀羧酸酯主要有甲酸甲酯（MF）、乙酸甲酯（MA）、乙酸乙酯（EA）、丙酸甲酯（MP）和丙酸乙酯（EP）等。鏈狀羧酸酯一般具有較低的熔點，在有機電解液中加入適量的鏈狀

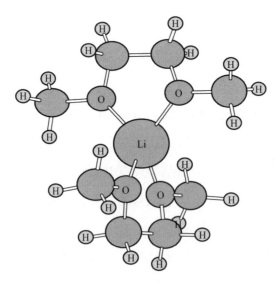

圖5-2　2DME-Li$^+$的結構示意圖

羧酸酯，電池的低溫性能會得到改善。以EC-DMC-MA為電解液的電池在−20°C能放出室溫容量的94%，但循環性較差。而以EC-DEC-EP和EC-EMC-EP為電解液的電池在−20°C能放出室溫容量的63%和89%，室溫和50°C的初始容量與循環性都很好。

有機溶劑分子中的氫原子被其他基團（如烷基或鹵原子）取代，將導致溶劑分子的不對稱性增加，從而提高有機溶劑的介電常數，增加電解液的電導率。對於同一類的有機溶劑，隨著分子量的增加，其沸點、閃點、耐氧化能力都會得到提高，從而使溶劑的電化學穩定性和電池的安全性也相應提高。例如有機溶劑的鹵代物具有較低的黏度和高的穩定性，它們一般不易分解和燃燒，會使電池具有較好的安全性。三氟甲基碳酸乙烯酯（CF_3-EC）具有非常好的物理和化學穩定性，而且還具有較高的介電常數，不易燃燒，可作為阻燃劑用於鋰離子電池中。如氯代乙烯碳酸酯（Cl-EC）和氟代乙烯碳酸酯（F-EC）能夠在碳負極表面形成穩定的SEI膜，抑制溶劑的共嵌入，減少不可逆容量的損失。

含有酸性硼原子的一類新型的電解質溶劑在大多數情況下是通過硼酸或氧化物與乙二醇反應，而與雜環連接。將乙二醇硼酸酯稱為BEG。這類電解質溶劑具有很大的溶解鹽和穩定鹼金屬的抗腐蝕性能，在某些情況下還能穩定其他溶劑，尤其是烯烴碳酸酯，防止陽極分解。含有兩個連接的硼酸鹽基團的1, 3-丙二醇硼酸酯（BEG-1）通過將一份BEG-1與兩份EC混合得到的混合溶劑給出的電化學穩定窗口寬度超過5.8V（比較：單獨EC時在金屬鋰上的寬度為4.5V，經過數天在100°C的浸泡後仍保持光亮）。

5.2 電解質鋰鹽

　　電解質鋰鹽不僅是電解質中鋰離子的提供者，其陰離子也是決定電解質物理和化學性能的主要因素。研究顯示，溶液阻抗、表面阻抗和電荷轉移阻抗都依賴於電解液的組成。鋰離子電池主要使用的鋰鹽，如高氯酸鋰（$LiClO_4$）、六氟砷酸鋰（$LiAsF_6$）、四氟硼酸鋰（$LiBF_4$）、三氟甲基磺酸鋰（$LiCF_3SO_3$）、六氟磷酸鋰（$LiPF_6$）等都具有較大的陰離子及低晶格能。在實驗電池中$LiClO_4$得到了廣泛應用。由於$LiClO_4$是一種強氧化劑，在某種不確定條件下可能會引起安全問題，因而影響了它的實際應用；由於As具有毒性，且$LiAsF_6$價格較高，因而$LiAsF_6$的應用也受到了限制；$LiBF_4$和$LiCF_3SO_3$在有機溶劑中的電導率偏低，而且$LiCF_3SO_3$對正極集流體鋁電極有腐蝕。$LiPF_6$是被廣泛應用在鋰離子電池的導電鋰鹽，含有$LiPF_6$的電解液基本能滿足鋰離子電池對電解液的電導率和電化穩定性等要求，然而$LiPF_6$製備複雜、熱穩定性差、遇水易分解、價格昂貴等。比較$LiClO_4$、$LiBF_4$及$LiPF_6$的EC/PC溶液的電化學穩定性，由於$LiBF_4$的電解液具有最低的電荷轉移阻抗和表面膜阻抗，含有$LiBF_4$的溶液是三種溶液中最穩定的，因此$LiBF_4$的電極阻抗是最低的。痕量的HF在$LiPF_6$溶液中起重要作用，LiF的沈積電極阻抗相對較高。

　　對鋰鹽的研究一方面是對$LiPF_6$進行改性，如將六個F原子全部用鄰苯二酚基取代，得到不易水解、熱穩定性好的三（鄰苯二酚基）磷酸酯鋰。但是該鹽的陰離子較大，因此含有該鹽的電解液黏度高、電導率低，氧化電位也只有3.7V。另有一類鋰鹽是以具有強的吸電子能力的C_nF_{2n+1}基團部分取代F原子，得到一系列$LiPF_{6-m}(C_nF_{2n+1})_m$。這

種鹽的最大優點是不水解，但它的製備過程極為複雜，與$LiPF_6$相比電導率偏低。

另一方面是尋找能替代$LiPF_6$的性能更好的新型有機電解質鋰鹽。其基本思路是，鋰鹽的有機陰離子由A、B兩部分組成，A部分以硼、碳、氮、鋁等元素的原子作為中心原子，B部分是能夠分散電荷並穩定鋰鹽電化學性能的強吸電子基團，如Rf、RfO、$RfSO_3$、$RfSO_2$、$RfCO_2$或像草酸之類的二齒配位體。根據分子結構可將其分為以下幾類。

5.2.1　C中心原子的鋰鹽

如$LiC(CF_3SO_2)_3$和$LiCH(CF_3SO_2)_2$等，$LiC(CF_3SO_2)_3$的熱穩定性比較高，$LiCH(CF_3SO_2)_2$的電化學性能比較穩定。

5.2.2　N中心原子的鋰鹽

如二（三氟甲基磺醯）亞胺鋰$LiN(CF_3SO_2)_2$（簡記為LiTFSI）。由於陰離子電荷的高度離域分散，該鹽在有機電解液中極易解離，其電導率與$LiPF_6$的相當，也能在負極表面形成均勻的鈍化膜，但是這種鹽從3.6V左右開始就對正極集流體鋁箔有很強的腐蝕作用，因此不宜用於以鋁為集流體的鋰離子電池中。具有長氟烷基的亞胺鋰鹽$LiN(C_2F_5SO_2)_2$在4.5V、$LiN(CF_3SO_2)(C_4F_9SO_2)$在4.8V時也不會腐蝕鋁電極，它們能在鋁電極表面形成良好的鈍化膜。二（多氟烷氧基磺醯）亞胺鋰鹽〔$LiN(RfOSO_2)_2$〕的結構與二（多氟烷基

磺醯）亞胺鋰相似，其取代基不是多氟烷基Rf，而是多氟烷氧基RfO。其化學穩定性和熱穩定性較高，電化學視窗比LiTFSI要寬，如LiN[SO$_2$OCH(CF$_3$)$_2$]$_2$的氧化電位高達5.8V，但電導率比LiTFSI低。

5.2.3　B中心原子的鋰鹽

主要是硼酸酯鋰絡合物，如螯合硼酸鋰鹽。一般採用式（5-2）製備：

$$LiOH + B(OH)_3 + 2R(OH)_2 \rightarrow Li[B(RO_2)_2] + 4H_2O \qquad （5\text{-}2）$$

它們的結構式如圖5-3所示。

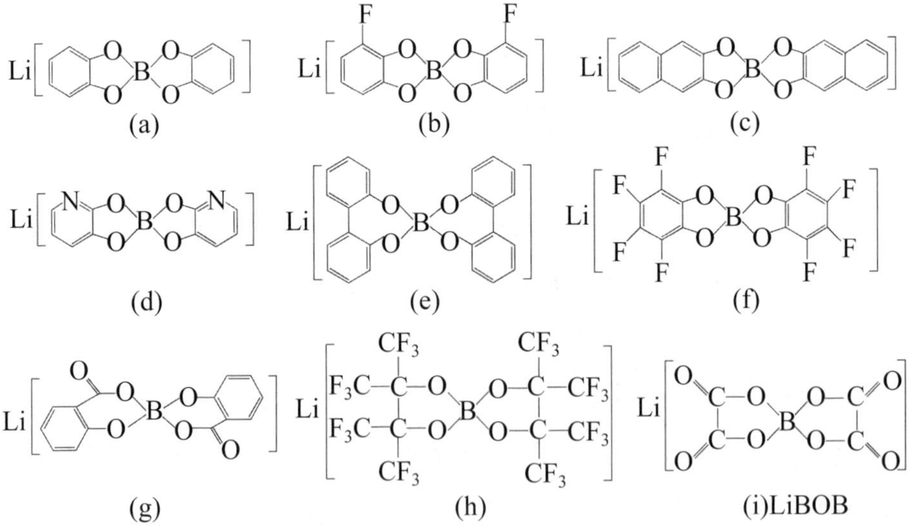

圖5-3　硼酸酯鋰的結構示意圖

　　這類鹽一般具有較大的陰離子，它們的溶解性較大，電化學穩定性較高。在圖5-3中的(a)到(i)，各鹽相對於金屬鋰的電化學視窗分別為3.6V、3.75V、3.8V、3.95V、4.1V、4.1V、4.5V、>4.5V和>4.5V。

　　雙（全氟頻哪基）硼酸酯鋰〔即圖5-3中(h)〕不僅具有較高的熱穩定性，還具有較高的電化學氧化穩定性，電化學窗口達5V。從結構上看，它包含有8個強吸電子基團CF_3，能夠使B上的電荷得到高度分散，因此具有良好的導電性。雙（全氟頻哪基）硼酸酯鋰在DME中室溫電導率可達11.1×10^{-3}S/cm。另外，雙（草酸合）硼酸酯鋰〔lithium bis (oxalato) borate, LiBOB〕分解溫度為320°C，電化學穩定性高，分解電壓>4.5V。由於B上的負電荷被周圍的八個氧原子高度分散，這種鹽在大多數常用有機溶劑中都有較大的溶解性。另外，與傳統鋰鹽相比，它還有兩個顯著的優勢：①使用LiBOB電解液的鋰離子電池可以在高溫下工作而容量不衰減；②在單純溶劑碳酸丙烯酯（PC）中，使用LiBOB電解液的電池仍然能夠正常充放電，具有較好的循環性能。BOB^-陰離子能夠參與石墨類負極材料表面SEI膜的形成，形成有效SEI膜，阻止溶劑和溶劑化鋰離子共同嵌入到石墨層間，從而使得不論是在高溫下，還是在PC存在時，都能夠有效穩定石墨負極。

　　有兩種分別具有兩個低聚醚鏈和直接鍵合在酯的絡合中心的拉電子基團是CF_3COO^-或$C_6F_5O^-$的鋰硼酸鹽。在30°C時具有7.2個EO重複單元長度的鹽A，如圖5-4所示，其最高離子電導率達到4.5×10^{-5}S/cm。由於鋰離子與硼酸根上氧原子之間較弱的結合成對結構，鋰硼酸鹽比相應的鋁酸鹽具有更高的電導率。鋰鹽中離子的遷移率與EO鏈的鏈段運動有關，離子的運動條件可以由VTF方程的參數σ_0和B值

表5-1　硼酸鋰鹽在70°C時鋰離子遷移資料

硼酸鋰鹽	鋰離子遷移數	硼酸鋰鹽	鋰離子遷移數
鹽A（$n=3$）	0.68	鹽B（$n=3$）	0.62
鹽A（$n=7.2$）	0.76	鹽B（$n=7.2$）	0.70
鹽A（$n=11.8$）	0.82	鹽B（$n=11.8$）	0.75

描述。從σ_0值的比較可以看出，鋰硼酸鹽比鋰鋁酸鹽中有更多數目的載流子。鹽A和鹽B都比PEO-LiX體系具有更高的鋰離子遷移數，如表5-1所示。

5.2.4　Al中心原子的鋰鹽

鋁元素和硼元素為同族元素，在化學性質上有許多相似之處，用鋁原子代替硼酸酯鋰化合物中的硼原子，可以得到鋁酸酯鋰，如鋰鋁酸鹽LiAl[OCH(CF$_3$)$_2$]$_4$，不僅顯示出高的熱穩定性和電化學穩定性，而且具有高的固態電導率和低的熔點（mp = 120°C）。在熔融態，鋰離子的自擴散係數遠高於陰離子的自擴散係數。將LiAlCl$_4$ · xSO$_2$用作二次電池Li/C和Li/CuCl$_2$的電解液，在LiAlCl$_4$中通入乾燥SO$_2$氣體可以得到茶褐色的LiAlCl$_4$ · xSO$_2$液體，其中的x可在3～12定量控制。在−10～+ 50°C範圍內，電解液LiAlCl$_4$ · 3SO$_2$的電導率為（70～130）× 10^{-3}S/cm。考慮到SO$_2$的氧化分解，以LiAlCl$_4$ · xSO$_2$為電解液的充電電池的開路電壓設定在3.3～3.5V間，電池的放電平台在3.2V左右。電解液的過充電保護機制：在過充電狀態下，LiAlCl$_4$氧化產生Cl$_2$，然後Cl$_2$與Li反應生成LiCl，LiCl再與溶液中的AlCl$_3$複合生成LiAlCl$_4$。由於反應中形成的Cl$_2$對聚丙烯隔膜有腐蝕作用，因此

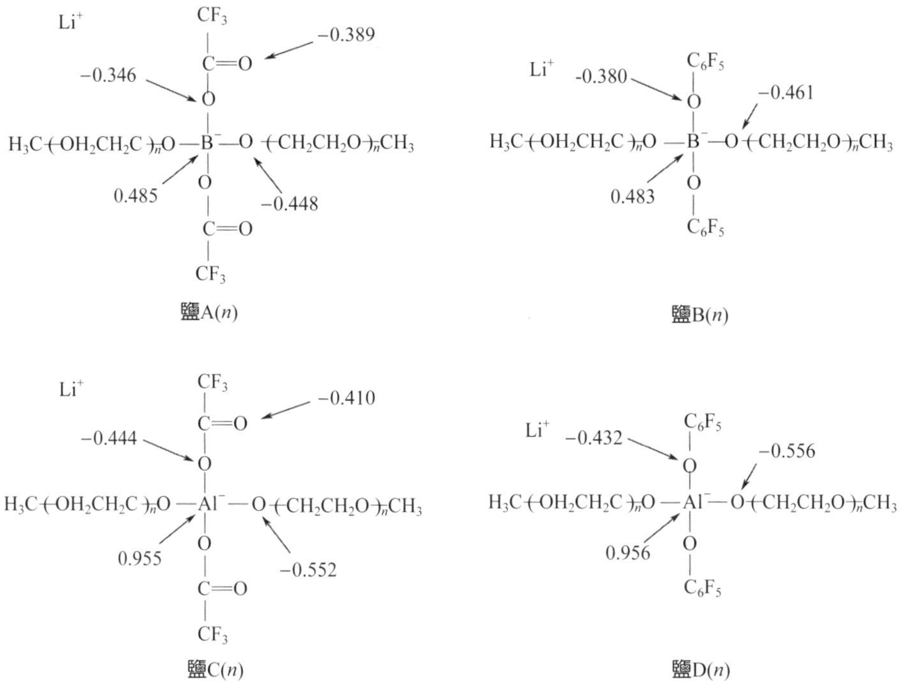

$$Li^+$$
$$CF_3$$
$$C=O \quad \leftarrow -0.389$$
$$-0.346 \rightarrow$$
$$O$$
$$H_3C(OH_2CH_2C)_nO-B^--O(CH_2CH_2O)_nCH_3$$
$$0.485 \quad O \quad -0.448$$
$$C=O$$
$$CF_3$$
鹽A(n)

$$Li^+ \quad -0.380 \quad C_6F_5$$
$$O \quad \leftarrow -0.461$$
$$H_3C(OH_2CH_2C)_nO-B^--O(CH_2CH_2O)_nCH_3$$
$$0.483 \quad O$$
$$C_6F_5$$
鹽B(n)

$$Li^+$$
$$CF_3$$
$$C=O \quad \leftarrow -0.410$$
$$-0.444 \rightarrow$$
$$O$$
$$H_3C(OH_2CH_2C)_nO-Al^--O(CH_2CH_2O)_nCH_3$$
$$0.955 \quad O \quad -0.552$$
$$C=O$$
$$CF_3$$
鹽C(n)

$$Li^+ \quad -0.432 \quad C_6F_5$$
$$O \quad \leftarrow -0.556$$
$$H_3C(OH_2CH_2C)_nO-Al^--O(CH_2CH_2O)_nCH_3$$
$$0.956 \quad O$$
$$C_6F_5$$
鹽D(n)

圖5-4　硼酸鋰和鋁酸鋰中的部分電荷結構示意圖

採用玻璃纖維作為隔膜。

5.2.5 離子液體／室溫熔融鹽電解質

　　離子化合物在室溫下一般是固體，強大的離子鍵使陰、陽離子束縛在晶格上只能作振動而不能轉動或平動。由於陰、陽離子間強的庫侖作用，離子晶體一般具有較高的熔點、沸點和硬度。如果把陰、陽離子做得很大且結構不對稱，那麼由於空間位阻影響，強大的靜電力也無法使陰、陽離子在微觀上做密堆積，離子間的相互作用減小，晶格能降低。這樣，陰、陽離子在室溫下不僅可以振動，甚至可以轉動

和移動，破壞晶體結構的有序性，降低離子化合物的熔點，離子化合物在室溫下就有可能成為液體。通常將其稱為室溫熔鹽。由於這種液體完全由陰、陽兩種離子組成，因此也有人將其稱為離子液體。室溫熔鹽具有以下優點：

①在較寬的溫度範圍內為液體，大多數熔鹽在$-96\sim200°C$能夠保持液體狀態，如水在$0\sim100°C$、氨在$-77\sim-33°C$為液體；

②熱穩定性高，可以達到200°C而不分解；

③蒸氣壓很低，幾乎為0；

④表現出Brônsted、Lewis和Franklin酸性及超酸性質；

⑤可以溶解很大範圍內的有機、無機、高分子物質，甚至岩石（但不溶解聚烯、PTFE或玻璃），是一種優良的溶劑；

⑥不易燃、無腐蝕性。

由於室溫熔鹽的以上優點，因此被譽為「綠色溶劑」。室溫熔融鹽應用於電化學、光化學、有機反應的介質、催化、分離提純、生物化學和液晶等。另外，由於某些室溫熔鹽具有很高的電導率、電化學窗口較寬，加之它們具有不易燃、無揮發等特性，成為有發展前途的安全電解質應用在高能量密度電池、光電化學太陽能電池、電鍍和超級電容器等。

室溫熔鹽的文獻記載最早可以追溯到1914年，Sudgen等人報導了在室溫下呈液體的鹽硝酸乙基胺，熔點為12°C，但當時並未引起人們的注意。1951年Hurley等人報導了氯鋁酸類室溫熔鹽$AlCl_3$-溴化N-乙基吡啶，並利用該熔鹽進行了金屬的電沈積。1979年，Osteryoung等人報導了$AlCl_3$與氯化N-正丁基吡啶形成的室溫熔鹽體系，發現在莫耳比$0.75\sim2.0$的範圍內，該體系的熔點低於室溫。同年，Hussey等

人系統研究了烷基吡啶的氯化物與AlCl$_3$形成熔鹽的各種物理化學性能。1982年，他們報導了一種基於AlCl$_3$和氯化1-甲基-3-乙基咪唑的新型室溫熔鹽，其與烷基吡啶類熔鹽體系有相似的性質，但電導率比它高2～3倍，黏度約低一半，而且電化學窗口明顯優於烷基吡啶類，在AlCl$_3$與EMICl的莫耳比為2：1時，該體系呈現出最低熔點−75°C。

室溫熔鹽存在的缺點是：對空氣和水敏感，易於吸收空氣中的水分，不利於操作，因此後來又開發了許多對空氣和水均不敏感的新熔鹽體系。1997年出現了對水不敏感的熔鹽四氟硼酸1-甲基-3-乙基咪唑（EMIBF$_4$）。隨後疏水性的六氟磷酸1-甲基-3-乙基咪唑（EMIPF$_6$）被合成出來。在隨後的幾年內，各種季銨鹽類、季鏻鹽類、烷基吡啶類和烷基咪唑類有機陽離子（圖5-5）和NO$_3^-$、ClO$_4^-$、BF$_4^-$、PF$_6^-$、CH$_3$COO$^-$、CF$_3$COO$^-$、CF$_3$SO$_3^-$、N(CF$_3$SO$_2$)$_2^-$、N(C$_2$F$_5$SO$_2$)$_2^-$、C(CF$_3$SO$_2$)$_3^-$等陰離子組成的室溫熔鹽相繼被合成，但是這些室溫熔鹽有機陽離子的結構比較複雜，合成製備和提純相對比較困難，於是研究者把目光轉向了結構比較簡單的體系。1999年，Hirao等人直接將各種叔胺與四氟硼酸相中和，製備了一系列質子導體室溫熔鹽，其中四氟硼酸1-甲基吡唑的熔點最低（−109.3°C），電導率最高（1.9×10^{-2}S/cm）。2002年，Hagiwara等人將氯化1-甲基-3-乙基咪唑和無水氫氟酸反應製得一種新的室溫熔鹽EMIF·2.3HF，它具有極高的室溫電導率（0.1S/cm）。2003年有人製備了基於有機胺和無機酸或有機酸的質子導體室溫熔鹽，並研究了該體系的各種物理化學性質，包括電導率、黏度、蒸氣壓等，得到了電導率能與水溶液相比擬的體系。

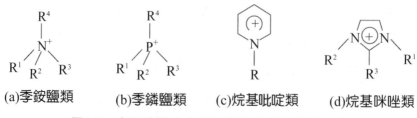

| (a)季銨鹽類 | (b)季鏻鹽類 | (c)烷基吡啶類 | (d)烷基咪唑類 |

圖5-5 室溫熔鹽中有關有機陽離子的結構示意圖

另一類由醯胺與鹼金屬硝酸鹽或硝酸銨組成的室溫熔鹽,如尿素（59.1%,莫耳分數）—硝酸銨（40.9%,莫耳分數）（mp = 63.5°C）、尿素—乙醯胺—硝酸銨（mp = 7°C）。1993年出現了尿素—乙醯胺—鹼金屬硝酸鹽形成的室溫共熔鹽,其具有良好的導電性,電化學窗口約為2V,但是該體系不穩定,容易析出結晶。尿素可以與高氯酸鋰、硫氰酸鋰、硫氰酸鈉、氯化鋰等形成低溫熔融鹽,且部分體系具有較高的室溫電導率。筆者所在的實驗室也製備了一種基於二（三氟甲基磺酸醯）亞銨鋰（LiTFSI）和尿素的二元室溫熔融鹽。LiTFSI的熔點為234°C,尿素的熔點為132.7°C,但是將二者以一定比例混合,在室溫下就可緩慢地自發形成液體。但其室溫電導率偏低（1.74×10^{-4}S/cm）、黏度太大（1780mPa·s）。

有機三氯化鋁的室溫熔鹽可作為電池的電解質,雙嵌式熔鹽電池（DIME）就是將熔鹽用作電解液的典型例子。電池的正、負極均為價廉易得的石墨插層化合物,而熔融鹽既提供陰離子又提供陽離子,並分別插入到石墨正、負電極中。用1, 2-二甲基-3-丙基咪唑—四氯化鋁（DMPI + $AlCl_4^-$）作電解質的電池,開路電壓為3.5V,循環效率為85%。電池的優點是避免使用任何有機溶劑和揮發性物質,且電池可以在放電態組裝。以咪唑陽離子為基礎的四氟硼酸1, 2-二甲基-4-

氟咪唑（DMFPBF$_4$）熔鹽熱穩定性高達300°C，並可在一個寬的溫度範圍內和鋰穩定共存，電化學視窗約為4.1V，氧化電位大於5V（相對於Li/Li$^+$）。有人以這種熔鹽為電解質，裝配成LiMn$_2$O$_4$/Li鋰離子電池，該電池具有高度的可逆性（庫侖效率大於96%）。對於陽離子體系的N，N-二烷基吡咯烷熔鹽系列，當吡咯烷N上的取代基不對稱時，其熔點降低，其中N，N-二甲基正丁基吡咯烷雙（三氟甲基磺醯）亞胺鹽的玻璃化溫度為-87°C，熔點為-18°C，電化學穩定窗口超過5.5V，室溫電導率為2.2×10^{-3}S/cm。將鋰離子摻雜到此類有機熔鹽體系中，可以得到一類鋰離子的快離子導體塑膠晶體電解質。鋰鹽含有與基底同樣的陰離子，鋰鹽摻雜可以認為是陽離子取代。由於旋轉無序性及晶格空位的存在導致了鋰離子的快速遷移。當基底與摻雜比例適當時，60°C時的電導率可達到2×10^{-4}S/cm。將LiTFSI溶解在N，N-二甲基丙基吡咯烷雙（三氟甲基磺醯）亞胺鹽中作為電解質，裝配LiCoO$_2$/Li電池。電池在第一周的放電容量高達120mA·h/g，第二周以後充放電效率為97%。將LiCl溶解在AlCl$_3$-氯化1-甲基-3-乙基咪唑的室溫熔鹽中作為電解質，裝配LiCoO$_2$/LiAl電池，第一周的放電容量為112mA·h/g，第一周充放電效率為90%，並發現添加C$_6$H$_5$SO$_2$Cl到室溫熔鹽中後，提高了該熔鹽的電化學穩定性和電極的可逆性。

中國科學院物理所的研究人員將具有較弱氫鍵和較高介電常數及解離常數的乙醯胺作為鋰離子的配體，分別使用結構類似但陰離子半徑不同的二（三氟甲基磺醯）亞胺鋰〔LiTFSI, LiN(CF$_3$SO$_2$)$_2$〕、二（全氟乙基磺醯）亞胺鋰〔LiBETI, LiN(C$_2$F$_5$SO$_2$)$_2$〕和三氟甲基磺酸

表5-2　莫耳比為1：4的不同體系的物理性質比較（25°C）

體系組成	密度（g/mL）	塑性黏度 mPa·s	表面張力（mN/m）	離子電導率（mS/cm）	贗活化能（kJ/mol）	共熔點 °C	液相範圍
LiTFSI 乙醯胺	1.40	99.6	46.8	1.07	3.97	−67	(1：2)〜(1：6)
LiTFSI 尿素	1.57	1780	21.3[①]	0.17（0.25[②]）	2.66[③]	−31	(1：3.3)〜(1：4)
LiBETI 乙醯胺	1.48	222.1	47.5	0.44	3.89	−57	(1：3)〜(1：6)
LiCF₃SO₃ 乙醯胺	1.21	181.3	49.4	0.53	3.90	−50	(1：3)〜(1：5)

①該體系的莫耳比為1：3.3。②該電導率值是莫耳比為1：4的。③該贗活化能是莫耳比為1：3的。

鋰（$LiCF_3SO_3$）組成室溫熔鹽，並對它們的物理化學性質作了對比分析，見表5-2。其中LiTFSI／乙醯胺熔鹽體系顯示出優良的物理化學性能。

　　鋰鹽LiTFSI、LiBETI和$LiCF_3SO_3$的陰離子半徑大小分別為0.379nm、0.447nm和0.264nm。正是它們陰離子半徑的大小和結構上的差異決定了它們在性能上的微小差異。陰離子半徑太大，雖然比較容易解離，但同時給體系帶來很大的塑性黏度。LiBETI／乙醯胺體系的黏度遠高於LiTFSI／乙醯胺體系的，而且液相組成範圍也比較窄。如果陰離子半徑太小，又不利於鋰鹽的解離。從莫耳比為1：2的$LiCF_3SO_3$和乙醯胺生成的新化合物的結構來看，整個晶體結構全部是由Li^+和$CF_3SO_3^-$形成的離子對組成的。另外，$CF_3SO_3^-$陰離子具有不同於$TFSI^-$陰離子結構的特點，$TFSI^-$中的SO_2基團被兩端的CF_3基團所包圍，而$CF_3SO_3^-$中的SO_3基團則暴露在外。因此，SO_3基團中的氧原子與乙醯胺中的NH_2基團之間發生較為強烈的氫鍵作用。這兩個原

因致使該體系的塑性黏度較大，液相組成範圍較窄。晶格能較高的鋰鹽如LiSCN、LiClO$_4$、LiNO$_3$、LiPF$_6$和LiBF$_4$與乙醯胺混合攪拌後，在很寬的比例範圍內都不能形成穩定的室溫熔融鹽。

LiTFSI的熔點為234°C，乙醯胺的熔點為81.2°C。但是在一定的莫耳比範圍內〔(1：2)～(1：6)〕，兩者在室溫下混合就可形成液體。DSC測試結果表明，該熔鹽體系的最低共熔點為–67°C，莫耳比1：6的體系具有最高的室溫電導率1.20×10^{-3}S/cm，60°C的電導率達到5.73×10^{-3}S/cm，比LiTFSI/NH$_2$CONH$_2$體系的電導率（1.74×10^{-4}S/cm）幾乎高一個數量級。相同溫度下，在所觀察的溫度及濃度範圍內，隨著體系中LiTFSI濃度的增加，體系的電導率降低；而隨著溫度的降低，高鹽濃度體系的電導率降低更快。循環伏安測量結果表明，該熔鹽體系在Al箔表面的氧化峰電位第一個循環為2.75V（相對於Li/Li$^+$），第二個循環為3.8V，經過四個循環後氧化峰移到4.5V，抑制了LiTFSI在3.6V對Al箔的腐蝕，表明該熔鹽電解質與Al發生不可逆反應，在Al表面形成了穩定的鈍化膜。而在Ni箔表面的氧化峰電位第一個循環時為4.4V。將這種室溫熔融鹽應用於以MnO$_2$為正極、金屬鋰為負極的類比電池，電池第一個循環的放電容量為243mA·h/g，為理論容量的80%。完成第一次放電後，MnO$_2$電極在2.0～3.5V之間還可以在該熔鹽電解質中循環，但是電池的循環性能變差。原因可能是在循環過程中，MnO$_2$電極發生結構相變或者是該熔鹽電解質在MnO$_2$電極表面形成的SEI膜不夠穩定，致使容量衰減。

通過對LiX/RCONH$_2$各系列室溫熔鹽電解質的物理化學性能的比較分析，得出只有同時具備下述幾個條件，才能得到具有優良的物理化學性能的室溫熔鹽LiX/RCONH$_2$：

　　①$RCONH_2$作為鋰離子的配體，它和鋰離子的作用不能太弱，否則它不能使鋰鹽發生解離，同時它和鋰離子的作用也不能太強，所以鋰離子的配體和鋰離子之間的作用要適中，既要保證鋰鹽的解離，又要有利於鋰離子的遷移；

　　②$RCONH_2$中的氫鍵作用不能太強；

　　③陰離子半徑的大小要適中；

　　④鋰鹽的晶格能要低。

　　$LiCF_3SO_3$／乙醯胺熔鹽體系的Raman和紅外光譜顯示，由於乙醯胺具有兩個極性基團（$C═O$和NH_2），能夠同時與Li^+陽離子、$CF_3SO_3^-$陰離子發生相互作用。乙醯胺中的羰基氧$C═O$同Li^+發生強的配位元作用，使得鋰鹽$LiCF_3SO_3$在其中發生解離，同時也破壞了乙醯胺分子間的氫鍵作用。$CF_3SO_3^-$陰離子中的SO_3基團和乙醯胺中的NH_2基團之間是通過氫鍵發生作用的，陽離子—溶劑、陰離子—溶劑及陽離子—陰離子之間的相互作用在很寬的鋰鹽濃度範圍內廣泛存在。陽離子—陰離子間的相互作用隨著鋰鹽濃度的增加和溫度的升高而增強，而陽離子—溶劑間和陰離子—溶劑間的相互作用隨著鋰鹽濃度的增加和溫度的升高而減弱。正是這些相互作用使得該熔鹽中形成了各式各樣的離子結構，如積聚離子、離子對和「自由」離子等。

　　$LiCF_3SO_3/CH_3CONH_2$熔鹽體系中存在的相互作用和各種離子結構也被新化合物$LiCF_3SO_3 \cdot 2CH_3CONH_2$的單晶結構所證明。結構分析顯示，化合物$LiCF_3SO_3 \cdot 2CH_3CONH_2$單晶呈現明顯的「梯狀」結構。以鋰離子為中心原子，在a方向無限延伸的鏈構成了這個「梯子」的骨架，$CF_3SO_3^-$陰離子中的SO_3基團和乙醯胺中的NH_2基團之間形成的氫鍵通過乙醯胺分子間的氫鍵作用，在c方向將「梯子」與

「梯子」之間連接起來，在*a*和*c*方向形成一個無限延伸的平面結構。另外，該晶體結構還反映了鋰離子最近鄰的化學環境，即鋰離子和周圍的四個氧原子發生配位元作用，其中兩個氧原子分別來自兩個乙醯胺分子的羰基氧原子，另兩個氧原子來自兩個最近鄰的CF_3SO_3陰離子中SO_3基團上的氧原子。

通過量子化學計算和Raman光譜的研究顯示，在高鹽濃度區域，離子結構主要以積聚離子為主；在中鹽濃度區域，離子結構主要以離子對為主；在低鹽濃度區域，離子結構主要以「自由」離子為主。

$LiCF_3SO_3/CH_3CONH_2$熔鹽電解質離子電導率和溫度的變化關係能很好地符合VTF方程，離子輸運服從自由體積模型。在電場作用下，溶劑分子的熱運動不斷地製造一些新的配位元點。借助於溶劑分子的運動，離子從一個配位點遷移到下一個配位點，實現離子的定向遷移。離子電導率依賴於體系中各種離子結構的濃度，特別是隨著「自由」離子濃度的增加，電導率增加。

5.2.6 電解質的熱穩定性

電解質的熱穩定性是與電池的安全性問題緊密聯繫的。有以下幾方面的原因必須認真考慮電解液的熱穩定性。第一，大部分鋰離子電池工作的溫度環境都是可變的。現在許多液體電解質電池需要在高達60°C甚至80°C的溫度下工作，而有時卻又要求其能夠在低達−40°C的溫度環境中工作（例如軍用電池或用在一些太空梭上的電池）。第二，一些功率型鋰離子電池在正常工作時其內部會達到400°C甚至更

高的溫度，因此電解質在這些溫度下的安全性就成為電池的安全性與
循環壽命設計時必須考慮的問題。第三，電池正極在過充電條件下經
常會釋放出氧氣或具有強氧化性，而目前使用的大部分有機溶劑都是
易燃的。在這種情況下，電解質的熱穩定性就顯得尤為重要。要保證
電池的安全性，一靠隔膜，二靠電解質，三靠電極材料，特別是正極
材料的安全性與熱穩定性。當使用沒有熱關閉功能的隔膜時，電池的
安全性就依賴於電解質和電極材料的熱穩定性。

目前大部分鋰離子電池使用的電解質是由$LiPF_6$和碳酸酯溶劑構
成的。由於微量的乙醇和水引發的自催化，在不太高的溫度下（80～
100°C），就會發生電解質的熱分解反應，產生大量高毒性的氟磷酸
烷基酯。使用鋰過渡金屬氧化物或向電解液中添加Lewis鹼可以阻止
熱分解的發生。

隨著循環次數的增加，嵌鋰石墨與電解質間的反應性增加。在經
過多次循環後，電池的熱穩定性明顯降低。主要的原因是鈍化層逐漸
增厚。另外，$LixCoO_2$正極材料也具有類似的放熱反應趨勢。其中的
x值越小，放熱反應越易發生，放熱反應開始的溫度也越低。用三電
極系統觀察$LixCoO_2$正極的開路電壓變化，發現Li_xCoO_2的熱不穩定性
是隨著其循環次數的增加、鋰含量的減小而增加的。

$LiPF_6$EC/DEC/DMC電解液在40～350°C間的熱穩定性：在170°C
左右有一個由於DEC分解產生的產氣吸熱反應。隨著溫度進一步升
高，其他反應陸續發生。釋放出的F離子與烷基碳酸酯分子反應作為
鹼（bases）和親核（nucleophiles）。溶液熱反應的主要固相和液相
產物是$HO-CH_2-CH_2-OH$、FCH_2CH_2-OH、$F-CH_2CH_2-F$及聚合物，氣
相產物主要包括PF_5、CO_2、CH_3F、CH_3CH_2F和H_2O。有人用DSC方

法研究了嵌鋰石墨電極與電解質的熱分解反應，分別在130°C（峰1）、260°C（峰2）和300°C（峰3）左右觀察到三個放熱反應峰，產生的總放熱量隨著插鋰量的增加而線性增加，而不依賴於石墨粉的比表面積。增加電極材料的比表面積降低了在峰2和峰3的出現溫度，但增大了峰1的放熱量。增加比表面積加速了嵌鋰石墨與電解液的熱分解反應以及峰1處的反應（峰1反應與鈍化層的形成有關）。氣相色譜和FTIR研究表明，130°C左右的反應對應於電解質在嵌鋰石墨上分解生成Li_2CO_3，而CO_2氣體則在加熱嵌鋰石墨到130°C的過程中產生。可認為在石墨電極表面上首先生成烷基碳酸酯，然後烷基碳酸酯鋰立即分解生成更穩定的Li_2CO_3。

　　比較三種不同正極材料$LiCoO_2$、$LiNi_{0.1}Co_{0.8}Mn_{0.1}O_2$、$LiFePO_4$在溶劑EC/DEC和1.0mol/L $LiPF_6$ EC/DEC電解液或0.8mol/L LiBOB EC/DEC電解液中的熱穩定性。先將正極材料充電到4.2V，在EC/DEC溶劑中，$LiCoO_2$、$LiNi_{0.1}Co_{0.8}Mn_{0.1}O_2$和$LiFePO_4$的自維持放熱反應的開始溫度分別為150°C、220°C和310°C。在電解液$LiPF_6$ EC/DEC或LiBOB EC/DEC中，$LiNi_{0.1}Co_{0.8}Mn_{0.1}O_2$（顆粒直徑$0.2\mu m$）表現出比$LiCoO_2$（顆粒直徑$5\mu m$）更高的穩定性。這兩種充電態的正極材料與LiBOB EC/DEC電解質的反應性比與$LiPF_6$ EC/DEC的反應性更強。但是對於充電態的$LiFePO_4$，LiBOB EC/DEC表現出比$LiPF_6$ EC/DEC電解質更高的熱穩定性比。由於插鋰石墨與LiBOB電解質的反應性不如與$LiPF_6$基電解質的高，這些結果說明石墨／LiBOB基電解質／$LiFePO_4$鋰離子電池能夠承受電池的不當使用。

5.2.7 電解質分解

同任何其他二次電池一樣，鋰離子電池容量會隨著循環次數的增加而降低。電池容量的損失或降低的原因除了充放電過程中電極材料本身出現不可逆結構相變以及由於反覆嵌鋰／脫鋰對電極材料的結構造成擾動甚至破壞使電極材料的結構變得部分或完全不可逆之外，另一很重要的原因就是電解質與電極材料發生化學的或電化學的副反應而導致電解質的分解、伴隨電解質分解而出現的其他問題如由於溶劑或鋰鹽的損失而導致電解質電導率降低、由於分解產物在電極上的沈積阻塞了電極材料顆粒上的微孔使離子進出電極的速率變慢。

一、電解質老化分解

有人研究了長期儲存和循環過程中鋰離子電池中的液體電解質發生老化和退化的機制，指出鋰離子電池的老化主要來自於發生在電極介面上的活性材料與電解質的反應、循環過程中材料結構的退化以及非活性成分（如黏結劑）的老化，導致電池能量密度和／或功率密度的衰減。電解質的反應速率依賴於電極材料和電解質材料的種類與反應性、電池體系各部分所含雜質的種類與含量、製備過程、電池設計、應用類型以及使用方式等因素。

二、電解質的正常還原分解

鋰離子電池在首次及隨後的幾次循環過程中容量下降非常快，循環效率（庫侖效率或稱電流效率）較低，這主要是由於電解質在負極表面分解形成固體電解質介面（SEI）層所導致的。這一階段稱為成

膜階段。此後電池容量衰減變得非常緩慢，甚至在經歷過很多個循環後電池容量都基本保持不變。成膜階段以及隨之而來的容量損失強烈依賴於所使用的碳電極的性質如結晶度、表面積、預處理以及其他合成和處理的一些細節方面。

通常將石墨嵌鋰／脫鋰反應簡單地描述為 $xLi^+ + xe^- + 6C \rightleftharpoons Li_xC_6$（$0 \leq x \leq 1$），但是實際的反應過程要複雜得多。一些有電解質參與的副反應是造成嵌鋰／脫鋰過程中容量損失（或稱電荷損失）的重要原因。電荷損失伴隨著物質的消耗（鋰離子和電解質）。石墨類負極材料上發生的有電解質參與的副反應至少應包括以下幾個方面。

(1)電解質在負極表面發生還原分解

放電過程與負極材料直接接觸的電解質分子會得到電子（因為電極材料一般是電子與離子的混合導體）而被還原。對於EC、DMC類碳酸酯類分子，還原反應的結果就是生成 Li_2CO_3 而沈積在負極表面。這一還原過程與所使用的負極材料的種類無關。

隨著放電過程的進行，在碳電極上會生成石墨插層化合物 Li_xC_6。與金屬鋰一樣，幾乎在所有的液體電解質中，Li_xC_6 都是熱力學不穩定的，因此電解質的還原分解會繼續進行下去。只有當所有碳顆粒表面都被電解質的分解產物包裹起來以後，Li_xC_6 的表面不再直接暴露在電解質中，電解質反應才有可能停止。在隨後的循環過程中，電池會表現出非常好的可逆性，經過多次循環也不會有容量的顯著損失。對於非碳負極材料，雖然不會有 Li_xC_6 化合物生成，但是這些負極材料在有效儲存鋰之前都要形成與金屬鋰的性質極為相似的 Li_xM 合金，因此類似的電解質分解與容量損失依然存在。除此之外，金屬氧化物電極材料一般要先被還原為金屬原子後才與鋰形成

Li_xM合金。該還原過程也要消耗大量的電荷，造成很高的不可逆容量損失。因此，電解質的還原分解是必然的。包覆在負極材料顆粒表面且能夠阻止電解質進一步分解的膜稱為鈍化膜。由於電解質的還原分解需要消耗大量的物質，降低電池的容量，甚至由於一些氣體的產生使電池的內壓增大，給電池的安全性帶來問題。

電解質的分解產物包括碳酸鋰、烷基酯鋰、低聚物等，還包括各種氣體如CO_2等及一些液態分子。包覆負極材料顆粒的膜對電子是絕緣的，而對離子是導通的。因此，一般稱為固體電解質介面（SEI）膜。SEI膜一般在電池的第一次嵌鋰過程中基本形成並在隨後的循環過程中得到進一步鞏固和完善。電解質的組分（包括鹽和溶劑）以及電極材料的表面性質決定電解質的分解產物，也就決定電解質在何電位發生還原分解、能否在負極材料表面形成穩定有效的SEI膜（包括SEI膜的組分、形貌、電導率、穩定性）。對於石墨類電極，電解質的還原分解既可以發生在石墨的basal面（與石墨層面相平行的面）上，也可以發生在石墨的edge面（與石墨層面相垂直的面）上。這兩種表面在BET表面不同種類（甚至同一來源但經過不同方法處理）的石墨中所占的比例是不同的。

(2)溶劑共嵌入

理想情況下，在溶劑化的鋰離子嵌入到石墨碳層間之前應先脫去溶劑分子，鋰離子才能進入石墨層間，但實際上，在非質子性溶劑中形成鋰—石墨插層化合物時，一些極性溶劑如PC和二甲氧基乙烷會與鋰一起插入到石墨層間，形成三元石墨插層化合物，如Li_x（溶劑）C_6。這種現象稱為溶劑化嵌入或溶劑共嵌入。

溶劑化嵌入化合物在熱力學和動力學上是不穩定的，因此與鋰離

子共嵌入的極性溶劑分子很容易發生還原分解。由於鋰離子只能沿平行於basal面的方向嵌入石墨層中,因此與放電損失相關的如溶劑化鋰離子嵌入或已經嵌入石墨中的鋰離子的自放電的特定反應只通過或只在edge表面發生(Novak稱此面為prismatic)。一般認為,使用PC基電解質易發生溶劑共嵌入,而使用EC基電解質則可以有效避免溶劑共嵌入。因此,商品鋰離子電池一般使用EC基的電解質,但使用EC基電解質不能完全避免石墨負極發生層狀剝離與粉化。

對於非石墨化的碳材料(如各種硬碳材料),雖然溶劑共嵌入反應造成的電解質分解居於次要地位,但由於這類碳材料的比表面積大,在表面上有大量的官能團等因素,因此這類電極材料首次放電的不可逆容量損失也同樣是非常大的。鋰離子電池中廣泛使用的天然石墨和中間相碳微珠(MCMB)等石墨類負極材料首次循環的庫侖效率可達80%甚至90%以上,而硬碳類負極材料首次循環的庫侖效率則只有50%左右。

三、過充電導致的電解質分解

除了以上在正常使用的情況下出現的電解液的還原分解之外,引起電解質分解的另一主要原因是電池的過充。如果在每一次充電過程中都要消耗一小部分的電解質,那麼在組裝電池時就需要加入更多的電解質。電解質分解所生成的固體產物可能會在電極上形成鈍化層,增大電池的極化,降低電池的輸出電壓。電池的過充電包括負極、正極及電解質的過充三個方面。

(1)負極過充電引起的電解質還原分解

有兩種情況可能會導致電池的過充電,過充使正極的鋰離子以金

屬鋰的形式在負極表面沈積。其原因是電池中裝入的正極材料過多而負極材料過少所引起的。由於負極材料中沒有足夠的吸鋰位置（形成嵌入化合物或生成鋰合金），多餘的鋰就只能以金屬鋰的形式沈積在負極表面。另一種情況發生在對電池高倍率放電時，由於高倍率放電條件下負極的極化，鋰離子來不及擴散進入石墨碳層間形成插層化合物或形成Li_xM合金，而在負極表面被還原為金屬鋰。由於電極和隔膜的邊界處的電位最負，因此鋰金屬最容易沈積在這些位置。由於金屬鋰的高活性，覆蓋在負極表面的沈積鋰會很快與溶劑或鹽反應，造成電解質的額外損失，同時生成Li_2CO_3和LiF等。

金屬鋰與插鋰的碳電極之間的電位差很小。因此，電解質在碳電極上的還原分解與在金屬鋰上的情況非常相似。一些物理研究方法可用來研究電解質在負極表面的還原分解，如X射線光電子能譜（XPS）、歐傑電子譜（AES）、能量色散X射線分析（EDAX）、Raman光譜、原位與非原位傅立葉變換紅外光譜（FTIR）、原子力顯微鏡（AFM）和電子自旋共振（ESR）等。

在首次放電過程中，PC在石墨電極上的電化學分解反應可認為是一個雙電子反應過程。這個過程發生在0.8V附近，反應產物主要是Li_2CO_3和丙烯，即：

$$2Li^+ + 2e^- + (PC/EC) \rightarrow 丙烯（氣體）／乙烯（氣體）+ Li_2CO_3（固體）$$

$ROCO_2Li$是通過PC的單電子還原過程生成的產物，如$CH_2CH(OCO_2Li)CH_2OCO_2Li$、$ROCO_2Li$遇痕量水即迅速反應生成$Li_2CO_3$。

當電解液中存在冠醚時，溶劑在碳電極表面發生還原，而不會通過共嵌入進入碳的內部，因此碳電極能夠保持其石墨結構並經歷多次可逆的嵌鋰反應。當PC的還原分解只是在碳電極表面發生時，電荷轉移主要是通過SEI膜進行的，由於缺乏使PC還原的驅動力，PC的單電子還原分解是最有利的。當電解質中不存在冠醚而僅以PC為溶劑時，初次放電時即發生PC共嵌入，石墨結構被粉化破壞，無法形成插層化合物。PC的還原分解大部分發生在碳電極內部。在這種情況下，兩電子還原過程有利於生成Li_2CO_3。

第一次循環時發生的容量損失可能是由於PC分解生成Li_2CO_3所造成的，此外，還有另外的副反應存在。在首次充電時PC的分解有可能會通過兩個路徑發生，一個是PC直接發生還原生成丙烯和Li_2CO_3；另一個路徑是PC先被還原為碎片陰離子，然後通過碎片端點的連接形成烷基酯鋰。這些烷基酯鋰是不穩定的，它們又還原生成同樣是不穩定的碎片化合物，並與丙烯反應生成低聚物碎片，最後被氧化為含有C-H鍵和COOH基團的化合物。

以下總結一些常用電解質溶劑與鋰鹽的分解機制。

①PC的分解。有人提出的兩電子還原機制是：

$$PC + 2e^- \rightarrow 丙烯 + CO_3^{2-} \tag{5-3}$$

Aurbach等人提出的單電子還原機制是：

$$PC + e^- \rightarrow PC^-（碎片陰離子） \tag{5-4}$$

$$2PC^- + e^- \rightarrow 丙烯 + CH_3CH(OCO_2)^-CH_2(OCO_2)^- \tag{5-5}$$

$$CH_3CH(CO_3)^-CH_2(CO_3)^- + 2Li^+ \rightarrow CH_3CH(OCO_2Li)CH_2OCO_2Li \text{（固體）}$$

$$\text{（5-6）}$$

②EC的分解。EC的兩電子還原過程與PC的兩電子還原過程相似：

$$EC + 2e^- \rightarrow \text{乙烯} + CO_3^{2-} \qquad \text{（5-7）}$$

EC的單電子還原機制也與PC的單電子還原過程類似：

$$EC + e^- \rightarrow EC^- \text{（碎片陰離子）} \qquad \text{（5-8）}$$

$$2EC^- + e^- \rightarrow \text{乙烯} + CH_3(OCO_2)^-CH_2(OCO_2)^-$$

$$\text{（5-9）}$$

$$CH_3(OCO_2)^-CH_2(OCO_2)^- + 2Li^+ \rightarrow CH_3(OCO_2Li)CH_2OCO_2Li \text{（固體）}$$

EC分解產物$CH_3(OCO_2Li)CH_2OCO_2Li$可作為有效的鈍化膜，與Li_2CO_3的作用相近。

③DMC的分解。DMC的分解可以寫為：

$$CH_3OCO_2CH_3 + e^- + Li^+ \rightarrow CH_3OCO_2Li + CH_3^* \qquad \text{（5-10a）}$$

或 $$CH_3OCO_2CH_3 + e^- + Li^+ \rightarrow CH_3OLi + CH_3OCO^* \qquad \text{（5-10b）}$$

CH_3OLi和CH_3OCO_2Li都是通過DMC上的親核反應形成的。按照Aurbach等人的觀點，生成的碎片（CH_3^*和CH_3OCO^*）轉化為

$CH_3CH_2OCH_3$和$CH_3CH_2OCO_2CH_3$。

④DEC的分解。其可以寫為：

$$CH_3CH_2OCO_2CH_2CH_3 + 2e^- + 2Li^+ \rightarrow CH_3CH_2OLi + CH_3CH_2OCO^*$$

$$(5\text{-}11a)$$

或

$$CH_3CH_2OCO_2CH_2CH_3 + 2e^- + 2Li^+ \rightarrow CH_3CH_2OCO_2Li + CH_3CH_2^*$$

$$(5\text{-}11b)$$

按照Aurbach等人的觀點，DEC分解生成的碎片（$CH_3CH_2OCO^*$和$CH_3CH_2^*$）轉化為$CH_3CH_2OCH_2CH_3$和$CH_3CH_2OCO_2CH_2CH_3$。

⑤幾種常用鋰鹽的還原分解。由於鹽的還原產物也參與形成SEI膜，因此電解質鹽的種類及其濃度對碳插入電極的性能也有重要影響。在某些情況下，鹽的還原可能會對電極表面的穩定以及形成所需要的具有鈍化作用的介面產生重要作用。在另外一些情況下，鹽分解的沈積物可能會對溶劑的還原產物產生影響。鋰鹽$LiCF_3SO_3$在負極上的還原分解發生在溶劑（PC/EC/DMC）的分解之前。幾種鋰鹽的還原分解過程如下。

$$LiAsF_6： \quad LiAsF_6 + 2e^- + 2Li^+ \rightarrow 3LiF + AsF_3 \qquad (5\text{-}12)$$

$$AsF_3 + 2xe^- + 2xLi^+ \rightarrow Li_xAsF_{3-x} + xLiF \qquad (5\text{-}13)$$

$$LiClO_4： \quad LiClO_4 + 8e^- + 8Li^+ \rightarrow 4Li_2O + LiCl \qquad (5\text{-}14a)$$

$$或 \quad LiClO_4 + 4e^- + 4Li^+ \rightarrow 2Li_2O + LiClO_2 \qquad (5\text{-}14b)$$

$$或 \quad LiClO_4 + 2e^- + 2Li^+ \rightarrow Li_2O + LiClO_3 \qquad (5\text{-}14c)$$

LiPF$_6$： 　　　　　　　$LiPF_6 \rightleftharpoons LiF + PF_5$ 　　　　　　　（5-15）

$$PF_5 + H_2O \rightarrow 2HF + PF_3O \quad (5\text{-}16)$$

$$PF_5 + 2xe^- + 2xLi^+ + H_2O \rightarrow xLiF + Li_xPF_{5-x}O + 2H^+ \quad (5\text{-}17)$$

$$PF_6^- + 2e^- + 3Li^+ \rightarrow 3LiF + PF_3 \quad (5\text{-}18)$$

LiBF$_4$的分解與LiPF$_6$類似：

$$BF_4^- + xe^- + 2xLi^+ \rightarrow xLiF + Li_xBF_{4-x} \quad (5\text{-}19)$$

LiBF$_4$在水中的分解：

$$Li^+ + BF_4^- \rightarrow LiF（固體）+ BF_3（氣體）$$

$$BF_3 + H_2O \rightarrow 2HF + BOF$$

　　雜質的還原。電解質中經常含有各種雜質，如氧氣和水。氧氣被還原後與鋰結合生成氧化鋰。

$$O_2 + 4e^- + 4Li^+ \rightarrow 2Li_2O（固體）\quad (5\text{-}20)$$

　　電解質中存在的痕量（100～300μg/g）水一般不會對石墨電極的性能產生影響。當水含量比較高時，在有Li$^+$存在的條件下，水被還原後（約在1.4V）會與Li$^+$作用生成LiOH並沈積在碳電極表面，成為一個高阻抗的介面層，阻礙鋰離子插入石墨中：

$$2H_2O + 2e^- \rightarrow 2OH^- + H_2 \qquad (5\text{-}21)$$

$$Li^+ + OH^- \rightarrow LiOH（固體） \qquad (5\text{-}22)$$

$$2LiOH（固體） + 2e^- + 2Li^+ \rightarrow 2Li_2O（固體） + H_2 \qquad (5\text{-}23)$$

當有CO_2存在時，會生成Li_2CO_3，作為鈍化層的組分之一沈積在負極上。

$$2CO_2 + 2e^- + 2Li^+ \rightarrow Li_2CO_3 + CO \qquad (5\text{-}24a)$$

或

$$CO_2 + e^- + Li^+ \rightarrow CO^-_2 \cdot Li^+ \qquad (5\text{-}24b)$$

$$CO_2Li + CO_2 \rightarrow OCOCO_2Li \qquad (5\text{-}25)$$

$$OCOCO_2Li + e^- + Li^+ \rightarrow CO + Li_2CO_3 \qquad (5\text{-}26)$$

二次反應。可以通過二次反應形成碳酸鋰：

$$2ROCO_2Li + H_2O \rightarrow 2ROH + CO_2 + Li_2CO_3 \qquad (5\text{-}27)$$

其中，R代表乙烯基團或丙烯基團。$LiAsF_6$和$LiPF_6$在相對於金屬鋰的電位為1.5V時發生還原。

(2)正極過充電引起的電解質氧化分解

不同組成體系的電池，鋰離子電池正極的過充也會引起一系列的電化學反應。與電解質分解有關的反應是低鋰含量的過渡金屬氧化物（如Li_yNiO_2，當$y<0.2$時）對電解質尤其是溶劑的氧化具有很強的催化作用。正極材料的成分影響電解質的分解。在以人造石墨為負極的鋰離子電池中，當使用$LiCoO_2$為正極材料、4.0V以上時，電池

的氣脹主要是由正極上發生的反應所引起的，而在4.0V以下則主要是由負極上的反應所致。對氣體的成分和氣脹與電壓的依賴關係進行分析表明，氣脹是由於充電過程中電解質在正極上的氧化以及放電過程中從石墨中脫出鋰的還原所引起的。而當以$LiNi_{0.8}Mn_{0.1}Co_{0.1}O_2$為正極時，在3.2V以上電解質就會在正極材料上發生氧化、氣脹，並且$LiNi_{0.8}Mn_{0.1}Co_{0.1}O_2$正極上的氣脹現象遠比在負極上嚴重得多。

(3)高充電電壓時的電解質氧化分解

大部分電解質在高充電電壓（＞4.5V）時都會發生分解，生成不溶性產物如Li_2CO_3等，堵塞電極上的微孔，同時產生氣體。這不僅會在循環過程中引起電池的容量損失，而且也會導致嚴重的安全隱患。

溶劑的氧化過程一般可以描述為：

$$溶劑 \rightarrow 氧化產物（氣態、液態和／或固態物種） + ne^- \quad （5-28）$$

溶劑的氧化會造成該溶劑含量的降低，電解質中的鹽含量相對升高，使電解質的電導率下降，電池的極化變大，電池的平均輸出電壓和實際可獲得的容量降低。同時，溶劑氧化分解產生的氣體產物及其他物種在電池中的積聚也會引起一系列問題。溶劑氧化分解的速率決定於正極材料的表面積、所使用的集流體材料以及導電添加劑的性質。實際上，由於碳黑材料巨大的比表面積，碳黑添加劑的種類及其比表面積的選擇是極其關鍵的，溶劑氧化很有可能是更多地發生在碳黑導電劑上而不是發生在金屬氧化物電極上。

電解質的分解電壓通常用循環伏安法進行表徵，使用的電極可以是惰性的金屬，也可以是電池中實際使用的插入電極材料。對於不可

逆的電化學副反應來講，由於並不存在一個熱力學開路電壓，因此分解電壓本身並沒有多少實際意義。相反，這些副反應可以用Tafel方程描述。在任意一個電位時，按照Tafel方程都會得到一個有限的分解速率，該速率隨著電壓的提高而增大。

研究發現，在低至2.1V的對鋰電位時，PC就會氧化分解。在3.5V以上，PC的氧化分解速率會顯著提高。根據電極材料的不同，PC的氧化分解可能在2V時就會開始。但是在實際研究中，經常會看到PC的氧化電位要比2V高得多（通常是在4.5V以上）。$LiClO_4$/PC及$LiAsF_6$/PC電解質在經過熱處理的MnO_2電極上的分解發生在4.0V左右，但在較低的電位（$LiClO_4$/PC為3.15V，$LiAsF_6$/PC為3.4V）時，就已經有CO_2生成。在反向（陰極）掃描時沒有觀察到CO_2的產生。

在4.5V以上，ClO_4^-分解生成ClO_2和HCl等氯化物。分解機制可能是這樣的：

$$ClO_4^- \rightarrow e^- + ClO_4 \rightarrow ClO_2 + 2O_{ad} + e^- \qquad （5\text{-}29）$$

$$ClO_2 + H^+ + e^- \rightarrow HCl + O_2(g) \qquad （5\text{-}30）$$

$$2O_{ad} \rightarrow O_2(g) \qquad （5\text{-}31）$$

利用微分電化學質譜，可知ClO_4^-在Pt電極上的氧化電位為4.6V。由於ClO_2的不穩定性，在可能導致PC氧化所產生的質子的環境中，它會生成HCl。

$LiPF_6$是目前應用最廣泛的電解質鹽。由於合成方法（$PF_5 + LiF \rightarrow LiPF_6$）的原因，$PF_5$的Lewis酸性會引起電解質中EC分子的開環聚合。在170°C以下，這個聚合反應是一個吸熱反應，由於受到由低聚

醚碳酸酯聚合物變化而來的CO_2的推動，會生成類似於PEO的聚合物。在經過加熱的電解質溶液中存在CO_2。在170°C以上，聚合反應變為放熱反應並引起劇烈的電解質分解。在實際的電池中，類PEO聚合物還會與PF_5進一步反應生成可溶於電解質的產物或參與SEI膜的生成。對經過加熱的電解質作GPC分析表明，生成物中有相對分子質量（M_w）達5000的物種存在。在經過循環的和經過老化的鋰離子電池的電解質中觀察到了酯交換和聚合物物種。經過與酸性物種的交聯，生成的聚合物產物會引起複合電極中電解質輸運性質的退化以及電池的功率和能量的衰減。在密封性良好的電池中，由於溶劑的熱分解而生成的CO_2使電解液飽和甚至終止聚合反應。CO_2易於在負極還原生成草酸鹽、碳酸鹽和CO。生成的碳酸鹽有助於形成SEI膜。但是草酸鹽易於溶解並在正極上重新被氧化生成CO_2，這就是可逆的自放電反應。如果CO_2被不可逆還原為碳酸鹽和CO，則會引起不可逆的自放電現象。

有人研究了PC在Pt、Al、Au和Ni電極上的開環反應，結果顯示，在不同的PC基電解質中，Ni電極的陽極行為依賴於所使用的電解質鹽。在高電極電位，分解產物依賴於鹽的陰離子種類。採用循環伏安方法也從實驗上證實了鋰離子電池過充電時電解質的氧化，但是這些研究都沒有說明電解質分解的機制或分析說明反應產物的種類。

在首次循環過程中，伴隨著電解質分解的是產氣與電池的氣脹現象。碳電極上的產氣反應是由於電極的分解、反應性痕量雜質和電解質的還原造成的。其中，電解液中的溶劑分解是造成首次容量損失的主要原因。當分別使用EC/DMC和EC/DEC的1mol/L $LiPF_6$電解液時，產生的氣體包括CO_2、CO、CH_4、C_2H_4、C_2H_6等。在碳電極的表

面有Li_2CO_3、$ROCO_2Li$、$(ROCO_2Li)_2$和RCO_2Li生成。在電解液中加入0.05mol/L Li_2CO_3作為添加劑後，產生氣體的總體積減少，電解質的鋰離子電導率和電池的放電容量增加。這是由於Li_2CO_3在碳電極上生成的薄而緻密的固體電解質膜有效阻止了溶劑的共嵌入和碳的層狀剝離。用射頻濺射方法在碳電極表面沈積一層固態電解質膜鋰磷氧氮（LiPON）也可以抑制碳電極上的溶劑分解，降低首次循環的不可逆容量損失。

電解質的分解是與電解質的組分密切相關的。如在4.2～2.5V對使用1mol/L $LiPF_6$-PC/EMC/DEC/DMC為電解液的碳／$LiCoO_2$電池體系經過1500次循環後，探測到少量由DMC分解產生的甲烷氣體。只有在過充電和過放電的條件下，溶劑分子（PC、EMC、DEC和DMC）才會發生顯著分解，釋放出CO_2、CH_4、C_2H_6、C_3H_6和其他碳氫化合物。由於產生的這些氣體會增大電池的內壓，而且多為可燃性的，將電解質的分解反應和容量損失降低到最低程度是延長電池循環壽命和改善電池高溫性能的需要。

應用密度泛函理論研究電解質溶液中EC分子的還原分解發現，雖然在氣相中EC的還原在熱力學中是無法實行的，但在凝聚態溶劑中，EC則有可能會經歷單電子或雙電子還原過程發生分解，並且溶液中鋰離子的存在使EC還原反應的中間產物更穩定。隨著EC分子數目的增加，超級分子$Li^+(EC)_n$（$n = 1～4$）的絕熱電子親和力逐漸降低，與EC或Li^+的還原無關。在還原分解過程中，$Li^+(EC)_n$首先還原成離子對中間體，通過大約46.024kJ/mol（11.0kcal/mol）的勢壘，中間體再發生均裂的C—O鍵斷裂，生成碎片陰離子與鋰離子發生締合。在碎片陰離子可能的終結路徑中，熱力學上最有利的

路徑是形成二碳酸酯丁烯鋰$(CH_2CH_2OCO_2Li)_2$。其次是形成一個含有酯基官能團的O-Li鍵化合物$[LiO(CH_2)2CO_2]_2$，再後是兩個非常具有競爭性的反應：碎片陰離子的進一步還原和形成雙碳酸酯乙烯鋰$(CH_2OCO_2Li)_2$，最不利的反應是形成Li的碳化物$Li(CH_2)_2OCO_2Li$。正如在$LiCO_3^-$與$Li^+(EC)_n$之間的反應所表明的，產物對EC濃度的依賴性很小。在低EC濃度的條件下，生成Li_2CO_3略佔優勢。只有在高EC濃度時，才有利於生成$(CH_2OCO_2Li)_2$。根據一些計算結果並結合實驗發現，人們認為雙電子還原過程確實是通過逐級的路徑發生的。大部分實驗結果已經顯示，$(CH_2OCO_2Li)_2$是由溶劑還原生成的表面膜的主要成分。表面膜主要由兩種烷基雙碳酸酯鋰$(CH_2CH_2OCO_2Li)_2$和$(CH_2OCO_2Li)_2$組成，另外還包括$Li(CH_2)_2OCO_2Li$、Li_2CO_3和$LiO(CH_2)_2CO_2(CH_2)_2OCO_2Li$。應用旋轉環—盤電極體系和從頭算分子軌道計算研究鋰電池電解質溶劑的還原分解中的起始反應，證明電子轉移是由陰極極化所誘導的，形成的可溶性還原產物可被再次氧化。從電極到與鋰離子發生締合的溶劑分子的電子轉移過程是一個反應能為$-3eV$的放熱反應。這是電解質還原分解的初始反應，必須加以控制以改善鋰離子電池和鋰電池的性能。

5.2.8　固體電解質介面（SEI）膜

前文已經提到，在首次放電／充電過程中，會有一層鈍化膜在碳電極上生成。這層膜一般稱為鈍化層或者固體電解質介面（SEI）膜。SEI膜一般由電解質的分解產物構成，本節著重討論SEI膜的組成

及物理和電化學性能，而不涉及電解質的分解過程與機制。

SEI膜對鋰離子是導通的而對電子是絕緣的。完善的SEI膜可以防止溶劑分子的共嵌入和／或石墨表面的層狀剝離以及電解質的進一步分解。目前一般認為SEI膜是由幾種不同的有機和無機物如LiF、Li_2CO_3以及電解質的還原產物如$ROCO_2Li$等組成的「馬賽克」混合物。EC還原分解後可能形成$(CH_2OCO_2Li)_2$，γ-丁內酯的還原產物可能是CH_3OLi和CH_3OCO_2Li。另一種觀點認為SEI膜最靠近石墨的一側是由無機物如LiF和Li_2CO_3等組成，而最外層是由聚合物類的有機物組成。

應用在線質譜檢測了EC和PC基電解質中乙烯和丙烯氣體的產生。發現氣體是在石墨上而不是在儲鋰合金上產生，溶劑共嵌入反應只發生在使用石墨負極的情況下。由於石墨和儲鋰合金上發生的副反應不同，對各自上面的SEI膜的成分和對SEI膜的要求也不相同。研究不同電解質在石墨／$LiCoO_2$電池中的分解時，使用的溶劑包括EC、DMC、EMC和DEC，鋰鹽是$LiPF_6$。在含有EC的一至三組分溶劑電解液中探測到一氧化碳和乙烷，在石墨負極表面探測到了Li_2CO_3、RCOOLi和$(CH_2OLi)_2$。可認為這些物質的生成都是由於首次充電過程中EC的還原反應所生成的。對電解質殘液作進一步分析顯示，初次嵌鋰後有羧酸酯類物質生成，說明發生了超酯化。但是由於庫侖轉化不完全、不可逆容量高、擴散速率低以及電極歐姆阻抗的增加，第一次循環後在這些厚電極上形成的SEI膜是不完整的。用電化學掃描隧道顯微鏡（STM）觀察極化條件下高取向熱解石墨（HOPG）的basal面在幾種電解液中的拓撲變化發現，在分別以EC/DEC及EC／二甲氧乙烷（DME）為溶劑的1mol/L $LiClO_4$電解液中，HOPG表面上不規則

的水泡狀結構隨著放電電壓的降低而逐漸長大，這是由於鋰離子嵌入石墨層間和分解產物在石墨電極表面的積累所致。因此完整SEI膜的形成往往需要經過幾個充放電循環才能完成。添加γ-丁內酯作為共溶劑可以抑制一些產氣副反應。在1mol/L LiClO$_4$/PC電解質中放電時，只能觀察到石墨層的快速剝落和斷裂，而看不到水泡狀結構的形成。根據在不同電解液中觀察到的HOPG表面上的形貌變化，有人提出溶劑化鋰離子的嵌入是在石墨電極上形成穩定的表面層的必要步驟。

分別用乙烯的化學氣相沈積和脫水蔗糖熱解方法製備石墨碳和硬碳材料，以這種碳材料和鋰金屬為電極，分別以LiPF$_6$及LiAsF$_6$的EC/DEC溶液為電解質製成電池並在0～2.00V（相對於Li/Li$^+$）循環發現，SEI膜的組分和厚度首先決定於所使用的碳材料自身的性質，特別是碳材料表面的化學基團與碳材料的結構，而電解質的組分對SEI膜性質的影響只是第二位的。在兩種電解質中，石墨類軟碳上的SEI膜中沒有碳酸鹽，它的無機部分幾乎只有LiF；硬碳材料上的SEI膜卻要厚得多，而且含有磷或砷的化合物。在所有情況下，在SEI膜的內部都存在大量的聚合物結構（即溶劑聚合的產物），而當電解質中含有LiAsF$_6$時，只在硬碳表面存在碳酸鹽。但是石墨碳電極的情況下，電解液組分只影響碳電極上表面電極鈍化形成SEI膜的電位，SEI膜主要由溶劑分子的還原產物組成，SEI的結構是電解質與碳電極相容性的決定因素。

二乙二酸硼酸鋰〔Lithium bis (oxalato) borate, LiBOB〕是近幾年新合成的一種電解質鹽，具有許多良好性質。通過用Ar$^+$轟擊不斷去除半碳酸酯，發現SEI膜的主要成分來自於兩個相互競爭的部分：環狀碳酸酯和BOB$^-$陰離子的還原產物。由於EC分子的還原電位較高，

初始的表面化學由電解質中的EC決定。在不含EC的電解液中，還原產物主要來源於BOB⁻陰離子。要保證電解質在高溫時的良好性能，需要有EC和LiBOB的共存。研究硼陰離子受體三（五氟苯基）硼烷（TPFPB）在MCMB電極的電化學穩定性及其與碳電極上的SEI膜的相容性時，比較添加TPFPB前後MCMB電極在初次的恆流循環過程中的容量損失表明，TPFPB在碳電極上具有非常好的電化學穩定性。循環伏安研究顯示，當有TPFPB存在時，EC分解後可以在碳電極表面上生成穩定的SEI膜。即使經過多次循環，使用電解質添加劑TPFPB的碳電極上SEI膜仍然可以保持長期穩定性。即使再經過能夠使LiF溶解的加熱處理，SEI膜也不會被TPFPB所溶解。這表明，碳電極上的SEI膜形成了一個交聯結構。在同等條件下，使用含有TPFPB的電解質比不含TPFPB的電解質做成的鋰離子電池具有更好的循環性能。

　　由於鋰離子電池通常要在比較寬的溫度範圍內工作，並且鋰離子電池在工作和非工作狀態下內部的溫度差別也是很大的，因此SEI膜的熱穩定性也是SEI膜性質的一個重要方面。對石墨負極熱穩定性的研究表明，鋰鹽的性質對電解質在負極上的熱穩定性影響非常關鍵，對於使用$LiBF_4$的電解質，SEI膜的不可逆放熱反應發生在50～60°C，在使用$LiPF_6$為鋰鹽的電解質中，同樣的放熱反應要在100°C以上才能發生。這些結果已經被DSC和高溫儲存實驗以及加速量熱測定（ARC）實驗所驗證。對於這一差別的一種解釋是，石墨表面催化了低溫放熱反應。在其他電極材料（如金屬鋰）和正極材料（如$LiMn_2O_4$）上並不發生類似的反應。相反，與$LiPF_6$相比，以$LiBF_4$作為金屬鋰／$LiMn_2O_4$電池的電解液可以緩解Mn^{2+}從正極材料向電解質中的溶解。

利用原位（即時）AFM跟蹤HOPG／電解質介面的形貌隨溫度的變化關係，用循環伏安研究被含水0.5%的1mol/L LiBF$_4$-EC/γ-BL（2：1）電解質覆蓋的HOPG晶體，觀察到水在1.4V被還原分解，有機溶劑在0.8V分解形成SEI膜。經過第一個放電反應後，HOPG電極表面被SEI膜所覆蓋，其中包含很多小島狀的結構，說明完整SEI膜的形成需要幾個循環才能完成。有意思的是在HOPG的basal面上的SEI膜較薄，主要是EC/DEC還原生成的有機物，而在HOPG的edge面上的膜較厚，是由有機溶劑與鋰鹽反應生成的無機物組成。

分別在25～70°C作原位AFM觀察HOPG和石墨複合電極上SEI膜的形貌變化發現，在40°C以下SEI膜的形貌基本上不隨加熱溫度發生改變。溫度繼續升高時，SEI膜的形貌開始變化。在50°C時，觀察到因SEI膜被破壞或被熔融而在電極HOPG表面出現水泡狀突起（DSC表明在58°C時出現一個放熱峰；無論電解液中是否含有水都是如此），在60°C水泡生長並融合為更大的水泡。到了70°C，就基本上看不到小水泡了，HOPG的表面又重新曝露在電解液中。當溫度更高時，反應產物會積聚在HOPG的edge面上。對這種現象的解釋是，已經嵌入到HOPG的表面石墨層中的鋰離子參與了放熱反應。原位XRD研究顯示，嵌滿鋰的石墨在60°C的環境中儲存12h後，其中50%的鋰離子會從石墨中脫嵌，生成Li$_{0.5}$C$_6$化合物。石墨複合電極上的SEI膜也會發生類似的熱崩潰，60°C以上時在電極表面生成厚的含有碳和氧的膜。反應機制是：

$$BF_4^- + xe^- + 2xLi^+ \rightarrow xLiF + Li_xBF_{4-x}$$

$$BF_3（氣體）+ EC（或DMC）\rightarrow 聚合物 \qquad (5\text{-}32)$$

　　反應性很強的Lewis酸性氣體BF_3立即與有機或無機分子反應。BF_3與EC的反應主要是通過硼原子和碳酸酯氧，導致EC的環斷裂，生成聚合物。用氫離子轟擊後再對石墨電極進行XPS測量顯示，經過加熱後在石墨電極上生成的SEI膜是「宏觀的」，即SEI膜是覆蓋於整個電極之上而不是包裹在每個石墨顆粒的表面上。因此，SEI膜的生成和破壞涉及一系列複雜的化學反應，這些反應不僅依賴於電解質中的水含量，也依賴於電解質中的陰離子性質以及碳材料的結構。

　　在$2.2 \sim 2.1V$（相對於Li/Li^+），氯乙烯碳酸酯在石墨電極上還原分解成CO_2，通過二次反應，CO_2再參與生成有效SEI膜。在無定形碳負極材料的微孔中插入或填入少量Li_2CO_3，可以顯著降低無定形碳材料對CO_2的吸附量，大幅度降低碳材料的不可逆容量，這是由於Li_2CO_3填充微孔的結果。調整Li_2CO_3的添加量和碳化溫度可以增加材料的可逆容量。

5.2.9　電解液對正、負電極集流體的表面腐蝕

　　由於鋁的表面通常覆蓋有一層保護性氧化物膜，因此鋁箔在空氣和電解液中都是很穩定的，不會被腐蝕，所以鋁被用作商品鋰離子電池的正極集流體材料。但是在充電過程中，鋰離子電池的正極電位會超過4V。在這樣高的電位（即強氧化性條件）下，大多數金屬都會發生不同程度的腐蝕。目前正在使用的鋰離子電池的集流體材料都易於受環境的影響而導致性能降低，鋁會出現腐蝕坑而銅則出現環境導致的斷裂。對集流體的任何腐蝕都會引起電池電極的壽命縮短，並引發電池安全性問題。初步的研究結果表明，如果組裝成電池後不進行

活化（充電），鋰離子電池的陽極就容易發生銅腐蝕，導致電池性能降低。某些污染物會使銅發生氧化，銅箔襯底在鋰離子電池的電解液中也不是完全惰性的，一些諸如HF類的雜質會將銅箔襯底氧化。

　　關於鋁在鋰電池中的腐蝕機制的研究工作已經有很多，大部分都集中在高電位（通常是在4V以上）時鋁在各種電解液中的穩定性方面。研究顯示，鋁的腐蝕過程強烈依賴於組成電解質的鹽和溶劑的性質。在已經研究過的各種電解質鹽中，使用$Li(CF_3SO_2)(C_4F_9SO_2)N$、$LiPF_6$和$LiBF_4$等的有機電解液對鋁的腐蝕性最小。經過初次陽極反應後，它們可以在鋁電極上分解生成穩定的鈍化層，防止鋁的進一步腐蝕。$LiN(CF_3SO_2)_2$和$LiCF_3SO_3$具有很多優越的性質，如對電解質中的少量水分不敏感，具有比較高的熱穩定性與電化學穩定性等。但是由於它們的活性較強，因此對鋁的腐蝕性也最強。在1mol/L的$LiN(CF_3SO_2)_2$/EC + DMC電解液中只需要在2～5V經過幾個循環過程，電解質對鋁的腐蝕深度就可以達到$1\mu m$，在鋁電極表面出現許多腐蝕坑，腐蝕產物主要是$Al[N(CF_3SO_2)_2]_{3-y}(OH)_y$。如果在陽極電位條件下鋁集流體繼續曝露在電解液中，這種腐蝕還會繼續進行下去。$LiN(C_2F_5SO_2)_2$(LiBETI)溶液對鋁的腐蝕性介於$LiPF_6$和LiTFSI溶液之間。如果在$LiN(CF_3SO_2)_2$和$LiCF_3SO_3$的有機溶液中加入少量的$LiPF_6$或$LiBF_4$，這種腐蝕作用就可以得到明顯抑制。鋁電極在含有$LiPF_6$的鹽溶液中的陽極穩定性與其表面上富含AlF_3的膜有關。添加$LiBF_4$有助於在鋁的表面生成穩定的鈍化層，抑制鋁與電解液的反應以及電解質溶劑在高電位時的分解。鈍化層中含有溶劑分解產生的一些有機沈澱物如RCO_2M（M代表Al和／或Li）、草酸鋰、LiOH以及可溶性B-F鹽如$Al(BF_4)_3$等。在含有$LiCF_3SO_3$的有機溶劑中添加氟化物時，

在比較幾種氟化物鋰鹽添加劑抑制鋁在$LiN(CF_3SO_2)_2$的有機溶液中的腐蝕發現，在$LiBF_4$、$LiPF_6$、$LiAsF_6$、$LiSbF_6$和$LiClO_4$中，$LiBF_4$能夠最有效地抑制鋁的腐蝕，這是因為它的氧化電位與$CF_3SO_3^-$陰離子的氧化電位最接近。在這幾種氟化物添加劑中，鋁的腐蝕電流按照$LiSbF_6 > LiAsF_6 > LiClO_4 > LiPF_6 > LiBF_4$的順序依次變小。$ClO_4^-$的氧化電位與$CF_3SO_3^-$的氧化電位幾近相同，但是腐蝕電流小於或稍大於在含有$LiPF_6$的溶劑中的腐蝕電流。經過電化學氧化的鋁樣品的SEM研究表明腐蝕的程度與腐蝕電流的大小吻合得非常好。

鋁在有機電解質中的陽極行為包括表面膜的生成和溶解兩個過程。研究發現，在鋰離子電池的充電過程中，鋁在這些電解液中形成的表面保護膜在3.5V以上電位時發生破壞，導致鋁襯底的溶解和電池的提前失效。以四氟硼酸鋰作為添加劑可以避免鋁襯底上保護膜的破壞及鋁在3.5V以上電壓時的腐蝕。相反，對於醯亞胺鋰溶液，發現鋁襯底在甲基鋰電解液中非常穩定，直到4.25V左右都不發生任何明顯的腐蝕。

研究裸露的銅箔（Cu）和覆蓋有石墨及粘接劑的銅箔（Cu-C）浸泡在新鮮的和經過陳化的電解液中的溶解情況發現，使用的電解液為1mol/L $LiPF_6$在三組分溶劑(I)PC-EC-DMC和(II)EC-DMC-MEC（甲基乙基碳酸酯），兩種電解液的含水量均小於20μg/g。銅箔放入電解液後不經任何攪動，用原子吸收光譜定量分析銅箔在電解質中的穩定性發現，在新鮮的電解液中裸露的銅箔的溶解是非常輕微的，經過20個星期後銅的溶解只有50μg/g。銅的微量溶解是由於電解液中存在的少量雜質（如HF）對銅的氧化所致。將新鮮的電解液在空氣中曝露30min後再做同樣的實驗，發現銅會大量溶解。說明銅箔在不同條件

的電解液中溶解的機制是不同的。在電解液儲存的過程中分解出的少量產物（如PF_5）可能對銅的穩定性有至關重要的影響。電解質中存在的H_2O和HF雜質會加速銅的溶解，但它們的作用遠不如電解液陳化所造成（可能會生成PF_5）的影響。對銅箔的溶解性質方面，在陳化的電解質中摻入H_2O及HF與在新鮮電解液中加入這些雜質所造成的結果是非常相似的。在這樣的電解質中，銅的溶解不如在乾的和陳化的電解質（不摻入雜質）中明顯，而與加入了H_2O和HF的新鮮電解液中的腐蝕程度相類似。為進一步瞭解$LiPF_6$在銅的腐蝕中所起的作用，將銅箔浸泡在不含$LiPF_6$的DMC中進行比較研究。經過14個星期後，銅箔在DMC的溶解量不足$5\mu g/g$，而在電解液中的溶解量則達到了$50\mu g/g$。由此可見，$LiPF_6$的存在促進了銅在電解液中的溶解。

用循環伏安方法研究銅在三種電解液〔分別為$LiPF_6$溶於PC：EC：DMC（1：1：3體積比）；溶於EC：DMC：DEC（體積比2：2：1）；溶於EC：DMC：MEC（體積比1：1：1）〕中的電化學穩定性和氧化還原行為，發現銅的穩定性與電解液中所含的雜質密切相關。電解質中的雜質明顯地增加了銅的氧化趨勢。在電池首次充電過程中，電解質還原生成一層鈍化膜覆蓋在銅電極上，可以在一定程度上減輕電解質對銅的氧化腐蝕。但是這層鈍化膜可能是不穩定的，任何對電解質的攪動都有可能使鈍化層溶解於電解液中，失去對銅電極的保護作用。

覆蓋有石墨的銅箔在新鮮電解液中的溶解是很輕微的。經過14個星期，同在電解液中的溶解量，低於$1\mu g/g$，比裸露銅箔的溶解量還要低，這是由於銅箔上面覆蓋的石墨吸附了電解液中的HF雜質，減緩了銅的腐蝕。將電解液在空氣中曝露30min後，卻發現銅的溶解量

大大增加，12個星期後達到800μg/g。因此，短暫地曝露在空氣中就顯著地增加了電解液對銅的腐蝕性。然後在新鮮的電解液中和經過陳化的電解液中引入雜質H_2O（500μg/g）和HF（1000μg/g），經過8個星期後，發現銅在兩種電解液中的溶解程度相似。在新鮮的和陳化電解液中，H_2O和HF對銅的腐蝕影響是相似的，少量的雜質可以顯著地增加銅在兩種電解液中的溶解趨勢。

採用元素分析和熱重分析等分析手段研究銅在$LiClO_4$/PC電解液中的陽極極化行為，結果顯示，銅的陽極極化引起金屬襯底的氧化溶解和電解液在金屬表面的分解。掃描式電子顯微鏡照片如圖5-6顯示。在發生了電解液腐蝕的銅表面上充滿了腐蝕坑和銅的晶粒間界，在銅的表面上觀察不到固相腐蝕產物。說明銅的腐蝕與電化學氧化導致的銅離子的溶解是同步進行的，二者相互競爭。銅表面腐蝕坑的形狀取決於銅顆粒的晶相取向。從電荷轉移和幾何形狀方面提出了銅的氧化溶解的機制。在實際的使用中，由於負極放電的截止電位只有1.5V，因而觀察不到銅的腐蝕。

除了腐蝕正、負電極的集流體外，電解質還可能會對與正、負極集流體具有相同電位的正負極材料具有腐蝕作用。Jahn-Teller畸變和充電狀態時錳的溶出都會造成容量損失。用Cu^{2+}和Cr^{3+}部分替代錳減輕了錳溶出造成的容量衰減。這是由於較高的三價鉻的八面體能穩定$LiMn_2O_4$的尖晶石結構，銅和鉻摻雜都能降低尖晶石在4V區域的容量衰減。摻雜鋰可抑制尖晶石中錳的溶出，提高尖晶石中鋰的摻雜量可以減少錳的溶出，改善其循環性能。

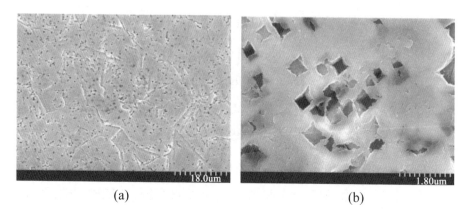

圖5-6　在LiClO$_4$/PC溶液中銅表面極化後的SEM圖〔1000倍(a)和10000倍
(b)〕電流密度為1.0mA/cm^2

5.2.10　電解液對正、負電極材料的表面腐蝕

　　固體電解質介面膜（SEI）對負極材料和電池的電化學性能有重
要影響，正極材料的表面是被一層由於烷基碳酸酯的分解而形成的
有機SEI膜所覆蓋著。這層膜可能是碳酸酯在鋰或鋰—碳負極表面上
的還原產物在正極材料表面上的重新沈積，或者是氧化物正極材料
上帶負電的氧與具有強烈親電子性的溶劑分子（如EC和DMC）的反
應所致。正極材料的親核性在氧化親電子的溶劑分子方面起著重要
作用，例如，已經發現在某些電位具有強烈親核性的LiNiO$_2$與溶劑
分子的內在反應性比親核性稍弱的尖晶石LiMn$_2$O$_4$及Li$_x$MnO$_2$（3V正
極材料）與溶劑分子之間的反應性要明顯得多。當在1mol/L LiPF$_6$/
EC/DMC（1：1，體積比）和1mol/L LiClO$_4$/PC中儲存時，電解質在
LiNi$_{0.8}$Co$_{0.2}$O$_2$和LiMn$_2$O$_4$電極的表面上發生自發分解。這就是說，即

使沒有負極存在甚至在不施加電壓的情況下，正極材料上也會有一些表面物種生成。這種自發的電極／電解質反應是由於溶劑分子及鹽的陰離子的氧化，導致鋰離子從活性電極材料中脫出所引起的。比較高溫時在純溶劑DMC及電解質1mol/L LiPF$_6$/EC/DMC中儲存尖晶石LiMn$_2$O$_4$薄膜對薄膜的尖晶石結構和表面生成的有機膜的影響發現，在純DMC中與在電解液中生成的表面膜的成分是相似的，生成的表面膜可以保護電極材料不發生結構退化，但導致了電極材料的完全失活，這可能是由於表面電導率的降低和鋰離子穿過表面層的速率降低所致。在電解液中形成的表面膜不能阻止尖晶石的分解或由此引起的容量衰減。Li$_2$Mn$_4$O$_9$薄膜在與1mol/L LiPF$_6$/EC/DMC電解質溶液反應後轉化為λ-MnO$_2$，同時在原始材料的表面生成不導電的薄膜。這層膜很可能是Li$_2$O。這些研究有助於理解電極材料與電解液的相容性。

將商品LiCoO$_2$和經過表面包覆有Al$_2$O$_3$的LiCoO$_2$分別浸泡在商品電解液1mol/L LiPF$_6$/EC/DMC及純溶劑EC/DMC中，然後用多種手段對氣相、液相和固相產物從物種、表面形貌、結構及電化學性能等方面進行了物理和電化學表徵發現，溶劑浸泡反應所產生的氣體（按產物質譜的最大計數值排列）主要包括CO$_2$、CO、CH$_4$、C$_2$H$_4$、H$_2$O、C$_2$H$_6$和O$_2$等。進一步的研究顯示，在Al$_2$O$_3$包覆的奈米LiCoO$_2$上，以上反應產物（包括氣、液、固三相）的產量更高，氧的相對含量更高；對所產生的液體進行氣相色譜—質譜（GC-MS）和紅外線與Raman光譜分析顯示，液相產物中含有結構與聚氧乙烯（PEO）類似的C—O—C鏈以及具有碳酸酯結構的分子。對所得到的固相產物進行紅外光譜分析發現，溶劑浸泡LiCoO$_2$生成的表面層主要是由烷基鋰、烷基酯鋰和Li$_2$CO$_3$組成。不同處理LiCoO$_2$樣品上觀察到的

紅外光譜相似，這說明表面包覆並不影響表面膜的組成，也不改變SEI膜的組分。同時，我們還注意到，無論樣品是否經過表面包覆，經過溶劑浸泡後，$LiCoO_2$的兩個特徵Raman峰（分別位於$592cm^{-1}$和$483cm^{-1}$）都消失了。

化學分析（感應耦合等離子體方法，ICP）顯示，以上收集到的液體和固體樣品中的Li：Co原子比都明顯偏離了$LiCoO_2$的1：1，特別是在液相中Li：Co原子比更是達到了18：1，說明溶劑浸泡$LiCoO_2$引起了其中Li和Co的溶出。由於$LiCoO_2$是唯一的鋰源，因此化學分析結果清楚地顯示，表面包覆Al_2O_3並不能阻止鋰離子（或少數鈷離子）的溶出。或者，表面包覆改善電極材料的電化學性能並不僅僅是由於包覆層隔開正極活性材料與電解液，而是還有更深層次的原因。

鋰的溶出必然影響$LiCoO_2$的結構和電化學性質。用XRD和Raman光譜對固體產物進行分析發現，未經表面包覆的$LiCoO_2$溶出部分鋰後，退化產物以Co_3O_4為主，Co_2O_3為輔；而經過Al_2O_3表面包覆的$LiCoO_2$溶出部分鋰後，退化產物則以Co_2O_3為主，Co_3O_4為輔。

兩種情況下均可形成一種核—殼結構（核是$LiCoO_2$、Co_2O_3及Co_3O_4的混合物，而殼是由烷基鋰、烷基酯鋰和Li_2CO_3等組成的更為複雜的混合物）。掃描式電子顯微鏡觀察發現（圖5-7），經過溶劑浸漬的$LiCoO_2$表面上有許多明顯的腐蝕溝道，而另外一些地方則被高低不平的表面膜所覆蓋，與浸泡前的光滑表面明顯不同。由於結構的退化，在2.5～4.3V（相對於Li^+/Li）循環時，溶劑浸泡奈米$LiCoO_2$的電化學容量只有40～60mA·h/g，明顯低於未經浸泡的奈米$LiCoO_2$的90mA·h/g。

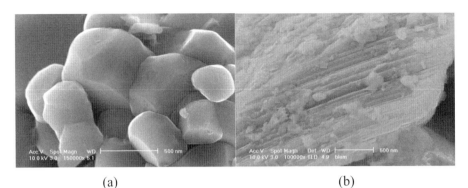

(a)　　　　　　　　　　　　　　(b)

圖5-7　LiCoO₂浸漬在EC/DMC溶劑前(a)和後(b)的表面形貌

以電解液（1mol/L LiPF₆的EC/DMC溶液）替代溶劑EC+DMC，對上述奈米LiCoO₂進行類似研究的結果顯示，上述反應仍然存在，但是反應的劇烈程度和反應產物的量明顯低於溶劑浸泡時的情況。實驗中沒有檢測到新產生的氧，這說明Li⁺溶出的驅動力是LiCoO₂顆粒內外巨大的鋰離子濃度差。當由於鋰鹽的存在使這一濃度差減小時，上面的反應就得到了顯著抑制。掃描電鏡的觀察顯示，電解液浸泡商品LiCoO₂同樣會引起材料的表面腐蝕，甚至可以觀察到由於浸泡而導致的LiCoO₂顆粒的層狀破裂，見圖5-8(a)。

(a)　　　　　　　　　　　　　　(b)

圖5-8　浸漬在1mol/L LiPF₆的EC/DMC溶液1周後LiCoO₂的層裂(a)和其顆粒(b)的表面形貌

根據以上實驗結果，可得到如下的反應機制：

$$3RCO_3^- + 3LiCo^{3+}O_2 \rightarrow 3ROCO_2Li\downarrow + Co_2^{3+}Co^{2+}O_4\downarrow + O_2\uparrow \quad （未經包覆的LiCoO_2）$$

$$（5\text{-}33）$$

$$2LiCo^{3+}O_2 \rightarrow Co_2^{3+}O_3\downarrow + Li_2O\downarrow \quad （Al_2O_3包覆LiCoO_2） \quad （5\text{-}34）$$

從以上研究可以得到以下幾點結論：以電解液或溶劑浸泡 $LiCoO_2$ 會引起材料中鋰和鈷離子的溶出，表面包覆不能阻止鋰或鈷的溶出；鋰離子溶出導致 $LiCoO_2$ 結構退化和電化學容量降低，表面包覆的 $LiCoO_2$ 主要退化為 Co_2O_3，未經包覆的 $LiCoO_2$ 主要退化為 Co_3O_4；浸泡導致溶劑分解，產生多種氣體和含鋰化合物，Al_2O_3 表面包覆 $LiCoO_2$ 可以抑制氧的產生；正極材料表面膜厚度不受電子隧穿距離限制；浸泡對商品 $LiCoO_2$ 的影響要小於對奈米 $LiCoO_2$ 的影響，但同樣會腐蝕商品 $LiCoO_2$ 顆粒甚至導致層狀剝落；$LiPF_6$ 不參與上述自發反應；導致鋰離子溶出的驅動力是 $LiCoO_2$ 顆粒內外巨大的鋰離子濃度差。

5.2.11 功能添加劑

有機電解液中添加少量的某些物質，能顯著改善電池的某些性能，如電解液的電導率、電池的循環效率和可逆容量等，這些少量物質稱為功能添加劑。功能添加劑的作用主要有以下幾種。

一、改善電極SEI膜性能的添加劑

鋰離子電池在首次充／放電過程中不可避免地都要在電極與電解液介面上發生反應，在電極表面形成一層鈍化膜或保護膜，其厚度由電子隧穿距離決定。這層膜主要由烷基酯鋰、烷氧鋰和碳酸鋰等成分組成，具有多層結構的特點，靠近電解液的一面是多孔的，靠近電極的一面是緻密的，該膜在電極和電解液間充當中間相，具有固體電解質的性質，只允許鋰離子自由穿過，實現嵌入和脫出，而對電子則是絕緣的。因此，這層膜被稱為「固體電解質中間相」（solid electrolyte interphase，SEI）。此膜阻止了溶劑分子的共嵌入，避免了電極與電解液的直接接觸，從而抑制了溶劑的進一步分解，提高了鋰離子電池的充放電效率和循環壽命。因而選擇合適的電解液，在電極／電解液介面形成性能穩定的SEI膜是實現電極／電解液相容性的關鍵因素。

在PC電解液中添加一些SO_2、CO_2、NO_x等小分子，可促進以Li_2S、Li_2SO_3、Li_2SO_4和Li_2CO_3為主要成分的SEI膜的形成。這種SEI膜化學性質穩定，不溶於有機溶劑，具有良好的傳導鋰離子的能力，並抑制溶劑分子的共嵌入和還原分解對電極的破壞。如在PC基電解液中添加一些亞硫酸酯如亞硫酸乙烯酯（ES）或亞硫酸丙烯酯（PS），能顯著改善石墨電極的SEI膜性能，並和正極材料有著很好的相容性。此外，在有機電解液中加入一定量的鹵代有機溶劑，可以在碳電極表面形成穩定的SEI膜，改善電池的循環性能，提高電池的循環壽命。在鋰離子電池用有機電解液中加入微量的苯甲醚或其鹵代衍生物，能夠改善電池的循環性能，減少電池的不可逆容量損失。

如苯甲醚影響電池循環性能的機制為：苯甲醚與溶劑EC、DEC的還原分解產物ROCO$_2$Li發生類似於酯交換反應，生成LiOCH$_3$，有利於在電極表面形成高效、穩定的SEI膜。還有一類含有1，2-亞乙烯基基團的化合物如碳酸亞乙烯酯（VC）、乙酸乙烯酯（VA）、丙烯腈（AN）等。

二、提高電解液低溫性能的添加劑

探討18650圓柱形商品鋰離子電池的低溫性能，發現在0.2C倍率放電下，該電池在−20°C時的放電容量是室溫容量的67%～88%，但是在−30°C和−40°C時電池的放電容量迅速降低，分別為室溫時的2%～70%和0～30%。從室溫到−20°C或−30°C，電池在1kHz的阻抗一般增加很小，與電池的放電能力無關。但是電池在−30°C的直流電阻比在室溫時增加了10倍，在−40°C時則增加了20倍，電池的直流電阻與電池的室溫和低溫放電能力都有關。在碳負極上形成的SEI膜不僅影響電解質的離子電導率，也強烈影響電池的低溫性能。因此，為了優化電解質的低溫性能，必須對電解質各組分的內在物理性質（包括凝固點、黏度和離子電導率）與所觀察到特定的電池系統（即電極上SEI膜的性質）的相容性作出平衡。電解質的離子電導率和鋰離子在電極中的固相擴散都不限制電池的低溫放電能力，鋰離子在正極表面上的SEI膜中的擴散是電池低溫放電能力的限制性因素。

為了滿足空間探測和兵器系統方面的應用，美國軍方和美國航空太空總署對開發具有改進的低溫（低達−40°C）性能的二次能量記憶體件很感興趣。通過開發基於環狀和脂肪族烷基碳酸酯混合多組分的電解液溶劑配方，低溫鋰離子電池可以在−30°C有效工作。

如三元和四元的碳酸酯類電解質都能夠改善實驗三電極電池MCMB/LiNi$_{0.8}$Co$_{0.2}$O$_2$的低溫性能。採用一系列的電化學測試方法對這些電池進行性能表徵（包括Tafel極化測量、線性極化測量和電化學阻抗譜測量）發現，最有應用前景的電解液配方是1.0mol/L LiPF$_6$EC/DEC/DMC/EMC（體積比1：1：1：2）和1.0mol/L LiPF$_6$EC/DEC/DMC/EMC（體積比1：1：1：3）。將這些電解液用在SAFT的9A·h鋰離子電池上作包括不同溫度下的倍率性能、循環壽命以及許多特定的任務測試等性能評價，發現在−50～40°C的溫度範圍內，這些電池都有良好的性能表現（在C/10放電速率下，電池的比能量可達95W·h/kg）。

為開發可用於寬工作溫度範圍的鋰離子電池電解液，幾種含有環狀碳酸酯（如EC）和線性碳酸酯（如DMC、DEC和EMC）以及低凝固點的溶劑（甲基醋酸酯MA、乙基醋酸酯EA、異丙基醋酸酯IPA、異戊基醋酸酯IAA或乙烷基丙酸酯EP）的三元電解液是首研物件。通過研究這些電解質的鋰離子電池在各種溫度時的循環壽命，發現低凝固點溶劑對電解液低溫性能的影響要比線性碳酸酯的影響大得多。含有EC/DEC/MA溶劑的電解質在−20°C仍表現出很好的初次循環性能，但循環性能較差。含有EP及另外兩種溶劑的電解質（EC/DEC/EP與EC/EMC/EP）的總體性能（包括−20°C低溫時的初次循環性能、在室溫及50°C時的循環壽命和倍率性能）最具吸引力。

應用1mol/L LiPF$_6$EC/DMC/EMC（體積比1：1：1）作為低溫電解質。這一電解質不僅具有很好的電導性和電化學穩定性，而且其鋰離子電池都可以工作在−40°C。通過在−40～40°C的寬溫度範圍內測量各種溶劑組成中EC基多元電解質的離子電導率的研究發現，使用

具有高介電常數和低黏度的共溶劑可以提高室溫離子電導率，但是只有具有低熔點的共溶劑才能有效擴展電解質的使用溫度範圍。使用經過優化的電解質1mol/L LiPF$_6$EC/DMC/EMC（8.3：25：66.7）的鋰離子電池具有非常優良低溫性能，即使在−40°C和0.1C的倍率條件下，在放電到2.0V時該電池的容量仍可達到正常容量的90.3%。

鋰離子電池的低溫性能主要受電解質溶液的影響，電解液不僅決定離子在兩個電極之間的淌度，而且強烈影響碳負極表面上形成的表面膜的性質。表面膜決定電極相對於電解質的動力學穩定性，允許它們之間的電荷轉移，又轉而決定電池的循環壽命和倍率性能。為了提高電池的低溫性能，有人分別使用各種烷基碳酸酯，如EC、DMC、DEC和酯溶劑，製成不同溶劑配比的電解液，並研究了它們在不同溫度時電導率、膜阻抗、膜穩定性以及嵌脫鋰的動力學性質等方面。與二元溶劑電解液相比，由EC、DEC和DMC組成的電解液在電導率和表面膜的特性方面，尤其在是低溫時，更傾向於一種協同作用。以DMC為基的電解液能顯示一種協同的高耐用性，而以DEC為基的電解液能改善低溫性能。觀察到了所形成的表面膜的穩定性的一個明顯的趨勢。在含有低分子量共溶劑的溶液中（即乙酸甲酯和乙酸乙酯），所形成的表面膜只對離子的運動起阻礙作用，而沒有通常SEI膜的保護作用，而含有高分子量的酯的電解質則形成更多的合乎要求的性質。

通過優化電解質配方和凝膠電解質的製備方法以及電極包覆處理，可改善凝膠電解質鋰離子電池的低溫性能。當LiPF$_6$的濃度為1.0mol/L左右而EC：PC的質量比為1：1時，在溫度範圍為−20～20°C，電解液體系中LiPF$_6$溶於EC/PC的電導率達到最大值。低溫電

化學性能說明，使用低EC含量電解液的電池可以放出有限的容量，而使用高EC含量電解質的電池的放電容量則接近於零。電化學阻抗譜研究表明，在非常低的溫度下，高EC含量的電解質比低EC含量電解質的阻抗要高得多。使用塗覆電極和經紫外線照射製得的凝膠聚合物電解質時得到最好的低溫電化學性能。所製備的電池在室溫和−20°C的低溫下都具有很好的介面性質。

三、提高電解液電導率的添加劑

提高電解液的電性能，主要是提高導電鋰鹽的解離和溶解以及防止溶劑共嵌入對電極造成的破壞。添加劑可按其與電解質鹽的作用類型分為與陽離子作用型和與陰離子作用型兩類。與陽離子作用型的添加劑主要是一些冠醚和穴狀化合物，以及胺類和分子中含有兩個以上氧原子的芳香雜環化合物。這些化合物能與鋰離子發生較強的螯合或配位作用，促進鋰鹽的溶解。冠醚和穴狀化合物能與鋰離子形成包覆式螯合物，從而提高鋰鹽在有機溶劑中的溶解度，實現陰、陽離子對的有效分離以及鋰離子與溶劑的分離。這些冠醚和穴狀化合物不僅能提高電解液的電導率，而且有可能降低充電過程中溶劑分子的共嵌入及還原分解。如12-冠-4醚能顯著改善碳電極在PC等電解液中的電化學穩定性。但是冠醚類化合物昂貴的價格和較大的毒性限制了它們在商品鋰離子電池中的應用。NH_3和一些低分子量胺類化合物能夠與鋰離子發生強烈的配位元作用，減小鋰離子的溶劑化半徑，顯著提高電解液的電導率，但在電極充電過程中，這類添加劑往往伴隨著配體的共嵌入，對電極的破壞很大。向電解液中添加1%～5%的乙醯胺或其衍生物，能顯著改善電池的循環性能。在鋰離子電池電解質中，陰離

子絡合物比陽離子絡合物更重要一些，因為形成陰離子絡合物不僅有利於提高電解質的電導率，同時也可以提高鋰離子的遷移數。

與陰離子作用型的添加劑主要是一些陰離子受體化合物如氮雜醚或硼基化合物，它們能與鋰鹽陰離子如F-等形成絡合物，從而提高鋰鹽在有機溶劑中的溶解度和電導率。一類以氮雜醚上的N電子缺陷為基礎，N上的H被強吸電子基團如CF_3SO_3-取代；另一類以帶有各種氟化芳基或烷基的硼烷或硼化物上B電子缺陷為基礎，如圖5-9和圖5-10所示。用這類化合物作為添加劑可將溶解在DME中的0.2mol/L的CF_3COOLi和C_2F_5COOLi的電導率從3.3×10^{-5}S/cm和2.1×10^{-5}S/cm提高到3.3×10^{-3}S/cm和3.7×10^{-3}S/cm。其溶液甚至可將在DME中完全不溶的LiF溶解其中，濃度最高可達1.0mol/L，電導率為6.8×10^{-3}S/cm。由於該類絡合劑絡合的是陰離子，因此有望提高鋰離子遷移數。

將無機奈米氧化物如SiO_2、TiO_2、Al_2O_3等絕緣相添加到液體電解質中形成一種「濕潤的沙子（Soggy sand）」複合電解質，能夠顯著提高其電導率。研究發現添加酸性氧化物SiO_2對改善電解液的導電性效果最為明顯，當在0.1mol/L的$LiClO_4$-CH_3OH中添加體積分數為25%的300nm左右的SiO_2後，其電導率可由2.68×10^{-3}S/cm提高到1.2×10^{-2}S/cm。電導率提高的主要原因是：加入酸性氧化物SiO_2使鋰鹽中陰離子吸附在氧化物表面破壞了電解液中原先存在的離子對，可提高$LiClO_4$在溶劑中的解離，增強了氧化物周圍空間電荷層區的自由Li^+濃度。

L2R
L4R
L5R
L6R
L8R
C4R
C6R
M6R
R = CF3SO2

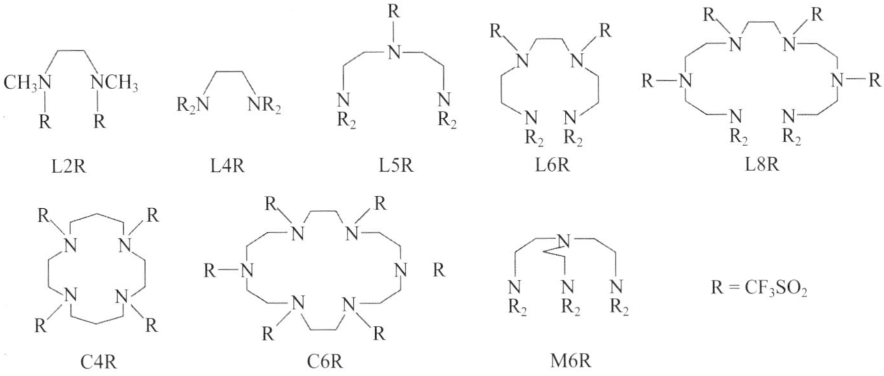

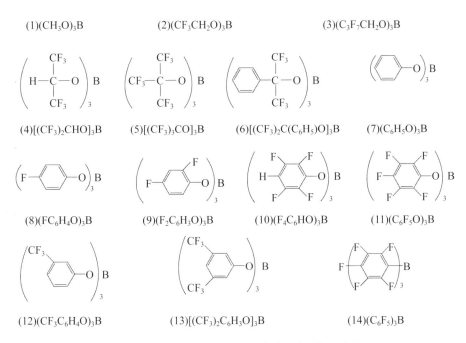

圖5-9 各種氮雜醚基陰離子受體的結構示意圖

(1)(CH3O)3B
(2)(CF3CH2O)3B
(3)(C3F7CH2O)3B
(4)[(CF3)2CHO]3B
(5)[(CF3)3CO]3B
(6)[(CF3)2C(C6H5)O]3B
(7)(C6H5O)3B
(8)(FC6H4O)3B
(9)(F2C6H3O)3B
(10)(F4C6HO)3B
(11)(C6F5O)3B
(12)(CF3C6H4O)3B
(13)[(CF3)2C6H3O]3B
(14)(C6F5)3B

圖5-10 各種硼基陰離子受體的結構示意圖

硼基化合物包括各種硼烷和具有不同氟化芳基和氟化烷基官能團的硼酸化合物，用作鋰離子電池電解液的受體。使用添加劑之前，

LiF在DME及其他非水溶劑中的溶解度非常低。使用添加劑後，LiF/DME溶液的濃度可達1mol/L。使用添加劑也可以提高其他鹽如LiCl、LiBr、LiI、CF_3COOLi及C_2F_5COOLi在DME中的溶解度，提高電解液的電導率。因此，作為含有各種鋰鹽的DME〔1,2-二甲氧（基）乙烷〕溶液的添加劑，陰離子受體可以提高溶液的離子電導率。研究顯示，Cl^-和I^-陰離子與DME溶液中的LiCl或LiF發生了絡合，絡合的程度與拉電子的氟化芳基和烷基官能團的結構密切相關。

四、改善電解質熱穩定性的添加劑

硼基陰離子受體三（五氟苯基）硼烷〔tris (pentafluorophenyl) borane (TFPB)〕和三（五氟苯基）硼酸鹽〔tris (pentafluorophenyl) borate (TFPBO)〕是兩類可作為鋰離子電池的電解質添加劑。這兩種添加劑能提高簡單鋰鹽如LiF、CF_3CO_2Li和$C_2F_5CO_2Li$在有機溶劑中的離子電導率，幾種鋰鹽在使用了TPFB添加劑的EC-PC-DMC（1：1：3，體積比）溶液中的電化學窗口分別達到了5V、4.76V及4.96V。相比之下TFPBO的電化學穩定性較低。另外，純TFPB的熱穩定性也優於TFPBO的熱穩定性。TPFB基電解質在$Li/LiMn_2O_4$中具有很好的循環效率和循環性。在$Li/LiNiO_2$電池中測量了TFPBO基電解質，電池給出了高的放電容量和好的循環效率。經過多次循環，使用TFPB的電池的容量保持能力要優於使用TFPBO基電解質的電池。以強陰離子絡合劑TPFPB抑制$LiPF_6$電解質熱分解的研究表明，添加0.1mol/L的TPFPB可以在1個星期內保持$LiPF_6$電解液在55°C的電化學穩定性，而在同樣的條件下不使用添加劑的電解液的電化學穩定性則嚴重下降。在含有0.1mol/L TPFPB添加劑的$LiPF_6$電解質中的

Li/LiMn$_2$O$_4$電池比不使用添加劑的電池表現出更優越的容量保持能力和在55°C的循環效率。這些資料表明TPFPB添加劑改善了LiPF$_6$電解液的熱穩定性。

五、改善電池安全性能的添加劑

隨著鋰離子電池在民用方面的迅速普及以及在未來電動汽車上的大規模應用，電池的安全問題變得日益突出。有機電解液都是極易燃燒的物質，電池過熱和過充放電都有可能引起電解液的燃燒甚至電池的爆炸，因此提高電解液的穩定性是改善鋰離子電池安全性的一個重要方法。

在電池設計時就必須考慮電池的過充電問題，並採取適當的措施防止電池出現過充電。具體方法可以從電解質內部與外部考慮。

(1)電池的安全保護

過充電不僅會在鋰離子電池的正、負電極和電解質中引發一系列的副反應，導致活性材料的損失和電解質的消耗，造成電池容量的損失，更有可能引發安全性問題。電池在充電和使用過程中，內部溫度會顯著升高。電池的過充電與過放電更會引起電解液的劇烈分解，同時伴隨著大量的熱和氣體產生，使電池的內部溫度和壓力升高。因此，電池的安全保護也主要是從電池的電壓、內部溫度和內部氣壓這三個方面進行考慮。從電解質的角度來看，可以將採取的安全措施分為電解質以內和電解質以外兩方面。目前，商品鋰離子電池一般是在電解質以外採取過安全保護措施，包括以下幾方面。

①防爆閥。當電池內部壓力反常增加時，防爆閥變形，將置於電池內部用於連接的引線切斷，電池停止充電。

②具有自關閉機制的隔膜。液態鋰離子電池的聚合物隔膜通常是一種多孔膜。正常情況下，離子可以自由通過這些微孔而在正、負電極之間實現電荷交換，但是當電池內部溫度升高到某一閾值時，聚合物膜就會發生熔融，微孔自行關閉，堵塞用作離子傳輸通道的微孔，使充電過程終止，避免由於電池內部溫度過高可能帶來的安全性問題。當然電池的使用壽命也由此結束。在這方面有一些聚合物材料可供選擇，如聚丙烯的熔點為155°C，聚乙烯的熔點為130°C。

③正溫度係數（positive temperature coefficiency, PTC）的元件。這是一種綜合考慮電池內部的溫度與壓力，在電池中安裝PTC元件，實現對電池的自動保護功能的一種方法。其基本原理是：充電過程中，當電池內部的溫度升高時，PTC元件會輸出更高的電阻，打開排氣孔，釋放電池內的氣體和／或對電池進行分壓，使電池自身無法繼續充電（即降落在電池正、負極之間的電壓仍為安全電壓）。

④電子線路。對於電池組（甚至某些特殊場合的單節鋰離子電池），在電池以外加裝專門的電子線路防止電池的過充、過放和／或實現其他管理功能。如果進一步將電池的溫度和／或壓力感測器與控制電池充放電電壓的電子線路相連，則可更全面地實現對電池的安全保護功能。當然，這將會增加電池的製造成本，降低電池組的比能量。

⑤電極材料添加劑。將Li_2CO_3與正極材混合使用，當發生過充電時，添加劑Li_2CO_3發生分解，釋放出CO_2，增大電池的內壓，這個內壓啟動預置於電池頂部的一個排氣孔，釋放電池內部的壓力並切斷充電電路。在正常使用電池時，添加劑不會明顯影響電流。加拿大的Moli Energy公司將2%質量比的聯苯加入到石墨／$LiCoO_2$電池中用作過充保護劑。聯苯分解產生的固體產物沈積到正極表面，使電池的內

阻升高，降低電池的快速充電能力。這些方法可以算是將物理方法與化學添加劑方法相結合防止電池過充電的方法。

顯然，以上電池的物理的安全保護方法都是被動的，即一般是在電池中已經出現了不安全因素後，這些安全保護措施才開始發揮作用。因此，與下面介紹的電解質添加劑相比，以上從電池材料，特別是電解質以外採取的安全措施自身的可靠性都是比較低的。

(2)過充保護添加劑

利用電解質添加劑實現電池的過充電保護對於簡化電池製造方法和降低電池成本具有非常重要的意義。通過電解質添加劑實現電解質對電池的過充電保護功能可以從以下幾個方面進行考慮。

①氧化還原梭。通過在電解液中添加適當的氧化還原對，對電池進行內部保護。氧化還原梭的原理是：在正常充電時，添加的氧化還原對不參加任何化學或電化學反應。當充電電壓超過電池的正常充電截止電壓時，添加劑開始在正極發生氧化反應，氧化產物擴散到負極，發生還原反應，如式（5-35）和式（5-36）所示。

$$正極：R \rightarrow O + ne^- \tag{5-35}$$

$$負極：O + ne^- \rightarrow R \tag{5-36}$$

電池在充電後，氧化還原對就在正極和負極之間穿梭，吸收多餘的電荷，形成內部防過充電機制，大大改善電池的安全性能和循環性能。因此，這種添加劑被形象地稱為「氧化還原梭」（redox shuttle）或「內部化學梭」（internal chemical shuttle）。

在LiAsF$_6$/THF電解液中，過充電時LiI氧化生成的I$_2$會引發THF發

生開環聚合反應。為避免上述反應的發生，有機電解液中必須加入過量的LiI以便與I_2形成穩定的LiI_3。另外，Li^+會與I_2發生反應生成LiI，降低鋰表面鈍化膜的穩定性，加快鋰的溶解。因此，使用這種氧化還原梭對電池安全性的改善效果並不明顯。二茂鐵及其衍生物亦可作為氧化還原對，防止電池的過充電，但是這些化合物的氧化還原電位大部分都在3.0～3.5V之間，用在鋰離子電池中並不合適。亞鐵離子的2, 2-吡啶和1, 10-鄰菲咯啉的絡合物的氧化電勢比二茂鐵的氧化電勢約高0.7V，在4V附近。鄰位和對位的二甲氧基取代苯的氧化還原電位在4.2V以上，能發生可逆氧化還原反應，如圖5-11所示，因此可作為防止過充電的添加劑。

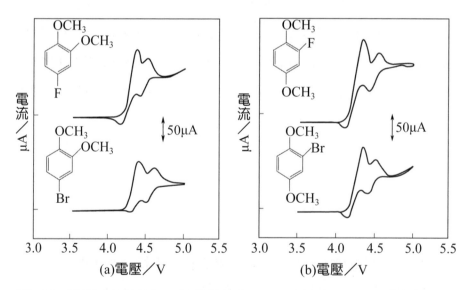

圖5-11 鄰位(a)和對位(b)二甲氧基苯在1mol/L$LiPF_6$的PC/DMC電解液中的循環伏安曲線

　　某些具有帶有乙醯基或其他官能團的噻蒽衍生物的芳香類化合物直到4.2～4.3V都是穩定的，將它們用作化學過充保護劑，可以消耗電池過充時多餘的電流。將它們引入到C/LiCoO$_2$方形電池中作為電解質添加劑，則它們會在4V以上被氧化，成為氧化梭。用ARC（accelerating rate calorimeter，加速率量熱法）研究含有上述材料電池的熱學性質證明，提供給充電過程的電流並沒有儲存起來，而是迅速徹底地消耗在氧化還原反應中。在常用的電解質溶液1mol/L PC/LiClO$_4$中分別添加包括聯苯、環己基苯（cyclohexylbenzene）和氫化二苯並呋喃（hydrogenated diphenyleneoxide）在內的10種有機芳香族化合物，發現環己基苯和氫化二苯並呋喃添加劑都具有比聯苯更好的耐過充能力和更高的循環效率。在循環伏安曲線上，使用這些添加劑的電池的第二周和第三周的氧化反應的開始電位都低於第一周的氧化反應起始電位。這種行為表明氧化反應的產物比原來的芳香化合物更易於發生氧化。

　　電池過充電時添加劑發生電聚合，生成導電聚合物膜，使正、負電極之間短路，阻止將電池充到更高電壓。使用聯苯作為防過充添加劑。當充電電壓達到4.5～4.7V（相對於Li/Li$^+$）時，添加的聯苯發生電化學聚合，在正極表面形成一層導電膜。沈積的這層膜可以穿透隔膜到達負極表面，導致電池的內部短路，防止電池的電壓失控。另一方面，聯苯的電氧化聚合產生過量的氣體和熱，有助於提高電開路裝置的靈敏度。

　　當充電電壓達到某一閾值時，電解質添加劑發生電聚合，生成對電子和離子雙絕緣的聚合物膜，阻止正、負電極之間通過內電路發生電荷交換，使充電過程無法繼續進行。如選擇二甲苯作為鋰離子電池

的過充電保護劑,通過對使用二甲苯添加劑電池的過充電曲線、循環伏安行為以及SEM觀察研究發現,過充電位時,這類添加劑在正極表面發生聚合形成緻密絕緣聚合物膜,阻止電活性物質和電解質的進一步氧化,改善鋰離子電池的耐過充能力。

②阻燃電解質。在電池中添加一些高沸點、高閃點和不易燃的溶劑可改善電池的安全性。氟代有機溶劑具有較高的閃點、不易燃燒的特點,將其添加到有機電解液中有助於改善電池在受熱、過充放電等狀態下的安全性能。一些氟代鏈狀醚,如$C_4F_9OCH_3$被用於改善鋰離子電池的安全性能,但氟代鏈狀醚的介電常數一般較低,電解質鋰鹽在其中的溶解性很小,氟代鏈狀醚也很難與其他介電常數高的有機溶劑如EC、PC等混溶。氟代環狀碳酸酯化合物如一氟代甲基碳酸乙烯酯(CH_2F-EC)、二氟代甲基碳酸乙烯酯(CHF_2-EC)、三氟代甲基碳酸乙烯酯(CF_3-EC)等都具有較好的化學穩定性、較高的閃點和介電常數,能夠很好地溶解電解質鋰鹽並與其他有機溶劑混溶,採用這類添加劑的電池具有較好的充放電性能和循環性能。

阻燃添加劑主要是使用一些含磷的化合物。在有機電解液中添加一定量的阻燃劑如有機磷系列、矽硼系列及硼酸酯系列等。如加入阻燃劑$[NP(OCH_3)_2]_3$後,明顯降低了電池的產熱速率,電池容量也得到了明顯提高;如3-苯基膦酸酯(TPP)和3-丁基膦酸酯(TBP)可作為鋰離子電池電解液的阻燃劑。氟代磷酸酯、磷酸烷基酯具有阻燃作用,而且不降低鋰離子電池其他的性能。六甲基磷醯胺(HMPA)可作為鋰離子電池電解質的阻燃劑。研究了HMPA的可燃性、電化學穩定性、電導率及含有HMPA的電解質的循環性能。在含有$LiPF_6$和有機碳酸酯的電解質溶液中添加HMPA化合物顯著降低了電解質的可燃

性，但是添加HMPA引起了電解質電導率的輕微下降和電化學穩定窗口的變窄，使用阻燃添加劑後電池的循環性能降低。

③自關閉電解質添加劑。在電池的電解質中設置熱關閉機制，這與聚合物隔膜的熱關閉機制有些相似。具有熱關閉功能的PVdF-HFP/PE複合凝膠電解質作為電池的內部安全器件能改善鋰離子電池的安全性。複合凝膠電解質包括PVDF-HFP聚合物、聚乙烯（PE）熱塑樹脂和1.0mol/L LiClO₄/PC/EC（或LiPF₆/γ-BL + EC）增塑劑。當PE的含量超過23%（質量分數）時，複合凝膠電解質的電阻就迅速升高幾個數量級，在PE的熔點附近（90°C或104～115°C），SEM觀察發現，在PE的熔點附近原本均勻分散在PVdF-HFP凝膠電解質中的PE顆粒融合成連續的膜。連續的PE膜能夠切斷離子在正、負極之間的擴散通道，防止電池出現熱失控。

六、電解液的循環穩定性

作為鋰離子電池電解液溶劑，丙烯碳酸酯（PC）具有價格便宜、低熔點（−49.2°C）、高介電常數、高化學穩定性、高閃點與沸點、寬的電化學窗口等優點，以PC為基的電解液兼具良好的低溫和高溫性能，有助於提高鋰離子電池的低溫性能和安全性能。但是當把PC基電解液與具有成本低、高容量和平坦的嵌鋰平台等優點而在商品鋰離子電池廣泛使用的石墨類負極材料搭配使用時，PC分子就會與溶劑化的鋰離子一同嵌入到石墨層中，在其中進行劇烈的還原分解反應，如圖5-12所示，導致石墨片層的剝離，破壞石墨電極結構。解決此問題的一個有效方法是在電解液中加入成膜添加劑，它優先於PC的分解（或比PC更容易分解），並在石墨類負極材料表面形成

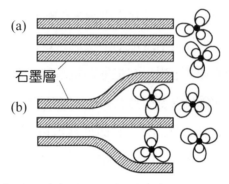

圖5-12 溶劑連同溶劑化鋰離子共同嵌入到石墨層間示意圖

一層有效、緻密和穩定的SEI膜，阻止PC和溶劑化鋰離子的共嵌入。因此，使用添加劑改善PC基電解液的循環穩定性的基本原則是：添加劑必須在鋰離子嵌入石墨電極的電位之上發生分解，並在石墨表面上形成均勻、緻密、穩定的SEI膜。這樣，待放電電壓降至嵌鋰電位時，就可避免由於PC的共嵌入而引起的石墨碳的層狀剝離、粉化、脫落以及PC的還原。

乙烯基丁酸鹽（vinyl butyrate, VB）、乙烯基己酸鹽（vinyl hexanoate）、乙烯基安息香酸鹽（vinyl benzoate）、乙烯基丁烯酸酯（vinyl crotonate）及乙烯基三甲基乙酸鹽（vinyl pivalate）均可作為添加劑，用於PC及液體電解質體系。在PC基電解質中添加乙烯基丁酸鹽可以顯著抑制電解質在石墨電極上的分解，改善電池的電化學性能。計算表明，VB的最低未佔據分子軌道（LUMO）能量與添加劑的還原電位之間的關係基本上是線性的。檢驗乙烯基醋酸鹽（vinyl acetate）、聯乙烯己二酸（divinyl adipate）和烯丙基碳酸二甲酯（allyl methyl carbonate）作為PC基電解質的添加劑在三種常用作鋰離子電池的石墨碳（天然石墨，MCMB 6-28和MCF）中的作用，並

且評價這些溶劑的直接二電子還原的可行性，沒有發現由VEC分解生成Li_2CO_3和1, 4-丁二烯（1, 4-butadiene）時會有能壘。相反，EC或PC的分解則需要跨越0.5eV的能壘。VEC還原分解易於生成Li_2CO_3，這可以解釋為什麼VEC可以作為鈍化劑用於鋰離子電池。

用同樣體積的氟乙烯碳酸酯（fluoro-EC）與共溶劑的電解質，將首次石墨嵌鋰過程中有電解質分解而導致的容量損失減低到85mA · h/g。在含有等體積的EC和PC的三元溶劑體系中，氟乙烯碳酸酯的體積分數可以進一步減低到0.05。使用含有氟乙烯碳酸酯、PC和EC溶劑的電解液的鋰離子電池具有很長的循環壽命，經過200個循環後電池容量降低到原來的37%，電池的電流效率為100%，因此解決了使用氯乙烯碳酸酯（chloro-EC）替代氟乙烯碳酸酯時電池的電流效率低下的問題。

採用濕化學方法將奈米銀顆粒以較低的覆蓋率沈積在石墨化的中間相碳微珠（MCMB）上，發現沈積奈米銀顆粒促進了穩定SEI膜在使用PC基電解液的碳電極上的形成。結果，鋰離子的嵌入與脫嵌成為可逆的。

亞乙烯碳酸酯（VC）可被用作高反應活性的成膜添加劑，將電解液的分解抑制到最小程度，提高鋰離子電池的充放電效率和循環特性。但是VC是一個極不穩定的化合物。碳酸乙烯亞乙酯（VEC）的分子結構與VC非常相似，但是由於VEC中的雙鍵在環外直接和供電基團CH相連，使雙鍵上的電子雲密度增加，有利於穩定雙鍵。VC中的雙鍵在環內直接和吸電子基團OCOO相連，使雙鍵上的電子雲密度降低，導致該雙鍵極不穩定，容易發生聚合。

作為溶劑使用時，VEC具有較高的介電常數，並且具有很高的

沸點和閃點，有利於提高鋰離子電池的安全性。對VEC作為PC基電解質的成膜添加劑時的物理和電化學性能、還原分解機制及在不同石墨形貌和充放電電流密度條件下的電化學行為進行詳細的實驗和理論研究發現，VEC在1.35V開始分解，其產物能在片層石墨上形成緻密和穩定的SEI膜，可以有效阻止PC與溶劑化鋰離子共嵌入到石墨層間。VEC具有較高的氧化電位，與正極材料$LiMn_2O_4$具有良好的相容性。FTIR、XPS及GC-MS的研究結果表明，VEC的主要還原產物是烷氧鋰ROLi（R為烷基）、烷基酯鋰$ROCO_2Li$、碳酸鋰、鋰碳化合物和1, 3-丁二烯等。根據理論計算，VEC的還原分解產物主要有碳酸鋰、$LiOCH(CH-CH_2)CH_2OCOCH(CH=CH_2)CH_2OCO_2Li$、$LiO_2COCH_2CH(CH=CH_2)OCO_2Li$、$LiO_2COCH_2CH(CH=CH_2)$和$LiCH(CH=CH_2)CH_2OCO_2Li$等。

　　石墨電極在PC/VEC電解液中的電化學行為高度依賴於石墨的形貌和充放電電流密度。在低電流密度下，VEC的還原分解產物能夠在片層石墨表面形成有效、充分和穩定的SEI膜而不能夠在球形石墨MCMB表面形成有效和充分的SEI膜。只有在高電流密度下，VEC的還原分解產物才能在片層石墨和球形石墨MCMB表面形成有效和充分的SEI膜。通過簡單控制充放電電流密度，可以顯著抑制PC和溶劑化鋰離子共嵌入到球形MCMB中。VEC在低電流密度下還原分解的主要產物是長鏈的烷基酯鋰$LiOROCO_2Li$，而在高電流密度下還原分解的主要產物是無機Li_2CO_3。正是這種特定的還原分解產物，決定了不同形貌石墨材料的不同電化學行為。

　　儘管PC具有很多優點而且添加少量合適的成膜添加劑就能解決它和石墨類負極材料的相容性，但要在實際鋰離子電池中應用起來，

還有許多問題極待解決。首先是PC黏度過大，直接導致電解液體系的電導率〔$(2\sim6)\times10^{-3}$S/cm〕低於當前常用電解液體系〔$(10\sim18)\times10^{-3}$S/cm〕的電導率。雖然PC基電解液的電導率可以滿足普通鋰離子電池的要求，但要用在功率型鋰離子電池中，它的電導率還顯得低了一些；此外，PC基電解液與電極材料的浸潤很差，因此活性物質的利用率不高。雖然可以在PC基電解液中加一些低沸點的鏈狀碳酸酯，如DMC、DEC、EMC等，來提高體系的低溫性能，提出可能有助於解決此問題的兩個設想：一是在PC基電解液中添加少量合適的表面活性劑，降低電解液的表面張力，提高電解液和電極表面的浸潤程度；二是把PC基電解液製備成類似於「啤酒」的體系，在PC基電解液中加入一些氣體，要求壓力保持在電池能夠接受的範圍內。氣體最好選擇中性氣體，如CO_2（PC能大量吸收CO_2，一般用PC來提純CO_2）。該電解液體系可能會有如下優點：①在PC基電解液中添加極少量的CO_2，就能顯著改善石墨負極材料表面的SEI膜，阻止PC和溶劑化鋰離子共嵌入到石墨層間；②能夠改善電解液和電極表面的浸潤狀態；③能夠抑制產生氣體的副反應；④能夠提高鋰離子電池的安全性能；⑤可能會有較高的電導率等。

七、改善電解液與電極表面間的潤濕性

　　為保證電解液與電極材料及隔膜的充分接觸，使鋰離子與電極材料之間的距離最近並順利通過聚合物隔膜的微孔，還必須要求電解液對其有良好的潤濕作用。用毛細液體運動的數學模型分析非水電解液中$LiCoO_2$與MCMB電極的潤濕性，結果顯示，與處在同一電解液組分中的MCMB相比，潤濕$LiCoO_2$電極更為困難。多孔電極的潤濕主

要受電解液在微孔中的滲透作用和鋪展性能所控制。電解液滲透由黏度所決定。電解液的鋪展受表面張力所控制。由於電解液的黏度和表面張力的變化，有機溶劑的組分和鋰鹽濃度可以影響多孔電極的潤濕性。增加EC和／或鋰鹽會使電解液的鋪展與滲透性能變差。另外仔細控制壓力有助於增加固液介面的表面面積。AC阻抗譜研究表明，在注入電解液之前事先抽真空可以在幾個小時之內就達到最大的潤濕。如果不抽真空，要達到充分潤濕可能需要幾天的時間。

電解液中痕量的HF酸和水對SEI膜的形成具有重要的作用。水和酸的含量過高，不僅會導致$LiPF_6$的分解，而且會破壞SEI膜。在電解液中加入0.5%的水後，原本在石墨類電極的放電曲線中出現的嵌鋰台階就不再出現，說明使用含水電解質（1mol/L $LiBF_4$ EC/γ-BL）時，生成的SEI膜比不含水的電解質中生成的膜更厚，可阻止鋰嵌入石墨層中。將鋰或鈣的碳酸鹽、Al_2O_3、MgO、BaO等作為添加劑加入到電解液中，它們將與電解液中微量的HF發生反應，阻止其對電極的破壞和對$LiPF_6$的分解的催化作用，提高電解液的穩定性。如在含有5000μg/g水的1mol/L $LiPF_6$/EC+DEC電解質中加入LiCl、LiF、LiBr和LiI抑制$LiPF_6$與水的反應。當加入0.1mol/L的LiCl時，$LiPF_6$電解液在50h內不與水發生反應。DSC測量表明，加入LiCl後，$LiPF_6$在265°C時的反應放出的熱量在48h內保持不變。另外，碳化二亞胺類化合物能通過分子中的氫原子與水形成較弱的氫鍵，能阻止水與$LiPF_6$反應產生HF。

5.2.12 隔膜

鋰電池和鋰離子電池的隔膜都是用高分子聚烯烴樹脂做成的微孔膜，目前已經商品化的鋰離子電池隔膜主要由聚乙烯或聚丙烯材料製成。隔膜在電池中的主要作用是將正、負電極隔開，使電子不能通過電池的內電路，但卻不會阻礙離子在其中自由通過。由於隔膜自身對電子和離子都是絕緣的，在正、負電極之間加入隔膜後不可避免地會降低正、負極之間的離子電導。因此，從降低電池的內阻角度考慮，希望隔膜要儘量薄，孔隙率儘量高。而從電池的安全性角度考慮，又應該適當增加隔膜的厚度和減小孔隙尺寸。綜合以上因素，現在商品隔膜的厚度一般在$10\sim20\mu m$，微孔尺寸在$50\sim250nm$，空隙率在35%左右。另外，由於隔膜需要長期浸泡在液體電解質中，因此隔膜的形變率（溶脹率）要低。當然，隔膜的電化學穩定性不能低於電解質的電化學穩定性。添加少量氧化鋁或氧化矽奈米粉的隔膜除具有普通隔膜的作用外，還具有提高正極材料的熱穩定性的作用。

5.3 無機固體電解質

許多商品鋰離子電池使用易燃、易揮發的溶劑，這可能會出現漏液並引發火災，大容量、高電壓、高能量密度的鋰離子電池尤為如此。為了解決這個問題，生產更加安全可靠的鋰離子電池的有效方法之一就是用不可燃的固體電解質取代易燃的有機液體電解質。開發高離子導電性固體電解質、降低電極／電解質的介面阻抗是提高全固態

鋰離子電池的前提。由於具有單一陽離子導電和快離子輸運以及高度熱穩定性等特點，無機固體電解質是最具希望的全固態鋰離子電池的電解質材料。

對固體電解質的基本要求是：離子電導率高（室溫）、電子電導率可忽略不計、在較大的溫度範圍內保持結構的穩定、在較大的充放電電壓範圍內與正負電極的接觸穩定可靠。

5.3.1 固體電解質

對於大部分固體材料，如大部分離子晶體材料，它們只有在液態（溶液或高溫熔融）時才具有較高的離子電導率，在固體狀態下它們幾乎完全不能傳導離子。固體電解質是指在固體狀態時就具有比較高的離子電導率（與熔融鹽或液體電解質的離子電導率相近）的材料，被稱作快離子導體（fast ionic conductor）和超離子導體（super ionic conductor）。這個概念經常用來表示一些離子電導率與液態電解質或熔融鹽相似的固態物質。

固體電解質的歷史可以追溯到19世紀末Nerst發現的能夠傳導氧離子的穩定的氧化鋯發光體（1897年稱為Nerst發光體）的出現。但是在此後的近半個世紀中，人們對離子晶體的導電機制並不瞭解，直到1943年Wagner在他的一篇論文中對此作了詳細闡述。由於固體物理化學的發展，人們發現並研究了許多新的固態離子導電現象。主要的發現包括各種鹼金屬鹵化物離子導體，其中具有劃時代意義的固體電解質是由Tubandt等人發現的碘化銀（AgI）。即當固態碘化

銀在149°C由β相變為α相時，它的離子電導率會突然變得幾乎與液態AgI的離子電導率一樣高。於是，α-AgI成為第一個「超離子導體」。從此以後，由於α-AgI非同尋常的離子導電性質，人們從物理和晶體化學方面對其進行了廣泛的研究。1935年Strock從晶體學角度指出，α-AgI中的Ag^+（每個元胞中有兩個Ag^+）統計分佈在由陰離子（I^-）組成的體心立方的42個等價的間隙中。這說明，陽離子（Ag^+）點陣是一種熔融態。對這一解釋的一些細節雖然仍有爭議，但是人們已經相信α-AgI高Ag^+電導率來自於α-AgI這樣的一種特定晶體結構。同時，Joffe從晶體學缺陷理論角度提出了點陣缺陷或者間隙離子的概念。根據離子輸運的熱力學理論，在20世紀60年代中期，人們設計合成了離子電導率接近於電解質溶液的固體電解質材料$RbAg_4I_5$。另一個成功的例子是1967年由Goodenough等人設計合成的著名的鈉離子導體NASICON（$Na_{1+x}Zr_2P_{3-x}Si_xO_{12}$）。這是一個完全根據人們在晶體化學中所理解的離子在三維隧道結構中的傳導機制，對材料的結構進行「剪裁」而成的固體電解質。這種成功的材料設計很快又導致了許多新的固態離子導體的誕生。不過，20世紀50年代以來最重要的發現可能要算由Kummer等人合成的具有高鈉離子導電率的β-Al_2O_3（理想組成為$Na_2O \cdot 11Al_2O_3$）了。

　　20世紀80年代以來，由於能量轉化與儲存的需要，許多新的固體電解質材料相繼被合成並得到廣泛深入的研究，包括氧離子導體、氟離子導體、銀離子導體與銅離子導體、鈉離子導體與鉀離子導體、質子導體和鋰離子導體等。目前，以製備固體電解質材料為核心的固體電化學器件正在形成一類新興的高新技術，包括高能量密度電池、陶瓷膜燃料電池、固體電化學感測器、高溫膜反應器和電化學催化等。

基於無機固體的快離子導電性發展起來的固態離子學已經成為現代材料科學和固體化學的一個重要分支領域。

在下面的幾節中介紹幾種重要的固體電解質，重點放在固體電解質薄膜方面。

5.3.2　LiX材料

所有的LiX（X = F、Cl、Br和I）類材料都具有NaCl型晶體結構。除LiI以外，它們都是近乎完美的離子晶體，在室溫下是絕緣體。由於I⁻強烈的極性，LiI的化學鍵性質在某種程度上是共價鍵性質的，Li^+在30°C時的電導率就可達5.5×10^{-7}S/cm。雖然LiI的電導率高於其他LiX的電導率，但仍然比$RbAg_4I_5$的電導率低了大約6個數量級。但是需要指出的是，LiI薄膜是1972年最先用在Li/I_2（複合物）電池中的固體電解質材料。LiI膜非常薄，整個電池的內阻很小，製成的電池可以用在小電流供電的場合，如用於心律調整器等。

提高LiX固體電解質的電導率可採用摻雜同分異構陽離子如CaI_2以及嚐試合成複鹽$LiAlCl_4$。LiX固體電解質的離子電導率的有關資料列在表5-3中。

LiI-Al_2O_3彌散型固體電解質的製備方法是：將無水LiI與具有高比表面積的Al_2O_3粉末在水含量低於$15\mu g/g$的氦氣氣氛中充分混合，然後將混合物在500°C燒結17h。冷卻後再重新研磨並壓成餅（綠色），即得到固體電解質樣品。

表5-3　各種鋰鹵化物固體電解質的電導率

成分	離子電導率／（S/cm）	狀態
LiI	5.5×10^{-7}	
LiI-1%（莫耳分數）CaI_2	（1.2～0.2）$\times 10^{-5}$	固溶體
LiI-2%～4%（莫耳分數）CaO	5.4×10^{-6}	
$LiAlCl_4$	10^{-6}	贗固溶體
$LiAlF_4$	10^{-6}	蒸發膜
LiI-40%（莫耳分數）Al_2O_3	10^{-5}	彌散相
LiI-35%（莫耳分數）Al_2O_3	3×10^{-5}	彌散相
LiF + 25%（質量分數）Al_2O_3 + 11%（質量分數）H_2O	4×10^{-5}	彌散相
$2LiBr \cdot H_2O-Al_2O_3$	約10^{-5}	彌散相

$LiI-Al_2O_3$體系中的離子導電性與產生的缺陷無關，將Al_2O_3分散在LiI中就可將電導率提高2個數量級。用彌散的介電物質如Al_2O_3提高其他鹵素類陽離子導體如CuCl的離子電導率是很常見的。介電材料的顆粒半徑越小，這種效應就越明顯。一般情況下，當添加物達到某一個濃度時，電導率會出現一個最大值。

這種現象可以用由宿主材料LiI（或CuCl）與介電顆粒之間的介面處產生的由V'_{Li}（鋰離子空位）和Li_I（鋰離子填隙）構成的空間電荷層對離子電導的貢獻來解釋。假設將一個半徑為r_1的Al_2O_3的小顆粒放在一個半徑為r_2的CuCl（或LiI）顆粒的中心位置〔圖5-13(a)〕。這時，就會在Al_2O_3顆粒周圍誘導出一個厚度為λ的空間電荷層〔圖5-13(b)〕，λ稱為Debye長度，可以表示為：

$$\lambda \approx \left(\frac{8\pi N e^2}{\varepsilon \kappa T} \right) \mathrm{e}^{(-E/\kappa T)^{1/2}} = \left[\left(\frac{8\pi e^2}{\varepsilon \kappa T} \right) n_\infty \right]^{1/2} \qquad （5-37）$$

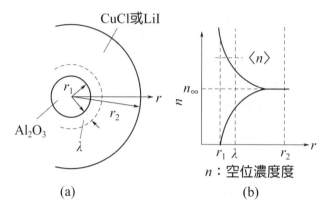

圖5-13　CuCl（或LiI）-Al$_2$O$_3$固體電解質空位生成的類比示意圖

式（5-37）中，N是陽離子的總數目；ε是介電常數；E是缺陷的形成能量；n是遠離介面區域處的缺陷濃度。設想在$r_1 \sim (r_1 + \lambda)$範圍中的缺陷濃度是$\langle n \rangle$，那麼，由於晶界層導電而導致的電導率σ可以表示為：

$$\sigma_b \approx e\mu \langle n \rangle \frac{4\pi r_1^2 \lambda}{4\pi/3(r_2^3 - r_1^3)} \propto \frac{1}{r_1} \times \frac{v}{1-v} \qquad （5\text{-}38）$$

式（5-38）中，v是Al$_2$O$_3$的體積比，這裡假設$r_2 >> r_1$。上式對CuCl-Al$_2$O$_3$和LiI-Al$_2$O$_3$體系都是適用的。

具有反尖晶石結構的複合金屬鹵化物Li$_2$MX$_4$是鹵素型Li$^+$導體的一個例子。已經報道的關於該化合物的電導率σ與1/T之間的關係曲線連同用差熱分析（DTA）和高溫X射線衍射技術觀察到的相變見圖5-14。圖5-14中的轉折點對應於相變，但在立方尖晶石結構的情況下，這一轉折點與四方相和中間相的六配位位置之間的Li$^+$位置的有序—無序轉變有關。

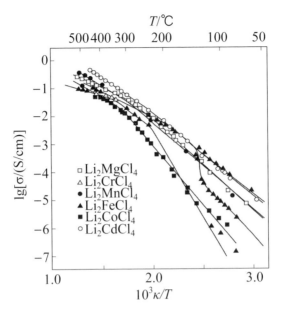

圖5-14　Li₂MCl₄體系（M為Mg，Cr，Mn，Fe，Co和Cd）的電導率σ與
1/T之間的關係曲線

　　用機械球磨方法製備了室溫鋰離子電導率超過10^{-4}S/cm的Li₂S-
P₂S₅玻璃，隨後在結晶溫度以上對Li₂S-P₂S₅玻璃進行熱處理，得
到室溫鋰離子電導率更高的Li₂S-P₂S₅玻璃一陶瓷，其電導率達到
10^{-3}S/cm。實驗發現，含有少量氧化物的Li₂S-SiS₂熔融一淬火玻璃比
使用純硫化物的材料具有更高的室溫鋰離子電導率。當用不銹鋼作
為阻塞電極時，由於極化，兩種組分的玻璃陶瓷的直流電導率都隨
時間降低，因此加入少量的P₂O₅可以降低電解質的電子-電導。這樣的
玻璃陶瓷電解質中的鋰離子遷移數接近1；報導的一種硫代-LISICON
固體電解質：Li₃.₂₅Ge₀.₂₅P₀.₇₅S₄的室溫電導率達2.2×10^{-3}S/cm，並且
具有高的電化學穩定性，不與金屬鋰反應，直到500°C都不發生相
變。這些特點使這種電解質薄膜特別適合作為全固態鋰離子電池的電

解質材料。在一個很窄的組分範圍內〔其中Li_2S約占66.7%（莫耳分數）〕，用高能球磨方法得到無定形固體電解質Li_2S-P_2S_3。這一電解質66.7Li_2S·33.3P_2S_3（莫耳分數，%）的室溫最高離子電導率達到1.1×10^{-4}S/cm。循環伏安測量表明，該樣品的電化學窗口在5V左右。

5.3.3　Li_3N及其同系物

離子型化合物氮化鋰（Li_3N）可以通過金屬鋰與氮氣的直接反應製備出來。在六方體系中，該晶體是由無限長的六邊雙金字塔鏈組成的，N^{3-}位於金字塔的中心。N-Li(1)的鍵長度〔Li(1)位於金字塔的頂端〕是0.194nm，而N-Li(2)〔Li(2)位於六邊形平面的六個角上〕是0.211nm。因此，總體上呈層狀結構，其中Li(2)$_2$N和Li(1)交替堆積。Li^+的導電主要是沿著由Li(1)組成的平面進行。這已經被單晶Li_3N的測量所證實：在25°C時，沿著平行於c軸的方向的電導率為1.2×10^{-3}S/cm，而沿著垂直於c軸的方向的電導率為1×10^{-5}S/cm。另外，已報導的多晶樣品的電導率為7×10^{-4}S/cm。

由於普通Li_3N的電導率一般比LiI的電導率高10^4倍或者比LiI-Al_2O_3高10^2倍，因此它是一種具有多方面應用的固體電解質材料。但是這種材料的一個主要缺點是分解電壓過低，只有0.445V。至少從理論上講，無法用它作為電解質構建電動勢高於0.445V的電池。為了解決這一問題，人們已經研究了各種基於Li_3N的化合物體系。

表5-4提出了一些化合物的鋰離子電導率。其中，通過在550°C氮氣氣氛中燒結混合物3h得到的三元體系的Li_3N-LiI-LiOH（莫耳比1：

表5-4 Li_3N 及其衍生物的電導率比較

化合物	離子電導率（25°C）／（S/cm）	分解電壓／V
Li_3N	1.2×10^{-3}	0.445
Li_5NI_2	7×10^{-3}	>1.9（98°C時）
Li_3N-LiI-LiOH（1：2：0.77）	0.95×10^{-3}	1.6~1.8
Li_3N-LiCl（2：3）	2.5×10^{-6}	>2.5（101°C）
Li_6NBr_3	3×10^{-7}（50°C）	1.3（176°C）

2：0.77）是最成功的。該材料的電導率高達0.95×10^{-3}S/cm，幾乎與Li_3N的相同，而它的分解電壓卻高達1.6~1.8V。另外，它的電子遷移數低於10^{-5}。如此高的電導率可能要歸功於該材料bcc結構的陰離子（N^{3-}和OH^-）在晶體中的排列。

5.3.4 含氧酸鹽

某些含氧酸鋰鹽如Li_3PO_4和Li_4SiO_4在高溫時具有很高的Li^+電導性。某些含氧酸的複鹽，尤其是那些具有γ_{II}-Li_3PO_4型結構的系列化合物的電導率卻比LiI-Al_2O_3在低溫甚至在室溫時的電導率還要高。γ_{II}-Li_3PO_4型結構屬於正交—菱方體系，其中的氧離子密堆積在hcp點陣中，其形成的八面體間隙只是部分地被陽離子所佔據，Li^+可以通過空的間隙位置在*a-b*面內傳導。但是理想γ_{II}型結構中的化合物的電導率通常非常低，因為所有的鋰離子都被用來構建結構的框架。因此，為了得到高電導的固體電解質，含氧酸鹽如Li_4SiO_4中的陽離子比例〔(Li+Si)：氧化物離子〕不能小於1。

化合物$x\mathrm{Li_3PO_4}-(1-x)\mathrm{Li_4SiO_4}$可以改寫為有缺陷的$\gamma_{\mathrm{II}}$形式：$\mathrm{Li}^*_{1-x}\mathrm{Li_3Si_{1-x}P_xO_4}$，其中$\mathrm{Li}^*$表示在$a$-$b$平面中的導電鋰離子，即這些鋰離子不參與構建材料的結構框架。這種固體電解質的電導率在x值達到0.5時達到極大值（4×10^{-6}S/cm），這意味著a-b面內有一半的陽離子位置被佔據。一些不含有$\mathrm{PO_4}$基團的複合型含氧酸鹽如$x\mathrm{Li_4GeO_4}-(1-x)\mathrm{Zn_2GeO_4}$（當$x$ = 3/4時成為LISICON）或$x\mathrm{Li_4GeO_4}-(1-x)\mathrm{Li_3VO_4}$也屬於$\gamma_{\mathrm{II}}$結構，如表5-5所示，表現出很好的鋰離子電導性。

這些化合物（在$\mathrm{Li_4SiO_4}$-$\mathrm{Li_3VO_4}$體系中）是這樣合成的：以甲苯作為分散劑，將適量的高純$\mathrm{Li_2CO_3}$、$\mathrm{SiO_2}$和$\mathrm{V_2O_5}$充分混合。將甲苯蒸發掉以後，在600°C加熱混合物除去$\mathrm{CO_2}$，再在700°C燒結40h。得到的產物研為細粉後，再在每平方釐米幾噸的壓力下壓成餅，在1000°C燒結1h得到最終的固體電解質。用基本相同的方法可以製得其他組分的固體電解質。

表5-5　以含氧酸鹽為基體鋰鹽的電導率

化合物	電導率／（S/cm）	說明
$\mathrm{Li_4SiO_4}$	1×10^{-3}(400°C)	
$0.5\mathrm{Li_3PO_4}$-$0.5\mathrm{Li_4SiO_4}$	4×10^{-4}(25°C)	
$0.6\mathrm{Li_4GeO_4}$-$0.4\mathrm{Li_3VO_4}$	3×10^{-5}(20°C)	
$0.4\mathrm{Li_4SiO_4}$-$0.6\mathrm{Li_3VO_4}$	1.7×10^{-5}(19°C)	
$0.75\mathrm{Li_4GeO_4}$-$0.25\mathrm{Zn_2GeO_2}$	6×10^{-7}(20°C)	
$0.75\mathrm{Li_4SiO_4}$-$0.25\mathrm{Li_2MoO_4}$	3×10^{-7}(20°C)	
$0.4\mathrm{Li_3PO_4}$-$0.6\mathrm{Li_4SiO_4}$	5×10^{-6}(25°C)	非晶
$0.68\mathrm{Li_4SiO_4}$-$0.32\mathrm{Li_4ZrO_4}$	4×10^{-6}(25°C)	非晶

xLi$_3$PO$_4$−$(1-x)$Li$_4$SiO$_4$的非晶薄膜是用過量的鋰作為靶材在Ar-40%氧的氣氛（總壓力為3Pa）中通過濺射技術在襯底上製成的。在25°C時，這樣製備的Li$_{3.6}$Si$_{0.6}$P$_{0.4}$O$_4$膜的電導率可達5×10^{-6}S/cm，大於同樣組分的晶相塊材的電導率。由於這種膜的無定形特點，結構的細節還不清楚。但是這些膜可能具有γ_{II}-Li$_3$PO$_4$型結構，其中的SiO$_4$和PO$_4$四面體的排列有某種程度的無序。在薄膜中觀察到的更高電導率則可能是由於無序排列導致的導電通道中更寬的窗口。

以含氧酸鹽為主體的固體電解質的電導性質總結在表5-5中。需要指出的是，與Li$_3$N或LiI-Al$_2$O$_3$體系不同，這些固體電解質在一般環境中都非常穩定。

鈣鈦礦結構材料ABO$_3$（其中A = La或Li；B = Ti）具有很高的鋰離子電導率，30°C時體相電導達1.2×10^{-3}S/cm，表觀的晶界電導為0.03×10^{-3}S/cm。這一固體電解質的穩定電壓只有1.6V（相對於金屬鋰），在此電壓以下Ti^{4+}會還原為Ti^{3+}。有一種具有更高電導率的鈣鈦礦結構Li-Sr-Ta-Zr-O，其中SrZrO$_3$中的A和B陽離子分別被Li和Ta所取代。經過優化的組分為Li$_{3/8}$Sr$_{7/16}$Ta$_{3/4}$Zr$_{1/4}$O$_3$的電解質材料在30°C時的鋰離子電導率為0.2×10^{-3}S/cm，表觀晶界電導率為0.13×10^{-3}S/cm。這種電解質在1.0V（相對於金屬鋰）以上都是穩定的。在1.0V以下，1mol的Li$_{3/8}$Sr$_{7/16}$Ta$_{3/4}$Zr$_{3/4}$O$_3$中可以不可逆地插入大約0.08mol的鋰。

5.3.5 薄膜固體電解質

無機固體電解質的電導率一般仍明顯低於液體電解質和聚合物

電解質,因此無機固體電解質一般是做成厚度為微米量級的電解質薄膜使用微型晶片上或用在以LIGA技術製作的微電機的電源上。比較傳統的製備固體電解質薄膜的方法是用溶膠—凝膠法將固體電解質直接製備在導電襯底上或電極材料表面。利用溶膠—凝膠旋塗法,在單晶矽基片(100)上分別製得厚度約為$0.31\mu m$的$0.10Al_2O_3 \cdot 0.08Sc_2O_3 \cdot 0.82ZrO_2$和$0.36\mu m$的$0.125Sc_2O_3 \cdot 0.175TiO_2 \cdot 0.7ZrO_2$固體電解質奈米晶薄膜。實驗結果顯示,兩種薄膜均在650°C以上開始晶化。溫度越高,晶化越完全,在800°C可完全晶化。所得奈米晶顆粒呈純的螢石結構立方相,鋁和鈦摻雜的奈米晶顆粒的平均大小分別為47nm和51nm。鋁摻雜的薄膜非常均勻緻密,但鈦摻雜的薄膜中存在少量微氣孔。為了避免在高溫熱處理製備過程中形成裂縫,有人以聚乙烯吡咯烷酮作為溶膠的成分之一,用溶膠—凝膠方法製備了$Li_{0.35}La_{0.55}TiO_3$薄膜。1000°C製備的$Li_{0.35}La_{0.55}TiO_3$薄膜的室溫離子電導率可達到10^{-3}S/cm。用溶膠—凝膠方法製備的$LiNi_{0.5}Mn_{1.5}O_4$薄膜為電池正極,以晶化玻璃陶瓷$LiTi_2(PO_4)_3$-$AlPO_4$(LTP)為電解質製備的全固態鋰離子電池正極膜與固體電解質膜之間的接觸阻抗為$90\Omega/cm^2$。

一些用化學平衡方法無法得到的組分可以用真空蒸鍍或者濺射方法得到。例如,非晶態的$LiAlF_4$薄膜就可以很容易地用真空蒸發等莫耳的LiF和AlF_3的方法製備出來,但是要合成出塊狀的材料卻是不可能的,因為在化學平衡時這個化合物會偏析為Li_3AlF_6和AlF_3。薄膜$LiAlF_4$的電導率達到10^{-4}S/cm,遠高於LiF、AlF_3或Li_3AlF_6的電導率。

$Li_3(PO_4)_{-x}N_x$(LiPON)已成為全固態鋰離子電池的最佳固體電解質。在製備LiPON薄膜的方法中,通過射頻濺射Li_3PO_4靶,在氮氣或氬氣/氮氣混合氣條件下反應可沈積LiPON薄膜。薄膜

$Li_{0.29}S_{0.28}O_{0.35}N_{0.09}$在室溫時的電導率達到$2\times10^{-5}$S/cm。LiPON薄膜的微結構分析表明當在氮氣氣氛中製膜時,得到的膜呈無定形。該電解質的電化學穩定性達5.5V(相對於Li/Li^+)。

利用脈衝鐳射燒蝕Li_3PO_4靶的方法,在氮氣環境中在鍍鋁的玻璃基片上沈積出鋰磷氧氮(LiPON)離子導體薄膜作為全固態鋰離子電池(Al/LiPON/Al)的電解質。LiPON薄膜的室溫鋰離子電導率為1.4×10^{-6}S/cm。在500°C在$Pt/TiO_2/SiO_2/Si$襯底上製備了厚度為400nm的$(Li_{0.5}La_{0.5})TiO_3$(LLTO)薄膜電解質的室溫電導率約為1.1×10^{-5}S/cm。即使經過600°C退火後,膜仍然為無定形相。

近年來,許多研究者已經將薄膜電解質用於薄膜型全固態鋰離子電池。如採用射頻磁控濺射方法製備了厚度為$1\sim2\mu m$的無定形固體電解質薄膜$(1-x)LiBO_2\cdot xLi_2SO_4$(LiBSO)($x = 0.4\sim0.8$)。電解質的室溫離子電導率隨著$x$的增加而增加,在$x = 0.7$達到最大值,約為$2.5\times10^{-6}$S/cm。在更高的$x$值時($x>0.7$),由於部分晶化,薄膜電導率開始轉而下降。該電解質膜對鋰電位達到5.8V時都是電化學穩定的。LiBSO薄膜電解質與Li/TiS_2微電池相結合,表現出良好的循環性能。用靜電噴塗(ESD)方法製備了名義組分為$Li_{1.2}Mn_2O_4$和$BPO_4\cdot0.035Li_2O$的薄膜用於全固態鋰離子電池。研究薄膜的形貌與沈積條件如前驅物溶液的溶劑組分及襯底溫度等之間的關係時發現,使用較低的襯底溫度和/或較高的溶劑沸點有利於得到結構緻密的膜。如使用含85%(體積分數)的丁基卡必醇(butyl carbitol)和15%(體積分數)的乙醇作為溶劑並在250°C沈積,可得到多孔網狀結構的膜。在$250\sim400$°C的溫度範圍內得到的無定形或微晶$Li_{1.2}Mn_2O_4$膜經過600°C以上的退火後,該膜結晶成為尖晶石結構。

玻璃態$BPO_4 \cdot 0.035Li_2O$層能夠填滿多孔$Li_{1.2}Mn_2O_4$的微孔成為緻密的中間（intermediate）電解質層。用$Li_{1.2}Mn_2O_4/BPO_4 \cdot 0.035Li_2O/Li_{1.2}Mn_2O_4/Al$製備了薄膜搖椅型電池。經過充電後，該電池的開路電壓在1.2V左右。鋰鍺氧化物（Li_4GeO_4）和鋰釩氧化物（Li_3VO_4）的固溶體（通式記為$Li_{3.6}Ge_{0.6}V_{0.4}O_4$）亦可作為固體電解質的全固態高溫鋰電池。循環伏安實驗表明，在對鋰鋁參比電極電位0.5V以下，鋰可以在鉑和金工作電極上可逆沈積；工作電壓在4.5V左右，該固體電解質對任何氧化過程都是電化學穩定的。以鋰鋁合金作為負極、以化學氣相沈積的二硫化鈦薄膜為正極製成的全固態鋰電池在300°C時的開路電壓約為2.1V。該電池還具有非常高的倍率能力，可以在高達100mA/cm²的電流密度下放電。

鋰磷氧氮化物（LiPON）電解質薄膜在300K時的離子電導率為6.0×10^{-7}S/cm，電化學窗口為5.0V。另外，用PLD製備了正極薄膜$Ag_{0.5}V_2O_5$，與金屬鋰裝配成全固態薄膜鋰電池：$Li/LiPON/Ag_{0.5}V_2O_5$。該電池的開路電壓為3.0V，在電流密度為14μA/cm²時，首次放電容量為62nA · h/(cm² · μm)。在10次循環中，每個循環的平均容量衰減只有0.2%，總循環壽命可達550次。以金屬鋰為負極、LiPON為固體電解質，以Li_xCoO_2為正極製備全固態薄膜微型鋰電池，在從−50°C至80°C的溫度範圍內對電池的電學行為和阻抗增加進行評價，電池的尺寸大約為2cm長、1.5cm寬和15μm厚，電池的倍率容量約為400μA · h，以0.25C的倍率在室溫下對電池作100次循環。充放電截止電壓分別為4.2V和3.0V。在100次循環中，電池沒有任何容量衰減。實測的電池容量達到400μA · h，庫侖效率為1，說明電池反應中沒有任何寄生性副反應，而且鋰的嵌入和脫嵌是完全可逆的。

在室溫時，以2.5C放電時的容量達到0.25C放電容量的90%。

　　將電池儲存在80°C的環境中卻可以對電池造成永久性的破壞，這是因為即使再回到室溫，電池的性能也不能恢復到正常狀態。在將電池儲存在不同溫度前後測量電池的內阻，電池的高頻阻抗（通常歸因於電解質和其他與電解質相串聯的阻抗）隨著溫度的降低而降低，而電池的介面阻抗則隨著溫度的降低而增大。另外，電解質阻抗大約占電池總阻抗的2%。經過循環後，電池的阻抗明顯增加。

　　以鋁作為負極，然後再在其上濺射沈積LiPON膜作為電解質可以製成全固態鋰離子電池。LiPON薄膜的鋰離子電導率達到10^{-6}S/cm，與體相材料的電導率相近。用燒結法先製成體相高電壓正極材料$Li_2CoMn_3O_8$，再用電子束蒸發該體材料及20%（質量分數）的$LiNO_3$，在10^{-5}mPa氧分壓的條件下方法製備成膜。製成的薄膜電池可以在3～5V（相對於Al或LiAl電極）之間工作。使用GIT技術測得$Li_{2-x}CoMn_3O_8$（x在0.1～1.6）的室溫化學擴散係數在10^{-13}～10^{-12} cm^2/s。對全電池系統的阻抗譜研究結果表明電荷轉移阻抗為290Ω，雙電層電容約為45～70μF，對電極面積為6.7cm^2，化學擴散係數在10^{-12}～$10^{-11}cm^2$/s。

　　由無定形Li_2O-V_2O_5-SiO_2為固體電解質（LVSO）、結晶相$LiCoO_2$為正極和無定形SnO為負極，組裝成固態薄膜電池。其成分分析顯示固體電解質組成為$Li_{2.2}V_{0.54}Si_{0.46}O_{3.4}$。由阻抗譜估算，在25°C時LVSO薄膜的離子電導率為2.5×10^{-7}S/cm，活化能為0.54eV。在充電之前該薄膜電池可以在空氣中操作，在完全電狀態時該電池的開路電壓為2.7V，在0～3.3V循環100次表現出良好的可逆性。

　　無機固體電解質主要是用於薄膜型鋰電池或鋰離子電池，無機固

體電解質在改善鋰離子電池的安全性與循環性方面是有為的。可充電鋰電池至今不能商品化的一個重要原因就是由於電解質分解在金屬鋰負極上形成的SEI膜不穩定而導致的電池的循環性能差，難於抑制鋰枝晶的形成。

5.4　聚合物電解質

　　聚合物電解質是以聚合物為基體，由強極性聚合物和金屬鹽通過Lewis酸—鹼反應模式發生絡合形成的一類在固態下即具有離子導電性的功能性高分子材料。聚合物基體應含有對電解質鹽具有溶劑化作用的官能團，並對增塑用的極性有機分子具有締合作用，以保證聚合物電解質呈現固態特徵。與無機固體電解質材料相比，聚合物電解質具有高分子材料的柔順性、良好的成膜性、黏彈性、穩定性、質量輕、成本低的特點和良好的電化學穩定性。聚合物電解質膜是聚合物鋰離子電池的核心材料，在電池中兼具隔離正負極與離子傳輸介質的雙重作用。聚合物鋰離子電池的關鍵技術就在於聚合物電解質膜的組成、凝聚態結構和膜的製備方法。作為聚合物鋰離子電池用的聚合物電解質膜不僅需要較高的離子傳導率，而且要求合適的機械強度、柔韌性、有利離子傳輸的凝聚態結構和化學及電化學穩定性。由於聚合物電解質中不存在可以自由流動的電解液，因此聚合物鋰離子電池徹底消除了電池漏液的危險。

　　20世紀70年代以前，對固體電解質的研究主要集中於無機物。1973年，Fenton等最早發現聚環氧乙烯（PEO）在「溶解」部分鹼金

屬鹽後形成聚合物—鹽的絡合物。1975年，Wright等人首先報導了該絡合物體系具有較好的離子電導性。1979年，Armand等人報導PEO的鹼金屬鹽絡合體系具有良好的成膜性能，在40～60°C時的離子電導率可以達到10^{-5}S/cm，可用作鋰電池的電解質。

作為聚合物電解質，應具有以下優點。

(1)抑制枝晶生長

傳統的電池隔膜在可充電鋰電池中亦可用作離子導電介質，但遺憾的是，這種隔膜中含有大量的充滿了液體電解質的彼此連通的孔，可以在正極和負極之間形成足夠大的通道，因而在充電過程中會促進鋰枝晶的形成與生長。這些鋰枝晶降低了電池的循環效率並最終引起電池的內部短路。使用連續的或無孔的只能提供很少或根本沒有連續的電解液自由通道的聚合物膜是一種抑制枝晶生長問題的行之有效的方法。

(2)增強電池對循環過程中電極體積變化的承受能力

聚合物電解質較傳統的無機玻璃或陶瓷電解質更柔順，可以很容易地適應充放電過程中正、負電極的體積變化。

(3)減低電極材料與液體電解質的反應性

一般認為，任何溶劑對於金屬鋰甚至是碳負極都是熱力學不穩定的。由於具有類似於固體的性質以及很低的液體含量，聚合物電解質的反應性要比液體電解質的反應活性低。

(4)更高的安全性

聚合物電解質電池的固態結構更耐衝擊、耐震動和耐機械變形。另外，由於聚合物電解質中沒有或只有很少的液體成分，因而聚合物電池可以封裝在抽成真空的平板狀的塑膠袋中而不是封裝在易於受到

腐蝕的剛性的金屬容器中。

(5)更高的形狀靈活性和製作一體性

由於對更小、更輕電池的需要，電池的形狀正在成為電池設計中必須考慮的一個重要因素。從這一方面來說，薄膜型聚合物電解質電池是有非常大的市場的。與聚合物電解質電池相關的另一個特點是生產的一體性：電池的所有元件，包括電解質和正、負電極都可以通過已經得到良好開發的塗膜技術自動壓成薄片狀。

在無機固體電解質中，離子的輸運通常是通過在固體電解質中固定位置之間的跳躍來實現的，這些固定位置一般不隨時間發生顯著變化。在聚合物電解質中，供離子在其中傳導的聚合物本體材料不像傳統的無機固體電解質的缺陷晶體一樣是剛性的，離子輸運實際上是通過聚合物主鏈的運動與重排發生的。因此，離子導電聚合物實際上是一種介於液體（以及熔體）電解質與固體（缺陷晶體）電解質之間的一種特殊的電解質。實際上，離子在聚合物電解質中的輸運更像在液體介質中一樣。表5-6比較了聚合物電解質、液體電解質和固體電解質的主要性質特點。

可充電鋰電池用的聚合物電解質必須要滿足一些基本的要求，包括以下各點。

①離子電導率。通常，在室溫下使用的用於鋰電池或鋰離子電池的液體電解質的離子電導率在$10^{-3} \sim 10^{-2}$S/cm。為了達到能夠在幾個毫安培／平方釐米的電流密度下進行放電的液態電解質體系的電導率水平，聚合物電解質的室溫電導率必須接近或超過10^{-3}S/cm。

表5-6 一些陽離子導電材料的行為比較

現象／環境	電解質的行為		
	聚合物電解質	液體電解質	固體電解質
本體	可變形	可移動	固定
離子的位置	隨主鏈彎曲而變	無	固定，但受溫度影響較大
溶液	是	是	不是
溶劑化物	由本體決定：捲曲機制	形式可變	無
溶質濃度	通常很高	經常很低	不適用
荷電離子團簇參與導電	經常是	不是，熔鹽例外	否
電中性物種的貢獻	重要	不重要	無
高的陽離子遷移數	不是	是	陽離子導體，通常為1

②遷移數。電解質體系中鋰離子的遷移數最好接近於1。一些電解質體系，無論是液體的還是聚合物的，它們的離子遷移數都小於0.5。通過鋰離子的運動而傳導的電荷不足二分之一，陰離子和離子對是重要的電荷輸運的工具，大的離子遷移數可以降低充放電過程中的電解質的濃差極化，因而可以提供較大的功率密度。

③化學、熱學和電化學穩定性。電解質膜是夾在正極和負極之間使用的，對它的化學穩定性的要求是：必須保證當電極材料與電解質直接接觸時不發生任何副反應。為了有適當的溫度工作範圍，聚合物電解質還必須有好的熱穩定性。聚合物電解質的電化學穩定範圍必須能夠在從0V直到4.5V（相對於金屬鋰）的範圍內都能與鋰和正極材料如TiS_2、V_6O_{13}、$LiCoO_2$、$LiNiO_2$和$LiMn_2O_4$等穩定共處。

④機械強度。當電池從實驗室轉向中試和真正的生產時，可加工

性是所有必須考慮的問題中最重要的因素。雖然許多電解質體系都能製成自支援的薄膜並達到各種很好的電化學性能，但是它們的機械強度仍然需要進一步提高以適應傳統的大規模製膜過程的加工要求。

　　表5-7提出了一些用作聚合物電解質的聚合物本體材料。聚合物電解質體系很多，如PEO、PAN、PMMA、PVC以及PVdF，但大體上可以將它們分為兩類，即純固態聚合物電解質和經過增塑的或稱凝膠化的聚合物電解質體系。純固態聚合物電解質是將鋰鹽如$LiClO_4$、$LiBF_4$、$LiPF_6$、$LiAsF_6$、$LiCF_3SO_3$、$LiN(CF_3SO_2)_2$或$LiC(CF_3SO_2)_3$溶解在作為固體溶劑的高分子聚合物本體如PEO和PPO中。這些聚合物電解質體系通常是通過塗膜和溶劑揮發製成薄膜電解質使用，包括接枝的聚醚、聚矽氧烷和聚磷腈骨架共聚物。這類聚合物電解質的離子導電機制都與聚合物鏈段的運動密切相關。與純固態聚合物電解質相

表5-7　一些常用聚合物電解質的宿主材料及其化學式

中文名稱	英文名稱	縮寫	重複單元	T_g/°C	T_m/°C
聚氧乙烯	poly（ethylene oxide）	PEO	$\{CH_2CH_2O\}_n$	64	65
聚氧丙烯	poly（propylene oxide）	PPO	$\{CH(CH_3)CH_2O\}_n$	60	①
	poly[bis(methoxy ethoxyethoxide) phosphazene]		$\{N{=}P[O(CH_2CH_2O)_2CH_3]_2\}_n$	83	①
聚二甲基矽氧烷	poly（dimethylsiloxane）		$\{SiO(CH_3)_2\}_n$	127	40
聚丙烯腈	poly（acrylonitrile）	PAN	$\{CH_2CH(CN)\}_n$	25	317
聚甲基丙烯酸甲酯	poly（methyl methacrylate）	PMMA	$\{CH_2C(CH_3)COOCH_3\}_n$	05	①
聚氯乙烯	poly（vinyl chloride）	PVC	$\{CH_2CHCl\}_n$	82	—
聚偏氟乙烯	poly（vinylidene fluoride）	PVDF	$\{CH_2CF_2\}_n$	40	171

①無定形（amorphous）聚合物。

註：T_g玻璃轉移溫度；T_m熔點。

比，凝膠化（型）電解質具有室溫離子電導率更高而力學性能較差的特點。凝膠型聚合物電解質通常是通過將更大量的液體增塑劑／溶劑與能夠形成具有聚合物本體結構的穩定聚合物相混合而成。為了改善凝膠聚合物電解質的力學性能，通常在凝膠聚合物電解質配方中加入能夠交聯或受熱固化的組分。凝膠態是一個比較特別的狀態，既不屬於液態也不屬於固態。描述凝膠要比定義凝膠容易得多，因為關於凝膠的準確定義必定涉及分子結構和連通性方法的問題。通常是把聚合物凝膠定義為一個被溶劑溶脹的由合物網路所構成的體系。我們必須清楚，溶劑是被溶在聚合物中而不是其他方式。由於具有獨特的混合網路結構，凝膠總是同時具有固體的黏彈性和液體的擴散輸運性質，此雙重性質使凝膠具有包括聚合物電解質在內的多方面重要用途。

凝膠可以通過化學的或物理交聯過程得到。當發生凝膠化時，一個稀的或是更黏稠的聚合物溶液就轉化為一個具有無限黏度的體系，即凝膠。

我們按照聚合物電解質的組成和形態，大致分為不含增塑劑的純固態聚合物電解質、含有增塑劑的凝膠態聚合物電解質、含有奈米陶瓷粉添加劑的聚合物電解質（含有或不含有增塑劑）和多孔凝膠聚合物「電解質」。根據聚合物電解質中鹽與聚合物的相對含量，將聚合物電解質分為「聚合物在鹽中」（polymer-in-salt）和「鹽在聚合物中」（salt-in-polymer）兩類聚合物電解質。

5.4.1 純固態聚合物電解質

這類聚合物電解質的特點是聚合物電解質中只含有聚合物（以使用PEO者居多）和鹼金屬鹽LiX兩個基本組分。其是到目前為止研究最多的聚合物電解質體系。這類聚合物的主鏈都含有強給電子基團—醚氧官能團，故PEO是絡合效果較好的主體絡合物之一。同時，聚合物又具有柔軟的C—H鏈段。大量研究表明，在該體系中，常溫下存在純PEO相、非晶相和富鹽相三個相區，其中離子傳導主要發生在非晶相高彈區。聚合物電解質的晶相形式一般只在幾個非常特定的組分中才能得到。

純固態聚合物電解質是由聚合物基體和摻雜鹽形成的絡合物，主要是聚醚鹼金屬鹽複合物，其中不含溶劑，導電完全依靠極性聚合物網路中的離子。PEO類聚合物主體與鋰鹽簡單混合而得到的聚合物電解質是這類材料的最典型代表，也被稱為「第一代聚合物電解質」。在40～80°C之間時，這類電解質的電導率10^{-8}～10^{-4}S/cm之間。由於室溫離子電導率太低，因此這類聚合物電解質材料至今仍難以實際應用。這首先是因為這類電解質的高結晶性不利於離子在其中的傳導，第二個原因是無定形相PEO對鹽的溶解度很低。

1993年Bruce等人在Science上首次報導了由粉末X射線繞射確定的原理型聚合物電解質$(PEO)_3$：$LiCF_3SO_3$的晶體結構，指出PEO鏈具有平行於晶體學*b*軸的螺旋構型。鋰離子與5個氧原子（三個來自於乙烯氧，另外每兩個相鄰的CF_3SO_3基團再提供一個氧原子）結合。CF_3SO_3基團成為連接兩個鋰離子的橋梁，構成平行的但又與PEO主鏈纏繞的鏈。在PEO鏈之間沒有相互交聯的鏈連接，電解質可以看作

是一個無限長的圓柱狀締合體。但是這一特定組分與實際具有高離子電導率的聚合物電解質的組分相差較遠，況且實驗已經表明隨著聚合物的含量由3：1增加到6：1，聚合物電解質的電導率將顯著增加。因此，比例為6：1的聚合物電解質的晶體結構更令人感興趣。該研究組在1999年通過對聚合物電解質進行類比退火並對整個粉末X射線繞射譜進行擬合，用從頭算（ab initio）方法得到了更接近於實際聚合物電解質的$(PEO)_6LiAsF_6$絡合物。他們發現，在組分為3：1的聚合物電解質中聚合物鏈形成螺旋狀，而組分為6：1的混合物中的聚合物鏈卻形成一個二重的非螺旋的結構，二者互相嵌套形成一個圓柱體。鋰離子位於圓柱體內，不與陰離子發生締合。

　　一般認為，鹼金屬離子先與高分子鏈上的極性基團絡合，在電場的作用下，隨著高彈區分子鏈段的熱運動，鹼金屬離子與極性基團發生解離，再與別的鏈段發生絡合。通過這種不斷的絡合／解絡合過程，實現離子的定向遷移，如圖5-15所示。因此，鹼金屬離子與聚合物鏈段的作用對聚合物電解質中離子的傳導起著關鍵性作用。

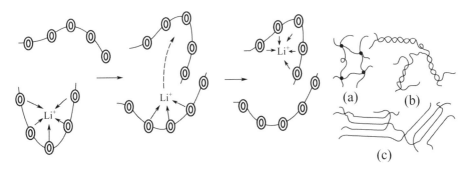

圖5-15　在無定形區離子傳輸的示意圖

　　要形成高電導的聚合物電解質，主體聚合物必須具有給電子能力很強的原子或基團，其極性基團應含有O、S、N、P等能提供孤對電子的原子與陽離子形成配位鍵以抵消鹽的晶格能。其次，配位中心間距離要適當，能夠與每個陽離子形成多重鍵，達到良好的溶解度。此外，聚合物分子鏈段要足夠柔順，聚合物上官能團的旋轉阻力儘量低，以利於陽離子移動。除PEO外，常見的聚合物基體還有聚環氧丙烷（PPO）、聚甲基丙烯酸甲酯（PMMA）、聚丙烯腈（PAN）和聚偏氟乙烯（PVdF）等。

　　由於離子傳輸主要發生在無定形相，晶相對導電貢獻小，因此含有結晶相的PEO／鹽絡合物在室溫下的電導率很低，只有10^{-8}S/cm。只有當溫度升高使結晶相熔化時，電導率才會大幅度提高，而大部分鋰離子電池都是在室溫下工作的，所以通過對聚合物的結構進行改性或者尋找更合適的鋰鹽，開發具有低玻璃化轉變溫度（T_g）、室溫時為無定形態的聚合物電解質，就成為目前的研究工作重點。確實，許多重要的研究工作都集中在通過共摻混、共聚、梳狀／分支和交聯網路等方法提高室溫電導率方面。這些提高電導率方法的共同特點是降低聚合物的結晶性或者降低其玻璃轉移溫度。

　　常用的聚合物改性方法有化學的（如共聚和交聯），也有物理的（如共摻混和增塑）。化學交聯或稱共價交聯是一個與聚合物鏈的共價鍵通過化學反應形成一定數量的連接點相聯繫的過程。共價交聯形成的是不可逆的凝膠。在這種凝膠中，連接點的數目並不一定隨著外部條件如溫度、濃度或壓力等的改變而發生改變。相比之下，通過物理交聯所形成的凝膠網路稱為糾纏網路。有兩種主要的糾纏類型：一種是結點區，聚合物鏈與其自身長度上的一部分發生交聯；另一種

是邊緣膠團方式，這時聚合物鏈段在一個小的區域中定向排列形成小晶區，其他一些弱的相互作用如離子絡合也會有助於形成物理凝膠網路。大部分的凝膠聚合物電解質都是以這種方式製備的。

採用EO和PO的交聯嵌段共聚物可將聚合物電解質的室溫電導率提高到5×10^{-5}S/cm。通過將PEO鏈結到聚矽氧烷主鏈上形成梳狀聚合物可將聚合物電解質的室溫電導率提高到2×10^{-4}S/cm。如將PEO和PAMA共混，再與$LiClO_4$形成絡合物，可得到室溫電導率高於10^{-4}S/cm的聚合物電解質。有人用丁苯橡膠和丁腈橡膠共混，合成了一種雙相電解質。非極性的丁苯橡膠為支援相，保證電解質具有較好的力學性能；極性的丁腈橡膠為導電相，鋰離子在導電相中進行傳導，室溫電導率高達10^{-3}S/cm。

自從由PEO和鋰鹽形成聚合物電解質的概念提出以來，人們已經對離子傳導機制進行了廣泛研究。在這一體系中，鋰離子與PEO上的乙烯氧締合併隨聚合物鏈段一起運動，但是乙烯氧的給電子能力太強，鋰離子不能有效地隨聚合物鏈段一起運動，從降低聚合物官能團的給電子能力角度考慮，選擇脂肪聚碳酸酯（$M_w = 50000$）作為聚合物本體，以LiTFSI為鋰鹽製備的聚合物電解質的離子電導率隨著樣品玻璃轉變溫度的降低而升高，並在0.8mol（相對於聚合物的單體單元）時得到最高電導率0.5×10^{-4}S/cm（20°C時）。

聚合物電解質要達到實用的要求，不僅要有高的室溫電導率，還要有高的鋰離子遷移率。電池工作時，由於陰、陽離子向相反方向遷移而在電池的兩極間出現的濃差極化提高了電池的性能。常見的做法是選用具有較大陰離子的鋰鹽，這不僅有利於降低鹽的解離能，提高電解質中鋰離子的濃度，而且較大體積的陰離子會受到聚合物本體對

其運動的更多限制,因而可以提高聚合物電解質的鋰離子遷移數。如利用硼原子對陰離子運動的限制作用,通過聚氧丙烯低聚物和聚硼二環壬烷之間的反應,得到鋰離子遷移數大於0.5的聚合物電解質。

提高陽離子的遷移數,一些研究者將陰離子共價鍵合到聚合物的骨架上,只允許鋰離子隨聚合物鏈段運動,得到單離子導電的聚合物電解質。這些聚合物電解質被稱為聚電解質(polyelectrolytes)。與普通的聚合物電解質相比,聚電解質在電池中應用時有一個獨特的優勢,它不易受循環過程中電極/電解質介面處高或低鹽濃度的電勢阻擋層形成的影響。陰離子被有效固定在聚合物主鏈上,因此聚電解質全部的離子電導率都是陽離子遷移的貢獻。如將陰離子固定在聚合物鏈段上,使其不能在電解質中自由移動而提高了聚合物電解質的鋰離子遷移數,但是這樣的電解質的室溫電導率一般在10^{-6}S/cm以下,比雙離子導電的聚合物電解質的電導率低1~2個數量級。

利用硼氧酯(boroxine)環和低聚醚側鏈束縛陰離子,可得到具有很高的鋰離子遷移數和室溫離子電導率(10^{-5}S/cm)的聚合物電解質。如用聚乙二醇甲基丙烯酸酯和聚乙二醇硼酸酯構成的聚合物電解質在30°C時的離子電導率可達10^{-4}S/cm。以甲氧基聚乙二醇硼酸酯和甲(基)丙烯醯基聚乙二醇硼酸酯與LiTFSI構成的聚合物電解質在20°C時的離子電導率達到3.8×10^{-4}S/cm,高於傳統的PEO電解質的離子電導率。這種聚合物電解質的鋰離子遷移數隨著聚合物中硼酸根含量的增加而增大。在20°C時的最高鋰離子遷移數接近1。測量11B的NMR表明,隨著鋰鹽的加入,該峰的化學位移由10.8變為14.4。這說明,硼酸根的電子密度很高,硼酸根可以束縛鋰鹽中的陰離子。據此,通過增加聚合物電解質中硼酸根的含量可以得到單離子導電的聚

合物電解質。

　　玻璃和陶瓷材料是以快離子導電機制進行導電的，其中鋰離子基本是在靜止的框架中運動。相反，在聚合物體系中，鋰離子的運動則與在液體電解質中的運動相似，即鋰離子的運動是以聚合物主體的動力學為媒介的，這就將電導率值限制在一個相對較低的範圍之內，鋰離子運動對電解質的總電導率也只有很小的貢獻（低遷移數）。通過在塑膠晶體中摻雜鋰離子製備出新的聚合物電解質。由於旋轉無序和存在晶格空位，這類聚合物電解質材料具有快離子的導電性質，在60°C時的電導率達到2×10^{-4}S/cm。

5.4.2　凝膠型聚合物電解質

　　純固態（「乾」的）聚合物電解質的發現已經有30多年的歷史，但是迄今為止，聚合物電解質仍然只停留在實驗室的研究階段，離實際電池對其要求還有比較大的距離。聚合物電解質離子電導率最顯著的提高是通過將電解液〔例如鋰鹽溶解在有機溶劑混合物（稱為增塑劑）中形成的溶液〕在聚合物（典型的如聚丙烯腈PAN）基體中的凝膠化實現的。添加增塑劑不僅降低了聚合物的結晶性，而且增加了聚合物鏈段的活動性。增塑劑可以使更大量的鋰鹽解離從而使更多數量的載流子參與離子輸運。低分子量的聚醚和極性有機溶劑是兩類最常用的增塑劑。

　　凝膠型聚合物電解質是1975年由Feullade和Perche首次提出的，後來得到了Abraham及其同事的進一步研究。在這類電解質中，整個

體系可以看成是鹼金屬和有機增塑劑形成的電解液均勻分佈在聚合物主體的網路中。在這樣的電解質中，聚合物主要表現出其力學性能，對整個電解質膜起支援作用，而離子輸運主要發生在其中包含的液體電解質部分。這類電解質的電導率與鹼金屬鹽的有機溶液相當，在室溫下一般可達10^{-3}S/cm，且不要求聚合物主體對鹽的溶解能力。凝膠型聚合物電解質的電導率主要與有機溶劑的物理性能如介電常數、黏度等有關。常用的增塑劑有EC、PC、γ-BL等，為了提高體系的介電常數，也可以採用幾種增塑劑的混合物。用PC作增塑劑對網狀PEO進行改性，室溫電導率接近10^{-3}S/cm。用複合增塑劑對PAN進行改性，室溫電導率達到4×10^{-3}S/cm，鋰離子遷移數也提高到0.6～0.7。使用γ-BL作為增塑劑也產生同樣的效果，且它們的分解電壓均在4.5V以上。選擇PEU作為聚合物載體、PC作為增塑劑和改性蒙脫石作為無機添加劑可製備一種新的凝膠聚合物電解質，該電解質不僅表現出良好的力學性能，而且呈現較高的離子電導率。有人報道了一種新型的聚合物電解質。先將EC/PC鑲嵌於介孔SiO_2中得到一種具有電「活性」的EC/PC-介孔SiO_2奈米複合粒子，然後將其添加到PEO-LiClO4中得到一種複合型凝膠聚合物電解質。該電解質的室溫電導率達到2×10^{-4}S/cm，同時力學性能也得到了很大提高。電導率提高的主要原因是這種電「活性」的EC/PC-介孔SiO_2奈米複合粒子為鋰離子的遷移提供了獨特快速的奈米通道。

按照聚合物主體分類，凝膠型聚合物電解質主要有以下三類。

(1)PAN基聚合物電解質

除了PEO及其修飾聚合物之外，還有許多骨架和側鏈上都不含有〔CH_2CH_2O〕重複單元的聚合物材料被增塑，以期獲得具有更高室

溫電導率的電解質。電導率的提高是PAN基凝膠型聚合物電解質而不是傳統的固態聚合物基電解質的一大優點，但是凝膠體系也是熱力學不穩定的，經過長期儲存的凝膠電解質可能會出現溶劑滲出等問題，在開放的環境中更是如此。這一現象被稱為縮水效應，在許多體系中都曾出現過。當出現這種效應時，電解質溶劑會滲出到電解質薄膜的表面，電解質就逐漸變得不透明。這一變化使電解質的黏度增加，離子的活度降低，離子電導率也因此而顯著降低。

將沸石粉末彌散在$LiAsF_6$-PAN凝膠聚合物電解質中可形成複合電解質，發現加入沸石將帶來兩個方面的優點，一個優點是提高了低溫離子電導率，雖然PAN凝膠電解質是高度無序的，但在低溫時聚合物主鏈會發生重排，以一種更有序的或者是結晶化的狀態發生取向。加入少量的沸石顆粒可以防止這種結晶過程的發生，保留那些對離子電導率有貢獻的無定形區。除了好的傳輸性能之外，與電極材料的相容性也是確保電解質在電化學器件中具有可接受的性能的一個重要參數。當金屬鋰或碳負極材料與電解質接觸時，就會在兩個體相之間形成第三相的薄層。當與PAN凝膠電解質相接觸時，鋰金屬電極有可能會經歷一個鈍化過程。另一個優點是改善了電解質／電極的介面穩定性，在凝膠電解質中添加5%的沸石可以有效降低金屬鋰表面上阻擋層的生長。這種有利的介面特性與分子篩的親水性特點有關。彌散的沸石將雜質材料固定並阻止它們在介面上發生反應。介面性質改善的另一個可能的原因是複合膜比凝膠相的黏度更大，阻止了腐蝕性溶劑的流動。

鋰離子在PAN中輸運的許多報導基本上顯示鋰離子與聚合物、聚合物骨架的增塑劑以及聚合物骨架具有強烈的相互作用。雖然PAN基

聚合物電解質的電導率與EC/PC液體電解質的相近，但是NMR線寬和自旋晶格鬆弛時間測量顯示，PAN的存在阻礙短程離子的活度。

(2)PMMA基聚合物電解質

1985年，Iijima等人首先提出將PMMA作為凝膠化促進劑使用，發現使用質量分數15%的平均分子量為7000的PMMA得到的電解質在25°C時的電導率可達10^{-3}S/cm。在室溫下將質量分數高達20%的PMMA溶在1mol/L LiClO$_4$/PC電解液中可得到均勻透明的凝膠。在25°C時凝膠電解質的電導率為$2.3×10^{-3}$S/cm。加入高分子量的PMMA導致非常高的宏觀黏度（黏度達335Pa·s）而不顯著降低體系的電導率。也就是說，加入PMMA後體系的電導率仍然與液體電解質的電導率相近。可認為PMMA在其中主要是起一種剛性化劑「stiffener」的作用，快離子傳導是通過形成連續的PC分子的導電通道，PMMA的存在不影響電解質的電化學穩定性。

(3)PVDF基聚合物電解質

由於具有強烈的拉電子基團—CF，因此PVDF—$(CH_2—CF_2—)_n$基聚合物電解質可望成為對陰離子高度穩定的聚合物電解質的基體材料。作為聚合物材料，PVDF本身的介電常數（$\varepsilon = 8.4$）也是相當高的，有助於解離鋰鹽，提高載流子濃度。

PVDF基聚合物電解質最關鍵的方面是其與金屬鋰的介面穩定性。由於鋰與氟反應會生成LiF和F，因此含氟聚合物對金屬鋰不是化學穩定的，PVDF不適於用在以金屬鋰作為負極的電池中。用LiN(CF$_3$SO$_2$)$_2$的PC溶液增塑的PVDF基電解質在30°C時的電導率為$1.74×10{-3}$S/cm，相對於Li$^+$/Li的氧化穩定電位在3.9～4.3V。離子淌度是聚合物電解質的決定因素；在固態聚合物電解質中加入增塑劑，

電導率可增加2～4個數量級左右。

　　由於室溫熔融鹽和聚合物電解質的優良性能，如將溴化1-丁基吡啶與AlCl₃混合得到室溫熔鹽，再加入少許的聚吡啶，可得到一種新型的聚合物電解質：聚溴化1-丁基-4-乙烯吡啶，室溫電導率可達10-3S/cm。研究發現，當苯甲酸三乙基甲基銨（TEMAB）／醋酸鋰（LiOAc）／二（三氟甲基磺酸醯）亞銨鋰(LiTFSI) = 7/2/1時，可以在室溫形成穩定的熔融鹽，30°C時的電導率為10^{-4}S/cm，60°C時的電導率為10^{-3}S/cm。加入一定量的PAN後電導率降低1～2個數量級。由於AlCl₃對濕度敏感，在空氣中不穩定，更廉價的是以〔BF_4^-〕及〔PF_6^-〕為陰離子的室溫熔鹽合成方法，並且與聚偏氟乙烯—六氟丙烯（PVdF-HFP）混合形成膠體電解質。當室溫熔鹽：PVdF-HFP = 2：1時，膠體電解質的室溫電導率大於10^{-3}S/cm，100°C時大於10^{-2}S/cm，單體電池開路電壓為3.7V。

5.4.3　增塑劑在凝膠型聚合物中的作用

　　有人認為增塑劑的唯一作用就是降低聚合物電解質的玻璃轉移溫度，溶解鋰鹽，使聚合物變為無定形，使離子和其他載流子可以在其中自由移動以提高電解質的電導率。另有人認為，除了增塑作用之外，增塑劑更重要的作用是與離子載流子締合，使它們運動得更快。到目前為止大部分研究者都將含有增塑劑的聚合物電解質體系稱作混合相或複合電解質。這就意味著聚合物電解質中各組分之間的相互作用被忽略了。

　　將以PAN為代表的通過共摻混或增塑的聚合物電解質進行研究，合成幾十種含有增塑劑的以PAN為基的聚合物電解質，所使用的增塑劑包括丙烯碳酸酯PC、乙烯碳酸酯EC、二甲基甲醯胺（DMF）、二甲基亞碸（DMSO）和γ-丁內酯（γ-BL）及其混合物等。通過研究，聚合物電解質的室溫電導率可以達到2.5×10^{-3}S/cm，這些電解質與金屬鋰表現出良好的相容性。

　　對含有不同濃度$LiClO_4$的常用溶劑EC、DMF和DMSO的研究，發現它們的Raman和紅外線光譜變化。雖然這些體系有各自的細節不同，但它們共同的光譜特徵可以總結如下。光譜變化最明顯的那些峰位與C=O基團（EC和DMF）或S=O基團（DMSO）有關。因此，與這些峰相聯繫的光譜變化毫無疑問地表明瞭$LiClO_4$與溶劑之間的相互作用，或者更確切地說，反映了鋰離子與溶劑分子中的C=O或S=O基團之間的相互作用。

　　圖5-16是EC的環彎曲振動模式的Raman光譜（715cm^{-1}）隨溶液濃度的變化。雖然相互作用主要是發生在羰基和S=O基團上，但是由於這些氮和氧原子的電負性，也不排除某些鋰離子與EC環上的氧原子或與DMF上的氮原子發生相互作用的可能性。

　　另外，紅外線光譜和Raman光譜的結果都顯示高氯酸根陰離子的所有Raman或紅外活性振動模如v_1(A$_1$, 930cm^{-1})、v_2(E$_1$, 457cm^{-1})、v_3(F$_2$, 1060cm^{-1})和v_4(F$_2$, 624cm^{-1})發生分裂，對應於陰離子對稱性的降低和不同離子締合物的生成，如被溶劑分開的離子對（Li$^+$–溶劑–ClO$_4^-$）、接觸離子對（Li$^+$ClO$_4^-$）以及多離子團簇〔(Li$^+$ClO$_4^-$)$_n$，$n \geq 2$〕。這些聚集體的增加將導致溶液中載流子濃度的降低和溶液

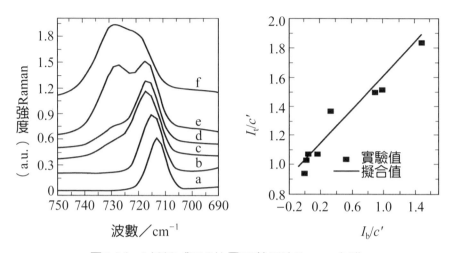

圖5-16 LiClO$_4$與EC的不同莫耳比Raman光譜
a-0（純EC）；b-0.008；c-0.04；d-0.09；e-0.21；f-0.35

黏度的提高，降低載流子的遷移率，使電解質的電導率降低。

確定鋰離子在溶液中的締合數有助於理解鋰離子的輸運機制和設計新型電解質。以EC分子在1230cm^{-1}處的環伸縮振動模式的強度作為內標，通過定量研究EC分子的環彎曲振動模隨高氯酸鋰濃度的變化可以計算自由和發生了締合的溶劑分子的含量以及鋰離子在溶液中的締合數。

定義c_f和c_b為在電解液中自由的和發生了締合的EC分子的濃度，I_f和I_b是相應的振動峰的相對強度（即$I_f = I_{715}/I_{1230}$；$I_b = I_{725}/I_{1230}$），可以得到下列關係：

$$I_f = c_f J_f ， I_b = c_b J_b \qquad (5\text{-}39)$$

其中，J_f和J_b是與分子種類及其散射條件有關的係數，則總相對

強度為：

$$I_t = I_f + I_b = c_f J_f + c_b J_b = (1 - J_b/J_f)I_f + c J_b \tag{5-40}$$

其中$c = c_f + c_b$是該溶劑折合為物質的量時的濃度（對於EC，c = 11.36mol/kg）。

上面的式（5-40）表明I_t與I_f之間的關係是線性的，斜率為$1 - J_b/J_f$，截距為$c J_b$。I_t與I_f之間基本上呈線性關係。進行擬合可以得到：

$$1 - J_b/J_f = 0.238 \text{，} c J_b = 1.386 \tag{5-41}$$

因此：

$$J_f = 0.160 \text{，} J_b = 0.122 \tag{5-42}$$

定義鋰離子締合數（相當於鋰的平均配位數）為：

$$n_s = c_b/c_{Li^+} = I_b/(c_{Li^+} J_b) \tag{5-43}$$

根據式（5-43），可認為鋰離子在EC中的締合數是6。這一數值處在離子締合數的最可能範圍內（一般認為鋰離子的締合數為4、5或6）。值得注意的是，計算出的n_s值隨著溶液濃度的增加而降低，這是由於假設所有的$LiClO_4$都被EC溶解了，因此用c_{Li^+}代替了c_{LiClO_4}。也就是說，式（5-43）中的c_{Li^+}本應是自由鋰離子的濃c_{Li^+}而不應該是

LiClO$_4$的濃度c_{LiClO_4}。由於離子對的出現，c_{Li^+}要小於c_{LiClO_4}，並且兩者之間的差別隨著溶液濃度的增加而增大，只有當溶液的濃度非常低時兩者才會相等。

分析EC和PAN以及它們的混合物的Raman光譜，可以看到不同相對含量時PAN對EC的Raman光譜的顯著影響。光譜特徵變化最明顯的譜峰是EC的C=O伸縮振動模（1762cm^{-1}）。它的強度從純EC時的中等強度變為EC/PC混合物時的弱峰，其位置也向高波數段移動了10cm^{-1}（圖5-17）。另外，EC的環伸縮振動模從1059cm^{-1}移動到了1072cm^{-1}，伴隨著相對強度的減小和線寬的變大。這些光譜變化表明在EC和PAN之間存在強烈的相互作用。另一方面，EC對PAN的光譜變化影響並不明顯。一種可能的解釋就是氰基鍵比羰基鍵要強很多，同樣強度的相互作用引起二者的光譜變化是不一樣的。這種相互作用可能是通過EC的羰基與PAN的氰基之間的偶極子相互作用發生的。

當在PAN中加入DMSO時，當PAN：DMSO的莫耳比很低時，DMSO的光譜變化非常明顯。在1070cm^{-1}（相應於DMSO單體）處出

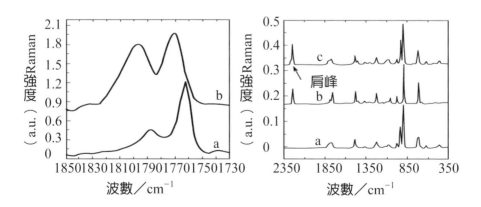

圖5-17　不同莫耳比EC：LiClO$_4$的C=O伸縮Raman光譜
a－純EC；b－純LiClO$_4$；c－n_{EC}：n_{LiClO_4} = 3：2

現新峰而1013cm^{-1}和1030cm^{-1}處（分別對應於DMSO的線性二倍體和DMSO聚集體）的強度則降低。S=O彎曲振動模在303cm^{-1}處的線寬隨著混合物中PAN含量的增加而增加。在其他的振動模式上也觀察到了明顯的光譜變化，如DMSO的CSC伸縮振動模。這些表明PAN對DMSO的影響是通過DMSO上的S=O基團和將DMSO中的線性二倍體解離而實現的。這種影響在PAN的含量比較低時觀察不到，但是當PAN：DMSO的莫耳比達到0.8時，氰基伸縮振動模（2240cm^{-1}）的Raman散射截面就變小。

圖5-18是PAN溶於二甲基甲醯胺（DMF）/LiClO$_4$溶液時DMF的N=C—O基團變形振動模式的Raman光譜。這個振動模在DMF/LiClO4/PAN體系中的Raman光譜與其在DMF/LiClO$_4$體系中的Raman光譜非常相似。在任何一個可以相比擬的濃度，添加PAN都不會引起該振動模的Raman光譜變化。這表明PAN並不影響DMF與Li$^+$之間的相互作用，類似的現象在DMSO/LiClO$_4$/PAN體系中也能觀察到。

添加PAN於丙烯碳酸酯（PC）中，比較前後其環變形振動模發生明顯變化。在溶劑中添加PAN使Li$^+$-溶劑（或增塑劑）之間的相互作用變得不明顯。在PC/LiClO$_4$體系中，由PC的環變形振動712cm^{-1}峰分裂出來的722cm^{-1}峰在PC/LiClO$_4$的莫耳比為10：1時就變得很明顯。但是在PC/LiClO$_4$/PAN體系中，當PAN的濃度比較大（即在PC：LiClO$_4$：PAN的莫耳比從7：1：3變到7：1：5）時，即使在很高的鋰鹽濃度（PC/LiClO$_4$ = 7：1，莫耳比），仍然觀察不到這一分量，表明環變形振動模的分裂強烈地依賴於PC/LiClO$_4$溶液中PAN的含量。如果PAN的含量很高，則鋰離子與溶劑之間的相互作用只有在很高的

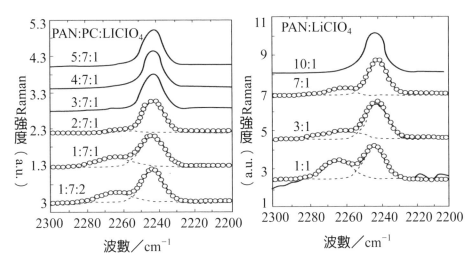

圖5-18 PAN溶於純PC、LiClO₄和不同PC：LiClO₄：PAN莫耳比DMF溶
液中的N=C—O基團變形振動Raman光譜圖

PC：LiClO₄濃度時才能觀察到。相反，如果PAN的含量較低，則即
使在很低的PC：LiClO₄莫耳比時，也很容易看到鋰離子與溶劑之間
的相互作用。

　　與EC/LiClO₄/PAN體系相似，鋰離子與PAN之間的相互作用也可
以在PC/LiClO₄/PAN體系中觀察到。當LiClO₄的莫耳分數遠小於PAN
的莫耳分數時，加入PAN前後氰基的伸縮振動模的峰形幾乎不變。當
PAN在電解質中的莫耳分數進一步減小時，2240cm⁻¹的峰形開始偏離
原來的對稱形狀。

　　對莫耳比為10：1：3～10：3：3一直到10：2：4之間的DMF/
LiClO₄/PAN電解質的Raman光譜也進行了測量，但是DMF/LiClO₄/
PAN在這一範圍中的莫耳比變化並不影響氰基伸縮振動模的峰形和峰
位的變化。這說明在鋰離子和氰基之間沒有可檢測到的強相互作用。
這些結果與在DMSO/LiClO₄/PAN體系中看到的結果一致。

　　總結以上結果與討論可以看出，在與鋰離子發生締合方面，聚合物主體與增塑劑是互相影響的。一方面，在PC/LiClO$_4$中添加PAN抑制了鋰離子與PC分子之間的相互作用，能否觀察到鋰離子與PAN之間的相互作用不僅與其中增塑劑的含量有關，也與聚合物電解質中PAN的含量有關。另一方面，在很大的DMF（或DMSO）莫耳比的變化範圍內，PAN只對Li-DMF間的相互作用有微弱的影響，觀察不到鋰離子與PAN之間的相互作用。在PAN與鋰離子和增塑劑與鋰離子的締合之間存在一個競爭。

　　三組分聚合物電解質（增塑劑、聚合物和鋰鹽）要遠比二組分電解質體系（例如聚乙烯與鋰鹽構成的固體電解質體系）複雜。如將由LiClO$_4$、PAN和增塑劑（例如PC）組成的凝膠聚合物電解質傾倒在玻璃板上並在120～140°C之間加熱6h除去大部分的增塑劑。然後將樣品轉移到手套箱的真空室（0.1Pa）中，並在那裡保存7天，以徹底除去殘餘的增塑劑。最後，揭下除去增塑劑的LiClO$_4$-PAN膜，用於光譜測量。所得到的Raman和紅外光譜分析表明，樣品中沒有可探測到的增塑劑殘留物。

　　DMF、PC和PAN三種極性材料之間與鋰離子形成離子締合體的競爭能力的強弱順序是：DMF>PC>PAN。由於PAN的競爭能力遠比DMF的微弱，因此當PAN與DMF共存時就難於觀察到鋰離子與PAN之間的締合物。大部分的鋰離子都已經與DMF發生締合了。但是在PC/LiClO$_4$/PAN聚合物電解質體系中，就很容易觀察到鋰離子與PAN之間的這種締合作用。當除去增塑劑後，就沒有增塑劑再與PAN對鋰離子進行競爭了。在這種情況下，即使LiClO$_4$的莫耳分數很低（LiClO$_4$：PAN<1：10），也很容易觀察到鋰離子與PAN之間的締合

作用。

　　由圖5-19可見，當LiClO₄的莫耳分數比較高時，用位於933cm⁻¹和954cm⁻¹處的兩個洛倫茲（Lorentzian）分量就可以很好地分解擬合該振動模的Raman譜峰的輪廓。933cm⁻¹峰來自於未受擾動的ClO_4^-陰離子。954cm⁻¹可峰歸於LiClO₄/PAN體系中的多離子締合物〔$(Li^+ ClO_4^-)_n$〕，但是這與在LiClO₄溶液中的關於鋰離子締合物的觀察結果是相矛盾的。通常，在液態高氯酸鹽溶液中，多離子締合物的出現總是在溶劑隔開的離子對和接觸式離子對的後面（更高鋰鹽濃度處）。一種可能的解釋就是，PAN對LiClO₄的擾動比LiClO₄的普通溶劑要小，位於954cm⁻¹分量來自於LiClO₄的重結晶。這可能也是為什麼在與鋰離子締合方面PAN時的競爭性不如其他增塑劑（如PC和DMF）的強。被啟動的v_1模的IR光譜與Raman光譜（沒有表示出）一致。

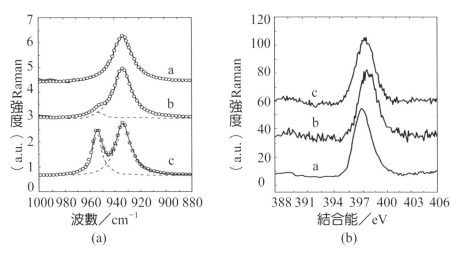

(a)　　　　　　　　　　　(b)

圖5-19　不同（除去增塑劑）LiClO₄/PAN莫耳比ClO_4^-離子振動模的Raman
　　　　光譜a－1：7；b－1：4；c－1：1

電解質的電導率取決於載流子的濃度及載流子的遷移性（淌度）。離子對發生解離並成為載流子的程度決定於增塑聚合物電解質的介電常數。當LiClO$_4$／溶劑體系中LiClO$_4$的濃度非常低時，絕大部分的鋰鹽都可以被解離，溶液的離子電導率隨著鋰鹽濃度的增加而幾乎呈線性地增加。但是隨著鋰鹽濃度的增加，溶液中出現離子對，離子締合開始佔據主導地位，導致自由載流子濃度的降低並引起溶液的電導率降低。EC/LiClO$_4$溶液中EC分子周圍的鋰離子數可以高達6。

在（除去增塑劑的）LiClO$_4$/PAN電解質體系中，鋰離子通過梳狀氰基與PAN分子鏈發生締合。一個鋰離子可以與4個氰基發生締合。由於高氯酸根離子與PAN之間的相互作用非常弱，與鋰離子分離後就以孤離子載流子的形式存在。當LiClO$_4$的含量進一步增加時，多餘的鋰離子（相對於與PAN的締合數4而言）就會與ClO$_4^-$結合而發生重結晶。由於室溫時鋰離子由於締合而被PAN側鏈上的氮原子所緊緊束縛住（沒有增塑劑時，PAN的玻璃化轉移溫度高達169°C），LiClO$_4$/PAN體系的離子電導率將非常低，並且對電導率的主要貢獻都來自於相對較為自由的高氯酸根離子，即離子遷移數t$^-$>>t$^+$。

當LiClO$_4$和PAN都被溶解在增塑劑中以後，由於增塑劑對鋰離子的強烈競爭能力，鋰離子與PAN之間的配位鍵就會被打破。在用PC或EC增塑的聚合物電解質中，隨著增塑劑莫耳比的增加，增塑劑的解離作用變得更為明顯。解離作用變得更為明顯是由於增塑劑DMF或DMSO增塑的聚合物電解質具有比EC或PC等更強的競爭締合能力。在這樣的電解質中，只要LiClO$_4$/PAN混合物能夠溶在增塑劑中，用Raman光譜和紅外光譜就檢測不到與鋰離子發生締合的PAN分子。因此，在這樣的體系中，與鋰離子發生了締合的PAN分子即使存

在，其數目也一定非常少。除了增塑劑分子對Li^+-PAN之間的解締合作用以外，在聚合物分子與增塑劑分子的偶極子之間還存在著相互排斥作用。

　　已經反復證明鋰離子在PEO-鋰鹽構成的聚合物電解質中的無定形區域的遷移率最高。^{7}Li NMR研究顯示在PAN為基的凝膠聚合物電解質中至少存在三個不同的區域：①鋰離子在凝膠態中運動，這是對聚合物電解質的離子電導率貢獻最大的部分；②沿著PAN的鏈段運動的鋰離子和③與增塑劑分子發生了締合的鋰離子。另外，對^{7}Li NMR譜的線寬隨溫度的變化關係的分析顯示，大部分鋰離子的運動都介於長程和短程之間。至於鋰離子的長程運動，鋰離子非常有可能是沿著PAN的側鏈運動，從一個位置跳躍到另一個位置。根據Raman光譜、紅外線光譜和X射線光電子能譜XPS，這個位置最有可能由PAN上的氰基提供。根據高分子物理學，PAN分子鏈段的長度大約有十幾個PAN基本單元〔—CH_2—CH(CN)—〕的長度，長度大約為幾個奈米。當聚合物主鏈以鏈段運動的形式運動時，很容易理解在固體狀態鋰離子隨PAN鏈段的運動是長程的。如果鋰離子是在液態的介質中運動，它們的運動將受到溶劑分子布朗運動的強烈影響，因此是短程的。凝膠是一種介於液態和固態之間的狀態，因此鋰離子在凝膠態中的運動也是介於固態時的長程運動和液態時的短程運動之間的，因此鋰離子在凝膠態中的運動對聚合物電解質電導率的貢獻最大。

　　通過與聚合物的側鏈相締合，鋰離子的運動與PEO-鹽電解質中鏈段的運動非常相似，因此它們的運動是長程的。但是在室溫下，PAN聚合物電解質離子電導率主要不是來自於鋰離子沿鏈段運動的貢獻，因為這時PAN鏈段的運動是非常緩慢的（相對於在凝膠態中而

言）。在這點上與不含增塑劑的PEO聚合物電解質的情況很不相同，在PEO聚合物電解質中，鏈段運動是電解質電導率的最主要貢獻。當然，當聚合物電解質的電導率提高以後，鏈段的運動會加快，因此聚合物電解質的總電導率就向液體電解質的電導率靠近。

在PAN基聚合物電解質中，陰離子的遷移數（約為0.64）通常大於陽離子的遷移數（約為0.36）。ClO_4陰離子在凝膠態聚合物電解質中的運動與在液體中時很相似；由於陰離子與PAN之間的相互作用很弱，因此陰離子不是沿聚合物的鏈段運動，而是在PAN鏈提供的通道之外從一個位置直接跳躍到另一個位置。一方面，陰離子與增塑劑分子之間的弱溶劑化作用允許陰離子以比陽離子更快的速度運動，另一方面，由於凝膠電解質的黏度比液體電解質的黏度更大，因此陰離子巨大的體積使它比在液體電解質中運動時受到更嚴重的阻礙作用。這兩種影響是共存的，它們相互作用的結果使陰離子在凝膠聚合物電解質中的運動比在液體電解質中更慢。

基於以上對陰、陽離子輸運機制的討論，將增塑劑在PAN基聚合物凝膠電解質中的作用總結如下：

①降低聚合物電解質的玻璃化轉移溫度，解離聚合物的結晶狀態，這將提高聚合物鏈段的遷移性（淌度），有助於隨聚合物鏈段一起運動的載流子的輸運（離子在固態電解質中的運動）；

②溶解電解質鹽，為聚合物電解質提供載流子；

③通過偶極子與聚合物分子的相互作用，提高聚合物及其自身的極性，轉而促進鋰鹽在聚合物電解質中的解離；

④破壞鋰離子與聚合物之間的配位鍵，使更多的鋰離子在凝膠態中而不是在固相中運動。

　　根據增塑劑在聚合物電解質中所起的作用，對聚合物電解質增塑劑的選擇標準如下：

　　①與聚合物和電極材料的相容性；

　　②熱力學穩定；

　　③低黏度；

　　④高介電常數；

　　⑤熔點和高沸點；

　　⑥毒且易得；

　　⑦塑劑應具強的競爭力以解離鋰離子與聚合物之間的締合（Li^+-PAN），但這種競爭能力又不能太強，否則會生成很強的Li^+-增塑劑-ClO_4^-之類的締合體，降低聚合物電解質中自由載流子的濃度。

　　增塑劑的介電常數與其締合能力之間沒有直接的關係。例如，雖然EC和PC具有比DMF和DMSO更高的介電常數，但是與在EC（或PC）/PAN/$LiClO_4$體系中相比較，在DMF（或DMSO）/PAN/$LiClO_4$體系中更容易形成Li^+-PAN締合體。雖然與PC或EC相比，DMF具有更強的競爭能力去解離Li^+-PAN締合體，但是它對$LiClO_4$的解離能力卻較弱，且在DMF/PAN/$LiClO_4$中比在EC(PC)/PAN/$LiClO_4$中更容易形成「Li^+-增塑劑分子」締合體。

　　通常情況下，單一組分的增塑劑不能滿足以上所有的要求，因此需要使用多組分的增塑劑製備具有高離子電導率、與電極的電化學相容性、熱力學穩定性和足夠高的機械強度的聚合物電解質。

　　通過以上用Raman光譜、紅外線光譜、熒光光譜、X射線光電子能譜和^7Li核磁共振譜對PAN基聚合物電解質中各組分之間相互作用的研究，可以得到如下基本結論。

鋰離子主要通過增塑劑的S=O或C=O基團上的氧原子與增塑劑發生強相互作用。增加LiClO$_4$的濃度不僅會影響到增塑劑分子的結構，而且會對ClO$_4^-$基團的對稱性產生擾動，形成離子締合體如溶劑分隔的離子對、接觸性離子對以及多個離子形成的離子團。這些離子締合體的產生會降低載流子的濃度。鋰離子在EC/LiClO$_4$溶液中的締合數為6左右。

增塑劑與聚合物之間具有強相互作用。如聚合物PAN與不同增塑劑之間的相互作用具有不同的特點。EC與PAN之間的相互作用主要通過偶極子相互排斥作用發生，而對於DMSO與PAN之間的相互作用，則必須首先打破DMSO分子由於自締合產生的線性二倍體才能發生PAN與DMSO單體的SO鍵相互作用。

在EC或PC為增塑劑的聚合物電解質中，鋰離子與PAN之間的相互作用都是通過鋰離子與PAN上的氰基上的N原子發生的。但是類似的相互作用在DMF或DMSO作為增塑劑的凝膠聚合物電解質體系中觀察不到。這是由於增塑劑和聚合物在與鋰離子締合方面所存在的強烈競爭作用所導致的；XPS研究顯示，在不含有增塑劑的PAN基電解質中，鋰離子的締合數是4。

綜合Raman光譜、紅外線光譜與^{7}Li NMR的結果，可以在含有增塑劑的聚合物電解質中辨識出三種不同的狀態：凝膠態中快速運動的鋰離子，這是聚合物電解質離子電導的最重要的相，對應於NMR中的尖銳峰；在固相中慢速運動的鋰離子，其相對離子電導率的貢獻很小，對應於NMR中的寬的洛倫茲峰；化學位移對應於鋰離子與增塑劑的相互作用形成的締合體，這在含有增塑劑的聚合物電解質中是一個普遍現象。

　　考慮到增塑劑和聚合物在與離子發生締合方面的競爭作用以及不同載流子對凝膠態和固相中的運動的不同，在選擇增塑劑用於PAN基聚合物電解質時，需要考慮的一個重要因素就是增塑劑相對於聚合物在與鋰離子發生締合方面的競爭能力。這樣，就可以使更多的鋰離子在凝膠態中而不是在固相中運動，或與增塑劑形成各種類型的離子對或離子團，因為這將降低聚合物電解質的離子電導率。

5.4.4　聚合物電解質

　　一般的聚合物電解質都是由大量聚合物與少量的鋰鹽混合（一般需要借助於某種易揮發的溶劑將二者溶解後，再將溶劑除去）而成。由於聚合物的量遠大於鹽的量，因此可將這種聚合物電解質稱為鹽在聚合物中（salt in polymer）聚合物電解質。但是1993年Angell等人反其道而行之，他們將大量的鋰鹽與少量的聚合物聚氧丙烯及聚氧乙烯混合，得到了一種不同於傳統的聚合物電解質。他們稱這種新型聚合物電解質為聚合物在鹽中（polymer in salt）電解質。這些聚合物電解質材料的力學性能非常好，是一種堅固的材料。它們的玻璃化轉移溫度都低於室溫，在大多數情況下具有橡膠的固體特徵，同時又具有較高的鋰離子導電性、良好的電化學穩定性和與金屬鋰很好的相容性，因而這類聚合物電解質很快吸引了大批聚合物鋰離子電池的研究者與開發者。

　　以具有短間隔區基團的聚陰離子聚合物〔poly（lithium oligoetherato mono-oxalato orthoborate），稱為polyMOB或P

（LiOEG*n*B），其中*n*代表氧乙烯的重複單元〕為聚合物離子增塑劑，分別以LiClO$_4$、LiTFSI和LiBF$_4$為電解質鹽，在很大的鹽濃度範圍內都觀察到「polymer in salt」離子導電行為。雖然在高鹽含量時所有這些鋰鹽都能形成橡膠質固體，但是只有使用LiClO$_4$的離子橡膠能夠提供高的電導率〔當*n* = 14時，在25°C的單離子電導率達10^{-5}S/cm，電化學穩定窗口超過4.5V（相對於Li$^+$/Li）〕，加入鋰鹽可以使聚合物的玻璃轉移溫度降低。

由於離子橡膠中鹽的濃度非常高，這類電解質中離子的高效輸運必定與其中離子的高度聚集有關。因此，為了提供離子載流子，一方面所使用的鋰鹽的解離能必須要足夠低，同時這類電解質中又應不使用或只使用很少量的溶劑。互相分離的離子團簇重新聚集到一起，形成一個無限的離子團簇，促進整個電解質中的離子快速輸運。

將經過乾燥的具有適當配比的PC/PAN/LiTFSI混合物在150°C加熱8～10h，如此製備的電解質一部分封閉在兩片玻璃裡片之間用作Raman測量，另一部分裝在「不銹鋼／聚合物電解質／不銹鋼」的樣品池中從低溫到高溫作阻抗譜測量，每兩個溫度點之間的時間間隔為40～60min以保證樣品池與乾燥矽膠之間的溫度平衡。將樣品池掩埋在乾燥矽膠中以防止樣品吸水。樣品池的特殊設計使由於溫度升高電解質體積膨脹所導致的多餘電解質會順著預留的小孔流出，保證電解質樣品的面積和厚度不會因溫度升高而發生改變，影響阻抗測量結果。

圖5-20顯示了鹽濃度對聚合物電解質電導率的影響。由於在所有的PC分子都與鋰離子發生締合前聚合物不發生溶解，所以使用的鹽的濃度比正常（最佳）的實用聚合物電解質的鹽濃度要高。因此，聚合物電解質的電導率並不高。可見，電解質的電導率隨著鹽含量的增

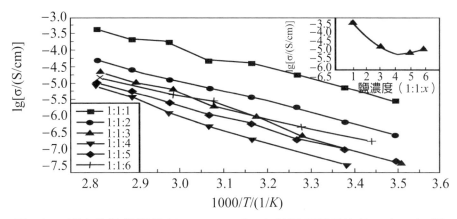

圖5-20 聚合物電解質與PC：PAN：LiTFSI的不同莫耳比的Arrhennius圖

加迅速降低。這個結果與大部分液體或聚合物電解質的導電行為一致。在那些電解質中，在經過一個電導率極大值後，電解質的電導率隨著鹽濃度的進一步增加而下降。需要指出的是，當PC：PAN：LiTFSI的莫耳比超過1：1：4後，電解質的電導率轉而隨著鹽含量的增加而增加。

為了理解聚合物電解質這一電導行為的轉變，可測量這些聚合物電解質的Raman光譜。圖5-21為PAN的C≡N伸縮振動峰（2245cm^{-1}）隨鹽含量變化的Raman光譜。隨著鹽含量的增加，在2270cm^{-1}處分裂出一個新峰，表明鋰離子與PAN的氰基C≡N之間發生了締合作用。當鹽的含量超過1：1：3後，2245cm^{-1}峰消失，2270cm^{-1}峰占主導地位。

當鹽的濃度繼續提高時，在2280cm^{-1}處可觀察到一個由2270cm^{-1}峰進一步分裂而來的新峰。當鹽的濃度達到1：1：5時，這個新峰變得非常明顯。這個新峰的出現與高鹽濃度時聚合物電導行為的轉變是直接相關的。

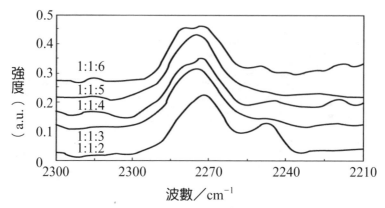

圖5-21　PAN中C≡N伸縮振動峰（2245cm⁻¹）隨鹽含量變化的Raman光譜

　　圖5-22和圖5-23分別是陰離子TFSI⁻中CF₃對稱伸縮振動模（在PC/LiTFSI的稀溶液中位於742cm⁻¹）和S-N伸縮振動模（在稀溶液中位於790cm⁻¹）的Raman光譜。在1.53mol/L PC/LiTFSI溶液中，在800cm⁻¹處有一新峰從790cm⁻¹峰分裂出來，說明溶液中有離子對生成。可以看到，隨著鹽含量的增加，S-N伸縮振動和CF₃對稱伸縮振

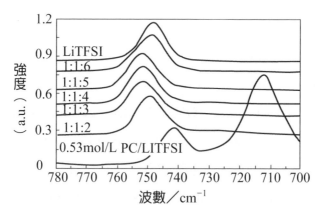

圖5-22　陰離子TFSI⁻中CF₃對稱伸縮振動模Raman光譜

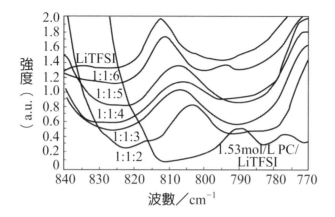

圖5-23　**陰離子**TFSI⁻**中**S-N**伸縮振動模**Raman**光譜**

動峰的位置都向高波數端移動。當鹽濃度達到1：1：6時，該峰變
得與純LiTFSI的相似。這些光譜變化顯示，在電解質中發生了強烈
的離子締合，雖然從聚合物電解質的輪廓線上看並沒有新峰出現。
因此，可將2280cm⁻¹峰指認為PAN的氰基與離子聚集體和離子團簇
$Li^+_m TFSI^-_n$（$m > n$）的相互作用所致。單個離子與氰基之間的相互作
用會生成通常的$Li^+ \cdots N \equiv C—R$締合體，而離子團簇與PAN的氰基作
用則會形成$Li^+_m TFSI^-_n N \equiv C—R$締合體。另外，還會出現沒有與聚合
物發生締合的自由離子團或離子團簇$Li^+_m TFSI^-_n$。另一方面，由於溶
劑PC和鹽自身的增塑作用，離子團簇$Li^+_m TFSI^-_n$會像單個鋰離子一樣
隨著聚合物的鏈段一起運動。由於兩種離子類型都對電解質中的離子
傳導有貢獻，因此聚合物電解質的離子電導率就隨著鹽含量的增加而
增大。

　　只有當各離子團簇連接成無限長的離子團簇鏈後，才會出現
polymer in salt轉變。在形成無限長的離子團簇鏈之前，這種導電行為
的轉變已經發生。如在PAN：鹽 = 10：1時發生導電。如果是必須先

形成離子團簇鏈並連接成無限長的滲流通道以供陽離子在整個電解質中的快速輸運的話，就必須先形成離子團簇，然後足夠數量的離子團簇彼此連接起來構成一個滲流通道，才能出現這種轉變。由於聚合物電解質中有溶劑存在，直到PC：PAN：LiTFSI = 1：1：3才觀察到離子團簇。這說明，電導行為的轉變出現在大量離子團簇形成之前。因此，我們提出，聚合物除了幫助鋰鹽的解離之外，所起的另一個重要作用就是實現電導行為的轉變。

在聚合物電解質中，聚合物與離子輸運之間的關係如下：在鹽濃度較低（與形成離子團簇滲流通道所對應的鹽濃度相比）的聚合物電解質中，被溶解的鹽的陽離子與聚合物發生締合併隨聚合物的鏈段運動而發生遷移。這在Raman光譜中對應於$2245cm^{-1}$峰分裂出現$2270cm^{-1}$分量。當有更多的鋰鹽在聚合物中溶解時，離子締合體長大成為離子團簇並與聚合物相互作用，這在振動光譜中對應於$2270cm^{-1}$峰進一步分裂出$2280cm^{-1}$峰，但這時尚未形成有效的滲流團簇，鋰離子和與$Li_m^+TFSI_n^-$團簇相締合的聚合物鏈段的運動仍然是聚合物電解質電導率的主要貢獻者。當鹽的濃度變得非常高時，一些離子團簇開始形成，但仍然不足以彼此連接構成有效的滲流通道。在這種情況下，與離子或離子團簇相締合的聚合物鏈段就成為連接相鄰的離子或離子團簇的暫態橋梁。由於聚合物鏈段的運動不一定正好與離子或離子團簇的跳躍相吻合，因此這時聚合物電解質的電導率仍然不高。當鹽的濃度變得極高時（接近鋰鹽在聚合物和溶劑中的溶解極限時），有效的滲流通道形成，並對聚合物電解質的電導率有最大的貢獻。

聚合物在不同的鹽濃度範圍內對導電所起的作用是不相同的。在通常使用的凝膠聚合物電解質中，鋰鹽被溶劑很好地溶解，聚合物所

起的作用就是作為鹽溶液的一個骨架，為電解質提供足夠的彈性和機械強度。這時，載流子在一個類似於液態的環境中運動。在這種情況下，鹽的濃度不能太高並應避免出現離子與聚合物本體的締合作用。因為聚合物鏈段的運動要比自由離子在液態中的運動慢得多。這就是離子在通常的鹽在聚合物中（salt in polymer）中的運動機制。但是當鹽的濃度非常高時，聚合物成為載流子的主要宿主。由於鹽的濃度很高，所有的溶劑分子（如果有的話）都與離子發生了締合，這些鋰離子不能隨溶劑分子運動。因此，鋰離子就必須借助於聚合物鏈段的運動才能實現遷移。在這種情況下，鹽的解離及離子與聚合物的締合對於聚合物導電就變得非常重要。在形成貫穿電解質的滲流通道之前，與聚合物鏈段運動密切相關的離子輸運是聚合物導電的主要形式。與聚合物發生締合的離子種類也非常重要，因為它們決定了鏈段運動對電導率產生貢獻的有效性。隨著鹽濃度的進一步增加和有效滲流通道的構成，離子團簇的輸運對總電導率的貢獻逐漸佔據主導地位。

5.4.5 奈米陶瓷複合聚合物電解質

聚合物電解質通常使用鋰鹽（LiX）和具有高分子量的聚合物如（PEO）組成，但是在60°C以下時PEO易於結晶，離子的快速輸運則要在非晶區進行，因此PEO-LiX電解質的電導率需要在60～80°C之間才能達到比較實用的電導率值（10^{-4}S/cm）。最常見的方法就是在聚合物電解質中加入增塑劑以降低這一使用溫度，但是這樣會降低聚合物電解質的力學性能，增加其與鋰金屬負極的反應性。

一、奈米陶瓷複合聚合物電解質的研究進展

　　將具有奈米尺寸的陶瓷粉作為一種固體增塑劑用於PEG基電解質，稱為奈米複合聚合物電解質。如添加顆粒尺寸在5.8～13nm的TiO$_2$和Al$_2$O$_3$粉末後，PEO-LiClO$_4$混合物在50°C的電導率可以達到10^{-4}S/cm，在30°C時也有10^{-5}S/cm。由於奈米陶瓷粉從動力學方面阻止在60°C以上退火時聚合物電解質從非晶相轉化為晶相，利用^{7}Li NMR研究奈米陶瓷粉的加入對PEO-LiClO$_4$體系的影響，發現體系的電導率和離子遷移數都有提高，但以TiO$_2$對聚合物電解質的影響最大；陽離子遷移數的提高與Li$^+$擴散率的提高直接相關；電導率的提高並不是由於聚合物鏈段運動的提高，很可能是由於奈米粒子的存在削弱了陽離子—醚氧之間的相互作用導致。如將LiAlO$_2$陶瓷粉加入PEO-LiClO$_4$體系中，在60°C時體系的電導率為3.5×10^{-5}S/cm，XRD與^{7}Li NMR測試表明，添加LiAlO$_2$提高了複合物體系中離子的流動性。

　　在聚合物電解質中添加γ-Al$_2$O$_3$、SiO$_2$、LiAlO$_2$等超細無機粉末，會破壞聚合物的晶相結構，增加無定形區的含量，或延緩重結晶速率，使得聚合物的離子電導率得到較大的提高。奈米尺度的無機填充物如Al$_2$O$_3$、TiO$_2$和SiO$_2$的引入，通過在聚合體中形成粒子網路，抑制結晶化，重組聚合體鏈和與鋰離子相互作用，從而有效地加強了電解質的韌性，改善了它的電化學性質。在某些情況下，隨著奈米填充物的增加，奈米級的聚合物電解質的T_g反而升高。如在一些聚丙烯腈（PAN）—高氯酸鋰（LiClO$_4$）電解質中，離子電導率的升高不是由於聚合體部分運動的相應升高，這是由於引入奈米粒子而造成了聚合物—陽離子相互作用的減弱而引起的。對於許多以PEO為基底的聚

合物電解質系統，顯示填充顆粒和聚合物之間沒有直接的明顯相互作用。在多晶和聚合粒子固體電解質中，聚合物—陶瓷顆粒介面對於離子電導沒有貢獻，但與離子穿越顆粒介面和電流方向垂直的介面相關的顆粒介面阻抗是不能被忽略的。

在PEO-LiBF$_4$中加入10%的奈米Al$_2$O$_3$，室溫下電導率就可達到10^{-4}S/cm；用等量的微米級的無機粒子與聚合物複合的電導率只有10^{-5}S/cm。降低粒子的粒徑，可以增加無機離子與聚合物的介面層，因而離子電導率的增加與介面層的形成密切相關。奈米陶瓷添加劑能夠影響聚合物電解質的物理和電化學性質正是由於奈米添加劑顆粒巨大的比表面積，或者更確切地說是由於奈米顆粒表面上眾多的官能團與聚合物電解質中的各組分之間的相互作用導致的。

二、奈米Al$_2$O$_3$顆粒對聚合體電解質離子電導的影響

奈米尺度（多孔）添加劑有兩個重要特性：比表面積很大，並且外面包覆有各種Lewis酸性或鹼性的基團。電導率的增加與添加劑的表面基團和鹽的離子間的相互作用有關。由於添加劑通過表面基團與複合聚合物電解質相互作用而影響電解質的物理和電化學性質，從基礎研究的角度考慮（即不以得到複合聚合物電解質的最高的電導率為目的），奈米陶瓷添加劑占聚合物電解質的質量分數越高，它對聚合物電解質系統性質的影響就越明顯。基於這個考慮，這一工作中的填充物的用量比實用的聚合物電解質中的用量要高很多。

將聚丙烯腈（$M_w = 20000$）和／或LiClO$_4$溶解在適量的碳酸丙烯酯（PC）中，並把乾燥的商品Al$_2$O$_3$（顆粒直徑30nm）加入到溶液中。在120°C下混合物攪拌並加熱乾燥2h，直到將大部分的溶劑都蒸

發掉。把這種不含溶劑的混合物材料與適量的KBr混合研磨，壓片後在真空烘箱（120°C，0.1Pa）中放置7天。實際測量顯示，經過這樣處理的樣品中溶劑的殘留量是很低的，它對樣品的紅外線光譜分析的影響可以忽略的。最後將壓片分別密封裝好玻璃容器中，測量前再轉移到傅立葉轉換紅外線光譜儀的真空室裡進行測量，儀器解析度設置為$2cm^{-1}$。

(1)奈米添加劑對鋰鹽溶解的影響

固體$LiClO_4$在$1120cm^{-1}$〔$v_2(F_2)$〕附近的紅外光線譜具有多重譜帶，在$966cm^{-1}$〔$v_1(A_1)$〕有一個峰，在$466cm^{-1}$和$486cm^{-1}$〔$v_2(E)$〕也都有峰。其特徵峰$v_4(F_2)$的位置受周圍陰離子環境的影響特別明顯（根據鹽的狀態，在$624cm^{-1}$、$635cm^{-1}$及$664cm^{-1}$都可以出現振動峰）。當$LiClO_4/Al_2O_3$質量比為1：10時，在$627cm^{-1}$和$636cm^{-1}$可觀察到強峰。在$636cm^{-1}$處的峰是由於出現接觸離子對引起的，而在$627cm^{-1}$處的峰則是由於與Li^+沒有直接相互作用的自由陰離子造成。陶瓷粉含量的增加導致了$627cm^{-1}$分量的強度增加和$635cm^{-1}$分量峰的衰減。這表明Al_2O_3的存在抑制了Li^+和ClO_4^-之間的締合，形成了更多的自由Li^+和ClO_4^-。儘管$1120cm^{-1}$附近的紅外線吸收峰很強，但是它對離子的締合並不敏感。在聚合物電解質中，由於Lewis酸作用，溶解的Li^+會與$\alpha\text{-}Al_2O_3$顆粒表面的氧相互作用，但是由於使用的奈米Al_2O_3的含量較低，沒有觀察到峰強度（I_{627}/I_{634}）的變化。因此，無論是否添加奈米Al_2O_3，以PAN為基的聚合物電解質對$LiClO_4$鹽都有相同的溶解能力，結果被聚合物所溶解的Li^+的分量保持不變。

在添加了大量Al_2O_3的樣品中，$634cm^{-1}$處的峰很弱，而$627cm^{-1}$處的峰占主導地位。這表明，隨著添加劑含量的增加，ClO_4^-與Li^+

間的結合變弱，大部分的ClO_4^-變成自由離子。也就是說，在$LiClO_4$中加入Al_2O_3促進了固態$LiClO_4$的解離。從這個意義上說，奈米陶瓷粉添加劑在$LiClO_4/Al_2O_3$複合物中的作用就像是一種固體溶劑，見圖5-24。

(2)添加劑對聚合體—鹽締合體的影響

PAN的氰基（$C \equiv N$）與Li^+之間存在強的相互作用。在純的PAN中，$C \equiv N$基團的伸縮振動峰位於$2240 cm^{-1}$。當發生$C \equiv N \cdots Li^+$相互作用時，在$2270 cm^{-1}$處會出現新峰。圖5-25分別表明奈米陶瓷添加劑的含量〔圖5-25(a)〕和鹽的含量〔圖5-25(b)〕對聚合物—鹽相互作用的影響。當鹽的含量很高或者添加物含量很低時，鹽與聚合物之間發生強烈的$C \equiv N \cdots Li^+$相互作用。隨著陶瓷粉含量的增加，$C \equiv N \cdots Li^+$相互作用變得不明顯甚至消失。這些結果表明，在電解質中加入奈米陶瓷粉末減弱了$C \equiv N$與Li^+的相互作用。同時，陶瓷粉末的加入削弱了陰、陽離子間的相互作用，使自由陰離子的含量增加。

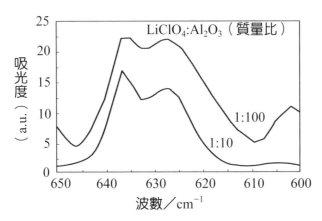

圖5-24　$LiClO_4/Al_2O_3$**電解質中奈米**Al_2O_3**對**$LiClO_4$**分解的影響**

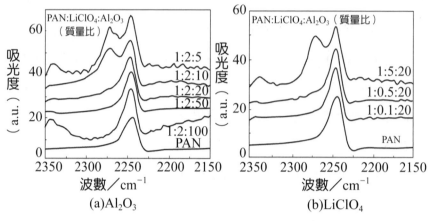

(a)Al₂O₃　　(b)LiClO₄

圖5-25　PAN/LiClO₄/Al₂O₃中Al₂O₃對R—C≡N···Li⁺聯合體分解的影響

　　以上的發現可歸於奈米陶瓷顆粒與Li⁺和PAN的氰基間的相互作用之間可能的競爭。

　　在含有MgO、SiO₂和TiO₂的PAN/LiClO₄複合物體系中的研究結果表明，奈米陶瓷添加物的加入對於聚合物電解質成分間的相互作用及其內部的微結構有重要的影響。由於氧化鋁物的顆粒尺寸非常小，因此提供了一個大的擁有眾多表面基團的表面，對於複合物中聚合物和鹽的相互作用來說，陶瓷顆粒表面基團的性質比顆粒本身的化學成分更加重要。正如Wieczorek和Croce等人所指出的，在添加了Al₂O₃顆粒的奈米聚合物電解質中，電導率的增加依賴於填充物表面基團的性質。可以用不同種類的表面基團的Lewis酸—鹼相互作用理論圓滿解釋這一現象。Jayathilaka等將(PEO)₉/LiTFSI/Al₂O₃系統中電導率的提高歸於奈米陶瓷添加劑表面基團的Lewis酸與鹽的陰、陽離子間的相互作用而產生的新路徑。在酸性的奈米添加劑中陰離子對OH基團的強烈吸引力或者在鹼性的添加劑中Li⁺和氧原子間短暫的弱鍵形成了

瞬間的OH$\cdots$X$^-$或O$\cdots$Li$^+$鍵。這些鍵的瞬間形成和斷裂為離子（載流子）提供了額外的位置。這有些類似於陽離子通過間歇性的締合遷移到PEO上的乙烯氧。很明顯，這樣的模型只考慮了陶瓷顆粒表面表面基團與鹽的離子之間的相互作用，而忽略了添加劑對載流子與聚合物之間的相互作用的影響以及添加劑在對鹽的陰、陽離子的締合／解離方面所起的作用。

PAN奈米聚合物電解質的電化學、力學和電解質／電極介面性質與PEO基電解質的性質相似。根據^{7}Li的NMR測量結果表明，含有增塑劑的聚合物（凝膠）電解質中的鋰離子有三種可能的存在形式：在凝膠（類似於液體）態中快速運動的離子，在固態PAN中緩慢移動的離子和由於與增塑劑（溶劑）發生締合而在NMR中有化學位移的離子。很明顯，凝膠態中自由運動的Li$^+$是聚合物電解質電導率最主要的貢獻者。在實際的聚合物電解質中，應該儘量避免形成這種由於與PAN的氰基相締合而緩慢運動的鋰離子。只有當鹽的含量很高時，與PAN有關或無關的離子團簇才會對總的電導率有明顯的貢獻，此時鋰離子的傳輸機制從一般的salt in polymer變為新的polymer in salt。這與PEO基聚合物電解質完全不同。在PEO基聚合物電解質中，由於乙烯氧的鏈段運動是離子電導率的主要貢獻者，因而應該設法促進Li$^+$-O之間的相互作用。另外，在一般的salt in polymer的電解質中，也應力求避免形成離子對和離子團簇。因此，Jayathilaka等和Croce等提出來的相互作用機制不能解釋含有奈米陶瓷添加劑的PAN基聚合物電解質的離子電導率提高。

在含有或不含有增塑劑（溶劑）的PAN基電解質中，當鋰鹽的含量很高的時候，會產生劇烈的締合作用（如R—C$\equiv$N$\cdots$Li$^+$和

$Li^+ClO_4^-$）〔圖5-26(a)〕。由於與氰基相締合的Li^+的遷移必須通過
PAN的鏈段運動才能實現，所以它們的運動性很低，它們對離子電導
率的貢獻也很小。正如Wieczorek等人所認為，對於PEG/LiClO₄/Al₂O₃
系統，當加入酸性的奈米陶瓷Al₂O₃後，陰離子比陽離子對Al₂O₃表面
的酸根基團的吸引力要大。由於ClO_4^-的極化能力較強，因此在ClO_4^-
與Al₂O₃表面酸根基團間有更強的吸引力。這將導致$Li^+ClO_4^-$離子對
的解離，形成自由的Li^+。同時，由於H^+對酸性基團的極化能力比鋰
離子對PAN的氰基的極化能力要強，與氰基相締合的Li^+成為自由離
子。這樣的相互作用使聚合物電解質中的自由Li^+的數目增多，並因
此提高了複合電解質的離子電導率。另外，由於陰離子被奈米顆粒表
面的氧原子所捕獲，因此這樣的聚合物電解質中Li^+的遷移數也要比
使用具有其他類型表面基團的奈米陶瓷添加劑時要高。

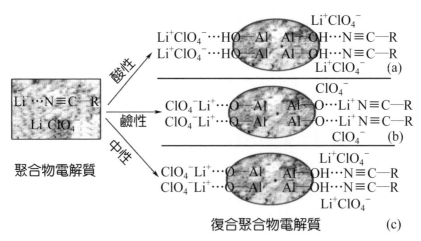

圖5-26　奈米Al₂O₃顆粒表面(a)Lewis酸性；(b)Lewis鹼性和(c)中性基團對
　　　　鋰鹽解離影響的示意圖

　　對於具有Lewis鹼性表面基團的Al_2O_3，其表面上的極性O原子與Li^+相互作用並使$Li^+ClO_4^-$離子對解離〔圖5-26(b)〕。另一方面，O和Li^+之間強烈的相互作用使$R—C≡N···Li^+$鍵斷開並使ClO_4^-重獲自由。當它們在外加電壓下發生遷移時，從鹽中解離出來的Li^+通過瞬間的氫鍵與極性的氧原子相互作用。陽離子只能暫時與氧間保持氫鍵聯繫。所以在添加劑顆粒附近將有額外的載流子遷移。當陶瓷氧化物的含量相當高時〔在實際的聚合體電解質中一般為10%～20%（質量分數）〕，這種斷續的配位作用就為載流子的輸運提供了一條准連續的有效通道。鹼性表面基團與Li^+或其他帶正電的三元離子團的相互作用限制了鹽—電解質之間的相互作用。通過研究另兩組電解質，觀察到了添加劑的酸性或中性的表面基團與聚醚類氧化物中Li^+之間的競爭作用。

　　對於中性的Al_2O_3添加物，以上所述的兩種相互作用都會出現，因而可以可望得到更高濃度的載流子〔圖5-26(c)〕。但是由於陰離子與Li^+重新締合形成新的締合體，因此實際的載流子濃度比以上兩種都要低。

　　儘管無機奈米顆粒與聚合物之間的作用機制還有待於進一步研究，但是由於奈米複合聚合物電解質良好的力學性能，不含液體全固態的結構，具有較高的電導率，良好的介面穩定性以及電化學穩定性，使PEO/LiX奈米複合電解質成為聚合物鋰離子電池中前景看好的電解質。

5.4.6　結晶性聚合物電解質中的離子傳導

　　自從三十多年前Armand等人首次觀察到聚合物的導電現象以來，人們一直認為聚合物電解質的電導只存在於玻璃轉移溫度T_g以上的非晶相中。2001年英國的Bruce等人在Nature上發表了一篇報道，發現在結晶相的靜態有序環境中$(PEO)_6$：$LiXF_6$（X ＝ P，As，Sb），複合體系的離子電導率甚至可以高於同等的非晶相材料在玻璃化轉變溫度以上的電導率。他們進一步指出，結晶性聚合物電解質中的離子輸運受陽離子運動的控制，而陰、陽離子都可以在非晶相中運動。限制陽離子的運動有利於電池的應用。有序化可以促進離子在聚合物中的輸運，而結晶性有助於電子的輸運。隨後，通過在晶體結構中用同價的$N(CF_3SO_2)_2^-$替代少量的XF_6^-陰離子將電導率提高了1.5個數量級。對此現象的解釋是，體積較大且形狀不規則的陰離子破壞了鋰離子周圍的電勢，增強了離子電導率，這與$AgBr_{1-x}I_x$離子導體的情況有些相似。無疑，通過摻雜提高結晶性聚合物電解質的電導率尋找結晶性離子導電聚合物材料是人們對聚合物電解質導電機制認識的進步。

　　聚合物鋰電池是指正極、負極和電解質中至少有一種是聚合物材質的鋰電池。商品聚合物鋰離子電池由於電解質中沒有可流動的液體物質或者是電解液被限制在多孔聚合物膜的微孔之中，電池中沒有多餘的電解液，也就不存在電池的漏液問題。為降低電池厚度，提高電池安全性，聚合物鋰離子電池通常採用厚度僅為0.1mm左右的鋁塑膜包裝，不使用液態電池所用的金屬殼包裝。因此，聚合物鋰離子電池比使用普通液體電解質的鋰離子電池具有更高的重量比容量。

　　多孔聚合物電解質是近年來新發展起來的一種聚合物「電解

質」。有關多孔聚合物電解質的報導是1995年由Dasupta首先提出的。1996年美國Bellcore實驗室首先研製成功了能夠實用的聚合物鋰離子電池。他們在塑膠鋰離子電池中使用了由PVDF和HFP的共聚物製成的經過彈性處理的電解質隔膜。這種電解質以多孔柔韌的聚合物〔如聚偏氟乙烯（PVDF）〕為載體，在聚合物本體的微孔中吸納了大量的液體電解質。使用的電解液如1mol/L EC/DMC/LiPF$_6$或1mol/L EC/DEC/LiPF$_6$等。多孔聚合物同時兼具液體電解質中隔膜材料的電子絕緣性能和對正、負電極的空間隔離作用，但與普通隔膜相比，具有儲存電解液的功能。由於其中的導電物質是液體電解質，因此這種電解質較好地解決了聚合物電解質電導率低的問題，也解決了液體電解質的漏液問題。

有關文獻將這種微孔聚合物 + 液體電解質體系稱為聚合物電解質，甚至有人稱其為凝膠態聚合物電解質的一種。然而這種電解質在本質上與前面幾節所介紹的各種聚合物電解質有著本質的不同。第一，在微觀上這種電解質的聚合物本體與電解液之間是相分離的。這與凝膠型聚合物電解質中的鹽、聚合物和增塑劑（溶劑）形成一個均一的無定形相是完全不同的。第二，在多孔聚合物電解質中，離子的輸運遵從液體電解質的導電機制而不是聚合物電解質的導電機制（自由體積模型），離子的運動是短程的，聚合物本體與離子的輸運無關。第三，聚合物與電解液之間是一種物理吸附而不是化學吸附，聚合物只為液體電解質提供儲存的場地和必要的載流子遷移通道，離子的運動是沿著聚合物微孔所形成的彼此連通的通道而不能洞穿聚合物本體。因此從電化學的角度來看，這種電解質應該歸於液體電解質，不屬於真正意義上的聚合物電解質。目前絕大部分的報導都是關於多

孔聚合物電解質的製備、溶劑或電解液與聚合物之間的相互作用（溶脹與吸附）的。這可能是這些問題已經在液體電解質和固態聚合物電解質及凝膠型聚合物電解質中得到了廣泛深入的研究。但是考慮到一些傳統的做法以及在多孔聚合物與液體電解質之間也確實存在一些相互作用，我們仍將這種電解質放在聚合物電解質中進行介紹。為了避免出現概念的混淆，我們把這種聚合物電解質稱為多孔聚合物電解質，而凝膠型聚合物電解質仍然指聚合物、溶劑（增塑劑）和鋰鹽三者構成均一相的聚合物電解質。

研製各種類型的宏觀上穩定、同時具有可與有機液體電解質的離子電導率相比擬的凝膠型電解質薄膜的工作使得凝膠聚合物薄膜電解質作為鋰離子聚合物電池新型隔膜具有實際的意義。日本的三菱電池公司最先宣佈完成了大規模薄膜聚合物電池生產的裝備。其他一些日本公司包括Sony Energy Technology公司和東芝公司也宣佈了類似的行動。最近，美國的Ultralife電池公司也已經將開始銷售聚合物鋰離子電池。根據所發佈的消息，它們的電池使用了石墨負極材料和$Li_{1-x}Mn_{2-x}O_4$正極材料，也同樣未公佈所使用的聚合物電解質的成分。

多孔聚合物電解質膜的製備一般要經過兩個步驟。首先將聚合物（如PVdF）粉末浸泡在混合溶劑中使其發生溶脹並將溶劑固定在聚合物中得到均勻的漿料。將漿料加熱至100°C左右，噴塗在經過預熱（100°C）的鋁製平板上並密封保存，使聚合物完全溶解。然後緩慢冷卻到室溫，使該混合物完全凝膠化。這個過程一般需要24h。由此得到具有厚度均勻、力學性能穩定的透明前驅物薄膜。第二步是將前驅物膜浸泡在適當的起溶脹作用的電解質溶液〔例如1mol/L $LiPF_6$ EC/PC(1：1)〕中使其活化。在這一過程中，鋰鹽在凝膠膜中發生擴散，

由此得到飽含液體電解質的聚合物膜—凝膠型聚合物電解質。

通常通過將聚合物本體連同非水性鋰鹽電解質一起溶於低沸點溶劑THF、乙腈等製備複合電解質膜，然後將這樣製成的含有聚合物本體材料的沸點的溶劑和液體電解質黏稠溶液澆鑄成膜。如此製成的膜通常具有黏性且力學性能差。當受到物理或化學高能輻射時，膜會硬化。由於存在對水敏感的鋰鹽，製膜必須在完全無水的環境中進行，增加了製膜成本。可充電鋰離子塑膠電池不使用普通的凝膠電解質，而是選用了含有能夠吸納大量液體電解質的無定形域和能提供足夠的機械一體性的晶相區域的共聚物PVDF-HFP，省卻了交聯步驟。

這一體系可以描述為非均勻的、相分離的、增塑的聚合物電解質隔膜。在經過活化的電解質中至少有四個相，分別是結晶度相對較低（20%～30%）的未發生溶脹的半結晶聚合物，有電解質溶液增塑的無定形部分，大體積的奈米孔以及被電解質溶液所填充／所包覆的奈米顆粒填充物氧化矽、氧化鋁、氧化鈦的介面區域以及無機填充物。一些低沸點溶劑如二乙基乙醚已經被成功地用於從聚合物電解質膜中萃出鄰苯二甲酸二丁酯（DBP），在聚合物膜中留下多孔膜結構，這一多孔膜在隨後的電池活化過程中被液體電解質填充。

經過萃取和「乾燥的」PVDF-HFP/DBP在浸泡於有機電解質溶液時的再溶脹能力對於其在鋰離子電池中的應用是至關重要的。所束縛的液體電解質越多，聚合物膜的離子電導率就越高。雖然效率很高，但是在萃取DBP的過程中，微孔記憶效應並不是100%。因此，活化階段所吸納的液體電解質要稍低於DBP原來的體積，電解質膜的離子電導率也只有0.2×10^{-3}S/cm。為了提高吸納液體電解質的能力，通常要在聚合物主體中加入一些無機填料如熔融氧化矽。已經製備出具

有優越的力學性能的電解質，直到100°C仍含有高達60%的液體電解質和離子電導率達3×10^{-3}S/cm的聚合物膜。

有人研究了由PVdF、EC、PC和LiX〔X = CF_3SO_3，PF_6或$N(CF_3SO_2)_2$〕組成的電解質膜，發現電解質的電導率受介質的黏度以及載流子的濃度影響顯著，而這些因素又直接受到PVDF/(EC + PC)的質量比和鋰鹽的種類及濃度的影響。某些以$LiN(CF_3SO_2)_2$為鋰鹽的電解質的室溫電導率達到了2.2×10^{-3}S/cm。研究含有$LiN(CF_3SO_2)_2$的電解質的循環伏安曲線表明，電解質的陽極穩定性對鋁是4.0V，對鎳為4.2V，對不銹鋼為4.5V，而它們的陰極穩定性則達到0V。PVDF-EC/PC-磺酸鹽聚合物電解質與金屬鋰的介面穩定性表明，使用這些電解質的鋰電池可以在室溫下有很好的儲存壽命。但是根據循環伏安曲線得到的低的鋰循環效率則表明，PVdF-HFP電解質可能更適合於用在一次鋰電池而不是二次鋰電池中。

用紫外線交聯方法製備了由聚乙二醇二丙烯酸酯（PEGDA）、PVDF、PMMA以及不織布組成的複合電解質。由於使用不織布作為機械支援介質，因此直到電解質的吸液量（電解液為EC-DMC-EMC-$LiPF_6$體系）達到1000%時，該複合電解質仍然具有很好的整體性（沒有出現漏液現象）。在18°C左右複合電解質的離子電導率達到4.5×10^{-3}S/cm，電化學窗口達到4.8V（相對於Li/Li$^+$）。即使在80°C的高溫下，複合電解質的電導率和介面阻抗相對穩定。SEM顯示該電解質在高溫時的結構穩定性是由於PVdF、PMMA和PEGDA網路之間的鏈發生交聯的結果。使用該電解質的MCMB/$LiCoO_2$電池在0.5C倍率（150mA）下經過100個循環後，容量保持率仍大於97%，在2C倍率和3.6V平均負載的情況下，放電容量為全部容量的80%。由於具

有更好的液體電解質保持能力，電池在高溫時比以PVdF包覆的複合電解質具有更長的循環壽命。

以PVDF微孔膜為基的聚合物電解質（GPE）LiPF$_6$-EC/DEC的室溫離子電導率超過10^{-3}S/cm，機械拉伸強度達到9.81MPa（10^2kgf/cm^2）。以此為聚合物電解質組裝成的半電池Li/GPE/MCMB的可逆容量可達306mA·h/g。在電流密度1.0mA/cm^2（相當於0.5C放電倍率）時，經過100個循環後，容量保持率達到79%。

通過溶液聚合合成出共聚物P（MMA-AN-MALi）。將該共聚物與PVdF混合，通過溶液塗覆製備多孔膜，這一過程不需要溶劑脫除步驟。這種混合物中MMA：AN：MALi的莫耳比約為68.6：21.5：9.9，聚合物膜的表面有尺寸為5μm的微孔均勻分佈。以這種混合物為基礎將聚合物膜浸泡在有機液體電解質中製備了一種新型凝膠電解質。聚合物電解質的室溫電導率為2.5×10^{-3}S/cm。用不銹鋼工作電極和金屬鋰參比電極測出電化學穩定視窗為4.5V。用Li/GPE/Li非阻塞電池確定鹽在聚合物電解質中的擴散係數為8.12×10^{-7}cm^2/s。以聚（甲基丙烯酸甲酯—丙烯腈—丙烯酸甲酯鋰）（PMAML）和聚（偏氟乙烯—六氟丙烯）（PVDF-HFP）的混合物為基礎製備的凝膠聚合物電解質在含有（質量分數）1mol/L LiBF$_4$的聚合物電解質中的室溫電導率為2.6×10^{-3}S/cm，電化學窗口4.6V。

Dahn等人研究了聚偏氟乙烯—四氟乙烯—丙烯（PVDF-TFE-P）和填充有碳黑PVDF-TFE-P複合物的機械和電性質，以及碳黑的電解質吸附性質及其對提高電導率的作用。這種高彈性黏結劑體系用充放電循環過程中電極材料需要經歷巨大的體積變化（例如使用錫或矽基材料作為負極）的電池體系中可能會有一些獨特的作用。將薄膜樣品

浸泡在液體溶劑（EC：DEC，1：2）中測量了其機械和電學性能。未經交聯的PVDF-TFE-P吸液量只有140%並且體積發生了顯著變化。通過聚合物交聯可以降低溶劑的吸附量而提高力學性能。兩種以聯苯和三亞乙基四胺（TETA）為基礎的交聯配方，與聯苯基的交聯配方相比，用這種TETA基交聯配方製作的膜具有更高的交聯度和更好的力學性能，即使在循環形變達到100%的應力下，TETA-交聯複合物也具有非常好的機械和電學可逆性。無定形$Si_{0.64}Sn_{0.36}$電極的循環性表明，使用這種高彈性黏結劑可以顯著提高電極的容量保持率。

5.4.7　電化學與介面穩定性

電解質介面的良好電化學穩定性是長壽命性能可靠的聚合物電解質電池所必須達到的最重要的標準之一。現在已充分認識到在含有液體或聚合物電解質的鋰電池或鋰離子電池中，負極表面總是覆蓋有一層多孔鈍化膜（SEI膜）。對於許多電解質來講，這層膜是由於電池中可能存在的氧或水汽在與電極和電解質材料接觸前後形成的，因此這層膜經常是鹼金屬氫氧化物或氧化物或者是兩者的混合物。SEI膜對於電池的重要性無論怎樣強調都不過分，並且已經為科學界和工業界所認識。自從1979年發現SEI膜以來，對它的成分、結構、形成機制和生長動力學的研究就從來沒有停止過。

$LiPF_6$類液體電解質仍然是絕大多數商品鋰離子電池的首選，但是可以預見這一現狀正在不斷向聚合物結構方面轉化。

📄 參考文獻

[1] Krause L J, Lamanna W, Summerfield J, Engle M, Korba G, Loc R, Atanasoski R. J Power Sources, 1997, 68: 320.

[2] Ding M S, Xu K, Richard Jow T. J Electrochem Soc, 2000, 147: 1688.

[3] Ding M S, Xu K, Zhang S S, Richard Jow T. J Electrochem Soc, 2001, 148: A299.

[4] Plichta E J, Behl W K. J Power Sources, 2000, 88: 192.

[5] Esther S T, Hong G, Marcus P. J Electrochem Soc, 1997, 144: 1944.

[6] Sasaki Y, Hosoya M, Handan M. J Power Sources, 1997, 68: 492.

[7] Handa M, Suzuki M, Suzuki J, Kanematsu H, Sasaki Y. Electrochem Solid State Lett, 1999, 2: 60.

[8] Keiichi Y, Sasano T, Hiwara A.US, 6010806.2000.

[9] Shu Z X, McMillian R S, Murray J J. J Electrochem Soc, 1996, 43: 2230.

[10] Martin W, Petr N. J Electochem Soc, 1998, 145: L27.

[11] McMillan R, Slegr H, Shu Z X, Wang W. J Power Sources, 1999, 81-82: 20.

[12] Zhang S S, Angell C A. J Electrochem Soc, 1996, 143: 4047.

[13] Mohamedi M, Takahashi D, Itoh T, Uchida I. Electrochim Acta, 2002, 47: 3483.

[14] Schmidt M, Heider U, Kuehner A, Oesten R, Jungnitz M, Ignatev N, Sartori P.J Power Sources, 2001, 97-98: 557.

[15] Barthel J, Wühr M, Buestrich R, Gores H J. J Electrochem Soc, 1995, 142: 2527.

[16] Barthel J, Buestrich R, Carl E, Gores H J. J Electrochem Soc, 1996, 143: 3565.

[17] Barthel J, Buestrich R, Carl E, Gores H J. J Electrochem Soc, 1996, 143: 3572.

[18] Barthel J, Buestrich R, Gores H J, Schmidt M, Wühr M. J Electrochem Soc, 1997, 144: 3866.

[19] Videa M, Xu W, Geil B, Marzke R, Angell C A.J Electrochem Soc, 2001, 148: A1352.

[20] Sasaki Y, Handa M, Kurashima K, Tonuma T, Usami K. J Electrochem Soc, 2001, 148: A999.

[21] Skaarup S, West K, Yde-Andersen S, Koksbang R. Recent Advances in

Fast Ion Conducting Materials and Devices.Pro.2nd Asian meeting on Solid State ionics//Chowdari B V, Liu Q G, Chen L Q. Singapore: World Scientific Publisher, 1990: 83.

[22] Kita F, Sakata H, Kawakami A, Kamizori H, Sonoda T, Nagashima H, Pavlenko N V, Yagupolskii Y L. J Power Sources, 2001, 97-98: 581.

[23] Walker C W, Cox J D, Salomon M. J Electrochem Soc, 1995, 142: L80.

[24] Barthel J, Schmid A, Gores H J. J Electrochem Soc, 2000, 147: 21.

[25] Xu W, Angell C A. Electrochem Solid State Lett, 2000, 3: 366.

[26] Kita F, Kawakami A, Nie J, Sonoda T, Kobayashi H. J Power Sources, 1997, 68: 307.

[27] Barthel J, Buestrich R, Carl E, Gores H J. J Electrochem Soc, 1996, 143: 1996.

[28] Barthel J, Schmidt M, Gores H J. J Electrochem Soc, 1998, 145: L17.

[29] Xu W, Williams M D, Angell C A. Chem Mater, 2002, 14：401.

[30] Sun X G, Angell C A. Solid State Ionics, 2004, 175: 743.

[31] Xu W, Shusterman A J, Marzke R, Angell C A. J Electrochem Soc, 2004, 151: A632.

[32] Xu W, Sun X G, Angell C A. Electrochim Acta, 2003, 48: 2255.

[33] Xu K, Zhang S S, Poese B A. Electrochem Solid State Lett, 2002, 5: A259.

[34] Tao R, Miyamoto D, Aoki T, Fujinami T. J Power Sources, 2004, 135: 267.

[35] Stassen I, Hambitzer G. J Power Sources, 2002, 105: 145.

[36] Carlin R T, Pelong H C, Fuller J, Trulove P C. J Electrochem Soc, 1994, 141: L73.

[37] Xu K, Ding M S, Jow T R. J Electrochem Soc, 2001, 148: A267.

[38] Sudgen S. J Chem Soc, 1929, 1: 1291.

[39] Hurley F H, Wier T P. J Electrochem Soc, 1951, 98: 203.

[40] Gale R J, Osteryoung R A. Inorg Chem, 1979, 18: 603.

[41] Robonson J, Osteryoung R A. J Am Chem Soc, 1979, 102: 323.

[42] Hussey C L, King L A, Carpio A R. J Electrochem Soc, 1979, 126: 1029.

[43] Wilkes J S, Levisky J A, Wilson R A, Hussey C L. Inorg Chem, 1982, 21: 1263.

[44] Fuller J, Carlin R T, Osteryoung R A. J Electrochem Soc, 1997, 144: 3881.

[45] Xu W, Angell C A. Science, 2003, 302: 422.

[46] Yoshizawa M, Xu W, Angell C A. J Am Chem Soc, 2003, 125: 15411.

[47] McManis G E, Fletcher A N, Bliss D E, Miles M H. J Electroanal Chem, 1985, 190: 171.

[48] Caldeira M O S P, Sequeira C A C. Molten Salt Forum, 1993, 1-2: 407.

[49] Caja J, Dunstan T D J, Ryan D M. Proc Electrochem Soc: Molten salts ，2000, 99-41: 150.

[50] MacFarlane D R, Meakin P, Sun J, Amini N, Forsyth M. J Phys Chem B, 1999, 103: 4164.

[51] MacFarlane D R, Huang J H, Forsyth M. Nature, 1999, 402: 792.

[52] Forsyth M, Huang J H ，MacFarlane D R. J Mater Chem, 2000, 10: 2259.

[53] MacFarlane D R, Forsyth M.Adv Mater, 2001, 13: 957.

[54] Sakaebe H, Matsumoto H, Kobayashi H, Miyazaki Y. Abstracts of the 42nd Battery Symposium. 2001.

[55] Fung Y S, Zhou R Q. J Power Sources, 1999, 81-82: 891.

[56] Campion C L, Li W T, Euler W B, Lucht B L ，Ravdel B, DiCarlo J F, Gitzendanner R, Abraham K M. Electrochem Solid State Lett, 2004, 7: A194.

[57] Wu M S, Chiang P C J, Lin J C, Jan Y S. Electrochim Acta, 2004, 49: 1803.

[58] Gnanaraj J S, Zinigrad E, Asraf L. J Electrochem Soc, 2003, 150: A1533.

[59] Honbo H, Muranaka Y, Kita F. Electrochemistry, 2001, 69: 686.

[60] Jiang J, Dahn J R. Electrochem Commun, 2004, 6: 39.

[61] Sarre G, Blanchard P, Broussely M. J Power Sources, 2004, 127: 65.

[62] Fong R, von Sacken U, Dahn J R. J Electrochem Soc, 1990, 137: 2009.

[63] Spahr M E, Palladino T, Wilhelm H, Wursig A, Goers D, Buqa H, Holzapfel M, Novak P.J Electrochem Soc, 2004, 151: A1383.

[64] Aurbach D, Zaban A, Ein-Eli Y, Weissman I, Schechter O, Moshokovich M, Cohen Y. J Power Sources, 1999, 81-82: 95.

[65] von Sacken U, Nodwell E, Sundher A, Dahn J R. J Power Sources, 1995, 54: 240.

[66] Ein-Eli Y, McDevitt S F, Aurbach D, Markovsky B, Schechter A. J Electrochem Soc, 1997, 144: L180.

[67] Lee K H, Song E H, Lee J Y, Jung B H, Lim H S. J Power Sources, 2004, 132: 203.

[68] Morita M, Yamada O, Ishikawa M, Matsuda Y. J Appl Electrochem, 1998, 28:

209.

[69] Ein-Eli Y, Markovsky B, Aurbach D, Carmeli Y, Yamin H Luski S. Electrochim Acta, 1994, 39: 2559.

[70] Novak P, Christensen P A, Iwasita T, Vielstich W. J Electroanal Chem, 1989, 263: 37.

[71] Cattaneo E, Ruch J. J Power Sources, 1993, 43-44: 341.

[72] Sloop S E, Kerr J B, Kinoshita K. J Power Sources, 2003, 119: 330.

[73] Christie A M, Vincent C A. J Appl Electrochem, 1996, 26: 255.

[74] Shin J S, Han C H, Jung U H, Lee S I, Kim H J, Kim K. J Power Sources, 2002, 109: 47.

[75] Chung K I, Park J G, Kim W S, Sung Y E, Choi Y K. J Power Sources, 2002, 112: 626.

[76] Wang Y X, Nakamura S, Ue M, Balbuena P B. J Am Chem Soc, 2001, 123: 11708.

[77] Endo E, Tanaka K, Sekai K. J Electrochem Soc, 2000, 147: 4029.

[78] Bar Tow D, Peled E, Burstein L. J Electrochem Soc, 1999, 146: 24.

[79] Wagner M R, Raimann P R, Trifonova A, Moeller K C, Besenhard J O, Winter M. Electrochem Solid State Lett, 2004, 7: A201.

[80] Yoshida H, Fukunaga T, Hazama T, Terasaki M, Mizutani M, Yamachi M. J Power Sources, 1997, 68: 311.

[81] Eshkenazi V, Peled E, Burstein L, Golodnitsky D. Solid State Ionics, 2004, 170: 83.

[82] Zheng H H, Zhuo K L, Wang J J, Xu Z Y。高等學校化學學報，2004，25：729。

[83] Xu K, Lee U, Zhang S S, Allen J L, Jow T R. Electrochem Solid State Lett, 2004, 7: A273.

[84] Sun X H, Lee H S, Yang X Q, McBreen J. Electrochem Solid State Lett, 2003, 6: A43.

[85] Amatucci G G, Schmutz C N, Blyr A, Sigala C, Gozdz A S, Larcher D, Tarascon J M. J Power Sources, 1997, 69: 11.

[86] Blyr A, Sigala C, Amatucci G, Guyomard D, Chabre Y, Tarascon J M. J Eletrochem Soc, 1998, 145: 194.

[87] du Pasquier A, Blyr A, Cressent A, Lenain C, Amatucci G, Tarascon J M. J Power Sources, 1999, 81-82: 54.

[88] Andersson A M, Edström K, Thomas J O. J Power Sources, 1999, 81-82: 8.

[89] Edström K, Herranen M. J Electrochem Soc, 2000, 147: 3628.

[90] Edström K, Gustafsson T, Thomas J O.//Surampudi G S, Marsh R. Lithium Batteries: The Electrochemical Society Proceeding Series. NJ: Pennington, 1999：117.

[91] Winter M, Imhof R, Joho F, Novak P. J Power Sources, 1999, 81: 818.

[92] Mukai S R, Hasegawa T, Takagi M, Tamon H. Carbon, 2004, 42: 837.

[93] Braithwaite W, Gonzales A, Nagasubramanian G, Lucero S J, Peebles D E, Ohlhausen J A, Cieslak W R. J Electrochem Soc, 1999, 146: 448.

[94] Zhao M C, Kariuki S, Dewald H D, Lemke F R, Staniewicz R J, Plichta E J, Marsh R A. J Electrochem Soc, 2000, 147: 2874.

[95] Zhao M, Xu M, Dewald H D, Staniewicz R J.J Electrochem Soc, 2003, 150: A117.

[96] Kanmura K, Umegaki T, Shiraishi S, Ohashi M, Takehara Z. J Electrochem Soc, 2002, 149:A185.

[97] Zhang S S, Jow T R. J Power Sources, 2002, 109: 458.

[98] Morita M, Shibata T, Yoshimoto N, Ishikawa M.Electrochim Acta, 2002, 47: 2787.

[99] Wang X, Yasukawa E, Mori S.Electrochim Acta, 2000, 45: 2677.

[100] Kanamura K. J Power Sources, 1999, 81: 123.

[101] Nakajima T, Mori M, Gupta V, Ohzawa Y, Iwata H. Solid State Sci, 2002, 4: 1385.

[102] Song S W, Richardson T J, Zhuang G V, Devine T M, Evans J W. Solid State Sci, 2002, 4: 1385.

[103] Zhao M C, Kariuki S, Dewald H D, Lemke F R, Staniewicz R J, Plichta E J, Marsh R A. J Electrochem Soc, 2000, 147: 2874.

[104] Zhao M C, Dewald H D, Staniewicz R. J Electrochim Acta, 2004, 49: 683.

[105] Kawakita J, Kobayashi K. J Power Sources, 2001, 101: 47.

[106] Komaba S, Kumagai N, Sasaki T, Miki Y. Electrochemistry, 2001, 69: 784.

[107] Peled E. J Electrochem Soc, 1979, 126: 2047.

[108] Aurbach D, Markovsky B, Levi M D, Schechter A, Moshkovich M, Cohen Y. J Power Sources, 1999, 81-82: 95.

[109] du Pasquier A, Blyr A, Cressent A, Lenain C, Amatucci G, Tarascon J M. J Power Sources, 1999, 81-82: 54.

[110] Matsuo Y, Kostecki R, McLarnon F. J Electrochem Soc, 2001, 148: A687.

[111] Kostecki R, Kong F, Matsuo Y, McLarnon F. Electrochim Acta, 1999, 45: 225.

[112] Wang Z X, Dong H, Huang X J, Mo Y J, Chen L Q. Electrochem Solid State Lett, 2004, 7: A353.

[113] Wang Z X, Huang X J, Chen L Q. J Electrochem Soc, 2003, 150: A199.

[114] Wang Z X, Wu C, Liu L J, Wu F, Chen L Q, Huang X J. J Electrochem Soc, 2002, 149: A466.

[115] Wang Z X, Liu L J, Chen L Q, Huang X J. Solid State Ionics, 2002, 148: 335.

[116] Ein-Eli Y, Thomas S R, Koch V R. J Electrochem Soc, 1997, 144: 1159.

[117] Wrodnigg G H, Besenhard J O, Winter M. J Electrochem Soc, 1999, 146: 470.

[118] Wrodnigg G H, Wrodnigg T M, Besenhard J O, Winter M. Electrochem Commun, 1999, 1: 148.

[119] Aurbach D, Gamolsky K, Markovsky B, Gofer Y, Schmidt M, Heider U. Electrochim Acta, 2002, 47: 1423.

[120] Yoshitake H, Abe K, Kitakura T, Gong J B, Lee Y S, Nakamura H, Yoshio M. Chem Lett, 2003, 32: 134.

[121] Fan J. J Power Sources, 2003, 117: 170.

[122] Plichta E J, Hendrickson M, Thompson R, Au G, Behl W K, Smart M C, Ratnakumar B V, Surampudi S. J Power Sources, 2001, 94:160.

[123] Hill I R, Andrukaitis E E. J Power Sources, 2004, 129: 20.

[124] Sazhin S V, Khimchenko M Y, Tritenichenko Y N, Lim H S. J Power Sources, 2000, 87: 112.

[125] Smart M C, Ratnakumar B V, Surampudi S. J Electrochem Soc, 1999, 146: 486.

[126] Smart M C, Ratnakumar B V, Surampudi S. J Electrochem Soc, 2002, 149: A361.

[127] Xing W B, Sugiyama H. J Power Sources, 2003, 117: 153.

[128] Shu Z X, McMillan R S, Murray J J. J Electrochem Soc, 1993, 140: L101.

[129] Herlern G, Fahys B. Electrochim Acta, 1996, 41: 753.

[130] Horiachi H, Tsutsumi M, Watanable I. Japan, 10064584A.1998.

[131] Sun X, Lee H S, Yang X Q, McBreen J. J Electrochem Soc, 1999, 146: 3655.

[132] McBreen J, Lee H S, Yang X Q, Sun X. J Power Sources, 2000, 89: 163.

[133] Lee H S, Sun X, Yang X Q, McBreen J, Callahan J H, Choi L S. J Electrochem Soc, 2000, 146: 9.

[134] Bhattacharyya A J, Maier J. Adv Mater, 2004, 16: 811.

[135] Lee H S, Yang X Q, Xiang C L, McBreen J, Choi L S. J Electrochem Soc, 1998, 145: 2813.

[136] Holleck G L, Brummer S B. Lithium Batteries. New York: Academy Press, 1983.

[137] Wishvender K B, Der T C. J Electrochem Soc, 1988, 135: 16.

[138] Wishvender K B, Der T C. J Electrochem Soc, 1988, 135: 21.

[139] Golovin M N, David P W, James T D. J Electrochem Soc, 1992, 139: 5.

[140] Abraham K M, Pasyuariello D M, Willstand E B. J Electrochem Soc, 1992, 139: 5.

[141] Lee D Y, Lee H S, Kim H S, Sun H Y, Seung D Y. Korean J Chem Engin, 2002, 19: 645.

[142] Tobishima S, Ogino Y, Watanabe Y. J App Electrochem, 2003, 33: 143.

[143] Shima K, Shizuka K, Ota H, Ue M, Yamaki J. Japan: International Meeting on Lithium Batteries (IMLB-12). 2004: 218.

[144] Xiao L F, Ai X P, Cao Y L, Yang H X. Electrochim Acta, 2004, 49: 4189.

[145] Feng X M, Ai X P, Yang H X. J Appl Electrochem, 2004, 34: 1199.

[146] Lee C W, Venkatachalapathy R, Prakash J. Electrochem Solid State Lett, 2000, 3: 63.

[147] Hyung Y E, Vissers D R, Khalil A. US: 11th International meeting on Lithium Batteries, 2002.

[148] Xu K, Ding M S, Zhang S, Allen J L, Jow T R. J Electrochem Soc, 2002, 149: A622.

[149] Izquierdo-Gonzales S, Li W T, Lucht B L. J Power Sources, 2004, 135: 291.

[150] Liu X J, Kusawake H, Kuwajima S. J Power Sources, 2001, 97-98: 661.

[151] Ghimire P, Nakamura H, Yoshio M, Yoshitake H, Abe K. Electrochemistry, 2003, 71: 1084.

[152] Abe K, Yoshitake H, Kitakura T, Hattori T, Wang H Y, Yoshio M.Electrochim Acta, 2004, 49: 4613.

[153] Vollmer J M, Curtiss L A, Vissers D R, Amine K. J Electrochem Soc, 2004, 151: A178.

[154] McMillan R, Slegr H, Shu Z X, Wang W D. J Power Sources, 1999, 81: 20.

[155] Wu X D, Wang Z X, Chen L Q, Huang X J. Surf Coat Technol, 2004, 186: 412.

[156] Aurbach D, Gamolsky K, Markovsky B, Gofer Y, Schmidt M, Heider U. Electrochim Acta, 2002, 47: 1423.

[157] Dudley J T, Wilkinson D P, Thomas G, Levae R, Woo S, Blom H, Horvath C, Juzkow M W, Denis B, Juric P, Aghakian P, Dahn J R. J Power Sources, 1991, 35: 59.

[158] Besenhard J O, Castella P, Wagner M W. Mater Sci Forum, 1992, 91-93: 647.

[159] Wu M S, Liao T L, Wang Y Y, Wan C C. J Appl Electrochem, 2004, 34: 797.

[160] Aurbach D, Weissman I, Zaban A. Electrochim Acta, 1999, 45: 1135.

[161] Kawamura T, Sonoda T, Okada S, Yamaki J. Electrochemistry, 2003, 71: 139.

[162] Takada K, Inada T, Kajiyama A, Sasaki H, Kondo S, Watanabe M, Murayama M, Kanno R.Solid State Ionics, 2003, 158: 269.

[163] Kondo S, Takada K, Yamamura Y. Solid State Ionics, 1992, 53-56: 1183.

[164] Hayashi A, Hama S, Morimoto H, Tatsumisago M, Minami T. J Am Ceram Soc, 2001, 84: 477.

[165] Hayashi A, Hama S, Morimoto H, Tatsumisago M, Minami T. Chem Lett, 2001, 9: 872.

[166] Ohtomo T, Mizuno F, Hayashi A, Tadanaga K, Tatsumisago M. Japan: International Meeting on Lithium Batteries (IMLB-12). 2004: 370.

[167] Kanno R, Murayama M .J Electrochem Soc, 2001, 148: A742.

[168] Machida N, Yamamoto H, Shigematsu T. Chem Lett, 2004, 33: 30.

[169] Chen C H, Xie S, Sperling E, Yang A S, Henriksen G, Amine K. Solid State Ionics, 2004, 167: 263.

[170] Wu X M, Li X H, Zhang Y H, Xu M F, He Z Q. Mater Lett, 2004, 58: 1227.

[171] Kanamura K, Mitsui T, Rho Y H, Megaki T U. Asian Ceramic Science for Electronics II and Electroceramics in Japan V Proceedings of Key Engineering Materials, 2002.

[172] Rho Y H, Kanamura K. Electroceramics in Japan Ⅶ: Key Engineering Material, 2004, 269: 143.

[173] Jeon E J, Shin Y W, Nam S C. J Electrochem Soc, 2001, 148: A318.

[174] Joo H K, Sohn H J, Vinatier P, Pecquenard B, Levasseur A. Electrochem Solid State Lett, 2004, 7: A256.

[175] Vereda F, Clay N, Gerouki A, Goldne R B, Haas T, Zerigian P. J Power Sources, 2000, 89: 201.

[176] Kawamura J, Kuwata N, Toribami K, Sata N, Kamishima O, Hattori T. Solid State Ionics, 2004, 175: 273.

[177] Joo H K, Vinatier P, Pecquenard B, Levasseur A, Sohn H J. Solid State Ionics, 2003, 160: 51.

[178] Chen C H, Kelder E M, Schoonman J. J Power Sources, 1997, 68: 377.

[179] Plichta E J, Behl W K, Chang W H S, Schleich D M. J Electrochem Soc, 1994, 141: 1418.

[180] Liu W Y, Fu Z W, Qin Q Z。科學通報，2004，62：2223。

[181] Nagasubramanian G, Doughty D H. J Power Sources, 2004, 136: 395.

[182] Schwenzel J, Thangadurai V, Weppner W. Ionics, 2003, 9: 348.

[183] Kuwata N, Kawamura J, Toribami K, Hattori T, Sata N. Electrochem Commun, 2004, 6: 417.

[184] Fenton B E, Parker J M, Wright P V. Polymer, 1973, 14: 589.

[185] Wright P V. Br Polym J, 1975, 7: 319.

[186] Armand M, Chabagno J M, Duclot M. Fast Ion Transport in Solids. New York: North-Holland, 1979.

[187] Brummer S B, Koch V R, Murphy D W, Broadhead J, Steel B C H. Materials for Advanced Batteries. New York: Plenum, 1980.

[188] Alamgir M, Abraham K M, Pistoia G. Lithium Batteries: New Materials Developments and Perspectives. Amsterdam: Elsevier, 1994.

[189] Koksbang R, Olsen I I, Shackle D. Solid State Ionics, 1994, 69: 320.

[190] Borkowska R, Laskowski J, Plocharski J, Przyluski J, Wieczorek W.J Appl Electrochem, 1993, 23 :991.

[191] Wieczorek W, Stevens J R.J Phys Chem B, 1997, 101: 1529.

[192] Booth C, Nicholas C V, Wilson D J, MacCallum J R, Vincent C A. Polymer

Electrolyte Reviews-2. London: Elsevier, 1989.

[193] LeNest J F, Callens S, Gandini A, Armand M. Electrochim Acta, 1992, 37: 1585.

[194] Ito Y, Kanehori K, Miyauchi K, Kudo T. J Mater Sci, 1987, 22: 1845.

[195] Kelly I E, Owen J R, Steele B C H. J Power Sources, 1985, 14: 13.

[196] Borghini M C, Mastragostino M, Passerini S, Scrosati B.J Electrochem Soc, 1995, 142: 2118.

[197] Watanabe M, Kanba M, Matsuda H, Mizoguchi K, Shinohara I, Tsuchida E, Tsunemi K. Makromol Chem-Rapid Commun, 1981, 2: 741.

[198] Watanabe M, Kanba M, Nagaoka K, Shinohara I.J Appl Electrochem, 1982, 27: 4191.

[199] Croce F, Gerace F, Dautzenberg G, Passerini S, Appetecchi G B, Scrosati B.Electrochim Acta, 1994, 39: 2187.

[200] Slane S, Salomon M. J Power Sources, 1995, 55: 7.

[201] Croce F, Brown S D, Greenbaum S G, Slane S M, Salomon M. Chem Mater, 1993, 5: 1268.

[202] Wang Z, Huang B, Huang H, Xue R, Chen L, Wang F. J Electrochem Soc, 1996, 143: 1510.

[203] Appetecchi G B, Croce F, Scrosati B. Electrochim Acta, 1995, 40: 991.

[204] Stallworth P E, Greenbaum S G, Croce F, Slane S, Salomon M. Electrochim Acta, 1995, 40: 2137.

[205] Liu X, Osaka T. J Electrochem Soc, 1997, 144: 3066.

[206] Choe H S, Giaccai J, Alamgir M, Abraham K M.Electrochim Acta, 1995, 40: 2289.

[207] Lascaud S, Perrier M, Vallée A, Besner S, Prud'homme J, Armand M.Macromol, 1994, 27: 7469.

[208] Lightfoot P, Methta A, Bruce P G. Science, 1993, 262: 883.

[209] MacGlashan G S, Andreev Y G, Bruce P G. Nature, 1999, 398: 792.

[210] Sperling L H.Introduction to Physical Polymer Science: Chap 9.New York: Wiley, 1993.

[211] Meyer W H. Adv Mater, 1998, 10: 439.

[212] Tominaga Y, Ohno H. Electrochim Acta, 2000, 45: 3081.

[213] Edman L, Doeff M M, Ferry A, Kerry J, De Jonghe L C. J Phys Chem B, 2000, 104: 3476.

[214] Doeff M M, Georen P, Qiao J, Kerry J, De Jonghe L C. J Electrochem Soc, 1999, 146: 2024.

[215] Kim C S, Oh S M. Electrochim Acta, 2001, 46: 1323.

[216] Magistris A, Mustarelli P, Parazzoli F, Quartarone E, Piaggio P, Bottino A. J Power Sources, 2001, 97-98: 657.

[217] Wieczorek W, Florjanczyk Z, Stevens J R. Electrochim Acta, 1995, 40: 2251.

[218] Quartarone E, Mustarelli P, Magistris A.Solid State Ionics, 1998, 110: 1.

[219] Wieczorek W, Stevens J R. J Phys Chem B, 1997, 101: 1529.

[220] LeNest J F, Callens S, Gandini A, Armand M. Electrochim Acta, 1992, 37: 1585.

[221] Mizumo T, Sakamoto K, Matsumi N, Ohno H. Chem Lett, 2004, 33: 396.

[222] Hu S W, Yan W D, Fang S B. J Appl Polymer Sci, 1999, 73: 1397.

[223] Doyle M, Sylla S, Sanchez J Y, Armand M. J Power Sources, 1995, 54: 456.

[224] Nishimura S, Okumura T, Iwayasu N, Itoh T, Yabe T, Yokoyama S, Kobayashi T. Japan: International Meeting on Lithium Batteries (IMLB-12), 2004: 228.

[225] Dautzemberg G, Croce F, Passerini S, Scrosati B. Chem Mater, 1994, 6: 538.

[226] Appetecchi G B, Dautzemberg G, Scrosati B. J Electrochem Soc, 1996, 143: 6.

[227] Appetecchi G B, Croce F, Dautzemberg G, Gerace F, Panero S, Ronci F, Spila E, Scrosati B. Gazz Chim It, 1996, 126: 405.

[228] Appetecchi G B, Croce F, Scrosati B.J Power Sources, 1997, 66: 77.

[229] Croce F, Romagnoli P, Scrosati B, Oesten R, Heider H. Electrochemical Communications, 1999, 1: 83.

[230] Ballard D G H, Cheshire P, Mam T S, Przeworski J E. Macromolecules, 1990, 23: 1256.

[231] Megahed S, Scrosati B. J Power Sources, 1994, 51: 79.

[232] Wang X J, Kang J J, Wu Y P, Fang S B. Electrochem Commun, 2003, 5: 1025.

[233] Nan C W, Fan L, Lin Y, Cai Q. Phys Rev Lett, 2003, 91: 266104.

[234] Wang Z, Huang B, Huang H, Xue R, Chen L, Wang F.J Electrochem Soc, 1996, 143: 1510.

[235] Huang B, Wang Z, Li G, Huang H, Xue R, Chen L. Solid State Ionics, 1996,

85: 79.

[236] Xue R J, Huang H, Menetrier M, Chen L Q. J Power Sources, 1993, 44: 431.

[237] Huang H, Chen L Q, Huang X J, Xue R J. Electrochim Acta, 1992, 37: 1671.

[238] Battisti D, Nazri G A, Klassen B, Arona R. J Phys Chem, 1993, 97: 5826.

[239] Stevens J, Jacobbson P. Can J Chem, 1991, 69: 1980.

[240] Olsen I I, Koksbang R. J Electrochem Soc, 1996, 143: 570

[241] Ue M, Mori S. J Electrochem Soc, 1995, 142: 2577.

[242] Angell C A, Sanchez E. Nature, 1993, 362: 137.

[243] Bushkova O V, Zhukovsky V M, Lirova B L, Kruglyashov A L. Solid State Ionics, 1999, 119: 217.

[244] Forsyth M, Sun J Z, MacFarlane D R, Hill A J. J Polym Sci A: Polym Chem, 2000, 38: 341.

[245] Wang Z X, Gao W D, Huang X J, Mo Y J, Chen L Q. Electrochem Solid State Lett, 2001, 4: A148.

[246] Wang Z X, Gao W D, Huang X J, Mo Y J, Chen L Q. Electrochem Solid-State Lett, 2001, 4: A132.

[247] Li J Z, Huang X J, Chen L Q. J Electrochem Soc, 2000, 147: 2653.

[248] Croce F, Appetecchi G B, Persi L, Scrosati B. Nature, 1998, 394: 456.

[249] Chung S H, Wang Y, Persi L, Croce F, Greenbaum S G, Scrosati B, Plichta, E. J Power Sources, 2001, 97-98: 644.

[250] Morita M, Fujisaki T, Yoshimoto N, Ishikawa M. Electrochim Acta, 2001, 46: 1565.

[251] Wang Z X, Huang X J, Chen L Q.Electrochem Solid State Lett, 2003, 6: E40.

[252] Best A S, Adebahr J, Jacobsson P, MacFarlane D R, Forsyth M. Macromolecules, 2001, 34: 4569.

[253] Krawisiec W, Scanlon L G, Feller J P, Vaia R A, Vasudevan S, Giannelis E P. J Power Sources, 1999, 54: 310.

[254] Golodnitsky D, Ardel G, Peled E.Solid State Ionics, 2002, 147:141.

[255] Krawiec W, Scancon L G, Marsh R A. J Power Sources, 1995, 54: 310.

[256] Xuan X, Wang J, Tang J, Qu G, Lu J. Spectrochim Acta A, 2000, 56: 2131.

[257] Chen H W, Chiu C Y, Wu H D, Shen I W, Chang F C. Polymer, 2002, 43: 5011.

[258] Croce F, Persi L, Scrosati B, Serraino-Fiory F, Plichta E, Hendrickson M A.

Electrochim Acta, 2001, 46: 2457.

[259] Wieczorek W, Lipka P, Zukowska G, Wycislik H. J Phys Chem B, 1998, 102: 6968.

[260] Angell C A, Liu C, Sanchez E. Nature, 1993, 362: 137.

[261] Wang Z X, Gao W D, Chen L Q, Mo Y J, Huang X J. J Electrochem Soc, 2002, 149: E148.

[262] Gadjourova Z, Andreev Y G, Tunstall D P, Bruce P G. Nature, 2001, 412: 520.

[263] Christie A M, Lilley S J, Staunton E, Andreev Y G, Bruce P G. Nature, 2005, 433: 50.

[264] Scanocchia R S.Tossici R, Marassi F, Croce B Scrosati. Electrochem Solid State Lett, 1998, 1:159.

[265] Tarascon J M, Gozdz A S, Schmutz C N, Shokoohi F, Warren P C. Solid State Ionics, 1996, 86-88: 49.

[266] Ren X M, Gu H, Chen L Q, Wu F, Huang X J。高等學校化學學報，2002, 23: 1383。

[267] Jeong Y B, Kim D W. J Power Sources, 2004, 128: 256.

[268] Wang Z L, Tang Z Y. Electrochim Acta, 2004, 49: 1063.

[269] Saunier J, Alloin F, Sanchez J Y, Barriere B.J Polym Sci B: Polym Phys, 2004, 42: 532.

[270] Saunier J, Alloin F, Sanchez J Y, Barriere B. J Polym Sci B:Polym Phys, 2004, 42: 544.

[271] Chen Z H, Christensen L, Dahn J R. J Appl Polym Sci, 2004, 91: 2958.

[272] Peled E, Golodnitsky D, Ardel G, Eshkenazy V. Electrochim Acta, 1995, 40: 2197.

第六章

電極材料研究方法

電池性能與其電極材料的組成、結構及性能以及電池組裝方法等相關聯。因此，要製造出性能優良的鋰離子電池，必須嚴格把握其製作材料的質量關，要製備出滿足電池使用要求的電極材料，則必須瞭解電極材料的電化學性能與其組成、結構等的相關性。

電極材料的化學成分分析方法的選擇主要依據其含量範圍確定，本文不再贅述。對於電極材料，其微觀結構對性能的影響非常顯著，在本章中，將簡要介紹材料的結構，充、放電過程熱力學與動力學及其電化學性能表徵等有關研究方法。

電極材料的微觀結構直指影響其電化學性能，並與其化學組成有關。無疑化學組成相同的材料亦有不同的微觀結構，如$LiMnO_2$可能是單斜結構也可能為六方層狀結構，還可能是四方晶系。對不同結構的Li-Mn-O材料而言，其電化學性能如充、放電電壓平台，理論比容量，導電性能等差異較大，因此，研究者們對所合成出來的材料的結構往往十分關注。

對於化學組成或微觀結構差別較大的正極材料如Li-M-O系與其磷酸鹽系列，或Li-Mn-O與Li-Ni-O或Li-Co-O系列多元複合物材料，可以利用化學分析、X射線繞射或將二者結合的方法很簡便地確定材料的結構類型；但對於組成相似的材料特別是對於鋰─過渡金屬氧化物中的某些過渡金屬如錳、鈷、鎳、鐵等，其相組成和晶體結構複雜，由於Mn^{3+}的Jahn-Teller效應使得不同錳價態組成的化合物結構不同，採用前面的兩種方法很難將這類化合物的混合物區分開來，往往需要結合其他方法如紅外線光譜、拉曼光譜、核磁共振等。本節將以Li-Mn-O中的幾種化合物為例，介紹其組成、結構相似的幾種材料的研究方法。

6.1 研究方法簡介

6.1.1 X射線及其基本性質

高速度運動的電子束（即陰極射線）與物體碰撞時，其運動被急劇地阻止，從而失去其所具有的動能，其中一小部分能量變成X射線的能量，發生X射線，而大部分能量轉換成熱能，使物體溫度升高。

X射線沿直線傳播，有很高的穿透能力，所有基本粒子（電子、中子、質子等）當其能量狀態發生變化時，均伴隨著X射線輻射。

1912年，勞埃（M.Laue）等人在前人工作的基礎上，利用晶體作為產生X射線繞射的光柵，使X射線入射到某種晶體上，成功地觀察到X射線的繞射現象，從而證實了X射線在本質上是一種波長在$10^{-12}\sim10^{-8}$m範圍內的電磁波。

由X射線管發出的X射線分為兩種：一種是具有連續變化波長的X射線，構成連續X射線譜。它和白色可見光相似，是含有各種不同波長的輻射，所以也稱為白色X射線或多色X射線。另一種是具有特定波長的X射線，它們疊加在連續X射線譜上，稱為標識（或特徵）X射線。當加到X射線管上的高壓達到一定值時，就可以產生標識譜線。標識譜的波長取決於X射管中陽極靶的材料。由於它們只具有特定的波長，和單色可見光相似，所以又稱為單色X射線。各種單色X射線構成標識X射線（或特徵X射線譜）。

在某一金屬靶的X射線管兩極間加上一定的高壓，並保持一定的管電流的情況下，測得其產生的X射線波長圖6-1管電壓對連續X射線

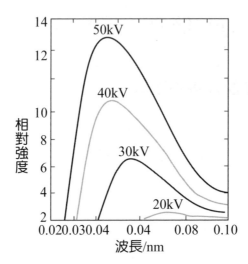

圖6-1　管電壓對連續X射線譜的影響

譜的影響與相對強度的關係示意曲線見圖6-1。所發射的X射線是一個連續光譜，它包含著從某一個短波限λ_0開始的全部波長，強度連續地隨波長而變化。

連續光譜滿足如下實驗規律。

①各種波長射線的相對強度隨著X射線管電壓的增加而一致增高，最大強度射線對應的波長λ_m變小，短波限λ_0變小。

②當管電壓一定時，各種波長射線的相對強度隨著管電流增加也一致增高，但λ_0和λ_m不變，如圖6-2所示。

③各種波反射線的相對強度隨著陽極靶材料原子序數的增高而增大，如圖6-3所示。

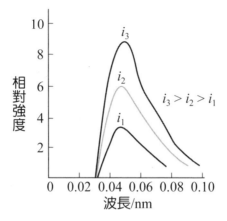

圖6-2 管電流對X射線波譜曲線的影響

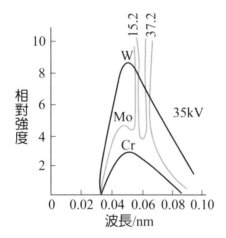

圖6-3 靶材料對X射線波譜曲線的影響

　　根據量子理論，能量為eV的電子和陽極物質相碰撞時，產生能量$\leq eV$的光子，因此輻射有一個頻率上限v，它和短波限λ_0相對應，可表示為：

$$eV = hv_\mathrm{m} = \frac{hc}{\lambda_0} \tag{6-1}$$

式中　e——電子的電荷，1.60×10^{-19}C；

　　　V——電子通過兩極時的電壓降，即加在X射線管兩極的電壓，V；

　　　h——普朗克常數，6.63×10^{-34}J·s；

　　　v_m——X射線的頻率，s^{-1}；

　　　c——光在真空中的速度，3.00×10^8m/s；

　　　λ_0——連續X射線的短波限，m。

　　一般情況下，能量為eV的電子和陽極靶材碰撞，產生一個光子hv_1後，其本身能量變為eV_1。而能量為eV_1的電子繼續和陽極靶材中的原子碰撞又可產生一個光子hv_2，該電子能量則變成eV_2……即進行多次輻射。可以用公式表示為：

$$eV = hv_1 + hv_2 + hv_3 + \cdots \tag{6-2}$$

　　因此出現一個連續光譜，它從短波限展向長波的方向。

　　描述X射線數量的物理量—強度（I）是指垂直於X射線傳播方向的單位面積上在單位時間內通過的能量，也就是光子數目。其常用單位是erg/（$cm^2 \cdot s$）（在SI制中的單位是W/m^2）。Kulenkampff從大量的實驗結果總結出一個經驗公式，即：若波長在λ和$\lambda + d\lambda$之間的強度為$I_\lambda d\lambda$（I_λ稱為對於波長λ的強度密度），則有：

$$I_\lambda d\lambda = AiZ \frac{1}{\lambda^2}\left(\frac{1}{\lambda_0} - \frac{1}{\lambda}\right)d\lambda \tag{6-3}$$

式中　Z——陽極靶材的原子序數；

i——X射線管電流強度；

A——常數。

將上式從λ_0到λ_∞積分，就得到某一條件下所發出的連續X射線的總強度：

$$I_{連} = \int_{\lambda_0}^{\lambda_\infty} I_\lambda \mathrm{d}\lambda = \frac{AiZ}{2\lambda_0^2} = KiZV^2 \qquad （6\text{-}4）$$

可見，連續X射線的總強度與管電流強度i及管電壓V的平方成正比。因此，常採用高原子序數的物質如鎢作X射線管的陽極，因為它可以得到較大的連續譜總強度。

維持X射線管的管電流恆定，逐漸增高靶管電壓，則管電壓低於某特定值時，能獲得連續譜。當管電壓超過該特定值時，就會在某些特定波長的位置上出現若干強度很高的特徵譜線疊加在連續譜上，它們是X射線的標識譜。

標識譜有如下實驗規律。

(1)陽極物質的標識譜可分成若干系，每個系有一定的激發電壓，只有當管電壓超過激發電壓時，才能產生該物質相應系的標識譜線。陽極物質的原子序數Z越大，其激發電壓越高。

(2)每個標識譜線都對應於一個確定的波長。當管電壓和管電流改變時，波長不變，僅其強度改變。

(3)不同的陽極物質，標識譜的波長不同。它們之間的關係由Moseley定律確定，即：

$$\sqrt{1/\lambda} = K(Z - \sigma) \qquad\qquad (6\text{-}5)$$

　　式中，λ為標識譜波長；K和σ均為常數。即陽極靶材料的原子序數Z增加，則相應同一系標識譜的波長變短。

　　不同系譜線之間的波長差別較大，波長最短的一組稱K系譜線，按照波長增加的次序，以後各系分別稱為L系、M系、N系等，每系內的每一條譜線都有一定名稱，如K系中波長最長的線稱為K_α線，按照波長減短的次序，其後的線稱為K_β、K_γ等。K_α線又是由兩條波長相差很小的線$K_{\alpha 1}$和$K_{\alpha 2}$所組成。它們的波長之差 $\Delta\lambda = \lambda_{K_{\alpha 2}} - \lambda_{K_{\alpha 1}}$ 平均不超過0.0004nm。$K_{\alpha 1}$是K系中強度最大的線，它比$K_{\alpha 2}$的強度約大一倍，而$K_{\alpha 1}$比K_β的強度約大五倍。

　　任意一層上的電子跳到K層時，產生K系X射線；跳到L層時，產生L系X射線，依此類推。假若電子是從相圖6-4標識X射線譜產生過程示意鄰層跳來，則產生相應系的αX射線，例如由L層跳到K層時產生K_αX射線，由M層跳到L層時產生L_αX射線。若電子是從相隔一層的軌道上跳來，則產生相應系的βX射線，例如由M層跳到K層時產生K_βX射線。假若電子是從相隔兩層的軌道上跳來，則產生相應系的γX射線；如從N層跳到K層時，產生K_γX射線（圖6-4）。

　　由於K層和M層上電子的能量差比K層和L層上電子的能量差大，故電子由M層跳到K層時所產生的K_β射線波長較之電子由L層跳到K層時所產生的K_α射線波長短，但K_α線比K_β線強度大五倍左右，這是因為電子自L層過渡到K層的概率比由M層過渡到K層的概率大五倍左右的緣故。

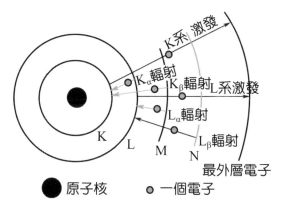

圖6-4　標識X射線譜產生過程示意圖

屬於同一層的各個電子能量並不完全相同，而有極小的差別，從而產生了譜線的雙重線現象。例如L層有8個電子，分屬於三個亞能級，各亞能級的電子能量有微小差別。因此，分別由L層兩個亞能級中的電子跳到K層時所產生的譜線的波長也有微小差異，故K_α射線又可分為$K_{\alpha 1}$和$K_{\alpha 2}$雙重線。

標識X射線的強度與管電壓、管電流的關聯可表示為：

$$I_{標} = Ci(V-V_0)^m \tag{6-6}$$

式中，C為比例常數；i為管電流強度；V為管電壓；V_0為陽極物質標識X射線的激發電壓；m的數值，通常對K系取$m = 1.5$，對L系取$m = 2$。

標識X射線譜與連續譜是疊加的，二者的強度都是管電壓和管電流的函數。使用標識X射線時，人們希望找到一個適當的工作條件，使標識諧線相對於連續譜有最大的強度。對於K系的標識X射線有：

$$\frac{I_{標}}{I_{連}} = \frac{Ci(V-V_K)^{1.5}}{KiZV^2} = C' \times \frac{\left(\dfrac{V}{V_K}-1\right)^{1.5}}{ZV_K^{0.5}\left(\dfrac{V}{V_K}\right)^2} \tag{6-7}$$

式中，$C' = \dfrac{C}{K}$ 為常數。以 $I_{標}/I_{連}$ 為縱坐標，V/V_K 為橫坐標，採用作圖法可得。當管電壓比激發電壓高3～5倍時，標識譜線相對於連續譜線的強度最大。因此，使用標識X射線時，X射線管的工作電壓約為陽極物質激發電壓的3～5倍。常用的X射線管適宜的工作電壓可在表6-1中查到。

晶體結構中，原子核一般佔據一固定位置或僅作輕微的振動，但原子核外的電子特別是外層電子卻在晶體的空間中作極複雜的運動。可從統計的觀點來研究晶體結構中每一點上電子分佈的狀況，或者考慮電子在晶體結構中每一點出現的概率的大小。在一定時間內，晶體

表6-1　常用陽極靶材相關資料

元素	原子序數	$\lambda_{K_{\alpha1}}/\text{Å}$	$\lambda_{K_{\alpha2}}/\text{Å}$	$\lambda_{K_{\beta1}}/\text{Å}$	$\lambda_K/\text{Å}$	V_K/kV	適合工作電壓／kV
Cr	24	2.28970	2.293606	2.08487	2.07012	5.98	20～25
Mn	25	2.101820	2.10576	1.91021	1.89636	6.54	20～25
Fe	26	1.936042	1.939980	1.75661	1.74334	7.10	25～30
Co	27	1.788965	1.792850	1.62079	1.60811	7.71	30
Ni	28	1.657910	1.661747	1.50013	1.48802	8.29	30～35
Cu	29	1.540562	1.544390	1.39222	1.38043	8.86	35～40
Mo	42	0.709300	0.713590	0.632288	0.61977	20.1	50～55
Ag	47	0.559407	0.563798	0.497069	0.48582	25.5	55～60
W	74	0.209010	0.213828	0.184374	0.17837	69.3	

註：1Å = 0.1nm。

結構中某一點上電子出現得多，即在此點上電子出現概率大，就說該點的電子密度大。晶體結構中某一點上的電子密度就是從時間平均意義上來說的概率密度。

晶體結構中電子的運動極複雜，在晶體結構中電子密度的分佈規律可反映出原子的排列規律。與原子核和電子相關，晶體結構中靜電場大小的分佈規律也同樣要反映出原子的排列規律。

當X射線束照射到晶體結構上而與晶體結構中的電子和電磁場發生相互作用時，晶體結構將發生一些物理效應。其中X射線被電子散射（相干散射）而引起的衍射效應將反映出晶體結構空間中電子密度的分佈狀況，因而也就反映出晶體結構中原子的排列規律，所以可用晶體的X射線繞射效應來確定晶體的原子結構。

由於X射線與可見光具有相似性，而晶體的光潔表面與鏡面相似。布拉格（Brag）在忽略晶體表面粗糙度的條件下，按照鏡面反射設計了X射線在晶面上的反射實驗。演示實驗用CuK$_\alpha$輻射，用岩鹽（NaCl）晶體作光柵。當晶面和入射線成其他角度時，則記錄到的反射線強度較弱甚至不發生反射。可見，X射線在晶面上的反射和可見光在鏡面上的反射有共同點即都滿足反射定律。X射線以某些特定的角度入射時才能發生反射，求得各晶面反射線加強的條件是：

$$2d\sin\theta = n\lambda \qquad\qquad (6-8)$$

該式稱為布拉格公式。式中，d表示晶面間距；n為任意整數，稱為相干級數；θ為入射角；λ為X射線波長。

任何晶體物質都有其特徵的衍射峰位置和強度（德拜圖相）。當

試樣為未知的多相混合物時，其中各相組成部分都將在合成的德拜圖上貢獻自己所特有的一組線條（即一組*d*值）和相對強度。因此，若某種物質的一系列*d*值及其相對強度與實驗獲得的德拜圖上一部分線條全部相符合，就可初步肯定試樣中含有此種物質（或相分）。再把獲得的德拜圖上的其餘線條對應的物質或相分確定後，就可以逐次鑒定試樣中的各種組分。

在樣品中每個物相的衍射強度隨著該物相在樣品中分量的增加而增強，但由於樣品吸收因素以及其他因素的影響，使得樣品中某物相的衍射強度和物相含量的關係並不是正比關係。在定量分析中為了得到較準確的結果，通常採用繞射儀法。該方法具有測量速度快的優點，特別是在強度測量中，具體樣品的吸收因素不隨衍射角θ而變，即對固定的物質是一個常數。具體可參閱有關專著和文獻。

6.1.2 紅外線光譜研究

紅外線光譜是研究化合物分子結構必不可少的手段。當一束紅外線照射到被測樣品時，分子由振動的低能級躍遷到相鄰的高能級，而在相應於基團特徵頻率的區域內出現吸收峰。從吸收峰的位置及強度可得到該分子的定性及定量資料。

根據量子學說的觀點，物質在入射光的照射下，分子吸收能量時，其能量的增加是跳躍式的，所以物質只能吸收一定能量的光量子。兩個能級間的能量差與吸收光的頻率服從玻耳（Bohr）公式：

$$hv = E_2 - E_1 \qquad\qquad （6\text{-}9）$$

式中，E_1、E_2分別為低能態和高能態的能量；h為普朗克常數，6.626×10^{-34}J・s；v為光波的頻率。

由上式可知，若低能態與高能態之間的能量差越大，則所吸收光的頻率越高；反之，所吸收光的頻率越低。通常頻率v可以用波數σ來表示。

量子學認為，兩個能級之間只有遵循一定的規律才能發生躍遷，即兩個能級間的躍遷只能在電偶極改變等於零時才能發生。而分子運動可以分為平動、轉動、振動及分子內電子的運動，每個運動狀態都屬於一定的能級。

當物質吸收紅外區的光量子後，只能引起原子的振動和分子的轉動，不會引起電子的跳動，所以紅外光譜又稱為振動轉動光譜。

紅外光譜圖中吸收峰與分子及分子中各基團不同的振動形式相對應。分子偶極變化的振動形式可分為兩類：伸縮振動和彎曲振動。伸縮振動是指原子沿著價鍵方向來回運動；彎曲振動是指原子垂直於價鍵方向的運動。

分子中每個原子在空間有3個自由度，由N個原子組成的分子在空間應有3N自由度。對於非直線型分子，應減去3個平移自由度及3個轉動自由度。所有原子核除彼此進行相對振動外，也能與整個分子進行相對振動，因此振動頻率組很多。某些振動頻率與分子中存在一定的基團有關。鍵能不同，吸收的振動能也不同。因此，每種基團、化學鍵都有特殊的吸收頻率組，能夠利用紅外吸收光譜進行結構分析，但同一基團在不同分子中產生特徵頻率會略有改變，因此應用時

要注意各種因素的影響。

　　在分子振動過程中，同一類型化學鍵的振動頻率非常接近。它們總是出現自在某一範圍內，但是相互又有區別，即所謂特徵頻率或基團頻率。

　　分子中原子以平衡點為中心，以非常小的振幅（與原子核間距離相比）進行周期性的振動，即所謂簡諧振動。根據這種分子振動模型，把化學鍵相連的2個原子近似地看為諧振子，則分子中每個諧振子（化學鍵）的振動頻率 v（基本振動頻率）可用經典力學中胡克定律導出的簡諧振動公式（也稱振動方程）計算：

$$v = \frac{1}{2\pi}\sqrt{\frac{K}{\mu}}$$　　　　　　　　　　　　　　　（6-10）

　　式中，振動頻率 v 用波數 σ 表示，則：

$$\sigma = \frac{v}{c} = \frac{1}{2\pi c}\sqrt{\frac{K}{\mu}}$$　　　　　　　　　　　（6-11）

　　式中，c 為光速；K 為化學鍵力常數（即化學鍵強度）；μ 為2個原子的折合質量，即 $\mu = m_1 m_2/(m_1 + m_2)$。

　　根據原子折合質量和原子量的關係，上式可改寫為：

$$\sigma = \frac{\sqrt{N}}{2\pi c}\sqrt{\frac{K}{M}}$$　　　　　　　　　　　　（6-12）

　　式中，N 為阿佛伽德羅常數，6.024×10^{23}；M 為2個原子的折合原子量，即 $M = M_1 M_2/(M_1 + M_2)$。當化學鍵力常數 K 的單位以 10^{-2} N/m 表

示，則上式簡化為：

$$\sigma = 1307 \sqrt{\frac{K}{M}} \qquad\qquad （6\text{-}13）$$

　　上式為分子振動方程式，可用於計算雙原子分子或複雜分子中化學鍵的振動頻率。測得單鍵、雙鍵、三鍵的鍵力常數分別為$K_單 = (4\sim6)\times10^{-5}\,\text{N/m}$，$K_雙 = (8\sim12)\times10^{-5}\,\text{N/m}$，$K_參 = (12\sim18)\times1010^{-5}\,\text{N/m}$。這樣由已知的化學鍵強度就可求得相應化學鍵的振動頻率。

　　分子吸收光譜的吸收峰強度可用莫耳吸光係數ε表示。由於紅外線吸收帶的強度比紫外線、可見光弱得多，即使是強極性基團振動產生的吸收帶，其強度也比紫外線、可見光低$2\sim3$個數量級；並且紅外輻射源的強度也較弱。紅外線吸收峰的強度通常粗略地用以下5個級別表示。

VS	S	m	W	VW
極強峰	強峰	中強峰	弱峰	極弱峰
$\varepsilon > 100$	$\varepsilon = 20\sim100$	$\varepsilon = 10\sim20$	$\varepsilon = 1\sim10$	$\varepsilon < 1$

　　峰強與分子躍遷的概率有關。躍遷概率是指激發態分子所占分子總數的百分數，基頻峰的躍遷概率大，倍頻峰的躍遷概率小，組頻峰的躍遷概率更小。

　　峰強與分子偶極矩有關，而分子的偶極矩又與分子的極性、對稱性和基團的振動方式等因素有關。一般極性較強的分子或基團，它的吸收峰也較強。分子的對稱性越低，則所產生的吸收峰越強；基團的振動方式不同時，電荷分佈也不同，其吸收峰的強度一般為：$v_{as} >$

$v_s > \delta$。紅外線光譜圖通常是以吸收光帶的波長或波數為橫坐標,而以透過百分率為縱坐標表示吸收強度。

6.1.3 拉曼(Raman)光譜研究

　　拉曼光譜法是利用雷射光束照射試樣時發生散射現象而產生與入射光頻率不同的散射光譜所進行的分析方法。頻率為v_0的入射光可以看成是具有能量hv_0的光子,當光子與物質分子相碰撞時,可能產生能量保持不變,故產生的散射光頻率與入射光頻率相同。只是光子的運動方向發生改變,這種彈性散射稱為瑞利散射。在非彈性碰撞時,光子與分子間產生能量交換,光子把一部分能量給予分子或從分子獲得一部分能量,光子能量就會減少或增加。在瑞利散射線兩側就可以看到一系列低於或高於入射光頻率的散射線,這就是拉曼散射。如果分子原來處於低能級E_1狀態,碰撞結果使分子躍遷至高能級E_2狀態,則分子將獲得能量$E_2 - E_1$,光子則損失這部分能量,這時光子的頻率變為:

$$v_- = v_0 - \frac{E_2 - E_1}{h} = v_0 - \frac{\Delta E}{h} \qquad (6\text{-}14)$$

　　即斯托克斯線。如果分子原來處於高能級E_2狀態,碰撞結果使分子躍遷到低能級E_1狀態,則分子就要損失能量$E_2 - E_1$;光子獲得這部分能量,這時光子頻率變為:

$$v_+ = v_0 + \frac{E_2 - E_1}{h} = v_0 + \frac{\Delta E}{h} \qquad (6\text{-}15)$$

即為反斯托克斯線。

斯托克斯線的頻率或反斯托克斯線的頻率與入射光的頻率之差，以Δv表示，稱為拉曼位移。相對應的斯托克斯線與反斯托克斯線的拉曼位移Δv相等，即：

$$\Delta v = v_0 - v_- = v_+ - v_0 = \frac{E_2 - E_1}{h} \qquad (6\text{-}16)$$

在常溫下，根據玻耳茲曼分佈定律，處於低能級E_1的分子數比處於高能級E_2的分子數多得多，所以斯托克斯線比反斯托克斯線強得多；而瑞利譜線強度又比拉曼譜線強度高幾個數量級。

由上討論可知，拉曼散射的頻率位移Δv與入射光頻率v_0無關（這樣便於選擇合適頻率的入射光源，如選用可見光為拉曼光譜的入射光源），與分子結構有關。即拉曼位移Δv就是分子的振動或轉動頻率。不同化合物的分子具有不同的拉曼位移Δv、拉曼譜線數目和拉曼相對強度，這是對分子基團定性鑒別和分子結構分析的依據。而對於同一化合物，拉曼散射強度與其濃度成直線關係。

拉曼光譜出現在可見光區，而其拉曼位移一般為$4000\sim25\text{cm}^{-1}$（最低可測至10cm^{-1}），這相當於波長$2.5\sim100\mu m$（最長$1000\mu m$）的近紅外到遠紅外的光譜頻率，即拉曼效應對應於分子轉動能級或振—轉能級躍遷。當直接用吸收光譜法研究時，這種躍遷就出現在紅外線區或遠紅外線區，得到的是紅外線光譜，拉曼光譜與紅外線光譜

兩者機制有本質不同。拉曼光譜是一種散射現象,它是由分子振動或轉動時的極化率變化(即分子中電子雲變化)引起的,而紅外光譜是吸收現象,它是分子振動或轉動時的偶極矩變化引起的。

拉曼光譜來源於分子極化率變化,是由具有對稱電荷分佈的鍵(此種鍵易極化)的對稱振動引起,故適於研究同原子的非極性鍵。

鐳射拉曼光譜振動疊加效應較小,譜帶較為清晰,倍頻和組頻很弱,易於進行偏振度測定以確定物質分子的對稱性,因此比較容易確定譜帶歸宿。在譜圖分佈方面有一定方便之處。拉曼光譜可直接測定氣體、液體和固體樣品,並且可用水作為溶劑。可用於高分子聚合物的立體規則性、結晶度和取向性等方面的研究,也是無機材料和金屬有機化合物分析的有力工具。對於無機體系,它比紅外線光譜法優越得多。它不但可在水溶液中測定,而且可測振動頻率處於1000~700cm^{-1}範圍的絡合物中金屬—配位元鍵振動。

6.1.4 鋰離子擴散

鋰離子電池在充放電過程中,主要的電極反應是鋰離子在正極或負極材料中的嵌入與脫出,因此鋰離子在正、負極材料中的擴散係數是一個重要的指標。在電化學測試中,根據Fick第二定律,可用多種方法測定離子的擴散係數,如穩態循環伏安法、旋轉圓盤電極法、暫態恆電位階躍法、恆電流階躍法、交流阻抗法等。對於鋰離子電池來說,常用的電化學測試方法有電流脈衝弛豫法(CPR)、恆電流間歇滴定法(GITT)、交流阻抗法(AC)和電位階躍法(PSCA)等。

在鋰離子電池研究中，上述這些方法有的涉及開路電壓OCV（open circuit voltage）與組成曲線斜率的確定，有的方法涉及電極有效表面積的確定，而這些參數的確定有時很困難，甚至將帶來很大的誤差，導致所測得的擴散係數值與實際相差較大有時達到幾個數量級。

鋰離子在晶體內部的電化學擴散係數可用Weppner和Huggins方法計算得出，化學擴散係數 $\widetilde{D}_i$ 表示為：

$$\widetilde{D}_i = \frac{4}{\pi}\left(\frac{jV_m}{F}\right)^2\left(\frac{dE/dx}{dE/dt^{1/2}}\right)^2 \tag{6-17}$$

式中，j 為電流密度；V_m 為試樣莫耳體積；F 為法拉第常數；dE/dx 由庫侖滴定曲線獲得；$dE/dt^{1/2}$ 由恆流條件下電壓與時間的變化關係求得。

幾種擴散係數的測試方法簡介如下。

(1)電流脈衝弛豫法（CPR）

電流脈衝弛豫法是在電極上施加連續的恆電流擾動，記錄和分析每個電流脈衝後電位的回應，採用這種方法可測定鋰離子電池中鋰離子的擴散係數。當施加到電池的每個脈衝電流終止時，電池的電壓向脈衝開始前的電位恢復，其變化規律為：

$$U = f(t^{-1/2}) \tag{6-18}$$

電池電壓的變化可表示為：

$$\Delta U = \frac{V_m \dfrac{dU}{dx} I\tau}{FA\sqrt{\pi D_{Li}}} t^{-\frac{1}{2}} \qquad (6\text{-}19)$$

根據Fick第二定律，對於半無限擴散條件下的平面電極（$t \le l^2/D_{Li}$），其化學擴散係數可表示為：

$$D_{Li} = \frac{I\tau V_m}{AF\pi^{\frac{1}{2}}} \times \frac{dU}{dx} \times \frac{dU}{dt^{-\frac{1}{2}}} \qquad (6\text{-}20)$$

式中，I為脈衝電流，A；τ為脈衝時間，s；V_m為莫耳體積，cm^3/mol；A為陰極或陽極表面積，cm^2；F為法拉第常數；t為時間，s；l為電極厚度的1/2；dU/dx為放電電壓一組成曲線上每點的斜率；$dU/dt^{-1/2}$為弛豫電位（dU或ΔU）–$t^{-1/2}$直線的斜率。

(2)交流阻抗技術（AC）

交流阻抗技術是電化學研究中的一種重要方法，已在各類電池研究中獲得了廣泛應用。該技術的一個重要特點是可以根據阻抗譜圖（Nyquist圖或Body圖）準確地區分在不同頻率範圍內的電極過程速度決定步驟。

在半無限擴散條件下，Warburg阻抗可表示為：

$$Z_W = \sigma\omega^{-1/2} - j\sigma\omega^{-1/2} \qquad (6\text{-}21)$$

式中，σ為Warburg係數；ω為角頻率；$j = \sqrt{-1}$。

當頻率 $\gg 2D_{Li}/l^2$時，Warburg係數為：

$$\sigma = -[V_{\mathrm{m}}(\sqrt{2FA})]\left(\frac{\mathrm{d}U}{\mathrm{d}x}\right)\left(\frac{I}{D_{\mathrm{Li}}^{\frac{1}{2}}}\right) \qquad (6\text{-}22)$$

式中，l是擴散厚度；V_{m}、F、A、$\mathrm{d}U/\mathrm{d}x$的意義與電流脈衝弛豫法中的公式相同。

根據所測阻抗譜圖的Warburg係數，結合放電電位─組成曲線所測的不同鋰嵌入量下的$\mathrm{d}U/\mathrm{d}x$，就可求出擴散係數D_{Li}。

(3)恆電流間歇滴定技術（GITT）

恆電流間歇滴定技術是穩態技術和暫態技術的綜合，它消除了恆電位等技術中的歐姆電位降問題，所得資料準確。

圖6-5中ΔU_{t}是施加恆電流I_0在時間τ內總的暫態電位變化，ΔU_{s}是由於I_0的施加而引起的電池穩態電壓變化。電池通過I_0的電流，在時間τ內，鋰在電極中嵌入，因而引起電極中鋰的濃度變化，根據Fick第二定律：

$$\frac{\partial C_{\mathrm{Li}}(x,t)}{\partial t} = \frac{D_{\mathrm{Li}}\partial^2 C_{\mathrm{Li}}(x,t)}{\partial x^2} \qquad (6\text{-}23)$$

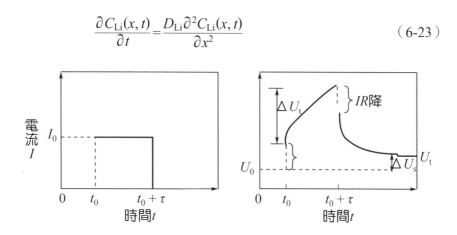

圖6-5　恆電流間隙滴定中電流(a)，電壓(b)隨時間的變化曲線

初始條件和邊界條件為：

$$C_{Li}(x, t = 0) = C_0 \ (0 \leq x \leq 1) \tag{6-24}$$

$$-\frac{D_{Li}\partial C_{Li}}{\partial x} = \frac{I_0}{AF} \ (x = 0, t \geq 0) \tag{6-25}$$

$$\frac{\partial C_{Li}}{\partial x} = 0 \ (x = 1, t \geq 0) \tag{6-26}$$

式中，$x = 0$表示電極/溶液介面，其他參數同前所述。當$t \leq l^2/D_{Li}$時，dU/dx為開路電位—組成曲線的斜率，其他參數的意義亦與前同，根據恆電流下的U-t關係曲線，即可求出擴散係數D_{Li}。

(4)電位階躍技術（PSCA）

電位階躍技術（PSCA）是電化學研究中常用的暫態研究方法，可根據階躍後的I-$t^{1/2}$關係曲線及Cottrel方程式求擴散係數。

Kanamura及Uchina等將該技術用於測定鋰離子電池正、負極材料中嵌入過程的擴散係數，即在一定電位下、恆定時間內，使電極中的鋰離子擴散達均勻狀態，然後再從恆電位儀上給出一個電位階躍信號，電池中就有暫態電流產生。記錄這個電位階躍過程中暫態電流隨時間的變化，根據記錄的電流—時間暫態曲線與理論計算的電流—時間暫態曲線可求出D_{Li}。理論計算的時間—電流暫態曲線可由Fick第二定律來推導：

$$\frac{\partial C(x, t)}{\partial t} = D_{Li}\frac{\partial^2 C_{Li}(x, t)}{\partial x^2} \tag{6-27}$$

式中，D_{Li}是鋰離子在電極中的擴散係數。假定電極厚度為l，則

初始條件和邊界條件分別為：

$$C(x, t) = C_0 \ （0 < x < l, t = 0）\tag{6-28}$$

$$C(x, t) = C^{\infty} \ （x = l, t > 0）\tag{6-29}$$

$$\partial C(x, t)/\partial x = 0 \ （x = 0）\tag{6-30}$$

　　由上述初始條件和邊界條件，可解得理論時間—電流暫態曲線為：

$$l(\tau)/I_{\infty} = l/(\pi t)^{1/2}\left\{\Sigma(-1)^n \exp\left(\frac{-n^2}{\tau}\right) + \Sigma(-1)^{n+1}\exp\left[\frac{-(n+1)^2}{\tau}\right]\right\}\tag{6-31}$$

$$I_{\infty} = \frac{nFAD(C_{\infty} - C_0)}{l}\tag{6-32}$$

$$\tau = Dt/l^2\tag{6-33}$$

　　式中，$I(\tau)/I_{\infty}$ 表示無量綱的電流；τ 是無量綱的時間。

　　利用恆電位階躍技術測得的電流—時間暫態曲線的比較，即可求出 D_{Li}。

6.1.5 電化學阻抗技術

　　將一個小振幅（幾個至幾十個毫伏）低頻正弦電壓疊加在外加直流電壓上面並作用於電解池，然後測量電解池中極化電極的交流阻抗，從而確定電解池中被測定物質的電化學特性，該方法為交流阻抗法。交流阻抗法主要是測量法拉第阻抗（Z）及其與被測定物質的電

化學特性之間的關係，通常用電橋法來測定，也可以簡稱為電橋法。

　　該法將極化電極上的電化學過程等效於電容和阻抗所組成的等效電路。交流電壓使電極上發生電化學反應產生交流電流，將同一交流電壓加到一個由電容及電阻元件所組成的等效電路上，可以產生同樣大小的交流電流。因此，電極上的電化學行為相當於一個阻抗所產生的影響。由於這個阻抗來源於電極上的化學反應，所以稱為法拉第阻抗（Farady impedance）如圖6-6中的Z所示：圖6-6中C_L表示電極表面雙電層的電容，R_i為電解池的內阻，R_c為極化電極自身的電阻，R_0為電解池外面線路中的電阻。通常R_c和R_i數值較小，可以忽略不計。

　　法拉第阻抗Z本身又可以用一個等效線路來代表。Z可以看成是一個電阻R_s和一個電容C_s串聯而成。這個電阻稱為極化電阻（polarization resistance）。這個電容稱為擬電容（pesudo capacitor）。之所以要假定Z是由R_s和C_s串聯而成，是因為通常用交流電橋來測定阻抗，交流電橋的可調元件就是相互串聯的可變電阻和電容；也可以把Z看成是由電阻和電容並聯而成，但其計算要比串聯線路複雜得多。利用交流電橋測定與法拉第阻抗相當的極化電阻（R_s）和假電容（Cs）的裝置如圖6-7所示。電解池CE連接於電橋線路，作為電橋的第四臂。振蕩器O供給的交流電壓的振幅約為5mV。直流電壓P加於電解池的兩個電極上，調節C_m與R_m使電橋達到平衡，用示波器指示平衡點。從電橋實驗中求出C_m與R_m，再用其他方法求出圖6-6的R_c、R_i和C_L值，然後用作圖法求出R_s和C_s。

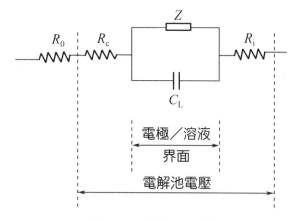

圖6-6 等效電路示意圖

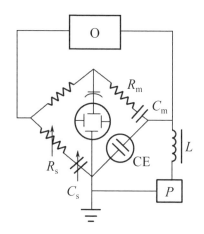

圖6-7 交流電橋法示意圖

6.1.6 熱力學函數與電池電動勢

對於可逆電池，其電池電動勢的數值是與電池反應的自由能變化相聯繫的。一個能自發進行的化學反應，若在電池中等溫下可逆地進

行，電池以無限小電流放電即可作最大有用電功—W_r'（體系對外作功為負）。電功 = 電壓×電量，可逆條件下的電壓即電池電動勢E_r；電量可按電池反應計算。1mol電子電量稱為1法拉第（Faraday），以F表示。一個電子（e）的電量為$1.6021892×10^{-19}$C；所以：

$$F = N_A e = 6.022045×10^{23}\text{mol}^{-1}×1.6021892×10^{-19}\text{C} = 96487.56\text{C/mol}$$

（6-34）

在一般計算中，可取F = 96500C/mol。設n為電池反應的電荷數，則通過電池的電量為nF，電池所作最大電功—W_r' = nFE_r。在等溫等壓條件下：

$$\Delta G = -W_r'$$

（6-35）

即$\Delta G = -nFE_r$。
在標準狀態下：

$$\Delta G^{\ominus} = -nFE_r^{\ominus}$$

（6-36）

若已知ΔG和$\Delta G^{\ominus}$，可計算E和E_r值；反之，若已知E和E_r，可算出ΔG和$\Delta G^{\ominus}$值。

6.2　電極材料的微觀結構研究

　　錳氧化物及其嵌鋰產物的晶體結構通常是由MnO_6八面體組成，Li-Mn氧化物的結構是由通過共邊和共頂點的MnO_6八面體形成不同大小的鋰離子嵌入通道。表6-2列出了不同嵌鋰錳氧化物的對稱性及其拉曼光譜活性。所有的鋰錳氧化物結構都可看成Mn^{3+}或Mn^{4+}填充在緊密堆積的網狀氧原子間隙中。由於高自旋狀態的Mn^{3+}（$3d^4$）的存在，鋰錳氧化物常常發生Jahn-Teller變形，結果降低了MnO_6的對稱性，使其從立方$O_h(Mn^{4+}O_6)^{2-}$對稱轉變為四方$D_{2h}(Mn^{3+}O_6)^{3-}$對稱。

　　典型的八面體配位MnO_6分子只有3個拉曼活性峰，即：$v_1(A_{1g}) + v_2(E_g) + v_3(F_{2g})$。當其發生形變對稱性降低時，產生更多的拉曼活性

表6-2　不同結構類型的鋰錳氧化物中，紅外與拉曼活性頻帶資料

結構類型	空間群	紅外活性	拉曼活性
層狀六方岩鹽	D_{3d}^5-R3m	$2A_{2u} + 2E_u$	$A_{1g} + E_g$
層狀單斜岩鹽	C_{2h}^3-C2/m	$2A_u + 4B_u$	$2A_g + B_g$
正交晶系	D_{2h}^{13}-Pmmn	$A_u + B_{1u} + 2B_{2u}2B_{3u}$	$4A_{1g} + 4B_{1g} + B_{2g} + 2B_{3g}$
常規尖晶石	O_h^7-Fd3m	$4F_{1u}$	$A_{1g} + E_g + 3F_{2g}$
改進尖晶石	O_h^7-Fd3m	$4F_{1u}$	$A_{1g} + E_g + 3F_{2g}$
常規四方尖晶石	D_{4h}^{19}-I4$_1$/amd	$4A_u + 6E_u$	$2A_{1g} + 2B_{1g} + 6E_g$
反尖晶石	O_h^7-Fd$\bar{3}$m	$4F_{1u}$	$A_{1g} + E_g + 3F_{2g}$
有序尖晶石（Ｉ）	O^7-P4$_1$32	$21F_1$	$6A_1 + 14E + 20F_2$
有序尖晶石（Ⅱ）	D_4^3-P4$_1$22	$12A_2 + 21E$	$9A_1 + 10B_1 + 11B_2 + 21E$
有序尖晶石（Ⅲ）	T_d^2-F43m	$8F_2$	$3A_2 + 3E + 8F_2$

基諧波。如對應於立方晶系，正交晶系的拉曼活性聲子如下：

立方晶系（O_h）　　　　　　正交晶系（D_{2h}）

A_{1g}　　　　　　　　　　　$\rightarrow A_g$

E_g　　　　　　　　　　　　$\rightarrow A_g + B_{1g}$

F_{2g}　　　　　　　　　　　$\rightarrow A_g + B_{2g} + B_{3g}$

6.2.1　化學計量尖晶石$Li_{1+\delta}Mn_{2-\delta}O_4$（$0 \leq \delta \leq 0.33$）

　　化學計量尖晶石是指陽／陰離子的物質的量比即n_M/n_O為3/4的鋰錳氧化物。在$0 \leq x \leq 1$的範圍內，鋰在3V左右嵌入化合物中而生成$Li_{1+x}(Mn_{2-\delta}Li_\delta)O_4$構型的物種。當鋰離子嵌入$LiMn_2O_4$時，由於Jahn-Teller效應，其電極材料的對稱性下降為$Li_2Mn_2O_4$（$I4_1/amd$空間群）的四方對稱；當$\delta = 0.33$即$Li_4Mn_5O_{12}$時，處於立方尖晶石結構（Fd3m空間群）中的所有錳離子均為 +4價。在化合物中，伴隨錳離子價態的升高，鋰離子部分佔據錳的八面體16d位，結果其立方晶格參數收縮為$a = 0.8137$nm。

　　圖6-8分別提出了幾種化學計量尖晶石如$Li_4Mn_5O_{12}$、λ-$LiMn_2O_4$和$Li_2Mn_2O_4$的拉曼散射光譜（RS）。對尖晶石性（O_h^7-Fd$\bar{3}$m空間群）化合物用群論處理，在布裡淵區（Brillouin zone）得到9個光譜峰，其中5個（$A_{1g} + E_g + 3F_{2g}$）為拉曼活性振動，4個（$4F_{1u}$）為紅外活性振動。由圖6-8可見，$LiMn_2O_4$的拉曼活性較低，這主要是由於其極化特性引起的。拉曼頻帶的弱化是由於d$\rightarrow$d躍遷引起在可見光區的強

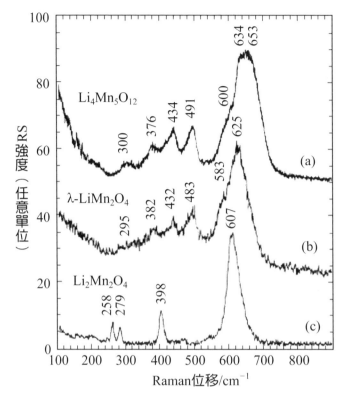

圖6-8　Li-Mn-O化合物拉曼散射光譜
(a)$Li_4Mn_5O_{12}$；(b)λ-$LiMn_2O_4$；(c)$Li_2Mn_2O_4$

吸收。λ-$LiMn_2O_4$的拉曼光譜主要處在625cm^{-1}附近的寬峰和583cm^{-1}處的肩峰，由一個在483cm^{-1}附近的中強峰以及在382cm^{-1}和295cm^{-1}附近的兩個低強度峰組成。625cm^{-1}附近的峰可看作Mn—O伸縮振動引起的，這一頻帶在光譜學空間群中標記為A$_{1g}$對稱。這一峰的位置和半峰寬幾乎不隨鋰離子的脫出而發生變化。峰的寬化與陰—陽離子鍵長和發生在λ-$LiMn_2O_4$中的多面體變形相關。583cm^{-1}左右處肩峰的位置和強度都隨著鋰脫出量的增加而增加。鋰脫出時這一肩峰的位置向高頻方向移動，主要是由於Mn^{IV}—O鍵收縮引起的。當鋰完全脫

出成為λ-MnO$_2$（$a = 0.8029$nm）時，這個肩峰的位置移到597cm^{-1}。
295cm^{-1}為Eg對稱峰，382cm^{-1}為F$_{2g}$對稱峰。

如圖6-8(a)所示，尖晶石Li$_4$Mn$_5$O$_{12}$的拉曼散射光譜（RS）的主
要頻帶中心區域在630～650cm^{-1}，對應於Mn—O鍵的伸縮振動。
仔細區分，這一區域有兩個峰。分別位於634cm^{-1}和653cm^{-1}。與
λ-LiMn$_2$O$_4$比較，伸縮振動頻率增加是由於Mn—O鍵收縮引起的。除
在300cm^{-1}峰的強度有明顯增加外，Li$_4$Mn$_5$O$_{12}$在低頻範圍內的譜圖與
λ-LiMn$_2$O$_4$相似。這個頻帶峰的出現與鋰離子處於八面體配位位置有
一定的聯繫，因為隨著鋰佔據16d位，這一峰強度增加。

LiMn$_2$O$_4$進一步鋰化會引起Jahn-Teller變形使晶體的對稱性由立
方向四方轉變。這在圖6-9中某些X射線繞射峰的分裂峰可見。四方
Li$_2$Mn$_2$O$_4$是變形的尖晶石，其錳原子佔據8d位，鋰原子佔據四面體

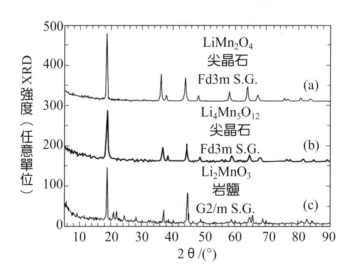

圖6-9　幾種Li-Mn-O化合物的X射線粉末繞射圖
(a)尖晶石LiMn$_2$O$_4$；(b)尖晶石Li$_4$Mn$_5$O$_{12}$；(c)岩鹽Li$_2$MnO$_3$

8a和八面體8c位。四方結構中的4a、8c、8d和16h位元對應於立方結構中的8a、16c、16d和32e位。如圖6-8(c)所示，四方晶系$Li_2Mn_2O_4$的拉曼光譜主要包括位於607cm^{-1}、398cm^{-1}、279cm^{-1}和258cm^{-1}處的四個峰。第一個峰最強，其半峰寬為42cm^{-1}，是由Mn—O伸縮振動引起，這與X射線繞射和電化學資料相一致。四方$Li_2Mn_2O_4$屬$I4_1$/amd（D_{4h}^{19}）空間群，其中Mn^{3+}佔據8d位，O^{2-}在16h位，嵌入的鋰離子佔據8c位。很容易從拉曼光譜區分四方$Li_2Mn_2O_4$和立方$LiMn_2O_4$，前者有四條光譜線，同時由於電子導電性能的差異，前者的峰更銳且強。由於缺乏單晶繞射圖資料，很難確定其在拉曼光譜中的活性頻帶，可將607cm^{-1}的頻帶看作A_{1g}O—Mn—O伸縮振動。相對較強的398cm^{-1}的低波數頻帶歸為Li—O伸縮。

在尖晶石型$LiMn_2O_4$中摻鋰，則其低頻區拉曼光譜主峰位於258cm^{-1}附近，主要由B_{2g}對稱的Li—O鍵引起。這一峰的出現與鋰離子佔據16c位的改進尖晶石得到的四方鋰錳氧化物相吻合。

圖6-10給出了尖晶石型$LiMn_2O_4$的室溫拉曼和紅外吸收光譜。尖晶石型$LiMn_2O_4$的拉曼光譜由625cm^{-1}附近的寬、強峰（在580cm^{-1}附近有一肩峰），483cm^{-1}附近的寬的中強峰，分別處於426cm^{-1}、382cm^{-1}和300cm^{-1}附近的3個強度較弱的峰組成。其紅外光譜由處於615cm^{-1}和513cm^{-1}附近的兩個寬的強吸收峰、位於420cm^{-1}、355cm^{-1}、262cm^{-1}和225cm^{-1}附近的4個低頻弱吸收峰組成。其光譜峰的歸屬列入表6-3。

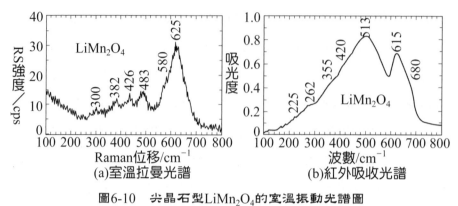

圖6-10　尖晶石型$LiMn_2O_4$的室溫振動光譜圖

表6-3　尖晶石型$LiMn_2O_4$的拉曼、紅外光譜位置與歸屬

拉曼ω/cm^{-1}	紅外ω/cm^{-1}	對稱形式	歸屬
300(w)	225(w)	E_u	$\delta(Mn—O)$
	262(w)	$F_{1u}^{(4)}$	$\delta(O—Mn—O)$
	355(w)	$F_{1u}^{(3)}$	$\delta(O—Mn—O)$
382(w)		$F_{2g}^{(3)}$	$\delta(Li—O)$
	420(w)	F_{2u}	$v_s(Li—O)$
426(w)		E_g	$v_s(Li—O) + v_s(Mn—O)$
483(m)		$F_{2g}^{(2)}$	$v(Mn—O)$
	513(S)	$F_{1u}^{(2)}$	$v(Mn—O)$
583(sh)		$F_{2g}^{(1)}$	$v_s(Mn—O)$
	615(S)	$F_{1u}^{(1)}$	$v_{as}(Mn—O)$
625(S)		A_{1g}	$v_s(Mn—O)$
	680(sh)	A_{2u}	$v(Mn—O)$

註：w表示弱，m表示中強，S表示強，sh表示肩峰。

　　根據晶格動力學計算和尖晶石氧化物的一般光譜特徵，歸屬如下，$625cm^{-1}$附近的光譜頻帶屬於MnO_6的對稱伸縮振動，高波數頻帶屬於O_h^7光譜對稱中的A_{1g}型。寬化是由於陰—陽離子鍵長和尖晶石$LiMn_2O_4$中的多形變形引起的。由於尖晶石$LiMn_2O_4$中的錳陽離子

電荷不均勻，如$LiMn^{3+}Mn^{4+}O_4$，有各向同性的$Mn^{4+}O_6$八面體和由於Jahn-Teller效應引起的局部變形的$Mn^{3+}O_6$八面體。因此，可以觀測到MnO_6^{9-}和MnO_6^{8-}伸縮振動，從而引起A_{1g}波形的寬化。由於其強度很弱，$583cm^{-1}$附近的肩峰無法分離。定域振動法推測，肩峰的強度與尖晶石中錳的平均氧化態密切相關。由於肩峰的強度對鋰的化學計量值很敏感，因此可認為該峰是由Mn^{4+}—O伸縮振動引起的。

$LiMn_2O_4$的電性能降低了其拉曼光譜效率。$LiMn_2O_4$是一種小極化子半導體，電子在兩種不同氧化態的錳離子之間躍遷。導電性能的增加意味著更高濃度的載流子，使得可見光區入射鐳射吸收強度增加，結果降低了拉曼光譜的強度。位於$483cm^{-1}$附近的中等強度峰和位於$426cm^{-1}$、$382cm^{-1}$附近的低強度峰分別對應於$F_{2g}^{(2)}$、E_g和$F_{2g}^{(3)}$對稱，位於$300cm^{-1}$附近的低波數頻帶可能是陽離子的無序性引起的。在理想的立方尖晶石結構中，通常將Mn^{3+}、Mn^{4+}看成結晶學上等同的，都位於16d位，即兩種離子在16d位的佔據率分別為1：1，這也與X射線繞射資料相吻合。但實際上由於Mn^{3+}的Jahn-Teller效應使局部範圍內的晶格變形，同時，Mn^{3+}較Mn^{4+}具有更大的離子半徑，這種平衡被破壞。結果，在紅外光譜圖上可觀測到比預期更多的振動峰。

所有的紅外線光譜頻帶都是F_{1u}對稱。位於$615cm^{-1}$和$513cm^{-1}$附近的尖晶石高頻紅外吸收光譜是由MnO_6群的反對稱伸縮引起的，而位於$225cm^{-1}$、$262cm^{-1}$、$355cm^{-1}$和$420cm^{-1}$附近的低頻頻帶是由O-Mn-O的彎曲和LiO_4群振動引起的。由於紅外波對陽離子的氧化態很敏感，在鋰離子脫出λ-$LiMn_2O_4$時，高波數頻帶發生顯著的遷移。實驗研究表明，錳離子為 +4價的λ-MnO_2的高頻頻帶遷移到$610cm^{-1}$（λ-$LiMn_2O_4$的對應峰在$615cm^{-1}$）。

6.2.2 層狀結構Li-Mn-O

Li_2MnO_3是由鋰—錳—鋰（鋰錳比例為2：1）交替填充在緊密堆積的氧平面。緊密堆積的氧陣列稍稍偏離了理想的立方緊密堆積。Li_2MnO_3的結構與層狀$LiCoO_2$以及$LiNiO_2$很相近，可以看成$[Li]_{3a}(Li_{0.33}Mn_{0.67})_{3b}O_2$，其中3a、3b指三角晶格中的八面體位。$Li_2MnO_3$中陽離子的排列使晶體的對稱性從岩鹽結構的典型立方對稱降為單斜對稱。

單斜Li_2MnO_3的拉曼散射光譜圖上有9個清晰可辨的峰，分別位於248cm^{-1}、308cm^{-1}、332cm^{-1}、369cm^{-1}、413cm^{-1}、438cm^{-1}、493cm^{-1}、568cm^{-1}以及612cm^{-1}處。與尖晶石型$LiMn_2O_4$相比，其光譜峰向低能量方向移動，這是由於二者的化學鍵環境差異引起的。

圖6-9為岩鹽結構的Li_2MnO_3與尖晶石型化合物$LiMn_2O_4$、$Li_4Mn_5O_{12}$的X射線繞射圖。從該圖可見，這幾種化合物的繞射圖很相似。只不過Li_2MnO_3的（135）與（$\overline{2}$06）面疊加Bragg峰以及（060）峰分別出現在粉末繞射圖的2θ值為64.6°和65.2°，而尖晶石型$LiMn_2O_4$在2θ為64°～66°區間內只有一個（440）面繞射峰。

圖6-11為幾種Li-Mn-O材料如尖晶石$LiMn_2O_4$、四方$Li_2Mn_2O_4$、單斜$LiMnO_2$和正交$LiMnO_2$的X射線粉末繞射圖。可見單斜層狀$LiMnO_2$與四方尖晶石$Li_2Mn_2O_4$的圖譜很相似，單採用X射線繞射法很難將兩者區分開來。這主要是由於Mn^{3+}存在嚴重的Jahn-Teller效應，降低了尖晶石型鋰錳氧化物的對稱性，從而使得鋰化尖晶石$Li_2[Mn^{3+}]_2O_4$成為I4$_1$/amd空間群的四方尖晶石結構。而四方尖晶石結

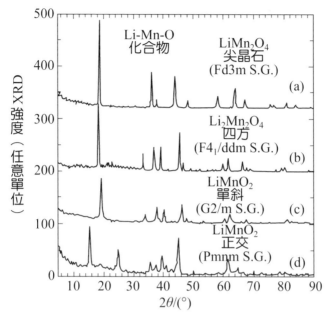

圖6-11　幾種Li-Mn-O化合物的X射線粉末繞射圖

(a)尖晶石$LiMn_2O_4$；(b)四方$Li_2Mn_2O_4$；(c)單斜$LiMnO_2$；(d)正交$LiMnO_2$

構中的陽離子序與單斜層狀$LiMnO_2$中的很相似的緣故。

　　單斜$LiMnO_2$中Li^+和Mn^{3+}處於$C2/m$空間群中的2d位，而氧陰離子處於4i位上。群理論計算表明，單斜$LiMnO_2$有3個拉曼活性峰和6個紅外活性峰，而實驗觀測到的峰數高於理論預測值。觀測到單斜$LiMnO_2$有3個主要拉曼光譜峰，分別位於419cm^{-1}、479cm^{-1}和605cm^{-1}處，見圖6-12(b)。在575（肩峰）cm^{-1}、358cm^{-1}和286cm^{-1}處檢測到3個弱的拉曼光譜峰。與尖晶石型$LiMn_2O_4$相比，其光譜峰向低能量方向移動。因此，利用拉曼光譜很容易將在200～650cm^{-1}範圍內只有四個光譜峰的尖晶石型$Li_2Mn_2O_4$與單斜$LiMnO_2$區分開來。對於結構相似的鋰錳氧化物，拉曼光譜是區分它們的有效手段。

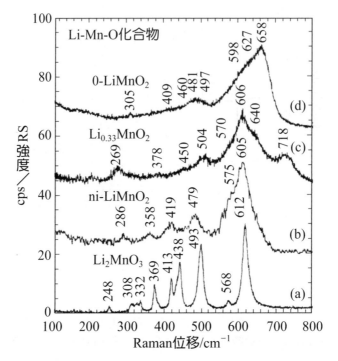

圖6-12　幾種Li-Mn-O化合物的拉曼光譜圖
(a)Li_2MnO_3；(b)單斜$LiMnO_2$；(c)$Li_{0.33}MnO_2$；(d)正交$LiMnO_2$

6.3　離子分散式

　　功能材料設計的前提是首先確定所需材料的微觀結構，要研究其中材料的原子在空間的排列方式，即離子分散式。

6.3.1　$LiCr_xMn_{2-x}O_{4-y}A_y$離子分散式及容量計算

　　電池的容量（C）是指在一定的放電條件下，可以從電池中獲得的電量。電池的理論容量是根據活性物質的質量按法拉第定律計算而得的，即電極上參加反應的物質量與通過的電量成正比，計算公式如下：

$$C = 6.023 \times 10^{23} \times 1.6022 \times 10^{-19} n \times \frac{m}{FW} \div 3600 = 26.8n\frac{m}{FW} \quad （6\text{-}37）$$

　　式中，m為完全反應的活性物質的質量；FW為活性物質的分子量；n為成流反應時的得失電子數。從上式可以看出，當電池中活性物質的量確定時，其理論容量與活性物質的分子量成反比，與成流反應時的得失電子數成正比。

　　對於尖晶石型鋰錳氧正極材料，其分子量FW幾乎為一定值，成流反應時的得失電子數也已固定為1。對於化學計量的尖晶石$LiMn_2O_4$，其離子分散式可以表示為：$[Li]_{8a}[Mn(Ⅲ)_pMn(Ⅳ)_q]_{16d}O_4$。$Li^+$位於8a位，Mn（Ⅲ）和Mn（Ⅳ）各占一半，位於16d位，O^{2-}位於32e位。其理論容量的計算公式為：

$$C = 26.8 \times 10^3 p / 180.81 （mA \cdot h/g） \quad （6\text{-}38）$$

　　如果Mn（Ⅲ）和Mn（Ⅳ）離子各占總錳量的一半，在這種情況下，$p = 1$，可計算得其理論容量為148.22mA・h/g。如果Li、Mn的含量偏低，則有可能形成缺金屬型鋰錳氧化物，離子分散式可以表示

為：$[Li_x\square_{1-x}]_{8a}[Mn(\text{III})_pMn(\text{IV})_q\square_s]_{16d}O_4$，□表示空穴。在這種情況下：Li/Mn表示為$x/(p+q)=n$；電中性表示為$3p+4q+x=8$；Mn的平均價態表示為$(3p+4q)/(p+q)=m$；16d位的位置總數表示為$p+q+s=2$。

用化學分析法得到m和n，聯立以上四個四元一次方程式求得p。再代入$C=26.8\times10^3p/180.81$（mA·h/g）可計算出理論容量。

下面以摻Cr後形成的固溶體為例，討論其離子分散式的建立及理論容量計算。為了簡便起見，假設位於8a位元的Li量與化學計量的一致，所摻雜的Cr進入16d位。

先考慮陽離子摻雜型鋰錳氧化物$LiCr_rMn_{2-r}O_4$，其離子分散式可以表示為：

$$[Li]_{8a}[Mn(\text{III})_pMn(\text{IV})_qCr(\text{III})_r]_{16d}O_4 \qquad （6\text{-}39）$$

p值由以下三式進行計算。

16d位的位置總數表示為：$p+q+r=2$

按電中性原則有：$3p+4q+3r=7$

Mn的平均價態可表示為：$(3p+4q)/(p+q)=m$

計算得p後，再代入式$C=26.8\times10^3p/180.81$（mA·h/g）可計算出理論容量。

同樣，對於一價陰離子A（Ⅰ）和陽離子Cr（Ⅲ）摻雜形成的鋰錳氧化物$Li_xCr_yMn_{2-y}O_{4-z}A_z$，離子分散式表示為：

$$[Li]_{8a}[Mn(\text{III})_pMn(\text{IV})_qCr(\text{III})_r]_{16d}\}[O(\text{II})_sA(\text{I})_t]_{32e} \qquad （6\text{-}40）$$

p值可由以下各式進行計算。

根據電中性原則有：$3p + 4q + 3r + 1 = 2s + t$

16d位的位置總數可表示為：$p + q + r = 2$

32e位的位置總數表示為：$s + t = 4$

Mn的平均價態表示為：$(3p + 4q)/(p + q) = m$

計算得p值後代入式$C = 26.8 \times 10^3 p/180.8$（mA·h/g）可以計算得$Li_xCr_yMn_{2-y}O_{4-z}A_z$的理論容量。

表6-4列出了化學分析法測得$Li_xCr_yMn_{2-y}O_{4-z}A_z$中的元素含量及Mn的平均價態以及按前述的方法計算的各樣品的離子分散式。

將表6-4的計算結果代入式$C = 26.8 \times 10^3 p/180.81$（mA·h/g），可計算得表6-4中所列樣品編號1、2、3的理論容量分別為144.9mA·h/g、133.4mA·h/g和144.6mA·h/g。

表6-4 $Li_xCr_yMn_{2-y}O_{4-z}A_z$中Li、Cr、A含量及Mn平均氧化態及其離子分散式

樣品編號	Li含量/%	Mn平均氧化態	Cr含量/%	A含量/%	離子分布式
1	3.81	3.51	—	—	$[Li_{0.992}\square_{0.008}]_{8a}[Mn(\text{III})_{0.978}Mn(\text{IV})_{1.022}]_{16d}O_4$
2	3.74	3.53	2.65	—	$[Li_{0.985}\square_{0.015}]_{8a}[Mn(\text{III})_{0.900}Mn(\text{IV})_{1.015}Cr_{0.085}]_{16d}O_4$
3	3.76	3.49	2.59	0.84	$[Li_{0.988}\square_{0.012}]_{8a}[Mn(\text{III})_{0.976}Mn(\text{IV})_{0.932}Cr_{0.092}]_{16d}[O_{3.92}A_{0.08}]_{32e}$

6.3.2 Mn₃O₄離子分散式與晶格常數計算

尖晶石型晶體中各種陽離子的分佈決定於：①離子鍵能；②離子半徑；③共價鍵的空間配位性；④晶體場對d電子的能級和空間分佈的影響。可通過XRD、磁性測量、Mossbauer光譜、XPS、IR及熱分析（ATG、DTA、DTG）等手段來研究各種離子在A、B位元上的分佈方式和晶格常數的計算。

尖晶石Mn_3O_4的晶格常數$a = 0.8363nm$。事實上，這種Mn_3O_4是一種扭曲的尖晶石型，屬於立方結構。從立方到四方轉變時，晶格常數的關係為：$a_T = \sqrt{2}\,a_C$，$c_T = a_C$。同時，這種相變還造成a_T3%的收縮率及c_T12%的膨脹率。根據以上關係，求出這種四方的尖晶石型Mn_3O_4的晶格常數$a_T = 0.57356nm$，$c_T = 0.93643nm$，與PFD卡片上的值基本吻合（$a_T = 0.57621nm$，$c_T = 0.94696nm$）。可以看出，隨著氧化程度的增加，尖晶石型產物中B位的Mn^{3+}、Mn^{4+}的含量逐漸增加，Jahn-Teller效應也更加明顯，即越來越趨向於生成四方晶構的產物，最終全部轉變為四方的β-MnO_2。

6.4 動力學、熱力學和相平衡研究

6.4.1 動力學

(1)$LiCoO_2$中鋰離子的擴散係數

以用球狀電極模型處理多孔$LiCoO_2$電極中的鋰離子擴散情況為

例，假設：

①LiCoO$_2$電極中每個活性物質顆粒均為球狀電極處理；

②電極過程為恆電位階躍所控制，且階躍電位很高，因此階躍後電極表面鋰離子濃度可設為0；

③由於LiCoO$_2$電極固相中的鋰離子擴散速度遠小於液相擴散速度，因此整個電極過程受固相中的鋰離子擴散速度所控制；

④以球心作為座標原點，在半徑為r的球面上各點的徑向流量為：

$$J_{r=r} = -D_{\mathrm{Li}^+}\left(\frac{\partial c}{\partial r}\right)_{r=r} \tag{6-41}$$

$r = r + \mathrm{d}r$球面上各點的徑向流量為：

$$J_{r=r+dr} = -D_{\mathrm{Li}^+}\left[\left(\frac{\partial c}{\partial r}\right)_{r=r} + \frac{\partial}{\partial r}\left(\frac{\partial c}{\partial r}\right)\mathrm{d}r\right] \tag{6-42}$$

式中，c為LiCoO$_2$固相中半徑為r處的鋰離子濃度；D_{Li^+}為LiCoO$_2$顆粒中鋰離子的擴散係數，見圖6-13、圖6-14。

在2個球面之間的極薄球殼中，反應粒子的濃度變化速度為：

$$\frac{\partial c}{\partial t} = \frac{4\pi r^2 J_{r=r} - 4\pi(r+\mathrm{d}r)^2 J_{r=r+\mathrm{d}r}}{4\pi r^2 \mathrm{d}r} \tag{6-43}$$

將以上三式聯立，可得球座標中Fick第二定律的表示式：

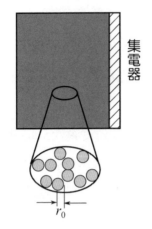

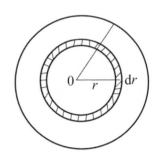

圖6-13　LiCoO$_2$顆粒作球形處
理的電極示意圖

圖6-14　球面擴散示意圖

$$\frac{\partial c}{\partial t} = D_{Li^+} \frac{\partial^2 c}{\partial r^2} + 2 \frac{D_{Li^+}}{r} \times \frac{\partial c}{\partial r} \qquad （6-44）$$

　　初始條件：當$t = 0$，$0 < r < r_0$時，$c(r, 0) = c_0$。

　　式中，r_0為LiCoO$_2$顆粒半徑；c_0為階躍開始前LiCoO$_2$顆粒中鋰離子的濃度。

　　邊界條件：當$t > 0$，$r = r_0$時，$c(r_0, t) = 0$；當$0 < t < \tau$，$r = 0$時，$c(r, 0) = c_0$。

　　式中，τ為擴散發生後擴散層邊界延伸到LiCoO$_2$顆粒中心的時間。

　　在上述初始與邊界條件下，求解方程式 $\dfrac{\partial c}{\partial t} = D_{Li^+} \dfrac{\partial^2 c}{\partial r^2} + 2\dfrac{D_{Li^+}}{r} \times \dfrac{\partial c}{\partial r}$，得到LiCoO$_2$電極中鋰離子濃度運算式：

$$c = c_0 \left[1 - \frac{r_0}{r} + \frac{r_0}{r} \operatorname{erf} \left(\frac{r_0 - r}{2 D_{Li^+}^{1/2} t^{1/2}} \right) \right] \qquad （6-45）$$

將上述方程式對 r 微分得：

$$\frac{\partial c}{\partial r} = c_0 \left[\frac{r_0}{r^2} - \frac{r_0}{r^2} \operatorname{erf}\left(\frac{r_0 - r}{2 D_{Li^+}^{1/2} t^{1/2}} \right) + \frac{r_0}{r} \times \frac{1}{(\pi D_{Li^+})^{1/2}} \exp\left(\frac{(r_0 - r)^2}{4 D_{Li^+} t} \right) \right]$$

（6-46）

將 $r = r_0$ 代入上式，可得：

$$\left(\frac{\partial c}{\partial r} \right)_{r = r_0} = \frac{c_0}{r_0} + \frac{c_0}{(\pi D_{Li^+} t)^{1/2}}$$

（6-47）

由此求解電勢階躍後得電流回應：

$$I = nFAD_{Li^+} \left(\frac{\partial c}{\partial r} \right)_{r = r_0} = \frac{nFAD_{Li^+} c_0}{r_0} + \frac{nFAD_{Li^+}^{1/2} c_0}{\pi^{1/2} t^{1/2}}$$

（6-48）

式中，n 為得失電子數；F 為法拉第常數；A 為電極面積。

上式表明，測試工作電極的電流 I 與 $t^{-1/2}$ 之間呈線性關係，利用這一特點，可求出 $LiCoO_2$ 顆粒中鋰離子的擴散係數。將上式改寫成 $I = B + Kt^{-1/2}$。

其中，$B = \dfrac{nFAD_{Li^+} c_0}{r_0}$ ；$K = \dfrac{nFAD_{Li^+}^{1/2} c_0}{\pi^{1/2}}$ 。 （6-49）

由 B、K 二式可求出鋰離子擴散係數 D_{Li^+}：

$$D_{Li^+} = \frac{B^2 r_0^2}{\pi K^2}$$

（6-50）

(2)LiMn$_2$O$_4$中鋰離子的擴散係數

根據球形擴散模型，恆壓─恆流充電容量比值可以表示為：

$$q = \frac{\xi}{15} - \frac{2\xi}{3} \sum_{j=1}^{\infty} \frac{1}{\alpha_j^2} \exp\left(-\frac{\alpha_j^2}{\xi}\right) \qquad (6\text{-}51)$$

式中，$\xi = R^2/D^t$，無量綱；R為顆粒半徑，cm；t為恆流充電時間，s；D為固相擴散係數，cm^2/s；α_j為常數數列，由方程tan$\alpha = \alpha$解得。將上述方程在不同q值範圍內通過最小二乘法對ξ進行線性擬合，最終得到$D = f(q)$的系列方程，見表6-5。根據表6-5，只要測出顆粒半徑R、恆壓─恆流充電容量比值q和恆流充電時間t，即可得到擴散係數D。

表6-5　不同q值範圍內通過最小二乘法進行線性擬合的方程式

q	$D = f(q)$	相關係數
0.03～0.51	$D = \dfrac{R^2}{15.36qt}$	0.9998
0.51～0.82	$D = \dfrac{5.15 \times 10^{-2}R^2}{(q - 0.10)t}$	0.9996
0.82～1.51	$D = \dfrac{3.73 \times 10^{-2}R^2}{(q - 0.33)t}$	0.9991
1.51～2.28	$D = \dfrac{2.75 \times 10^{-2}R^2}{(q - 0.65)t}$	0.9991
2.28～6.90	$D = \dfrac{1.37 \times 10^{-2}R^2}{(q - 1.64)t}$	0.9953
≥ 6.90	$D = \dfrac{0.69 \times 10^{-2}R^2}{(q - 4.96)t}$	0.9999

　　圖6-15為第一次循環測得的容量間隙滴定（CITT）曲線。由圖6-15(a)的電壓對時間或者電流對時間的曲線可以得到t值，由圖6-15(b)的電壓對容量曲線可以得到q值。因此只需測定顆粒半徑R這一個輔助參數就可以通過CITT曲線獲得的資料，由表6-5的方程計算出擴散係數值。圖6-16為尖晶石LiMn$_2$O$_4$/Li電池測得的前20次循環的CITT曲線，具有很好的穩定性。根據圖6-16計算得到前20次充放電過程中鋰離子在LiMn$_2$O$_4$中的擴散係數見圖6-17，由圖6-17可知，鋰離子在LiMn$_2$O$_4$中的固相擴散係數不但與電壓或鋰離子在Mn$_2$O$_4$晶格中的濃度或充電深度（DOC）有關，而且在充電循環中，擴散係數值也發生明顯的變化。隨著電壓的變化，在3.95V和4.12V左右存在兩個極小峰，整個擴散係數—電壓的曲線呈扭曲的「W」形。

　　採用容量間歇滴定技術可以非常方便地檢測不同電壓、不同充放電循環次數下嵌入離子在電極材料中的擴散係數。

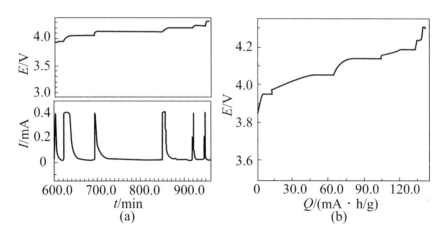

圖6-15　尖晶石LiMn$_2$O$_4$在恆流充電電流下測得的一次CITT曲線

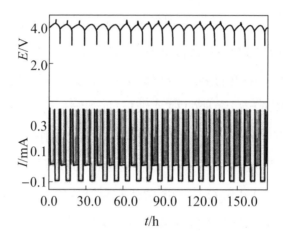

圖6-16　尖晶石LiMn$_2$O$_4$的前20次CITT曲線

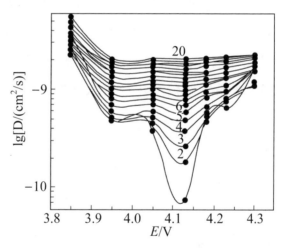

圖6-17　鋰離子在LiMn$_2$O$_4$中前20次lg$D$-E曲線

(3)石墨中鋰離子的擴散係數

在電位階躍區間內，假定鋰離子擴散係數不隨其在電極材料中濃度的變化而變化，電位階躍後，鋰離子在球形電極材料中擴散符合Fick第二定律，經推導可得到回應電流i隨時間t的變化關係：

$$i(t) = \frac{SF\sqrt{D}(c_a - c_0)}{\sqrt{\pi}} t^{-\frac{1}{2}} - \frac{SFD(c_a - c_0)}{R} \qquad （6-52）$$

　　該式適用條件是$t \ll R^2/D$。其中$i(t)$為電位階躍後的回應電流；S為球形顆粒表面積；F為法拉第常數；D為鋰離子擴散係數；c_0和c_a為電位階躍前後的鋰離子濃度；R為顆粒半徑。根據上式，短時間內回應電流$i(t)$與$t^{-1/2}$之間滿足線性關係。由此關係可得到鋰離子擴散係數。

　　假定石墨材料的莫耳體積為V_m，不隨鋰離子濃度的變化而變化。1mol材料表面積和體積之間滿足關係 $S_m = \dfrac{3V_m}{4R}$。階躍區間流過的電量ΔQ（mA · h）與鋰離子濃度變化關係為$\Delta Q = 0.2778n_c FV_m(c_a - c_0)$，$n_c$為極片中石墨的物質的量。假定$m$（mA · s$^{1/2}$）為回應電流$i$與$t^{-1/2}$直線關係的斜率。經推導，半徑為$R$（cm）的石墨負極材料中鋰離子擴散係數的計算運算式為：

$$D = \left(\frac{Rm\sqrt{\pi}}{10800\Delta Q}\right)^2 \qquad （6-53）$$

　　實際上石墨材料顆粒的形狀多種多樣，即使是石墨化中間相碳微球（MCMB）也不會具有完美的球形。考慮顆粒的實際形狀，一般採用BET方法測定的比表面積來計算鋰離子擴散係數。

　　以電化學方法測定的材料真實比表面積S_e計算鋰離子擴散係數，可得到更可靠的數值。經推導鋰離子擴散係數與真實比表面積S_e(cm^2/g)、密度ρ(g/cm^3)之間的關係式為：

$$D = \left(\frac{m\sqrt{\pi}}{3600 S_e \rho \Delta Q}\right)^2 \qquad （6-54）$$

6.4.2 熱力學

(1)鋰嵌入熱力學

Li/Li$_x$Mn$_2$O$_4$（$0 < x < 2$）電池的放電機制是鋰在〔Mn$_2$O$_4$〕中的電化學嵌入反應，總的電池反應表述為：

$$xLi + [Mn_2O_4] \rightleftharpoons Li_xMn_2O_4 \qquad (6\text{-}55)$$

在嵌入反應中，電池的電動勢隨嵌入深度x而變，所以電池反應自由能變化應取電動勢的積分形式：

$$\Delta G_{in} = -nF \int_0^x E(x)\,dx \qquad (6\text{-}56)$$

嵌入偏莫耳熵 $\Delta \tilde{S}_{in}$ 和偏莫耳焓 $\Delta \tilde{H}_{in}$ 分別為：

$$\Delta \tilde{S}_{in} = F \left(\frac{\partial E}{\partial T} \right)_x \qquad (6\text{-}57)$$

$$\Delta \tilde{H}_{in} = F \left[\left(\frac{\partial E}{\partial T} \right)_x - E \right] \qquad (6\text{-}58)$$

(2)鋰嵌入反應過程中自由能變化

圖6-18為30°C時Li/Li$_x$Mn$_2$O$_4$電池的庫侖滴定曲線〔EMF(x)〕。在$1 < x < 2$的區間內，其電壓分別在4.1V、3.95V和2.97V，表現為三個平台，均高於按常規的氧化還原反應計算出來的電池電動勢。

以〔Mn$_2$O$_4$〕為正極材料，Li/Li$_x$Mn$_2$O$_4$電池充分放電，正極的終極產物將是Mn和Li$_2$O，整個反應可表達為：

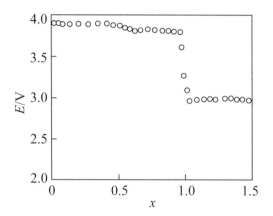

圖6-18　30°C時Li/Li$_x$Mn$_2$O$_4$電池的EMF(x)曲線

$$8Li + [Mn_2O_4] \rightarrow 4Li_2O + 2Mn \qquad （6-59）$$

　　按傳統氧化還原反應熱力學計算，反應的自由能變為－1313kJ/mol；若這一反應以電化學方式實現，其反應自由能可通過EMF(x)曲線在整個放電區間進行積分得到，計算值為－1248kJ/mol。這一變化值與上式的計算結果相當吻合，因此可認為鋰在〔Mn$_2$O$_4$〕中的嵌入反應是整個反應的一個中間過程，即在x < 2時的高電動勢是按上式反應的總能量在反應各個歷程中重新分配的結果，這是因為如反應按上式進行，就必然涉及〔Mn$_2$O$_4$〕晶格的破壞和Li$_2$O晶格的形成，需要吸收能量，而鋰在〔Mn$_2$O$_4$〕中的嵌入反應因不涉及晶格的破壞與形成，也就避免了晶格能的損失。

　　(3)鋰嵌入的偏莫耳熵與偏莫耳焓

　　圖6-19為不同嵌入深度的Li/Li$_x$Mn$_2$O$_4$電池在20～45°C範圍內不同溫度下的EMF(x)曲線，可見，隨著溫度升高，開路電壓線性增加。

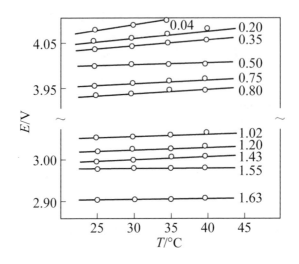

圖6-19　不同嵌入深度Li/Li$_x$Mn$_2$O$_4$電池在不同溫度下的EMF(x)曲線

　　按式計算的不同嵌入深度下的偏莫耳熵如圖6-20所示。有文獻報導,當嵌入深度比較小($x < 0.1$)時,嵌入反應的偏莫耳熵很大,約為60～100J/(mol・K)。反映了鋰在〔Mn$_2$O$_4$〕晶格中有大的自由度和高的流動性。而當x增大時,偏莫耳熵變小。另外,在$x = 1/2$和$x = 1$兩處出現兩個極小值,說明在$x = 1$和$x = 1/2$時,嵌入過程有所改變。由Li$_x$Mn$_2$O$_4$($0 < x < 2$)的結構分析可知,在$x = 1$時,四面體位置8a已被占滿,這時若再有鋰嵌入,就必然進入八面體的16c位置。這時〔Mn$_2$O$_4$〕的晶體結構由立方晶體轉變為四方晶體,空間群由Fd3m轉變為F4$_1$/ddm,這就導致了嵌入偏莫耳熵的巨大改變,而$x = 1/2$時的極小值和〔Mn$_2$O$_4$〕晶格的超結構有關,即存在亞晶格問題,此時整個晶體表現為長程有序而不再處於短程有序狀態,正好是一個亞晶格全滿而另一個全空,宏觀表現為在$x = 1/2$時,晶胞參數有一突躍。

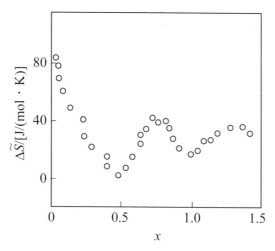

圖6-20 偏莫耳熵與嵌入深度關係圖

根據EMF(*x*)曲線以及偏莫耳熵的資料，可得到鋰在〔Mn₂O₄〕中嵌入反應的偏莫耳焓與嵌入深度之間的關係，見圖6-21。可見，鋰與〔Mn₂O₄〕晶格的鍵和力很強，且在*x* = 1/2和*x* = 1時偏莫耳焓有極大值。*x* < 1時的偏莫耳焓數值與*x* > 1時的相差很大，反映出鋰進入了兩種不同的晶格位置。

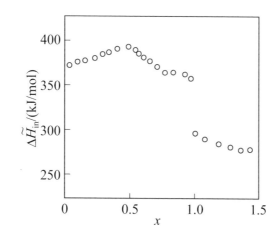

圖6-21 嵌入偏莫耳焓與嵌入深度關係圖

6.4.3 電極電位與電極反應

(1)基本反應方程

以鋰金屬作為負極的鋰離子電池的開路電壓（OCV）表示如下：

$$FE = -\{\mu(\text{Li，正極}) - \mu(\text{Li，負極})\}$$
$$= -\{\mu(\text{Li，正極}) - \mu^0(\text{Li})\}$$
$$= -2.303RT\lg[a(\text{Li，正極})] \qquad （6\text{-}59）$$

如果以LiMO_n為正極，則電池反應可表示如下：

$$\text{Li}^+（\text{電解液}）+ \text{e}^-（\text{電極}）= \text{Li}（\text{電極}） \qquad （6\text{-}60）$$
$$\text{Li}^+（\text{電解液}）+ \text{e}^-（\text{電極}）+ \text{MO}_n = \text{LiMO}_n \qquad （6\text{-}60'）$$

上述反應的鋰化學勢可用下式表示：

$$\mu(\text{Li，正極}) + \mu^0(\text{MO}_n) = \mu^0(\text{LiMO}_n) \qquad （6\text{-}61）$$
$$\{\mu(\text{Li}) - \mu^0(\text{Li})\} = \{\mu^0(\text{LiMO}_n) - \mu^0(\text{Li}) - \mu^0(\text{M}) - n\mu^0(\text{O})\}$$
$$- \{\mu^0(\text{MO}_n) - \mu^0(\text{M}) - n\mu^0(\text{O})\}$$
$$= \Delta_\text{f}G^0(\text{LiMO}_n) - \Delta_\text{f}G^0(\text{MO}_n) \qquad （6\text{-}61'）$$

如果得到LiMO_n和MO_n的Gibbs生成自由能的變化值，則可以計算出其開路電壓（OCV）值。反之，從OCV值可以計算出LiMO_n的

Gibbs生成自由能變化。

(2)價態及穩定化能

伴隨電極反應的發生，過渡金屬離子發生氧化還原反應，如方程式（6-60'）中過渡金屬離子的價態從$2n^+$變成$(2n-1)^+$，所以方程式（6-61）不能直接解釋反應的Gibbs自由能變化。如果設計一個中間態，熱力學狀態函數值的變化就可解釋這一過程。

圖6-22中，與正極反應有關的三種化合物，$LiMO_n$和MO_n分別位於Li-M-O三元體系三角形中，這三種化合物處於一條直線上，即$Li-MO_n$假二元系統。

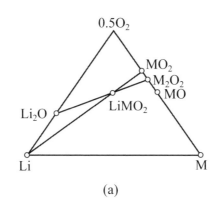

(a)

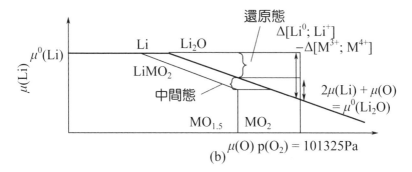

(b)

圖6-22　三元Li-M-O系統(a)Li-M-O系統的化學勢圖(b)

　　為了從化學的概念給出一個合理的解釋，用Li_2O、M_2O_{2n-1}作為上面描述的中間態比較恰當。因此，從$Li + MO_n$合成$LiMO_n$的反應可以用下面假設的三步反應說明。

$$Li + \frac{1}{4} O_2 = \frac{1}{2} Li_2O \tag{6-62}$$

$$MO_n = \frac{1}{2} M_2O_{2n-1} + \frac{1}{4} O_2 \tag{6-63}$$

$$\frac{1}{2} Li_2O + \frac{1}{2} M_2O_{2n-1} = LiMO_n \tag{6-64}$$

　　上述的三個反應都是基本化學反應，它們的熱力學過程可簡單地描述為Li被氧化，MO_n被還原，兩種單元氧化物生成二元氧化物。

　　另一方面，過渡金屬氧化物價態穩定性$\Delta[M^{(2n-1)+}; M^{2n+}]$和二元氧化物$\delta(LiMO_n)$的穩定能可以定義為：

$$\Delta[M^{(2n-1)+}; M^{2n+}] = \Delta_f G^0(MO_n) - 0.5\Delta_f G^0(M_2O_{2n-1}) - 0.25\Delta_f G^0(O_2) \tag{6-65}$$

$$\Delta(LiMO_n) = \Delta_f G^0(LiMO_n) - 0.5\{\Delta_f G^0(M_2O_{2n-1}) + \Delta_f G^0(Li_2O)\} \tag{6-66}$$

　　將式（6-65）、式（6-66）代入方程式（6-61'），得：

$$\{\mu(Li) - \mu^0(Li)\} = \Delta[Li^0; Li^+] - \Delta[M^{(2n-1)+}; M^{2n+}] + \delta(LiMO_n) \tag{6-67}$$

上式右邊的三項對應於反應式（6-62）～反應式（6-64）的三個過程。因為第一個過程在任何電極中都是相同的，所以正極電動勢取決於過渡金屬及其化學價的氧化還原過程和鋰與發生氧化還原反應的過渡金屬氧化物之間的相互作用這兩個因素。

通常情況下，可用平衡氧分壓〔$p(O_2)^{redox}$〕來表徵氧化物的氧化還原反應。利用這一特性，可將氧化還原反應對電極電動勢的作用以下式表示：

$$\{\mu(Li) - \mu^0(Li)\}^{redox} = \Delta[Li^0; Li^+] - \Delta[M^{(2n-1)+}; M^{2n+}]$$
$$= \Delta[Li^0; Li^+] - 0.25[RT\ln p(O_2)^{redox}]$$

$$（6-68）$$

從上式看，似乎平衡氧分壓對電極電動勢有較大的影響，但實際上它對電極反應不起任何作用，然而在正極反應中，總是伴隨著發生過渡金屬離子的氧化還原發應，氧化還原反應是電極反應的特性。

(3)化學勢圖

圖6-22(a)所示的任何三元體系的相關係都可用化學勢圖來表示。如前所述，氧化還原反應中平衡氧分壓對電極電位的確定起重要作用，Li-M-O系統的化學勢圖可以用Li和氧的化學勢為軸的座標體系表示。Li-M-O擬二元系統的示意見圖6-22(b)。圖6-22(b)的幾何形貌與前章表述的熱力學性質相關。

當鋰金屬用作負極時，電極中的鋰化學勢為μ^0（Li），圖6-22(b)用金屬鋰的水平線表示。

方程式（6-62）和方程式（6-64）中的關鍵化合物Li$_2$O在圖

6-22(b)中表示為一條斜率為－1/2的直線。

由包含$LiMO_n$和MO_n之間Gibbs能變之差的等式（6-61）確定的正極鋰的化學勢用$LiMO_n$和MO_n穩定區域之間的水平線表示，兩條水平線的差異用FE值表示。

過渡金屬氧化物發生氧化還原反應的氧平衡分壓用MO_n和M_2O_{2n-1}之間的垂直線來表示，$\mu(Li)$可用代表氧化還原反應平衡氧分壓的垂直線和代表Li_2O的線的交點來表示。

方程式（6-10）的第一種運算式$\Delta[Li^0; Li^+] - \Delta[M^{(2n-1)+}; M^{2n+}]$代表$p(O_2) = 101325Pa$時價態穩定性差。

相互作用對應於$LiMO_n$穩定區域的垂直寬度。

(4)影響OCV的其他因素

當在Li-MO系統中出現擬二元系穩定化合物時，必須對前述的反應式進行修正，電極反應考慮如下。

$$Li^+（電解液）+ e^-（電極）+ M_2O_{2n} \Longrightarrow LiM_2O_{2n}$$

$$（6-69）$$

$$Li^+（電解液）+ e^-（電極）+ LiM_2O_{2n} \Longrightarrow 2LiMO_n$$

$$（6-70）$$

鋰的化學勢表示如下：

$$\{\mu(Li) - \mu^0(Li)\} = \Delta_f G^0(LiM_2O_n) - \Delta_f G^0(M_2O_n)$$
$$= \Delta[Li^0; Li^+] - \Delta[M^{(2n-1)+}; M^{2n+}] + \delta(LiM_2O_n)$$

$$（6-71）$$

$$\{\mu(\text{Li}) - \mu^0(\text{Li})\} = 2\Delta_f G^0(\text{LiMO}_n) - \Delta_f G^0(\text{M}_2\text{O}_n)$$
$$= \Delta[\text{Li}^0; \text{Li}^+] - \Delta[\text{M}^{(2n-1)+}; \text{M}^{2n+}]$$
$$+ 2\delta(\text{LiMO}_n) - \delta(\text{LiM}_2\text{O}_n) \qquad （6\text{-}72）$$

必須注意：在任何電極反應中，氧化還原過程總是相同的，這對應於1mol鋰嵌入/脫嵌時，則有1mol過渡金屬改變化合價。

當LiM$_2$O$_{2n}$穩定而不發生分解成LiMO$_n$和M$_2$O$_{2n}$的反應時，下列關係式成立：

$$\text{LiM}_2\text{O}_{2n} == 0.5\text{M}_2\text{O}_{2n} + \text{LiMO}_n \qquad （6\text{-}73）$$
$$\Delta_r G^0 == \delta(\text{LiMO}_n) - \delta(\text{LiM}_2\text{O}_{2n}) > 0 \qquad （6\text{-}74）$$

從這個關係式，可以比較三種不同電極反應中鋰化學勢的大小，如下面的關係式所示，等式（6-71）的鋰化學勢最低。

$$\{\mu(\text{Li}) - \mu^0(\text{Li})\} （等式6\text{-}71） < \{\mu(\text{Li}) - \mu^0(\text{Li})\} （等式6\text{-}61）$$
$$< \{\mu(\text{Li}) - \mu^0(\text{Li})\} （等式6\text{-}72） \qquad （6\text{-}75）$$

隨著$\delta(\text{LiMO}_n)$與$\delta(\text{LiM}_2\text{O}_{2n})$的差值變大，鋰化學勢也變得越負。

當每莫耳鋰的能量密度表示成$\{\mu(\text{Li}) - \mu^0(\text{Li})\}\text{d}n$（d$n$為鋰計量數的變化）時，等式（6-61'）、式（6-71）、式（6-72）表明Li從LiMO$_n$脫出生成MO$_n$的總能量密度是一個常數，不依賴於是否生成LiM$_2$O$_{2n}$。這意味著儘管LiM$_2$O$_{2n}$有較高的開路電壓（OCV），但其能量密度不會提高。

6.4.4 三元Li-M-O體系的熱力學

在實際三元Li-M-O（M為過渡金屬）體系中，正極材料的晶相變化更複雜，通過對觀測到的OCV值比較，可得出下列性質特徵。

如表6-6所示，對於不同的過渡金屬氧化物，穩定能的貢獻都在

表6-6 300K下鋰過渡金屬氧化物Gibbs生成自由能變化與穩定能資料

LiM_mO_n	$\Delta_f G^0(LiM_mO_n)/$ (kJ/mol)	$\delta(LiM_mO_n)/$ (kJ/mol)	$\delta(LiM_mO_n)/F/V$	備註
$LiVO_2$	−875.85	−26.125	0.271	
$LiCrO_2$	−871.45	−62.168	0.644	
$LiMnO_2$	−792.85	−72.053	0.747	2.6V
$LiFeO_2$	−694.16	−42.824	0.444	
$LiCoO_2$	−619.65			3.9V
$LiNiO_2$	−514.96			
$LiNbO_2$	−911.36	−71.550	0.742	
$LiTi_2O_4$	−1962.4	−75.9	0.787	
$LiMn_2O_4$	−1315.61	−129.98	1.347	4.0V
$0.5Li_2ZrO_3$	−824.4	−22.693	0.235	
$0.5Li_2HfO_3$	−854.51	−30.099	0.312	
$LiVO_3$	−1083.6	−93.718	0.971	
$LiNbO_3$	−1278.67	−115.546	1.198	
$LiTaO_3$	−1332.75	−97.03	1.006	
$1/3Li_3VO_4$	−586.36	−69.301	0.715	
$1/3Li_3NbO_4$	−644.29	−69.467	0.720	
$0.5Li_2CrO_4$	−642.38	−105.882	1.097	
$0.5Li_2MoO_4$	−704.46	−90.225	0.935	
$0.5Li_2WO_4$	−745.26	−82.971	0.860	
$0.5Li_2Mo_2O_7$	−1048.54	−100.558	1.0422	

0.3～0.8V範圍內，隨著過渡金屬價態的提高，穩定能的貢獻增大。與其他鹼金屬二元氧化物相比，鋰二元氧化物的穩定性較差，這是Li-M-O系統的主要特徵之一。

氧化還原項可以通過Li_2O、MO_n和M_nO_{2n+1}熱力學資料計算出來，而不需要任何三元化合物的資訊。計算結果繪製於圖6-23中，並可與大量的文獻值進行比較。氧化還原項可為具有不同價態的過渡金屬具有不同的OCV提供理論解釋。在$LiMO_2$電極中，當M從Ti變化到Co，過渡金屬從四價變為三價，其平衡氧分壓和OCV增大。

過渡金屬相同，OCV隨其化合價的增加而提高，典型的例子是Li-M-O系統，這可以很合理地解釋氧化還原項。

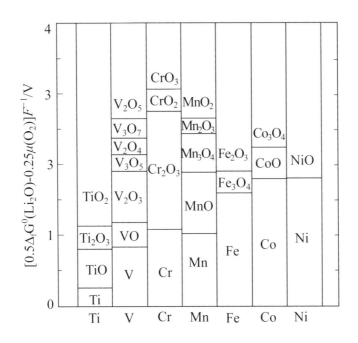

圖6-23　過渡金屬氧化物的氧化還原平衡電位圖（相對過渡金屬）

若LiMO$_n$擬二元系中存在多種Li-M-O二元氧化物如Li-Mn-O體系，隨著鋰含量的減少，穩定能的貢獻會更顯著。

6.4.5　Li-M-X-O四元系統的熱力學

用鋰過渡金屬含氧酸鹽取代氧化物正極材料的正極反應可以表示如下：

$$\text{Li}^+（電解液）+ \text{e}^-（電極）+ \text{M(XO}_m)_k \Longrightarrow \text{MLi(XO}_m)_k \quad （6\text{-}76）$$

過渡金屬M是氧化還原元素，隨著鋰的嵌入/脫出其化合價發生變化，XO$_m$是主體含氧酸根，在LiNiVO$_4$電極中為VO$_4$，(FeLi)$_2$(SO$_4$)$_3$電極中為SO$_4$，這些電極的電極反應如下：

$$\text{Li}^+（電解液）+ \text{e}^-（電極）+ \text{NiVO}_4 \Longrightarrow \text{LiNiVO}_4 \quad （6\text{-}77）$$

$$\text{Li}^+（電解液）+ \text{e}^-（電極）+ 0.5\text{Fe}_2(\text{SO}_4)_3 \Longrightarrow 0.5(\text{FeLi})_2(\text{SO}_4)_3$$
$$（6\text{-}78）$$

按等式（6-61'）相似的方法，方程（6-76）的鋰化學勢可表示為：

$$\mu(\text{Li}) - \mu^0(\text{Li}) = \Delta_f G^0\{\text{LiM(XO}_m)_k\} - \Delta_f G^0\{\text{M(XO}_m)_k\}$$
$$= \Delta_f G^0\{\text{Li(XO}_m)_n\} - [\Delta_f G^0\{\text{M(XO}_m)_k\}$$

$$- \Delta_f G^0\{M(XO_m)_{k-n}\}] + \Delta_f G^0\{LiM(XO_m)_k\}$$

$$- [\Delta_f G^0\{Li(XO_m)_n\} + \Delta_f G^0\{M(XO_m)_{k-n}\}] \quad （6\text{-}79）$$

採用氧化物體系中相同的概念，上面的方程可以寫成：

$$\mu(Li) - \mu^0(Li) = \{\mu(Li) - \mu^0(Li)\}^{redox} + \delta XO_m\{(LiM)(XO_m)_k\} \quad （6\text{-}80）$$

$$\{\mu(Li) - \mu^0(Li)\}^{redox} = \Delta_f G^0\{Li(XO_m)_n\} - [\Delta_f G^0\{M(XO_m)_k\}$$

$$- \Delta_f G^0\{M(XO_m)_{k-n}\}]$$

$$= \Delta[Li^0; Li^+] + \delta\{Li(XO_m)_n\} -$$

$$\Delta[M^{(2n-1)+}; M^{2n+}] - [\delta\{M(XO_m)_k\} -$$

$$\delta\{M(XO_m)_{k-n}\}] \quad （6\text{-}81）$$

$$\delta_{XO_m}\{(LiM)(XO_m)_k\} = \Delta_f G^0\{MLi(XO_m)_k\} -$$

$$[\Delta_f G^0\{Li(XO_m)_n\} - \Delta_f G^0\{M(XO_m)_{k-n}\}]$$

$$（6\text{-}82）$$

第一項$\{\mu(Li) - \mu^0(Li)\}^{redox}$源於含氧鹽晶格中Li和M之間的價態穩定性差異，第二項$\delta XO_m\{(LiM)(XO_m)_k\}$是主體物質$XO_m$中具有固定價態的鋰離子和M離子之間的相互作用項，期望這一值很小，並不依賴於氧化還原元素。

擬三元Li-M-XO_m系統的化學勢圖中，這兩項可以用與三元系統相似的方式表示，如圖6-24所示。其與三元體系不同的性質特徵總結如下。

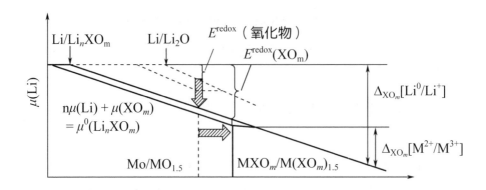

圖6-24　Li-M-XO$_m$系統（實線）與Li-M-O系統（虛線）的電極電位

相互作用項$\delta_{XO_m}\{(LiM)(XO_m)_k\}$的值要比三元系統中$\delta\{LiMO_n\}$的值小得多。這是因為M的化合價通常為 +2，因此Li$^+$和M^{2+}的混合不會引起靜電能的劇烈變化。如下所述，混合前，生成氧化鹽時具有較大的穩定性。

氧化還原項的變化受兩方面的影響，一是$\delta\{Li(XO_m)_n\}$的穩定化能，另一項是由於含氧酸鹽中過渡金屬處於不同價態而具有不同的穩定化能從而引起的氧化還原平衡遷移，$\delta\{M(XO_m)_k\}$ − $\delta\{M(XO_m)_{k-n}\}$。

引入外來元素X可獲得更高的工作電壓，元素X應能與Li$_2$O具有較高的反應活性，可生成穩定二元氧化物。Li$_2$O是鹼性氧化物，酸性氧化物可以與Li$_2$O反應生成穩定的二元氧化物。為了獲得更大的氧化還原平衡遷移，應保持低價態穩定的晶體結構。

如表6-6和表6-7所示，前一項能用數位計算出來，可在多種體系中進行比較。但是計算第二項的熱力學資料不很充分，表中僅給出了部分資料。表6-7列出了Fe^{2+}/Fe^{3+}體系的某些資料。

表6-7 鋰—金屬氧化物的穩定能和Fe^{2+}/Fe^{3+}氧化還原估計電位

Li_nXO_m	$\delta(Li_nXO_m)/$ n/(kJ/mol)	$\delta(Li_nXO_m)/$ nF/V	$E(Fe^{2+}/$ $Fe^{3+})$②/V	$\delta[Fe^{2+}(XO_m)_k]/$ (kJ/mol)	$\delta[Fe^{3+}(XO_m)_l]/$ (kJ/mol)	$E(Fe^{2+}/$ $Fe^{3+})^{redox}$/V
Li_2O	0		1.603③			1.603
$LiBO_2$	−98.321	1.019	2.622			
$LiAlO_2$	−59.567	0.617	2.220			
Li_2CO_3	−88.127	0.913	2.516	−27.261		
Li_2SiO_3	−69.665	0.722	2.325			
$Li_2Si_2O_5$	−70.031	0.726	2.329			
Li_4SiO_4	−56.046	0.581	2.184	−25.818		
$LiNO_3$	−157.903	1.637	3.240			
$LiPO_3$	−210.03	2.177				
Li_3PO_4	−150.905①	1.564	3.167			
$Li_4P_2O_7$	−167.03	1.732				
Li_3AsO_4	−120.707	1.251	2.854	−82.926	−10.471	3.606
$LiVO_3$	−93.718	0.971	2.574	−81.398		
Li_2SO_4	−194.58	2.017	3.620	−201.879	−195.164	3.676

①由於缺乏Gibbs自由能的資料，本資料依據焓變估算得到。
②$FE(Fe^{2+}/Fe^{3+}) = \Delta[Li^0; Li^+] - \Delta[Fe^{2+}; Fe^{3+}] + \delta(Li_nXO_m)/n$。
③$\Delta[Li^0; Li^+]/F - \Delta[Fe^{2+}; Fe^{3+}]/F = 1.603V$。

　　由於缺少熱力學資料，很難與觀測到的資料進行全面比較，但還是可以將觀測資料用於一些現象的解釋。

　　對於Nasicon類型的$Fe_2(XO_4)_3$，可將實驗值與X的電負性進行比較，發現某些內在的關聯，如Li^0/Li^+和Fe^{2+}/Fe^{3+}的氧化還原電位與前面給出的熱力學資料滿足如下關係式。

$$FE(Li)^{redox} = \Delta XO_m[Li^0; Li^+] - \Delta_{XO_m}[M^{n+}; M^{(n+1)+}] \qquad (6\text{-}83)$$

$$\Delta_{XO_m}[Li^0; Li^+] = \Delta_f G^0\{Li(XO_m)_n\} - \Delta_f G^0(Li) - n\Delta_f G^0(XO_m) \qquad (6\text{-}84)$$

$$\Delta_{\mathrm{XO}_m}[\mathrm{M}^{n+}; \mathrm{M}^{(n+1)+}] = \Delta_{\mathrm{f}}G^0\{\mathrm{M}(\mathrm{XO}_m)_k\} - \Delta_{\mathrm{f}}G^0\{\mathrm{M}(\mathrm{XO}_m)_{k-n}\} - n\Delta_{\mathrm{f}}G^0(\mathrm{XO}_m)$$

$$（6\text{-}85）$$

採用上述方法計算的$Fe_2(SO_4)_3$值為3.676V，與實際值3.6V相吻合，這主要歸因於方程式（6-81）中的穩定能，即$\Delta\{Li(SO_4)_{1/2}\}$，氧化還原平衡的遷移較小。儘管在無遷移狀態下的氧化還原平衡計算值（2.854V）與實測值（2.9V）相吻合，但採用該方法計算的$Fe_2(AsO_4)_3$的電位（3.606V）遠高於實測值。Okada等報導了Nasicon類型化合物中一系列物質的值如：S（3.6V），W（3.0V），Mo（3.0V），As（2.9V），P（2.8V），不考慮遷移的值分別為S（3.62V），W（2.46V），Mo（2.54V），As（2.85V）和P（3.17V）。儘管在數量級上保持吻合，但仍然存在一些差異。

對於Co^{2+}/Co^{3+}氧化還原體系，氧化物的氧化還原項$\{\Delta[Li^0; Li^+] - [Co^{2+}; Co^{3+}]\}$的計算結果為2.23V。在反尖晶石或橄欖石結構中，在不考慮遷移的情況下，得到的計算值分別為$LiCoVO_3$ 3.20V和$LiCoPO_4$ 4.41V。Fey等人和Okada等人分別報導為3.8V和4.5V，兩者有0.5V的差異。

上述兩個例子都顯示在±0.5V範圍內，可以獲得較高的吻合。氧化物體系的變化可以通過$LiXO_m$的穩定能和氧化還原平衡遷移這兩項進行計算，單獨使用第一項不能很好地說明其一般趨勢時，就要適當地考慮遷移項的作用。

6.5 交流阻抗譜法在材料中的研究

6.5.1 負極材料的研究

交流阻抗法可應用為測定負極材料的表面膜阻抗和鋰離子在其中的擴散係數。

鋰離子嵌入碳電極，首先在電極表面形成SEI鈍化膜，因而鋰嵌入的等效電路可用圖6-25所示。等效電路由兩部分組成：一部分反映SEI鈍化膜；另一部分反映碳電極的電化學反應和電極中鋰離子的擴散。R_0是溶液的電阻，R_c和R_f分別是法拉第阻抗和SEI膜阻抗。W是Warburg阻抗，即碳電極中鋰離子擴散引起的阻抗；C_d和C_f分別是R_c和R_f相對應的電容。

由於W是頻率函數，而R_c不是，因而電極的反應速率在低頻率（長時間）由鋰離子在電極中的擴散控制，在高頻率（短時間）由電化學反應控制。研究表明：只有在比相應於電化學反應控制更低的頻率（更短時間）時，電極反應速率才由鈍化膜SEI的傳遞控制。

對於半無限擴散和有限擴散，Warburg阻抗W由下式確定：

$$W = \sigma\omega^{-\frac{1}{2}} - j\sigma\omega^{-\frac{1}{2}} \qquad (6\text{-}86)$$

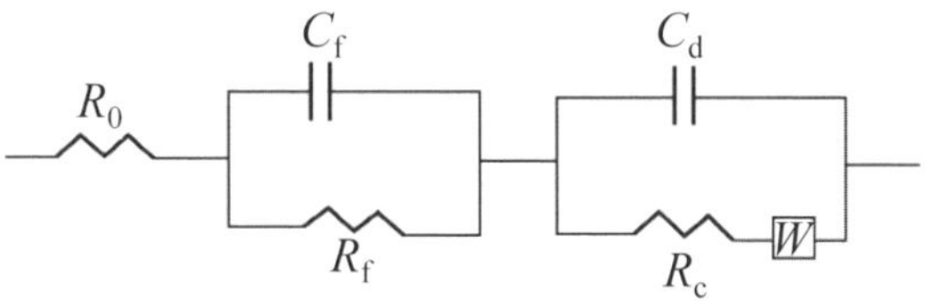

圖6-25　鋰離子插入碳負極材料的等效電路圖

式中，ω為交流電角頻率；σ為Warburg係數。

在電極上施加小交流電壓時，假設電極是平板電極，碳電極中鋰離子的擴散是一維、電極厚度範圍內的擴散，擴散滿足Fick第二定律。經一系列的數學推導，得出電流與電壓的相位差為45°，與角頻率無關，於是Warburg係數如下：

$$\sigma = \frac{V_m(\mathrm{d}E/\mathrm{d}y)}{\sqrt{2}Z_{Li}FSD^{\frac{1}{2}}}\left(\omega \gg \frac{2D}{L^2}\right) \tag{6-87}$$

式中，V_m為碳電極Li_yC_6化學計算$y = 0$的莫耳體積；Z_{Li}為鋰離子傳輸電子數，1；S為電解液與電極之間的橫截面積；F為法拉第常數；D為電極中鋰離子的化學擴散係數；$\mathrm{d}E/\mathrm{d}y$為Li_yC_6電量滴定曲線化學計量y處的斜率；ω為交流電角頻率；L為電極厚度。

鋰離子濃度擴散反映在電極阻抗複數平面圖上是一條45°的直線，如圖6-26所示。

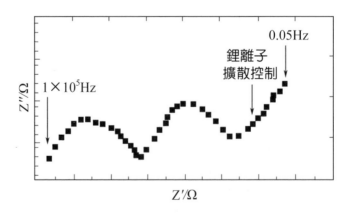

圖6-26　鋰離子電池負極阻抗的複數平面圖

　　鋰嵌入碳材料，特別是石墨等，在電量滴定曲線上會出現一些電壓平台，使得dE/dy不易準確得到。為避免利用dE/dy值，對上式進行一定的變換處理，得到如下的Warburg係數等式：

$$\sigma = \frac{RT}{\sqrt{2}Z_{Li}^2 F^2 S} \times \frac{1}{\sqrt{DC}}\left(\omega \gg \frac{2D}{L^2}\right) \qquad (6\text{-}88)$$

　　式（6-88）中，C為電極中鋰的濃度，即碳電極Li$_y$C$_6$化學計量y莫耳體積V_m（碳電極Li$_y$C$_6$化學計量$y = 0$的莫耳體積）；Z_{Li}為鋰離子傳輸電子數，1；S為電解液與電極之間的橫截面積；F為法拉第常數；R為氣體常數；T為熱力學溫度。可用上式計算碳電極中鋰離子的擴散係數。

　　上式的適用範圍是$\omega \gg 2D/L^2$。通常電極厚度L為10^{-2}cm數量級，擴散係數$D > 10^{-6}$cm^2/s數量級，ω應遠大於10^{-2}Hz，實際測量ω都能滿足此要求。假定：

　　電極表面的電位是鋰活性的量度，因此電極應當以電子導體為主；

　　擴散的推動力僅是化學梯度，電場忽略不計，因此電極應具有高電導率；

　　體系是線性的，在施加的交流電壓範圍內，擴散係數與濃度無關。另外，對式 $\sigma = \dfrac{V_m(\mathrm{d}E/\mathrm{d}y)}{\sqrt{2}Z_{Li}FSD^{\frac{1}{2}}}\left(\omega \gg \dfrac{2D}{L^2}\right)$ 的處理是假定體系沒有濃差極化，因此實際施加的電壓應很小，被測量的阻抗與電壓振幅無關。

　　除了上面的假設之外，同樣也存在電極莫耳體積和電解液與電極介面面積的近似處理以及電極製作方法的影響問題。

　　處理後Warburg係數公式部需要d*E*/d*y*值，因而交流阻抗法能測量所有的碳材料中鋰離子的擴散係數。交流阻抗法應用複數平面圖法可以提供更多的電極資訊。圖6-25反映了鋰嵌入碳電極的整個電極過程，可以獲得的有關參數：如溶液的電阻、法拉第阻抗、SEI膜阻抗以及相對應的電容。

6.5.2　正極材料的研究

　　利用EIS譜圖可對尖晶石LiMn$_2$O$_4$電極的嵌鋰過程進行分析。根據Voigt-type、Frumkin與Mckik Gaykazyan（FMG）模型、EIS譜圖設計的等效電路圖，以及不同階段元件所代表的意義如圖6-27所示。

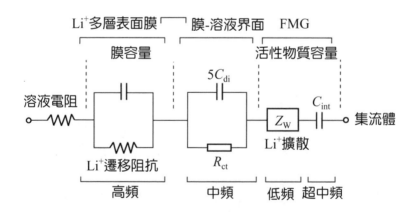

圖6-27　嵌鋰過程的等效電路圖

　　Voigt-type部分是由RC電路串聯起來的，它代表了鋰離子在多層表面膜的遷移和介面電荷的傳遞；而FMG代表了固態擴散（一個特定的線性Warburg阻抗）和嵌入量的積累（C_{int}和Warburg型阻抗相串聯的嵌入容量）。

　　從2.0V到4.0V，其譜圖逐漸發生變化。嵌鋰過程根據電位不同而劃分為三個不同的階段。從2.00V到2.70V之前為第一階段〔圖6-28(a)〕，只在高頻部分呈現出圓弧的一部分，而在低頻部分則無法測量到，隨著電位的增加，阻抗值在減小，不是平常所認為的化學反應電阻，而應該是在活性物質中嵌入和脫出時所要克服的結構作用力，因為此時$LiMn_2O_4$的尖晶石結構由於Jahn-Teller效應導致晶體發生了扭曲，這種結構的轉變導致鋰離子在晶體中的嵌入和脫出所要克服的阻力急劇增大，電位越低，鋰離子嵌入脫出的阻力越大，這可能是因為電位越低，$LiMn_2O_4$的結構扭曲得越厲害。

　　從2.70V開始到充放電平台區之前為第二階段〔圖6-28(a)和圖6-28(b)〕，即非充放電平台區。

　　隨著電位增加，電化學反應電阻開始減小，在這個階段電解液中的自由鋰離子和鋰離子的絡合物基團都在正極附近的電解液和電極的介面上形成了雙電層，但由於鋰離子體積比較小，比較容易從電極表面嵌入和脫出；而鋰離子絡合基團由於體積比較大，則不容易在電極表面層中進出，從而在電極表面吸附，隨著電位的逐漸升高，鋰離子嵌入和脫出的阻力越來越小，所以電化學反應電阻越來越小。3.47V時在高頻區的半圓對應於模型中的R_{ct}，因為此時介面雙電層尚未完全形成，因此電化學反應電阻非常小，在低頻區時Warburg阻抗代表了鋰離子在電極活性物質的表層中的擴散。

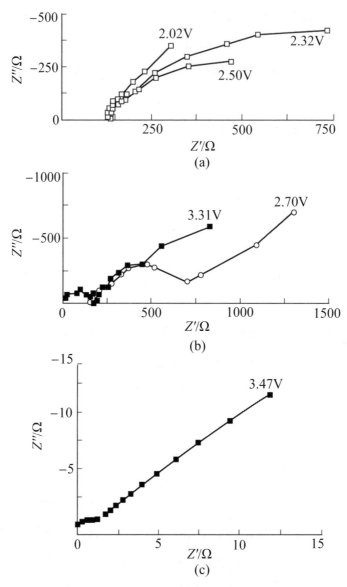

圖6-28 LiMn$_2$O$_4$電極的交流阻抗圖

從進入平台區開始為第三階段（圖6-29和圖6-30），隨著電位的
逐漸增加，交流阻抗譜圖發生了比較明顯的變化，進入充電平台區

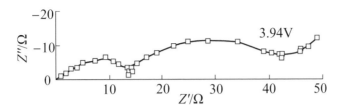

圖6-29 3.94V時LiMn₂O₄電極的交流阻抗圖

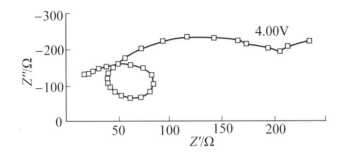

圖6-30 4.0V時LiMn₂O₄電極的交流阻抗圖

以後在高頻出現的半圓仍然是電化學反應電阻，它對應於模型中的 R_{ct}，但是此時因為介面雙電層已經形成，所以與圖6-28相比電化學反應電阻要大，而在進入充放電平台區以後，鋰離子進入活性物質表層，在接近電極表面的區域就出現了電子貧乏區，從電解液中進入活性物質中的鋰離子和從集流體傳送過來的電子達到一個平衡，所以在低頻區出現了一個容抗，隨著電位的升高，有機基團則從電極表面脫附，從而在中頻區出現了一個感抗，在低頻部分的半圓依賴於所處的電位，所處的電位越大則電子的驅動力就越大，電子在顆粒中傳輸就越容易；第二個半圓代表了電子經過到達活性物質的通道的阻抗，而在超低頻區則開始出現了Warburg阻抗，這是鋰離子在活性物質中的擴散。

通過上述對尖晶石$LiMn_2O_4$的阻抗譜的解析並結合等效電路，可以認為尖晶石型$LiMn_2O_4$電極在不同電位下有不同的電化學行為，可分為三個階段：結構坍塌區，非充放電平台區和充放電平台區。當電極電位不處於充放電的平台區時，阻抗譜表現為一個容抗和線性的Warburg阻抗，當電極電位處在充放電平台區時，第一個半圓仍然是鋰離子在覆蓋於$LiMn_2O_4$電極表面膜中的遷移，第二個半圓則代表了電子經過到達活性物質的通道的阻抗，而中頻半圓則可能是因為鋰離子絡合基團發生了吸脫附行為而引起的。

6.6 鋰離子嵌脫的交流阻抗模型

鋰離子在正負極中按如下步驟嵌入：鋰離子在溶液中的傳遞；鋰離子從溶液中向介面中的擴散；鋰離子通過表面膜的遷移；電荷傳遞；鋰離子在固相中的擴散；鋰離子在固相中的積累（電容行為）。脫嵌則相反。描述這些過程的等效電路是代表這些步驟的元件串聯。

建立模型時，從最簡單的Randles電路開始考慮。Randles等效電路如圖6-31所示。R_s為溶液電阻，C_{dl}為雙電層電容，R_{ct}為電荷傳遞電阻，Z_W為反應擴散過程的Warburg阻抗。

在複阻抗圖中可以方便地分辨出不同的過程：高頻為原點在實軸的半圓，由此可得到R_s、C_{dl}和R_{ct}，低頻部分為與實軸成45°的直線，由此可以得到擴散係數。對於有限長度的擴散，相角隨著頻率的降低不斷增加，電阻達到一個極限值。實際結果難以得到半圓和45°的直線。為此可引入如圖6-32所示的恆相位角元件CPE。

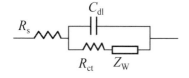

圖6-31　Randles等效電路圖

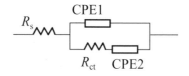

圖6-32　含恆相位角元件的等效電路圖

　　應用此模型可得到鋰離子在鋰錳氧化物中的交換電流密度、擴散係數等動力學參數。很顯然，由於恆相位角元件的物理意義極不明確，恆相位角元件模型難以清楚地描述鋰離子嵌脫的電極過程。

　　K.Dokko等研究了單個LiCoO$_2$顆粒嵌脫鋰離子的交流阻抗圖譜，發現大多數情況下，其阻抗平面圖非常類似Randles模型的結果，只是在低頻時有所差別。所得的交流阻抗譜分三個區：高頻區半圓、低頻區的Warburg行為以及更低頻的電容行為，提出了修正的Randles模型（圖6-33）。

　　圖6-33中C_{int}為Li$^+$在活性物質中的嵌脫電容，其他元件的物理意義同圖6-31。由圖6-33所示的模型擬合實驗結果得到了Li$^+$在LiCoO$_2$中嵌脫的R_{ct}、C_{dl}、C_{int}等參數。有人在擬合過程中無法擬合3.40～3.80V時所得的結果，所得阻抗圖譜未能說明活性物質的表面膜存在與否。

　　M.D.Levi等在尋求合適的鋰離子在負極碳上嵌脫阻抗模型時借用了如圖6-34所示的吸附模型的等效電路。得到的阻抗圖譜是高頻區動力學控制的變形半圓及低頻區熱力學控制的垂直於實軸的直線（圖中的各元件物理意義同圖6-33）。

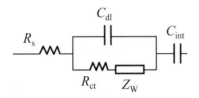

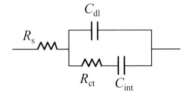

圖6-33　修正的Randles模型圖　　　圖6-34　吸附等效電路圖

　　無論是負極碳還是正極過渡金屬氧化物，活性物質表面均存在表面膜。這種表面膜可能是電解液分解形成的Li_2CO_3或LiF。碳負極表面形成的表面膜與金屬鋰表面形成的表面膜性質相似，阻抗圖譜表現為100kHz到幾赫茲頻率範圍內壓扁的半圓。該譜反映了鋰離子在膜中的遷移過程，由於表面層可能結構和組成不同，其等效電路為圖6-35所示的多個R和C的串聯。用圖6-35類比實驗結果，實驗譜圖與擬合譜圖相當吻合。

　　圖6-36所示是描述有機分子在汞電極上吸附的等效電路，稱FMG模型（Frumkin and Mckik Gaykazyan）。R_a為描述吸附過程的電阻。M.D.Levi等據此提出了描述鋰離子在正、負極嵌脫的等效電路（圖6-37）。因擴散發生在介面電子交換之後的固體裡面，反映擴散的Warburg阻抗應放在與C_{dl}/R_{ct}串聯的位置。

　　鋰離子在正、負極中的嵌入和脫出的每個步驟都可用相應的電子元件來描述。同時進行的步驟其等效電子元件為並聯，先後發生的為

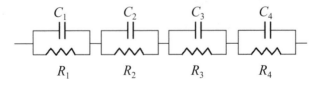

圖6-35　Voigt型等效電路

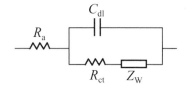

圖6-36　FMG等效電路圖

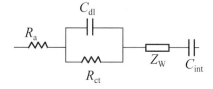

圖6-37　修正的FMG等效電路圖

串聯。因鋰離子在溶液中的擴散要比在固體中的擴散容易得多，可忽略溶液中的擴散步驟，溶液的導電性用溶液電阻R_s表示，鋰離子在表面膜中的遷移用$C//R$描述，鋰離子在表面膜與活性物質介面的電荷傳遞用$C_{dl}//R_{ct}$描述，離子在固體中的擴散用Z_W描述，鋰離子在固體中的累積和消耗用C_{int}描述。鋰離子在鋰離子電池正、負極活性物質中嵌脫過程可以用圖6-38所示的等效電路作完整的描述，$C_i//R_i$表示多層膜。

用圖6-38所示的等效電路能有效地擬合實驗結果。阻抗譜表現出三個區域：反映鋰離子在表面膜中擴散的高頻區；反應膜和活性物介面傳遞的中高頻區和反應鋰離子在活性物質內積累和消耗的低頻區。利用完全反應鋰離子在鋰離子電池正、負極嵌脫的修正的Voigt-FMG模型，可以方便研究影響電池性能的各個因素，尋找電池容降和失效的原因，篩選優質的電池材料。

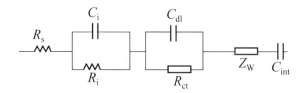

圖6-38　修正的Voigt-FMG等效電路圖

6.7 高溫電化學研究方法

6.7.1 尖晶石LiMn$_2$O$_4$高溫研究

尖晶石LiMn$_2$O$_4$常溫下其電化學性能已趨向於工業化應用,其初始可逆容量可達到130mA·h/g,循環200次後,容量保持率在80%以上,但在高於45°C條件下其可逆容量衰減劇烈,阻礙了其應用。要實現它的大規模工業化,如用作電動汽車的能源,必須克服它高溫環境下穩定性差、容量衰減快的缺點。

(1)錳的溶解和溶解機制

錳的溶解是導致高溫下可逆容量衰減的直接原因。M.Oh Seung領導的小組發現錳的溶解引起正極活性材料損失,導致了可逆容量的下降,並且錳的溶解量與溫度和材料的比表面積密切相關。常溫下,錳的溶解引起的容量損失占整個容量損失的23%,隨著溫度的升高,在55°C時,錳的溶解引起的容量損失急劇升高,占總容量損失的34%。通過對循環過程中H$^+$的測量,發現H$^+$是導致錳溶解的直接原因,氫離子的含量與溫度的關係和錳的溶解量與溫度關係基本一致。在此基礎上,提出了如下溶解機制,其反應式如下:

$$2LiMn_2O_4 + 4H^+ \rightarrow 2Li^+ + 3\lambda\text{-}MnO_2 + Mn^{2+} + 2H_2O \qquad (6\text{-}89)$$

H$^+$主要來自於溶劑的α-H,並且提出氫離子形成的反應機制:

$$\text{（環氧結構）} \longrightarrow \text{（環氧自由基）} \cdot + H^+ + e$$

$$ClO_4^- \longrightarrow \cdot ClO_4 + e$$

$$\cdot ClO_4 + \text{（環氧結構）} \longrightarrow HClO_4 + \text{（環氧自由基）} \cdot$$

　　該機制可以較好地解釋醚類溶劑的氧化，而不能解析酯類溶劑的氧化過程。有人發現，氫離子另一個來源是電解液引起。以LiPF$_6$為例，由於電解液中微量水的存在，發生了下面的反應，因而生成了大量的HF。

$$LiPF_6 + H_2O \rightarrow 2HF + LiF + POF_3$$

　　G.G.Amatuccdi和J.M.Tarascon對錳的溶解進行了進一步的研究，他們提出了由於H$^+$引起錳的溶解，最後生成了沒有電化學活性的質子化的λ-MnO$_2$的溶解機制。其反應式如下：

$$LiMn_2O_4 - yMn^{2+} + 2yLi^+ \rightarrow Li_{1+2y}Mn_{2-y}O_4$$

$$Li_{1+2y}Mn_{2-y}O_4 \xrightarrow{\text{在 } H^+ \text{存在下}} Li_xH_zMn_{2-y}O_4 + Li^+$$

$$H_zMn_{2-y}O_4 \xrightarrow{+Li^+} Li_xH_{z-x}Mn_{2-y}O_4$$

　　綜上所述，錳的溶解引起的容量衰減主要是因為電解液氧化產生微量氫離子，其與LiMn$_2$O$_4$反應導致錳的溶解，最後生成了沒有電化學活性的質子化的λ-MnO$_2$所致。

(2)電解液的氧化

電解液的氧化主要從兩個方面引起材料的可逆容量衰減。首先，它是氫離子產生的主要來源，如前所述，電解質氧化產生自由電子，引起電解液的氧化，電解液在較高的電壓時氧化生成氫離子。如以高氯酸鋰為電解質，其主要發生下面的反應，生成大量的H^+，加快了錳的溶解。

$$ClO_4 \rightarrow \cdot ClO_4 + e^-$$
$$\cdot ClO_4 + RH \rightarrow HClO_4 + \cdot R$$

另一方面，電解液直接和正極材料發生反應，生成沒有電化學活性的有機化合物。有人研究發現，電解液氧化生成了自由電子，進一步發生如下反應：

$$Li_yMn_2O_4 + 2\delta EI \rightarrow Li_yMn_2O_{4-\delta} + \delta（氧化EI）_2O$$

由於電解液和材料的反應，引起正極材料和電解液的損失，同時在電極表面形成一層鈍化膜，阻止了電子傳送，導致材料的可逆容量衰減。

(3)電極的極化

M.Oh Seung.研究了電極極化和可逆容量衰減的關係。通過對不同導電劑含量的材料的循環性能進行對比，並用交流阻抗對電極的極化進行測定。研究表明，錳的溶解、氫離子的濃度隨著導電劑含量的增加而增加。儘管如此，含量較高的樣品卻表現出較好的循環性能。

阻抗分析表明導電劑含量高的電極雖然引起溶劑的氧化程度較高，錳的溶解量較大，但其極化較小，含量少的電極由於表面材料的溶解，影響了導電劑和材料的接觸，極化嚴重。這表明可逆容量衰減主要是由電極的極化引起。

(4)Jahn-Teller效應

放電結束時，錳的平均價態接近3.5，其三價錳離子的含量增加，晶體結構扭曲加劇，破壞了尖晶石的三維隧道結構，阻礙了鋰離子的嵌入，因而導致可逆容量損失。

在循環過程中，材料結構發生了不可逆的變化。在較高的電壓平台，其充放電曲線的形狀發生改變，由常溫的L形改變成S形，這種曲線的形狀改變表明，在高溫下，材料由兩態共存轉變成更穩定的一態結構。這種更穩定的一態結構不利於鋰離子的嵌入和可逆脫出，最後導致了容量的衰減。有人對一相—兩相進行研究認為，富鋰的材料在常溫下進行充放電循環，其曲線表明為一相結構，但其具有良好的鋰離子嵌入和脫出能力，且循環性能較好；相反，具有兩態結構曲線的樣品卻表現較差。由此可見，一相—兩相結構的改變不能說明高溫下鋰離子嵌入和脫出能力是好是壞。因此，結構變化雖然被認為是高溫下材料可逆容量衰減的主要原因之一，但材料結構是怎樣影響材料的循環性能尚沒有定論。

6.7.2 改進方法

(1)減小材料表面積

降低錳的溶解最直接的方法就是減少正極材料和電解液的接觸。有人對不同比表面積的材料的高溫循環性能進行了比較，結果表明磨細後的材料容量衰減嚴重，這是因為電解液在較高電壓時被電極表面催化。Masaki Yoshio等研究認為，固定材料的比表面積，在50°C循環100次後，其容量衰減率僅為12%，可逆容量為105mA·h/g。M.Oh Seung等對比表面與衰減率進行了研究，發現當表面積從3.64m²/g改變為21.2m²/g時，循環60次後，其初始容量保持率從83%下降為50%。摻鉻的鋰錳氧化合物顆粒小於35μm時，其可逆容量循環20次後迅速從127.5mA·h/g衰減到97.5mA·h/g。由此可見，控制材料的比表面積是提高高溫下材料循環性能的有效途徑但材料表面積太小，也會影響鋰離子的擴散，破壞導電劑和材料的充分接觸，降低部分可逆容量，影響材料的循環性能。

(2)添加其他離子

通過添加其他離子合成$LiM_xMn_{2-x}O_4$來提高錳的平均化合價，降低高溫下的容量衰減一直是人們研究的熱點和採用的方法。採用檸檬酸絡合法添加適量的Ni^{3+}、Co^{3+}，發現引入陽離子後的化合物的循環曲線發生變化，由原來的兩態結構改變為一態結構。當摻雜量為0.04時，材料表現較為理想的循環性能，其初始容量在130mA·h/g左右，循環50次後，可逆容量仍有115mA·h/g左右。R.E.White等也對添加鈷離子的鋰錳氧化合物的性能進行了研究，發現添加鈷離子可增大交換電流密度，減小阻抗，材料的比表面可降低近50%。考察

不同添加量的影響，發現當添加量為0.16時，材料表現最好的循環性能，其循環85次後可逆容量仍有100mA・h/g。有人採用溶膠－凝膠法合成了一系列加鎳的化合物，並用XRD測定了它們的晶胞參數，發現隨著鎳含量的增加，其晶胞參數變小，當其含量為0.5時，材料具有較好的循環性能，初始容量達118mA・h/g左右，循環30次後，幾乎沒有容量衰減。Robertson等對不同陽離子添加進行了研究，發現添加Cr^{3+}、Ga^{3+}的樣品具有較好的穩定性，能有效地阻止容量的衰減，當其添加量為0.02時，在55°C表現出較好的循環性能，循環100次後，可逆容量為110mA・h/g。Wakihara等人將鎂引入鋰錳氧化合物，該材料循環100次後，其容量仍有100mA・h/g左右。通過將氟和鋁同時引入鋰錳氧化合物，可獲得高達140mA・h/g的首次可逆容量，在55°C循環300次後，容量衰減率為15%。以部分鋰取代錳，合成非整比化合物，該材料在循環300次後，其可逆容量仍有105mA・h/g，容量衰減率為12.5%。將硫和鋁引入鋰錳氧化合物，發現硫的添加能有效地抑制Jahn-Teller效應，放電截止電壓為2.4V時，依然能保持結構穩定，其3V和4V平台總的可逆容量高達196mA・h/g，循環30次後幾乎沒有容量衰減。有研究報導，採用超聲波分散熱解法合成了添加鎂離子的鋰錳氧化合物，該材料在循環過程中表現出優異的穩定性，當添加量為0.015時，首次可逆容量為135mA・h/g，循環100次後仍保持在130mA・h/g左右。通過添加少量的鋰離子合成富鋰的尖晶石鋰錳氧化合物，也獲得了滿意的結果，該材料在55°C循環100次後可逆容量仍有100mA・h/g以上。通過把少量的氟引入尖晶石鋰錳氧化合物也獲得了較好的結果，循環60次後，可逆容量幾乎沒有任何衰減，仍保持在110mA・h/g左右。

(3)表面修飾

在尖晶石的表面，錳具有未成對的單電子，存在大量的催化活性中心，能催化電解液的氧化，引起氫離子的產生，加快錳的溶解，導致材料的可逆容量衰減。在材料表面包裹一定的導電材料，能降低它的催化活性，減少材料的比表面積，有效地降低材料的容量衰減。如採用聚吡啶進行表面包裹，該材料在55°C循環120次後，其可逆容量仍有95mA·h/g左右。有人採用乙醯丙酮和硼酸鹽對材料進行表面修飾後，其比表面積和催化活性減小，在55°C循環150次，其可逆容量為95mA·h/g左右。採用聚苯胺對材料進行表面修飾，大大提高了該材料50°C下的循環穩定性，循環20次後，可逆容量仍有110mA·h/g。

(4)修飾電解液

電解液中微量水、痕量酸是氫離子的產生來源，因此除去電解液中微量水和痕量酸是降低錳的溶解的有效方法。Hamamoto等採用分子篩來吸收電解液中微量水和HF，處理後的電解液中水和HF含量都小於30mg/kg，處理後循環100次後容量保持率高達90%。另外，添加適量的路易斯鹼是破壞氫離子活性的有效途徑。通過在電解液中添加一定量的路易斯鹼，大幅提高了$LiMn_2O_4$的高溫循環穩定性，在55°C循環100次後，可逆容量仍保持在100mA·h/g以上。

綜上所述，引起$LiMn_2O_4$在高溫下容量衰減的原因主要可歸納為：錳的溶解；電解液氧化；電極極化；Jahn-Teller效應；結構變化。針對上述原因，研究者們採取添加不同離子，優化導電劑的含量，減少材料比表面積，對材料進行表面包裹，純化電解液的方法來抑制$LiMn_2O_4$在高溫下的容量衰減，並且取得了良好的進展。

參考文獻

[1] Julien C M, Massot M. Materials Science and Engineering,2003,B97:217-230.

[2] Julien C M, Massot M. Materials Science and Engineering,2003,B100: 69-78.

[3] Ohzuku T, Kitagawa M, Hirai T.J Electrochem Soc,1990,137:769.

[4] Tom A Eriksson, Marca M Doeff. Journal of Power Sources,2003, (119-121):145-149.

[5] 左曉希，黃可龍，劉素琴等。材料研究學報，2000，14(6)： 657-660。

[6] 唐新村，黃伯雲，賀躍輝。物理化學學報，2005，21(9)： 957-960。

[7] 唐致遠，薛建軍，劉春燕，莊新國。物理化學學報，2001，17(5)： 385-388。

[8] 余愛水，吳浩青.化學學報，1994，52：763-766。

[9] Yokokawa H, Sakai N, Yamaji K. Solid State Ionic, 1998, (113-115):1-9.

[10] Fong R, Sacken U, Dahn J R.J Electrochem Soc,1995, 142:2009.

[11] Ho C, Raistrick I D, Huggrins R A. J Electrochem Soc, 1982, 127:343.

[12] Takami N, Satoh A, Hara M, Ohsaki T. J Electrochem Soc, 1995, 142:371.

[13] 劉烈煒，趙新強，聶進，辛富動。華中科技大學學報，2002， 30(5)： 108-110。

[14] Aurbach D, Levi M D. J Phys Chem B, 1997, 101(23): 4630-4640.

[15] Aurbach D, Markovsky B, Schechter A, et al. J Electrochem Soc, 1996, 14(12): 3809-3819.

[16] Aurbach D, Zaban A, Zinigrad E. J Phys Chem, 1996, 100(8):3089-3101 .

[17] Raistrick I D, Huggins R A. J Electrochem Soc, 1980, 127(2): 343.

[18] Boukamp B A. Solid State Ionics, 1986, 20(1): 31-44.

[19] Kanoh H, Feng Q, Hirotsu T, et al. J Electrochem Soc, 1996, 143(8):2610-2615.

[20] Dokko K, Mohamedi M, Fujita Y, et al.J Electrochem Soc, 2001, 148(5): A422-A426.

[21] 陳召勇，劉興泉，高利珍，於作龍。無機化學學報，2001，17(3)： 325-330。

[22] Tarascon J M, Mickinnon W R, Coowar F. J Electrochem Soc, 1994, 141:

1421.

[23] Yongyao X, Yunhong Z, Yoshio M. J Electrochem Soc, 1997, 144:2593.

[24] Yongyao X, Yoshio M. J Power Sources, 1997, 66: 129.

[25] Hu Xiaohong, Yang Hanxi, Ai Xinping, Li Shengxian, Hong Xinlin.Dian Huaxue, 1999, 5: 224.

[26] Dong H J, Seung M O. J Electrochem Soc, 1997, 144: 3342.

[27] Pasquier A D, Blyr A, Courjal P, Larcher D, Amatucci G, Gerand B, Tarascon J M. J Electrochem Soc, 1999, 146: 428.

[28] Yuan G, Dahn J R.Solid State Ionics, 1996, 84: 33.

[29] Jang D H, Shin Y J, Seung M O.J Electrochem Soc,1996, 143: 2204.

[30] Amatucci G G, Schmutz C N, Blyr A, Sigala C, Gozsa A S, Larcher D, Tarascon J M. J Power Sources, 1997, 69: 11.

[31] Yongjao X, Yasufumi H, Kumada N, Masamitsu N. J Power Sources, 1998, 74: 24.

[32] Amatucci G G, Tarascon J M.US, 5705291. 1998.

[33] Amatucci G G, Blyr A, Tarascon J M. US, 5695887. 1997.

[34] Robertson A D, Lu S H, Averill W F, Howard W F. J Electrochem Soc,1997, 144: 3500.

[35] L Zhaolin, Y Aishui, Lee J Y. J Power Sources,1998, 74: 228.

[36] Liu W, Kowal K, Farrington G C. J Electrochem Soc, 1996, 143: 3590.

[37] Arora P, Popov B N, White R E. J Electrochem Soc, 1998, 145: 807.

[38] Qiming Z, Arman B, Meijie Z, Yuan G, Dahn J R. J Electrochem Soc, 1997, 144: 205.

[39] Robertson A D, Lu S H, Howard W F. J Electrochem Soc, 1997, 144: 3505.

[40] Hayashi N, Ikuta H, Wakihara M. J Electrochem Soc, 1999, 146: 1351.

[41] Amatucci G G, Ereira N P, Zheng T, Tarascon J M. J Power Sources,1999, 81-82: 39.

[42] Haitao H, Vincent C A, Bruce P G. J Electrochem Soc, 1999, 146: 3649.

[43] Sang H P, Park K S, Yang K S, Nahm K S. J Electrochem Soc, 2000, 147: 2116.

[44] Takashi O, Nobo O,Keiichi K, Nobuyasu M.Electrochemistry (in Japanese), 2000, 68: 162.

[45] Chen Yanbin, Zhao Yujuan, Du Cuiwei, Liu Qinguo. Harbin: Proceedings of 24th Chinese Chemistry and Physics Power Sources Conference, 2000: 259.

[46] C Zhaoyong, L Xingquan, Y Zuolong. Chinese Chemical Letters, 2000, 11: 455.

[47] Pasquier A D, Orsini F, Gozdz A S, Tarascon J M. J Power Sources, 1999, 81-82: 607.

[48] Masaru S, Hideyuki N, Yoshio M. Electrochemistry (in Japanese), 2000, 68: 587.

[49] Hmammoto, Toshikazu, Hitaka A, Noriyuki O, Masahilo W. US, 6045945. 2000.

第七章

鋰離子電池的應用與展望

在當今能源危機和能源革命的時代，二次化學電源扮演著十分重要的角色。被廣泛應用的二次電源的發展經歷了鉛酸電池、鎳鎘電池、鎳氫電池、鋰離子電池（聚合物鋰離子電池）等幾個階段。幾種不同類型的二次電池性能比較見表7-1。

從表7-1的資料可見，鉛酸電池方法成熟，性能穩定，價格低廉，其在目前的市場中仍佔有很大比重，但鉛酸電池比能量太低、循環壽命短、鉛對環境有污染等因素的影響，使其在今後的二次電源競爭中處於劣勢；鎳鎘蓄電池比功率大、壽命長，有較強的耐深度放電能力，但其中的金屬鎘有劇毒，在許多國家鎳鎘電池的生產已經被禁止，現在逐漸被金屬氫化物鎳蓄電池所代替；MH-Ni電池是20世紀90年代發展起來的一種新型綠色電池，其比能量較大，過充電和過放電性能好，並且與鎳鎘電池有很好的互換性，但其單體電池電壓低，電池的製作成本太高。

釩液流電池概念的提出始於1986年澳大利亞新南威爾士大學申請的專利。它是一種利用元素釩存在有V^{5+}、V^{4+}、V^{3+}和V^{2+}多種價態，且它們的化學行為很活潑，可形成相鄰價態的電對的特點，以溶液中不同價態的釩離子為正、負極活性物質的一類電池，因此釩電池的

表7-1　不同類型二次電池的性能參數比較

電池種類	功率密度／（W/kg）	能量密度／（W·h/kg）	單元電壓/V	循環壽命／次	成本／〔$/（kW·h）〕	環境保護
鉛酸電池	200～300	35～40	2.0	300～500	75～150	污染
鎳鎘電池	150～350	40～60	1.2	500～1000	100～200	嚴重污染
鎳氫電池	150～300	60～80	1.2	500～1000	230～500	無污染
鋰離子電池	250～450	90～160	3.6	600～1200	120～200	無污染
釩液流電池[①]	150～300	16～33[②]	1.2	13000	150～450	無污染

① 釩液流電池正處於研發中。② 單位為W·h/L。

正、負電解液均採用相同的元素—釩，避免了一般電池正、負極電解液在充放電過程中的交叉污染問題，可保證電池的長效運行。該電池具有結構簡單、循環壽命長、回應時間短、快速充放電、無環境污染等優勢，但是全釩液流電池對離子交換膜的性能要求苛刻，其規模化、商品化仍為膜研製的瓶頸問題所困擾。此外，如何獲得穩定性好、電阻率低、電化學活性好的電極以及穩定的電解液等關鍵材料也是控制全釩液流電池發展的主要因素。目前全釩液流電池正處於研發階段。

　　鋰離子電池相對於前述的其他電池具有更高的比能量、比功率等突出優勢，自從20世紀90年代初開發成功以來，已成為目前綜合性能最好的電池體系。尤其是聚合物鋰離子電池技術的開發，由於其具有輕、薄，可將電池設計成任意形狀及安全性好的優點，使得鋰離子電池的應用領域進一步拓寬。鋰離子電池的產量和銷售額始終保持高速的增長。1994年以後產量顯著上升，如表7-2所示。從表7-2可見，鋰離子電池每年以兩位數增長，發展相當迅速。

　　20世紀90年代鋰離子電池趨向於研究各種攜帶型電子產品上的廣泛應用。隨著電池設計技術的改進以及新材料的出現，鋰離子電池的應用範圍不斷被拓展。民用已從資訊產品〔行動電話、掌上型電腦（PDA）、筆記型電腦等〕擴展到能源交通（電動汽車、電網

表7-2　1996～2005年鋰離子電池產量的增長率

年份	1996	1997	1998	1999	2000	2001	2002	2003	2004	2005
產量／億塊	1.2	1.96	2.95	4.08	5.46	5.73	8.31	13.93	19.9	23.5
增產率／%	264	63.3	50.5	38.3	33.8	4.9	45.0	67.6	42.9	18.1

註：資料來源於新材料在線，2006，3。

調峰、太陽能、風能蓄電站），軍用則涵蓋了海（潛艇、水下機器人）、陸（陸軍士兵系統、機器戰士）、航空天（無人飛機）、太空（衛星、飛船）等。鋰離子電池技術已不是一個單純一項產業技術，與之相關的資訊產業的發展更是新能源產業發展的基礎之一，並成為現代和未來生活和軍事裝備不可缺少的重要「糧食」之一。

7.1　電子產品方面的應用

中國已成為電池行業最大的生產國和消費國。據中國化學與物理電源行業協會提供的資料，目前中國內地的電池產量達100億個，已成為世界頂級電池製造國。該行業年均產值超過40億美元。隨著鎳鎘電池的萎縮，手機、數位相機和遊戲機對電池的要求，以及3G行動電話業務的推出，再加上手提電腦、數位相機以及其他個人數位電子設備的日益普及，鋰離子電池市場未來幾年仍將保持快速增長，並且市場潛力龐大。鋰離子電池商品化發展速度很快。鋰離子電池首先應用於電子產品，主要包括手機、筆記型電腦、數位相機、行動DVD、錄影機、MP3等。

圖7-1是2005年各類小型二次電池的市場情況。由圖7-1中可以看出，鋰離子電池在電子產品方面的銷售額和市場份額逐年擴大，而鎳鎘和鎳氫電池的銷售額及市場份額逐年在減少，除電動工具、無線電話、音響設備及1.5V零售市場外，其他領域已基本被鋰離子電池佔據。隨著鋰離子電池的大電流充放電性能的改善，鋰離子電池還將在無線電話和電動工具的領域中擴大分佈。

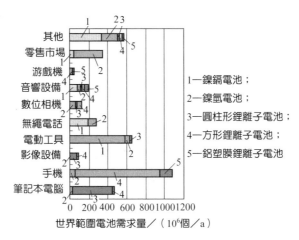

圖7-1　2005年各類小型二次電池在電子產品市場分佈圖

　　同時，通過圖7-1可以看出，手機是鋰離子電池在電子產品最主要的應用領域之一。以手機為例，以平均一部手機配備1.8只電池計算，2005年就需要5.76億只電池，對應的產值為174.24億元人民幣。手機電池是消耗品，保用循環壽命300～500次，比手機使用壽命短得多。此外，全球每年生產的手機數量大約在6億部，需要配套手機電池至少6億個，年銷售額可達到200多億元人民幣。因此，鋰離子電池的市場不但巨大而且既長期又穩定，極具持久力和潛力。

　　其次，筆記型電腦電池是鋰離子電池在電子產品方面的又一大領域。世界鋰離子電池市場2004年需求量達到60.3億美元，筆記型電腦電池的年需求量達到12億美元；預計未來每年全球對筆記型電腦配套電池的需求量大約在9000萬～12000萬塊之間，年均增長15%。中國國內對鋰電池的需求會隨著筆記型電腦產能的急劇增長而增長，2005年僅北京市的筆記型電腦用鋰離子電池的需求量就為70萬塊，近幾年內，中國國內每年對筆記型電腦配套電池的需求量大約在1500萬塊以上，年均增長35%左右（表7-3）。

表7-3　2005～2008年中國筆記型電腦鋰離子電池市場需求情況及預測

年份	2005	2006	2007	2008
中國筆記型電腦銷量／萬台	260	340	435	530
中國筆記型鋰離子電池塊售價／元	353.5	328.8	305.7	284.3
中國筆記型鋰離子電池塊銷售額／萬元	91910	111792	132979.5	150679

　　由於3G手機的多功能應用，筆記型電腦的小型化和薄形化的趨勢，當前的鋰離子電池已無法滿足這些電器的要求，有評論將此形容為「能量的饑渴」。為滿足這些需求，鋰離子電池生產商一直致力於提高電池的體積比容量。以18650型電池為例，1995年時容量為1.3A·h，而2005年容量已達2.6A·h。隨著鋰離子電池正極材料的發展，松下公司（MDI）在2006年公佈已成功開發出3.0A·h的18650型電池。為進一步提高容量，目前一些廠商正在開發4.4V電池和新型負極技術，估計Si_2C負極將在今後2～3年內成熟，屆時還會有更高容量的電池出現。

7.2　交通工具方面的應用

7.2.1　電動自行車

　　「公共交通」作為未來城市交通的主要發展模式，已被各界所認同，但「公共交通」只能形成廣泛的網路，很難滿足不同「點」對「點」的服務，更難滿足「健身」等特殊要求。而電動自行車等短距離代步工具正是「公共交通」這種不足的補充，既方便、省力、快

捷、無污染，又操作簡單，不需要考照，還能鍛鍊身體。在城市區域擴展、市民出行距離增加的今天，電動自行車作為一種新型的廉價代步或「過渡」交通工具已受到廣大市民的青睞，特別受到了中老年和婦女的喜愛。電動自行車的研製始於20世紀60年代，日本、美國、德國、英國、義大利等國家的許多自行車或汽車製造商均有產品相繼問世。尤其是近年來，隨著石油資源短缺與環境污染的加劇，為解決能源和污染問題，全球性的開發熱潮再度興起，電動自行車已成為各國政府積極推動的新興「綠色產業」。

電動自行車的動力鋰電池採用鎳鈷錳酸鋰作為正極材料，鎳帶作為負極導電板，使電池放電表面升溫不明顯，可以極大地降低電解液的燃燒性，解決了鋰電池使用過程中可能出現的安全問題。

動力鋰電池還具有輕便小巧的特點，重量只有同等電量鉛酸蓄電池的1/3。鉛酸蓄電池使用壽命一般在1～2年，為提高電池壽命，設計鋰離子電池充放電連接轉換裝置，可實現電池充電時並聯、放電時串聯，解決了電池因單個放電不同引起的整體儲能值下降問題，提高了電池組的整體性能和使用壽命，鋰電池使用壽命已達到3～5年。

中國的電動自行車的發展十分迅猛，從1998年的4萬輛增加到2006年月（1500～1800）萬輛。目前中國流行的電動自行車主要包括兩種模式，見圖7-2，一種是傳統自行車式設計，一種是踏板式設計。後者的容量要高於前者，但在速度上也做了限制，以滿足法律上的要求。

圖7-2　自行車式和踏板式電動車示意圖

電動自行車的迅速發展給動力電池的發展帶來了良好的機遇，就像汽車工業帶動電池工業一樣，出現了一派生機蓬勃的局面，電動車的發展一定程度上取決於動力電池的進展。隨著人們生活質量的提高，對動力電池的性能要求也會越來越高。電動自行車作為一種交通工具，其主要技術指標如下：整車質量30～40kg，功率150～180W，電池容量12A·h，電壓36V，電流5A左右，行駛速度20km/h左右。

表7-4為36V電動自行車用的各種蓄電池的容量、重量和價格等指標的對比一覽。通過比較可以看出，鋰離子蓄電池突出的特點是：重量輕、儲能優、無污染、無記憶效應、自放電低、使用壽命長。鋰離子單體電池工作電壓高，是鎳鎘蓄電池和鎳氫蓄電池的3倍；蓄電能力是鎳氫蓄電池的1.6倍，是鎳鎘蓄電池的4倍，在容量相同的情況下，是4種電池中最輕的；其體積小，比鎳氫蓄電池體積小30%；目前只開發利用了其理論電量的20%～30%，是大力發展的開發前景非常光明的理想綠色環保能源。一組36V鋰離子動力電池質量約為1.8～2.8kg，整車質量小於20kg。電池組循環壽命為1000次，使用壽命為3～5年。充電時間為2～5h。鋰電池補充電時間為6～10個月。缺點是價格貴。

表7-4   36V電動自行車的各種蓄電池的容量、重量和價格比較表

電池種類	額定容量／A·h	續駛里程／km	相對重量比	比能量／（W·h/kg）	比功率／（W·h/kg）	循環壽命／次	充電電流／A	充電時間／h	相對價格比
鉛酸電池組	10	35	5	35	150	400	1	11	1
鎳鎘電池組	10	40	3	50	160	500	2	7	3
鎳氫電池組	10	45	2	70	200	600	2	6	5
鋰離子電池組	10	50	1	120	340	1000	2	5	10

對電動自行車的幾項基本要求為：

①重量輕；

②價格低；

③時速大於20km；

④充電一次行程大於50km；

⑤充電時間小於8h；

⑥充電一次耗電小於1度；

⑦液密電池不漏酸，易維護；

⑧大電流放電及低溫性能較好；

⑨自放電小、壽命長。

　　從上述要求可以看出，鋰離子電池是最理想的動力電源，但是受到其價格因素的限制，目前中國內仍已廉價的鉛酸電池為主。現在鋰離子電池要想進入電動自行車市場，可以考慮以下幾個方面的措施。第一，充分發揮鋰離子電池的特點，設計性能更高的輕型電動自行車。比如，裝同樣質量的電池，增大車的能力（充一次電的行駛里程、爬坡能力、載重能力）。第二，研究提高車的質量，降低電池價格。第三，加強銷售措施，增加銷售渠道，使其進入邊遠地區，走向鄉村。第四，要讓鋰離子電池電動自行車及早進入市場，經受市場的鍛鍊。發揮鋰離子電池的優勢，彌補其不足。因此鋰離子電池取代鉛

酸電池勢在必行。

7.2.2　電動汽車

　　全球性的石油資源持續緊缺與以都市為中心的大氣環境不斷惡化使現代人類社會的發展面臨著極大的挑戰，致使近年來局部戰爭、經濟危機、自然災害以及異常疾病等頻頻發生。能源是人類賴以生存和社會發展的重要物質基礎，是國民經濟、國家安全和實現可持續發展的重要基石。隨著中國國民經濟持續高速發展，能源資源缺乏、結構不合理、環境污染嚴重等問題日益突出。伴隨著十多年經濟的高速發展，目前中國同樣面臨著嚴重的能源資源與環境問題，而今後的發展趨勢則更受人們的關注。如2004年中國每天消耗石油已高達600萬桶，全年進口1億噸石油（相當於美國石油進口總量的1/4），預計到2020年時中國石油的對外依存度將高達60%，屆時國家經濟的能源支撐體系會變得非常脆弱。大量石化產品的使用已經導致了嚴重的城市大氣環境污染，一些研究報告表明城市大氣污染物的70%來自於汽車尾氣的排放。

　　交通工具的能量消耗量占世界總能源消費的40%，汽車的能源消耗量約占其中的1/4。目前中國汽車年增長速度達到了25%以上。據預測，到2010年和2020年，中國汽車的燃油需求分別為當年全國石油總需求的43%和57%，汽車將要「吃」掉一半左右的自產、進口石油。長期以來，人們從多方面做了不懈努力試圖減緩由能源與環境問題帶來的壓力。發展省能源與無廢物排放的混合電動汽車（HEV）和純電動汽車（PEV）被認為是解決這些問題的最有效的方法之一。

　　電動汽車的研究與開發是目前能源危機和環保最現實、最有效的途徑，電動汽車的推行和普及不僅可以緩解國家進口石油的壓力，而且消除或減輕了汽車尾氣給環境帶來的污染問題。在能源和環境保護壓力不斷增大的情況下，零（低）污染、低雜訊、能源來源廣的電動汽車市場份額將會不斷擴大。進入21世紀，汽車工業開始面臨由傳統內燃機汽車向電動汽車轉型的關鍵時期。專家預言，這不僅為汽車工業帶來一次技術革命和產業突破，迎來第二次發展浪潮，而且帶動電子機械、精密加工、新材料等相關產業實現一次飛躍和大發展，其市場規模將可以和目前的燃油汽車相比較。過去，大型電池始終被鉛酸電池壟斷，儘管鉛酸電池的價格低廉，但由於鉛酸電池對環境帶來的負面影響以及其偏低的質量比能量和體積能量，加之其自身充放電特性的局限，使得鉛酸電池在電動車輛方面的應用始終受到制約，只能在一些特定領域的車輛上使用。實際上，電動汽車早在20世紀30年代就已經有所嘗試，但因使用鉛酸電池，始終未能得以大規模應用。鋰離子電池的出現給電動車的發展帶來了強勁動力。

　　(1)混合電動汽車（HEV）

　　中國汽車的能源消耗量約占能源消耗總量的10%，為確保中國的能源有效利用和供給，低能耗與新能源汽車的發展勢在必行。因此，在高效利用中國煤碳資源的同時，尋求新的清潔高效能源，特別是機動車車用能源，降低污染，保護生態環境，是中國科技界和工業界面臨的一個重大課題。

　　低能耗與新能源汽車主要包括：純電動汽車（EV）、混合動力電動汽車（HEV）和燃料電池電動汽車（FCV）。表7-5列出了燃油汽車和不同類型的電動汽車的有關性能比較。

表7-5　燃油汽車與不同類型電動汽車性能參數比較

車型	百公里能耗	續駛里程／km	總里程／×10^4km	製作成本	能源	尾氣排放
EV	21.25kW·h（耗電）	100～250	10～20（按循環500～1000次計）	100～400$/（kW·h）（電池）	電能	無
FCV	1.12kg（純氫）	200～400	≧6	500～600$/（kW·h）（電池）	氫能	水等
燃油汽車	7～9L（汽油）	643（按45L算）	40	18萬¥（寶來1.8L）	汽油、柴油	CO_2、CO、CH、NO_x、Pb等

　　混合型電力推進系統通常有兩個相互分立的動力源。其中的一次動力源為熱機，也可以是燃料電池，它應當盡可能長時間地工作在最高效率區，是恆功率輸出，如此其有害氣體或顆粒的排放量最小，燃料利用率最高，這就意味著一次性運行距離得到延長；另外一個是二次動力源，它可以是蓄電池、超級電容器或儲能飛輪。當車輛上坡或加速時，需要的功率就要加大，此時二次動力源就會根據指令提供額外的功率輸出，使熱機仍然工作在（或接近）最佳輸出功率狀態；當車輛下坡或減速時，車子的動能將立即轉化為電能儲存在蓄電池中，回收了能量，從而提高了動力系統的能量利用率，延長行駛距離。

　　在純電動車不能完全推向市場的情況下，作為過渡產品，混合電動車正在形成新一輪的技術開發熱點。混合電動車可以大幅度提高燃油的經濟性，並且可以降低排放。與燃油車相比，CO_2排放量可以降低50％，CH、NO_x等排放量可以降低90％，缺點是不能達到零排放，但成本比純電動車要低得多。即便在以後純電動車成為主導的情況下，混合電動車也會佔據應有的位置。預計2010年，混合電動車的發展將更為迅猛。

20世紀90年代以來，作為一項新技術，混合動力汽車的開發得到了美國、日本及西歐等許多發達國家和地區的高度重視，並取得了一些重大的成果和進展。美國能源部1994年對用於HEV中的儲能裝置提出了近期和遠期要求（如表7-6所示）。

日本豐田汽車公司率先於1997年12月將混合動力Prius轎車投放本國市場，2000年初又開始投放北美市場，並將月產由1000輛調升到月產2000輛，三年內銷售了4.5萬輛。2005年，豐田公司混合動力汽

表7-6　儲能裝置近期和遠期的有關要求技術指標

專案	近期	遠期
脈衝放電功率（恆定18s）/kW	25	40
峰值再生脈衝功率（給定脈衝能量時10s不規則脈衝）/kW	30（50W·h脈衝）	60～100（150W·h脈衝）
可利用的總能量（放電＋再生）/kW·h	0.3	0.5～0.7
指定漸進荷電程度下的循環壽命①/次	200（25W·h），50（100W·h）	300（35W·h），100（100W·h）
最小循環效率／%	90	95
使用壽命／年	10	10
最大重量（E＞3kW·h）/〔kg/（kW·h）〕	40	35
最大體積（E＞3kW·h）/〔L/（kW·h）〕	32	25
最大包裝高度／mm	150	150
工作電壓範圍／V	300～400	300～400
允許的最大自放電速度／（W·h/d）	50	50
工作溫度範圍／℃	40～52	40～52
價格／〔$/（kW·h）〕	300	200

①HEV電池循環壽命遠遠高於EV電池，一般要求循環壽命指標達30萬次（指啟動次數）。

車達到年產30輛。有國外專家認為在未來的十年內，可能有40%的汽車均將採用混合動力技術。

美國能源部與三大汽車公司簽訂了混合動力汽車開發合同，其中通用汽車公司投入1.48億美元，克來斯勒投入8084萬美元，進行為期5年的研製開發工作，三大公司於1998年在北美國際汽車展上分別展出了混合動力汽車樣車。美國報刊評論：「混合動力汽車預示了未來汽車的發展方向」。

在歐洲，各大汽車廠商爭先恐後地推出了本公司研製的混合動力汽車。最近歐洲六大汽車公司聯合就混合動力汽車技術進行了研討和綜合評述，認為其技術成果有望使混合動力汽車的成本接近於傳統汽車，使用戶買得起，生產廠商也有利可圖。專家普遍評價：混合動力汽車是21世紀初汽車產業界的一場革命，只有混合動力汽車才能滿足世紀之初對汽車的環保與節能要求。

混合動力商用車也得到了快速發展，特別是混合動力公交客車。其中最具代表性的是在紐約投入示範運行的OrionBus Ⅵ客車、NovaBus客車、日野HIMB客車以及HAE公司開發的低地板串聯混合動力客車。國際上混合動力汽車已完成商業化進程，正進入快速增長的階段。中國的混合動力公交車也開始了試營階段（圖7-3）。

近年來發展出一種新型的HEV，車輛帶有電池和汽油發電機，行駛時，通常利用電池所帶的能量，在電池能量接近枯竭時，汽油發電機對其充電，使其可以行駛至可以充電的地方。這種車輛稱之為「插入型」（plugin）HEV。法國達索公司下屬的SVE公司已開發出樣車。這種車輛非常適合於家庭和「上班族」使用。它要求使用容量功率兼顧型電池。

圖7-3　中通混合動力客車在聊城公交線路上示範運營

　　目前，國際上普遍採用、適合於混合電動汽車的電池有兩種，即：鎳氫電池（Ni-MH）和鋰離子電池（LIB）。綜合諸因素加以考慮，首先，鋰離子電池優於鎳氫電池是業界人盡皆知的事實。如日本野村綜合研究所分析，1999～2005年以鎳氫電池為主（95%），鋰離子電池為輔（5%）。隨著時間的推移，後者將占主導地位。至2006～2010年，鎳氫電池占50%，鋰離子電池占50%。因為鋰離子電池可承受大電流充放電，10s內的功率密度可達1500W/kg；其次，鋰離子電池用於混合電動汽車，有效利用率則可達90%，遠高於鎳氫電池的50%，在2005年以後將具有更優的性能價格比。國際上現已形成混合電動汽車用鋰離子電池及其專用材料的開發熱潮。表7-7為不同類型電池的性能比較。

表7-7　不同類型電池的性能參數比較

電池種類	功率密度／（W/kg）	能量密度／（W·h/kg）	循環壽命／次
鉛酸電池	200～300	35～40	400～600
鎳鎘電池	150～350	40～60	600～1200
鎳氫電池	150～300	60～80	600～1200
鋰離子電池	250～450	90～150	800～1200
超級電容器	＞1000	1～20	100000
燃料電池	60	500	－

據報導，日本鐵路公司研製了一種新型能源列車—NE列車（圖7-4），該列車採用鋰離子電池儲能混合系統，既利於環保，又提高了能量效率。通過運行實驗，確認了這種混合系統的功能對車輛性能和能量效率等方面的影響幾乎與設計的完全一樣。可見，鋰離子電池在混合電動車領域逐步成為主角已經勢不可擋。

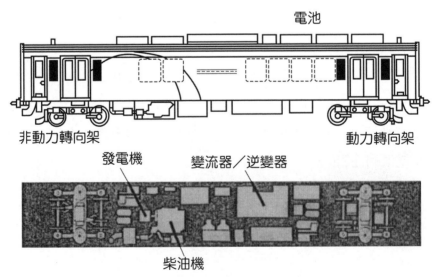

圖7-4　NE列車的外觀示意圖

(2)純電動汽車（PEV）

純電動汽車是以電池為儲能單元，以電機為驅動系統的車輛。純電動車的特點是結構相對簡單，生產方法相對成熟；其缺點是充電速度較慢。因此純電動汽車是適合於行駛路線相對固定、有條件進行較長時間充電的車輛，如：公共汽車、機場接駁車、小型送貨車等，但是在充電站尚不能像加油站一樣普及，電池更換、出租等商業機制還不成熟的情況下，純電動轎車及長途汽車還不可能大規模地應用。

與燃油汽車相比，電動車顯示出了十分顯著的節油與環保效果。計算結果表明僅北京市的2萬多輛公交車及7萬輛計程車改為電動車後，每年就可以少用300萬噸燃油，少排放近千萬噸二氧化碳氣體。發展電動車對有效地利用電力資源也具有重要的意義。2002年以來，中國缺電形勢日益嚴重，拉閘限電的省級電網由2002年的12個在2003年和2004年分別增至23個與26個。北京「九五」以來用電負荷也是增長迅速，2004年北京共用電約500億千瓦‧小時，電力對外依存度超過60%。北京用電的最大負荷高峰在夏季，辦公空調負荷占了總負荷的40%以上，在晚上用電低谷時有約一半的電被閒置。目前的這種狀況使得電力資源浪費十分嚴重。可充分利用晚上多餘的電力來滿足電動公共汽車和計程車充電的需要。此外，利用大容量的動力電池製作的家庭和辦公室的儲能裝置來儲藏晚上的廉價電力供白天使用，也會在很大程度上緩和晝夜電力資源的使用不平衡問題。

2004年中國已經超過德國成為世界第三汽車大國，估計今後3～5年內中國會一躍成為世界第二汽車大國，如果不採取措施，隨之而來的中國的能源問題、環境問題、交通問題以及健康問題將比現在要嚴重得多。因此，不斷完善動力鋰離子電池與電動車技術對緩解我國以

及全球的能源與環境問題都將具有重要的社會與戰略意義。

　　動力電池技術是電動汽車的關鍵技術之一，各大汽車公司都在全力開發電動汽車的核心技術—電池新技術。美國三大汽車公司成立了先進電池聯合會（USABC），並制定了中長期研究開發先進電池技術性能指標（表7-8）。中期目標是使電動汽車用動力電池在各項性能上有明顯提高，在2000年前實現動力電池的商業化；中長期目標是動力電池在性能和價格上最終使電動汽車與燃油汽車具有競爭性。

表7-8　USABC制定的電池中長期發展目標（美國先進電池聯合會，
　　　　USABC）

指標	中期	長期
質量比能量（C/3放電）／（W·h/kg）	80～100	200
體積比能量（C/3放電）／（W·h/L）	135	300
質量比功率（C/3放電，80%放電深度／30s）／（W/kg）	150～200	400
體積比功率（C/3放電，80%放電深度／30s）／（W/L）	250	600
使用壽命／a	5	10
循環壽命（80%放電深度）	600	1000
銷售價格／〔美元/（kW·h）〕	＜150	＜100
使用溫度／°C	−30～65	−40～85
正常充電時間／h	＜6	3～6
快速充電時間	＜15min（40%）	＜20min（60%）
效率（C/3放電率，6h充電）/%	75	80
自放電	48h（＜1.5%）	1個月（＜1.5%）
熱損耗（高溫電池）	48h內3.2W/（kW·h）：15%額定容量	
維護方式	免維護，極小的車載控制	

表7-9　鋰離子電池作為電動汽車動力應達到的性能指標

性能	參數
質量比能量／（W·h/kg）	＞130
功率密度／（W/kg）	＞16000
循環次數／次	＞500
行駛里程／萬公里	＞10
電池工作溫度／℃	−20～55

註：實用的電動汽車動力電池要求其容量為$10\sim10^3$kW·h。

中國「十一五」國家863計劃（計劃書對鋰離子的要求見表7-9）節能與新能源汽車重大專案計劃到2010年，混合動力汽車將在掌握產品開發技術的基礎上實現產業規模的突破，純電動汽車技術滿足產業化需求，並將實現商業應用的市場開拓。電動汽車將成為21世紀重要的交通工具。

　　迄今為止，電動汽車車用動力（儲能）蓄電池經過了從閥控式鉛酸電池到鎳鎘、鎳氫等鹼性電池再到鋰離子電池（含聚合物鋰離子電池）。鋰離子電池相對於其他電池具有更高的比能量、比功率和循環壽命，成為電動汽車首選動力電池之一。1997年7月Nissan Altra EV配備了SonyLA 4 LIB，1998年1月推向美國加利福尼亞州市場；1997年10月，法國啟動了VEDELIC電動汽車新技術專案，配備了LIB的Peugeot 106 EV是歐洲第一輛使用鋰離子電池為動力源的電動汽車。中國在鋰離子電池方面的研究水平已有多數指標超過了USABC提出的2010年長期指標所規定的目標。中信國安盟固利電源技術有限公司為北京市奧運電動車專案提供的100A·h大容量錳酸鋰動力電池裝車試驗已經完成（圖7-5），已經運行了5萬多公里，電池工作狀態良好。據悉，這種電動公共汽車充電時間短，3h充電量即可達到95%，

圖7-5　已運行5萬多公里的100A‧h鋰離子電池的電動公交車

每充電一次即可運行200～400km，每充500次電池容量才會衰減8.3%，其運行成本僅為燃油車的1/5。目前在動力電池LIB研製方面領先的廠商有日本的Sony，德國的Varta和法國的Saft。此外，聚合物鋰離子電池（PLB）比LIB具有更高的比能量，被美國先進電池聯合會（USABC）確定為實現2010年遠期目標的電動汽車用動力電池。

雖然中國傳統汽車的開發水平與國外先進水平有三十多年的差距，但由於電動汽車國外開發年限短，關鍵零部件技術平台相同，中國電動汽車研發水平幾乎與發達國家站在同一起跑線上，最大差距不超過5年，因此，電動汽車成為中國趕超世界先進水平的一個突破口，但中國電動汽車要實現產業化，尚需突破三大瓶頸。

一是政策。政府對生產和使用環保節能以及新能源汽車的支援力度將影響到發展的進度。要儘快制定相關政策與法規鼓勵消費者購買節能汽車，並對製造廠商給予一定的政策傾斜。日本、法國等國家都對國民購買環保汽車實行稅費減免，中國新汽車產業政策雖體現了這一願望，但這只是綱領性文件，應儘快落實細化。此外，新能源汽車

立法標準空白的問題亟待解決。電動車的報牌手續、安全標準、維修標準等應儘快出台。

二是成本。新能源汽車的製造成本和使用成本依然偏高。一輛普通型純電動轎車平均製造成本達二三十萬元，而燃油普通型車市價不到10萬元。新動力汽車上路後，由於產品的結構與普通燃油汽車不同，廠商需要重新建立一套維修、養護的服務體系，投入巨大，而且目前傳統的燃油汽車利潤頗好，廠家缺乏推廣替代性產品的積極性。

三是技術。電動車目前只是「手工」生產，處於試運行階段，真正投入商業化運營還需要在技術性上進一步提升，以降低電池成本、提高電池的使用效率等。目前電動車充電時間長，續馳里程有限，只能在城市、風景名勝區等特定場合部分取代傳統汽車。

作為高比能量型鋰離子動力電池，從基礎材料角度講除隔膜外，其他關鍵材料均已實現國產化，且無論規模程度和產品的穩定性均可滿足鋰離子動力電池產業化的技術要求，但在新型材料研究領域明顯落後於國外，從長遠角度此將制約鋰電行業的長遠發展。從產業化角度，各企業應下大力量解決好兩大關鍵技術：其一為電池安全性能，必須確保電源系統在短路、碰撞擠壓變形情況下的安全性；現今採用的正極材料均存在一定的安全問題，各公司是採用綜合體系的方法（功能電解液、電池預處理方法、電源管理系統等）以確保電源系統的安全性，而磷酸鐵鋰正極材料的興起為上述問題的解決提供了可靠的保障，雖然其密度和導電性能較其他正極材料低，但從電源類型角度看，其與鉛酸和鎳氫相比仍然優勢明顯；其二為循環壽命，電池性能應能夠達到充放電1200次，一般家庭用車行駛15年報廢，鋰離子電池一次充電可以行駛150km，充電1200次，計入容量衰減，完全可以

使用15年。上述兩大關鍵技術的解決將為純電動車產業化奠定堅實的基礎。

(3)其他電動交通工具

除了電動汽車、混合電動車、電動自行車以外，電動交通工具還包括電動摩托車、高爾夫球車、電動輪椅、電動（殘疾）代步車、電動搬運車、電動滑板甚至電動兒童遊樂車等。電動車是新型的交通工具，具有清潔無污染、動力源多樣化、能量轉換率高、結構簡單、使用和維護方便等優點，在以可持續發展、生態環保為主題的21世紀，必將有廣闊的發展空間，而作為環保型高比能量的鋰離子電池，亦將大有用武之地。

7.3　在國防軍事方面的應用

應用鋰離子電池不僅節約了空間，降低了成本，同時又可解決電池串聯組合時各電池容量必須相互匹配的問題，從而增加了能量密度，提高了其使用可靠性；而且鋰離子電池無記憶效應，無環境污染。作為一種新型的二次電池，隨著其性能的不斷改進，例如其循環性能、低溫性能、儲存壽命及安全性等，在軍事裝備領域必有廣泛的應用。

20世紀70年代末，鋰一次電池已開始用於軍事裝備和太空裝備中。美軍通信裝備中，目前使用的一次電池主要有鹼性鋅錳電池、鎂錳電池等。蓄電池主要有密封鎘／鎳電池、閥控式密封鉛酸電池、MH/Ni電池和鋰離子電池。與商用普通鹼錳電池相比，鋰／亞硫醯氯

一次鋰電池性能優良，但製造成本較高，其高功率型由於熱失控可能造成爆炸的安全性問題也沒有徹底解決，因此未得到廣泛應用。鉛酸電池比能量低，體積大，對環境有污染。鋅錳電池比能量低，儲存性能較差。鎳鎘電池比能量不高，又有記憶效應。熱電池因為輔助的加熱系統使電池的體積和質量增大。相比之下，鋰離子電池具有更多的優勢，所以開發出高性能的鋰離子電池用於各種軍事裝備及航空航太空領域是極為迫切的。目前，國外鋰離子電池在軍事上主要用於攜帶型通信設備、自動武器、空間能源與導航定位儀（GPS）等。美國Rayovac公司和Covalent公司等研究開發了用於水下無人探測裝置的鋰離子電池技術。這種電池的循環壽命比鋰金屬負極電池長得多。Rayovac公司與美國海軍簽訂了合同，正在開發大容量鋰離子電池的負極材料，隨後將開發容量為$20A \cdot h$的單體電池。美國國防部對發展低溫性能良好的鋰離子電池十分感興趣，還與各著名大學和研究所建立了合作關係，以適應空間站和攜帶型軍事裝備的開發需要。

　　海陸空尤其是陸軍地面作戰使用的攜帶型武器將需要高比能量、高低溫性能優良、質量輕、小型化、後勤供應簡便、成本低的二次電池；軍事通信和航太應用的鋰離子電池也趨向高安全可靠性、超長的循環壽命、高比能量和輕量化。因此，環境適應性好、高比能、高安全性和小型輕量化的鋰離子電池的研究是目前國內外的研究熱點和未來發展方向。

　　鋰離子電池是軍用通信電池發展的重點，目前其重量比能量已達$150W \cdot h/kg$，下一目標是提高到$170 \sim 200W \cdot h/kg$。在通信裝備上使用鋰離子電池，同樣首先要解決使用中的安全問題。因為這種電池重量輕、容量高、電性能與荷電保持性能十分優異，但安全問題也很突

出。近年來，在提高電池比能量的同時，加強了對電池安全性與低溫放電性能的研究。安全性實驗除了進行短路、過充、過放、穿刺、擠壓、溫度衝擊、燃燒試驗外，還增加了槍擊實驗的內容，以保證電池在戰時及惡劣環境下使用也不發生燃燒與爆炸。

在鋰離子蓄電池安全技術研究上，要注重其綜合性能最優化的研究，即在保證電池使用安全的前提下，進一步提高電池的性能。即通過控制電池的正、負極活性物質的用量與比例，採用具有熱閉合功能的隔膜材料，在電解液中添加能抗過充過放的添加劑，嚴格控制方法與生產環境，在單體電池上設置防爆蓋，電池組加短路、過充、過放保護線路與PTC保護元件等安全措施，安全問題得到了較好的解決。避免在各種實驗中沒有發生爆炸、燃燒現象。以18650型電池為例，$-40°C$下以0.2C、5A放電至2.75V，可放出常溫額定容量30%以上的容量。14.4V、1.9A‧h鋰離子蓄電池組在$-35°C$下以0.2C、5A放電至10V，可放出常溫額定容量70%以上的容量。這表明軍用通信鋰離子蓄電池在提高其低溫放電性能方面已取得很好的進展。月荷電保持能力現提高到92%～96%，與國際先進水平相當。

新型研製的魚雷無論是輕型（如MU90魚雷）還是重型（如「黑鯊」）魚雷，其航速都要達到50kn以上，因此輕型魚雷所需功率大於100kW，重型魚雷所需功率約250～300kW。魚雷對儲能電池提供的長度是有限的，一般外徑為320mm的輕型魚雷提供電池的長度為650mm左右；外徑為530mm的重型魚雷提供電池的長度為1800mm左右。戰用魚雷電池一般為鋁／氧化銀電池。由於鋅／氧化銀二次電池與鋁／氧化銀電池性能上的差別，若用鋅／氧化銀電池作「黑鯊」魚雷用蓄電池，採用1400g/65A‧h/1.32V的單體電池，需37×8 = 296個

單體，電池組長度為174cm，共410kg，但不能滿足高速發射時的要求。這種情況下，通常要滿足航速對功率的要求，縮短航行時間，但航行時間太短仍然影響操練效果。為了滿足新型高速電雷的要求，法國沙伏特公司及美國雅德納公司對鋰離子電池用於操雷的可行性進行了研究，為了提高高倍率放電性能，採用電導型更好的電解質，降低電池內阻，同時提高電池的耐衝擊振動能力，使電池滿足適於雷用的環境實驗要求。

隨著鋰離子電池大電流放電性能的不斷提高，對鋰離子電池單獨作戰雷電池的研究也在開展。美國位於羅德島（Rhoad Island）東南城市紐波特（Newport）的美國海軍水下戰研究中心開發的一種新型輕型魚雷以鋰離子電池和鋁／氧化銀電池構成混合電源，以電機和螺旋槳集成在一起的新型推進裝置為推進系統，將化學電源方面的新技術和動力推進方面的新技術結合在一起，使整個動力部分的比能提高，魚雷整體性能提高。採用鋰離子電池，利用其可充電特性在訓練中可反復使用，允許不拆卸載體進行充電，降低全壽命周期費用，並滿足部隊有足夠的訓練次數的要求。

法國沙伏特公司針對海軍裝備進行了應用研究，主要目標是將鋰離子電池用於潛艇（包括核潛艇和常規潛艇）、全電船AES及水下無人航行裝置UUV等。

目前各國潛艇仍主要採用鉛酸電池作為動力推進電源。據NAVAL FORCES評論法國SAFT公司針對潛艇研製的鋰離子電池與潛艇用鉛酸電池相比，有以下優越性：容量是鉛酸電池的3倍；循環壽命是鉛酸電池的3倍；免維護；無記憶效應。同時，對安全性進行了全面分析，由於採用了多種類型的溫度感測器和電壓感測器，將資料

集中於包括安全措施的電池管理系統，可以有效避免過充、短路、過熱或類似情況。SAFT公司2003年就已推出了用於潛艇的鋰離子電池。其用於「Dauphin」系統的Dauphin模組，能量為9kW・h，平均電壓3.5V，質量120kg，體積60L。

　　鋰離子電池在全電船中（all electric ship, AES）的應用也同樣顯示出競爭優勢。全電船除綜合電力推進外，還包括先進的原動機和輔助設備的全面電器化。全電船的發展對某些蓄電池的發展提供了巨大的市場。鋰離子電池用於全電船的優越性在於：提供高的工作電壓，無論捲繞的還是塊狀的鋰離子電池在所需工作周期內可提供高於700V的電壓；可將能量分散儲存在足夠多的電池內，保證足夠航行能量；由於比能高，電池組質量小，不存在析氫、析氧，安全可靠性好；工作壽命長。

　　水下無人航行裝置大致有三類。①以水下機器人為主體的各類水下形狀如同某種海底生物的，能自動執行某種特定任務的水下智慧裝置；②能執行對水雷搜索、干擾，對潛艇進行跟蹤尾隨等具有目標識別能力、環境資料檢測能力和通訊能力的水下自航體，通稱AUVs（autonomous underwater vehicles）；③具有攻擊能力，與潛艇類似的一種未來水中兵器。20世紀末美國水下武器研究中心和電力船公司聯合制定了MANTA計劃主要開發這類新裝備，它是UUVs（unmanned undersea vehicles）研究的主要組成部分。水下航行裝備對動力的需求是水下動力電池競爭的焦點。目前水下航行裝置多用鋅／氧化銀電池、鋰／亞硫醯氯電池或鉛酸電池。不少鋰電池研究單位正在為UUV和AUV設計研製相應的鋰離子電池。如美國雅德納公司為UUV設計的鋰離子電池組由90只8A・h的單體組取代10kW・h、

423V的鋅／氧化銀電池組，配有監控及均化充電裝置。

在其他方面的潛在用途如下所述。

(1)電熱被服

用碳纖維做成的電熱被服可以大大減輕被服的重量，還具有傳統被服不可比擬的保溫性能，據暸解，荷蘭、瑞典等高緯度國家計劃為其軍隊配備電熱被服。美軍還計劃在軍服上安裝特製空調，用以改善官兵在熱帶地區的作戰條件。如果配以鋰離子電池，將大大降低被服的質量和體積。

(2)機載、車載和艦載通信設備電源

目前，機載、車載和艦載通信設備所用的電源或UPS多採用鉛酸電池，若改用鋰離子電池，將大大減輕設備質量，延長通信時間。

(3)攜帶型或小型供電電源

部隊在野外宿營時，要靠發電機來供電，但發電機的聲音、輻射熱將降低其隱蔽性，若採用鋰離子電池做成的電源為指揮所、戰地醫院供電，則可以提高隱蔽性。

現代戰爭主要是高科技條件下的戰爭，軍事裝備的高科技化水平是一個國家國防實力的重要標誌。海陸空軍的各種裝備尤其是陸軍地面作戰使用的攜帶型武器將需要高比能量、高低溫性能優良、輕量化、小型化、後勤供應簡便、成本低的二次電池；軍事通信和航太應用的鋰離子電池也趨向高安全可靠性、超長的循環壽命、高比能量和輕量化。因此，環境適應性好、高比能、高安全性和小型輕量化的鋰離子電池的研究是目前國內外的研究熱點和未來的發展方向。在石油資源日益匱乏的今天，鋰離子電池在軍事裝備上的廣泛應用將使軍事裝備的小型化、輕量化和節能化得以實現。

7.4 在航空太空方面的應用

7.4.1 在航空領域中的應用

目前鋰離子電池在航空領域主要應用於無人小／微型偵察機。20世紀90年代,美國國防部高級計劃局(DARPR)決定研究小／微型無人機,用來執行戰場偵察。至2000年左右,幾種小型無人偵察機開始試飛,並在阿富汗戰爭和伊拉克戰爭中投入使用,經過兩次戰爭的檢驗,反映很好,其中最為有名的是航空環境(Aero Vironment)公司研製的「龍眼」(dragoneye)無人機(圖7-6)。「龍眼」無人機重2.3kg,升限90～150m,使用鋰離子電池作為動力源,以76km/h速度飛行時,可飛行60min。具有全自動、可返回和手持發射等特點。據報導,美海軍陸戰隊計劃為每個連隊配備「龍眼」小型無人偵察機。繼小型無人機成功以後,又有微型無人偵察機試飛成功,如:Aero Virohment公司推出的「黃蜂」無人機。美軍方發言人宣佈,「黃蜂」已具備實戰能力。另外,還有一些微型無人機正在開發,如:桑德斯公司開發的「微星」(Microstar)無人機。這些微型無人機均使用鋰離子電池作為動力源,見圖7-7。

(a)手持發射　　　(b)「龍眼」無人機及操控裝置　　　(c)「龍眼」無人機照片

圖7-6　「龍眼」無人偵察機

(a)「黃峰」無人偵察機　　　(b)「微星」無人機　　　(c)「μPR-Ⅱ無人機照片

圖7-7　微型無人機

7.4.2 在航太領域的應用

應用於航太領域的蓄電池必須可靠性高，低溫工作性能好，循環壽命長，能量密度高，體積和質量小，以降低發射成本。從目前鋰離子電池具有的性能特性看（如自放電率小、無記憶效應、比能量大、循環壽命長、低溫性能好等），鋰離子電池比原用Cd-Ni電池或Zn/Ag$_2$O電池組成的聯合供電電源要優越得多。特別是從小型化、輕量化角度看，對太空器件是相當重要的。因為太空器件的質量指標往

往不是按千克計算的,而是按克計算的。而且Zn/Ag$_2$O電池有限的循環和濕儲存壽命,必須在12～18個月更換一次,而鋰離子電池的壽命則較之長十幾倍。

許多公司和著名的研究機構對在衛星上使用的鋰離子電池表現出極大的興趣和關注。最早由美國的Lawrence Livermore國家實驗室於1993年9月對日本SONY公司的20500型鋰離子電池進行了全面的技術分析,考察了其用於衛星的可能性。1996年,美國太空總署的JPL考察了商品18650型電池在空間應用的可能性;加拿大Blue-Star公司在美國空軍和加拿大國防部的積極參加下,也集中力量開展航太用鋰離子電池的研究。

國際上鋰離子電池在空間電源領域的應用已進入工程化應用階段。目前已經有十幾顆太空器採用了鋰離子電池作為儲能電源。鋰離子電池在太空領域的發展勢頭非常強勁。以下為收集到的部分資料。

2000年11月16日發射的STRV-1d太空器首次採用了鋰離子電池,該太空器採用的鋰離子電池的比能量為100W・h/kg。

2001年10月22日發射升空的衛星也使用鋰離子電池作為其儲能電源。這顆帶有3件科學儀器的太空器質量只有95kg,採用6節9A・h的鋰離子電池組,質量為1.87kg,比能量為104W・h/kg。每月進行400次充放電循環,放電深度為8%～15%。地面實驗按30%DOD低軌制度進行了16000次循環壽命考核,電池組的放電電壓從23V下降到22.2V,表現出優異的循環壽命性能。

2003年歐洲衛星總署(ESA)發射的ROSETTA平台專案也採用了鋰離子電池組,電池組的能量為1070W・h,分為3個模組,質量為9.9kg,比能量為107W・h/kg。ROSETTA平台的著陸器也採用

了鋰離子電池作為儲能電源，電池組的質量為1.46kg，比能量為103
W・h/kg，如圖7-8所示。

2003年歐洲衛星總署（ESA）在2003年發射的火星快車專案的儲
能電源也採用了鋰離子電池，電池組的能量為1554W・h，電池組的
質量為13.5kg，比能量為115W・h/kg。地面類比實驗進行了9280次循
環，放電深度為5%～67.55%。火星著陸器—獵犬2也採用了鋰離子電
池。此外，美國太空總署（NASA）2003年發射的勇氣號和機遇號火
星探測器也採用了鋰離子電池（圖7-9），歐洲衛星總署（ESA）計
劃還有18顆航天器採用鋰離子電池作為儲能電源。表7-10為SAFT電
池在衛星型號上的應用情況。

圖7-8　「羅塞塔」（ROSETTA）彗星探測器類比圖

(a)「勇氣」號火星車　　　　　　　　(b)火星快車

圖7-9　火星探測器

表7-10　SAFT電池在衛星型號上的應用

發射年	衛星型號	軌道	最終用戶	電池型號	狀態
2005年	Otbird8	GEO	EUTELSAT	VES140	已交付
2005年	Skynet 5A	GEO	Mod	VES140	已交付
2005年	Skynet 5B	GEO	Mod	VES140	已交付
2005年	Syracuse Ⅲ A	GEO	Mod	VES140	已交付
2005年	Syracuse Ⅲ B	GEO	Mod	VES140	已交付
2005年	Calypso	LEO	CNES/NASA	VES100	已交付
2005年	Corot	LEO	CNES	VES100	已交付
2005年	Jason2	LEO	NASA	VES100	已交付
2005年	Gstb V2 (Galileo)	MEO	Galileo	VES100	已交付

7.5　在儲能方面的應用

用電的峰穀調節是個難題，通常為保證高峰用電，則需多建電廠。這樣，在用電低谷時，發電機還需運轉，既造成加大投資的負

圖7-10 鋰離子電池用於儲能裝置實例

擔，又造成能源浪費。近年來，國外一些企業轉換思路，將用於投資電廠的資金採購中大型能源儲備裝備，用電低谷時充電，而在高峰時使用裝備中所存的電能，分時收費，形成了雙贏的局面。圖7-10和圖7-11是日本應用鋰離子電池作為能源儲備裝置的實例。以往能源儲備裝置多採用鉛酸電池，一是鉛酸電池價格較低，二是鉛酸電池可以浮充電。鋰離子電池以往在擱置壽命和浮充電方面不盡如人意，近年來，由於$LiNi_xCo_{1-x-y}M_yO_2$的成熟和$LiFePO_4$的出現，這些問題將逐步得以解決。

法國SAFT公司報導，其G3型電池（正極為$LiNi_{0.75}Co_{0.2}Al_{0.05}O_2$）經1400多天浮充，容量、內阻變化很小，其測試結果見圖7-12。

能源儲備裝置在另外的領域亦有廣闊應用，即與太陽能、風能聯用，構成「全綠色」新能源系統。能源是當今經濟建設和社會發展的重要方面，如何調節能源供應緊張和充足時的負擔始終是各國研究的課題。而太陽能、風能的利用則是途徑之一。目前，許多地方和部隊已裝備了太陽能、風能發電裝置，如：新疆軍區為其68個邊防連隊安裝太陽能、風能發電裝置，結束了「五難」（用電難、洗澡難、吃

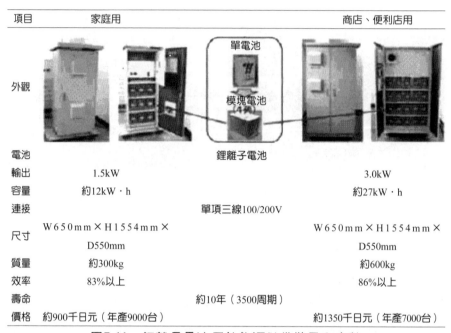

項目	家庭用			商店、便利店用	
外觀					
電池		鋰離子電池			
輸出	1.5kW			3.0kW	
容量	約12kW・h			約27kW・h	
連接			單項三線100/200V		
尺寸	W650mm×H1554mm× D550mm			W650mm×H1554mm× D550mm	
質量	約300kg			約600kg	
效率	83%以上			86%以上	
壽命			約10年（3500周期）		
價格	約900千日元（年產9000台）			約1350千日元（年產7000台）	

圖7-11　鋰離子電池用於能源儲備裝置和參數

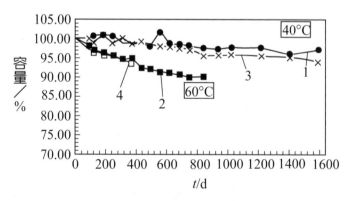

圖7-12　G3鋰離子電池浮充測試結果
1—3.8V，40°C; 2—3.8V，60°C;
3—3.9V，40°C; 4—3.9V，60°C

水難、取暖難和住房難）的歷史。相當一批在海島駐防的部隊也已安裝了這類發電裝置，但是由於目前這些裝置的蓄電池部分大多採用鉛酸電池，對當地的環境和生態還是有很大的影響的。通常，這些哨所的生態環境惡劣而脆弱，對有害物質的降解能力較低，一旦發生破壞，則很難恢復，而且還將對駐防官兵的身心造成長久的傷害。鋰離子電池自20世紀90年代初問世以來，鋰離子電池是綠色電池，因其高能量密度、良好的循環性能及高的荷電保持性能，被認為是高容量大功率電池的理想之選。作為理想的儲能蓄電系統的關鍵材料，磷酸鐵鋰和三元Li-Ni-Mn-Co-O兩種正極材料顯示出很好的性能。磷酸鐵鋰具有價格低廉、無毒無污染、安全性好等特點；層狀三元Li-Ni-Mn-Co-O正極材料具有容量高（140mA·h/g以上），熱穩定性、化學穩定性、大電流放電性能、安全性好等優點。因此，鋰離子電池在動力電池上有很好的應用前景。用它來代替鉛酸電池將會大大有利於環境保護。

7.6　在其他方面的應用

7.6.1　電動工具

由於鋰離子電池的電解質採用有機溶劑，其電導率較低，鋰離子電池的功率密度較低，過去一直被認為是其缺點，所以電動工具和混合動力車的領域長期被鎳鎘和鎳氫電池佔據。近年來，隨著$LiMn_2O_4$等正極材料的發展、奈米碳纖維的應用及電池製作技術的改進，鋰離

子電池的功率特性大幅度改善。近一年來,多種高功率電池體系不斷湧現,促使其循環性能和耐過充性能不斷改善。由於高功率鋰離子電池的逐漸成熟,使得鋰離子電池在電動工具上的應用成為可能。目前,世界有名的廠商均已推出鋰離子電池的電動工具產品。據權威機構日本資訊技術綜合研究所預測,電動工具在未來幾年將成為小型鋰離子電池增長最快的領域,並成為鋰離子電池第三大應用領域。

7.6.2 礦產和石油開採

採礦需廣泛地使用礦燈。目前礦燈主要以鉛酸電池為主。由於鉛酸電池較重,使用起來很不方便,同時鉛對環境有污染,因此鋰離子電池取代礦燈成為大勢所趨。目前礦燈用鋰離子電池有兩種形式:一是單體蓄電池;一種是幾個容量相等的個體串聯而成。對於後者,電池的一致性要求較高,否則,單個容量下降將會直接影響到整個產品的循環壽命。鋰電池輕便,易攜帶。以8A·h單體礦燈為例,工作電壓2.2～4.25V,額定電壓3.6V,電燈照明時間15～16h,正常使用可達600次循環。蓄電池部分質量僅有430g,是鉛酸蓄電池的1/4左右。由於鋰離子電池的獨特優勢,其在礦燈方面的應用必將越來越廣。

地下採油的溫度高,一般電池無法達到要求。如果採用聚合物電解質生產的全固態鋰離子電池,在較高的溫度下,聚合物的電導率提高,從而能有效地提供動力,這也是有應用前景的一個主要領域。

7.6.3　醫學和微型機電系統

　　鋰離子電池在醫學方面主要應用於助聽器、心律調整器和其他一些非生命維持器件等。使用鋰離子電池代替助聽器中的原電池，可解決成本高、環境污染、電壓下降引起的助聽效果下降等問題，具有廣泛的應用潛力。

　　近幾十年來，電子工業迅猛發展，電子產品小型化、微型化、集成化成為當今世界技術發展的焦點。微型機電系統如微型感測器、微型傳動裝置等，傳統的畜電池已不能滿足微型機電系統對小型化、集成化日益增長的要求，因此高能質輕的鋰離子電池成為理想的候選者。

7.7　展望

　　低成本、高性能、大功率、高安全、綠環境是鋰離子電池的發展方向。如前所述，鋰離子電池作為一種新型能源的典型代表，有十分明顯的優勢，但同時有一些缺點需要改進。近年來，鋰離子電池中正負極活性材料、功能電解液的研究和開發應用在國際上相當活躍，並已取得很大進展。鋰離子電池的研究是一類不斷更新的電池體系，涉及物理學和化學的許多新的研究成果會對鋰離子電池產生重大影響，如奈米固體電極有可能使鋰離子電池有更高的能量密度和功率密度，從而大大增加鋰離子電池的應用範圍。

　　鋰離子電池的研究是一個涉及化學、物理、材料、能源、電子學等眾多學科的交叉領域。目前該領域的進展已引起化學電源界和產業

界的極大興趣。可以預料,隨著研究的深入,從分子水平上設計出來的各種規整結構或摻雜複合結構的正、負極材料以及相配套的功能電解液將有力地推動鋰離子電池的研究和應用。鋰離子電池將會是繼鎳鎘、鎳氫電池之後,在今後相當長一段時間內,市場前景最好、發展最快的一種二次電池。鋰離子電池將進一步取代鉛酸、Ni/MH電池,繼續擴大其應用領域和市場份額。鋰離子電池已經創造了輝煌,而未來必將有更大的輝煌。

參考文獻

[1] 劉素琴，黃可龍，劉又年，李林德，陳立泉。儲能釩液流電池研發熱點及前景。電池，2005，135(15)：356。

[2] 陳立泉。鋰離子電池最新動態和進展。電池，1998，28(6)：255。

[3] Yoshio Nish. Lithium ion secondary batteries: past 10 years and the future. J Power Sources, 2001, 100: 101.

[4] Alessandrini M Conte, Passerini S, Prosini P P. Overview of ENEA's Projects on lithium battery. J Power Sources, 2001, 97-98: 768.

[5] 王福鸞（編譯）。索尼公司的鋰離子蓄電池先進技術。電源技術，2006，30(10)：789。

[6] Masaharu Satoh, Kentaro Nakahara.Film packed lithium-ion battery with poly merstabilizer. Electrochimica Acta, 2004, 50: 561.

[7] Jonathan X Weinert, Andrew F Burke, Wei Xuezhe.Lead-acid and lithium-ion batteries for the Chinese electric bike market and implications on future technology advancement.J Power Sources, 2007, 172.938.

[8] 李誠芳。電動自行車及其電池。電池工業，2004，9：125。

[9] 商國華，當代電動車用電池的希望。世界汽車，2001，3：6。

[10] Horiba T, Hironaka K, Matsumura T, Kaia T, Muranaka Y.Manganese-based lithium batteries for hybrid electric vehicle applications.J Power Sources, 2003, 119-121: 893.

[11] SaidAl-Hallaj, Selman J R.Thermal modeling of secondary lithium batteries for electric vehicle/hybrid electric vehicle applications. J Power Sources, 2002, 110: 341.

[12] Takei K, Ishihara K, Kumai K, Iwahori T, Miyake K, Nakatsu T, Terada N, Arai N. Performance of large-scale secondary lithium batteries for electric vehicles and home-use load-leveling systems. J Power Sources, 2003, 119-121: 887.

[13] Kazuo Onda, Takamasa Ohshima, Masato Nakayama, Kenichi Fukuda, Takuto Araki. Thermal behavior of small lithium-ion battery during rapid charge and discharge cycles. J Power Sources, 2006, 158: 535.

[14] Terrill B A, Peter J C, Fee C L. Man portable needs of the 21st century. J Power Sources, 2000, 91(1): 27.

[15] Ian R Hill, Andrukaitis Ed E.Lithium-ion polymer cells for military applications. J Power Sources, 2004, 129: 20.

[16] Ehrlich G M, Marsh C. Low-cost, light weight rechargeable lithium ion batteries.J Power Sources. 1998, 73: 224.

[17] Marc Juzkow. Development of a BB-2590U rechargeable lithium-ion battery. J Power Sources, 1999, 80: 286.

[18] James Griffin, Steve Oliver, Nail Dubois, Eric Dow, Geraid Stovenss, Kenneth Loster. An Innovative Electric Lightweight Torpedo Tested-bed for Technology Development and Insertion. Naval Forces, 2001.

[19] Sohrab Hossain, Andrew T, et al. Li-ion cells for aerospace applications. Proceedings of the 32th IECEC, 1997, 1: 35.

[20] Chad O, Dwayne H, Robert Higgins. Li-ion satellite cell development: past, present and future. Proceedings of the 33th IECEC, 1998, 4: 335.

[21] Gregg Bruce, Pamella Madikian, Lynn Marcoux. 50 to 100 A · h lithium ion cells for aircraft and spacecraft applications. J Power Sources, 1997, 65: 149.

[22] Spurrtt R, Thawaite C, Slimm M, et al. Lithium-ion batteries for space.Porto, Portugal: Proceedings of the 6th European Space Power Conference, 2002: 477.

[23] 安平，其魯。鋰離子二次電池的應用和發展。北京大學學報：自然科學版（增刊），2006，42：1。

[24] Broussely M, Biensan Ph, Bonhommeb F, et al. Main aging mechanisms in Li ion batteries. J Power Sources, 2005, 146: 90.

[25] Tanaka T, Ohra K, Arai N. J Power Sources, 2001, 97-98: 2; Terada T, Yanagi T, Arai S, Yoshikawa M, Ohta K, Nakajima N, Yanai A, Arai N. J Power Sources, 2001, 100: 80.

[26] Amatucci G G, Pereira N, Zheng T, et al. Failure mechanism and improvement of the elevated temperature cycling of $LiMn_2O_4$ compounds through the use of the $LiAlxMn_{2-x}O_{4-z}F_z$ solid solution. J Electrochem Soc, 2001, 148 (2): A1712.

[27] Deng B H, Nakamura H, Zhang Q, et al. Greatly improved elevated-temperature cycling behavior of $Li_{1+x}Mg_yMn_{2-x-y}O_{4+\delta}$ spinels with controlled oxygen stoichiometry. Electrochim Acta, 2004, 49 (11): 823.

[28] Schmidt C L, Skarstad P M. The Future of Lithium and Lithium ion Batteries in Implantable Medical Devices. J Power Sources, 2001, 97-98: 742.

[29] 杜柯，謝晶瑩，張宏。薄膜鋰電池製備方法現狀，電源技術，2002，26：239。

國家圖書館出版品預行編目資料

鋰離子電池原理與技術＝Lithium ion batteries:
principles and key technologies／黃可龍、王
兆翔、劉素琴編著. ─ 初版. ─ 臺北市:
五南圖書出版股份有限公司, 2010.05
　　面；　　公分.--
　　含參考書目及索引
ISBN 978-957-11-5968-3 (平裝)
1.電池 2.鋰 3.離子
348.58　　　　　　　　　99006491

5DD1

鋰離子電池原理與技術
Lithium Ion Batteries-Principles and Key Technologies

編　　著 ─ 黃可龍　王兆翔　劉素琴

校　　閱 ─ 馬振基

發 行 人 ─ 楊榮川

總 經 理 ─ 楊士清

總 編 輯 ─ 楊秀麗

主　　編 ─ 高至廷

封面設計 ─ 簡愷立

出 版 者 ─ 五南圖書出版股份有限公司

地　　址：106台北市大安區和平東路二段339號4樓

電　　話：(02)2705-5066　　傳　真：(02)2706-6100

網　　址：https://www.wunan.com.tw

電子郵件：wunan@wunan.com.tw

劃撥帳號：01068953

戶　　名：五南圖書出版股份有限公司

法律顧問　林勝安律師事務所　林勝安律師

出版日期　2010年5月初版一刷
　　　　　2022年1月初版三刷

定　　價　新臺幣850元

經典永恆・名著常在

五十週年的獻禮 —— 經典名著文庫

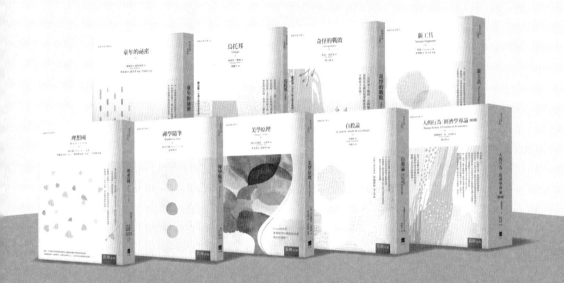

五南，五十年了，半個世紀，人生旅程的一大半，走過來了。

思索著，邁向百年的未來歷程，能為知識界、文化學術界作些什麼？

在速食文化的生態下，有什麼值得讓人雋永品味的？

歷代經典・當今名著，經過時間的洗禮，千錘百鍊，流傳至今，光芒耀人；

不僅使我們能領悟前人的智慧，同時也增深加廣我們思考的深度與視野。

我們決心投入巨資，有計畫的系統梳選，成立「經典名著文庫」，

希望收入古今中外思想性的、充滿睿智與獨見的經典、名著。

這是一項理想性的、永續性的巨大出版工程。

不在意讀者的眾寡，只考慮它的學術價值，力求完整展現先哲思想的軌跡；

為知識界開啟一片智慧之窗，營造一座百花綻放的世界文明公園，

任君遨遊、取菁吸蜜、嘉惠學子！